工程量清单计价一本通系列丛书

建设工程工程量清单计价实务

（建筑工程部分）

（第二版）

黄伟典　主编

中国建筑工业出版社

图书在版编目（CIP）数据

建设工程工程量清单计价实务（建筑工程部分）/黄伟典
主编. —2 版. —北京：中国建筑工业出版社，2013.9
工程量清单计价一本通系列丛书
ISBN 978-7-112-15780-8

Ⅰ．①建… Ⅱ．①黄… Ⅲ．①建筑工程-工程造
价-原始凭证 Ⅳ．①TU723.3

中国版本图书馆 CIP 数据核字（2013）第 204020 号

本书根据全国造价员《工程计量与计价实务》考试大纲，以及《建设工程工程量清单
计价规范》GB 50500—2013、《房屋建筑与装饰工程工程量计算规范》GB 50854—2013 和
工程造价主管部门编制的建筑工程消耗量定额和企业定额以及地区价目表与市场价格，结
合历年造价师、造价员考试案例为主要依据编写，全面系统地介绍了建筑工程工程量清单
计价的编制方法。在编写过程中始终贯彻强化实际操作的指导思想，以工程量清单计价编
制方法为主线，以实务案例的形式全面剖析了"计量规范"和"消耗量定额"的使用方
法。主要内容包括建筑工程工程量清单项目计量与计价的相关知识简介、计量规范与计价
规则相关规定、配套定额相关规定、工程量计算主要技术资料和计量与计价实务案例等内
容。通过技术与经济、工程与造价相结合，集成知识、数据、规则、公式、方法为一体，
结合计价原理与实战技巧，注重实践技能的培养与训练，实务案例力求理论联系实际，尽
量做到一案、一图、一算，突出工程量清单的计量和工程量清单计价的应用，以提高学员
的应用能力，提高案例考试通过率。书后附建筑工程计量与计价综合案例，具有较强的实
践性。

本书可作为普通高等教育和高职高专类院校工程造价、工程管理、土木工程和财经类
专业的教材和造价工程师、造价员培训用书，还可作为建筑工程造价人员工作参考。

* * *

责任编辑：赵晓菲
责任校对：肖 剑 王雪竹

工程量清单计价一本通系列丛书
建设工程工程量清单计价实务
（建筑工程部分）
（第二版）
黄伟典 主编

*

中国建筑工业出版社出版、发行（北京西郊百万庄）
各地新华书店、建筑书店经销
霸州市顺浩图文科技发展有限公司制版
北京市书林印刷有限公司印刷

*

开本：787×1092 毫米 1/16 印张：34¼ 字数：834 千字
2013 年 11 月第二版 2015 年 9 月第四次印刷
定价：**75.00** 元
ISBN 978-7-112-15780-8
（24529）

第二版前言

为了适应我国工程造价管理改革和贯彻落实《建设工程工程量清单计价规范》GB 50500—2013、《房屋建筑与装饰工程工程量计算规范》GB 50854—2013，与国际惯例接轨及开拓国际工程承包业务的需要，帮助工程造价人员提高业务水平，提高综合运用知识能力。根据普通高等教育和高职高专类院校的教学计划和全国造价员培训的要求，我们组织部分学校工程造价方面的专家学者，修编了《建设工程工程量清单计价实务》一书。

该书主要作为普通高等教育和高职高专类院校工程造价、工程管理、土木工程和财经类专业的教材，也可作为全国造价员培训用书和造价工程师培训参考用书，同时也为广大建筑工程造价人员提供一本实用性很强的参考书。

本书以《建设工程工程量清单计价规范》、《房屋建筑与装饰工程工程量计算规范》（以下简称"计量规范"）和工程造价主管部门编制的建筑工程消耗量定额和企业定额以及地区价目表与市场价格，结合历年造价工程师、造价员考试案例为主要依据编写的，全面系统地介绍了建筑工程工程量清单计价的编制方法。凭借多年的教学、培训和造价工作经验，力求理论联系实际，实例与手册为一体，图文并茂，简明易懂，一本全，一本通，综合性强、实用性强。书中内容采用模块形式编排章节，主要包括相关知识简介、工程量计算规范与计价规则相关规定、配套定额相关规定、工程量计算主要技术资料、计量与计价实务案例等，便于学习取舍，因材施教，特别适用于非建筑专业进行造价专业技术的嫁接。本书理论与实践相结合，注重实践技能的培养。通过系统的实务案例和综合案例，用一案、一图、一算的表现方法，突出工程量清单计量和工程量清单计价的应用，以提高学员的应用能力，提高实务和案例考试通过率。

该书首先介绍了建设工程计价方法和建筑面积计算规范，然后系统阐述了建筑工程工程量清单项目计量与计价的基本知识、规则、方法、公式、数据和案例，包括土石方工程、地基处理与桩基工程，砌筑工程，混凝土及钢筋混凝土工程，金属结构工程，木结构及门窗工程，屋面及防水工程，保温、隔热、防腐工程和措施项目等方面的内容。附录部分介绍了某联体别墅楼建筑工程计量与计价综合案例。使读者全面地、系统地掌握工程量清单计价和定额计价的相关规定以及工程量清单和清单计价的编制方法。

本书由山东建筑大学黄伟典主编，解本政、王艳艳、邢莉燕、张友全、周景阳、张晓丽、宋红玉、王大磊、张琳，山东大学王广月，济南大学张玉敏、马静，青岛理工大学夏宪成、周东明，山东理工大学郭树荣，山东省城市建设职业学院荀建锋、济南工程职业技术学院赵莉，山东职业学院孙圣华、王静参加编写。全书由山东建筑大学陈起俊教授主审。

由于时间有限，书中存在一些不完善的地方，缺点和错误在所难免，欢迎读者批评指出，以便在后续的教材中加以改正。

目　录

1 建设工程计价基础知识

1.1 建设项目及计价程序

1.1.1 建设项目的概念和分类

1.1.1.1 建设项目的概念

建设项目是指具有设计任务书和总体设计，经济上实行独立核算，行政上具有独立组织形式的建设单位。一般是以一座工厂、矿区或联合性企业；一所学校、医院、商场等为一个建设项目。

1.1.1.2 建设项目的分类

(1) 按建设项目性质不同分为新建项目、扩建项目、改建项目、迁建项目和恢复项目。

(2) 以计划年度为单位，按建设过程的不同分为筹建项目、施工项目、投产项目和收尾项目。

(3) 按建设项目在国民经济中的用途不同分为生产性建设项目和非生产性建设项目两类。

(4) 按照国家规定的建设项目规模和投资标准，建设项目划分为大型、中型、小型三类；更新改造项目划分为限额以上和限额以下两类。

(5) 按建设项目资金来源和渠道不同分为国家投资的建设项目、银行信用筹资的建设项目、自筹资金的建设项目、引进外资的建设项目和长期资金市场筹资的建设项目。

1.1.2 工程项目建设及计价程序

1.1.2.1 工程项目建设及计价程序的概念

工程项目建设及计价程序是指工程项目从策划、评估、决策、设计、施工到竣工验收、投入生产或交付使用的整个建设过程中，各项工作必须遵循的先后工作次序。

按我国现行规范规定，工程项目建设及计价程序，如图1-1所示。

1.1.2.2 工程项目计价程序

(1) 投资估算：一般是指在项目建议书或可行性研究阶段，建设单位向国家或主管部门申请建设项目投资时，为了确定建设项目的投资总额而编制的经济文件。它是国家或主管部门审批或确定建设项目投资计划的重要文件。投资估算主要根据估算指标、概算指标或类似工程预（决）算等资料进行编制。

(2) 设计概算：是指在初步设计或扩大初步设计阶段，由设计单位根据初步设计图纸、概算定额或概算指标，材料、设备预算价格，各项费用定额或取费标准，建设地区的

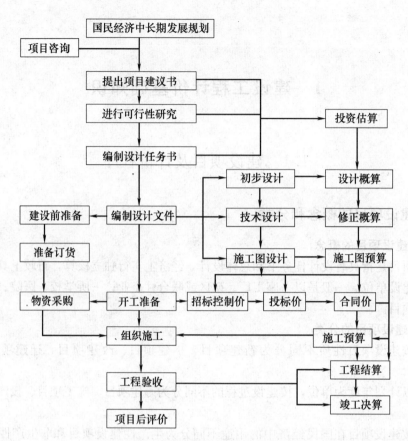

图 1-1　工程项目建设及计价程序

自然、技术经济条件等资料，预先计算建设项目由筹建至竣工验收、交付使用全部建设费用的经济文件。它是国家确定和控制建设项目总投资的依据；是编制建设项目计划的依据；是考核设计方案的经济合理性，选择最优设计方案的重要依据；是进行设计概算、施工图预算和竣工决算，"三算"对比的基础；是实行投资包干和招标承包制的依据，也是银行办理工程贷款和结算，以及实行财政监督的重要依据。

（3）修正概算：是指当采用三阶段设计时，在技术设计阶段，随着设计内容的具体化，建设规模、结构性质、设备类型和数量等与初步设计可能有出入，为此，设计单位应对投资进行具体核算，对初步设计的概算进行修正而形成的经济文件。一般情况下，修正概算不应超过原批准的设计概算。

（4）施工图预算：是指在施工图设计阶段，设计工作全部完成并经过会审，单位工程开工之前，由设计咨询或施工单位根据施工图纸，施工组织设计，消耗量定额或规范，人工、材料、机械单价和各项费用取费标准，建设地区的自然、技术经济条件等资料，预先计算和确定单项工程或单位工程全部建设费用的经济文件。它是确定建筑安装工程预算造价的具体文件；是建设单位编制招标控制价（或标底）和施工单位编制投标报价的依据；是签订建筑安装工程施工合同、实行工程预算包干、进行工程竣工结算的依据；是银行借贷工程价款的依据；是施工企业加强经营管理，搞好经济核算，实行对施工预算和施工图预算"两算对比"的基础；也是施工企业编制经营计划、进行施工准备的依据。

(5) 标底或招标控制价：国有资金投资的工程进行招标，根据《中华人民共和国招标投标法》的规定，招标人可以设标底。当招标人不设标底时，为有利于客观、合理地评审投标报价和避免哄抬标价，造成国有资产流失，招标人应编制招标控制价。

1) 标底：是指业主为控制工程建设项目的投资，根据招标文件、各种计价依据和资料以及有关规定所计算的，用于测评各投标单位工程报价的工程造价。在工程项目招标投标工作中，标底价格在评标定标过程中起到了控制价格的作用。标底由业主或招标代理机构编制，在开标前是绝对保密的。

2) 招标控制价：是指招标人根据国家或省级行业建设主管部门颁发的有关计价依据和办法，按设计施工图纸计算的，对招标工程限定的最高工程造价。招标控制价是在工程招标发包过程中，由招标人或受其委托具有相应资质的工程造价咨询人，根据有关计价规定计算的工程造价，其作用是招标人用于对招标工程发包的最高限价。投标人的投标报价高于招标控制价的，其投标应予以拒绝。招标控制价的作用决定了招标控制价不同于标底，无须保密。

(6) 投标价：是指投标人投标时报出的工程造价，又称为投标报价。它是投标人根据业主招标文件的工程量清单、企业定额以及有关规定，计算的拟建工程建设项目的工程造价，是投标文件的重要组成部分。投标价是在工程招标发包过程中，由投标人按照招标文件的要求，根据工程特点，并结合自身的施工技术、装备和管理水平，依据有关计价规定自主确定的工程造价，是投标人希望达成工程承包交易的期望价格，它不能高于招标人设定的招标控制价。

(7) 合同价：是指发、承包双方在施工合同中约定的工程造价，又称为合同价格。它是由发包方和承包方根据《建设工程施工合同（示范文本）》等有关规定，经协商一致确定的作为双方结算基础的工程造价。采用招标发包的工程，其合同价应为投标人的中标价。合同价属于市场价格的性质，它是由承发包双方根据市场行情共同议定和认可的成交价格，但并不等同于最终结算的实际工程造价。

(8) 施工预算：是指施工阶段，在施工图预算的控制下，施工单位根据施工图计算的分项工程量、企业定额、单位工程施工组织设计等资料，通过工料分析，计算和确定拟建工程所需的人工、材料、机械台班消耗量及其相应费用的技术经济文件。它是施工企业对单位工程实行计划管理，编制施工作业计划的依据；是向作业队签发施工任务单，实行经济核算，考核单位用工，限额领料的依据；是施工企业推行全优综合奖励制度，实行按劳分配的依据；是施工企业开展经济活动分析，进行"两算"对比的依据；也是施工企业向建设单位索赔或办理经济签证的依据。

(9) 工程结算：是指一个单项工程、单位工程、分部工程或分项工程完工，并经建设单位及有关部门验收或验收点交后，施工企业根据合同规定，按照施工现场实际情况的记录、设计变更通知书、现场签证、消耗量定额、工程量清单、人工材料机械单价和各项费用取费标准等资料，向建设单位办理结算工程价款，取得收入，用以补偿施工过程中的资金耗费，确定施工盈亏的经济文件。工程结算一般有定期结算、阶段结算、竣工结算等方式。它是施工企业取得货币收入，用以补偿资金耗费的依据；是进行成本控制和分析的依据。

(10) 竣工决算：是指在竣工验收阶段，当一个建设项目完工并经验收后，建设单位编制的从筹建到竣工验收、交付使用全过程实际支付的建设费用的经济文件。其内容有文字说明和决算报表两部分组成。它是国家或主管部门进行建设项目验收时的依据；是全面反映建设项目经济效果、核定新增固定资产和流动资产价值、办理交付使用的依据。

综上所述，工程项目计价程序中各项技术经济文件均以价值形态贯穿于整个工程建设项目过程中。估算、概算、预算、结算、决算等经济活动从一定意义上说，它们是工程建设项目经济活动的血液，是一个有机的整体，缺一不可。申请工程项目要编估算，设计要编概算，施工要编预算，并在其基础上投标报价、签订合同价，竣工时要编结算和决算。同时国家要求，决算不能超过预算，预算不能超过概算。

1.1.3 建设工程计价的特点和职能

1.1.3.1 建设工程计价的特点

由建设项目的特征决定，建设工程计价具有以下特点。

(1) 大额性。

(2) 模糊性。

(3) 单件性。

(4) 多次性。

(5) 组合性。

(6) 方法的多样性。

(7) 依据的复杂性。

(8) 动态性。

(9) 兼容性。

1.1.3.2 建设工程计价的职能

工程造价的职能除具有一般商品价格职能外，还具有自己特殊的职能。

(1) 预测职能。

(2) 控制职能。

(3) 评价职能。

(4) 调控职能。

1.2 建设工程工程量清单计价计量规范概述

为了规范建设工程工程量清单计价行为，统一建设工程工程量清单的编制和计价方法，按照工程造价管理改革的要求，住建部和国家质检总局 2012 年 12 月 25 日联合发布了新的国家标准《建设工程工程量清单计价规范》GB 50500—2013、《房屋建筑与装饰工程工程量计算规范》GB 50854—2013、《仿古建筑工程工程量计算规范》GB 50855—2013、《通用安装工程工程量计算规范》GB 50856—2013、《市政工程工程量计算规范》GB 50857—2013、《园林绿化工程工程量计算规范》GB 50858—2013、《矿山工程工程量计算规范》GB 50859—2013、《构筑物工程工程量计算规范》GB 50860—2013、《城市轨道交通工程工程量计算规范》GB 50861—2013、《爆破工程工程量计算规范》GB 50862—2013，自 2013 年 7 月 1 日起实施。原《建设工程工程量清单计价规范》GB 50500—2008

同时作废。

1.2.1 "计价计量规范"的主要内容及特点

2013 版国标清单规范包括计价规范和计量规范两大部分，共十本规范。二者具有同等的效力。

1.2.1.1 "计价规范"的主要内容

计价规范共十五章，包括总则、术语、一般规定、招标工程量清单、招标控制价、投标报价、合同价款约定、工程量计算、合同价款调整、合同价款中期支付、竣工结算与支付、合同解除的价款结算与支付、合同价款争论的解决、工程计价资料与档案和计价表格。

1.2.1.2 "计量规范"专业分类

01—房屋建筑与装饰工程；02—仿古建筑工程；03—通用安装工程；04—市政工程；05—园林绿化工程；06—矿山工程；07—构筑物工程；08—城市轨道交通工程；09—爆破工程。

每个专业"计量规范"附录中均包括项目编码、项目名称、项目特征、计量单位、工程量计算规则和工程内容六部分。其中项目编码、项目名称、项目特征、计量单位和工程量作为分部分项工程量清单的五个要件，要求招标人在编制工程量清单时必须执行，缺一不可。

1.2.1.3 "计量规范"的主要内容

（1）计量规范正文内容包括总则、术语、一般规定、分部分项工程、措施项目。

（2）《房屋建筑与装饰工程工程量计算规范》GB 50854—2013 附录内容包括：附录 A 土石方工程；附录 B 地基处理与边坡支护工程；附录 C 桩基工程；附录 D 砌筑工程；附录 E 混凝土及钢筋混凝土工程；附录 F 金属结构工程；附录 G 木结构工程；附录 H 门窗工程；附录 J 屋面及防水工程；附录 K 保温、隔热、防腐工程；附录 L 楼地面装饰工程；附录 M 墙、柱面装饰与隔断、幕墙工程；附录 N 天棚工程；附录 P 油漆、涂料、裱糊工程；附录 Q 其他装饰工程；附录 R 拆除工程；附录 S 措施项目；应作为编制房屋建筑与装饰工程工程量清单的依据。

1.2.1.4 "计价规范"的特点

（1）强制性。

（2）统一性。

（3）实用性。

（4）竞争性。

（5）通用性。

1.2.2 计价规范总则、术语及一般规定

1.2.2.1 "计价规范"总则

（1）制定"计价规范"的目的和法律依据。为规范工程造价计价行为，统一建设工程计价文件的编制和计价方法，根据《中华人民共和国建筑法》、《中华人民共和国合同法》、《中华人民共和国招标投标法》等法律法规，制定"计价规范"。

（2）"计价规范"适用的计价活动范围。"计价规范"适用于建设工程发承包及实施阶段的计价活动。"计价规范"所指的计价活动包括：招标工程量清单、招标控制价、投标报价的编制，工程合同价款的约定，竣工结算的办理以及施工过程中的工程计量、合同价款支付、施工索赔与现场签证、合同价款调整、合同价争议处理和资料与档案管理等活动。

（3）建设工程造价的组成。建设工程发承包及实施阶段的工程造价应由分部分项工程费、措施项目费、其他项目费、规费和税金组成。

（4）工程造价文件的编制与核对资格。招标工程量清单、招标控制价、投标报价、工程计量、合同价款调、合同价款结算与支付以及工程造价鉴定等工程造价文件的编制与核对，应由具有资格的工程造价专业人员承担。

（5）工程造价文件编制与核对的质量责任主体。承担工程造价文件的编制与核对的工程造价人员及其所在单位，应对工程造价文件的质量负责。

（6）建设工程计价活动的基本原则。建设工程施工发承包及实施阶段的计价活动应遵循客观、公正、公平的原则。

1.2.2.2　计价规范术语

（1）工程量清单：是指载明建设工程分部分项工程项目、措施项目和其他项目的名称和相应数量以及规费和税金项目等内容的明细清单。

（2）招标工程量清单：是指招标人依据国家标准、招标文件、设计文件以及施工现场实际情况编制的，随招标文件发布供投标报价的工程量清单，包括其说明和表格。

（3）已标价工程量清单：是指构成合同文件组成部分的投标文件中已标明价格，经算术性错误修正（如有）且承包人已确认的工程量清单，包括其说明和表格。

（4）分部分项工程：是指分部工程是单位工程的组成部分，系按结构部位、路段长度及施工特点或施工任务将单项或单位工程划分为若干分部的工程；分项工程是分部工程的组成部分，系按不同施工方法、材料、工序及路段长度等将分部工程划分为若干个分项或项目的工程。

（5）措施项目：是指为完成工程项目施工，发生于该工程施工准备和施工过程中的技术、生活、安全、环境保护等方面的项目。

（6）项目编码：是指分部分项工程和措施项目清单名称的阿拉伯数字标识。

（7）项目特征：是指构成分部分项工程项目、措施项目自身价值的本质特征。

（8）综合单价：是指完成一个规定清单项目所需的人工费、材料和工程设备费、施工机具使用费和企业管理费、利润以及一定范围内的风险费用。

（9）风险费用：是指隐含于已标价工程量清单综合单价中，用于化解发承包双方在工程合同中约定内容和范围内的市场价格波动风险的费用。

（10）工程成本：是指承包人为实施合同工程并达到质量标准，在确保安全施工的前提下，必须消耗或使用的人工、材料、工程设备、施工机械台班及其管理等方面发生的费用和按规定缴纳的规费和税金。

（11）单价合同：是指发承包双方约定以工程量清单及其综合单价进行合同价款计算、调整和确认的建设工程施工合同。

（12）总价合同：是指发承包双方约定以施工图及其预算和有关条件进行合同价款计

算、调整和确认的建设工程施工合同。

(13) 成本加酬金合同：是指发承包双方约定以施工工程成本再加合同约定酬金进行合同价款计算、调整和确认的建设工程施工合同。

(14) 工程造价信息：是指工程造价管理机构根据调查和测算发布的建设工程人工、材料、工程设备、施工机械台班的价格信息，以及各类工程的造价指数、指标。

(15) 工程造价指数：是指反映一定时期的工程造价相对于某一固定时期的工程造价变化程度的比值或比率。包括按单位或单项工程划分的造价指数，按工程造价构成要素划分的人工、材料、机械等价格指数。

(16) 工程变更：是指合同工程实施过程中由发包人提出或由承包人提出经发包人批准的合同工程任何一项工作的增、减、取消或施工工艺、顺序、时间的改变；设计图纸的修改；施工条件的改变；招标工程量清单的错、漏从而引起合同条件的改变或工程量的增减变化。

(17) 工程量偏差：是指承包人按照合同工程的图纸（含经发包人批准由承包人提供的图纸）实施，按照现行国家计量规范规定的工程量计算规则计算得到的完成合同工程项目应予计量的工程量与相应的招标工程量清单项目列出的工程量之间出现的量差。

(18) 暂列金额：是指招标人在工程量清单中暂定并包括在合同价款中的一笔款项。用于工程合同签订时尚未确定或者不可预见的所需材料、工程设备、服务的采购，施工中可能发生的工程变更、合同约定调整因素出现时的合同价款调整以及发生的索赔、现场签证确认等的费用。

(19) 暂估价：是指招标人在工程量清单中提供的用于支付必然发生但暂时不能确定价格的材料、工程设备的单价以及专业工程的金额。

(20) 计日工：是指在施工过程中，承包人完成发包人提出的工程合同范围以外的零星项目或工作，按合同中约定的单价计价的一种方式。

(21) 总承包服务费：是指总承包人为配合协调发包人进行的专业工程发包，对发包人自行采购的材料、工程设备等进行保管以及施工现场管理、竣工资料汇总整理等服务所需的费用。

(22) 安全文明施工费：是指承包人按照国家法律、法规、标准等规定，在合同履行中为保证安全施工、文明施工，保护现场内外环境和搭拆临时设施等所采用的措施发生的费用。

(23) 索赔：是指在工程合同履行过程中，合同当事人一方因非己方的原因而遭受损失，按合同约定或法规规定应由对方承担责任，从而向对方提出补偿的要求。

(24) 现场签证：是指发包人现场代表（或其授权的监理人、工程造价咨询人）与承包人现场代表就施工过程中涉及的责任事件所作的签认证明。

(25) 提前竣工（赶工）费：是指承包人应发包人的要求，采取加快工程进度的措施，使合同工程工期缩短产生的，应由发包人支付的费用。

(26) 误期赔偿费：是指承包人未按照合同工程的计划进度施工，导致实际工期超过合同工期（包括经发包人批准的延长工期），承包人应向发包人赔偿损失发生的费用。

(27) 不可抗力：是指发承包双方在工程合同签订时不能预见的，对其发生的后果不能避免，并且不能克服的自然灾害和社会性突发事件。

（28）工程设备：是指构成或计划构成永久工程一部分的机电设备、金属结构设备、仪器装置及其他类似的设备和装置。

（29）缺陷责任期：是指承包人对已交付使用的合同工程承担合同约定的缺陷修复责任的期限。

（30）质量保证金：是指发承包双方在工程合同中约定，从应付合同价款中预留，用以保证承包人在缺陷责任期内履行缺陷修复义务的金额。

（31）费用：是指承包人为履行合同所发生或将要发生的所有合理开支，包括管理费和应分摊的其他费用，但不包括利润。

（32）利润：是指承包人完成合同工程获得的盈利。

（33）企业定额：是指施工企业根据本企业的施工技术、机械装备和管理水平而编制的人工、材料和施工机械台班等的消耗标准。

（34）规费：是指根据国家法律、法规规定，由省级政府或省级有关权力部门规定施工企业必须缴纳的，应计入建筑安装工程造价的费用。

（35）税金：是指国家税法规定的应计入建筑安装工程造价内的营业税、城市维护建设税、教育费附加和地方教育附加。

（36）发包人：是指具有工程发包主体资格和支付工程价款能力的当事人以及取得该当事人资格的合法继承人，本规范有时又称招标人。

（37）承包人：是指被发包人接受的具有工程施工承包主体资格的当事人以及取得该当事人资格的合法继承人，有时又称投标人。

（38）工程造价咨询人：是指取得工程造价咨询资质等级证书，接受委托从事建设工程造价咨询活动的当事人以及取得该当事人资格的合法继承人。

（39）造价工程师：是指取得造价工程师注册证书，在一个单位注册、从事建设工程造价活动的专业人员。

（40）造价员：是指取得《全国建设工程造价员资格证书》，在一个单位注册从事建设工程造价活动的专业人员。

（41）单价项目：是指工程量清单中以单价计价的项目，即根据合同工程图纸（含设计变更）和相关工程现行国家计量规范规定的工程量计算规则进行计量，与已标价工程量清单相应综合单价进行价款计算的项目。

（42）总价项目：是指工程量清单中以总价计价的项目，即此类项目在现行国家计量规范中无工程量计算规则，以总价（或计算基础乘费率）计算的项目。

（43）工程计量：是指发承包双方根据合同约定，对承包人完成合同工程的数量进行的计算和确认。

（44）工程结算：是指发承包双方根据合同约定，对合同工程在实施中、终止时、已完工后进行的合同价款计算、调整和确认。包括期中结算、终止结算、竣工结算。

（45）招标控制价：是指招标人根据国家或省级、行业建设主管部门颁发的有关计价依据和办法，以及拟定的招标文件和招标工程量清单，结合工程具体情况编制的招标工程的最高投标限价。

（46）投标价：是指投标人投标时响应招标文件要求所报出的对已标价工程量清单汇总后标明的总价。

（47）签约合同价（合同价款）：是指发承包双方在工程合同中约定的工程造价，即包括了分部分项工程费、措施项目费、其他项目费、规费和税金的合同总金额。

（48）预付款：是指发包人按照合同约定，在开工前预先支付给承包人用于购买合同工程施工所需的材料、工程设备，以及组织施工机械和人员进场等的款项。

（49）进度款：是指发包人在合同工程施工过程中，按照合同约定对付款周期内承包人完成的合同价款给予支付的款项，也是合同价款期中结算支付。

（50）合同价款调整：在合同价款调整因素出现后，发承包双方根据合同约定，对合同价款进行变动的提出、计算和确认。

（51）竣工结算价：是指发承包双方依据国家有关法律、法规和标准规定，按照合同约定确定的，包括在履行合同过程中按合同约定进行的合同价款调整，是承包人按合同约定完成了全部承包工作后，发包人应付给承包人的合同总金额。

（52）工程造价鉴定：是指工程造价咨询人接受人民法院、仲裁机关委托，对施工合同纠纷案件中的工程造价争议，运用专门知识进行的鉴别、判断和评定，亦称工程造价司法鉴定。

1.2.2.3 计价方式的一般规定

（1）使用国有资金投资的建设工程发承包，必须采用工程量清单计价。非国有资金投资的建设工程，宜采用工程量清单计价。不采用工程量清单计价的建设工程，应执行除工程量清单等专门性规定外的其他规定。

（2）分部分项工程、措施项目和其他项目清单应采用综合单价计价。

（3）措施项目清单中的安全文明施工费必须按照国家或省级、行业建设主管部门的规定计算，不得作为竞争性费用。

（4）规费和税金必须按国家或省级、行业建设主管部门的规定计算，不得作为竞争性费用。

1.2.2.4 计价风险的一般规定

（1）建设工程发承包，必须在招标文件、合同中明确计价中的风险内容及其范围，不得采用无限风险、所有风险或类似语句规定计价中的风险内容及其范围。

（2）由于下列因素出现，影响合同价款调整的，应由发包人承担：

1）国家法律、法规、规章和政策发生变化；

2）省级或行业建设主管部门发布的人工费调整，但承包人对人工费或人工单价的报价高于发布的除外；

3）由政府定价或政府指导价管理的原材料等价格进行了调整。

（3）由于市场物价波动影响合同价款，应由发承包双方合理分摊。

1）人工、材料、工程设备、机械台班价格波动影响合同价款时，应根据合同约定，按规范规定的方法调整合同价款。

2）合同没有约定的，且材料、工程设备单价变化涨幅超过5％时，超过部分的价格应按照规范规定的方法调整合同价款。

（4）由于承包人使用机械设备、施工技术以及组织管理水平等影响工程价款的由承包人全部承担。

（5）不可抗力发生时，影响合同价款的，按下列规定执行：

1) 工程本身的损害、因工程损害导致第三方人员伤亡和财产损失以及运至施工场地用于施工的材料和待安装的设备的损害，由发包人承担。

2) 发包人、承包人人员伤亡由其所在单位负责，并承担相应费用。

3) 承包人的施工机械设备损坏及停工损失，由承包人承担。

4) 停工期间，承包人应发包人要求留在施工场地的必要的管理人员及保卫人员的费用由发包人承担。

5) 工程所需清理、修复费用，由发包人承担。

1.3 工程量清单的编制与复核

1.3.1 招标工程量清单的编制

1.3.1.1 招标工程量清单编制的一般规定

（1）招标工程量清单编制人：招标工程量清单应由具有编制能力的招标人或受其委托、具有相应资质的工程造价咨询人编制。

（2）招标工程量清单编制的责任主体：采用工程量清单方式招标，招标工程量清单必须作为招标文件的组成部分，连同招标文件一并发（或售）给投标人，其准确性和完整性应由招标人负责。

（3）工程量清单的作用：招标工程量清单是工程量清单计价的基础，应作为编制招标控制价、投标报价、计算或调整工程量、索赔等的依据之一。

（4）工程量清单的组成：招标工程量清单应以单位（项）工程为单位编制，应由分部分项工程项目清单、措施项目清单、其他项目清单、规费和税金项目清单组成。

（5）编制招标工程量清单的依据。编制招标工程量清单应依据：

1）"计价规范"和相关工程的国家计量规范；

2）国家或省级、行业建设主管部门颁发的计价定额和办法；

3）建设工程设计文件及相关资料；

4）与建设工程项目有关的标准、规范、技术资料；

5）拟定的招标文件；

6）施工现场情况、地勘水文资料、工程特点及常规施工方案；

7）其他相关资料。

1.3.1.2 分部分项工程项目清单

（1）分部分项工程项目清单五要件：分部分项工程项目清单必须载明项目编码、项目名称、项目特征、计量单位和工程量。规定了构成一个分部分项工程量清单的五个要件——项目编码、项目名称、项目特征、计量单位和工程量，这五个要件在分部分项工程项目清单的组成中缺一不可。

（2）分部分项工程项目清单的编制依据：房屋建筑与装饰工程的分部分项工程项目清单，应根据《房屋建筑与装饰工程工程量计算规范》GB 50854—2013规定的项目编码、项目名称、项目特征、计量单位和工程量计算规则进行编制。该编制依据主要体现了对分部分项工程项目清单内容规范管理的要求。

（3）分部分项工程量清单的项目编码：应采用十二位阿拉伯数字表示，如（010302001001）。一至九位应按"计量规范"附录的规定设置，全国统一编码，不得变动。十至十二位应根据拟建工程的工程量清单项目名称和项目特征设置，同一招标工程的项目编码不得有重码。

各位数字的含义是：一、二位为专业工程代码；三、四位为"计量规范"附录分类顺序码；五、六位为分部工程顺序码；七、八、九位为分项工程项目名称顺序码；十至十二位为清单项目名称顺序码。

（4）分部分项工程量清单的项目名称。分部分项工程量清单的项目名称应按"计量规范"附录的项目名称结合拟建工程的实际确定。

（5）分部分项工程量清单的项目特征描述。应按"计量规范"附录中规定的项目特征，结合拟建工程项目的实际予以描述。

工程量清单的项目特征是确定一个清单项目综合单价不可缺少的重要依据，在编制工程量清单时，必须对项目特征进行准确和全面的描述。

1）工程量清单项目特征描述的重要意义：

① 项目特征是区分清单项目的依据。没有项目特征的准确描述，对于相同或相似的清单项目名称，就无从区分。

② 项目特征是确定综合单价的前提。工程量清单项目特征描述的准确与否，直接关系到工程量清单项目综合单价的准确确定。

③ 项目特征是履行合同义务的基础。如果工程量清单项目特征的描述不清甚至漏项、错误，从而引起在施工过程中的更改，都会引起分歧，导致纠纷。

2）工程量清单项目特征描述的原则。

① 项目特征描述的内容应按"计量规范"附录中的规定，结合拟建工程的实际，能满足确定综合单价的需要；特征描述分为问答式和简约式两种，提倡简约式描述。

② 若采用标准图集或施工图纸能够全部或部分满足项目特征描述的要求，项目特征描述可直接采用详见××图集或××图号的方式。对不能满足项目特征描述要求的部分，仍应用文字描述。

（6）分部分项工程量清单的计量单位。应按"计量规范"附录中规定的计量单位确定。"计量规范"附录中有两个或两个以上计量单位的，应结合拟建工程项目的实际情况，确定其中一个为计量单位。同一工程项目的计量单位应一致。如樘/m² 只能选择一个。

（7）分部分项工程量清单的工程量计算。房屋建筑与装饰工程计价，必须按《房屋建筑与装饰工程工程量计算规范》GB 50854—2013 附录中规定的工程量计算规则进行工程计量。

房屋建筑是指在固定地点，为使用者或占用物提供庇护覆盖以进行生活、生产或其他活动的实体，可分为工程建筑与民用建筑。

工程量计算是指建设工程项目以工程设计图纸、施工组织设计和施工方案及有关技术经济文件为依据，按照相关工程国家标准的计算规则、计量单位等规定，进行工程数量的计算活动，在工程建设中简称工程计量。

1）工程量计算依据。工程量计算除依据"计量规范"各项规定外，尚应依据以下文件：

① 经审定的施工设计图纸及其说明；

② 经审定的施工组织设计或施工技术措施方案；

③ 经审定的其他有关技术经济文件。

2) 工程量计算有效位数保留的规定。工程计量时每一项目汇总的有效位数应遵守下列规定：

① 以"t"为单位，应保留三位小数，第四位小数四舍五入；

② 以"m^3"、"m^2"、"m"、"kg"为单位，应保留两位小数，第三位小数四舍五入；

③ 以"个"、"根"、"套"、"榀"、"樘"等为单位，应取整数。

(8) 分部分项工程量清单包括的工作内容。"计量规范"附录中的工作内容项目，仅列出了主要工作内容，除另有规定和说明者外，应视为已经包括完成该项所列或未列的全部工作内容。

1) "计量规范"附录的现浇混凝土工程项目"工作内容"中包括模板工程的内容，同时又在措施项目中单列了现浇混凝土模板工程项目。对此，由招标人根据工程实际情况选用，若招标人在措施项目清单中未编列现浇混凝土模板项目清单，即表示现浇混凝土模板项目不单列，现浇混凝土工程项目的综合单价中应包括模板工程费用。

2) "计量规范"对预制混凝土构件按现场制作编制项目，"工作内容"中包括模板工程，不再另列。若采用成品预制混凝土构件时，构件成品价（包括模板、钢筋、混凝土等所有费用）应计入综合单价中。

3) 金属结构构件按成品编制项目，构件成品价格应计入综合单价中，若采用现场制作，包括制作的所有费用。

4) 门窗（橱窗除外）按成品编制项目，门窗成品价应计入综合单价中。若采用现场制作，包括制作的所有费用。

(9) 编制补充工程量清单项目。编制工程量清单出现"计量规范"附录中未包括的项目，编制人应作补充，并报省级或行业工程造价管理机构备案，省级或行业工程造价管理机构应汇总报住房和城乡建设部标准定额研究所。

补充项目的编码由《房屋建筑与装饰工程工程量计算规范》GB 50854—2013 的代码01 与 B 和三位阿拉伯数字组成，并应从 01B001 起顺序编制，同一招标工程的项目不得重码。补充的工程量清单中，需附有补充项目编码、项目名称、项目特征、计量单位、工程量计算规则、工程内容。

1.3.1.3 措施项目清单

(1) 措施项目清单必须根据相关工程现行国家计量规范的规定编制。房屋建筑与装饰工程计量规范措施项目有以下规定：

1) 措施项目中列出了项目编码、项目名称、项目特征、计量单位、工程量计算规则的项目，编制工程量清单时，应按照"计量规范"分部分项工程的规定执行。

2) 措施项目仅列出项目编码、项目名称，未列出项目特征、计量单位和工程量计算规则的项目，编制工程量清单时，应按"计量规范"附录S措施项目规定的项目编码、项目名称确定。

(2) 措施项目应根据拟建工程的实际情况列项。若出现"计量规范"未列的项目，可根据工程实际情况补充。单价项目补充的工程量清单中，需附有补充项目编码、项目名称、项目特征、计量单位、工程量计算规则、工程内容。不能计量的总价措施项目以"项"计价，需附有补充项目编码、项目名称、工程内容及包含范围。

1.3.1.4 其他项目清单

（1）其他项目清单内容组成。其他项目清单应按照下列内容列项：

1）暂列金额；

2）暂估价：包括材料暂估单价、工程设备暂估单价、专业工程暂估价；

3）计日工；

4）总承包服务费。

（2）暂列金额应根据工程特点、工期长短，按有关计价规定估算，一般可以分部分项工程费的 10%～15% 为参考。

（3）暂估价中的材料、工程设备暂估价应根据工程造价信息或参照市场价格估算，列出明细表；专业工程暂估价应分不同专业，按有关计价规定估算，列出明细表。为了方便合同管理，需要纳入分部分项工程量清单综合单价中的暂估价应只是材料、工程设备费；专业工程的暂估价应是综合单价，包括除规费和税金以外的管理费、利润等。

（4）计日工应列出项目名称、计量单位和暂估数量。

（5）总承包服务费应列出服务项目及其内容等。

（6）出现"计价规范"未列的项目，应根据工程实际情况补充。

1.3.1.5 规费项目清单

（1）规费项目清单应按照下列内容列项：

1）社会保险费：包括养老保险费、失业保险费、医疗保险费、工伤保险费、生育保险费；

2）住房公积金；

3）工程排污费。

（2）出现"计价规范"未列的规费项目，应根据省级政府或省级有关部门的规定列项。

1.3.1.6 税金项目清单

（1）税金项目清单应包括下列内容：

1）营业税；

2）城市维护建设税；

3）教育费附加；

4）地方教育费附加。

（2）出现"计价规范"未列的税金项目，应根据税务部门的规定列项。

1.3.2 工程量清单复核要点

1.3.2.1 封面和总说明内容填写要求

（1）封面格式及相关盖章要求应符合"计价计量规范"的要求。

（2）总说明应按下列内容填写：

① 工程概况：建设规模、工程特征、计划工期、施工现场实际情况、自然地理条件、环境保护要求等。

② 工程招标和分包范围。

③ 工程量清单编制依据。

④ 工程质量、材料、施工等的特殊要求。

⑤ 招标人自行采购材料的名称、规格型号、数量等。

⑥ 暂列金额、自行采购材料的金额数量。

⑦ 其他需要说明的问题。

1.3.2.2 保证工程量清单编制的准确性和完整性的基本要求

(1) 掌握工程量清单的编制依据。

(2) 熟悉清单项目的工程内容。

(3) 准确描述清单项目的项目特征。

(4) 准确计算清单项目的工程量。

(5) 非实体项目不要漏项。

(6) 认真复核工程量清单。

(7) 查阅已完工程的竣工结算资料。

(8) 提高设计文件的质量。

1.3.3 工程量清单编制实务

1.3.3.1 工程量清单格式及要求

工程量清单格式是招标人发出工程量清单文件的格式。工程量清单要求采用统一的格式，其内容包括招标工程量清单封面和扉页、工程计价总说明、分部分项工程和单价措施项目清单与计价表、总价措施项目清单与计价表、其他项目计价表和规费、税金项目计价表。它应反映拟建工程的全部工程内容及为实现这些工程内容而进行的其他工作项目。工程计价总说明应包括招标人的要求及影响投标人报价相关因素等内容；分部分项工程量清单应表明拟建工程的全部分项"实体"工程名称和相应工程量，编制时应避免错项、漏项；措施项目清单表明了为完成分项"实体"工程而必须采取的一些措施性工作项目，编制时力求符合拟建工程的实际情况；其他项目清单主要体现了招标人提出的一些与拟建工程有关的特殊费用项目，编制时应力求准确、全面。

1.3.3.2 招标工程量清单扉页的填写

招标工程量清单扉页应按计价规范附录 C.1 规定的内容填写、签字、盖章。招标工程量清单扉页的格式如表 1-1 所示，扉页的格式如表 1-2 所示。

封面 表 1-1

_____×××_____工程

招标工程量清单

招标人：××开发公司
（单位盖章）

造价
咨询人：××工程造价咨询企业
（单位盖章）

招标工程量清单扉页　　　　　　　　　表 1-2

<u>××商业住宅楼</u>　工程

招标工程量清单

招　标　人：　<u>××城市建设开发公司
公章</u>　　　　造价
咨询人：　<u>××工程造价咨询企业
资质专用章</u>

（单位盖章）　　　　　　　　　　（单位资质专用章）

法定代表人
或其授权人：　<u>××城市建设开发公司
法定代表人</u>　　　法定代表人
或其授权人：　<u>××工程造价咨询企业
法定代表人</u>

（签字或盖章）　　　　　　　　　　（签字或盖章）

编　制　人：　<u>×××签字
盖造价工程师
或造价员专用章</u>　　　复　核　人：　<u>×××签字
盖造价工程师专用章</u>

（造价人员签字盖专用章）　　　　　　（造价工程师签字盖专用章）

编 制 时 间：×××× 年×月×日　　　复 核 时 间：×××× 年×月×日

注：1. 工程量清单由招标人编制时，扉页的左面由招标人按规定内容填写，右面只填写复核人。
　　2. 工程量清单由招标人委托工程造价咨询单位编制时，扉页的全部内容均由受委托的咨询单位填写。

1.3.3.3　工程计价总说明的编制

工程计价总说明一般应包括下列内容：

（1）工程概况：包括建设规模、工程特点、计划工期、施工现场实际情况等。

（2）自然地理条件、环境保护要求，包括：地质、水文、气象、交通、周边环境等。

（3）工程招标和分包范围。

（4）工程量清单编制依据。

（5）工程质量、材料、施工等的特殊要求。

（6）招标人自行采购材料的名称、规格型号、数量及要求承包人提供的服务。

（7）投标报价文件提供的数量。

（8）其他需要说明的问题。

【案例 1-1】　以某商业住宅楼为例（数据是假设的），举例说明总说明编写格式要求。如表 1-3 所示。

工程计价总说明　　　　　　　　　　　　表 1-3

工程名称：××商业住宅楼工程　　　　　　　　　　　第 1 页　共 1 页

1. 报价人须知。

(1)应按工程清单报价格式规定的内容进行编制、填写、签字、盖章。

(2)工程量清单及其报价格式中的任何内容不得随意删除或修改。

(3)工程量清单报价格式中所有需要填报的单价和合价，投标人均应填报，未填报的单价和合价视为此项费用已包含在工程量清单的其他单价或合价中。

(4)金额(价格)均应以人民币表示。

2. 本工程土质均为粉质黏土，平均厚 12m，地下水位-6m。基础挖好后应钎探，深 2m。

该工程施工现场邻近城市道路,交通运输方便,现场 500m 内有医院和集贸市场,施工中要防噪声。商业住宅楼工程 3 月开工,工期要求在 10 个月以内完成。

3. 工程招标范围:建筑工程、装饰装修工程、安装(水、电、采暖)工程。

4. 清单编制依据:建设工程工程量清单计价规则、施工图纸及施工现场情况等。

5. 工程质量应达到合格标准。

6. 招标人自行采购钢塑门窗,安装前 10 天运到施工现场,由承包人保管。

7. 投标人应按计价规则规定的统一格式,提供"分部分项工程量清单综合单价分析表"、"措施项目费分析表"、"主要材料价格表"。

8. 投标报价文件应提供一式五份

1.3.3.4 分部分项工程量清单编制

分部分项工程量清单中的项目编码、项目名称、项目特征、计量单位和工程量应根据"五个要件"的规定进行编制,不得因情况不同而变动。缺项时,编制人可作补充。

【案例 1-2】 以某商业住宅楼为例(数据是假设的),分部分项工程量清单如表 1-4 所示。

分部分项工程量清单与计价表　　　　　　　表 1-4

工程名称:××商业住宅楼工程　　　　　　　　　　　　第 1 页　共 1 页

序号	项目编码	项目名称	项目特征描述	计量单位	工程量	综合单价	合价	其中:暂估价
						金额(元)		
1	010401001001	砖基础	M5.0 水泥砂浆砌筑标准 MU10.0 机制红砖的条形基础	m³	24.80			
2	010501001001	垫层	现场搅拌 C15 混凝土	m³	2.14			
3	010404001001	垫层	300mm 厚 3∶7 灰土	m³	10.69			

1.3.3.5 措施项目清单的编制

"计量规范"将措施项目划分为两类:一类是不能计算工程量的项目,如夜间施工、二次搬运等,就以项计价,称为"总价项目";另一类是可以计算工程量的项目,如脚手架、降水等,就以"量"计价,更有利于措施费的确定和调整,称为"单价项目"。

(1)总价措施项目。"计量规范"附录表 S.7"安全文明施工及其他措施项目"中,列出了总价措施项目的项目编码、项目名称和工作内容及包含范围,编制措施项目清单时,应结合拟建工程实际选用。出现表中未列的总价措施项目,工程量清单编制人可作补充。但分部分项工程量清单项目和单价措施项目中已含的措施性内容,不得单独作为措施项目列项。补充项目应列在该清单项目最后,并在"序号"栏中以"补"字示之。

【案例 1-3】 以某商业住宅楼为例(数据是假设的),举例说明总价措施项目清单编写格式要求。见表 1-5。

总价措施项目清单与计价表　　　　　　　　表 1-5

工程名称:××商业住宅楼工程　　　　　　　　　　　　第 1 页　共 1 页

序号	项目编码	项目名称	计算基础	费率(%)	金额(元)	调整费率(%)	调整后金额(元)	备注
1	011707001	安全文明施工						
2	011707002	夜间施工						
3	011707004	二次搬运						
4	011707005	冬雨季施工						
5	011707007	已完工程及设备保护						

（2）单价措施项目。"计量规范"附录S措施项目中列出了单价措施项目清单，编制单价措施项目清单时，应根据拟建工程的具体情况选择列项。出现单价措施项目表中未列的措施项目，可根据工程的具体情况对单价措施项目清单作补充。

【案例1-4】 以某商业住宅楼为例（数据是假设的），举例说明以综合单价形式计价的单价措施项目清单编写格式要求。如表1-6所示。

单价措施项目清单与计价表 表1-6

工程名称：××商业住宅楼工程　　　　　　　　　　　　　　　　　　　第1页　共2页

序号	项目编码	项目名称	项目特征描述	计量单位	工程量	金额（元）	
						综合单价	合价
1	011702002001	矩形柱	断面 450mm × 450mm，支模高度 4m	m²	144.21		
2	011702006001	矩形梁	断面 250mm × 500mm，梁底支模高度 3.5m	m²	75.34		

1.3.3.6 其他项目清单的编制

其他项目清单与计价汇总表中的项目只作列项参考。编制其他项目清单时，应结合拟建工程的实际选用，其不足部分，清单编制人可作补充，补充项目应列在该清单项目最后，并以"补"字在"序号"栏中示之。

【案例1-5】 以某商业住宅楼为例（数据是假设的），举例说明其他项目清单编写格式要求。如表1-7～表1-12所示。

其他项目清单与计价汇总表 表1-7

工程名称：××商业住宅楼工程　　　　　　　　　　　　　　　　　　　第1页　共1页

序号	项目名称	金额（元）	结算金额（元）	备注
1	暂列金额	250000.00		明细详见"计价规范"表G.2（本书表1-8）
2	暂估价	380000.00		
2.1	材料暂估价/结算价	—		明细详见"计价规范"表G.3（本书表1-9）
2.2	专业工程暂估价/结算价	380000.00		明细详见"计价规范"表G.4（本书表1-10）
3	计日工			明细详见"计价规范"表G.5（本书表1-11）
4	总承包服务费			明细详见"计价规范"表G.6（本书表1-12）
5	索赔与现场签证			明细详见"计价规范"表G.7
	合计	630000.00		—

注：材料暂估单价进入清单项目综合单价，此处不汇总。

暂列金额明细表

表 1-8

工程名称：××商业住宅楼工程

第 1 页 共 1 页

序号	项目名称	计量单位	暂定金额（元）	备注
1	工程量清单中工程量偏差和设计变更	项	100000.00	
2	政策性调整和材料价格风险	项	100000.00	
3	其他	项	150000.00	
	合计		250000.00	—

注：此表由招标人填写，如不能详列，也可只列暂定金额总额，投标人应将上述暂列金额计入投标总价中。

材料（工程设备）暂估单价及调整表

表 1-9

工程名称：××商业住宅楼工程

第 1 页 共 1 页

序号	材料名称、规格、型号	计量单位	数量		暂估（元）		确认（元）		差额±（元）		备注
			暂估	确认	单价	合价	单价	合价	单价	合价	
1	钢筋（规格、型号综合）	t			4800.00						用于现浇构件钢筋项目
2	53系列断热铝合金窗	m²			750.00						用于金属窗项目
3	防火外墙保温板	m²			18.00						用于保温隔热墙项目
	合计		—		—		—		—		—

注：此表由招标人填写"暂估单价"，并在备注栏说明暂估价材料、工程设备拟用在哪些清单项目上，投标人应将上述材料、工程设备暂估单价计入工程量清单综合单价报价中。

专业工程暂估价及结算价表　　　　　　　　　　　　　　　表 1-10

工程名称：××商业住宅楼工程　　　　　　　　　　　　　　第 1 页　共 1 页

序号	工 程 名 称	工 程 内 容	暂估金额(元)	结算金额(元)	差额±(元)	备注
1	入户防盗门	制作、安装	40000.00			
2	玻璃雨篷	制作、安装	340000.00			
	合计		380000.00		—	

注：此表"暂估金额"由招标人填写，投标人应将"暂估金额"计入投标总价中。结算量按合同约定结算金额填写。

计日工表　　　　　　　　　　　　　　　　　　　　　　　表 1-11

工程名称：××商业住宅楼工程　　　　　　　　　　　　　　第 1 页　共 1 页

编号	项 目 名 称	单位	暂定数量	实际数量	综合单价(元)	合价(元) 暂定	合价(元) 实际
一	人工						
1	普工	工日	160.00				
2	技工(综合)	工日	80.00				
	人工小计						
二	材料						
1	钢筋(规格、型号综合)	t	8.000				
2	水泥 42.5	t	12.000				
3	中砂	m³	20.00				
4	砾石(5～40mm)	m³	52.00				
5	页岩砖(240mm×115mm×53mm)	千块	8.000				
	材料小计						
三	施工机械						
1	自升式塔式起重机(起重力矩1250kN·m)	台班	8.00				
2	灰浆搅拌机(400L)	台班	5.00				
	施工机械小计						
四、企业管理费和利润							
	总计						

注：此表项目名称、单位和暂定数量由招标人填写，编制招标控制价时，单价由招标人按有关计价规定确定；投标时，
单价由投标人自主报价，按暂定数量计算合价计入投标总价中。结算时，按发承包双方确认的实际数量计算合价。

总承包服务费计价表　　　　　　　　　　　　　　　　　　　　表 1-12

工程名称：××商业住宅楼工程　　　　　　　　　　　　　　　第1页　共1页

序号	项目名称	项目价值(元)	服务内容	计算基础	费率(%)	金额(元)
1	发包人发包专业工程		1. 按专业工程承包人的要求提供施工工作面并对施工现场进行统一管理，对竣工资料进行统一整理汇总。 2. 为专业工程承包人提供垂直运输机械和焊接电源接入点，并承担垂直运输费和电费。 3. 为防盗门、玻璃雨篷安装进行补缝和找平并承担相应费用			
2	发包人提供材料		对发包人供应的材料进行验收及保管和使用发放			
合计						

注：此表项目名称、服务内容由招标人填写，编制招标控制价时，费率及金额由招标人按有关计价规定确定；投标时，费率及金额由投标人自主报价，计入投标总价中。

1.3.3.7　规费、税金项目清单

【案例 1-6】　以某商业住宅楼为例，举例说明规费、税金项目清单编写格式要求。如表 1-13 所示。

规费、税金项目计价表　　　　　　　　　　　　　　　　　　　表 1-13

工程名称：××商业住宅楼工程　　　　　　　　　　　　　　　第1页　共1页

序号	项目名称	计算基础	计算基数	费率(%)	金额(元)
1	规费	定额人工费			
1.1	社会保险费	定额人工费			
1.2	住房公积金	定额人工费			
1.3	工程排污费	按工程所在地环境保护部门收取标准，按实计入			
2	税金	分部分项工程费+措施项目费+其他项目费+规费—按规定不计税的工程设备金额			
合计					

1.4 建设工程工程量清单计价的编制与复核

1.4.1 建设工程招标控制价的编制与复核

1.4.1.1 招标控制价编制的一般规定

(1) 国有资金投资的建设工程招标，招标人必须编制招标控制价。

(2) 招标控制价应由具有编制能力的招标人或受其委托具有相应资质的工程造价咨询人编制和复核。

(3) 工程造价咨询人接受招标人委托编制招标控制价，不得再就同一工程接受投标人委托编制招标控制价。

(4) 招标控制价应按照编制依据进行编制与复核，不应上调或下浮。

(5) 当招标控制价超过批准的概算时，招标人应将其报原概算审批部门审核。

(6) 招标人应在发布招标信息时公布招标控制价，同时应将招标控制价及有关资料报送工程所在地或有该工程管辖权的行业管理部门工程造价管理机构备查。

1.4.1.2 招标控制价的编制与复核

(1) 招标控制价应根据下列依据进行编制与复核：

1) 建设工程工程量清单计价规范；

2) 国家或省级、行业建设主管部门颁发的计价定额和计价办法；

3) 建设工程设计文件及相关资料；

4) 拟定的招标文件及招标工程量清单；

5) 与建设项目相关的标准、规范、技术资料；

6) 施工现场情况、工程特点及常规施工方案；

7) 工程造价管理机构发布的工程造价信息，当工程造价信息没有发布时，参照市场价；

8) 其他的相关资料。

(2) 综合单价中应包括招标文件中划分的应由投标人承担的风险范围及其费用。招标文件没有明确的，如是工程造价咨询人编制，应提请招标人明确；如是招标人编制，应予明确。

(3) 分部分项工程和措施项目中的单价项目，应根据拟定的招标文件和招标工程量清单项目中的特征描述及有关要求确定综合单价计算。

(4) 措施项目中的总价项目应根据拟定的招标文件和常规施工方案，采用综合单价计价。其中的安全文明施工费必须按照国家或省级、行业建设主管部门的规定计价。

(5) 其他项目应按下列规定计价：

1) 暂列金额应按招标工程量清单中列出的金额填写；

2) 暂估价中的材料、工程设备单价应按招标工程量清单中列出的单价计入综合单价；

3) 暂估价中的专业工程金额应按招标工程量清单中列出的金额填写；

4) 计日工应按招标工程量清单中列出的项目根据工程特点和有关计价依据确定综合单价计算；

5）总承包服务费应根据招标工程量清单列出的内容和要求估算。总承包服务费是招标人应预计该项费用并按投标人的投标报价向投标人支付该项费用。招标人仅要求对分包的专业工程进行总承包管理和协调时，按分包的专业工程估算造价的 1.5% 计算；招标人要求对分包的专业工程进行总承包管理和协调并同时要求提供配合服务时，根据招标文件中列出的配合服务内容和提出的要求按分包的专业工程估算造价的 3%～5% 计算；招标人自行供应材料的，按招标人供应材料价值的 1% 计算。

（6）规费和税金应按国家或省级、行业建设主管部门的规定计算。

1.4.1.3　投诉与处理

（1）投标人经复核认为招标人公布的招标控制价未按照"计价规范"的规定进行编制的，应在招标控制价公布后 5 天内向招投标监督机构和工程造价管理机构投诉。

（2）投诉人投诉时，应当提交由单位盖章和法定代表人或其委托人的签名或盖章的书面投诉书，投诉书应包括以下内容：

1）投诉人与被投诉人的名称、地址及有效联系方式；

2）投诉的招标工程名称、具体事项及理由；

3）投诉依据及有关证明材料；

4）相关的请求及主张。

（3）投诉人不得进行虚假、恶意投诉，阻碍投标活动的正常进行。

（4）工程造价管理机构在接到投诉书后应在 2 个工作日内进行审查，对有下列情况之一的，不予受理：

1）投诉人不是所投诉招标工程招标文件的收受人。

2）投诉书提交的时间超过招标控制价公布 5 天以后的。

3）投诉书不符合投诉文件要求规定的。如不是书面投诉书或没有签名或盖章等。

4）投诉事项已进入行政复议或行政诉讼程序的。

（5）工程造价管理机构应在不迟于结束审查的次日将是否受理投诉的决定书面通知投诉人、被投诉人以及负责该工程招投标监督的招投标管理机构。

（6）工程造价管理机构受理投诉后，应立即对招标控制价进行复查，组织投诉人、被投诉人或其委托的招标控制价编制人等单位人员对投诉问题逐一核对。有关当事人应当予以配合，并保证所提供资料的真实性。

（7）工程造价管理机构应当在受理投诉的 10 天内完成复查，特殊情况下可适当延长，并作出书面结论通知投诉人、被投诉人及负责该工程招投标监督的招投标管理机构。

（8）当招标控制价复查结论与原公布的招标控制价误差大于 ±3% 时，应当责成招标人改正。

（9）招标人根据招标控制价复查结论需要重新公布招标控制价的，其最终公布的时间到招标文件要求提交投标文件截止时间不足 15 天的，应相应延长投标文件的截止时间。

1.4.2　建设工程投标报价的编制与复核

1.4.2.1　投标报价编制的一般规定

（1）投标价应由投标人或受其委托具有相应资质的工程造价咨询人编制。

（2）除"计价规范"强制性规定外，投标人应依据招标文件及其工程量清单等相关资料自主确定投标报价。

（3）投标报价不得低于工程成本。

（4）投标人必须按招标工程量清单填报价格。项目编码、项目名称、项目特征、计量单位、工程量必须与招标工程量清单一致。

（5）投标人的投标报价高于招标控制价的应予废标。

1.4.2.2 投标报价的编制与复核

（1）投标报价应根据下列依据编制和复核：

1）《建设工程工程量清单计价规范》GB 50500—2013；

2）国家或省级、行业建设主管部门颁发的计价办法；

3）企业定额，国家或省级、行业建设主管部门颁发的计价定额；

4）招标文件、工程量清单及其补充通知、答疑纪要；

5）建设工程设计文件及相关资料；

6）施工现场情况、工程特点及拟定的投标施工组织设计或施工方案；

7）与建设项目相关的标准、规范等技术资料；

8）市场价格信息或工程造价管理机构发布的工程造价信息；

9）其他的相关资料。

（2）综合单价中应包括招标文件中划分的应由投标人承担的风险范围及其费用，招标文件中没有明确的，应提请招标人明确。

（3）分部分项工程和措施项目中的单价项目，应根据招标文件和招标工程量清单项目中的特征描述确定综合单价计算。

（4）措施项目中的总价项目金额应根据招标文件及投标时拟定的施工组织设计或施工方案，采用综合单价计价规定自主确定。其中的安全文明施工费应按照国家或省级、行业建设主管部门的规定计价。

（5）其他项目费应按下列规定报价：

1）暂列金额应按招标工程量清单中列出的金额填写；

2）材料、工程设备暂估价应按招标工程量清单中列出的单价计入综合单价；

3）专业工程暂估价应按招标工程量清单中列出的金额填写；

4）计日工应按招标工程量清单中列出的项目和数量，自主确定综合单价并计算计日工金额；

5）总承包服务费根据招标工程量清单中列出的内容和提出的要求自主确定。

（6）规费和税金必须按国家或省级、行业建设主管部门的规定计算，不得作为竞争性费用。

（7）招标工程量清单与计价表中列明的所有需要填写的单价和合价的项目，投标人均应填写且只允许有一个报价。未填写单价和合价的项目，可视为此项费用已包含在已标价工程量清单中其他项目的单价和合价之中。竣工结算时，此项目不得重新组价予以调整。

（8）投标总价应当与分部分项工程费、措施项目费、其他项目费和规费、税金的合计金额一致。进行工程量清单招标的投标报价时，不能进行投标总价优惠（或降价、让利），投标人对招标人的任何优惠（或降价、让利）均应反映在相应清单项目的综合单价中。

1.4.3　工程量清单报价实务

1.4.3.1　一般规定

（1）工程量清单报价。工程量清单报价是指投标人根据招标人发出的招标工程量清单作出的报价。应由投标人根据《建设工程工程量清单计价办法》进行编制。

工程量清单报价价款应包括按招标文件规定完成清单所列项目的全部费用。工程量清单报价应由分部分项工程费、措施项目费、其他项目费、规费和税金所组成。

工程造价应在政府宏观调控下，由市场竞争形成。在这一原则指导下，投标人的报价应在满足招标文件要求的前提下实行人工、材料、机械台班消耗量自定，价格费用自选、全面竞争、自主报价的方式。

投标企业应根据招标文件中提供的工程量清单，同时遵循招标人在招标文件中要求的报价方式和工程内容，填写投标报价单，也可以依据企业的定额和市场价格信息进行确定。

（2）综合单价。综合单价应包括为完成工程量清单项目，每计量单位工程量所需的人工费、材料费、施工机械使用费、管理费、利润，并考虑一定范围内的风险、招标人的特殊要求等全部费用。工程量清单中的分部分项工程费、措施项目费、其他项目费均应按综合单价报价。规费、税金按国家有关规定执行。

"全部费用"的含义，应从如下三方面理解。一是，考虑到我国的现实情况，综合单价包括除规费、税金以外的全部费用。二是，综合单价不但适用于分部分项工程量清单，也适用于措施项目清单、其他项目清单。三是，①完成每分项工程所含全部工程内容的费用；②完成每项工程内容所需的全部费用；③工程量清单项目中没有体现的，施工中又必然发生的工程内容所需的费用；④因招标人的特殊要求而发生的费用；⑤考虑一定范围内的风险因素而增加的费用。

由于"建设工程计价计量规范"不规定具体的人工、材料、机械费的价格，所以投标企业可以依据当时当地的市场价格信息，用企业定额计算得出的人工、材料、机械消耗量，乘以工程中需支付的人工、购买材料、使用机械和消耗能源等方面的市场单价得出工料综合单价，或根据《建设工程工程量清单计价办法》进行编制。同时必须考虑工程本身的内容、范围、技术特点要求以及招标文件的有关规定、工程现场情况，以及其他方面的因素，如工程进度、质量好坏、资源安排及风险等特殊性要求，灵活机动地进行调整，组成各分项工程的综合单价作为报价，该报价应尽可能地与企业内部成本数据相吻合，而且在投标中具有一定的竞争能力。

对于属于企业性质的施工方法、施工措施和人工、材料、机械的消耗水平、取费等"建设工程计价计量规范"都没有具体规定，放给企业由企业自己根据自身和市场情况来确定。

综合单价按招标文件中分部分项工程量清单项目的特征描述确定计算。当施工图纸或设计变更与工程量清单的项目特征描述不一致时，按实际施工的项目特征，重新确定综合单价。招标文件中提供了暂估单价的材料，按材料暂估单价进入综合单价。

措施项目费报价的编制应考虑多种因素，除工程本身的因素外，还应考虑水文、地质、气象、环境、安全等和施工企业的实际情况。详细项目可参考"计量规范"附录 S 所列"措施项目"，如果出现附录措施项目中未列的项目，编制人可在清单项目后补充。其综合单价的确定可参见企业定额或建设行政主管部门发布的系数计算。

综合单价的计算程序应按《建设工程工程量清单计价办法》的规定执行。

在综合单价确定后，投标单位便可以根据掌握的竞争对手的情况和制定的投标策略，填写工程量清单报价格式中所列明的所有需要填报的单价和合价，以及汇总表。如果有未填报的单价和合价，视为此项费用已包含在工程量清单的其他单价和合价中，结算时不得追加。

1.4.3.2　工程量清单报价格式

工程量清单报价格式是投标人进行工程量清单报价的格式表格，除封面和扉页外，包括工程计价总说明、建设项目投标报价汇总表、单项工程投标报价汇总表、单位工程投标报价汇总表、分部分项工程量清单与计价表、工程量清单综合单价分析表、单价措施项目清单与计价表和总价措施项目清单与计价表、其他项目清单与计价汇总表、暂列金额明细表、材料暂估单价及调整表、专业工程暂估价及结算价表、计日工表、总承包服务费计价表、规费、税金项目计价表。工程量清单报价格式应与招标文件一起发至投标人。

1.4.3.3　投标总价封面和扉页的填写

投标总价封面和扉页由投标人按规定内容填写、签字、盖章，其中"投标人"一栏应填写单位名称；"编制人"为造价工程师时也可填"注册证号"。投标总价扉页的格式，见表1-14。

投标总价扉页　　　　　　　　表1-14

投 标 总 价

招　　　标　　　人：××城市建设开发公司

工　程　名　称：××商业住宅楼工程

投标总价(小写)：15827231.55元

（大写）：壹仟伍佰捌拾贰万柒仟贰佰叁拾壹元伍角伍分

投　　　标　　　人：××建筑工程公司　单位公章

（单位盖章）

法 定 代 表 人
或 其 授 权 人：××建筑工程公司　法定代表人

（签字或盖章）

××××签字
盖造价工程师

编　　　制　　　人：或造价员专用章

（造价人员签字盖专用章）

编　制　时　间：××××年×月×日

1.4.3.4　工程计价总说明的编制

工程计价总说明主要应包括两方面的内容。一是对招标人提出的包括清单在内有关问题的说明。二是有利于自身中标等问题的说明。工程计价总说明应包括下列具体内容：

（1）工程量清单报价文件包括的内容。

（2）工程量清单报价编制依据。

（3）工程质量、工期。

（4）优惠条件的说明。

（5）优越于招标文件中技术标准的备选方案的说明。

（6）对招标文件中的某些问题有异议时的说明。

（7）其他需要说明的问题。

工程计价总说明应按照《建设工程工程量清单计价规则》规定的具体内容填写，不足部分，投标人可以补充。

【案例 1-7】 以某商业住宅楼为例，举例说明工程计价总说明编写格式要求。如表 1-15 所示。

总说明 表 1-15

工程名称：××商业住宅楼工程 第 1 页 共 1 页

1. 工程概况：本工程为砖混结构，混凝土灌注桩基，建筑层数为六层，一层为商业用房，二至六层为住宅，建筑面积为 8654m²，招标计划工期为 240 日历天，投标工期为 220 日历天。

2. 投标报价包括范围：为本次招标的商业住宅楼工程施工图范围内的建筑工程和装饰及安装工程。

3. 投标报价编制依据：

(1)招标文件及其所提供的工程量清单和有关报价的要求，招标文件的补充通知和答疑纪要。

(2)商业住宅楼施工图及投标施工组织设计。

(3)有关的技术标准、规范和安全管理规定等。

(4)省建设主管部门颁发的计价定额和计价管理办法及相关计价文件。

(5)材料价格根据本公司掌握的价格情况并参照工程所在地工程造价管理机构××××年×月工程造价信息发布的价格。

1.4.3.5 建设项目投标报价汇总表的编制

（1）表中单项工程名称应按单项工程投标报价汇总表的工程名称填写。

（2）表中金额应按单项工程投标报价汇总表的合计金额填写。

【案例 1-8】 建设项目投标报价汇总表的格式（数据是假设的），如表 1-16 所示。

建设项目投标报价汇总表 表 1-16

工程名称：××商业住宅楼工程 第 1 页 共 1 页

序号	单项工程名称	金额(元)	其中:(元)		
			暂估价	安全文明施工费	规费
1	商业住宅楼工程	15827231.55	1034597.36	484292.53	1181467.70
	合计	15827231.55	1034597.36	484292.53	1181467.70

注：本表适用于工程项目招标控制价或投标报价的汇总。

说明：本工程仅为一栋商业住宅楼，故单项工程即为工程项目。

1.4.3.6 单项工程投标报价汇总表的编制

（1）表中单位工程名称应按单位工程投标报价汇总表的工程名称填写。

（2）表中金额应按单位工程投标报价汇总表的合计金额填写。

【案例1-9】 单项工程投标报价汇总表的格式（数据是假设的），如表1-17所示。

单项工程投标报价汇总表   表1-17

工程名称：××商业住宅楼工程   第1页 共1页

序号	单位工程名称	金额（元）	其中：（元）		
			暂估价	安全文明施工费	规费
1	建筑工程	8573292.29	597900.00	282795.33	629720.69
2	装饰工程	5673212.13	215352.21	157367.49	438593.90
3	安装工程	1580727.13	221345.15	44129.71	113153.11
合计		15827231.55	1034597.36	484292.53	1181467.70

注：本表适用于单项工程招标控制价或投标报价的汇总。暂估价包括分部分项工程中的暂估价和专业工程暂估价。

1.4.3.7 单位工程投标报价汇总表的编制

表中的金额应分别按分部分项工程和单价措施项目清单与计价表、总价措施项目清单与计价表、其他项目清单与计价汇总表和规费、税金项目计价表的合计金额，按序号进行填写。

【案例1-10】 单位工程投标报价汇总表的格式（数据是假设的），如表1-18所示。

单位工程投标报价汇总表   表1-18

工程名称：××商业住宅楼工程   第1页 共1页

序号	汇总内容	金额（元）	其中：暂估价（元）
1	分部分项工程	6164838.42	217900.00
1.1	A. 土石方工程	199757.23	
1.2	B. 地基处理与边坡支护工程	397283.57	
1.3	D. 砌筑工程	929518.12	
1.4	E. 混凝土及钢筋混凝土工程	3532419.25	171100.00
1.5	F. 金属结构工程	770794.94	
1.6	J. 屋面及防水工程	251838.55	
1.7	K. 保温、隔热、防腐工程	83226.76	46800.00
2	措施项目	701931.60	—
2.1	其中：安全文明施工费	245860.35	—
3	其他项目	739461.74	—
3.1	其中：暂列金额	250000.00	—
3.2	其中：专业工程暂估价	380000.00	—
3.3	其中：计日工	92061.74	—
3.4	其中：总承包服务费	17400.00	—
4	规费	629720.69	—
5	税金	337339.84	—
投标报价合计＝1+2+3+4+5		8573292.29	217900.00

注：本表适用于单位工程招标控制价或投标报价的汇总，如无单位工程划分，单项工程也使用本表汇总。

1. 4. 3. 8 分部分项工程量清单报价

分部分项工程量清单报价应注意以下两点：一是分部分项工程量清单计价表的项目编码、项目名称、项目特征、计量单位、工程量必须按分部分项工程量清单的相应内容填写，不得增加或减少、不得修改。二是分部分项工程量清单报价，其核心是综合单价的确定。

综合单价的计算一般应按下列顺序进行：

（1）确定工程内容。根据工程量清单项目和拟建工程的实际，或参照"分部分项工程量清单项目设置及其消耗量定额"表中的"工程内容"，确定该清单项目的主体及其相关工程内容，并选用相应定额。

（2）计算工程量。按现行建筑工程量计算规则的规定，分别计算工程量清单项目所包含的每项工程内容的工程量。

（3）计算单位含量。分别计算工程量清单项目的每计量单位应包含的各项工程内容的工程量。

计算单位含量＝计算的各项工程内容的工程量÷相应清单项目的工程量

（4）选择定额。根据确定的工程内容，参照"分部分项工程量清单项目设置及其消耗量定额"表中定额名称及其编号，分别选定定额，确定人工、材料、机械台班消耗量。

（5）选择单价。应根据建设工程工程量清单计价规则规定的费用组成，参照其计算方法，或参照工程造价管理机构发布的人工、材料、机械台班信息价格，确定相应单价。

（6）"工程内容"的人、材、机价款。计算清单项目每计量单位所含某项工程内容的人工、材料、机械台班价款。

工程内容的人、材、机价款＝∑[人、材、机消耗量×人、材、机单价]×计算单位含量

（7）工程量清单项目人、材、机价款。计算工程量清单项目每计量单位人工、材料、机械台班价款。

工程量清单项目人、材、机价款＝工程内容的人、材、机价款之和

（8）选定费率。应根据建设工程工程量清单计价规则规定的费用项目组成，参照其计算方法，或参照工程造价主管部门发布的相关费率，结合本企业和市场的情况，确定管理费率、利润率。

（9）计算综合单价。

建筑工程综合单价＝工程量清单项目人、材、机价款×（1＋管理费率＋利润率）

合价＝综合单价×相应清单项目工程量

【案例 1-11】 以某商业住宅楼为例（数据是假设的），分部分项工程量清单与计价表如表 1-19 所示。

分部分项工程量清单与计价表　　　　　　　　表 1-19

工程名称：××商业住宅楼工程　　　　　　　　第 1 页　共 1 页

序号	项目编码	项目名称	项目特征描述	计量单位	工程量	金额（元）		
						综合单价	合价	其中 暂估价
1	010401001001	砖基础	M5.0 水泥砂浆砌筑标准 Mu10.0 机制红砖的条形基础	m³	24.80	155.80	3863.84	
2	010501001001	垫层	现场搅拌 C15 混凝土	m³	2.14	425.12	909.76	
3	010404001002	垫层	300mm 厚 3：7 灰土	m³	10.69	126.33	1350.47	

1.4.3.9 措施项目清单报价

措施项目清单与计价表中的序号、项目编码、项目名称、项目特征、计量单位和工程量应按措施项目清单的相应内容填写，不得减少或修改。但投标人可根据拟建工程的施工组织设计，增加其不足的措施项目并报价。

措施项目清单与计价表中的金额，建设工程工程量清单计价规则提供了二种计算规则。

（1）当以分部分项工程量清单的方式采用综合单价计价时，一般应按下列顺序进行。

1）应根据措施项目清单和拟建工程的施工组织设计，确定措施项目。

2）确定该措施项目所包含的工程内容。

3）以现行的建筑工程量计算规则，分别计算该措施项目所含每项工程内容的工程量。

4）根据确定的工程内容，参照"措施项目设置及其消耗量定额（计价规则）"表中的消耗量定额，确定人工、材料、机械台班消耗量。

5）应根据建设工程工程量清单计价规则规定的费用组成，参照其计算方法，根据市场价格信息（考虑一定的风险费）或参照工程造价主管部门发布的信息价格，确定相应单价。

6）计算措施项目所含某项工程内容的人工、材料、机械台班的价款。

措施项目所含工程内容人、材、机价款=∑［人、材、机消耗量×人、材、机单价］×措施项目所含每项工程内容的工程量。

7）措施项目人工、材料、机械台班价款

措施项目人、材、机价款=∑措施项目所含某项工程内容的人工、材料、机械台班的价款

8）应根据建设工程工程量清单计价规则规定的费用项目组成，参照其计算方法，或参照工程造价主管部门发布的相关费率，结合本企业和市场的情况，确定管理费率、利润率。

9）措施项目费（包括人工、材料、机械台班和管理费、利润）计算如下。

建筑工程措施项目金额=措施项目人、材、机价款×(1+管理费率+利润率)

【案例1-12】 单价措施项目清单与计价表的格式（数据是假设的），如表1-20所示。

单价措施项目清单与计价表 表1-20

工程名称：××商业住宅楼工程　　　　　　　　　　　　　　　　　　第1页　共2页

序号	项目编码	项目名称	项目特征描述	计量单位	工程量	金额（元）		
						综合单价	合价	其中暂估价
1	011702002001	矩形柱	断面450mm×450mm,支模高度4m	m²	144.21	18.37	2649.14	
2	011702006001	矩形梁	断面250mm×500mm,梁底支模高度3.5m	m²	75.34	23.97	1805.90	
			（其他略）					
本页小计							4455.04	
合计							245860.35	

注：为计取规费等使用，可在表中增设其中："定额人工费"。

（2）当以工程造价管理机构发布的费率计算时，措施项目费（包括人工、材料、机械台班和管理费、利润）计算如下。

总价措施项目费＝分部分项工程定额人工费×相应措施项目费率

或　　　总价措施项目费＝分部分项工程(人工费＋机械台班费)×相应措施项目费率

【案例 1-13】 总价措施项目清单与计价表的格式（数据是假设的），如表 1-21 所示。

总价措施项目清单与计价表　　　　　　　　　　　　表 1-21

工程名称：××商业住宅楼工程　　　　　　　　　　　　　　　　　第 1 页　共 1 页

序号	项目编码	项目名称	计算基础	费率(%)	金额(元)	调整费率(%)	调整后金额(元)	备注
1	011707001	安全文明施工	定额人工费	3.12	49639.69			
2	011707002	夜间施工	定额人工费	0.7	11137.11			
3	011707003	二次搬运	定额人工费	0.6	9546.09			
4	011707004	冬雨季施工	定额人工费	0.8	12728.13			
5	011707005	已完工程及设备保护	定额人工费	0.15	2386.52			
					85437.54			

注："计算基础"中的安全文明施工费可以为"定额基价"、"定额人工费"或"定额人工费＋定额机械费"，其他项目可为"定额人工费"或"定额人工费＋定额机械费"。按施工方案计算的措施费，若无"计算基础"和"费率"的数值，也可只填"金额"数值，但应在备注栏说明施工方案出处或计算方法。

1.4.3.10 其他项目清单报价

其他项目清单与计价汇总表中的序号、项目名称、计量单位、金额应按招标人编制的其他项目清单与计价汇总表中的相应内容填写，不得增加或减少、不得修改。计日工和总包服务费的金额一栏按明细表中的合计金额填写。

【案例 1-14】 其他项目清单与计价汇总表的格式（数据是假设的），如表 1-22 所示。

其他项目清单与计价汇总表　　　　　　　　　　表 1-22

工程名称：××商业住宅楼工程　　　　　　　　　　　　　　　　第 1 页　共 1 页

序号	项目名称	金额(元)	结算金额(元)	备注
1	暂列金额	250000.00		明细详见"计价规范"表 G.2（本书表 1-23）
2	暂估价	380000.00		
2.1	材料暂估价	—		明细详见"计价规范"表 G.3（本书表 1-24）
2.2	专业工程暂估价	380000.00		明细详见"计价规范"表 G.4（本书表 1-25）
3	计日工	92061.74		明细详见"计价规范"表 G.5（本书表 1-26）
4	总承包服务费	17400.00		明细详见"计价规范"表 G.6（本书表 1-27）
5	索赔与现场签证			明细详见"计价规范"表 G.7
	合计	739461.74		—

注：材料暂估单价进入清单项目综合单价，此处不汇总。

其他项目清单报价是比较简单的，应按"其他项目清单项目设置及其计价规则"表的要求报价。

（1）暂列金额明细表由招标人填写，投标人应将暂列金额的合计额计入投标总价中。

【案例1-15】 暂列金额明细表的格式（数据是假设的），如表1-23所示。

暂列金额明细表 表1-23

工程名称：××商业住宅楼工程 第1页 共1页

序号	项目名称	计量单位	暂定金额（元）	备注
1	工程量清单中工程量偏差和设计变更	项	100000.00	
2	政策性调整和材料价格风险	项	100000.00	
3	其他	项	50000.00	
	合计		250000.00	—

注：此表由招标人填写，如不能详列，也可只列暂定金额总额，投标人应将上述暂列金额计入投标总价中。

（2）材料暂估单价表和专业工程暂估价表均由招标人填写。投标人应将材料暂估单价计入工程量清单综合单价报价中，将专业工程暂估价计入投标总价中。

【案例1-16】 材料暂估单价表的格式（数据是假设的），见表1-24。

材料（工程设备）暂估单价及调整表 表1-24

工程名称：××商业住宅楼工程 第1页 共1页

序号	材料（工程设备）名称、规格、型号	计量单位	数量		暂估（元）		确认（元）		差额±（元）		备注
			暂估	确认	单价	合价	单价	合价	单价	合价	
1	钢筋（规格、型号综合）	t			4800.00						用于现浇构件钢筋项目
2	53系列断热铝合金窗	m²			750.00						用于金属窗项目
3	防火外墙保温板	m²			18.00						用于保温隔热墙项目
	合计				—		—		—		—

注：此表由招标人填写"暂估单价"，并在备注栏说明暂估价材料、工程设备拟用在哪些清单项目上，投标人应将上述材料、工程设备暂估单价计入工程量清单综合单价报价中。

【案例 1-17】 专业工程暂估价表的格式（数据是假设的），见表 1-25。

专业工程暂估价及结算价表　　　　　　　　　　　　　**表 1-25**

工程名称：××商业住宅楼工程　　　　　　　　　　　　　　第 1 页　共 1 页

序号	工程名称	工程内容	暂估金额（元）	结算金额（元）	差额±（元）	备注
1	入户防盗门	制作、安装	40000.00			
2	玻璃雨篷	制作、安装	340000.00			
	合计		380000.00			—

注：此表"暂估金额"由招标人填写，投标人应将"暂估金额"计入投标总价中。结算量按合同约定结算金额填写。

（3）计日工表中的序号、名称、计量单位、数量应按计日工表的相应内容填写，不得增加或减少、不得修改。

计日工表的综合单价，投标人应在招标人预测名称及预估相应数量的基础上，考虑零星工作特点进行确定，并计入投标总价中。工程竣工时，按实进行结算。

【案例 1-18】 计日工表的格式（数据是假设的），见表 1-26。

计日工表　　　　　　　　　　　　　　　　　　　　　　**表 1-26**

工程名称：××商业住宅楼工程　　　　　　　　　　　　　　第 1 页　共 1 页

编号	项目名称	单位	暂定数量	实际数量	综合单价（元）	合价（元） 暂定	合价（元） 实际
一	人工						
1	普工	工日	160.00		100.00	16000.00	
2	技工（综合）	工日	80.00		160.00	12800.00	
	人工小计					2800.00	
二	材料						
1	钢筋（规格、型号综合）	t	8.000		5500.00	44000.00	
2	水泥 42.5	t	12.000		610.00	7320.00	
3	中砂	m³	20.00		86.00	1720.00	
4	砾石（5～40mm）	m³	52.00		48.00	2496.00	
5	页岩砖（240mm×115mm×53mm）	千块	8.000		360.00	2880.00	
						58416.00	
	材料小计						
三	施工机械						
1	自升式塔式起重机（起重力矩 1250kN·m）	台班	8.00		590.00	4721.84	
2	灰浆搅拌机（400L）	台班	5.00		24.78	123.90	
	施工机械小计					4845.74	
四、企业管理费和利润							
	总计					92061.74	

注：此表项目名称、单位和暂定数量由招标人填写，编制招标控制价时，单价由招标人按有关计价规定确定；投标时，单价由投标人自主报价，按暂定数量计算合价计入投标总价中。结算时，按发承包双方确认的实际数量计算合价。

（4）总承包服务费计价表，由投标人根据提供的服务所需的费用填写（包括除规费、税金以外的全部费用）。

【案例1-19】 总承包服务费计价表的格式（数据是假设的），见表1-27。

总承包服务费计价表　　　　　　　　　　　　　　　　　　　表1-27

工程名称：××商业住宅楼工程　　　　　　　　　　　　　　第1页 共1页

序号	项目名称	项目价值(元)	服务内容	计算基础	费率(%)	金额(元)
1	发包人发包专业工程	380000.00	(1)按专业工程承包人的要求提供施工工作面并对施工现场进行统一管理，对竣工资料进行统一整理汇总；(2)为专业工程承包人提供垂直运输机械和焊接电源接入点，并承担垂直运输费和电费；(3)为防盗门、玻璃雨篷安装进行补缝和找平并承担相应费用	专业工程费	3	11400.00
2	发包人提供材料	1200000.00	对发包人供应的材料进行验收及保管和使用发放	材料费	0.5	6000.00
			合计			17400.00

注：此表项目名称、服务内容由招标人填写，编制招标控制价时，费率及金额由招标人按有关计价规定确定；投标时，费率及金额由投标人自主报价，计入投标总价中。

1.4.3.11 规费和税金投标报价

规费、税金项目计价表中的序号、项目名称和计算基础由招标人填写。投标人在投标报价时必须按照国家或省级、行业建设主管部门的有关规定计算规费和税金。

【案例1-20】 规费、税金项目计价表的格式（数据是假设的），见表1-28。

规费、税金项目计价表　　　　　　　　　　　　　　　　表1-28

工程名称：××商业住宅楼工程　　　　　　　　　　　　　第1页 共1页

序号	项目名称	计算基础	计算基数	计算费率(%)	金额(元)
1	规费	定额人工费	1.1+1.2+1.3		323058.25
1.1	社会保险费	定额人工费	9063952.69	2.6	235662.77
1.2	住房公积金	定额人工费			54632.27
1.3	工程排污费	按工程所在地环境保护部门收取标准,按实计入			32763.21
2	税金	分部分项工程费+措施项目费+其他项目费+规费-按规定不计税的工程设备金额	9693673.56	3.48	337339.84
		合计			660398.09

注：根据住建部\财政部发布的《建筑安装工程费用项目组成》（建标〔2013〕44号）的规定，规费的"计算基础"为"定额人工费"，税金的"计算基础"为"税前造价"。

1.4.3.12 报价款组成

报价款包括分部分项工程量清单报价款、措施项目清单报价款、其他项目清单报价款、规费、税金等，是投标人响应招标人的要求完成拟建工程的全部费用。但"社会保险费"由专门机构收取（除市政工程外），所以报价时不得重复计算，由此所涉及的税金，也暂不计算。

1.4.3.13 工程量清单综合单价分析表

分部分项工程费、措施项目费、其他项目费的报价单填写完成后，还应按照招标人要求填写工程量清单综合单价分析表，目的是在评标时便于评委对投标单位的最终总报价及分项工程的综合单价的合理性进行分析、评分，剔除不合理的低价，消除恶意竞争的后果，有利于业主在保证工程建设质量的同时，选择一个合理的、报价较低的中标单位。

【案例 1-21】 工程量清单综合单价分析表的格式（数据是假设的），见表 1-29。

工程量清单综合单价分析表 表 1-29

工程名称：××商业住宅楼工程 第 1 页 共 5 页

项目编码	010302005001		项目名称	人工挖孔灌注桩		计量单位	根	工程量	1

清单综合单价组成明细

定额编号	定额名称	定额单位	数量	单价				合价			
				人工费	材料费	机械费	管理费和利润	人工费	材料费	机械费	管理费和利润
AB0921	挖孔桩芯混凝土 C25	10m³	0.0575	878.85	2813.67	83.50	263.46	50.53	161.79	4.80	15.15
AB0284	挖孔桩护壁混凝土 C20	10m³	0.02255	893.96	2732.48	86.32	268.54	20.16	61.62	1.95	6.06
人工单价			小计					70.69	223.41	6.75	21.21
58 元/工日			未计价材料费								
清单项目综合单价								322.06			

	主要材料名称、规格、型号	单位	数量	单价（元）	合价（元）	暂估单价（元）	暂估合价（元）
材料费明细	混凝土 C25	m³	0.584	268.09	156.56		
	混凝土 C20	m³	0.248	243.45	60.38		
	水泥 42.5	kg	(276.189)	0.556	(153.56)		
	中砂	m³	(0.384)	79.00	(30.34)		
	砾石 5~40mm	m³	(0.732)	45.00	(32.94)		
	其他材料费			—	6.47		
	材料费小计			—	223.41		

注：1. 如不使用省级或行业建设主管部门发布的计价依据，可不填定额项目、编号等。

2. 招标文件提供了暂估单价的材料，按暂估的单价填入表内"暂估单价"栏及"暂估合价"栏。

1.4.4 工程量清单计价流程

1.4.4.1 工程量清单计价流程图

工程量清单项目比较多，计算过程也较复杂，根据实际承包的项目不同所填报的表格

也不同，图 1-2 所示计价流程是一个完整的过程，编制时可根据实际情况选用。

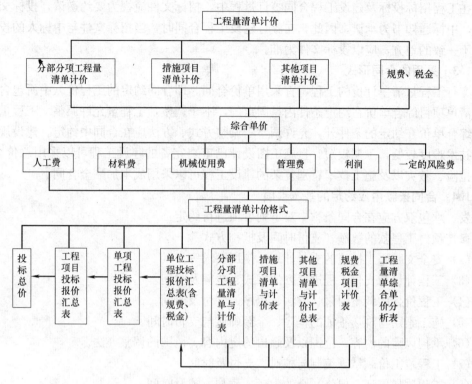

图 1-2　工程量清单计价流程图

1.4.4.2　工程量清单综合单价的计算方式

工程量清单综合单价的计算方式，主要有以下三种：

（1）以消耗量定额为依据，结合竞争需要的政府定额定价（清单计价规则）。

（2）以企业定额为依据，结合竞争需要的企业成本定价（编制企业定额）。

（3）以分包商报价为依据，结合竞争需要的实际成本定价（按市场定价）。

1.5　工程计量与价款结算

1.5.1　工程合同价款的约定

1.5.1.1　合同价款在合同中的约定形式

（1）实行招标的工程合同价款应在中标通知书发出之日起 30 天内，由发、承包双方依据招标文件和中标人的投标文件在书面合同中约定。

（2）不实行招标的工程合同价款，在发、承包双方认可的工程价款基础上，由发、承包双方在合同中约定。

（3）招标人和中标人不得再行订立背离合同实质性内容的其他协议。

1.5.1.2　工程合同价款的约定原则

实行招标的工程，合同约定不得违背招标、投标文件中关于工期、造价、质量等方面的实质性内容。招标文件与中标人投标文件不一致的地方，以投标文件为准。

在工程招标投标及建设工程合同签订过程中，招标文件应视为要约邀请，投标文件为要约，中标通知书为承诺。因此，在签订建设工程合同时，当招标文件与中标人的投标文件有不一致的地方，应以投标文件为准。

1.5.1.3 采用的合同形式

实行工程量清单计价的工程，宜采用单价合同。即合同约定的工程价款中所包含的工程量清单项目综合单价在约定条件内是固定的，不予调整，工程量允许调整。工程量清单项目综合单价在约定的条件外，允许调整。调整方式、方法应在合同中约定。建设规模较小，技术难度较低，工期较短，且施工图设计已审查完备的建设工程可以采用总价合同；紧急抢险、救灾以及施工技术特别复杂的建设工程可以采用成本加酬金合同。

1.5.1.4 合同条款中应约定的基本事项

发、承包双方应在合同条款中对下列事项进行约定：

(1) 预付工程款的数额、支付时间及抵扣方式。

(2) 安全文明施工措施的支付计划，使用要求等。

(3) 工程计量与支付工程进度款的方式、数额及时间。

(4) 工程价款的调整因素、方法、程序、支付及时间。

(5) 施工索赔与现场签证的程序、金额确认与支付时间。

(6) 承担风险的内容、范围以及超出约定内容、范围的调整办法。

(7) 工程竣工价款结算编制与核对、支付及时间。

(8) 工程质量保证（保修）金的数额、预扣方式及时间。

(9) 违约责任以及发生工程价款争议的解决方法及时间。

(10) 与履行合同、支付价款有关的其他事项等。

合同中没有约定或约定不明的，由双方协商确定；协商不能达成一致的，按"计价规范"相关规定执行。

1.5.2 工程计量与价款支付

1.5.2.1 工程计量的一般规定

(1) 工程量应当按照相关工程的现行国家计量规范规定的工程量计算规则计算。

(2) 工程计量可选择按月或按工程形象进度分段计量，具体计量周期在合同中约定。

(3) 因承包人原因造成的超范围施工或返工的工程量，发包人不予计量。

(4) 工程量必须以承包人完成合同工程应予计量的工程量确定。

(5) 工程计量时，若发现招标工程量清单中出现缺项、工程量偏差，或因工程变更引起工程量的增减，应按承包人在履行合同过程中实际完成的工程量计算。

1.5.2.2 发包人支付工程预付款的规定

发包人应按照合同约定支付工程预付款，承包人应将预付款专用于合同工程。

(1) 工程预付款的额度。包工包料工程的预付款的支付比例不得低于签约合同价（扣除暂列金额）的10%，不宜高于签约合同价（扣除暂列金额）的30%。

(2) 工程预付款的支付时间。承包人应在签订合同或向发包人提供与预付款等额的预付款保函后向发包人提交预付款支付申请。发包人应在收到支付申请的7天内进行核实，向承包人发出预付款支付证书，并在签发支付证书后的 7 天内向承包人支付预付款。

（3）发包人没有按合同约定按时支付预付款的，承包人可催告发包人支付；发包人在预付款期满后的 7 天内仍未支付的，承包人可在付款期满后的第 8 天起暂停施工。发包人应承担由此增加的费用和延误的工期，并应向承包人支付合理利润。

（4）预付款应从每一个支付期应支付给承包人的工程进度款中扣回，直到扣回的金额达到合同约定的预付款金额为止。

（5）承包人的预付款保函的担保金额根据预付款扣回的数额相应递减，但在预付款全部扣回之前一直保持有效。发包人应在预付款扣完后的 14 天内将预付款保函退还给承包人。

1.5.2.3　支付工程进度款的规定

（1）发承包双方应按照合同约定的时间、程序和方法，根据工程计量结果，办理期中价款结算，支付进度款。进度款支付周期应与合同约定的工程计量周期一致。

（2）已标价工程量清单中的单价项目，承包人应按工程计量确认的工程量与综合单价计算；综合单价发生调整的，以发承包双方确认调整的综合单价计算进度款。

（3）发包人提供的甲供材料金额，应按照发包人签约提供的单价和数量从进度款支付中扣除，列入本周期应扣减的金额中。承包人现场签证和得到发包人确认的索赔金额应列入本周期应增加的金额中。

（4）进度款的支付比例按照合同约定，按期中结算价款总额计，不低于 60％，不高于 90％。

1.5.2.4　支付安全文明施工费的规定

（1）发包人应在工程开工后的 28 天内预付不低于当年施工进度计划的安全文明施工费总额的 60％，其余部分应按照提前安排的原则进行分解，并应与进度款同期支付。

（2）发包人没有按时支付安全文明施工费的，承包人可催告发包人支付；发包人在付款期满后的 7 天内仍未支付的，若发生安全事故，发包人应承担相应责任。

（3）承包人对安全文明施工费应专款专用，在财务账目中应单独列项备查，不得挪作他用，否则发包人有权要求其限期改正；逾期未改正的，造成的损失和延误的工期应由承包人承担。

1.5.3　合同价款调整

1.5.3.1　合同价款调整的一般规定

以下事项（但不限于）发生，发承包双方应当按照合同约定调整合同价款：

（1）法律法规变化；
（2）工程变更；
（3）项目特征不符；
（4）工程量清单缺项；
（5）工程量偏差；
（6）计日工；
（7）物价变化；
（8）暂估价；

(9) 不可抗力；

(10) 提前竣工（赶工补偿）；

(11) 误期赔偿；

(12) 索赔；

(13) 现场签证；

(14) 暂列金额；

(15) 发承包双方约定的其他调整事项。

1.5.3.2　工程价款调整报告

工程价款调整报告应由受益方在合同约定时间内向合同的另一方提出，经对方确认后调整合同价款。受益方未在合同约定时间内提出工程价款调整报告的，视为不涉及合同价款的调整。收到工程价款调整报告的一方应在合同约定时间内确认或提出协商意见，否则，视为工程价款调整报告已经确认。

当合同未作约定时，按下列规定办理：

(1) 调整因素确定后 14 天内，由受益方向对方递交调整工程价款报告。受益方在 14 天内未递交调整工程价款报告的，视为不调整工程价款。

(2) 收到调整工程价款报告的一方，应在收到之日起 14 天内予以确认或提出协商意见，如在 14 天内未作确认也未提出协商意见时，视为调整工程价款报告已被确认。

(3) 经发、承包双方确定调整的工程价款，作为追加（减）合同价款与工程进度款或结算款同期支付。

1.5.3.3　法律、法规、规章和政策发生变化的调整

(1) 招标工程以投标截止日前 28 天、非招标工程以合同签订前 28 天为基准日，其后国家的法律、法规、规章和政策发生变化影响工程造价的，发承包双方应按省级或行业建设主管部门或其授权的工程造价管理机构发布的规定调整合同价款。

(2) 因承包人原因导致工期延误，按规范规定的调整时间在合同工程原定竣工时间之后，合同价款调增的不予调整，合同价款调减的予以调整。

1.5.3.4　工程变更引起的价款调整

因工程变更引起已标价工程量清单项目或其工程数量发生变化，应按照下列单价确定原则调整：

(1) 已标价工程量清单中有适用于变更工程项目的，采用该项目的单价；但当工程变更导致该清单项目的工程数量发生变化，且工程量偏差超过 15% 时，该项目单价的调整应按照工程量偏差调整的规定调整。

(2) 已标价工程量清单中没有适用但有类似于变更工程项目的，可在合理范围内参照类似项目的单价。

(3) 已标价工程量清单中没有适用也没有类似于变更工程项目的，由承包人根据变更工程资料、计量规则和计价办法、工程造价管理机构发布的信息价格和承包人报价浮动率提出变更工程项目的单价，并应报发包人确认后调整。承包人报价浮动率可按下列公式计算：

招标工程：承包人报价浮动率 $L = (1 - 中标价/招标控制价) \times 100\%$；

非招标工程：承包人报价浮动率 $L = (1 - 报价值/施工图预算) \times 100\%$

(4) 已标价工程量清单中没有适用也没有类似于变更工程项目，且工程造价管理机构发布的信息价格缺价的，由承包人根据变更工程资料、计量规则、计价办法和通过市场调查等取得有合法依据的市场价格提出变更工程项目的单价，并应报发包人确认后调整。

(5) 工程变更引起施工方案改变，并使措施项目发生变化的，承包人提出调整措施项目费的，应事先将拟实施的方案提交发包人确认，并详细说明与原方案措施项目相比的变化情况。拟实施的方案经发承包双方确认后执行。该情况下，应按照下列规定调整措施项目费：

1) 安全文明施工费，按照实际发生变化的措施项目调整。

2) 采用单价计算的措施项目费，按照实际发生变化的措施项目按规范的规定确定单价。

3) 按总价（或系数）计算的措施项目费，按照实际发生变化的措施项目调整，但应考虑承包人报价浮动因素。

如果承包人未事先将拟实施的方案提交给发包人确认，则视为工程变更不引起措施项目费的调整或承包人放弃调整措施项目费的权利。

(6) 如果发包人提出的工程变更，因为非承包人原因删减了合同中的某项原定工作或工程，致使承包人发生的费用或（和）得到的收益不能被包括在其他已支付或应支付的项目中，也未被包含在任何替代的工作或工程中，则承包人有权提出并得到合理的费用及利润补偿。

1.5.3.5 项目特征描述不符的价款调整

合同履行期间，出现设计图纸（含设计变更）与招标工程量清单任一项目的特征描述不符，且该变化引起该项目的工程造价增减变化的，应按照实际施工的项目特征重新确定相应工程量清单项目的综合单价，并调整合同价款。

1.5.3.6 工程量清单缺项的价款调整

(1) 合同履行期间，出现招标工程量清单项目缺项，新增工程量清单项目的，应按"计价规范"单价确定原则确定单价，并调整合同价款。

(2) 新增分部分项工程量清单项目后，引起措施项目发生变化的，并且承包人提出调整措施项目费的，在承包人提交的实施方案被发包人批准后，调整合同价款。

(3) 由于招标工程量清单中措施项目缺项，承包人应将新增措施项目实施方案提交发包人批准后，按照"计价规范"单价确定原则确定单价，并调整合同价款。

1.5.3.7 工程量偏差价款的调整

(1) 合同履行期间，当应予计算的实际工程量与招标工程量清单量出现偏差，且偏差大于15%时，发承包双方应调整合同价款。

(2) 调整原则与调整公式。当工程量增加15%以上时，其增加部分的工程量的综合单价应予调低；当工程量减少15%以上时，减少后剩余部分的工程量的综合单价应予调高。此时，按下列公式调整结算分部分项工程费：

① 当 $Q_1 > 1.15Q_0$ 时，$S = 1.15Q_0 \times P_0 + (Q_1 - 1.15Q_0) \times P_1$

② 当 $Q_1 < 0.85Q_0$ 时，$S = Q_1 \times P_1$

式中 S——调整后的某一分部分项工程费结算价；

Q_1——最终完成的工程量；

Q_0——招标工程量清单中列出的工程量；

P_1——按照最终完成工程量重新调整后的综合单价；

P_0——承包人在工程量清单中填报的综合单价。

（3）如果工程量上述变化引起相关措施项目相应发生变化，如按系数或单一总价方式计价的，工程量增加的措施项目费调增，工程量减少的措施项目费调减。

1.5.3.8 计日工费用调整

发包人通知承包人以计日工方式实施的零星工作，承包人应予执行。任一计日工项目实施结束后，发包人应按照确认的计日工现场签证报告核实该类项目的工程数量，并根据核实的工程数量和承包人已标价工程量清单中的计日工单价计算，提出应付价款；已标价工程量清单中没有该类计日工单价的，由发承包双方按规范规定的单价确定原则商定计日工单价计算。

1.5.3.9 物价变化超出一定幅度的合同价款调整

（1）合同履行期间，因人工、材料、工程设备、机械台班价格波动影响合同价款时，应根据合同约定调整合同价款。调整方法有价格指数调整价格差额法和造价信息调整价格差额法两种。

（2）承包人采购材料和工程设备的，应在合同中约定主要材料、工程设备价格变化的范围或幅度；如没有约定，且材料、工程设备单价变化超过5%时，超过部分的价格应予调整。

（3）由于工期延误产生了计划进度日和实际进度日的材料差价，承包人原因导致工期延误取低价，非承包人原因导致工期延误取高价。发包人供应材料和工程设备的，应由发包人按照实际变化调整，列入工程造价内。

1.5.3.10 暂估价调整

（1）发包人在招标工程量清单中给定暂估价的材料、工程设备和专业工程属于依法必须招标的，应由发承包双方以招标的方式选择供应商，确定价格，并以此为依据取代暂估价，调整合同价款。

（2）发包人在招标工程量清单中给定暂估价的材料和工程设备不属于依法必须招标的，由承包人按照合同约定采购，经发包人确认单价后取代暂估价，调整合同价款。

（3）发包人在工程量清单中给定暂估价的专业工程不属于依法必须招标的，应按照规范规定的单价确定原则确定专业工程价款，并以此为依据取代暂估价，调整合同价款。

1.5.3.11 当不可抗力事件发生造成损失时，工程价款的调整原则

（1）工程本身的损害、因工程损害导致第三方人员伤亡和财产损失以及运至施工场地用于施工的材料和待安装的设备的损害，由发包人承担；

（2）发包人、承包人人员伤亡由其所在单位负责，并承担相应费用；

（3）承包人的施工机械设备损坏及停工损失，由承包人承担；

（4）停工期间，承包人应发包人要求留在施工场地的必要的管理人员及保卫人员的费用，由发包人承担；

（5）工程所需清理、修复费用，由发包人承担。

1.5.3.12 提前竣工（赶工补偿）费用调整

（1）招标人应依据相关工程的工期定额合理计算工期，压缩的工期天数不得超过定额工期的 20%，超过者，应在招标文件中明示增加赶工费用。

（2）发包人要求合同工程提前竣工时，应征得承包人同意后与承包人商定采取加快工程进度的措施，并修订合同工程进度计划。发包人应承担承包人由此增加的提前竣工（赶工补偿）费用。

（3）发承包双方应在合同中约定提前竣工每日历天应补偿额度，此项费用应作为增加合同价款列入竣工结算文件中，与结算款一并支付。

1.5.3.13 误期赔偿

（1）合同工程发生误期，承包人应赔偿发包人由此造成的损失，并应按照合同约定向发包人支付误期赔偿费。即使承包人支付误期赔偿费，也不能免除承包人按照合同约定应承担的任何责任和应履行的任何义务。

（2）发承包双方应在合同中约定误期赔偿费，并应明确每日历天应赔额度。误期赔偿费应列入竣工结算文件中，并应在结算款中扣除。

（3）在工程竣工之前，合同工程内的某单项（位）工程已通过了竣工验收，且该单项（位）工程接收证书中表明的竣工日期并未延误，而是合同工程的其他部分产生了工期延误时，误期赔偿费应按照已颁发工程接收证书的单项（位）工程造价占合同价款的比例幅度予以扣减。

1.5.3.14 索赔及其费用调整

（1）索赔的三要素。合同一方向另一方提出索赔时，应有正当的索赔理由和有效证据，并应符合合同的相关约定。建设工程施工中的索赔是发、承包双方行使正当权利的行为，承包人可向发包人索赔，发包人也可向承包人索赔。索赔的三要素：一是正当的索赔理由；二是有效的索赔证据；三是在合同约定的时间内提出。

（2）索赔的证据。任何索赔事件的确立，其前提条件是必须有正当的索赔理由。对正当索赔理由的说明必须具有证据，因为进行索赔主要是靠证据说话。没有证据或证据不足，索赔是难以成功的。

1）对索赔证据的要求：

① 真实性。索赔证据必须是在实施合同过程中确定存在和发生的，必须完全反映实际情况，能经得住推敲。

② 全面性。所提供的证据应能说明事件的全过程。索赔报告中涉及的索赔理由、事件过程、影响、索赔数额等都应有相应证据，不能零乱和支离破碎。

③ 关联性。索赔的证据应当能够互相说明，相互具有关联性，不能互相矛盾。

④ 及时性。索赔证据的取得及提出应当及时，符合合同约定。

⑤ 具有法律证明效力。一般要求证据必须是书面文件，有关记录、协议、纪要必须是双方签署的；工程中重大事件、特殊情况的记录、统计必须由合同约定的发包人现场代表或监理工程师签证认可。

2）索赔证据的种类：

① 招标文件、工程合同、发包人认可的施工组织设计、工程图纸、技术规范等。

② 工程各项有关的设计交底记录、变更图纸、变更施工指令等。

③ 工程各项经发包人或合同中约定的发包人现场代表或监理工程师签认的签证。

④ 工程各项往来信件、指令、信函、通知、答复等。

⑤ 工程各项会议纪要。

⑥ 施工计划及现场实施情况记录。

⑦ 施工日报及工长工作日志、备忘录。

⑧ 工程送电、送水、道路开通、封闭的日期及数量记录。

⑨ 工程停电、停水和干扰事件影响的日期及恢复施工的日期记录。

⑩ 工程预付款、进度款拨付的数额及日期记录。

⑪ 工程图纸、图纸变更、交底记录的送达份数及日期记录。

⑫ 工程有关施工部位的照片及录像等。

⑬ 工程现场气候记录，如有关天气的温度、风力、雨雪等。

⑭ 工程验收报告及各项技术鉴定报告等。

⑮ 工程材料采购、订货、运输、进场、验收、使用等方面的凭据。

⑯ 国家和省级或行业建设主管部门有关影响工程造价、工期的文件、规定等。

（3）索赔通知书。根据合同约定，承包人认为非承包人原因发生的事件造成了承包人的损失，应按下列程序向发包人提出索赔：

1）承包人应在知道或应当知道索赔事件发生后 28 天内，向发包人提交索赔意向通知书，说明发生索赔事件的事由。承包人过期未发出索赔意向通知书的，丧失索赔的权利。

2）承包人应在发出索赔意向通知书后 28 天内，向发包人正式提交索赔通知书。索赔通知书应详细说明索赔理由和要求，并应附必要的记录和证明材料。

3）索赔事件具有连续影响的，承包人应继续提交延续索赔通知，说明连续影响的实际情况和记录。

4）在索赔事件影响结束后的 28 天内，承包人应向发包人提交最终索赔通知书，说明最终索赔要求，并应附必要的记录和证明材料。

（4）索赔处理程序与要求。承包人索赔应按下列程序处理：

1）发包人收到承包人的索赔通知书后，应及时查验承包人的记录和证明材料。

2）发包人应在收到索赔通知书或有关索赔的进一步证明材料后的 28 天内，将索赔处理结果答复承包人，如果发包人过期未作出答复，视为承包人索赔要求已被发包人认可。

3）承包人接受索赔处理结果的，索赔款项应作为增加合同价款，在当期进度款中进行支付；承包人不接受索赔处理结果的，应按合同约定的争议解决方式办理。

（5）承包人要求的赔偿方式。承包人要求赔偿时，可以选择下列一项或几项方式获得赔偿：

1）延长工期；

2）要求发包人支付实际发生的额外费用；

3）要求发包人支付合理的预期利润；

4）要求发包人按合同的约定支付违约金。

（6）当承包人的费用索赔与工期索赔要求相关联时，发包人在作出费用索赔的批准决定时，应结合工程延期，综合作出费用赔偿和工程延期的决定。

（7）发承包双方在按合同约定办理了竣工结算后，应被认为承包人已无权再提出竣工结算前所发生的任何索赔。承包人在提交的最终结清申请中，只限于提出竣工结算后的索赔，提出索赔的期限应自发承包双方最终结清时终止。

（8）反索赔。根据合同约定，发包人认为由于承包人的原因造成发包人的损失，宜按承包人索赔的程序进行索赔。

（9）发包人要求的赔偿方式。发包人要求赔偿时，可以选择下列一项或几项方式获得赔偿：

1）延长质量缺陷修复期限；

2）要求承包人支付实际发生的额外费用；

3）要求承包人按合同的约定支付违约金。

（10）承包人应付给发包人的索赔金额可从拟支付给承包人的合同价款中扣除，或由承包人以其他方式支付给发包人。

1.5.3.15 现场签证

（1）承包人应发包人要求完成合同以外的零星项目、非承包人责任事件等工作的，发包人应及时以书面形式向承包人发出指令，并应提供所需的相关资料；承包人在收到指令后，应及时向发包人提出现场签证要求。

（2）承包人应在收到发包人指令后的7天内向发包人提交现场签证报告，发包人应在收到现场签证报告后的48小时内对报告内容进行核实，予以确认或提出修改意见。发包人在收到承包人现场签证报告后的48小时内未确认也未提出修改意见的，应视为承包人提交的现场签证报告已被发包人认可。

现场签证的工作如已有相应的计日工单价，现场签证中应列明完成该类项目所需的人工、材料，工程设备和施工机械台班的数量。如现场签证的工作没有相应的计日工单价，应在现场签证报告中列明完成该签证工作所需的人工、材料设备和施工机械台班的数量及单价。

（3）合同工程发生现场签证事项，未经发包人签证确认，承包人便擅自施工的，除非征得发包人书面同意，否则发生的费用应由承包人承担。

（4）现场签证工作完成后的7天内，承包人应按照现场签证内容计算价款，报送发包人确认后，作为增加合同价款，与进度款同期支付。

（5）在施工过程中，当发现合同工程内容因场地条件、地质水文、发包人要求等不一致时，承包人应提供所需的相关资料，并提交发包人签证认可，作为合同价款调整的依据。

1.5.3.16 暂列金额

（1）已签约合同价中的暂列金额应由发包人掌握使用。

（2）发包人按照"计价规范"规定支付调整合同价款后，暂列金额余额应归发包人所有。

1.5.4 竣工结算与支付

1.5.4.1 办理竣工结算的要求

（1）工程完工后，发承包双方必须在合同约定时间内办理工程竣工结算。

（2）工程竣工结算应由承包人或受其委托具有相应资质的工程造价咨询人编制，并应由发包人或受其委托具有相应资质的工程造价咨询人核对。

（3）当发承包双方或一方对工程造价咨询人出具的竣工结算文件有异议时，可向工程造价管理机构投诉，申请对其进行执业质量鉴定。

（4）工程造价管理机构对投诉的竣工结算文件进行质量鉴定，宜按"计价规范"工程造价鉴定的相关规定进行。

（5）竣工结算办理完毕，发包人应将竣工结算文件报送工程所在地或有该工程管辖权的行业管理部门的工程造价管理机构备案，竣工结算文件应作为工程竣工验收备案、交付使用的必备文件。

1.5.4.2　竣工结算编制与复核

（1）工程竣工结算应根据下列依据编制和复核：

1）计价规范；

2）工程合同；

3）发承包双方实施过程中已确认的工程量及其结算的合同价款；

4）发承包双方实施过程中已确认调整后追加（减）的合同价款；

5）建设工程设计文件及相关资料；

6）投标文件；

7）其他依据。

（2）分部分项工程和措施项目中的单价项目应依据发承包双方确认的工程量与已标价工程量清单的综合单价计算；发生调整的，应以发承包双方确认调整的综合单价计算。

（3）措施项目中的总价项目应依据已标价工程量清单的项目和金额计算；发生调整的，应以发承包双方确认调整的金额计算，其中安全文明施工费应按国家或省级、行业建设主管部门的规定计算。

（4）其他项目应按下列规定计价：

1）计日工应按发包人实际签证确认的事项计算；

2）暂估价应按招标价或发包人的确认价计算；

3）总承包服务费应依据已标价工程量清单金额计算；发生调整的，应以发承包双方确认调整的金额计算；

4）索赔费用应依据发承包双方确认的索赔事项和金额计算；

5）现场签证费用应依据发承包双方签证资料确认的金额计算；

6）暂列金额应减去合同价款调整（包括索赔、现场签证）金额计算，如有余额归发包人。

（5）规费和税金应按国家或省级、行业建设主管部门的规定计算。规费中的工程排污费应按工程所在地环境保护部门规定的标准缴纳后按实列入。

（6）发承包双方在合同工程实施过程中已经确认的工程计量结果和合同价款，在竣工结算办理中应直接进入结算。

1.5.4.3　竣工结算款支付

（1）合同工程完工后，承包人应在经发承包双方确认的合同工程期中价款结算的基础上汇总编制完成竣工结算文件，应在提交竣工验收申请的同时向发包人提交竣工结算文件。承包人应根据办理的竣工结算文件向发包人提交竣工结算款支付申请。

（2）发包人应在收到承包人提交竣工结算款支付申请后 7 天内予以核实，向承包人签发竣工结算支付证书。发包人签发竣工结算支付证书后的 14 天内，应按照竣工结算支付证书列明的金额向承包人支付结算款。

（3）质量保证金。发包人应按照合同约定的质量保证金比例从结算款中预留质量保证金。承包人未按照合同约定履行属于自身责任的工程缺陷修复义务的，发包人有权从质量保证金中扣除用于缺陷修复的各项支出。经查验，工程缺陷属于发包人原因造成的，应由发包人承担查验和缺陷修复的费用。在合同约定的缺陷责任期终止后，发包人应将剩余的质量保证金返还给承包人。

最终结清时，承包人被预留的质量保证金不足以抵减发包人工程缺陷修复费用的，承包人应承担不足部分的补偿责任。承包人对发包人支付的最终结清款有异议的，应按照合同约定的争议解决方式处理。

1.5.5　合同价款争议的解决

1.5.5.1　监理或造价工程师暂定

若发包人和承包人之间就工程质量、进度、价款支付与扣除、工期延期、索赔、价款调整等发生任何法律上、经济上或技术上的争议，首先应根据已签约合同的规定，提交合同约定职责范围内的总监理工程师或造价工程师解决，并应抄送另一方。

1.5.5.2　管理机构的解释或认定

（1）合同价款争议发生后，发承包双方可就工程计价依据的争议以书面形式提请工程造价管理机构对争议以书面文件进行解释或认定。

（2）工程造价管理机构应在收到申请的 10 个工作日内就发承包双方提请的争议问题进行解释或认定。

（3）发承包双方或一方在收到工程造价管理机构书面解释或认定后仍可按照合同约定的争议解决方式提请仲裁或诉讼。除工程造价管理机构的上级管理部门作出了不同的解释或认定，或在仲裁裁决或法院判决中不予采信的外，工程造价管理机构作出的书面解释或认定应为最终结果，并应对发承包双方均有约束力。

1.5.5.3　协商和解

（1）合同价款争议发生后，发承包双方任何时候都可以进行协商。协商达成一致的，双方应签订书面和解协议，和解协议对发承包双方均有约束力。

（2）如果协商不能达成一致协议，发包人或承包人都可以按合同约定的其他方式解决争议。

1.5.5.4　调解

（1）发承包双方应在合同中约定或在合同签订后共同约定争议调解人，负责双方在合同履行过程中发生争议的调解。

（2）合同履行期间，发承包双方可协议调换或终止任何调解人，但发包人或承包人都不能单独采取行动。除非双方另有协议，在最终结清支付证书生效后，调解人的任期应即终止。

1.5.5.5　仲裁、诉讼

（1）发承包双方的协商和解或调解均未达成一致意见，其中的一方已就此争议事项根据合同约定的仲裁协议申请仲裁，应同时通知另一方。

（2）发包人、承包人在履行合同时发生争议，双方不愿和解、调解或者和解、调解不成，又没有达成仲裁协议的，可依法向人民法院提起诉讼。

1.5.5.6　工程造价鉴定

（1）在工程合同价款纠纷案件处理中，需作工程造价司法鉴定的，应委托具有相应资质的工程造价咨询人进行。

（2）工程造价咨询人接受委托时提供工程造价司法鉴定服务，应按仲裁、诉讼程序和要求进行，并应符合国家关于司法鉴定的规定。

（3）工程造价咨询人进行工程造价司法鉴定时，应指派专业对口、经验丰富的注册造价工程师承担鉴定工作。

（4）工程造价咨询人应在收到工程造价司法鉴定资料后 10 天内，根据自身专业能力和证据资料判断能否胜任该项委托，如不能，应辞去该项委托。工程造价咨询人不得在鉴定期满后以上述理由不作出鉴定结论，影响案件处理。

（5）接受工程造价司法鉴定委托的工程造价咨询人或造价工程师如是鉴定项目一方当事人的近亲属或代理人、咨询人以及其他关系可能影响鉴定公正的，应当自行回避；未自行回避，鉴定项目委托人以该理由要求其回避的，必须回避。

（6）工程造价咨询人应当依法出庭接受鉴定项目当事人对工程造价司法鉴定意见书的质询。如确因特殊原因无法出庭的，经审理该鉴定项目的仲裁机关或人民法院准许，可以书面形式答复当事人的质询。

1.5.6　工程计价资料与档案

1.5.6.1　计价资料

（1）发承包双方应当在合同中约定各自在合同工程中现场管理人员的职责范围，双方现场管理人员在职责范围内签字确认的书面文件是工程计价的有效凭证，但如有其他有效证据或经实证证明其是虚假的除外。

（2）发承包双方不论在何种场合对与工程计价有关的事项所给予的批准、证明、同意、指令、商定、确定、确认、通知和请求，或表示同意、否定、提出要求和意见等，均应采用书面形式，口头指令不得作为计价凭证。

（3）任何书面文件送达时，应由对方签收，通过邮寄应采用挂号、特快专递传送，或以发承包双方商定的电子传输方式发送，交付、传送或传输至指定的接收人的地址。如接收人通知了另外地址时，随后通信信息应按新地址发送。

（4）发承包双方分别向对方发出的任何书面文件，均应将其抄送现场管理人员，如系复印件应加盖合同工程管理机构印章，证明与原件相同。双方现场管理人员向对方所发任何书面文件，也应将其复印件发送给发承包双方，复印件应加盖合同工程管理机构印章，证明与原件相同。

（5）发承包双方均应当及时签收另一方送达其指定接收地点的来往信函，拒不签收的，送达信函的一方可以采用特快专递或者公证方式送达，所造成的费用增加（包括被迫采用特殊送达方式所发生的费用）和延误的工期由拒绝签收一方承担。

（6）书面文件和通知不得扣压，一方能够提供证据证明另一方拒绝签收或已送达的，应视为对方已签收并应承担相应责任。

1.5.6.2 计价档案

(1) 发承包双方以及工程造价咨询人对具有保存价值的各种载体的计价文件，均应收集齐全，整理立卷后归档。

(2) 发承包双方和工程造价咨询人应建立完善的工程计价档案管理制度，并应符合国家和有关部门发布的档案管理相关规定。

(3) 工程造价咨询人归档的计价文件，保存期不宜少于五年。

(4) 归档的工程计价成果文件应包括纸质原件和电子文件，其他归档文件及依据可为纸质原件、复印件或电子文件。

(5) 归档文件应经过分类整理，并应组成符合要求的案卷。

(6) 归档可以分阶段进行，也可以在项目竣工结算完成后进行。

(7) 向接受单位移交档案时，应编制移交清单，双方应签字、盖章后方可交接。

1.6 建设工程计算方法

1.6.1 建设工程计价依据和步骤

1.6.1.1 建设工程计价的依据

建设工程计价依据非常广泛，不同建设阶段的计价依据不完全相同，不同形式的承发包方式的计价依据也有差别。

(1) 经过批准和会审的全部施工图设计文件。

(2) 经过批准的工程设计概预算文件。

(3) 经过批准的项目管理实施规划或施工组织设计。

(4) 建筑工程消耗量定额或计价规范。

(5) 单位估价表或价目表。

(6) 人工工资单价、材料价格、施工机械台班单价。

(7) 建筑工程费用定额。

(8) 造价工作手册。

(9) 工程承发包合同文件。

1.6.1.2 建设工程计价的步骤

建设工程计价方式多种多样，考虑的角度也不同，但不论如何都是以施工图纸为对象，以工程量为基础，对工程预先合理定价。因此，必须按一定步骤进行计算。

(1) 收集计价的基础文件和资料。

(2) 熟悉施工图纸。

(3) 熟悉项目管理实施规划和施工现场情况。

(4) 合理划分工程项目。

(5) 正确计算工程量。

(6) 进行消耗量计算。

(7) 计算各项费用。

(8) 编制说明、填写封面。

(9) 复核、装订、审批。

1.6.2 工程量计算顺序和方法

1.6.2.1 单位工程工程量计算顺序

一个单位工程，其工程量计算顺序一般有以下几种：

(1) 按图纸顺序计算。

(2) 按消耗量定额的分部分项顺序计算。

(3) 按施工顺序计算。

(4) 按统筹图计算。

(5) 按造价软件程序计算。

此外，计算工程量，还可以先计算平面的项目，后计算立面；先地下，后地上；先主体，后一般；先内墙，后外墙。住宅也可按建筑设计对称规律及单元个数计算，因为单元组合住宅设计，一般是由一个到两个单元平面布置类型组合的，所以在这种情况下，只需计算一个或两个单元的工程量，最后乘以单元的个数，把各相同单元的工程量汇总，即得该幢住宅的工程量。这种算法，要注意山墙和公共墙部位工程量的调整，计算时可灵活处理。

1.6.2.2 分项工程量计算顺序

在同一分项工程内部各个组成部分之间，为了防止重复计算或漏算，也应该遵循一定的计算顺序。分项工程量计算通常采用以下四种不同的顺序：

(1) 按照顺时针方向计算。

(2) 按照横竖分割计算。

(3) 按照图纸注明编号、分类计算。

(4) 按照图纸轴线编号计算。

1.6.2.3 工程计算的一般方法

在建筑工程中，计算工程量的原则是"先分后合，先零后整"。分别计算工程量后，如果各部分均套同一定额，可以合并套用。如果工程量合并计算，而各部分必须分别套定额，就必须重新计算工程量，就会造成返工。在造价师考试中，由于标准答案采分点划分的很细，列综合式子与标准答案没有可比性，也不容易得分。另外，在建筑工程中，各部位的建筑结构和建筑做法不完全相同，要求也不一样，必须分别计算工程量。

工程量计算的一般方法有：

(1) 分段法。

(2) 分层法。

(3) 分块法。

(4) 补加补减法。

(5) 平衡法或近似法。

1.6.3 运用统筹法原理计算工程量

1.6.3.1 统筹法在工程量计算中的运用

利用"线、面、册"计算工程量，就是运用统筹法的原理，在清单计价中，以减少不必要的重复工作的一种简捷方法，亦称"四线"、"三面"、"一册"计算法。

所谓"四线"是指在建筑设计平面图中外墙中心线的总长度（$L_中$）；外墙外边线的总长度（$L_外$）；内墙净长线长度（$L_内$）；内墙混凝土基础或垫层净长度（$L_净$）。

"三面"是指在建筑设计平面图中底层建筑面积（$S_底$）、房心净面积（$S_房$）和结构面积（$S_结$）。

"一册"是指各种计算工程量有关系数、标准钢筋混凝土构件、标准木门窗等个体工程量计算手册（造价手册）。它是根据各地区具体情况自行编制的，以补充"四线"、"三面"的不足，扩大统筹范围。

1.6.3.2 "统筹法"计算工程量的基本要求

统筹法计算工程量的基本要点是：统筹程序、合理安排；利用基数、连续计算；一次算出、多次应用；结合实际、灵活机动。

1.6.3.3 基数计算

（1）一般线面基数的计算。各基数代号如下：

$L_中$——建筑平面图中，外墙中心线的总长度。

$L_内$——建筑平面图中，内墙净长线长度。

$L_外$——建筑平面图中，外墙外边线的总长度。

$L_净$——建筑基础平面图中，内墙混凝土基础或垫层净长度。

$S_底$——建筑物底层建筑面积。

$S_房$——建筑平面图中，房心净面积。

$S_结$——建筑平面图中，墙身和柱等结构面积。

【案例 1-22】 平面图如图 1-3 所示，计算一般线面基数。

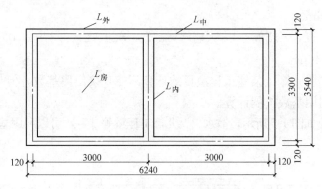

图 1-3　计算一般线面基数

【解】 $L_中 = (3.00 \times 2 + 3.30) \times 2 = 18.60\text{m}$

$L_外 = (6.24 + 3.54) \times 2 = 19.56\text{m}$

或　$L_外 = 18.60 + 0.24 \times 4 = 19.56\text{m}$

$L_内 = 3.30 - 0.24 = 3.06\text{m}$

$S_底 = 6.24 \times 3.54 = 22.09\text{m}^2$

$S_房 = (3.00 \times 2 - 0.24 \times 2) \times 3.06 = 16.89\text{m}^2$

$S_结 = (18.60 + 3.06) \times 0.24 = 5.20\text{m}^2$

或　$S_结 = S_底 - S_房 = 22.09 - 16.89 = 5.20\text{m}^2$

（2）偏轴线基数的计算。当轴线与中心线不重合时，可以根据两者之间的关系，计算各基数。

【案例1-23】 计算如图1-4所示基础平面图的各个基数。

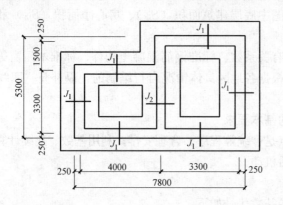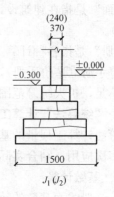

图1-4　偏轴线基数的计算

【解】 $L_{外}=(7.80+5.30)\times2=26.20\text{m}$

$\quad L_{中}=(7.80-0.37)\times2+(5.30-0.37)\times2=24.72\text{m}$

或　$L_{中}=L_{外}-$墙厚$\times4=26.20-0.37\times4=24.72\text{m}$

$\quad L_{内}=3.30-0.24=3.06\text{m}$

（垫层）$L_{净}=L_{内}+$墙厚$-$垫层宽$=3.06+0.37-1.50=1.93\text{m}$

$S_{底}=7.80\times5.30-4.00\times1.50=35.34\text{m}^2$

$\quad S_{房}=(4.00-0.24)\times(3.30-0.24)+(3.30-0.24)\times(3.30+1.50-0.24)$

$\qquad =25.46\text{m}^2$

或　$S_{房}=S_{底}-L_{中}\times$墙厚$-L_{内}\times$墙厚$=35.34-24.72\times0.37-3.06\times0.24$

$\qquad =25.46\text{m}^2$

（3）基数的扩展计算。某些工程项目的计算不能直接使用基数，但与基数之间有着必然的联系，可以利用基数扩展计算。

【案例1-24】 如图1-5所示，散水、女儿墙工程量等计算，可以利用基数L外扩展计算。

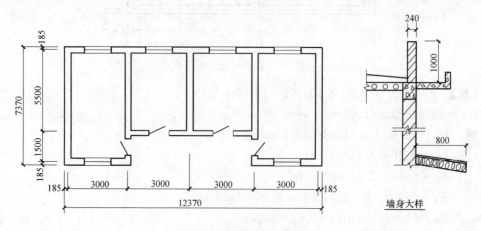

图1-5　基数的扩展计算

【解】 $L_外＝(12.37＋7.37＋1.50)×2＝42.48m$

女儿墙中心线长度$＝L_外－$女儿墙厚$×4＝42.48－0.24×4＝41.52m$

女儿墙工程量＝女儿墙中心线长度×女儿墙厚×女儿墙高$＝41.52×0.24×1.00＝9.96m^3$

散水中心线长度$＝L_外＋$散水宽$×4＝42.48＋0.80×4＝45.68m$

散水工程量＝散水中心线长度×散水宽$＝45.68×0.80＝36.54m^2$

利用基数直接或间接计算的项目很多，在此不一一列举。

1.7 消耗量定额的内容及项目的划分

1.7.1 消耗量定额手册的内容

消耗量定额手册主要由目录、总说明、分部说明、定额项目表以及有关附录组成。

1.7.1.1 总说明

总说明主要阐述了定额的编制原则、指导思想、编制依据、适用范围以及定额的作用。同时说明了编制定额时已经考虑和没有考虑的因素，使用方法及有关规定等。因此，使用定额前应首先了解和掌握总说明。

1.7.1.2 分部说明

分部说明主要介绍了分部工程所包括的主要项目及工作内容，编制中有关问题的说明，执行中的一些规定，特殊情况的处理等。它是定额手册的重要部分，是执行定额和进行工程量计算的基准，必须全面掌握。

1.7.1.3 定额项目表

定额项目表是消耗量定额的主要构成部分，一般由工作内容（分节说明）、定额单位、定额项目表和附注组成。

分节（项）说明，是说明该分节（项）中所包括的主要内容，一般列在定额项目表的表头左上方。定额单位一般列在表头右上方。一般为扩大单位，如$10m^3$、$10m^2$、$10m$等。

定额项目表中，竖向排列为该子项工程定额编号、子项工程名称及人工、材料和施工机械消耗量指标，供编制工程预算单价表及换算定额单价等使用。横向排列着名称、单位和数量等。附注在定额项目表的下方，说明设计与定额规定不符时，进行调整的方法。定额项目表如表 1-30 所示。

（三）人工挖沟槽

表 1-30

工作内容：（1）挖土，弃土于槽边 1m 外，修整边底；

（2）槽底夯实。

单位：$10m^3$

定 额 编 号		1-2-10	1-2-11	1-2-12	1-2-13	1-2-14	1-2-15
项目		人工挖沟槽（槽深）					
		2m 以内	2m 以外	2m 以内	4m 以内	6m 以内	6m 以外
		普通土		坚土			
名　称	单位	数　量					
人工	综合工日	工日	3.22	4.39	6.35	7.15	8.09	8.80
机械	电动夯实机 20～60Nm	台班	0.018	0.008	0.018	0.008	0.005	0.003

1.7.1.4　附录

附录列在消耗量定额手册的最后，包括每 $10m^3$ 混凝土模板含量参考表和混凝土及砂浆配合比表，供定额换算、补充使用。

1.7.2　消耗量定额项目的划分和定额编号

1.7.2.1　项目的划分

消耗量定额手册的项目是根据建筑结构、工程内容、施工顺序、使用材料等，按章（分部）、节（分项）、项（子目）排列的。

分部工程（章）是将单位工程中某些性质相近，材料大致相同的施工对象归在一起。

分部工程以下，又按工程性质、工程内容、施工方法、使用材料等，分成许多分项（节）。分项以下，再按技术特征、规格、材料的类别等分成若干子项（子目）。

1.7.2.2　定额编号

为了使计价项目和定额项目一致，便于查对，章、节、项都应有固定的编号，称之为定额编号。采用三符号编码，如"2-6-1"表示第二章第六节第一项。

1.7.3　消耗量定额的使用方法

要正确理解设计要求和施工做法，是否与定额内容相符。只有对消耗量定额和施工图有了确切的了解，才能正确套用定额，防止错套、重套和漏套，真正做到正确使用定额。消耗量定额的使用一般有下列三种情况：

1.7.3.1　消耗量定额的直接套用

工程项目要求与定额内容、作法说明，以及设计要求、技术特征和施工方法等完全相符，且工程量的计量单位与定额计量单位相一致，可以直接套用定额，如果部分特征不相符必须进行仔细核对。进一步理解定额，这是正确使用定额的关键。

1.7.3.2　消耗量定额的调整换算

工程项目要求与定额内容不完全相符合，不能直接套用定额，应根据不同情况分别加以换算，但必须符合定额中有关规定，在允许范围内进行。

消耗量定额的换算可以分为：

（1）强度等级换算。

（2）用量调整。

（3）系数调整。

（4）运距调整。

（5）其他调整。

1.7.3.3　消耗量定额的补充

当设计图纸中的项目，在定额中没有的，可作临时性的补充。补充方法一般有两种：

（1）定额代用法。

（2）补充定额法。

1.7.4　消耗量定额应用

1.7.4.1　定额的直接套用

【案例 1-25】某宿舍楼人工挖沟槽（普通土，2m 以内），按消耗量定额工程量计算规则计算，工程量为120m³，试计算其消耗量。

【解】 由表1-31查得定额编号为1-2-10，该项目与定额做法完全一致，可以直接套用定额，其消耗量为：

$$综合工日用量＝12×3.22＝38.64工日$$

$$电动夯实机用量＝12×0.018＝0.22台班$$

1.7.4.2 定额的调整计算

当工程设计要求、施工条件及施工方法与定额项目的内容及规定不完全相符时，应按规定调整计算。

【案例1-26】 某宿舍楼人工挖沟槽（普通土，2m以内，挡土板下挖土）。按消耗量定额工程量计算规则计算，工程量为120m³，试计算其消耗量。

【解】 由表1-31查得定额编号为1-2-10，该项目为挡土板下挖土，相应定额人工乘以系数1.43，其消耗量为：

$$综合工日用量＝12×3.22×1.43＝55.26工日$$

$$电动夯实机用量＝12×0.018＝0.22台班$$

1.8 费用标准与计算公式

1.8.1 工程类别划分标准

建筑工程的工程类别按工业建筑工程、民用建筑工程、构筑物工程、单独土石方工程、桩基础工程分列，并分若干类别。

1.8.1.1 类别划分

（1）工业建筑工程：指从事物质生产和直接为物质生产服务的建筑工程。一般包括：生产（加工、储运）车间、实验车间、仓库、民用锅炉房和其他生产用建筑物。

（2）装饰工程：指建筑物主体结构完成后，在主体结构表面进行抹灰、镶贴、铺挂面层等，以达到建筑设计效果的装饰工程。

（3）民用建筑工程：指直接用于满足人们物质和文化生活需要的非生产性建筑物。一般包括：住宅及各类公用建筑工程。

（4）构筑物工程：指与工业与民用建筑配套且独立于工业与民用建筑工程的构筑物，或独立具有其功能的构筑物。一般包括：独立烟囱、水塔、仓类、池类等。

（5）桩基础工程：指天然地基上的浅基础不能满足建筑物和构筑物的稳定要求，而采用的一种深基础。主要包括各种现浇和预制混凝土桩及其他桩基。

（6）单独土石方工程：指建筑物、构筑物、市政设施等基础土石方以外的，且单独编制概预算的土石方工程。包括土石方的挖、填、运等。

1.8.1.2 使用说明

（1）工程类别的确定，以单位工程为划分对象。

（2）与建筑物配套使用的零星项目，如化粪池、检查井等，按其相应建筑物的类别确定工程类别。其他附属项目，如围墙、院内挡土墙、庭院道路、室外管沟架等按建筑工程Ⅲ类标准确定类别。

（3）建筑物、构筑物高度，自设计室外地坪算起，至屋面檐口高度。高出屋面的电梯间、水箱间、塔楼等不计算高度。建筑物的面积，按建筑面积计算规则的规定计算。建筑物的跨度，按设计图示尺寸标注的轴线跨度计算。

（4）同一建筑物结构形式不同时，按建筑面积大的结构形式确定工程类别。

（5）强夯工程，均按单独土石方工程Ⅱ类执行。

（6）工程类别划分标准中有两个指标者，确定类别时需满足其中一个指标。

1.8.1.3 建筑工程类别划分标准

建筑工程类别划分标准见表 1-31。

建筑工程类别划分标准表   表 1-31

工程名称			单位	工程类别		
				Ⅰ	Ⅱ	Ⅲ
工业建筑工程	钢结构		跨度 m 建筑面积 m²	>30 >16000	>18 >10000	≤18 ≤10000
	其他结构	单层	跨度 m 建筑面积 m²	>24 >10000	>18 >6000	≤18 ≤6000
		多层	檐高 m 建筑面积 m²	>50 >10000	>30 >6000	≤30 ≤6000
民用建筑工程	公用建筑	砖混结构	檐高 m 建筑面积 m²	— —	30<檐高<50 6000<面积<10000	≤30 ≤6000
		其他结构	檐高 m 建筑面积 m²	>60 >12000	>30 >8000	≤30 ≤8000
	居住建筑	砖混结构	层数 层 建筑面积 m²	— —	8<层数<12 8000<面积<12000	≤8 ≤8000
		其他结构	层数 层 建筑面积 m²	>18 >12000	>8 >8000	≤8 ≤8000
构筑物工程	烟囱		混凝土结构高度 m 砖结构高度 m	>100 >60	>60 >40	≤60 ≤40
	水塔		高度 m 容积 m³	>60 >100	>40 >60	≤40 ≤60
	筒仓		高度 m 容积（单体）m³	>35 >2500	>20 >1500	≤20 ≤1500
	贮池		容积（单体）m³	>3000	>1500	≤1500
单独土石方工程	单独挖、填土石方		m³	>15000	>10000	5000<体积 ≤10000
桩基础工程	桩长		m	>30	>12	≤12

1.8.1.4 建筑工程费率

建筑工程费率见表 1-32、表 1-33。

（一）企业管理费、利润、税金费率表（单位：%）　　　表 1-32

工程名称及类别	工业、民用建筑工程			装饰工程			构筑物工程		
费用名称	Ⅰ	Ⅱ	Ⅲ	Ⅰ	Ⅱ	Ⅲ	Ⅰ	Ⅱ	Ⅲ
企业管理费	8.7	6.9	5.0	102	81	49	6.9	6.2	4.0
利润	7.4	4.2	3.1	34	22	16	6.2	5.0	2.4
税金　市区	3.48								
税金　县城、城镇	3.41								
税金　市县镇以外	3.28								

工程名称及类别	桩基础工程			单独土石方工程		
费用名称	Ⅰ	Ⅱ	Ⅲ	Ⅰ	Ⅱ	Ⅲ
施工管理费	4.5	3.4	2.4	5.7	4.0	2.4
利润	3.5	2.7	1.0	4.6	3.3	1.4
税金　市区	3.48					
税金　县城、城镇	3.41					
税金　市县镇以外	3.28					

（二）措施费、规费费率表（单位：%）　　　表 1-33

费用名称	专业名称	建筑工程	装饰工程
措施费	夜间施工费	0.7	4.0
	二次搬运费	0.6	3.6
	冬雨季施工增加费	0.8	4.5
	已完工程及设备保护费	0.15	0.15
	总承包服务费	3	3
规费	安全文明施工费	3.12	3.84
	其中　（1）安全施工费	2.0	2.0
	其中　（2）环境保护费	0.11	0.12
	其中　（3）文明施工费	0.29	0.10
	其中　（4）临时设施费	0.72	1.62
	工程排污费	按工程所在地设区市相关规定计算	
	社会保障费	2.6	
	住房公积金	按工程所在地设区市相关规定计算	
	危险作业意外伤害费	按工程所在地设区市相关规定计算	

　　其中：1. 装饰工程已完工程及设备保护费取费基础为价目表基价，其他项目取费基础均为定额人工费。

　　　　　2. 措施费中人工费含量：夜间施工增加费、冬雨季施工增加费及二次搬运费为 20%，其余为 10%。

1.8.2　工程量清单计价费用组成

1.8.2.1　工程费用组成

　　建筑安装工程费用由人工费、材料费、施工机具使用费、企业管理费、利润、规费、税金组成（见表 1-35）。其上述费用的命名、组成是按"常规"进行编制的，不能完全适应工程量清单计价的需要。工程量清单计价规则的费用组成，是按"计价规范"规定，在上述费用组成的基础上，经调整重新组合而成的（见表 1-36）。它打破了以往习惯的称谓法，把工程费用组成改为由分部分项工程费、措施项目费、其他项目费、规费和税金组成。这种划分，一是根据建设部、财政部建标［2013］44 号《关于印发建筑安装工程费用项目组成的通知》的精神。二是把实体消耗所需费用、非实体消耗所需费用、招标人特殊要求所需费用分别列出，清晰、简单，更能突出非实体消耗的竞争性。三是分部分项工程费、措施项目费、其他项目费均实行"全费"制，体现了与国际惯例做法的一致性。四是考虑了我国实际情况，将规费、税金单独列出。

1.8.2.2 综合单价费用组成

"综合单价费用组成"是工程量清单计价活动中的依据，实行综合单价是工程量清单计价的特点之一，综合单价包括完成清单项目一个计量单位合格产品所需的全部费用。根据我国的实际情况，"计价规范"规定，综合单价由人工费、材料费、施工机械使用费、管理费、利润组成，各分项工程的综合单价是否均能发生上述五项费用，视分项工程不同而定。工程量清单计价规则的综合单价组成与"计价规范"是一致的。

1.8.2.3 建设工程费用项目组成表

（1）定额计价按建筑安装工程费用项目组成表 1-34 规定取费。

建筑安装工程费用项目组成表（按费用构成要素划分） 表 1-34

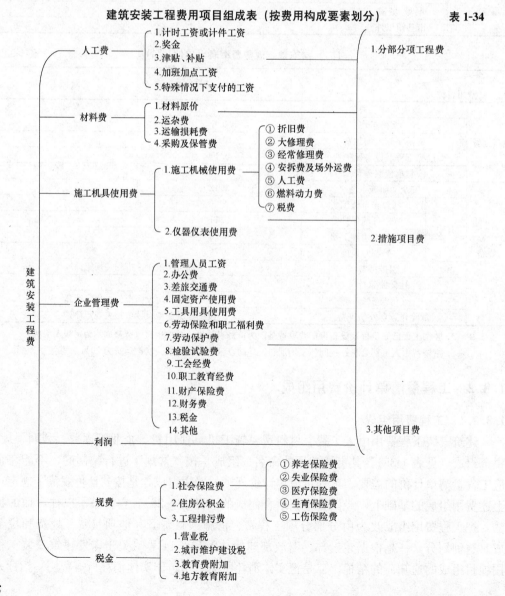

（2）清单计价按建筑安装工程费用项目组成表（表 1-35）规定取费。

建筑安装工程费用项目组成表（按造价形成划分）   表 1-35

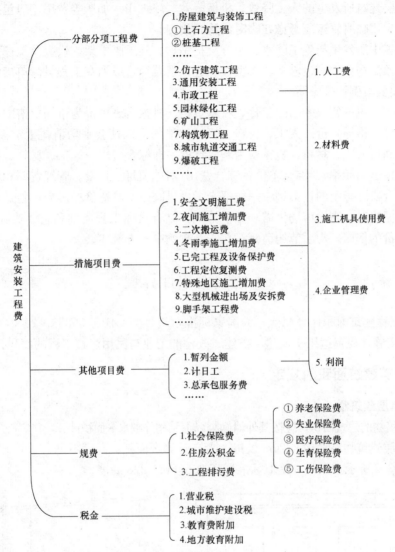

1.8.2.4 "计量规范"附录使用说明

《房屋建筑与装饰工程工程量计算规范》GB 50854—2013（土建部分）附录包括土石方工程、地基处理与边坡支护工程、桩基工程、砌筑工程、混凝土及钢筋混凝工程、金属结构工程、木结构工程、门窗工程、屋面及防水工程、保温隔热防腐工程和措施项目。适用于采用工程量清单计价的工业与民用的房屋建筑工程。

《建设工程工程量清单计价规范》GB 50500—2013 附录共性问题的说明：

（1）附录清单项目中的工程量，是按建筑物或构筑物的实体净量计算，施工中所发生的材料、成品、半成品的各种制作、运输、安装等的一切损耗，应包括在报价内。

（2）附录清单项目中所发生的钢材（包括钢筋、型钢、钢管等），均按理论重量计算，其理论重量与实际重量的偏差，应包括在报价内。

（3）设计规定或施工组织设计规定的已完工产品保护发生的费用，应列入工程量清单措施项目费内。

（4）高层建筑所发生的人工降效、机械降效、施工用水加压等费用，应包括在各分项报价内；卫生用临时管道应考虑在临时设施费用内。

（5）施工中所发生的施工降水、土方支护结构、施工脚手架、模板及支撑费用、垂直运输费用、预制构件水平运输费、大型机械进出场费等，应列在工程量清单措施项目内。

1.8.2.5 实务案例计价说明

案例中人工单价暂取 66 元/工日，材料价格、机械台班单价为市场价格或主管部门发布的市场信息（指导）价；人工、材料、机械的消耗量以社会平均消耗量定额进行编制；管理费、利润按人工、材料、机械费为基数计取，即综合费用＝人工、材料、机械合价×（1＋管理费率＋利润率）；综合单价＝综合费用/清单项目工程量。管理费率和利润率参照费用定额结合实际确定的，案例中一般都未考虑风险因素对造价的影响；若是承包商投标报价，可根据当时、当地市场供需和竞争情况，结合具体工程类别和企业实际进行调整，作为企业报价的依据。为了节约篇幅，在实务案例中不再赘述。

1.9 建筑面积计算规范

《建筑工程建筑面积计算规范》为国家标准，编号为 GB/T 50353—2005，自 2005 年 7 月 1 日起实施。规范适用于新建、扩建、改建的工业与民用建筑工程的面积计算。

1.9.1 计算建筑面积的规定

1.9.1.1 单层建筑物

单层建筑物的建筑面积，应按其外墙勒脚以上结构外围水平面积计算，并应符合下列规定：

（1）单层建筑物高度在 2.20m 及以上者应计算全面积；高度不足 2.20m 者应计算1/2面积。如图 1-6 所示。2.20m 是取标准层高 3.30m 的 2/3 高度。

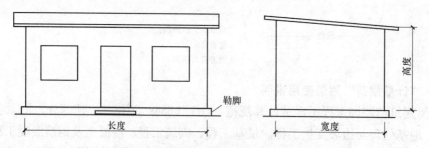

图 1-6 单层建筑物勒脚以上结构外围水平面积示意图

规则所指单层建筑物可以是民用建筑、公共建筑，也可以是工业厂房。"应按其外墙勒脚以上结构外围水平面积计算"的规定，主要强调，勒脚是墙根部很矮的一部分墙体加厚，不能代表整个外墙结构，因此要扣除勒脚墙体加厚部分。另外还强调，建筑面积只包括外墙的结构面积，不包括外墙抹灰厚度、装饰材料厚度所占的面积。

单层建筑物应按不同的高度确定面积的计算。其高度指室内地面标高至屋面板板面结构标高之间的垂直距离。遇有以屋面板找坡的平屋顶单层建筑物，其高度指室内地面标高至屋面板最低处板面结构标高之间的垂直距离。

（2）利用坡屋顶内空间时净高超过 2.10m 的部位应计算全面积；净高在 1.20m 至 2.10m 的部位应计算 1/2 面积；净高不足 1.20m 的部位不应计算面积。如图 1-7 所示。

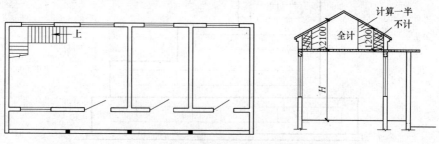

图 1-7　利用坡屋顶内空间示意图

（3）单层建筑物内设有局部楼层者，局部楼层的二层及以上楼层，有围护结构的应按其围护结构外围水平面积计算，如图 1-8（a）所示；无围护结构的应按其结构底板水平面积计算。层高在 2.20m 及以上者应计算全面积；层高不足 2.20m 者应计算 1/2 面积。如图 1-8（b）所示。

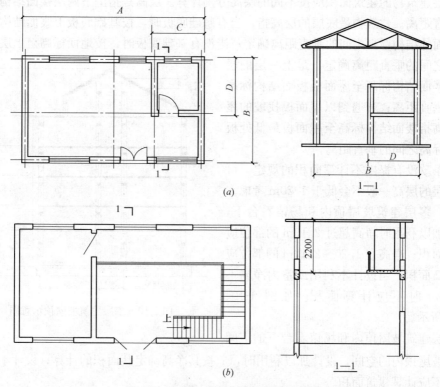

图 1-8　建筑物内设有局部楼层示意图

局部楼层的墙厚部分应包括在局部楼层面积内。本条款没提出不计算面积的规定，可以理解局部楼层的层高一般不会低于 1.20m。

1.9.1.2　多层建筑物

（1）多层建筑物首层应按其外墙勒脚以上结构外围水平面积计算；二层及以上楼层应

按其外墙结构外围水平面积计算。层高在 2.20m 及以上者应计算全面积；层高不足 2.20m 者应计算1/2面积。如图 1-9 所示。

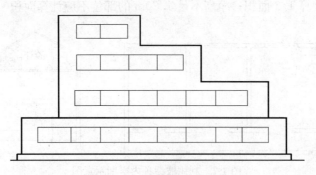

图 1-9 多层建筑物示意图

该条款明确了外墙上的抹灰厚度或装饰材料厚度不能计入建筑面积。"二层及以上楼层"是指，不仅底层有时不同于标准层，有可能二层及以上楼层的平面布置、面积也不相同，因此要按其外墙结构外围水平面积分层计算。

多层建筑物的建筑面积应按不同的层高分别计算。层高是指上下两层楼面结构标高之间的垂直距离。建筑物最底层的层高指，当有基础底板时，按基础底板上表面结构标高至上层楼面的结构标高之间的垂直距离确定；当没有基础底板时，按地面标高至上层楼面结构标高之间的垂直距离确定。最上一层的层高是指楼面结构标高至屋面板板面结构标高之间的垂直距离；若遇到以屋面板找坡的屋面，层高指楼面结构标高至屋面板最低处板面结构标高之间的垂直距离。

本条款没有提出不计算面积的规定，可以按楼层的层高一般不会低于1.20m考虑。

（2）多层建筑坡屋顶内和场馆看台下，当设计加以利用时净高超过 2.10m 的部位应计算全面积；净高在 1.20～2.10m 的部位应计算1/2面积；当设计不利用或室内净高不足 1.20m 时不应计算面积。如图 1-10、图 1-11所示。

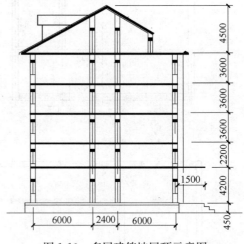

图 1-10 多层建筑坡屋顶示意图

多层建筑坡屋顶内和场馆看台下的空间应视为坡屋顶内的空间，设计加以利用时，应按其净高确定其面积的计算；设计不利用的空间，不应计算建筑面积。

1.9.1.3 地下室、坡地的建筑物

（1）地下室、半地下室（车间、商店、车站、车库、仓库等），包括相应的有永久性顶盖的出入口，应按其外墙上口（不包括采光井、外墙防潮层及其保护墙）外边线所围水平面积计算。层高在 2.20m 及以上者应计算全面积；层高不足 2.20m 者应计算1/2面积。如图 1-12 所示。

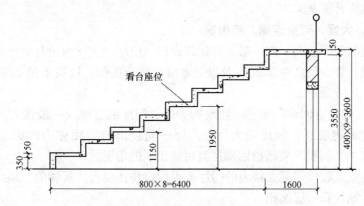

图 1-11 场馆看台下的空间示意图

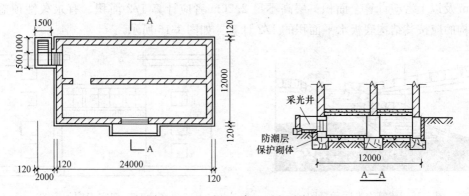

图 1-12 地下室、半地下室示意图

地下室、半地下室应按其外墙上口外边线所围水平面积计算。旧的规则规定：按地下室、半地室上口外墙外围水平面积计算，文字上不甚严密，"上口外墙"容易被理解成为地下室、半地下室的上一层建筑的外墙。一般情况下，地下室外墙比上一层建筑外墙宽。

（2）坡地的建筑物吊脚架空层、深基础架空层，设计加以利用并有围护结构的，层高在 2.20m 及以上的部位应计算全面积；层高不足 2.20m 的部位应计算 1/2 面积。设计加以利用、无围护结构的建筑吊脚架空层，应按其利用部位水平面积的 1/2 计算；设计不利用的深基础架空层、坡地吊脚架空层、多层建筑坡屋顶内、场馆看台下的空间不应计算面积。如图 1-13、图 1-14 所示。层高在 2.20m 及以上的吊脚架空间可以设计用来作为一个房间使用；当深基础架空层 2.20m 及以上层高时，可以设计用来作为安装设备或做储藏

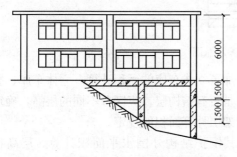

图 1-13 坡地的建筑物吊脚架空层示意图

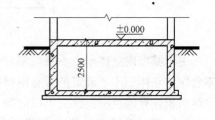

图 1-14 深基础架空层示意图

间使用，该部位应计算全面积。

1.9.1.4 门厅、大厅、架空走廊、库房等

（1）建筑物的门厅、大厅按一层计算建筑面积。门厅、大厅内设有回廊时，应按其结构底板水平面积计算。层高在 2.20m 及以上者应计算全面积；层高不足 2.20m 者应计算 1/2 面积。如图 1-15 所示。

"门厅、大厅内设有回廊"是指，建筑物大厅、门厅的上部（一般该大厅、门厅占两个或两个以上建筑物层高）四周向大厅、门厅中间挑出的走廊称为回廊。"层高不足 2.20m 者应计算 1/2 面积"应该指回廊层高可能出现的情况。

宾馆、大会堂、教学楼等大楼内的门厅或大厅，往往要占建筑物的二层或二层以上的层高，这时也只能计算一层面积。

（2）建筑物间有围护结构的架空走廊，应按其围护结构外围水平面积计算。层高在 2.20m 及以上者应计算全面积；层高不足 2.20m 者应计算 1/2 面积。有永久性顶盖无围护结构的应按其结构底板水平面积的 1/2 计算。如图 1-16 所示。

图 1-15　建筑物大厅示意图

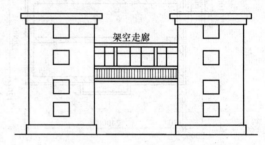

图 1-16　架空走廊示意图

（3）立体书库、立体仓库、立体车库，无结构层的应按一层计算，有结构层的应按其结构层面积分别计算。层高在 2.20m 及以上者应计算全面积；层高不足 2.20m 者应计算 1/2 面积。如图 1-17 所示。

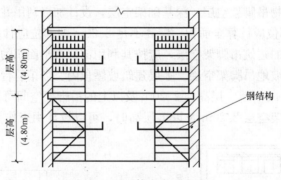

图 1-17　立体书库示意图

由于城市内立体车库不断增多，计算规范增加了立体车库的面积计算。立体车库、立体仓库、立体书库不规定是否有围护结构，均按是否有结构层，应区分不同的层高，确定建筑面积计算的范围。改变了以前按书架层和货架层计算面积的规定。

（4）有围护结构的舞台灯光控制室，应按其围护结构外围水平面积计算。层高在 2.20m 及以上者应计算全面积；层高不足 2.20m 者应计算 1/2 面积。如图 1-18 所示。

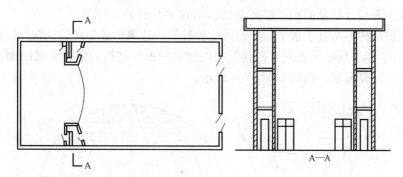

图 1-18　舞台灯光控制室示意图

　　如果舞台灯光控制室有围护结构且只有一层，那么就不能另外计算面积。因为整个舞台的面积计算已经包含了该灯光控制室的面积。计算舞台灯光控制室面积时，应包括墙体部分面积。

1.9.1.5　走廊、楼梯间、雨篷、阳台等

　　(1) 建筑物外有围护结构的落地橱窗、门斗、挑廊、走廊、檐廊，应按其围护结构外围水平面积计算。层高在 2.20m 及以上者应计算全面积；层高不足 2.20m 者应计算 1/2 面积。有永久性顶盖无围护结构的应按其结构底板水平面积的 1/2 计算。如图 1-19、图 1-20 所示。

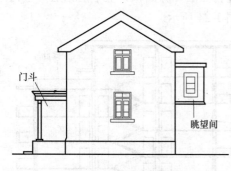

图 1-19　外门斗示意图

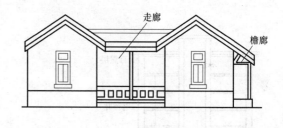

图 1-20　外走廊、檐廊示意图

　　(2) 有永久性顶盖无围护结构的场馆看台应按其顶盖水平投影面积的 1/2 计算。这里的场馆主要是指体育场等"场"所，如体育场主席台部分的看台，一般是有永久性顶盖而无围护结构，按其顶盖水平投影面积的 1/2 计算。"馆"是有永久性顶盖和围护结构的，应按单层或多层建筑面积计算规定计算。

　　(3) 建筑物顶部有围护结构的楼梯间、水箱间、电梯机房等，层高在 2.20m 及以上者应计算全面积；层高不足 2.20m 者应计算 1/2 面积。如图 1-21 所示。

　　如遇建筑物屋顶的楼梯间是坡屋顶时，应按坡屋顶的相关规定计算面积。单独放在建筑物屋顶上没有围护结构的混凝土水箱或钢板水箱，不计算面积。

　　(4) 设有围护结构不垂直于水平面而超出底板外沿的建筑物，应按其底板面的外围水平面积计算。层高在

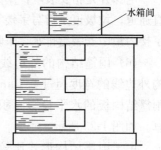

图 1-21　屋顶水箱间示意图

2.20m 及以上者应计算全面积；层高不足 2.20m 者应计算 1/2 面积。

设有围护结构不垂直于水平面而超出地板外沿的建筑物是指向建筑物外倾斜的围护结构，如图 1-22（a）所示。若遇有向建筑物内倾斜的围护结构，应视为坡屋面，应按坡屋顶的有关规定计算面积，如图 1-22（b）所示。

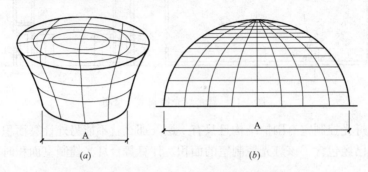

图 1-22　围护结构不垂直建筑物示意图
(a) 超出地板外沿外倾斜的围护结构；(b) 不超出地板外沿内倾斜的围护结构

（5）建筑物内的室内楼梯间、电梯井、观光电梯井、提物井、管道井、通风排气竖井、垃圾道、附墙烟囱应按建筑物的自然层计算面积。如图 1-23 所示。

正常情况下，上述室内楼梯间等面积包括在各建筑物的自然层数内，不需单独计算。室内楼梯间若遇跃层建筑，其共用的室内楼梯应按自然层计算面积；上下两错层户室共用的室内楼梯，应选上一层的自然层计算面积，如图 1-24 所示。

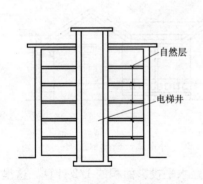

图 1-23　室内电梯井示意图

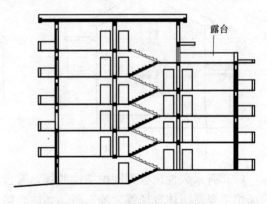

图 1-24　户室错层剖面示意图

电梯井是指安装电梯用的垂直通道；提物井是指图书馆提升书籍、酒店提升食物的垂直通道；垃圾道是指写字楼等大楼内每层设垃圾倾倒口的垂直通道；管道井是指宾馆或写字楼内集中安装给排水、采暖、消防、电线管道用的垂直通道。

（6）雨篷结构的外边线至外墙结构外边线的宽度超过 2.10m 者，应按雨篷结构板的水平投影面积的 1/2 计算。如图 1-25 所示。

由于雨篷结构形式比较复杂，有柱、无柱和独立柱不好界定，柱的形

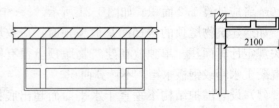

图 1-25　雨篷示意图

式也比较多,不少还采用索拉雨篷等。因此,规范规定雨篷均以其宽度超过 2.10m 或不超过 2.10m 划分。超过者按雨篷结构板水平投影面积的 1/2 计算;不超过者不计算。上述规定不管雨篷是否有柱或无柱,计算应一致。

(7) 有永久性顶盖的室外楼梯,应按建筑物自然层的水平投影面积的 1/2 计算。无永久性顶盖的室外楼梯不计算面积,如图 1-26 所示。

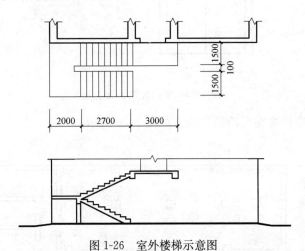

图 1-26 室外楼梯示意图

室外楼梯,最上层楼梯无永久性顶盖或不能完全遮盖楼梯的雨篷,上层楼梯不计算面积;上层楼梯可视为下层楼梯的永久性顶盖,下层楼梯应计算面积。

(8) 建筑物的阳台均应按其水平投影面积的 1/2 计算。如图 1-27 所示。

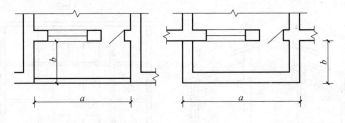

图 1-27 凹、凸阳台示意图

建筑物的阳台,不论是挑阳台、凹阳台、半凸半凹阳台、封闭阳台、敞开阳台均按其水平投影面积的 1/2 计算建筑面积。

(9) 有永久性顶盖无围护结构的车棚、货棚、站台、加油站、收费站等,应按其顶盖水平投影面积的 1/2 计算。如图 1-28 所示。

车棚、货棚、站台、加油站、收费站等的面积计算,由于建筑技术的发展,出现许多新型结构,如柱不再是单纯的直立柱,而出现正 V 形、倒 V 形等不同类型的柱,给面积计算带来许多争议。为此,不以柱来确定面积,而依据顶盖的水平投影面积计算面积。

在车棚、货棚、站台、加油站、收费站内设有带围护结构的管理房间、休息室等,应另按有关规定计算面积。

1.9.1.6 其他

(1) 高低联跨的建筑物,应以高跨结构外边线为界分别计算建筑面积;当高低跨内部

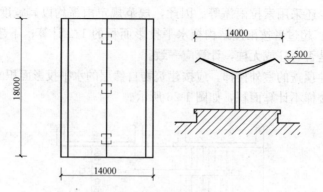

图 1-28　单排柱站台示意图

连通时，其变形缝应计算在低跨面积内。如图 1-29 所示。

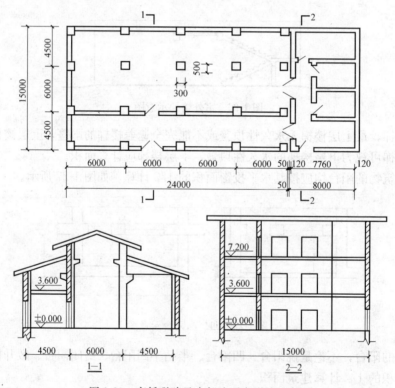

图 1-29　高低联跨及内部连通变形缝示意图

（2）以幕墙作为围护结构的建筑物，应按幕墙外边线计算建筑面积。

（3）建筑物外墙外侧有保温隔热层的，应按保温隔热层外边线计算建筑面积。

（4）建筑物内的变形缝，应按其自然层合并在建筑物面积内计算。如图 1-30 所示。

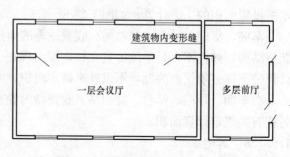

图 1-30　建筑物内的变形缝示意图

建筑物内的变形缝是指与建筑物连通的变形缝，即暴露在建筑物内，可以看得见的变形缝。

1.9.2 不计算建筑面积的范围

1.9.2.1 建筑物通道、设备管道夹层

（1）建筑物通道（骑楼、过街楼的底层）。如图 1-31 所示。

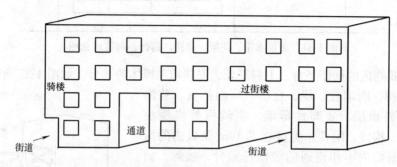

图 1-31 建筑物通道、骑楼、过街楼示意图

（2）建筑物内的设备管道夹层。如图 1-32 所示。

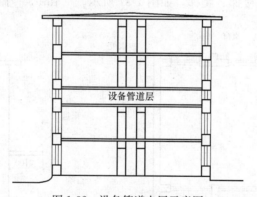

图 1-32 设备管道夹层示意图

高层建筑的宾馆、写字楼等，通常在建筑物高度的中间部分设置设备及管道的夹层，主要用于集中放置水、暖、电、通风管道及设备。这一设备管道层不应计算建筑面积。

1.9.2.2 屋顶水箱、操作平台等

（1）建筑物内分隔的单层房间，舞台及后台悬挂幕布、布景的天桥、挑台等。如图 1-33 所示。

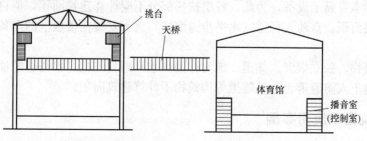

图 1-33 分隔的单层房间、天桥、挑台示意图

（2）屋顶水箱、花架、凉棚、露台、露天游泳池、雨篷等。如图 1-34 所示。

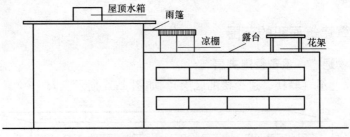

图 1-34　屋顶水箱、花架、凉棚、露台、雨篷示意图

（3）建筑物内的操作平台、上料平台、安装箱和罐体的平台。如图 1-35 所示。

（4）勒脚、附墙柱、垛、台阶、墙面抹灰、装饰面、镶贴块料面层、装饰性幕墙、空调机外机搁板（箱）、飘窗、构件、配件、宽度在 2.10m 及以内的雨篷以及与建筑物内不相连通的装饰性阳台、挑廊。如图 1-36 所示。

（5）无永久性顶盖的架空走廊、室外楼梯和用于检修、消防等的室外钢楼梯、爬梯。如图 1-37 所示。

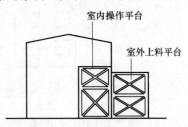

图 1-35　操作平台、上料平台示意图

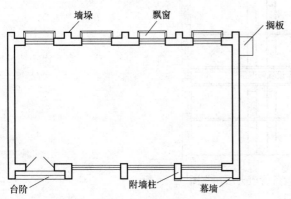

图 1-36　附墙柱、墙垛、台阶、幕墙、搁板、飘窗示意图

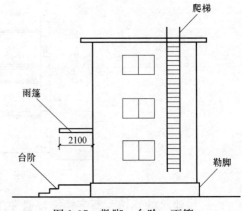

图 1-37　勒脚、台阶、雨篷、爬梯示意图

1.9.2.3　自动扶梯、构筑物

（1）自动扶梯、自动人行道。自动扶梯（斜步道滚梯），除两端固定在楼层板或梁上面之外，扶梯本身属于设备，为此，各层扶梯部分不应计算建筑面积，但自动扶梯间的屋盖应计算一层面积。自动人行道（水平步道滚梯）属于安装在楼板上的设备，不应单独计算建筑面积。

（2）构筑物。独立烟囱、烟道、地沟、油（水）罐、气柜、水塔、贮油（水）池、贮仓、栈桥、地下人防通道、地铁隧道等构筑物不计算建筑面积。

1.9.3　建筑面积应用案例

【**案例 1-27**】　某民用住宅如图 1-38 所示，雨篷水平投影面积为 3300mm×1500mm，

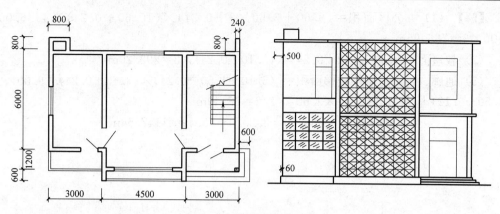

图 1-38 某民用住宅工程

计算其建筑面积。

【解】 建筑面积=[(3.00+4.50+3.00)×6.00+4.50×1.20+0.80×0.80+3.00×1.20÷2]×2=141.68m²

【案例 1-28】 某小学教学办公楼平面图、剖面图如图 1-39 所示，计算该工程的建筑面积。

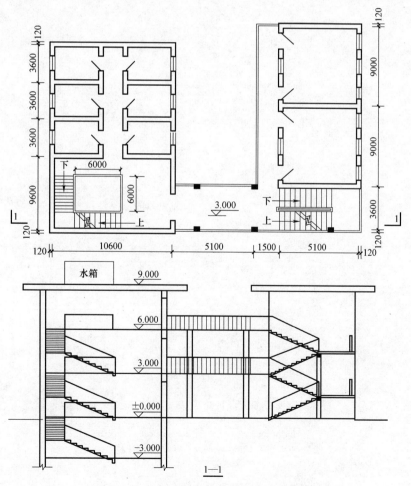

图 1-39 某小学教学办公楼平面图、剖面图

【解】 (1) 办公区面积＝(9.60＋3.60×3＋0.24)×(10.60＋0.24)×4－6.00×6.00×3＝786.95m²

(2) 教室面积＝(9.00×2＋0.24)×(5.10＋0.24)×3＝292.20m²

(3) 通廊、挑廊、室外楼梯面积＝[(5.10＋1.50－0.24)×(3.60＋0.24)＋9.00×2×(1.50－0.12)＋(5.10＋0.24)×3.60]×2/2＝68.49m²

建筑面积＝786.95＋292.20＋68.49＝1147.64m²

2 土石方工程

2.1 相关知识简介

2.1.1 土壤及岩石的性质

土壤是指地球表面的一层疏松物质，由各种颗粒状矿物质、有机物质、水分、空气、微生物等组成，能生长植物。岩石是指构成地壳矿物质的集合体。

土方工程施工的难易程度与所开挖的土壤种类和性质有很大的关系，如土壤的坚硬度、密实度、含水率等。这些因素直接影响到土壤开挖的施工方法、功效及施工费用。所以必须正确掌握土方类别的划分方法，准确计算土方费用。

在《房屋建筑与装饰工程工程量计算规范》GB 50854—2013 中，土壤的名称及其含义是按国家标准《岩土工程勘察规范》GB 50021—2001（2009 年版）定义的，将土壤分为一、二类土；三类土和四类土。将岩石分为极软岩、软质岩、硬质岩。土壤类别的划分，详见表 2-1；岩石类别的划分，详见表 2-2。

土壤分类表　　　　　　　　　　　表 2-1

土壤分类	土壤名称	开挖方法
一、二类土	粉土、砂土（粉砂、细砂、中砂、粗砂、砾砂）、粉质黏土，弱中盐渍土、软土（淤泥质土、泥炭、泥炭质土）、软塑红黏土、冲填土	用锹、少许用镐、条锄开挖。机械能全部直接铲挖满载者
三类土	黏土、碎石土（圆砾、角砾）混合土、可塑红黏土、硬塑红黏土、强盐渍土、素填土、压实填土	主要用镐、条锄、少许用锹开挖。机械需部分刨松方能铲挖满载者或可直接铲挖但不能满载者
四类土	碎石土（卵石、碎石、漂石、块石）、坚硬红黏土、超盐渍土、杂填土	全部用镐、条锄挖掘、少许用撬棍挖掘。机械须普遍刨松方能铲挖满载者

岩石分类表　　　　　　　　　　　表 2-2

岩石分类		代表性岩石	开挖方法
极软岩		①全风化的各种岩石 ②各种半成岩	部分用手凿工具、部分用爆破法开挖
软质岩	软岩	①强风化的坚硬岩或较硬岩 ②中等风化—强风化的较软岩 ③未风化—微风化的页岩、泥岩、泥质砂岩等	用风镐和爆破法开挖
	较软岩	①中等风化—强风化的坚硬岩或较硬岩 ②未风化—微风化的凝灰岩、千枚岩、泥灰岩、砂质泥岩等	用爆破法开挖

续表

岩石分类		代表性岩石	开挖方法
硬质岩	较硬岩	①微风化的坚硬岩 ②未风化—微风化的大理岩、板岩、石灰岩、白云岩、钙质砂岩等	用爆破法开挖
	坚硬岩	未风化—微风化的花岗岩、闪长岩、辉绿岩、玄武岩、安山岩、片麻岩、石英岩、石英砂岩。硅质砾岩、硅质石灰岩等	用爆破法开挖

2.1.1.1 土的物理性质

随着土的固体颗粒、空气、水三者的比例变化，其物理性质各异。表示土的物理性质的指标，主要有：

(1) 土的天然密度和干密度。

1) 天然密度。土的天然密度是指在天然状态下，单位体积土的质量。它与土的密实程度和含水量有关。

2) 干密度。土的固体颗粒质量与总体积的比值。在一定程度上，土的干密度反映了土的颗粒排列紧密程度。土的干密度越大，表示土越密实。土的密实程度主要通过检验填方土的干密度和含水量来控制。

(2) 土的含水率和土的渗透性。

1) 含水率。土中水的质量与固体颗粒质量之比的百分率。土的含水率随气候条件、雨雪和地下水的影响而变化，对土方边坡的稳定性及填方密实程度有直接的影响。土的最佳含水率是指使填土压实获得最大密实度时的土的含水量。

一般将含水率5%以下的称干土；含水率30%以下的称湿土；含水率30%以上的称潮湿土，在地下水位以下的土称为饱和土。土壤的含水率不同，其挖掘的难易程度也不同，直接影响挖掘工效。一般定额是按干土计算的，并规定开挖湿土时，应按系数调整人工用量。开挖湿土需要采取排水措施的，还应另行计算排水费用。定额中的干土是指地下常水位以上的土，湿土是指地下常水位以下的土。地下常水位标高可按地质勘测资料确定；如无勘测资料或虽有勘测资料，但没有注明水位标高者，可以当地历年资料确定地下常水位。

2) 渗透性。土的渗透性是指土体被水透过的性质。土的渗透性用渗透系数表示。

渗透系数表示单位时间内水穿透土层的能力，以"m/d"表示；它同土的颗粒级配、密实程度等有关，是人工降低地下水位及选择各类井点的主要参数。

(3) 土的孔隙比和土的饱和度。

1) 孔隙比。土的孔隙比是指土中孔隙体积与固体颗粒体积之比。土的孔隙比是说明土的密实程度的一个物理指标，也是回填土夯实时的指标。

2) 饱和度。土的饱和度是指土中水的体积与孔隙体积的比值。饱和度是说明砂土潮湿程度的一个指标，如孔隙完全被水充满，这种土叫做饱和土，在这种情况下，回填土就不可能夯实。

2.1.1.2 土的工程性质

(1) 土的可松性。土的可松性是指天然密实土，经挖掘松动，组织破坏，体积增加，回填虽经压实仍不能恢复原体积的性能。土的可松性程度以增加体积占原天然密实体积的百分比或可松性系数表示。

在土方施工中，按天然密实土计算，不考虑可松性的影响，称"天然密实土"、"实方"、"自然方"等。反之，考虑挖掘松动增加的体积，称"松方"、"虚方"等。

（2）土的稳定性。在土方开挖超过一定深度时，土方下滑坍塌，这种现象使土方失去稳定性。为合理组织施工，保证施工安全，定额根据施工规范要求规定了控制土方稳定的开挖深度。实际开挖深度超过规定深度，应采取临时放坡或支挡土板的方法，以防土壁塌落。

1）临时放坡。开挖土方时，为使边壁稳定，作出边坡，叫做放坡。放坡的坡度要根据设计挖土深度和土质，按照施工组织设计的规定确定。常见的土方放坡形式如图 2-1 所示。

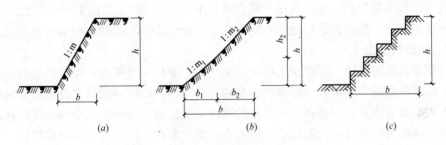

图 2-1 土方放坡形式
（a）直线形边坡；（b）折线形边坡；（c）阶梯形边坡

2）放坡系数。建筑工程中坡度通常用 1：K 表示，K 称为放坡系数，如图 2-2 所示。放坡系数公式：

$$K = b/H$$

2.1.2 土石方机械化施工

常用的土方施工机械有推土机、铲运机、挖掘机、平地机等。

2.1.2.1 推土机推土

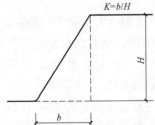

图 2-2 土方开挖的放坡系数

推土机是土方机械施工中的主要机械之一，在建筑工程中，推土机主要用来做切土、推土、堆积、平整、压实等工作。

（1）推土机的特点。推土机操作灵活、动转方便，所需工作面小，既可挖土，又可在较短的距离内运送土方，行驶速度较快、易于转移，能爬 30°左右的缓坡。因此，在土方工程中，运距在 100m 以内的推土，宜采用推土机。

（2）推土机的适用范围。适用于场地的清理和平整，开挖深度不大于 1.5m 的基坑、沟槽的回填土；还可与其他土方机械（如铲运机、挖土机）配合，进行硬土和冻土的破动与松动，与羊足碾配合还可以进行土方压实工作。

Ⅰ～Ⅳ类土方，推运距离 100m 以内，以 40～60m 效率最高。提高推土机工作效率的方法有：①下坡推土；②并列推土；③分批集中一次推送；④槽形推土；⑤铲刀加侧板。

2.1.2.2 铲运机铲运土

铲运机是一种能综合完成铲土、运土、卸土、铺平、平整等工作的土方机械，按行走方式分为拖式铲运机和自行式铲运机两种；按铲头的操作方式分为机械操纵（即钢丝绳操纵）和液压操纵两种。

拖式铲运机，由履带拖拉机牵引，并使用装在拖拉机上的动力绞盘或液压系统对铲运机进行操纵。自行式铲运机由牵引车和铲运斗两部分组成。目前铲运机使用的斗容量，一般有 $6m^3$ 和 $9m^3$ 两种。

（1）铲运机的特点。铲运机是平整场地中使用较广泛的一种土方机械。其特点是，操作简单灵活，运转方便，不受地形限制，不需特设道路，能自行作业，不需其他机械配合，能完成铲、运、卸、填、压实土方等多道工序，行驶速度较快，易于控制运行路线，易于转移，生产效率高。

（2）铲运机的适用范围。适用于地形起伏不大，坡度在 15°以内的大面积场地平整，大型基坑开挖和路基填筑；最适宜于开挖含水量 W 不大于 27％的松土和普通土。

Ⅰ～Ⅳ类土方，拖式铲运机适用运距 100～1000m 以内，以 100～300m 效率最高。

2.1.2.3 挖掘机挖土

（1）挖掘机技术性能。在建筑工程中，使用的挖掘机种类很多，除按机械的工作装置划分外，按其使用的斗容量分为轻型、中型和重型三种。按使用的动力设备分为内燃发动机作动力和电动机作动力两种；按自转台的回转角度分为全回转和非全回转式两种；按行走的构造不同分为履带式、轮胎式、步履式和铁路式四种。挖掘机根据铲斗数量，可分为多斗挖掘机和单斗挖掘机，除特殊情况使用多斗挖掘机外，一般采用单斗挖掘机，包括铲斗容量 $0.5m^3$、$0.75m^3$、$1m^3$ 三种型号。

（2）挖掘机特点。挖掘机是土方开挖中常用的一种机械，根据机械的工作装置不同，可以分为正铲、反铲、拉铲、抓铲等四种挖掘机。

1）正铲挖掘机。适用于开挖停机面以上的Ⅰ～Ⅳ类土方，挖掘力大，装车轻便灵活，回转速度快，移位方便，生产效率高，但开挖土方时要设置下坡道，要有汽车和它配合共同完成挖运土工作。最适宜于没有地下水的大型干燥基坑和土丘等；对含水量大于 27％的土方，不宜用正铲挖土。作业方式：①正向挖土侧向卸土；②正向挖土背后卸土。

2）反铲挖掘机。反铲挖掘机适用于开挖停机面以下的Ⅰ～Ⅲ类土方。挖掘能力小于正铲，挖土时后退向下挖，多用于开挖深度不大于 4m 的基坑，也适用于含水量较大的泥泞地或水位以下的土壤挖掘。如开挖基槽、基坑和管沟以及有地下水或泥泞的土壤。挖土时，可以有汽车配合运土，也可以将土弃于沟槽附近。作业方式：①沟端开挖；②沟测开挖；③并列开挖。

3）拉铲挖掘机。适用于开挖停机面以下的大型基坑及水下挖土的土方，挖土方式基本上与反铲挖土机类似，挖掘半径比较大，但不如反铲挖掘机灵活准确，不受含水量大小的限制，水上水下均可挖掘，多用于开挖面积大而深的水下挖土，但不适宜挖硬土。

4）抓铲挖掘机。抓铲挖掘机挖掘力小，生产效率低。主要用于开挖土质比较松软，施工面狭窄而深的基坑、地槽、水井、淤泥等土方工程，最适宜水下挖土。

2.1.2.4 场地机械平整

场地机械平整主要采用平地机进行，由拖式铲运机和推土机等机械配合作业。平地机是土方工程中重要施工机械之一，分自行式和拖式两种。自行式平地机工作时，依靠自身的动力设备；拖式平地机工作时，要求履带式拖拉机牵引。

2.1.2.5 土方的填筑和压实

（1）填筑方法。填土应该分层进行，并尽量采用同类土，如果由于条件限制采用不同类土时，不能混填，要将透水性较大的土层置于透水性较小的土层下面。

（2）填土压实方法。

1）碾压法。碾压法是利用机械滚轮的压力压实土。碾压机械有平碾、羊足碾、振动碾等。碾压法主要适用于场地平整和大型基坑回填土等工程。

2）夯实法。夯实法是利用夯锤自由下落的冲击力来夯实土。夯实机械主要有蛙式打夯机、夯锤和内燃夯土机等。这种方法主要适用于小面积的回填土。

3）振动压实法。它是将震动压实机放在土层表面，借助振动设备使土颗粒发生相对位移而达到密实。这种方法主要适用于振实非黏性土。

4）利用运土工具压实法。利用运土机械的自重，反复碾压土层，使其密实。

2.1.3 土石方工程项目

土石方工程主要包括平整场地、人工（机械）挖地槽、挖地坑、挖土方、原土打夯、回填土及运土等工程项目。

2.1.3.1 平整场地

在基槽开挖前，对施工场地高低不平的部位就地平整，以进行工程的定位放线。凡平均高差在 30cm 以内，用人工就地填挖找平的场地，称人工平整场地，如图 2-3 所示。

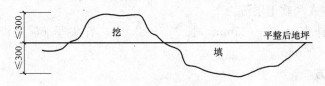

图 2-3 平整场地示意图

2.1.3.2 人工土方

（1）人工挖土方。人工挖土方分为挖地槽（沟）、土方、地坑。同时，还应根据挖土深度确定是采用放坡还是支挡土板，并确定是否需要计算排水费用。

（2）挖流砂。在土方工程施工时，当土方挖到地下水位以下时，有时底面和侧面的土形成流动状态，随地下水一起涌出，这种现象称为流砂。流砂严重时，土方工程的侧壁就会因土的流动而引起塌落，如果附近有建筑物，就会因地基土流空而使建筑物下沉，上部结构就要发生裂缝和倾斜，影响建筑物的正常使用。

流砂成因：当坑外水位高于坑内抽水后的水位，坑外水压向坑内移动的动水压力大于土颗粒的浸水浮重时，使土粒悬浮失去稳定，随水冲入坑内，从坑底涌起，两侧涌入，形成流动状态。流砂处理方法：主要是"减少或平衡动水压力"，使坑底土颗粒稳定不受水压干扰。

2.1.3.3 挡土板

（1）挡土板主要用于不能放坡或淤泥流沙类土方的挖土工程，挡土板分木、钢材质。

（2）挡土板的支撑方法，应根据施工组织设计要求和土质情况选定单面支撑或双面支撑。一般建筑工程中，常用断续支撑法（疏撑）或连续支撑法（密撑），如图 2-4 所示。

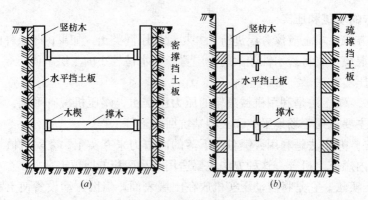

图 2-4　挡土板
(a) 密撑；(b) 疏撑

疏撑是指槽坑土方开挖时，在槽坑壁间隔铺设挡土板的支撑方式。密撑是指槽坑土方开挖时，在槽坑壁满铺挡土板的支撑方式。

(3) 挡土板定额分为疏板和密板。疏板是指间隔支挡土板，且板间净空小于 150cm 的情况；密板是指满支挡土板或板间净空小于 30cm 的情况。

2.1.3.4　打钎

对基槽底的土层进行钎探的操作方法称作打钎，即将钢钎打入基槽底的土层中，根据每打入一定深度（一般定为 300mm）的锤击次数，间接地判断地基的土质变化和分布情况，以及是否有空穴和软土层等。

打钎用的钢钎直径 22～25mm，长 1.8～2.0m，钎尖呈 60°尖锥状；锤重 3.6～4.5kg，锤的落距 500mm。

2.1.3.5　机械土方

在建筑工程中，机械土方是按照挖、推、运、平整、碾压等工程内容和要求划分项目和采用土方机械，根据全国统一劳动定额和现场施工实际情况，确定台班用量。一般分为挖掘机挖土方、推土机推土方、铲运机铲土方、挖掘机挖土自卸汽车运土、平地机械平整及碾压等项目。

常用的压实机械包括：

(1) 碾压类机械：平碾压路机、羊足碾等，适于大面积填土。

(2) 夯击类机械：蛙式夯、内燃打夯机、石夯等，适于场地狭窄填土。

(3) 履带式打夯机等，适于大面积填土。

(4) 震动类机械：震动夯、平板震动器等，适于场地狭窄填土。

(5) 震动压路机等，适于大面积填土。

2.1.3.6　控制爆破

控制爆破是相对于不规则爆破而言的。在建筑工程中，为了获得设计要求的边坡或断面形状，为了减少振动对周边建筑物和环境的影响，避免超、欠爆，边线控制爆破法是比较传统的控制爆破方法之一。其作业方法为：在爆破区域的外边缘，沿设计要求的开挖线，钻一排密孔，孔距一般为正常孔距的 1/6，密孔内不装药；在密孔内侧，排距约为正常排距的 1/3～1/2 处，钻一排亚密孔，孔距一般为正常孔距的 60%，装药量一般为正常装药量的 50% 左右；亚密孔的内侧，为正常排距、孔距、装药量的炮孔。亚密孔与正常炮孔同时起爆,由于密孔阻碍了爆震波的传递,从而沿密孔一线能够形成比较规则的断裂面,使爆破能够控制在预定范围之内。

2.1.3.7 静力爆破

静力爆破是相对于有声爆破而言的。常规爆破的爆破力,依靠炸药的瞬间化学变化和体积膨胀,因此必然产生剧烈的振动和声响。静力爆破的爆破力,依靠破碎剂拌合后较缓慢的化学变化和体积膨胀,没有明显的振动和声响,也无需覆盖,因此它适用于不能产生剧烈振动的爆破场所,同时也避免了噪声污染。静力爆破适宜在岩层均匀密实、层面破碎带少的情况下使用,并且炮孔封闭要求密实、牢固。

2.1.3.8 预裂爆破与减振孔

预裂爆破是为降低爆振波对周围已有建筑物或构筑物的影响,按照设计的开挖边线,钻一排预裂炮眼。炮眼均需按设计规定药量装炸药。在开挖区炮爆破前,预先炸裂一条缝,在开挖炮爆破时,这条缝能够反射、阻隔爆振波。

减振孔与预裂爆破起相同作用,在设计开挖边线加密炮眼,缩小排间距离,不装炸药,起反射、阻隔爆振波的作用。

2.1.3.9 液压锤岩石破碎

液压锤是一种新型的岩石破碎机械,它实际上是一个机头。卸下液压挖掘机的铲斗,装上液压锤,将液压挖掘机的液压油路与液压锤接通,具有一定压力的油推动液压锤内的气泵运动,利用被压缩的氮气瞬间产生的极强的爆发力,驱动液压锤产生剧烈振动,从而破碎岩石。液压锤破碎岩石,适用于岩石开挖量小、不易爆破或场地狭小、周边环境不允许施爆的岩石开挖场所。

2.1.3.10 原土打夯

要在原来较松软的土质上做地坪、道路、球场等,需要对松软的土质进行夯实。这种施工过程叫做原土打夯。它的工作内容包括碎土、平土、找平、洒水、机械打夯。

2.1.3.11 回填土及运土

(1)回填土。回填土适用于场地回填、室内回填和基础回填,并包括指定范围内的运输以及取土回填的土方开挖。基础回填土是指在基础施工完毕以后,必须将槽、坑四周未做基础的部分进行回填至室外设计地坪标高。基础回填土必须夯填密实。室内回填土指室内地坪以下,由室外设计地标高填至地坪垫层底标高的夯填土。室内回填土一般在底层结构施工完毕以后进行,或是在地面结构施工之前进行。

(2)运土。运土分余土外运和取土回填两种情况。

2.1.4 名词解释

2.1.4.1 土方工程

(1)土石方工程:是指挖土石、填土石、运土石方的施工。

(2)土方:是指挖土、填土、运土的工作量,通常都用立方米计算,$1m^3$ 称为一个土方。这类施工称为土方工程,有时也称为土方。

(3)紧固系数:亦称普氏系数,是反映土壤及岩石强度指标的系数,也是土壤及岩石类别划分的一个标准。

(4)极限压碎强度:是指最大的压碎限度。

(5) 普通土：即普氏类的Ⅰ、Ⅱ类土。使用铁锹，少量用镐操作，如砂、砂土、种植土、软质盐土、堆积土及垃圾等土壤。

(6) 坚土：即普氏类的Ⅲ、Ⅳ类土。使用铁锹并同时用镐，部分用撬棍操作，如密实的黏土、黄土、坚硬密实的黏土、含有碎石砾石坚固石的黏土、硬化的重盐土、泥板岩及风化软石等土壤。

(7) 挖土方：是指设计室外地坪以上的竖向布置的挖土或山坡切土，并包括指定范围内的土方运输。

(8) 冻土：是指在0℃以下并含有冰的冻结土。冻土层一般位于冰冻线以上。冻土按冬、夏季是否冻融交替分为季节性冻土和永冻土两类。

(9) 竖向布置图：是指采用挖填土方格网施工后，地面高程已基本平整。

(10) 沟槽：是指凡图示沟底（基础垫层底）宽在3m以内，且沟槽长大于槽宽三倍以上的挖土。

(11) 地坑：是指柱基、坑底凡图示面积小于20m²（包括20m²）的挖土石方。

(12) 管沟土方：是指开挖管沟、电缆沟等施工而进行的土方工程。

(13) 人工挖土方：是指用人工挖地槽，凡图示沟槽、沟底宽大于3m，且柱基、地坑底面大于20m²，平整场地挖土方厚度在30cm以上的挖土。

(14) 人工挖孔：是指采用人工挖掘方法进行成孔的方式。

(15) 工作面：是指直接操作和活动地点的位置与场所。

(16) 放坡：是在挖土施工中，为防止土壁坍塌、稳定边壁而做出的边坡。

(17) 挡土板：是指在需要放坡的土方工程中，由于工程设计要求或受场地限制，而采用挡侧壁土方、防止坍塌的木板（或钢板）。

(18) 干土：是指常水位以上的土。

(19) 湿度：是指物质（或土壤）中含水分的多少。

(20) 天然湿度：是指在正常的自然情况下物质或土壤中含水分的多少。

(21) 地下水位：是根据地质勘察勘测确定的地下水的上表面位置。

(22) 常水位：一般是指某地区常年地下水的位置。

(23) 淤泥：是一种稀软状、不易成形的灰黑色、有臭味、含有半腐朽的植物遗体（占60％以上）、置于水中有动植物残体渣滓浮于水面，并常有气泡由水中冒出的泥土。

(24) 流砂：是指在坑内抽水时，坑底下就会形成流动状态，随地下水一起流动涌进坑内，边挖边冒，无法挖深。

2.1.4.2 石方工程

(1) 挖石方：是指人工凿石、人工打眼爆破、机械打眼爆破等工作，并包括指定范围内的石方清除运输。石方工程按开挖方法分为人工石方工程及机械石方工程两种。

(2) 人工凿岩石：是指人工用十字镐、钢钎等工具凿岩石。

(3) 爆破：是指利用化学物品爆炸时产生的大量热能和高压气体，改变或破坏周围物质的现象。在建筑工程中，爆破主要用于开挖一般石方、沟槽、土方。

(4) 光面爆破：是指按照设计要求，某一坡面（多为垂直面）需要实施光面爆破，在这个坡面设计开挖边线，加密炮眼和缩小排间距离，控制药量，达到爆破后该坡面比较规整的要求。

（5）炸药：是指凡是在一定外界能量的作用下，能由其本身的能量产生爆炸的物质。

（6）火雷管：是指受摩擦、撞击或加热时引起爆炸的材料。

（7）电雷管：是指通电后，脚线端电阻丝发热产生火花引爆的材料。

（8）导火线：又称导火索，是用来传递起爆火雷管和黑火药的起爆材料。

（9）安全防护措施：是指爆破前设置的安全棚、阻挡爆破飞石的防护措施等。

（10）明炮：是指一般的按炮眼法凿眼松动爆破。

（11）渗水：是指水慢慢地渗入炮孔的积水。

（12）积水：是指炮孔周围的雨水或地表水流入炮孔内。

（13）安全屏障：是指在爆破岩石时，为安全起见搭设的防止爆炸碎石，砸坏周围的建筑物或行人的设施。

（14）解小：是指石方爆破工程中，设计对爆破后的石块有最大粒径的规定，对超过设计规定的最大粒径的石块或不便于装车运输的石块，进行再爆破称为解小。

（15）石渣：是岩石被爆破后的碎石。

（16）允许超挖量：是指开挖石方时，定额规定可以超过设计规定尺寸多挖的数量。

（17）基底摊座：是指开挖炮爆破后，在需要设置基础的基底进行剔打找平，使基底达到设计标高要求，以便基础垫层的浇筑。

2.1.4.3 土石方回填及其他

（1）地质勘察：是指用钻孔或钻孔爆破照相的方法探明建筑物地基的地下情况的方法。

（2）斜坡：是指由于起止点的地形不平而形成的坡。

（3）坡度：是指斜坡起止点的高差与水平距离的比值。例如：起止点的高差为 5m，水平距离为 100m，其坡度就是 5%。

（4）平整场地：是指在开挖建筑物基坑（槽）之前，将天然地面改造成所要求的设计平面时所进行的土石方施工过程。适用于建筑场地厚度在 ±30cm 以内的就地挖、填、运、找平。

（5）场地平整：是指建筑物外墙外边线每边各加 2m 的场地内挖填土厚度在 ±30cm 以内的工作叫做场地平整。

（6）竣工清理：是指建筑物内和建筑物外围四周 2m 范围内建筑垃圾的清理、场内运输和指定地点的集中堆放。不包括建筑垃圾的装车和场外运输。

（7）挖方区重心：是指挖方区各部分因受重力而产生的合力，这个合力的作用点叫做挖方区重心。

（8）填方区重心：是指填方区各部分因受重力而产生的合力，这个合力的作用点叫做填方区重心。

（9）转向距离：是指机械转向时，除直线距离外，增加的距离。

（10）回填土：是指人工地基和基础做完后，将槽、坑剩余的空间用土填至设计规定标高的土方叫做回填土。

（11）房心回填土：是指室内回填土方。

（12）主墙：是指结构厚度在 120mm 以上（不含 120mm）的各类墙体。

（13）虚方：是指在自然情况下挖出的松散土方叫做虚方。

（14）松填土：是指不经任何压实的填土。

（15）松填体积：是指回填土不经夯实时的体积。

（16）人工夯实：是指人工木夯或石夯。适于量小狭窄填土。

（17）夯填土：是指回填后，经人工或机械方法增加回填土密实度的方法叫夯填土。

（18）夯实后体积：是指回填土夯实后的体积。

（19）原土打夯：是指在不经任何挖填的土上夯实。全国统一基础定额内规定有人工和机械两种。

（20）拍底：是将基槽底的地基土壤夯实称作拍底。

（21）场地原土碾压：是指场地不经挖填而进行的压实。

（22）人工运土方：是指用肩挑和抬的方法搬运土方。

（23）余土：是指挖出的土经回填后剩余的土。

2.2　工程量计算规范与计价规则相关规定

土石方工程共分 3 个分部工程，即土方工程、石方工程以及土石回填，适用于建筑物的土石方开挖及回填工程。

工程量清单的工程量，按《房屋建筑与装饰工程工程量计算规范》GB 50854—2013规定"是拟建工程分项工程的实体数量"。土石方工程除场地、房心回填土外，其他土石方工程不构成工程实体，即不应当单列项目，而应采用基础清单项目内含土石方报价。但由于地表以下存在许多不可知的自然条件，势必增加基础项目报价的难度。为此，将土石方单独列项。

2.2.1　土方工程（编码：010101）

《房屋建筑与装饰工程工程量计算规范》附录 A.1 土方工程包括平整场地、挖一般土方、挖沟槽土方、挖基坑土方、冻土开挖、挖淤泥流砂、管沟土方清单项目，见表 2-3。

土方工程（编码：010101）　　　　　　　　表 2-3

项目编码	项目名称	项目特征	计量单位	工程量计算规则	工程内容
010101001	平整场地	①土壤类别 ②弃土运距 ③取土运距	m²	按设计图示尺寸以建筑物首层建筑面积计算	①土方挖填 ②场地找平 ③运输
010101002	挖一般土方	①土壤类别 ②挖土深度 ③弃土运距	m³	按设计图示尺寸以体积计算	①排地表水 ②土方开挖 ③围护（挡土板）及拆除 ④基底钎探 ⑤运输
010101003	挖沟槽土方			按设计图示尺寸以基础垫层底面积乘以挖土深度计算	
010101004	挖基坑土方				
010101005	冻土开挖	①冻土厚度 ②弃土运距		按设计图示尺寸开挖面积乘以厚度以体积计算	①爆破 ②开挖 ③清理 ④运输
010101006	挖淤泥、流砂	①挖掘深度 ②弃淤泥、流砂距离		按设计图示位置、界限以体积计算	①开挖 ②运输

续表

项目编码	项目名称	项 目 特 征	计量单位	工程量计算规则	工程内容
010101007	管沟土方	①土壤类别 ②管外径 ③挖沟深度 ④回填要求	m/m³	①以米计量，按设计图示以管道中心线长度计算 ②以立方米计量，按设计图示管底垫层面积乘以挖土深度计算；无管底垫层按管外径的水平投影面积乘以挖土深度计算。不扣除各类井的长度，井的土方并入	①排地表水 ②土方开挖 ③围护(挡土板)、支撑 ④运输 ⑤回填

2.2.1.1　平整场地

(1) 平整场地适用于建筑场地厚度小于等于±300mm 的就地挖、填、运、找平。

(2) 建筑物场地厚度大于等于±300mm 的挖、填、运、找平，应按"工程量计算规范"表 A.1 中平整场地工程量清单项目编码列项。厚度大于 300mm 的竖向布置挖土或山坡切土，应按"工程量计算规范"表 A.1 中挖一般土方工程量清单项目编码列项。

(3) 也可能出现小于等于±300mm 的全部是挖方或全部是填方，需外运土方或借土回填时，在工程量清单项目中应描述弃土运距（或弃土地点）或取土运距（或取土地点），这部分的运输应包括在"平整场地"项目报价内。

(4) 平整场地工程量按建筑物首层建筑面积计算，如施工组织设计规定超面积平整场地时，超出部分应包括在报价内。

2.2.1.2　挖一般土方

(1) 挖一般土方项目适用于挖土厚度大于 300mm 的竖向布置挖土或山坡切土，且不属于沟槽、基坑的土方工程。

(2) "指定范围内的运输"是指由招标人指定的弃土地点或取土地点的运距。若招标文件规定由投标人确定弃土地点或取土地点，则此条件不必在工程量清单中进行描述，但应注明由投标人根据施工现场实际情况自行考虑，决定报价。

(3) 土方清单项目报价应包括指定范围内的土一次或多次运输、装卸以及基底夯实、修理边坡、清理现场等全部施工工序。

(4) 湿土的划分应按地质资料提供的地下常水位为界，地下常水位以下为湿土。

(5) 土壤的分类应按表 2-1 确定，如土壤类别不能准确划分时，招标人可注明为综合，由投标人根据地勘报告决定报价。

(6) 土方体积应按挖掘前的天然密实体积计算。需按天然密实体积折算时，应按土方体积折算系数计算。土方体积折算系数，如表 2-4 所示。

土方体积折算系数表　　　　　　　　　　　　　　表 2-4

天 然 密 实 度 体 积	虚 方 体 积	夯 实 后 体 积	松 填 体 积
1.00	1.30	0.87	1.08
0.77	1.00	0.67	0.83
1.15	1.50	1.00	1.25
0.92	1.20	0.80	1.00

注：1. 虚方指未经碾压、堆积时间≤1年的土壤。
　　2. 设计密实度超过规定的，填方体积按工程设计要求执行；无设计要求按各省、自治区、直辖市或行业建设行政主管部门规定的系数执行。

（7）根据施工方案规定的放坡、操作工作面和机械挖土进出施工工作面的坡道等增加的施工量，应包括在挖基础土方报价内。如省、自治区、直辖市或行业建设主管部门的规定，挖地下基础土方的操作工作面、放坡和机械挖土进出施工工作面的坡道等增加的施工量并入基础土方工程量中，办理工程结算时，按经发包人认可的施工组织设计规定计算，编制工程量清单时，可按表 2-5 和表 2-6 规定计算。土方放坡系数，如表 2-5 所示。

放坡系数表　　　　　　　　　　　表 2-5

土类别	放坡起点（m）	人工挖土	机械挖土		
			在坑内作业	在坑上作业	顺沟槽在坑上作业
一、二类土	1.20	1：0.5	1：0.33	1：0.75	1：0.5
三类土	1.50	1：0.33	1：0.25	1：0.67	1：0.33
四类土	2.00	1：0.25	1：0.10	1：0.33	1：0.25

注：1. 沟槽、基坑中土类别不同时，分别按其放坡起点、放坡系数，依不同土类别厚度加权平均计算。
　　2. 计算放坡时，在交接处的重复工程量不予扣除，原槽、坑作基础垫层时，放坡自垫层上表面开始计算。

（8）挖土方如需截桩头时，应按桩基工程相关项目编码列项。

（9）挖土深度应按自然地面测量标高至设计地坪标高间的平均厚度确定。由于地形起伏变化大，不能提供平均挖土厚度时，应提供方格网法或断面法施工的设计文件。基础土方大开挖深度应按基础垫层底表面标高至交付施工场地标高确定，无交付施工场地标高时，应按自然地面标高确定。

（10）因地质情况变化或设计变更引起的土方工程量的变更，由业主与承包人双方现场认证，依据合同条件进行调整。

2.2.1.3　挖沟槽、基坑土方

（1）挖沟槽、基坑土方是指开挖浅基础的沟槽、基坑和桩承台等施工而进行的土方工程。沟槽、基坑、一般土方的划分为：底宽≤7m 且底长＞3 倍底宽为沟槽；底长≤3 倍底宽且底面积≤150m² 为基坑；超出上述范围则为一般土方。

（2）挖沟槽、基坑土方包括带形基础、独立基础及设备基础等的挖方，并包括指定范围内的土方运输。

（3）挖沟槽、基坑土方如出现干、湿土，应分别编码列项。干、湿土的界限应按地质资料提供的地下常水位为界，以上为干土，以下为湿土。沟槽、基坑土方开挖的深度，应按基础垫层底表面标高至交付施工场地标高计算，无交付施工场地标高时，应按自然地面标高计算。

（4）桩间挖土方工程量不扣除桩所占体积，并在项目特征中加以描述。

（5）根据施工方案规定的放坡、操作工作面和机械挖土进出施工工作面的坡道等增加的施工量，应包括在挖沟槽、基坑土方报价内。如省、自治区、直辖市或行业建设主管部门的规定，挖沟槽、基坑土方的操作工作面、放坡等增加的施工量并入各土方工程量中，办理工程结算时，按经发包人认可的施工组织设计规定计算，编制工程量清单时，可按表 2-5 和表 2-6 规定计算。基础施工所需工作面宽度计算，如表 2-6 所示。

（6）工程量清单"挖沟槽、基坑土方"项目中应描述弃土运距，施工增量的弃土运输包括在报价内。

基础施工所需工作面宽度计算表 表 2-6

基 础 材 料	每边各增加工作面宽度(mm)
砖基础	200
浆砌毛石、条石基础	150
混凝土基础垫层支模板	300
混凝土基础支模板	300
基础垂直面做防水层	1000(防水层面)

（7）深基础的支护结构，如钢板桩、H 钢桩、预制钢筋混凝土板桩、钻孔灌注混凝土排桩挡墙、预制钢筋混凝土排桩挡墙、人工挖孔灌注混凝土排桩挡墙、旋喷桩地下连续墙和基坑内的水平钢支撑、水平钢筋混凝土支撑、锚杆拉固、基坑外拉锚、排桩的圈梁、H 钢桩之间的木挡土板以及施工降水等，应按地基处理与边坡支护工程相关项目编码列项或列入工程量清单措施项目费内。

2.2.1.4 挖淤泥、流砂

挖方出现流砂、淤泥时，如设计未明确，在编制工程量清单时，其工程数量可为暂估量，结算时应根据实际情况由发包人和承包人双方认证。

2.2.1.5 管沟土方

（1）管沟土方项目适用于管道（给排水、工业、电力、通信）、光（电）缆沟［包括：人（手）孔，接口坑］及连接井（检查井）等。

（2）管沟土方工程量计算时，无管沟设计均按设计图示管道中心线长度以米计量。有管沟设计时，以立方米计量。平均深度以沟垫层底表面标高至交付施工场地标高计算；直埋管深度应按管底外表面标高至交付施工场地标高的平均高度计算。

（3）采用多管同一管沟直埋时，管间距离必须符合有关规范的要求。

（4）管沟开挖加宽工作面、放坡和接口处加宽工作面，应包括在管沟土方报价内。如省、自治区、直辖市或行业建设主管部门的规定，挖管道沟土方的操作工作面、放坡等增加的施工量并入各土方工程量中，办理工程结算时，按经发包人认可的施工组织设计规定计算，编制工程量清单时，可按表 2-5 和表 2-7 规定计算。管沟施工每侧所需工作面宽度计算，如表 2-7 所示。

管沟施工每侧所需工作面宽度计算表 表 2-7

管沟材料 \ 管道结构宽(mm)	≤500	≤1000	≤2500	>2500
混凝土及钢筋混凝土管道(mm)	400	500	600	700
其他材质管道(mm)	300	400	500	600

注：管道结构宽：有管座的按基础外缘，无管座的按管道外径。

2.2.2 石方工程（编码：010102）

《房屋建筑与装饰工程工程量计算规范》GB 50854—2013 附录 A.2 石方工程包括挖一般石方，挖沟槽石方，挖基坑石方，挖管沟石方清单项目，见表 2-8。

石方工程（编码：010102） 表 2-8

项目编码	项目名称	项目特征	计量单位	工程量计算规则	工程内容
010102001	挖一般石方	①岩石类别②开凿深度③弃碴运距	m³	按设计图示尺寸以体积计算	①排地表水②凿石③运输
010102002	挖沟槽石方			按设计图示尺寸沟槽底面积乘以挖石深度以体积计算	
010102003	挖基坑石方			按设计图示尺寸基坑底面积乘以挖石深度以体积计算	
010102004	挖管沟石方	①岩石类别②管外径③挖沟深度	m/m³	①以米计量，按设计图示以管道中心线长度计算②以立方米计量，按设计图示截面积乘以长度计算	①排地表水②凿石③回填④运输

2.2.2.1　挖一般、沟槽、基坑石方

（1）厚度＞±300mm 的竖向布置挖石或山坡凿石应按"工程量计算规范"附录表 A.2 中挖一般石方项目编码列项。

（2）沟槽、基坑、一般石方的划分为：底宽≤7m 且底长＞3 倍底宽为沟槽；底长≤3 倍底宽且底面积≤150m² 为基坑；超出上述范围则为一般石方。

（3）岩石的分类应按表 2-2 确定。

（4）石方体积应按挖掘前的天然密实体积计算。非天然密实石方应按石方体积折算系数折算。石方体积折算系数，如表 2-9 所示。

石方体积折算系数表 表 2-9

石方类别	天然密实度体积	虚方体积	松填体积	码　方
石方	1.0	1.54	1.31	—
块石	1.0	1.75	1.43	1.67
砂夹石	1.0	1.07	0.94	—

（5）挖石方应按自然地面测量标高至设计地坪标高的平均厚度确定。基础石方开挖深度应按基础垫层底表面标高至交付施工现场地标高确定，无交付施工场地标高时，应按自然地面标高确定。

（6）弃碴运距可以不描述，但应注明由投标人根据施工现场实际情况自行考虑，决定报价。

（7）设计规定需光面爆破的坡面、需摊座的基底，工程量清单中应进行描述。

（8）石方爆破的超挖量应包括在报价内。

（9）石方清单项目报价应包括指定范围内的石方一次或多次运输、装卸、修理边坡和清理现场等全部施工工序。

（10）因地质情况变化或设计变更引起的石方工程量的变更，由业主与承包人双方现场认证，依据合同条件进行调整。

2.2.2.2　挖管沟石方

（1）管沟石方项目适用于管道（给排水、工业、电力，通信）、光（电）缆沟〔包括：人（手）孔、接口坑〕及连接井（检查井）等。

（2）无管沟设计时，管沟石方工程量应按设计图示管道中心线长度以米计算；有管沟设计时，按设计图示截面积乘以长度以立方米计算。管沟深度以沟垫层底表面标高至交付施工场地标高计算；直埋管深度应按管底外表面标高至交付施工场地标高的平均高度计算。管沟宽度参照表 2-7 计算。

2.2.3 回填（编码：010103）

《房屋建筑与装饰工程工程量计算规范》GB 50854—2013 附录 A.3 回填工程包括回填方和余土弃置两个清单项目，见表 2-10。

表 2-10

回填（编码：010103）

项目编码	项目名称	项目特征	计量单位	工程量计算规则	工程内容
010103001	回填方	①密实度要求 ②填方材料品种 ③填方粒径要求 ④填方来源、运距	m³	按设计图示尺寸以体积计算 ①场地回填：回填面积乘平均回填厚度 ②室内回填：主墙间面积乘回填厚度，不扣除间隔墙 ③基础回填：按挖方清单项目工程量减去自然地坪以下埋设的基础体积（包括基础垫层及其他构筑物）	①运输 ②回填 ③压实
010103002	余土弃置	①废弃料品种 ②运距		按挖方清单项目工程量减利用回填方体积（正数）计算	余方点装料运输至弃置点

2.2.3.1 回填方

（1）填方密实度要求，在无特殊要求情况下，项目特征可描述为满足设计和规范的要求。

（2）填方材料品种可以不描述，但应注明由投标人根据设计要求验方后方可填入，并符合相关工程的质量规范要求。

（3）填方粒径要求，在无特殊要求情况下，项目特征可以不描述。

（4）如需买土回填应在项目特征填方来源中描述，并注明买土方数量。

2.2.3.2 余土弃置

余土运距可以不描述，但应注明由投标人根据施工现场实际情况自行考虑，决定报价。

2.3 配套定额相关规定

2.3.1 定额说明

2.3.1.1 定额项目内容

土石方工程包括单独土石方、人工土石方、机械土石方、平整、清理及回填等内容，共 159 个子目。

2.3.1.2 定额调整说明

（1）单独土石方定额项目，适用于自然地坪与设计室外地坪之间，且挖方或填方工程量大于5000m³的土石方工程（也适用于市政、安装、修缮工程中的单独土石方工程）。土石方工程其他定额项目，适用于设计室外地坪以下的土石方（基础土石方）工程，以及自然地坪与设计室外地坪之间小于5000m³的土石方工程。单独土石方定额项目不能满足需要时，可以借用其他土石方定额项目，但应乘以系数0.9。单独土石方工程的挖、填、运（含借用基础土石方）等项目，应单独编制预、结算，单独取费。

（2）土石方工程中的土壤及岩石按普通土、坚土、松石、坚石分类，与规范的分类不同。具体分类参见《山东省建筑工程消耗量定额》的《土壤及岩石（普氏）分类表》，其对应关系是普通土（一、二类土）、坚土（三类土和四类土）、松石（极软岩和软质岩）、坚石（硬质岩）。

（3）人工土方定额是按干土（天然含水率）编制的。干湿土的划分，以地质勘测资料的地下常水位为界，以上为干土，以下为湿土。采取降水措施后，地下常水位以下的挖土，套用挖干土相应定额，人工乘以系数1.10。

（4）挡土板下挖槽坑土时，相应定额人工乘以系数1.43。

（5）桩间挖土，是指桩顶设计标高以下的挖土及设计标高以上0.5m范围内的挖土。挖土时不扣除桩体体积，相应定额项目人工、机械乘以系数1.3。

（6）人工修整基底与边坡，是指岩石爆破后人工对底面和边坡（厚度在0.30m以内）的清检和修整，并清出石渣。人工凿石开挖石方，不适用本项目。人工装车定额适用于已经开挖出的土石方的装车。

（7）机械土方定额项目是按土壤天然含水率编制的。开挖地下常水位以下的土方时，定额人工、机械乘以系数1.15（采取降水措施后的挖土不再乘该系数）。

（8）机械挖土方，应满足设计砌筑基础的要求，其挖土总量的95%，执行机械土方相应定额；其余按人工挖土。人工挖土套用相应定额时乘以系数2。如果建设单位单独发包机械挖土方，挖方企业只能计算挖方总量的95%，其余部分由总包单位结算。

（9）人力车、汽车等重车上坡降效因素，已综合在相应的运输定额中，不另行计算。挖掘机在垫板上作业时，相应定额的人工、机械乘以系数1.25。挖掘机下的垫板、汽车运输道路上需要铺设的材料，发生时，其人工和材料均按实另行计算。

（10）石方爆破定额项目按下列因素考虑，设计或实际施工与定额不同时，可按下列办法调整：

1）定额按炮眼法松动爆破（不分明炮、闷炮）编制，并已综合了开挖深度、改炮等因素；如设计要求爆破粒径时，其人工、材料、机械按实另行计算。

2）定额按电雷管导电起爆编制。如采用火雷管点火起爆，雷管可以换算，数量不变；换算时扣除定额中的全部胶质导线，增加导火索。导火索的长度按每个雷管2.12m计算。

3）定额按炮孔中无地下渗水编制。如炮孔中出现地下渗水，处理渗水的人工、材料、机械按实另行计算。

4）定额按无覆盖爆破（控制爆破岩石除外）编制。如爆破时需要覆盖炮被、草袋，及架设安全屏障等，其人工、材料按实另行计算。

（11）场地平整，系指建筑物所在现场厚度在0.3m以内的就地挖、填及平整。局部挖填厚度超过0.3m，挖填工程量按相应规定计算，该部位仍计算平整场地。

（12）槽坑回填灰土执行相应回填土定额，每定额单位增加人工3.12工日，3：7灰土 10.1m³。灰土配合比不同，可以换算，其他不变。

（13）土石方工程中未包括地下常水位以下的施工降水、排水和防护，实际发生时，另按相应措施项目中的规定计算。

2.3.2 工程量计算规则

2.3.2.1 土石方工程一般规定

（1）土石方的开挖、运输，均按开挖前的天然密实体积，以立方米计算。土方回填，按回填后的竣工体积，以立方米计算。不同状态的土方体积，按表 2-11 换算。

土方体积换算系数表　　　　　　　　　　　　表 2-11

虚　方	松　填	天然密实	夯　填
1.00	0.83	0.77	0.67
1.20	1.00	0.92	0.80
1.30	1.08	1.00	0.87
1.50	1.25	1.15	1.00

（2）自然地坪与设计室外地坪之间的土石方，依据设计土方平衡竖向布置图，以立方米计算。

2.3.2.2 基础土石方、沟槽、地坑的划分

（1）沟槽：槽底宽度（设计图示的基础或垫层的宽度，下同）3m 以内，且槽长大于 3 倍槽宽的为沟槽。如宽 1m，长 4m 为槽。

（2）地坑：底面积 20m² 以内，且底长边小于 3 倍短边的为地坑。如宽 2m，长 6m 为坑。

（3）土石方：不属沟槽、地坑或场地平整的为土石方。如宽 3m，长 8m 为土方。

2.3.2.3 基础土石方开挖深度计算规定

基础土石方开挖深度，自设计室外地坪计算至基础底面，有垫层时计算至垫层底面（如遇爆破岩石，其深度应包括岩石的允许超挖深度），如图 2-5 所示。当施工现场标高达不到设计要求时，应按交付施工时的场地标高计算。

2.3.2.4 基础工作面计算规定

（1）基础施工所需的工作面，按表 2-12 计算。

基础工作面宽度表　　　表 2-12

基础材料	单边工作面宽度（m）
砖基础	0.20
毛石基础	0.15
混凝土基础	0.30
基础垂直面防水层	（自防水层面）0.80
支挡土板	0.10
混凝土垫层	0.10

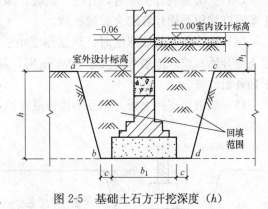

图 2-5　基础土石方开挖深度（h）

（2）基础土方开挖需要放坡时，单边的工作面宽度是指该部分基础底坪外边线至放坡后同标高的土方边坡之间的水平宽度，如图 2-6 所示。

（3）基础由几种不同的材料组成时，其工作面宽度是指按各自要求的工作面宽度的最

大值。如图 2-7 所示，混凝土基础要求工作面大于防潮层和垫层的工作面，应先满足混凝土垫层宽度要求，再满足混凝土基础工作面要求；如果垫层工作面宽度超出了上部基础要求工作面外边线，则以垫层顶面其工作面的外边线开始放坡。

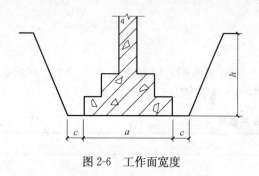

图 2-6 工作面宽度

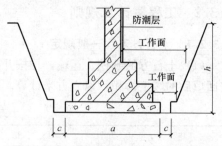

图 2-7 几种不同材料的基础工作面宽度

（4）槽坑开挖需要支挡土板时，单边的开挖增加宽度，应为按基础材料确定的工作面宽度与支挡土板的工作面宽度之和。

（5）混凝土垫层厚度大于 200mm 时，其工作面宽度按混凝土基础的工作面计算。

2.3.2.5 土方开挖放坡计算规定

（1）土方开挖的放坡深度和放坡系数，按设计规定计算。设计无规定时，按表 2-13 计算。

土方放坡系数表　　　　　　　　　　　表 2-13

土　类	放 坡 系 数		
	人工挖土	机 械 挖 土	
		坑内作业	坑上作业
普通土	1：0.50	1：0.33	1：0.65
坚土	1：0.30	1：0.20	1：0.50

（2）土类为单一土质时，普通土开挖（放坡）深度大于 1.2m、坚土开挖（放坡）深度大于 1.7m，允许放坡。

（3）土类为混合土质时，开挖（放坡）深度大于 1.5m，允许放坡。放坡坡度按不同土类厚度加权平均计算综合放坡系数。

（4）计算土方放坡深度时，垫层厚度小于 200mm，不计算基础垫层的厚度。即从垫层上面开始放坡。垫层厚度大于 200mm 时，放坡深度应计算基础垫层的厚度，即从垫层下面开始放坡。

（5）放坡与支挡土板，相互不得重复计算。支挡土板时，不计算放坡工程量。

（6）计算放坡时，放坡交叉处的重复工程量，不予扣除，如图 2-8 所示。若单位工程中计算的沟槽工程量超出大开挖工程量时，应按大开挖工程量，执行地槽开挖的相应子目。如实际不放坡或放坡小于定额规定时，仍按规定的放坡系数计算工程量（设计有规定除外）。

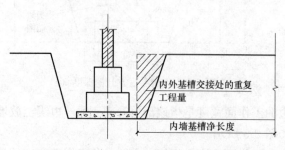

图 2-8 放坡交叉处的重复工程量示意图

2.3.2.6 爆破岩石允许超挖量计算

爆破岩石允许超挖量分别为：松石0.20m，坚石0.15m。允许超挖量是指底面及四周共五个方向的超挖量，其体积（不论实际超挖多少）并入相应的定额项目工程量内。

2.3.2.7 挖沟槽工程量计算

（1）外墙沟槽，按外墙中心线长度计算；内墙沟槽，按图示基础（含垫层）底面之间净长度计算（不考虑工作面和超挖宽度），如图2-9所示；外、内墙突出部分的沟槽体积，按突出部分的中心线长度并入相应部位工程量内计算。

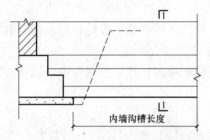
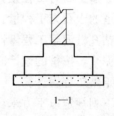

图2-9 内墙沟槽净长度

（2）管道沟槽的长度，按图示的中心线长度（不扣除井池所占长度）计算。管道宽度、深度按设计规定计算；设计无规定时，其宽度按表2-14计算：

管道沟槽底宽度表（单位：m）   表2-14

管道公称直径 （mm 以内）	钢管、铸铁管、铜管、铝塑管、 塑料管（Ⅰ类管道）	混凝土管、水泥管、 陶土管（Ⅱ类管道）
100	0.60	0.80
200	0.70	0.90
400	1.00	1.20
600	1.20	1.50
800	1.50	1.80
1000	1.70	2.00
1200	2.00	2.40
1500	2.30	2.70

（3）各种检查井和排水管道接口等处，因加宽而增加的工程量均不计算（不含工作面底面积大于20m² 的井池除外），但铸铁给水管道接口处的土方工程量，应按铸铁管道沟槽全部土方工程量增加2.5%计算。

2.3.2.8 人工修整基底与边坡工程量计算

人工修整基底与边坡，按岩石爆破的有效尺寸（含工作面宽度和允许超挖量），以平方米计算。

2.3.2.9 人工挖桩孔工程量计算

人工挖桩孔，按桩的设计断面面积（不另加工作面）乘以桩孔中心线深度，以立方米计算。

2.3.2.10 开挖冻土层工程量计算

人工开挖冻土、爆破开挖冻土的工程量，按冻结部分的土方工程量以立方米计算。在冬期施工时，只能计算一次挖冻土工程量。

2.3.2.11 机械土石方运距计算

机械土石方的运距，按挖土区重心至填方区（或堆放区）重心间的最短距离计算。推土机、装载机、铲运机重车上坡时，其运距按坡道斜长乘表 2-15 系数计算：

重车上坡运距系数表   表 2-15

坡度(%)	5~10	15 以内	20 以内	25 以内
系数	1.75	2.00	2.25	2.50

2.3.2.12 行驶坡道土石方工程量计算

机械行驶坡道的土石方工程量，按批准的施工组织设计，并入相应的工程量内计算。

2.3.2.13 运输钻孔桩泥浆工程量计算

运输钻孔桩泥浆，按桩的设计断面面积乘以桩孔中心线深度，以立方米计算。

2.3.2.14 场地平整工程量计算

场地平整按下列规定以平方米计算：

（1）建筑物（构筑物）按首层结构外边线，每边各加 2m 计算。

（2）无柱檐廊、挑阳台、独立柱雨篷等，按其水平投影面积计算。

（3）封闭或半封闭的曲折型平面，其场地平整的区域，不得重复计算。

（4）道路、停车场、绿化地、围墙、地下管线等不能形成封闭空间的构筑物，不得计算。

2.3.2.15 夯实与碾压工程量计算

原土夯实与碾压按设计尺寸，以平方米计算。填土碾压按设计尺寸，以立方米计算。

2.3.2.16 回填土工程量计算

回填按下列规定以立方米计算：

（1）槽坑回填体积，按挖方体积减去设计室外地坪以下的地下建筑物（构筑物）或基础（含垫层）的体积计算。

（2）管道沟槽回填体积，按挖方体积减去表 2-16 所含管道回填体积计算。

管道折合回填体积表（单位：m³/m）   表 2-16

管道公称直径 (mm 以内)	500	600	800	1000	1200	1500
Ⅰ类管道	—	0.22	0.46	0.74	—	—
Ⅱ类管道	—	0.33	0.60	0.92	1.15	1.45

（3）房心回填体积，以主墙间净面积乘以回填厚度计算。

2.3.2.17 运土工程量计算

运土工程量以立方米计算（天然密实体积）。

2.3.2.18 竣工清理工程量计算

竣工清理包括建筑物及四周 2m 以内的建筑垃圾清理、场内运输和指定地点的集中堆放，不包括建筑物垃圾的装车和场外运输。

竣工清理按下列规定以立方米计算：

（1）建筑物勒脚以上外墙外围水平面积乘以檐口高度。有山墙者以山尖二分之一高度计算。

（2）地下室（包括半地下室）的建筑体积，按地下室上口外围水平面积（不包括地下室采光井及敷贴外部防潮层的保护砌体所占面积）乘以地下室地坪至建筑物第一层地坪间的高度。地下室出入口的建筑体积并入地下室建筑体积内计算。

（3）其他建筑空间的建筑体积计算规定如下：

1）建筑物内按 1/2 计算建筑面积的建筑空间，如：设计利用的净高在 1.20～2.10m 的坡屋顶内、场馆看台下，设计利用的无围护结构的坡地吊脚架空层、深基础架空层等；应计算竣工清理。

2）建筑物内不计算建筑面积的建筑空间，如：设计不利用的坡屋顶内、场馆看台下，坡地吊脚架空层、深基础架空层、建筑物通道等，应计算竣工清理。

3）建筑物外可供人们正常活动的、按其水平投影面积计算场地平整的建筑空间，如：有永久性顶盖无围护结构的无柱檐廊、挑阳台、独立柱雨篷等，应计算竣工清理。

4）建筑物外可供人们正常活动的、不计算场地平整的建筑空间，例如，有永久性顶盖无围护结构的架空走廊、楼层阳台、无柱雨篷（篷下做平台或地面）等，应计算竣工清理。

5）能够形成封闭空间的构筑物，如：独立式烟囱、水塔、贮水（油）池、贮仓、筒仓等，应按照建筑物竣工清理的计算原则，计算竣工清理。

6）化粪池、检查井、给水阀门井，以及道路、停车场、绿化地、围墙、地下管线等构筑物，不计算竣工清理。

2.4 工程量计算主要技术资料

2.4.1 大型土石方工程量计算方法

大型土石工程工程量计算常用方法有：方格网点计算法、横截面法、分块法。

2.4.1.1 横截面法

横截面法是指根据地形图以及总图或横截面图，将场地划分成若干个互相平行的横截面图，按横截面以及与其相邻横截面的距离计算出挖、填土石方量的方法。横截面法适用于地形起伏变化较大或形状狭长地带。

（1）计算前的准备。

1）根据地形图及总平面图，将要计算的场地划分成若干个横截面，相邻两个横截面距离视地形变化而定。在起伏变化大的地段，布置密一些（即距离短一些），反之则可适当长一些。如线路横断面在平坦地区，可取 50m 一个，山坡地区可取 20m 一个，遇到变化大的地段再加测断面。

2）实测每个横截面特征点的标高，量出各点之间距离（如果测区已有比较精确的大比例尺地形图，也可在图上设置横截面，用比例尺直接量取距离，按等高线求算高程，方法简捷，就其精度来说，没有实测的高），按比例尺把每个横截面绘制到厘米方格纸上，并套上相应的设计断面，则自然地面和设计地面两轮廓线之间的部分，即是需要计算的施工部分。

（2）具体计算步骤：

1）划分横截面。根据地形图（或直接测量）及竖向布置图，将要计算的场地划分横截面，划分原则为垂直等高线，或垂直主要建筑物边长，横截面之间的间距可不等，地形变化复杂的间距宜小，反之宜大一些，但最大不宜大于100m。

2）画截面图形。按比例绘制每个横截面的自然地面和设计地面的轮廓线。设计地面轮廓线之间的部分，即为填方和挖方的截面。

3）计算横截面面积。按表2-17的面积计算公式，计算每个截面的填方或挖方截面面积。

常用横截面计算方法 表 2-17

图 示	面积计算公式
	$F=h(b+nh)$
	$F=h\left[b+\dfrac{h(m+n)}{2}\right]$
	$F=b\dfrac{h_1+h_2}{2}+nh_1h_2$
	$F=h_1\dfrac{a_1+a_2}{2}+h_2\dfrac{a_2+a_3}{2}+h_3\dfrac{a_3+a_4}{2}+h_4\dfrac{a_4+a_5}{2}$
	$F=\dfrac{1}{2}a(h_0+2h+h_n)$ $h=h_1+h_2+h_3+\cdots+h_6$

4）计算土方量。根据截面面积计算土方量，相邻两截面间的土方量计算公式

$$V=\frac{1}{2}(F_1+F_2)\times L \qquad (2-1)$$

式中　V——表示相邻两截面间的土方量（m^3）；

　F_1、F_2——表示相邻两截面的挖（填）方截面积（m^2）；

　　L——表示相邻截面间的间距（m）。

2.4.1.2　方格网法

方格网法是指根据地形图以及总图或横截面图，将场地划分成方格网，并在方格网上注明标高，据此计算并加以汇总土石方量的计算方法。方格网法对于地势较平缓地区，计算精度较高。

（1）方格网法的计算步骤：

1）根据需要平整区域的地形图（或直接测量地形）划分方格网：方格网大小视地形变化的复杂程度及计算要求的精度不同而不同，一般方格网大小为 20m×20m（也可以是10m×10m），然后按设计总图或竖向布置图，在方格网上划出方格角点的设计标高（即施工后需达到的高度）和自然标高（原地形高度），设计标高与自然标高之差即为施工高度。"－"表示挖方，"＋"表示填方。

2）确定零点与零线位置。在一个方格内同时有挖方和填方时，要先求出方格边线上的零点位置，将相邻零点连接起来为零线，即挖方区与填方区分界线，如图 2-10 所示。

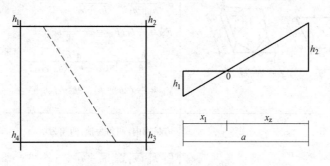

图 2-10　零线零点位置示意图

图 2-10 中零点可按下式计算：

$$x_1 = \frac{ah_1}{h_1 + h_2} \qquad x_2 = \frac{ah_2}{h_1 + h_2} \tag{2-2}$$

式中　x_1、x_2——角点至零点距离（m）；

h_1、h_2——相邻两角点的施工高度（m），用绝对值代入；

a——方格网边长（m）。

在实际工程中，常采用图解法直接绘出零点位置，如图 2-11 所示，既简便又迅速，且不易出错，其方法是：用比例尺在角点相反方向标出挖、填高度，再用尺连接两点与方格边相交处即为零点。也可用尺量出计算边长（x_1、x_2）。

3）各方格的土方量计算。按表 2-18 中计算公式计算各方格的土方量，并汇总土方量。

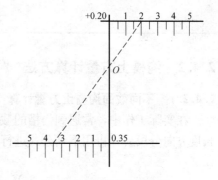

图 2-11　零点位置图解法

方格网点计算方法　　　　　　　　　　　　　　　　　　　　　表 2-18

序号	图　示	计 算 方 式
1		方格内四角全为挖方或填方 $V = \frac{a^2}{4}(h_1 + h_2 + h_3 + h_4)$
2		三角锥体，当三角锥体全为挖方或填方 $F = \frac{a^2}{2}$；$V = \frac{a^2}{6}(h_1 + h_2 + h_3)$

序号	图　示	计　算　方　式
3		方格网内，一对角线为零线，另两角点一个为挖方一个为填方 $F_挖 = F_填 = \dfrac{a^2}{2}$ $V_挖 = \dfrac{a^2}{6} h_1 ; V_填 = \dfrac{a^2}{6} h_2$
4		方格网内，三角为挖（填）方，一角为填（挖）方 $b = \dfrac{ah_4}{h_1+h_4} ; c = \dfrac{ah_4}{h_3+h_4}$ $F_填 = \dfrac{1}{2} bc ; F_挖 = a^2 - \dfrac{1}{2} bc$ $V_填 = \dfrac{h_4}{6} bc = \dfrac{a^2 h_4^3}{6(h_1+h_4)(h_3+h_4)}$ $V_挖 = \dfrac{a^2}{6}(2h_1 + h_2 + 2h_3 - h_4) + V_填$
5		方格网内，两角为挖，两角为填 $b = \dfrac{ah_1}{h_1+h_4} ; c = \dfrac{ah_2}{h_2+h_3}$ $d = a - b ; c = a - c$ $F_挖 = \dfrac{1}{2}(b+c)a$ $F_填 = \dfrac{1}{2}(d+e)a$ $V_挖 = \dfrac{a}{4}(h_1+h_2)\dfrac{b+c}{2} = \dfrac{a}{8}(b+c)(h_1+h_2)$ $V_填 = \dfrac{a}{4}(h_3+h_4)\dfrac{d+e}{2} = \dfrac{a}{8}(d+e)(h_3+h_4)$

2.4.2　沟槽土方量计算方法

2.4.2.1　不同截面沟槽土方量计算

在实际工作中，常遇到沟槽的截面不同，如图 2-12 所示的情况，这时土方量可以沿长度方向分段后，再用下列公式进行计算。

$$V_1 = \frac{L_1}{6}(A_1 + 4A_0 + A_2) \qquad (2-3)$$

式中　V_1——第一段的土方量（m³）；

　　　L_1——第一段的长度（m）。

各段土方量的和即为总土方量：

$$V = V_1 + V_2 + \cdots + V_n$$

2.4.2.2　综合放坡系数的计算

在工作实际中，常遇到沟槽上下土质不同，放坡系数不同，为了简化计算，常采用加权平均的方法计算综合放坡系数，如图 2-13 所示。

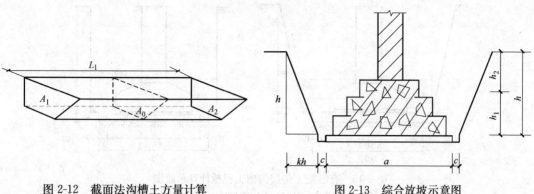

图 2-12　截面法沟槽土方量计算　　　　图 2-13　综合放坡示意图

综合放坡系数计算公式为：

$$K = (K_1 h_1 + K_2 h_2) \div h \tag{2-4}$$

式中　K——综合放坡系数；

K_1，K_2——不同土类放坡系数；

h_1，h_2——不同土类的厚度（m）；

h——放坡总深度（m）。

2.4.2.3　相同截面沟槽土方量计算

相同截面的沟槽比较常见，下面介绍几种沟槽工程量计算公式：

（1）无垫层，不放坡，不带挡土板，无工作面。

$$V = b \cdot h \cdot L \tag{2-5}$$

（2）如图 2-14（a）所示，无垫层，放坡，不带挡土板，有工作面。

$$V = (b + 2c + K \cdot h) h \cdot L \tag{2-6}$$

（3）如图 2-14（b）所示，无垫层，不放坡，不带挡土板，有工作面。

$$V = (b + 2c) h \cdot L \tag{2-7}$$

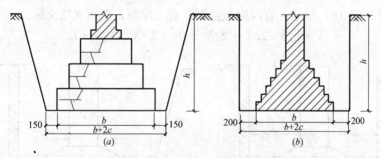

图 2-14　无垫层沟槽工程量计算示意图

（a）不带挡土板，有工作面，放坡；（b）不带挡土板，有工作面，不放坡

（4）如图 2-15（a）所示，有混凝土垫层，不带挡土板，有工作面，在垫层上面放坡。

$$V = [(b + 2c + K \cdot h) h + (b' + 2 \times 0.1) h'] \cdot L \tag{2-8}$$

（5）如图 2-15（b）所示，有混凝土垫层，不带挡土板，有工作面，不放坡。

$$V = [(b + 2c) h + (b' + 2 \times 0.1) h'] \cdot L \tag{2-9}$$

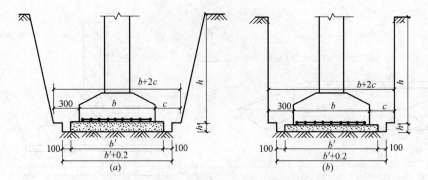

图 2-15　有混凝土垫层沟槽工程量计算示意图

(a) 不带挡土板，有工作面，放坡；(b) 不带挡土板，有工作面，不放坡

(6) 如图 2-16 (a) 所示，无垫层，有工作面，双面支挡土板。

$$V=(b+2c+0.2)h \cdot L \tag{2-10}$$

(7) 如图 2-16 (b) 所示，无垫层，有工作面，一面支挡土板、一面放坡。

$$V=(b+2c+0.1+K \cdot h \div 2)h \cdot L \tag{2-11}$$

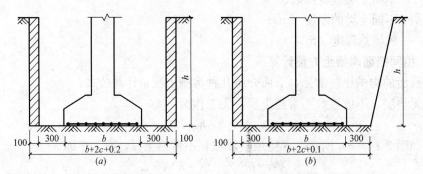

图 2-16　无垫层，有工作面，单双面支挡土板

(a) 双面支挡土板；(b) 一面支挡土板，一面放坡

(8) 如图 2-17 (a) 所示，有混凝土垫层，有工作面，双面支挡土板。

$$V=[(b+2c+0.2)h +(b'+2\times 0.1)h'] \cdot L \tag{2-12}$$

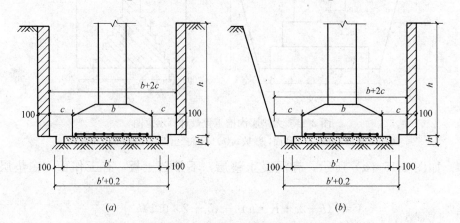

图 2-17　有混凝土垫层，有工作面，单双面支挡土板

(a) 双面支挡土板；(b) 一面支挡土板，一面放坡

(9) 如图 2-17 (b) 所示，有混凝土垫层，有工作面，一面支挡土板、一面放坡。

$$V=[(b+2c+0.1+K \cdot h \div 2)h +(b'+2 \times 0.1)h'] \cdot L \tag{2-13}$$

(10) 如图 2-18 (a) 所示，有灰土垫层，有工作面，双面放坡。

$$V=[(b+2c+K \cdot h)h+b'h'] \cdot L \tag{2-14}$$

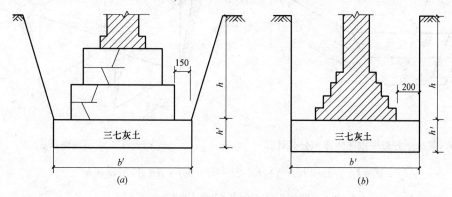

图 2-18　有灰土垫层、有工作面
(a) 双面放坡；(b) 不放坡

(11) 如图 2-18 (b) 所示，有灰土垫层，有工作面，不放坡。

$$V=[(b+2c)h+b'h'] \cdot L \tag{2-15}$$

式中　V——挖土工程量（m^3）；

　　　b——基础宽（m）；

　　　c——基础工作面（m）；

　　　K——综合放坡系数；

　　　h'——垫层上表面至室外地坪的高度（m）；

　　　b'——沟槽内垫层的宽度（m）；

　　　h——挖土深度（m）；

　　　L——外墙为中心线长度；内墙为基础（垫层）底面之间的净长度（m）。

注：当 $(a+2c)$ 小于 b' 时，宽度按 b' 计算。

2.4.3　基坑土方量计算方法

2.4.3.1　基坑土方量近似计算法

基坑土方量，可近似地按拟柱体体积公式计算，如图 2-19。

$$V=\frac{H}{6}(A_1+4A_0+A_2) \tag{2-16}$$

式中　V——土方工程量（m^3）；

　　　H——基坑深度（m）；

A_1, A_2——基坑上下底面积（m^2）；

　　　A_0——基坑中截面的面积（m^2）。

2.4.3.2　矩形截面基坑工程量计算

(1) 无垫层，不放坡，不带挡土板，无工作面矩形基坑工程量计算公式。

$$V=H \cdot a \cdot b \tag{2-17}$$

(2) 如图 2-20 所示，无垫层，周边放坡，矩形基坑工程量计算公式。

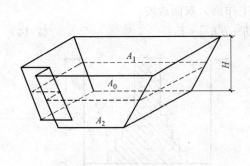

图 2-19 基坑土方量按拟柱体体积公式计算   图 2-20 矩形截面基坑

$$V=(a+2c+K \cdot h)(b+2c+K \cdot h) \cdot h+1/3K^2 \cdot h^3 \qquad (2-18)$$

(3) 有垫层，周边放坡，矩形基坑工程量计算公式。

$$V=(a+2c+K \cdot h)(b+2c+K \cdot h) \cdot h+1/3K^2 \cdot h^3+(a_1+2c_1)(b_1+2c_1)(H-h)$$

$$\qquad (2-19)$$

式中　V——挖土工程量（m³）；

　　　a——基础长度（m）；

　　　b——基础宽度（m）；

　　　c——基础工作面（m）；

　　　K——综合放坡系数；

　　　h——垫层上表面至室外地坪的高度（m）；

　　　a_1——垫层长度（m）；

　　　b_1——垫层宽度（m）；

　　　c_1——垫层工作面（m）；

　　　H——挖土深度（m）。

2.4.3.3　圆形截面基坑工程量计算

(1) 无垫层，不放坡，不带挡土板，无工作面圆形基坑工程量计算公式。

$$V=H \cdot \pi \cdot R^2 \qquad (2-20)$$

(2) 如图 2-21 所示，无垫层，不带挡土板，无工作面圆形基坑工程量计算公式。

$$V=1/3\pi \cdot H(R^2+R_1^2+R \cdot R_1) \qquad (2-21)$$

$$R_1=R+K \cdot H \qquad (2-22)$$

式中　V——挖土工程量（m³）；

　　　K——综合放坡系数；

　　　H——挖土深度（m）；

　　　R——圆形坑底半径（m）；

　　　R_1——圆形坑顶半径（m）。

2.4.4 回填土方量计算方法

2.4.4.1 场地平整工程量计算公式

定额规定，场地平整工程量为建筑物外围每边加 2m，如图 2-22 所示。

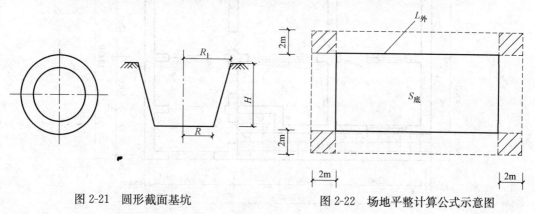

图 2-21 圆形截面基坑　　　图 2-22 场地平整计算公式示意图

$$场地平整工程量 = S_底 + L_外 \times 2 + 16 (m^2) \tag{2-23}$$

式中　$S_底$——底层建筑面积（m^2）；

　　　$L_外$——外墙外边线长度（m）。

2.4.4.2 回填土工程量计算公式

$$槽坑回填土体积 = 挖土体积 - 设计室外地坪以下埋设的垫层、基础体积 \tag{2-24}$$

$$管道沟槽回填体积 = 挖土体积 - 管道所占体积 \tag{2-25}$$

$$房心回填体积 = 房心面积 \times 回填土设计厚度 \tag{2-26}$$

2.4.4.3 运土工程量计算公式

$$运土体积 = 挖土总体积 - 回填土(天然密实)总体积 \tag{2-27}$$

式中的计算结果为正值时，为余土外运；为负值时取土内运。

2.4.4.4 竣工清理工程量计算公式

$$竣工清理工程量 = 勒脚以上外墙外围水平面积 \times 室内地坪到檐口(山尖1/2)的高度 \tag{2-28}$$

2.5 计量与计价实务案例

2.5.1 土方工程实务案例

【**案例 2-1**】 某建筑平面图如图 2-23 所示。墙体厚度 240mm，台阶上部雨篷外出宽度与阳台一致，阳台为全封闭。按要求平整场地，土壤类别为三类，大部分场地挖、填找平厚度在±30cm 以内，就地找平，但局部有 28m³ 挖土，平均厚度为 50cm，5m 内土方运输。计算人工平整场地的工程量清单和工程量清单报价。

【**解**】 （1）分部分项工程量清单的编制

该项目发生的工程内容为：平整场地、挖土方。

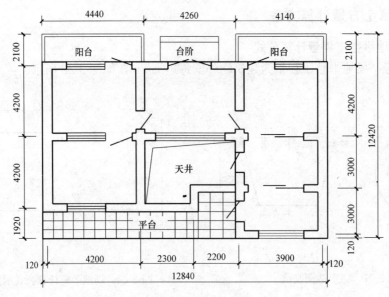

图 2-23 建筑平面图

平整场地工程量＝12.84×10.44＋1.98×(4.44＋4.14)÷2台阶部分－[(0.12＋4.20＋2.30＋0.12)×(1.92－0.12)＋(2.20－0.24)×3.00]平台部分－[(2.30－0.24)×(4.20－0.24)＋2.20×(3.00－0.24)]天井部分＝134.05＋8.49－18.01－14.23＝110.30m²

挖土方工程量＝28.00m³

分部分项工程量清单见表 2-19。

分部分项工程量清单　　　　　　　　　　　　　　　　　　　　表 2-19

序号	项目编号	项目名称	项目特征描述	计量单位	工程量
1	010101001001	平整场地	①土壤类别：三类土 ②弃土运距：5m ③取土运距：5m	m²	110.30
2	010101002001	挖一般土方	①土壤类别：三类土 ②挖土深度：50cm ③弃土运距：5m	m³	28.00

(2) 分部分项工程量清单计价表的编制

该项目发生的工程内容为：人工场地平整、挖土方。

人工场地平整工程量＝(12.84＋4.00)×(12.42＋4.00)－(4.26－4.00)×(2.10－0.12)台阶部分－(4.20＋2.30＋2.20)×(1.92－0.12)平台部分＝260.34m²

或：人工场地平整工程量＝底层面积＋外墙外边线长度×2＋16（m²）时，底层面积是广义的，要灵活处理。

人工场地平整工程量＝12.84×12.42－4.26×(2.10－0.12)台阶部分－(4.20＋2.30＋2.20)×(1.92－0.12)平台部分＋(12.84＋12.42＋2.10阳台侧面－0.12)×2×2＋16＝260.34m²

人工场地平整：套定额 1-4-1。

挖土方工程量＝28.00m³

挖土方：套定额 1-2-12。

人工、材料、机械单价选用市场信息价。

根据企业情况确定管理费率为 5.1%，利润率为 3.2%。

土建工程项目综合单价计算公式：合价＝清单项目人工费、材料费、机械费小计数量×（1＋管理费率＋利润率）

综合单价＝合价÷清单项目工程量

合价＝清单项目工程量×综合单价

注意：此计算过程称为反算法。由于小数保留位数的原因，前后两个合价是不一致的，因此需要反算。

分部分项工程量清单计价表见表 2-20。

分部分项工程量清单计价表　　　　　　表 2-20

序号	项目编号	项目名称	项目特征描述	计量单位	工程量	金额（元）	
						综合单价	合价
1	010101001001	平整场地	①土壤类别：三类土 ②弃土运距：5m ③取土运距：5m	m²	110.30	8.53	940.86
2	010101002001	挖一般土方	①土壤类别：三类土 ②挖土深度：50cm ③弃土运距：5m	m³	28.00	36.50	1022.00

【案例 2-2】 某工程场地平整，方格网边长确定为 20m，各角点自然标高和设计标高如图 2-24 所示。土类为二类土（普通土），常地下水位为－2.40m。计算人工开挖土方的工程量清单。

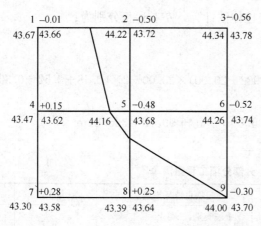

图 2-24 场地平整方格网

【解】 挖土方工程量清单的编制

(1) 计算角点施工高度 h_n：

h_1＝角点的设计标高－角点的自然地面标高＝43.66－43.67＝－0.01m

h_2＝43.72－44.22＝－0.50m

$h_3 = 43.78 - 44.34 = -0.56\text{m}$

$h_4 = 43.62 - 43.47 = +0.15\text{m}$

$h_5 = 43.68 - 44.16 = -0.48\text{m}$

$h_6 = 43.74 - 44.26 = -0.52\text{m}$

$h_7 = 43.58 - 43.30 = +0.28\text{m}$

$h_8 = 43.64 - 43.39 = +0.25\text{m}$

$h_9 = 43.70 - 44.00 = -0.30\text{m}$

（2）确定±0.30m线：

挖填找平超过±0.30m需按挖填土方计算，根据资料－0.30m线，如图 2-24 所示。

（3）计算方格土方量：

① 1245 方格局部挖土按四方棱柱体法计算，上下边长分别为：

$$上边 = 20 \times \left(1 - \frac{0.3 - 0.01}{0.5 - 0.01}\right) = 8.163\text{m}$$

$$下边 = 20 \times \left(1 - \frac{0.3 + 0.15}{0.48 + 0.15}\right) = 5.714\text{m}$$

1245方格局部挖土工程量＝(8.163＋5.714)×20.00÷2×(0.30＋0.50＋0.30＋0.48)÷4＝54.81m³

② 2356 方格局部挖土按四方棱柱体法计算：

2356 方格挖土工程量＝20.00×20.00×(0.50＋0.56＋0.48＋0.52)÷4＝206.00m³

③ 4578 方格局部挖土按三角棱柱体法计算，三角形上边右边长分别为：

$$上边 = 5.714\text{m}$$

$$右边 = 20 \times \left(1 - \frac{0.3 + 0.25}{0.48 + 0.25}\right) = 4.932\text{m}$$

4578方格局部挖土工程量＝5.714×4.932÷2×(0.30＋0.48＋0.30)÷3＝5.07m³

④ 5689 方格局部挖土按四方棱柱体法计算，左右边长分别为：

$$左边 = 4.932\text{m}$$

$$右边 = 20.00\text{m}$$

5689方格局部挖土工程量＝(4.932＋20.00)×20.00÷2×(0.48＋0.52＋0.30＋0.30)÷4＝99.73m³

挖土方工程量合计＝54.81＋206.00＋5.07＋99.73＝365.61m³

分部分项工程量清单见表 2-21。

分部分项工程量清单

表 2-21

序号	项目编号	项目名称	项目特征描述	计量单位	工程量
1	010101002001	挖一般土方	①土壤类别：二类土 ②挖土深度：0.3m 以上 ③弃土运距：就近堆放	m³	365.61

【案例 2-3】 某工程基础平面图及详图如图 2-25 所示。土类为混合土质，其中，二类土（普通土）深 1.4m，下面是三类土（坚土），土方槽边就近堆放，槽底不需钎探，蛙式打夯机夯实，常地下水位为－2.40m。计算人工开挖土方的工程量清单和工程量清单报价。

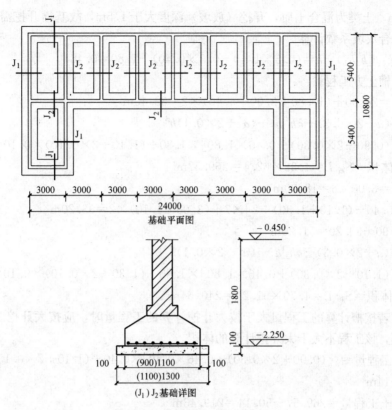

图 2-25 基础平面图及详图

【解】 (1) 挖沟槽土方工程量清单的编制

挖沟槽土方工程量计算如下：

J_1：$L_{中}=24.00+(10.80+3.00+5.40)\times2=62.40m$

J_1 工程量 $=62.40\times1.10\times1.90=130.42m^3$

J_2：$L_{中}=3.00\times6=18.00m$

$L_{净}=[5.40-(1.10+1.30)\div2]\times7+(3.00-1.10)\times2=33.20m$

$L=18.00+33.20=51.20m$

J_2 工程量 $=51.20\times1.30\times1.90=126.46m^3$

挖沟槽土方工程量 $=130.42+126.46=256.88m^3$

分部分项工程量清单见表 2-22。

分部分项工程量清单 　　　　　　　　　　　　　　　表 2-22

序号	项目编号	项目名称	项目特征描述	计量单位	工程量
1	010101003001	挖沟槽土方	①土壤类别：二、三类土 ②挖土深度：二类土 1.4m，三类土 0.5m ③弃土运距：就近堆放	m³	256.88

(2) 挖沟槽土方工程量清单计价表的编制

该项目发生的工程内容为挖土方。

本工程基槽开挖深度为 $H=1.80+0.10=1.90m$，基础垫层以上放坡深度 $h=2.25-$

0.45＝1.8m，土类为混合土质，开挖（放坡）深度大于1.5m，故基槽开挖需要放坡，放坡坡度按综合放坡系数计算。

$$k＝(k_1h_1＋k_2h_2)÷h＝(0.5×1.40＋0.3×0.40)÷1.80＝0.46$$

计算沟槽土方工程量：

J_1：$L_中＝24.00＋(10.80＋3.00＋5.40)×2＝62.40m$

$$S_{断1}＝[(a＋2×0.3)＋kh]h＋(a'＋2×0.1)h'$$
$$＝[(0.90＋2×0.30)＋0.46×1.80]×1.80＋(1.10＋2×0.10)×0.10＝4.32m^2$$

J_1土方体积$＝S_断L＝4.32×62.4＝269.57m^3$

J_2：$L_中＝3.00×6＝18.00m$

$$L_净＝[5.40－(1.10＋1.30)÷2]×7＋(3.00－1.10)×2＝33.20m$$
$$L＝18.00＋33.20＝51.20m$$
$$S_{断2}＝[(a＋2×0.3)＋kh]h＋(a'＋2×0.1)h'$$
$$＝[(1.10＋2×0.30)＋0.46×1.80]×1.80＋(1.30＋2×0.10)×0.10＝4.70m^2$$

J_2土方体积$＝S_断L＝4.70×51.20＝240.64m^3$

注意：若按槽计算的工程量大于按大开挖计算的工程量时，应按大开挖工程量为准，套沟槽定额，该工程不大于大开挖计算的体积。

J_1坚土工程量$＝\{[(0.90＋2×0.30)＋0.46×0.40]×0.40＋(1.10＋2×0.10)×0.10\}×62.40＝50.14m^3$

J_1普通土工程量$＝269.57－50.14＝219.43m^3$

J_2坚土工程量$＝\{[(1.10＋2×0.30)＋0.46×0.40]×0.40＋(1.30＋2×0.10)×0.10\}×51.20＝46.26m^3$

J_2普通土工程量$＝240.64－46.26＝194.38m^3$

人工挖沟槽（2m以内）坚土：套定额1-2-12（含槽底夯实）。

人工挖沟槽（2m以内）普通土：套定额1-2-10（扣除槽底夯实机械）。

人工、材料、机械单价选用市场价。

根据企业情况确定管理费率为5.1%，利润率为3.2%。

清单没有按土类分项，此时不能改动清单特征和工程量，可以分别组价。分部分项工程量清单计价表见表2-23。

分部分项工程量清单计价表 表2-23

序号	项目编号	项目名称	项目特征描述	计量单位	工程量	金额（元）	
						综合单价	合价
1	010101003001	挖沟槽土方	①土壤类别：二、三类土 ②挖土深度：二类土1.4m，三类土0.5m ③弃土运距：就近堆放	m³	256.88	43.47	11166.57

【案例2-4】 某工程平面图和断面图，如图2-26所示，基础类型为钢筋混凝土无梁式带形基础和独立基础，招标人提供的资料是无地表水，地面已整平，并达到设计地面标高，施工单位现场勘察，土质为三类，无需支挡土板和基底钎探。编制挖沟槽、基坑土方

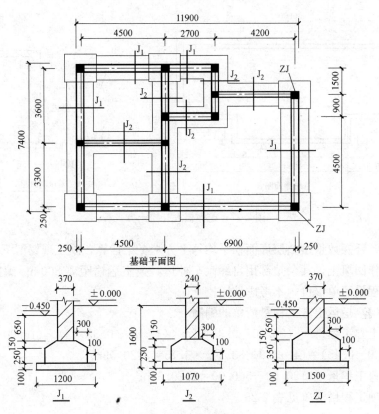

图 2-26 平面图和断面图

工程量清单。

【解】 挖沟槽、基坑土方工程量清单的编制

(1) 挖基坑土方工程量＝$1.50 \times 1.50 \times 1.25 \times 6 = 16.88 \mathrm{m}^3$

(2) 挖沟槽土方工程量＝$[(4.50+2.70+0.90+4.50+6.90+4.50+3.30+3.60+0.25 \times 6-0.185 \times 6-1.50 \times 5.5) \times 1.20+(1.50+4.20+0.25 \times 2-0.185 \times 2-1.50 \div 2+4.50+0.25-0.185-0.60-1.07 \div 2+3.30+3.60+0.25 \times 2-0.185 \times 2-1.50+2.70+0.90-1.07) \times 1.07] \times 1.15 = (27.648+17.73) \times 1.15 = 52.18 \mathrm{m}^3$

分部分项工程量清单见表 2-24。

分部分项工程量清单　　　　　　　　　　　　　　　　表 2-24

序号	项目编号	项目名称	项目特征描述	计量单位	工程量
1	010101003001	挖沟槽土方	①土壤类别：三类 ②挖土深度：1.15m ③弃土运输：就近堆放	m³	52.18
2	010101004001	挖基坑土方	①土壤类别：三类 ②挖土深度：1.25m ③弃土运输：就近堆放	m³	16.88

【案例 2-5】 如图 2-27 所示，挖掘机大开挖（自卸汽车运输）土方工程，招标人提供的地质资料为三类土，设计放坡系数为 0.3，地下水位－6.30m，地面已平整，并达到设

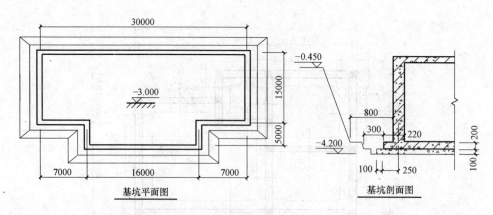

图 2-27 挖掘机大开挖土方工程

计地面标高，钎探数量按垫层底面积平均每平方米 1 个计算，施工现场留下约 $500\mathrm{m}^3$（自然体积）用作回填土，其余全部用自卸汽车外运，余土运输距离 800m。编制挖运土工程量清单和工程量清单报价，不考虑坡道挖土。

【解】 （1）挖运土方工程量清单的编制

挖一般土方工程量 $=[(30.00+0.35\times2)\times(15.00+0.35\times2)+(16.00+0.35\times2)\times$ $5.00]\times(4.20-0.45)=(481.99+83.50)\times3.75=2120.59\mathrm{m}^3$

余土弃置工程量 $=2120.59-500.00=1620.59\mathrm{m}^3$

分部分项工程量清单见表 2-25。

分部分项工程量清单   表 2-25

序号	项目编号	项目名称	项目特征描述	计量单位	工程量
1	010101002001	挖一般土方	①土壤类别：三类土 ②挖土深度：3.75m ③土方运距：就地装车和堆放	m³	2120.59
2	010103002001	余土弃置	①废弃料品种：三类土 ②运距：800m	m³	1620.59

（2）挖运土方工程量清单计价表的编制

该项目发生的工程内容为：机械挖土方（含排地表水）、运土方、基底钎探。

土方总体积 $=$ 上层 $[(30.00+0.11\times2+0.80\times2+0.3\times3.45)\times(15.00+5.00+$ $0.11\times2+0.80\times2+0.3\times3.45)-7.00\times5.00\times2]\times3.45+1\div3\times0.3^2\times3.45^3+$ 中层 $[(30.00+0.25\times2+0.30\times2+0.3\times0.20)\times(15.00+5.00+0.25\times2+0.30\times2+0.3\times$ $0.20)-7.00\times5.00\times2]\times0.20+1\div3\times0.3^2\times0.20^3+$ 下层 $[(30.00+0.35\times2+0.10\times$ $2)\times(15.00+5.00+0.35\times2+0.10\times2)-7.00\times5.00\times2]\times0.1=2350.34+117.87+$ $57.58=2525.79\mathrm{m}^3$

① 挖掘机挖土工程量 $=2525.79\times0.95=2399.50\mathrm{m}^3$

挖掘机挖土：套定额 1-3-10。

② 其中人工挖土工程量 $=2525.79\times0.05\times2=252.58\mathrm{m}^3$

人工挖坚土，深度 4m 以内：套定额 1-2-4。

③ 自卸汽车运土方工程量＝2525.79－500.00＝2025.79m³

自卸汽车运土方，运距1km内：套定额1-3-57。

④ 基底钎探工程量＝(481.99＋83.50)÷1＝565眼

基底钎探：套定额1-4-4；钎探灌砂：套定额1-4-17。

人工、材料、机械单价选用市场价。

根据企业情况确定管理费率为5.1%，利润率为3.2%。

分部分项工程量清单计价表见表2-26。

分部分项工程量清单计价表　　　　　表 2-26

序号	项目编号	项目名称	项目特征描述	计量单位	工程量	金额(元)	
						综合单价	合价
1	010101002001	挖一般土方	①土壤类别：三类土 ②挖土深度：3.75m ③土方运距：就地装车和堆放	m³	2120.59	9.38	19891.13
2	010103002001	余方弃置	①废弃料品种：三类土 ②运距：800m	m³	1620.59	8.55	13856.04

【案例 2-6】　某工程破土动工正赶上冬期施工，普通土上层有0.5m深的冻土层，施工现场要求开挖总面积为350m²，爆破后人工挖冻土，冻土外运距离2000m，冻土外运市场价格为18元/m³。其中，人工费为10%，机械费为90%。编制冻土开挖的工程量清单。自行编制冻土开挖的工程量清单。

【解】　冻土开挖工程量清单的编制：

冻土开挖工程量＝350.00×0.50＝175.00m³

分部分项工程量清单见表2-27。

分部分项工程量清单　　　　　表 2-27

序号	项目编号	项目名称	项目特征描述	计量单位	工程量
1	010101005001	冻土开挖	①冻土厚度：0.5m ②弃土运距：就地装车	m³	175.00
2	010103002001	余土弃置	①废弃料品种：冻土 ②运距：2000m	m³	175.00

【案例 2-7】　如图2-28所示，某大学校区埋设铸铁给水管道2300m，管径 *DN*600（外径630mm），挖沟深度1.5m，支钢挡土板（疏板）钢支撑施工，土质为普通土，就地堆放，机械夯填，无地表水。编制管沟土方工程量清单和清单报价。

【解】　(1) 管沟土方工程量清单的编制

管沟土方工程量＝2300.00×0.63×1.50＝2173.50m³

分部分项工程量清单见表2-28。

(2) 分部分项工程量清单计价表的编制

该项目发生的工程内容为：挖管沟土方、支挡土板、回填土。

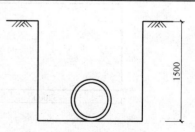

图 2-28　挖管道沟

分部分项工程量清单　　　　　　　　　　　　表 2-28

序号	项目编号	项目名称	项目特征描述	计量单位	工程量
1	010101007001	管沟土方	①土壤类别：一、二类土 ②管道外径：630mm ③挖沟平均深度：1.5m ④回填要求：机械夯填土	m³	2173.50

① 挖管沟土方＝(1.20＋0.10×2)×1.50×2300.00×(1＋2.5%)＝4950.75m³

人工挖管沟普通土 2m 以内：套定额 1-2-10。

② 挡土板工程量＝1.50×2×2300.00＝6900.00m²

支钢挡土板（疏板）钢支撑：套定额 2-5-6。

③ 回填土工程量＝4950.75－0.22×2300.00＝4444.75m³（竣工体积）

管沟机械回填土：套定额 1-4-13。

人工、材料、机械单价选用市场价。

根据企业情况确定管理费率为 4.2%，利润率为 2.2%。

分部分项工程量清单计价表见表 2-29。

分部分项工程量清单计价表　　　　　　　　　　表 2-29

序号	项目编号	项目名称	项目特征描述	计量单位	工程量	金额（元）	
						综合单价	合价
1	010101007001	管沟土方	①土壤类别：一、二类土 ②管道外径：630mm ③挖沟平均深度：1.5m ④回填要求：机械夯填土	m³	2173.50	97.85	212676.98

2.5.2　石方工程实务案例

【案例 2-8】　某工程设计室外地坪以下有软质岩（松石）需要开挖，如图 2-29 所示。要求机械打孔爆破施工，人工修整基底边坡，并清运石渣，运距 50m。编制工程量清单及工程量清单报价。

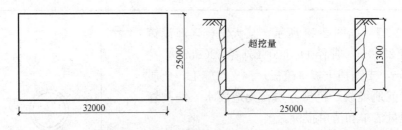

图 2-29　石方开挖

【解】　（1）挖一般石方工程量清单的编制

挖一般石方工程量＝32.00×25.00×1.30＝1040.00m³

分部分项工程量清单见表 2-30。

分部分项工程量清单　　　　　　　　　　　　　表 2-30

序号	项目编号	项目名称	项目特征描述	计量单位	工程量
1	010102001001	挖一般石方	①岩石类别:软质岩 ②开凿深度:1.3m ③弃渣运距:50m ④基底摊座要求:人工修整基底边坡	m³	1040.00

（2）挖一般石方工程量清单计价表的编制

该项目发生的工程内容：松石爆破、人工修整基底边坡和石渣清理运输。

① 机械打孔爆破松石工程量＝（32.00＋0.20×2）×（25.00＋0.20×2）×（1.30＋0.20）＝1234.44m³

机械打孔爆破松石：套定额 1-3-22。

② 人工修整松石基底工程量＝（32.00＋0.20×2）×（25.00＋0.20×2）＝822.96m²

人工修整松石基底：套定额 1-2-37。

③ 人工修整松石边坡工程量＝（32.00＋0.20×2＋25.00＋0.20×2）×2×（1.30＋0.20）＝173.40m²

人工修整松石边坡：套定额 1-2-41。

④ 人工石渣清理运输20m 以内工程量＝（32.00＋0.20×2）×（25.00＋0.20×2）×（1.30＋0.20）＝1234.44m³

人工石渣清理运输 20m 以内：套定额 1-2-51。

⑤ 人工石渣清理运输每增20m 工程量＝1234.44×2＝2468.88m³

人工石渣清理运输每增20m：套定额 1-2-52。

人工、材料、机械单价选用市场价。

根据企业情况确定管理费率为 5.1%，利润率为 3.3%。

分部分项工程量清单计价表见表 2-31。

分部分项工程量清单计价表　　　　　　　　　　表 2-31

序号	项目编号	项目名称	项目特征描述	计量单位	工程量	金额(元)	
						综合单价	合价
1	010102001001	挖一般石方	①岩石类别:软质岩 ②开凿深度:1.3m ③弃渣运距:50m ④基底摊座要求:人工修整基底边坡	m³	1040.00	72.04	74921.60

2.5.3　土石方回填实务案例

【案例 2-9】　如图 2-26 所示，某工程根据招标人提供的基础资料，采用就地取土（黏性土）回填，运土距离 50m。其中地面垫层及面层总厚度 200mm。编制回填方工程量清单。

【解】　回填方工程量清单的编制

J₁：$L_{中}$＝4.50＋2.70＋0.90＋4.50＋6.90＋4.50＋3.30＋3.60＋0.25×6－0.185×

6＝31.29m

J_2：$L_{中}$＝1.50＋4.20＋0.50－0.37＝5.83m

J_2：$L_{内}$＝4.50－0.24＋7.40－0.37×2＋2.70＋0.90－0.24＝14.28m

J_2：$L_{基净}$＝4.50＋0.25－0.185－（1.00＋0.87）÷2＋7.40－0.37－1.30＋2.70＋0.90－0.87＝12.09m

J_2：$L_{垫净}$＝4.50＋0.25－0.185－（1.20＋1.07）÷2＋7.40－0.37－1.30＋2.70＋0.90－1.07＝11.69m

① 室内净面积＝$S_{建}$－$S_{结}$＝11.90×7.40－（4.20－0.12＋0.185）×（1.50－0.12＋0.185）－31.29×0.37－（5.83＋14.28）×0.24＝88.06－4.265×1.565－31.29×0.37－20.11×0.24＝64.98m²

室内土方回填工程量＝64.98×（0.45－0.20）＝16.25m³

② 设计室外地坪以下垫层体积＝[1.50×1.50×6＋（31.29－1.30×5.5）×1.20＋（5.83－1.30÷2＋11.69）×1.07]×0.10＝（13.50＋28.968＋18.051）×0.10＝6.05m³

设计室外地坪以下基础体积＝[1.30×1.30×0.35＋0.15÷3×（1.30×1.30＋0.70×0.70＋1.30×0.70）]×6＋（1.00×0.25＋0.70×0.15）×（31.29－1.30×5.5）＋（0.87×0.25＋0.57×0.15）×（5.83－0.65＋12.09）＋0.40×0.15×0.30×5.5＋0.30×0.15÷2÷3×0.30×22＋0.27×0.15×0.30×3.5＋0.30×0.15÷2÷3×0.30×14＝4.476＋8.57＋5.233＋0.149＋0.074＝18.50m³

设计室外地坪以下墙体体积＝0.37×0.65×31.355＋0.24×0.65×（5.83＋14.28）＝10.66m³

槽边回填土工程量＝1.50×1.50×1.25×6＋（31.29－1.50×5.5）×1.20×1.15＋（5.83－0.75＋11.69－0.20）×1.07×1.15－6.05－18.50－10.66

＝16.875＋31.795＋20.389－35.21＝33.85m³

分部分项工程量清单见表2-32。

分部分项工程量清单   表2-32

序号	项目编号	项目名称	项目特征描述	计量单位	工程量
1	010103001001	室内回填方	①密实度要求：夯实 ②填方材料品种：黏性土 ③填土粒径要求：过筛 ④填方来源、距离：就地取±50m	m³	16.25
2	010103001002	槽边回填方	①密实度要求：夯实 ②填方材料品种：黏性土 ③填土粒径要求：过筛 ④填方来源、距离：就地取±50m	m³	33.85

3 地基处理与桩基工程

3.1 相关知识简介

3.1.1 房屋地基与基础的一般知识

在建筑工程中，位于建筑物的最下部位，直接作用于土层上并埋入地下一定深度的承重结构（扩大的部分）称为基础，把承受由基础传来荷载的土层称为地基。

3.1.1.1 地基基础的分类

地基可分为天然地基和人工地基两大类。天然地基是指不需处理而直接利用的地基，岩石、碎石、砂石、黏性土等，一般均可作为天然地基。人工地基是指经过人工处理才能达到使用要求的地基，如采用换土垫层、机械强力夯实、挤密桩等方法处理的地基。人工地基较天然地基费工费料，造价较高，只有在天然土层承载力差、建筑总荷载大的情况下方可采用。

基础的形式很多，按埋置深度可分为浅基础和深基础。一般埋深在 5m 左右且能用一般方法施工的基础属于浅基础，如砖基础、毛石基础等。需要埋置在较深的土层并采用特殊方法施工的基础则属于深基础，如桩基础、箱型基础等。

3.1.1.2 对地基基础的要求

由于地基基础施工属于地下隐蔽工程，出现缺陷后补救非常困难。因此，对地基及基础提出严格要求。

（1）对地基的要求：

1）地基必须具有足够的强度。即地基的承载力必须足以承受作用在其上面的全部荷载。

2）地基不产生过大的沉降和不均匀沉降，其沉降量和沉降差均在允许范围内，保证建筑物及相邻建筑物的正常工作。

（2）对基础的要求：

1）基础结构本身应具有足够的强度和刚度。承受建筑物的全部荷载并均匀地传到地基上，具有改善沉降和不均匀沉降的能力。

2）具有较好的防潮、防冻和耐腐蚀能力。

3）有足够的稳定性，不滑动，变形不至于影响房屋上部结构的正常使用。

4）基础工程应注意经济问题。基础工程约占建筑总造价的 10%～40%，降低基础工程的投资是降低工程总投资的重要一环。

3.1.1.3 土的静力触探与动力触探

触探是通过探杆用静力或动力将探头贯入土层，并量测各层土对触探头的贯入阻力大小的指标，从而间接地判断土层及其性状的一种勘探方法和原位测试技术。

（1）静力触探：是将单桥电阻应变式探头或双桥电阻应变式探头以静力贯入所要测试的土层中，用电阻应变仪或电位差计量测土的比贯入阻力或分别量测锥头阻力和侧壁摩擦力，从而判定土的力学性质。与常规的勘探方法比较，它能快速、连续地探测土层及其性质的变化，还能确定桩的持力层以及预估单桩承载力，为桩基设计（桩长、桩径、数量）提供依据，但不适用于难于贯入的坚硬地层。

（2）动力触探：系利用一定重量的落锤，以一定的落距将触探头打入土中，根据打入的难易程度（贯入度）得到每贯入一定深度的锤击次数作为表示地基强度的指标值。其设备主要由触探头、触探杆和穿心锤三部分组成。

土壤级别按表 3-1 确定。

土壤级别表　　　　　　　　　　　　　　　　　　　　　表 3-1

内　　容		土壤级别	
		一级土	二级土
砂夹层	砂层连续厚度	<1m	>1m
	砂层中卵石含量	—	<15%
物理性能	压缩系数	>0.02	<0.02
	孔隙比	>0.7	<0.7
力学性能	静力触探值	<50	>50
	动力触探系数	<12	>12
每米纯沉桩时间平均值		<2min	>2min
说　　明		桩经外力作用较易沉入的土，土壤中夹有较薄的砂层	桩经外力作用较难沉入的土，土壤中夹有不超过 3m 的连续厚度砂层

钎探点的布置依据设计要求，当设计必要时，按下列规定执行：

槽宽小于 800mm，中心布一排，间距 1.5m，深度 1.5m；槽宽 800～2000mm；两边错开，间距 1.5m，深度 1.5m；槽宽大于 2000mm，梅花型，间距 1.5m，深度 2.1m；柱基，梅花型，间距 1.5～2m，深度 1.5m，并不浅于短边。

3.1.1.4　试验桩

在没有打桩的地方打试验桩是非常有必要的，不可省略。可以通过打试验桩来校核设计的桩而改进设计方案，以保证打桩的质量要求和技术要求。通过打试验桩可以了解桩的贯入深度、持力层的强度、桩的承载力和施工过程中可能遇到的问题和反常情况，了解土层的构造。在打试验桩时，要选择能代表工程场地地质条件的桩位，试验桩与工程桩的各方面条件要力求一致，具有代表性，打试验桩的目的还为了做桩的静荷载试验，桩的静荷载试验是模拟实际荷载情况，摸清楚荷载与沉降的关系，确定桩的允许承载力。荷载试验有多种，通常采用的是单桩静荷载试验和抗拔荷载试验。打试验桩时要做好施工详细试验记录，测出各土层的深度，打入各土层的锤击次数和振动时间，最后还要精确地测量贯入度等。

其中预制桩在砂土中入土 $7d$ 以上，（黏性土不少于 $15d$，饱和软黏土不少于 $25d$）才能进行试桩，就地灌注桩和爆扩桩应在桩身混凝土强度达到设计等级之后，才能进行试桩。在同一条件下，试桩数不宜少于总桩数的 1%，并不应少于 2 根。

单桩垂直静荷载试验方法有重物千斤顶加荷法和锚桩千斤顶加荷法两种，而以锚桩加荷法使用较多。锚桩加荷法又分单列锚桩加荷（只设 2 根锚桩）和双列锚桩加荷（设 4 根锚桩）。为了避免加荷过程中的相互影响，锚桩、木桩离试桩要有足够远的距离，一般锚桩离试桩的距离要不小于 3 倍试桩直径（常为 2～2.5m）；木桩离试桩要不小于 4 倍试桩直径。桩静荷载试验的最大设计荷载，不应小于由静力计算得出的单桩设计承载力的 2 倍。终止试验加荷的条件是：当桩身折断或水平位移超过 30～40mm（软土取 40mm）时，或桩侧地表面出现明显裂缝或隆起。

桩的动测法是检测桩基承载力及质量具有发展前途的一种新方法，用以代替费时、昂贵的静载荷试验，但本法需做大量的测试数据，尤其需要静载的试验资料来充实和完善。目前有以下几种：锤击贯入试桩法，水电效应法。

试验桩只是用于检验作用而不同于实际工作桩的功能的桩，故最后还要拔出废掉。

3.1.2 桩基础工程

3.1.2.1 桩基础工程基础知识

桩基础是由许多个单桩（沉入土中）组成的一种深基础，如图 3-1 所示。

3.1.2.2 桩的分类

（1）按受力性质分：摩擦桩、端承桩。

（2）按施工方法分：预制桩、灌注桩。

（3）按成桩方法分：非挤土桩、部分挤土桩、挤土桩。

（4）按桩身所用材料不同分：混凝土桩、钢桩、组合材料桩。

（5）按使用功能不同分：竖向抗压桩、竖向抗拔桩、水平荷载桩、复合受力桩。

（6）按桩径大小分：小桩 $d \leqslant 250$mm；中等直径桩 $d = 250 \sim 800$mm；大直径桩 $d \geqslant 800$mm。

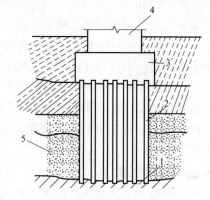

图 3-1　桩基础示意图

1—持力层；2—桩；3—桩承台；

4—上部建筑物；5—软弱力层

3.1.2.3 混凝土预制桩施工

混凝土预制桩有管桩和实心桩两种。管桩都是空心桩，是在预制厂用离心法生产的，强度高（可达 C30～C40）；实心桩大多在现场预制，这样可以节约运输费用。多做成正方形截面，截面尺寸从 200mm×200mm 至 550mm×550mm。单根桩的最大长度，取决于桩架高度，一般不超过 27m，必要时也可以达到 30m。当桩长超过 30m 时，应分段预制，打桩时再接长。

混凝土预制桩施工包括：预制、起吊、运输、堆放、接桩、截桩等过程。

3.1.2.4 混凝土灌注桩施工

混凝土灌注桩是直接在现场桩位上成孔，在孔内安装钢筋笼，然后灌注混凝土而成。与预制桩相比可以节约钢材和劳动力，并节约资金约 50%。

混凝土灌注桩包括：泥浆护壁成孔灌注桩、干作业成孔灌注桩、套管成孔灌注桩（又称沉管灌注桩）、爆扩成孔灌注桩、人工挖孔灌注桩。

3.1.2.5 灰土挤密桩

适用于处理湿陷性黄土、素填土以及杂填土地基，处理后地基承载力可以提高一倍以上，同时具有节省大量土方，降低造价，施工简便等优点。

灰土挤密桩施工前应在现场进行成孔、夯填工艺和挤密效果试验，以确定分层填料厚度、夯击次数和夯实后干密度等要求。桩施工一般采用先将基坑挖好，预留 20～30cm 土层，然后在坑内施工灰土桩，基础施工前再将已搅动的土层挖去。

3.1.2.6　旋喷桩

旋喷桩是利用钻机将旋喷注浆管及喷头钻置于桩底设计高程，将预先配制好的浆液通过高压发生装置使液流获得巨大能量后，从注浆管边的喷嘴中高速喷射出来，形成一股能量高度集中的液流，直接破坏土体，喷射过程中，钻杆边旋转边提升，使浆液与土体充分搅拌混合，在土中形成一定直径的柱状固结体，从而使地基达到加固。

旋喷桩施工占地少、振动小、噪声较低，但容易污染环境，成本较高，对于特殊的不能使喷出浆液凝固的土质不宜采用。

（1）高压喷射注浆法适用于处理淤泥、淤泥质土、流塑、软塑或可塑黏性土、粉土、砂土、黄土、素填土和碎石土等地基。

（2）当土中含有较多的大粒径块石、坚硬黏性土、含大量植物根茎或有过多的有机质时，对淤泥和泥炭土以及已有建筑物的湿陷性黄土地基的加固，应根据现场试验结果确定其适用程度。应通过高压喷射注浆试验确定其适用性和技术参数。

（3）高压喷射注浆法，对基岩和碎石土中的卵石、块石、漂石呈骨架结构的地层，地下水流速过大和已涌水的地基工程，地下水具有侵蚀性，应慎重使用。

（4）高压喷射注浆法可用于既有建筑和新建建筑的地基加固处理、深基坑止水帷幕、边坡挡土或挡水、基坑底部加固、防止管涌与隆起、地下大口径管道围封与加固、地铁工程的土层加固或防水、水库大坝、海堤、江河堤防、坝体坝基防渗加固、构筑地下水库截渗坝等工程。

3.1.2.7　喷粉桩

喷粉桩属于深层搅拌法加固地基方法的一种形式，也叫加固土桩。深层搅拌法是加固饱和软黏土地基的一种新颖方法，它是利用水泥、石灰等材料作为固化剂的主剂，通过特制的搅拌机械就地将软土和固化剂（浆液状和粉体状）强制搅拌，利用固化剂和软土之间所产生的一系列物理—化学反应，使软土硬结成具有整体性、水稳性和一定强度的优质地基。

喷粉桩是在高压喷射注浆桩的基础上创新发展的新桩型，这种桩的优点：可加固改良地基，提高地基承载力（2～3 倍）和水稳性，对环境无污染，无噪声，对相邻建筑物无影响，机具设备简单，液压操纵，技术易于掌握，成桩效率高（8m 长桩，每台桩机每天可完成 100 根），加固所需费用较低，造价比灌注桩低 40%。喷粉桩适用于 7 层以下的民用建筑以及在有地下水或土的含水量大于 25% 的黏性土、砂土、软土、淤泥质土地基中进行浅层（深 14m）加固，但是这种桩不适用于杂填土（垃圾土）地基（会使承载力不均匀）同时要求土的含水率不低于 23%，否则会造成桩体疏松。

3.1.3　地基与边坡处理

3.1.3.1　地下连续墙

地下连续墙应根据工程要求和施工条件划分单元槽段，应尽量减少槽段数量。墙体间接缝应避开拐角部位。

地下连续墙用作结构主体墙体时应符合下列规定：

（1）不宜用作防水等级为一级的地下工程墙体；

（2）墙的厚度宜大于 600mm；

（3）选择合适的泥浆配合比或降低地下水位等措施，以防止塌方；挖槽期间，泥浆面必须高于地下水位 500mm 以上，遇有地下水含盐或受污染时应采取措施不得影响泥浆性能指标；

（4）墙面垂直度的允许偏差应小于墙深的 1/250；墙面局部突出不应大于 100mm；

（5）浇筑混凝土前必须清槽、置换泥浆和清除沉渣，厚度不应大于 100mm，并将接缝面的泥土、杂物用专用刷壁器清刷干净；

（6）钢筋笼浸泡泥浆时间不应超过 10h，钢筋保护层厚度不应小于 70mm；

（7）幅间接缝方式应优先选用工字钢或十字钢板接头，并应符合设计要求；使用的锁口管应能承受混凝土灌注时的侧压力，灌注混凝土时不得位移和发生混凝土绕管现象；

（8）混凝土用的水泥强度等级，不应低于 32.5MPa，水泥用量不应少于 370kg/m³，采用碎石时不应小于 400kg/m³，水灰比应小于 0.6，坍落度应为 200±20mm，石子粒径不宜大于导管直径的 1/8；浇筑导管埋入混凝土深度宜为 1.56m，在槽段端部的浇筑导管与端部的距离宜为 1～1.5m，混凝土浇筑必须连续进行；冬期施工时应采取保温措施，墙顶混凝土未达到设计强度 50％时，不得受冻。

3.1.3.2 强夯

强夯法是用起重机械将大吨位夯锤（一般不小于 8t）起吊到很高处（一般不小于6m）自由落下以对土体进行强力夯击，以提高地基强度，降低地基压缩性。强夯法是在垂锤法的基础上发展起来的。强夯法是用很大的冲击波和应力，迫使土中孔隙压缩，土体局部液化，强夯点周围产生裂隙形成良好的排水通道，土体迅速固结。适用于黏性土和湿陷性黄土及人工填土地基的深层加固。

夯击能：由夯锤和落距决定，设夯锤重量为 G，落距为 H，则每一击的夯击能为：$G \times H$，一般为 500～8000kN·m。

夯击遍数一般为 2～5 遍，对于细颗粒较多透水性土层，加固要求高的工程，夯击遍数可适当增加。

强夯法加固地基要根据现场的地质情况、工程的具体要求和施工条件，根据经验或通过试验选定有关技术参数，包括锤重、落距、夯击点布置及间距、夯击击数、夯击遍数、两遍之间的间歇时间、平均夯击能、加固范围及深度等。

锤重（G）和落距（H）是影响加固效果的一个重要因素，它直接决定每一击的夯击能（$G \times H$），锤重一般不宜小于 8t，落距不宜小于 6m，常用的落距为 8m、11m、13m、15m、17m、18m、25m。

夯击点的布置及间距根据基础的形式和加固要求而定。对于大面积地基可采用梅花形或正方形网格排列；对条形基础夯点可成行布置；对于独立基础夯点宜单点布置或成组布置，在基础下面必须布置有夯点。夯点间距一般根据基础布置，加固土层的厚度和土质情况而定。加固土层厚、土质差、透水性弱、含水量高、夯点间距宜大，可为 7～15m；加固土层薄、透水性强、含水量低、砂质土，间距可为 5～10m。一般第一遍夯点的间距要取大些，以便夯击能向深部传递。

按以上所选形式和间距布置的夯击点，依次夯击完成第一遍，第二次选用已夯点间隙，依次补点，夯击为第二遍，以下各遍均在中间补点最后一遍为低能满夯，使夯印彼此搭接，所用能量为前几遍的 1/5～1/4，以加固前几遍夯点之间的松土和被振动的表土层。

夯击击数和夯击遍数是按土体竖向压缩最大，两侧向移动最小的原则，通过单点试夯，观测夯击坑周围土体的变形情况来确定。当夯击到每夯一击所产生的瞬时沉降量很小时，即认为土体已被压密，不能再继续夯实，此时的夯击数，即为最佳夯击数，一般软土的控制瞬时沉降量为 5～8cm，废渣填石地基控制的最后两击下沉量之差为 2～4cm，每夯击点的夯击数一般为 3～10击。夯击遍数一般为 2～5遍，对于细颗粒多、透水性弱、含水量高的土层，采用减少每遍的夯击次数，增加夯击遍数，而且对颗粒粗、透水性强、含水量低的土层，宜采用多加每遍的夯击击数，减少夯击遍数。

两遍之间的间歇时间取决于强夯产生的孔隙水压力的消散，一般是土质颗粒细、含水量高、黏土层厚的，间歇时间宜加长，间歇时间一般为 2～4周；对于黏土和冲积土为 3周左右，对于地下水位较低、含水量较少的碎石类填土和透水性强的砂性土，可采用连续夯击而不需要间歇，前一遍夯完后，将土推平，即可接着进行下一遍。

平均夯击能为夯击能的总和（由锤重、落距、夯击点数和每一夯击点的夯击次数算得）除以施工面积将其称之为平均夯击能，夯击能过小，加固效果不好；对于饱和黏土，夯击能过大，会破坏土体，造成橡皮土，降低强度。

强夯加固范围一般取地基长度（L）和宽度（B）各加上一个加固厚度（H），即（L+H)×(B+H)。

强夯加固影响深度与土质情况和强夯工艺有密切关系，一般按法梅那氏公式估算：

$$H=k\cdot\sqrt{Gh}\tag{3-1}$$

式中　H——加固影响深度（m）；

　　　G——夯锤重（t）；

　　　h——落距（m）；

　　　k——系数，一般为 0.4～0.7。

3.1.3.3　锚杆支护

（1）锚杆支护的分类及方式。锚杆作为深入地层的受拉构件，它一端与工程构筑物连接，另一端深入地层中，整根锚杆分为自由段和锚固段，自由段是指将锚杆头处的拉力传至锚固体区域，其功能是对锚杆施加预应力；锚固段是指水泥浆体将预应力筋与土层粘结的区域，其功能是将锚固体与土层的粘结摩擦作用增大，增加锚固体的承压作用，将自由段的拉力传至土体深处。

锚杆根据其使用的材料可以分为：木锚杆，钢锚杆，玻璃钢锚杆等。

按锚固方式分为：端锚固，加长锚固和全长锚固。

（2）锚杆及土钉墙支护施工。

1）锚杆及土钉墙支护工程施工前应熟悉地质资料、设计图纸及周围环境，降水系统应确保正常工作，必须的施工设备如挖掘机、钻机、压浆泵、搅拌机等应能正常运转。

2）一般情况下，应遵循分段开挖、分段支护的原则，不宜按一次开挖就再行支护的方式施工。

3）施工中应对锚杆或土钉位置，钻孔直径、深度及角度，锚杆或土钉插入长度，注浆配比、压力及注浆量，喷锚墙面厚度及强度、锚杆或土钉应力等进行检查。

4）每段支护体施工完后，应检查坡顶或坡面位移，坡顶沉降及周围环境变化，如有异常情况应采取措施，恢复正常后方可继续施工。

5）土钉墙一般适用于开挖深度不超过 5m 的基坑，如措施得当也可再加深，但设计与施工均应有足够的经验。

6）尽管有了分段开挖、分段支护，仍要考虑土钉与锚杆均有一段养护时间，不能为抢进度而不顾及养护期。

3.1.4 名词解释

3.1.4.1 桩基础

（1）桩基础：是指地基的松软土层较厚，上部荷载较大，通过桩的作用将荷载传给埋藏较深的坚硬土层，或通过桩周围的摩擦力传给地基，以提高地基的承载力。

（2）打桩：指用机械桩锤打桩顶，用桩锤动量转换的功，除去各种损耗外，还足以克服桩身与土的摩擦阻力和桩尖阻力，使桩沉入土中。

（3）桩间补桩：由于各种原因，需要在已打完桩的范围内间隔的补打预制桩或现浇灌注桩，叫做桩间补桩。

（4）钢板桩：一般是两边有销口的槽形钢板，成排地沉入地下，作为挡水、挡土的临时性围墙，用于较深坑槽、地下管道的施工。

（5）试验桩：为了确定所打桩能否达到设计要求（即满足承载力要求）对单桩做的荷载试验，以提供在同条件情况下打桩的基本参数的桩。

3.1.4.2 预制钢筋混凝土桩

（1）钢筋混凝土方桩：多指用钢筋和混凝土浇制成截面为方形的桩。

（2）钢筋混凝土管桩：用钢筋和混凝土浇制而成的管状桩，因大多采用离心法工艺生产管桩，亦称离心管桩。

（3）钢筋混凝土板桩：钢筋和混凝土浇制成断面宽度大于厚度的板形桩，一般作为永久性的挡土结构。

（4）桩尖虚体积：在计算桩体积时，其桩尖是按长度乘以桩身断面面积并入预制混凝土桩工程量的，但它的实际体积却为四棱锥体。计算规则的计算结果与实际体积之差即为虚体积。

（5）沉桩：系指利用外加动力使桩强制沉入土中的施工过程。外加动力方式有锤击（即打桩）、压桩（即静力压桩）和振动打桩等。

（6）接桩：是指当设计要求将一根混凝土桩分成两段以上进行预制时，在桩打或压至地坪附近高度时，桩机将上桩吊起对准下桩位置，用电焊或硫磺胶泥将上、下两节桩连接的过程称为接桩。

（7）硫磺胶泥：是由硫磺、石英粉和增韧剂（聚硫橡胶）配制成的一种热塑冷硬性接桩胶结材料。

（8）送桩：是指打桩机不能继续将桩打入地面以下设计位置，而在尚未打入土中的桩顶上放一个送桩器，让桩锤将送桩器冲入土中，将桩送入地下设计深度。

（9）截桩：当打桩结束后，桩顶标高高于设计要求许多，需要采用各种手段将混凝土桩在适当的部位截断，这个截断的过程称为截桩。

（10）凿桩头：一般设计都会将桩的钢筋弯在桩承台（或基础）中，并与桩承台（或基础）的钢筋焊在一起，这就需要将露出坑底的桩头混凝土凿碎露出钢筋，这个过程称凿桩头。凿桩头与截桩的区别在于露出坑底的桩的长和短，长者为截桩，短者为凿桩头。

3.1.4.3　混凝土灌注桩

（1）灌注桩：是指用某种方式成孔后，直接将混凝土（有时加钢筋笼）注入桩孔内经振动而成的桩。一般可分冲击振动灌注桩、振动灌注桩、钻孔灌注桩、挖孔灌注桩和爆扩灌注桩等。

（2）扩大桩：一种形如蒜锤，端头增大，靠端头与持力层接触面来抵御上部荷载的混凝土灌注桩。

（3）单打：是指沉管灌注混凝土后充盈系数达到规范要求的灌注桩。

（4）复打：是指在土质不好的情况下，沉灌混凝土后，由于充盈系数小于规范要求须再次沉管灌注混凝土，以保证桩的截面达到设计要求，复打的混凝土量就是另加的设计夯扩混凝土体积。

（5）充盈系数：是指在灌注混凝土时实际混凝土体积与按设计桩身直径计算体积之比。

（6）活瓣桩尖：这种桩尖形似未开放的花苞，在打桩之前，这种桩尖被安装在钢管下端，同时被沉入地面以下，其作用为减小钢管下沉的阻力。当灌注混凝土时这种桩尖的花瓣因钢管提升而自动张开，连同钢管随灌混凝土随振捣随提升。

（7）钢筋笼：系指按设计桩截面尺寸和长度制作的桩的钢筋骨架。

3.1.4.4　其他桩

（1）砂桩：系指用打桩机将钢管打入土中成孔，拔出桩管填砂捣实，或在桩管中灌砂，边拔管边振动，使砂留于桩孔中形成密实的砂桩。

（2）灰土挤密桩：也称灰土桩。是将钢管打入土中，将管拔出后，在形成的桩孔中填灌2：8或3：7（灰土的体积比）灰土夯筑而成的桩。

（3）旋喷桩：以高压旋转的喷嘴将水泥浆喷入土层与土体混合，形成连续搭接的水泥加固桩体。

（4）喷粉桩：是采用粉体状固化剂来进行软弱地基搅拌处理形成密实的加固土桩。

3.1.4.5　地基与边坡处理

（1）地下连续墙：利用各种挖槽机械，借助于泥浆的护壁作用，在地下挖出窄而深的沟槽，在槽内设置钢筋笼，采用导管法在泥浆中浇筑混凝土，筑成一单元墙段，依次顺序施工，以某种接头方法连接成的一道具有防渗（水）、挡土和承重功能的连续地下钢筋混凝土墙。

（2）地基强夯：利用重锤自由下落时的冲击能来夯实浅层填土地基，使表面形成一层较为均匀的硬层来承受上部载荷。工艺与重锤夯实地基类同，但锤重与落距要远大于重锤夯实地基。

（3）夯击能量：是指地基落锤夯实的能量。主要设备为夯锤和起重机械（包括钢索、吊钩等）。夯锤重量一般为 1.5～3t，锤底直径一般为 1.13～1.5m。锤重和底面积关系应符合锤重在底面上的单位静压力为 0.15～0.2kg/cm²。

（4）锚杆支护：是把锚杆安装在巷道、山体、边坡的岩体中，使层状的、软质的岩体以不同的形态得到加固，形成完整的支护结构，提供一定的支护抗力，共同阻抗其外部岩体的位移和变形。

（5）土钉支护：由于土钉一般是通过钻孔、插筋、注浆来完成的，也被岩土工程界称为砂浆锚杆，土钉支护也被称为锚钉支护或喷锚网支护。

3.2 工程量计算规范与计价规则相关规定

地基处理与桩基工程分为地基处理与边坡支护工程及桩基工程两部分。地基处理与边坡支护工程工程量清单分为地基处理及基坑与边坡支护两个分部工程，适用于地基与边坡的处理、加固。桩基工程工程量清单分为打桩和灌注桩两个分部工程，适用于桩基础工程。

工程量计算规范与计价规则相关规定共性问题的说明：

（1）项目特征中的桩长应包括桩尖，空桩长度＝孔深－桩长，孔深为自然地面至设计桩底的深度。

（2）项目特征中的桩截面（桩径）、混凝土强度等级、桩类型等可直接用标准图代号或设计桩型进行描述。

（3）混凝土种类是指清水混凝土、彩色混凝土等，如同时使用商品混凝土和现场搅拌混凝土也应注明。

（4）复合地基的检测和桩基础的承载力检测、桩身完整性检测等费用按国家相关取费标准单独计算，不在清单项目中。

（5）地层情况按规范土壤及岩石分类表的规定，结合工程勘察报告的岩土厚度所占比例进行描述。对无法准确描述的地层情况，可注明由投标人根据岩土工程勘察报告自行决定报价。

（6）各种桩（除预制钢筋混凝土桩）的充盈量应包括在报价内。

（7）振动沉管、锤击沉管若使用预制钢筋混凝土桩尖时，应包括在报价内。

（8）爆扩桩扩大头的混凝土量应包括在报价内。

（9）桩的钢筋制作、安装（如：预制桩和灌注桩的钢筋笼、地下连续墙和喷射混凝土的钢筋网及咬合灌注桩的钢筋笼及预制桩头钢筋等）应按混凝土及钢筋混凝土有关项目编码列项。

3.2.1 地基处理（编码：010201）

《房屋建筑与装饰工程工程量计算规范》GB 50854—2013 附录 B.1 地基处理包括换填垫层、铺设土工合成材料、预压地基、强夯地基、振冲密实（不填料）、振冲桩（填料）、砂石桩、水泥粉煤灰碎石桩、深层搅拌桩、粉喷桩、夯实水泥土桩、高压喷射注浆桩、石灰桩、灰土（土）挤密桩、柱锤冲扩桩、注浆地基和褥垫层清单项目，见表 3-2。

地基处理（编码：010201）　　　　　　表 3-2

项目编码	项目名称	项目特征	计量单位	工程量计算规则	工程内容
010201001	换填垫层	①材料种类及配比 ②压实系数 ③掺加剂品种	m³	按设计图示尺寸以体积计算	①分层铺填 ②碾压、振密或夯实 ③材料运输
010201002	铺设土工合成材料	①部位 ②品种 ③规格		按设计图示尺寸以面积计算	①挖填锚固沟 ②铺设 ③固定 ④运输
010201003	预压地基	①排水竖井种类、断面尺寸、排列方式、间距、深度 ②预压方法 ③预压荷载、时间 ④砂垫层厚度	m²	按设计图示处理范围以面积计算	①设置排水竖井、盲沟、滤水管 ②铺设砂垫层、密封膜 ③堆载、卸载或抽气设备安拆、抽真空 ④材料运输
010201004	强夯地基	①夯击能量 ②夯击遍数 ③夯击点布置形式、间距 ④地耐力要求 ⑤夯填材料种类			①铺设夯填材料 ②强夯 ③夯填材料运输
010201005	振冲密实（不填料）	①地层情况 ②振密深度 ③孔距			①振冲加密 ②泥浆运输
010201006	振冲桩（填料）	①地层情况 ②空桩长度、桩长 ③桩径 ④填充材料种类	m/m³	①以米计量，按设计图示尺寸以桩长计算 ②以立方米计量，按设计桩截面乘以桩长以体积计算	①振冲成孔、填料、振实 ②材料运输 ③泥浆运输
010201007	砂石桩	①地层情况 ②空桩长度、桩长 ③桩径 ④成孔方法 ⑤材料种类、级配		①以米计量，按设计图示尺寸以桩长（包括桩尖）计算 ②以立方米计量，按设计桩截面乘以桩长（包括桩尖）以体积计算	①成孔 ②填充、振实 ③材料运输
010201008	水泥粉煤灰碎石桩	①地层情况 ②空桩长度、桩长 ③桩径 ④成孔方法 ⑤混合料强度等级		按设计图示尺寸以桩长（包括桩尖）计算	①成孔 ②混合料制作、灌注、养护 ③材料运输
010201009	深层搅拌桩	①地层情况 ②空桩长度、桩长 ③桩截面尺寸 ④水泥强度等级、掺量	m	按设计图示尺寸以桩长计算	①预搅下钻、水泥浆制作、喷浆搅拌提升成桩 ②材料运输
010201010	粉喷桩	①地层情况 ②空桩长度、桩长 ③桩径 ④粉体种类、掺量 ⑤水泥强度等级、石灰粉要求			①预搅下钻、喷粉搅拌提升成桩 ②材料运输

续表

项目编码	项目名称	项目特征	计量单位	工程量计算规则	工程内容
010201011	夯实水泥土桩	①地层情况 ②空桩长度、桩长 ③桩径 ④成孔方法 ⑤水泥强度等级 ⑥混合料配比	m	按设计图示尺寸以桩长(包括桩尖)计算	①成孔、夯底 ②水泥土拌合、填料、夯实 ③材料运输
010201012	高压喷射注浆桩	①地层情况 ②空桩长度、桩长 ③桩截面 ④注浆类型、方法 ⑤水泥强度等级		按设计图示尺寸以桩长计算	①成孔 ②水泥浆制作、高压喷射注浆 ③材料运输
010201013	石灰桩	①地层情况 ②空桩长度、桩长 ③桩径 ④成孔方法 ⑤掺和料种类、配合比		按设计图示尺寸以桩长(包括桩尖)计算	①成孔 ②混合料制作、运输、夯填
010201014	灰土(土)挤密桩	①地层情况 ②空桩长度、桩长 ③桩径 ④成孔方法 ⑤灰土级配			①成孔 ②灰土拌和、运输、填充、夯实
010201015	柱锤冲扩桩	①地层情况 ②空桩长度、桩长 ③桩径 ④成孔方法 ⑤桩体材料种类、配合比		按设计图示尺寸以桩长计算	①安、拔套管 ②冲孔、填料、夯实 ③桩体材料制作、运输
010201016	注浆地基	①地层情况 ②空钻深度、注浆深度 ③注浆间距 ④浆液种类及配比 ⑤注浆方法 ⑥水泥强度等级	m/m³	①以米计量,按设计图示尺寸以钻孔深度计算 ②以立方米计量,按设计图示尺寸以加固体积计算	①成孔 ②注浆导管制作、安装 ③浆液制作、压浆 ④材料运输
010201017	褥垫层	①厚度 ②材料品种及比例	m²/m³	①以平方米计量,按设计图示尺寸以铺设面积计算 ②以立方米计量,按设计图示尺寸以体积计算	材料拌合、运输、铺设、压实

3.2.1.1 地基强夯

"地基强夯"项目,当设计无夯击能量、夯点数量及夯击次数要求时,应按地耐力要求编码列项。

3.2.1.2 砂石桩

"砂石桩"项目适用于各种成孔方式(振动沉管、锤击沉管等)的砂石灌注桩。砂石桩的砂石级配、密实系数均应包括在报价内。

3.2.1.3 灰土（土）挤密桩

"挤密桩"项目适用于各种成孔方式的灰土（土）、石灰等挤密桩。挤密桩的灰土（土）级配、密实系数均应包括在报价内。

3.2.1.4 高压喷射注浆桩

"高压喷射注浆桩"项目适用于以水泥为主，化学材料为辅的水泥浆旋喷桩。高压喷射注浆类型包括旋喷、摆喷、定喷，高压喷射注浆方法包括单管法、双重管法、三重管法。

3.2.1.5 粉喷桩

"粉喷桩"项目适用于水泥、生石灰粉等喷粉桩。

3.2.1.6 褥垫层

褥垫层是 CFG 复合地基中解决地基不均匀的一种方法。如建筑物一边在岩石地基上，一边在黏土地基上时，采用在岩石地基上加褥垫层（级配砂石）来解决。褥垫层厚度可取 200~300mm。其材料可选用中砂、粗砂、级配砂石等，最大粒径不宜大于 20mm。

3.2.1.7 其他说明

（1）如采用泥浆护壁成孔，工作内容包括土方、废泥浆外运，如采用沉管灌注成孔，工作内容包括桩尖制作、安装。

（2）弃土（不含泥浆）清理、运输按余方弃置项目编码列项。

3.2.2 基坑与边坡支护（编码：010202）

《房屋建筑与装饰工程工程量计算规范》GB 50854—2013 附录 B.2 基坑与边坡支护包括地下连续墙、咬合灌注桩、圆木桩、预制钢筋混凝土板桩、型钢桩、钢板桩、锚杆（锚索）、土钉、喷射混凝土水泥砂浆、钢筋混凝土支撑和钢支撑清单项目，见表 3-3。

基坑与边坡支护（编码：010202）　　　　　　　　表 3-3

项目编码	项目名称	项目特征	计量单位	工程量计算规则	工程内容
010202001	地下连续墙	①地层情况 ②导墙类型、截面 ③墙体厚度 ④成槽深度 ⑤混凝土种类、强度等级 ⑥接头形式	m³	按设计图示墙中心线长乘以厚度乘以槽深以体积计算	①导墙挖填、制作、安装、拆除 ②挖土成槽、固壁、清底置换 ③混凝土制作、运输、灌注、养护 ④接头处理 ⑤土方、废泥浆外运 ⑥打桩场地硬化及泥浆池、泥浆沟
010202002	咬合灌注桩	①地层情况 ②桩长 ③桩径 ④混凝土种类、强度等级 ⑤部位	m/根	①以米计量，按设计图示尺寸以桩长计算 ②以根计量，按设计图示数量计算	①成孔、固壁 ②混凝土制作、运输、灌注、养护 ③套管压拔 ④土方、废泥浆外运 ⑤打桩场地硬化及泥浆池、泥浆沟

续表

项目编码	项目名称	项目特征	计量单位	工程量计算规则	工程内容
010202003	圆木桩	①地层情况 ②桩长 ③材质 ④尾径 ⑤桩倾斜度	m/根	①以米计量,按设计图示尺寸以桩长(包括桩尖)计算 ②以根计量,按设计图示数量计算	①工作平台搭拆 ②桩机竖拆、移位 ③桩靴安装 ④沉桩
010202004	预制钢筋混凝土板桩	①地层情况 ②送桩深度、桩长 ③桩截面 ④沉桩方法 ⑤连接方式 ⑥混凝土强度等级			①工作平台搭拆 ②桩机移位 ③沉桩 ④板桩连接
010202005	型钢桩	①地层情况或部位 ②送桩深度、桩长 ③规格型号 ④桩倾斜度 ⑤防护材料种类 ⑥是否拔出	t/根	①以吨计量,按设计图示尺寸以质量计算 ②以根计量,按设计图示数量计算	①工作平台搭拆 ②桩机移位 ③打(拔)桩 ④接桩 ⑤刷防护材料
010202006	钢板桩	①地层情况 ②桩长 ③板桩厚度	t/m²	①以吨计量,按设计图示尺寸以质量计算 ②以平方米计量,按设计图示墙中心线长乘以桩长以面积计算	①工作平台搭拆 ②桩机移位 ③打拔钢板桩
010202007	锚杆(锚索)	①地层情况 ②锚杆(索)类型、部位 ③钻孔深度 ④钻孔直径 ⑤杆体材料品种、规格、数量 ⑥预应力 ⑦浆液种类、强度等级	m/根	①以米计量,按设计图示尺寸以钻孔深度计算 ②以根计量,按设计图示数量计算	①钻孔、浆液制作、运输、压浆 ②锚杆(锚索)制作、安装 ③张拉锚固 ④锚杆(锚索)施工平台搭设、拆除
010202008	土钉	①地层情况 ②钻孔深度 ③钻孔直径 ④置入方法 ⑤杆体材料品种、规格、数量 ⑥浆液种类、强度等级			①钻孔、浆液制作、运输、压浆 ②土钉制作、安装 ③土钉施工平台搭设、拆除
010202009	喷射混凝土、水泥砂浆	①部位 ②厚度 ③材料种类 ④混凝土(砂浆)类别、强度等级	m²	按设计图示尺寸以面积计算	①修整边坡 ②混凝土(砂浆)制作、运输、喷射、养护 ③钻排水孔、安装排水管 ④喷射施工平台搭设、拆除

续表

项目编码	项目名称	项目特征	计量单位	工程量计算规则	工程内容
010202010	钢筋混凝土支撑	①部位 ②混凝土种类 ③混凝土强度等级	m³	按设计图示尺寸以体积计算	①模板（支架或支撑）制作、安装、拆除、堆放、运输及清理模内杂物、刷隔离剂等 ②混凝土制作、运输、浇筑、振捣、养护
010202011	钢支撑	①部位 ②钢材品种、规格 ③探伤要求	t	按设计图示尺寸以质量计算。不扣除孔眼质量，焊条、铆钉、螺栓等不另增加质量	①支撑、铁件制作（摊销、租赁） ②支撑、铁件安装 ③探伤 ④刷漆 ⑤拆除 ⑥运输

3.2.2.1 地下连续墙

"地下连续墙"项目适用于各种导墙施工的复合型地下连续墙工程。

3.2.2.2 预制钢筋混凝土板桩

打钢筋混凝土预制板桩是指留滞原位（即不拔出）的板桩。

3.2.2.3 锚杆支护

"锚杆支护"项目适用于岩石高削坡混凝土支护挡土墙和风化岩石混凝土、砂浆护坡。其他锚杆是指不施加预应力的土层锚杆和岩石锚杆。钻孔、布筋、锚杆安装、灌浆、张拉等搭设的脚手架，应列入措施项目清单中。

3.2.2.4 土钉支护

"土钉支护"项目适用于土层的锚固，置入方法包括钻孔置入、打入或射入等。措施项目应列入措施项目清单中，其他事项同锚杆支护规定。

3.2.2.5 其他说明

（1）基坑与边坡的检测、变形观测等费用按国家相关取费标准单独计算，不在清单项目中。

（2）未列的基坑与边坡支护的排桩按桩基工程相关项目编码列项。水泥土墙、坑内加固按地基与边坡支护工程相关项目编码列项。砖、石挡土墙、护坡按砌筑工程相关项目编码列项。混凝土挡土墙按混凝土及钢筋混凝土工程相关项目编码列项。弃土（不含泥浆）清理、运输按余方弃置项目编码列项。

3.2.3 打桩（编码：010301）

《房屋建筑与装饰工程工程量计算规范》GB 50854—2013 附录C.1打桩包括预制钢筋混凝土方桩、预制钢筋混凝土管桩、钢管桩和截（凿）桩头清单项目，见表3-4。

3.2.3.1 预制钢筋混凝土桩

（1）打试验桩和打斜桩应按相应项目编码单独列项，并应在项目特征中注明试验桩或斜桩（斜率）。

（2）打桩项目包括成品桩购置费，如果用现场预制桩，应包括现场预制的所有费用。

打桩（编码：010301） 表3-4

项目编码	项目名称	项目特征	计量单位	工程量计算规则	工程内容
010301001	预制钢筋混凝土方桩	①地层情况 ②送桩深度、桩长 ③桩截面 ④桩倾斜度 ⑤沉桩方法 ⑥接桩方式 ⑦混凝土强度等级	m/m³/根	①以米计量，按设计图示尺寸以桩长（包括桩尖）计算	①工作平台搭拆 ②桩机竖拆、移位 ③沉桩 ④接桩 ⑤送桩
010301002	预制钢筋混凝土管桩	①地层情况 ②送桩深度、桩长 ③桩外径、壁厚 ④桩倾斜度 ⑤沉桩方法 ⑥桩尖类型 ⑦混凝土强度等级 ⑧填充材料种类 ⑨防护材料种类		②以立方米计量，按设计图示截面积乘以桩长（包括桩尖）以实体积计算 ③以根计量，按设计图示数量计算	①工作平台搭拆 ②桩机竖拆、移位 ③沉桩 ④接桩 ⑤送桩 ⑥桩尖制作安装 ⑦填充材料、刷防护材料
010301003	钢管桩	①地层情况 ②送桩深度、桩长 ③材质 ④管径、壁厚 ⑤桩倾斜度 ⑥沉桩方法 ⑦填充材料种类 ⑧防护材料种类	t/根	①以吨计量，按设计图示尺寸以质量计算 ②以根计量，按设计图示数量计算	①工作平台搭拆 ②桩机竖拆、移位 ③沉桩 ④接桩 ⑤送桩 ⑥切割钢管、精割盖帽 ⑦管内取土 ⑧填充材料、刷防护材料
010301004	截（凿）桩头	①桩类型 ②桩头截面、高度 ③混凝土强度等级 ④有无钢筋	m³/根	①以立方米计量，按设计桩截面乘以桩头长度以体积计算 ②以根计量，按设计图示数量计算	①截（切割）桩头 ②凿平 ③废料外运

（3）试桩与打桩之间间歇时间，机械在现场的停滞，应包括在打试桩报价内。

（4）预制桩刷防护材料应包括在报价内。

（5）预制钢筋混凝土管桩桩顶与承台的连接构造按混凝土与钢筋混凝土工程相关项目列项。

3.2.3.2 截（凿）桩头

截（凿）桩头项目适用于各种混凝土桩的桩头截（凿），其内容包括剔打混凝土、钢筋清理、调直弯钩，以及清运弃渣、桩头。

3.2.4 灌注桩（编码：010302）

《房屋建筑与装饰工程工程量计算规范》GB 50854—2013 附录C.2灌注桩包括泥浆护壁成孔灌注桩、沉管灌注桩、干作业成孔灌注桩、挖孔桩土（石）方、人工挖孔灌注桩、钻孔压浆桩和灌注桩后压浆清单项目，见表3-5。

灌注桩（编码：010302） 表 3-5

项目编码	项目名称	项目特征	计量单位	工程量计算规则	工程内容
010302001	泥浆护壁成孔灌注桩	①地层情况 ②空桩长度、桩长 ③桩径 ④成孔方法 ⑤护筒类型、长度 ⑥混凝土种类、强度等级	m/m³/根	①以米计量，按设计图示尺寸以桩长（包括桩尖）计算 ②以立方米计量，按不同截面在桩上范围内以体积计算 ③以根计量，按设计图示数量计算	①护筒埋设 ②成孔、固壁 ③混凝土制作、运输、灌注、养护 ④土方、废泥浆外运 ⑤打桩场地硬化及泥浆池、泥浆沟
010302002	沉管灌注桩	①地层情况 ②空桩长度、桩长 ③复打长度 ④桩径 ⑤沉管方法 ⑥桩尖类型 ⑦混凝土类别、强度等级			①打（沉）拔钢管 ②桩尖制作、安装 ③混凝土制作、运输、灌注、养护
010302003	干作业成孔灌注桩	①地层情况 ②空桩长度、桩长 ③桩径 ④扩孔直径、高度 ⑤成孔方法 ⑥混凝土类别、强度等级			①成孔、扩孔 ②混凝土制作、运输、灌注、振捣、养护
010302004	挖孔桩土（石）方	①地层情况 ②挖孔深度 ③弃土（石）运距	m³	按设计图示尺寸（含护壁）截面积乘以挖孔深度以立方米计算	①排地表水 ②挖土、凿石 ③基底钎探 ④运输
010302005	人工挖孔灌注桩	①桩芯长度 ②桩芯直径、扩底直径、扩底高度 ③护壁厚度、高度 ④护壁混凝土种类、强度等级 ⑤桩芯混凝土种类、强度等级	m³/根	①以立方米计量，按桩芯混凝土体积计算 ②以根计量，按设计图示数量计算	①护壁制作 ②混凝土制作、运输、灌注、振捣、养护
010302006	钻孔压浆桩	①地层情况 ②空钻长度、桩长 ③钻孔直径 ④水泥强度等级	m/根	①以米计量，按设计图示尺寸以桩长计算 ②以根计量，按设计图示数量计算	钻孔、下注浆管、投放骨料、浆液制作、运输、压浆
010302007	灌注桩后压浆	①注浆导管材料、规格 ②注浆导管长度 ③单孔注浆量 ④水泥强度等级	孔	按设计图示以注浆孔数计算	①注浆导管制作、安装 ②浆液制作、运输、压浆

3.2.4.1　泥浆护壁成孔灌注桩

泥浆护壁成孔灌注桩是指在泥浆护壁条件下成孔，采用水下灌注混凝土的桩。其成孔方法包括冲击钻成孔、冲抓锥成孔、回旋钻成孔、潜水钻成孔、泥浆护壁的旋挖成孔等。

3.2.4.2　沉管灌注桩

沉管灌注桩又称为打拔管灌注桩。它是利用沉桩设备，将钢管沉入土中，形成桩孔，然后放入钢筋骨架并浇筑混凝土，随之拔出套管，利用拔管时的振动将混凝土捣实，便形成所需要的灌注桩。沉管灌注桩的沉管方法包括捶击沉管法、振动沉管法、振动冲击沉管法、内夯沉管法等。

3.2.4.3　干作业成孔灌注桩

干作业成孔灌注桩是指在不用泥浆护壁和套管护壁的情况下，用钻机成孔后，下钢筋笼，灌注混凝土的桩，适用于地下水位以上的土层使用。其成孔方法包括螺旋钻成孔、螺旋钻成孔扩底、干作业的旋挖成孔等。

3.3　配套定额相关规定

3.3.1　定额说明

3.3.1.1　配套定额的一般规定

（1）单位工程的桩基础工程量在表 3-6 数量以内时，相应定额人工、机械乘以小型工程系数 1.05。

小型工程系数表　　　　　　　　　　　　　　　　　　　　　表 3-6

项　　　目	单位工程的工程量
预制钢筋混凝土桩	100m³
灌注桩	60m³
钢工具桩	50t

（2）打桩工程按陆地打垂直桩编制。设计要求打斜桩时，若斜度小于 1∶6，相应定额人工、机械乘以系数 1.25；若斜度大于 1∶6，相应定额人工、机械乘以系数 1.43。斜度是指在竖直方向上，每单位长度所偏离竖直方向的水平距离。预制混凝土桩，在桩位半径 15m 范围内的移动、起吊和就位，已包括在打桩子目内。超过 15m 时的场内运输，按定额构件运输 1km 以内子目的相应规定计算。

（3）桩间补桩或在强夯后的地基上打桩时，相应定额人工、机械乘以系数 1.15。

（4）打试验桩时，相应定额人工、机械乘以系数 2.0。定额不包括静测、动测的测桩项目，测桩只能计列一次，实际发生时，按合同约定价格列入。

（5）打送桩时，相应定额人工、机械乘以表 3-7 系数。

送桩深度系数表　　　　　　　　　　　　　　　　　　　　　表 3-7

送 桩 深 度	系　　数
2m 以内	1.12
4m 以内	1.25
4m 以外	1.50

预制混凝土桩的送桩深度，按设计送桩深度另加 0.50m 计算。

3.3.1.2 截桩定额说明

截桩按所截桩的根数计算，套用本章定额。截桩、凿桩头、钢筋整理应分项计算。截桩子目，不包括凿桩头和桩头钢筋整理；凿桩头子目，不包括桩头钢筋整理。凿桩头按桩体高 40d（d 为桩主筋直径，主筋直径不同时取大者）乘桩断面以立方米计算，钢筋整理按所整理的桩的根数计算。截桩长度不大于 1m 时，不扣减打桩工程量；长度大于 1m 时，其超过 1m 部分按实扣减打桩工程量，但不应扣减桩体及其场内运输工程量。成品桩体费用按双方认可的价格列入。

3.3.1.3 灌注桩定额说明

（1）灌注桩已考虑了桩体充盈部分的消耗量，其中灌注砂、石桩还包括级配密实的消耗量，不包括混凝土搅拌、钢筋制作、钻孔桩和挖孔桩的土或回旋钻机泥浆的运输、预制桩尖、凿桩头及钢筋整理等项目，但活瓣桩尖和截桩不另计算。灌注混凝土桩凿桩头，按实际凿桩头体积计算。

（2）充盈部分的消耗量是指在灌注混凝土时实际混凝土体积比按设计桩身直径计算体积大的盈余部分的体积。

3.3.1.4 深层搅拌水泥桩定额说明

深层搅拌水泥桩定额按 1 喷 2 搅施工编制，实际施工为 2 喷 4 搅时，定额人工、机械乘以系数 1.43。2 喷 2 搅、4 喷 4 搅分别按 1 喷 2 搅、2 喷 4 搅计算。高压旋喷（摆喷）水泥桩的水泥设计用量与定额不同时，可以调整。

3.3.1.5 强夯与防护工程定额说明

（1）强夯定额中每百平方米夯点数，指设计文件规定单位面积内的夯点数量。

（2）防护工程的钢筋锚杆制作安装，均按相应章节的有关规定执行。

3.3.2 工程量计算规则

3.3.2.1 钢筋混凝土桩

（1）预制钢筋混凝土桩按设计桩长（包括桩尖）乘以桩断面面积，以立方米计算。管桩的空心体积应扣除，按设计要求需加注填充材料时，填充部分另按相应规定计算。

（2）打孔灌注混凝土桩、钻孔灌注混凝土桩，按设计桩长（包括桩尖，设计要求入岩时，包括入岩深度）另加 0.5m，乘以设计桩外径（钢管箍外径）截面积，以立方米计算。

（3）夯扩成孔灌注混凝土桩，按设计桩长增加 0.3m，乘以设计桩外径截面积，另加设计夯扩混凝土体积，以立方米计算。

（4）人工挖孔灌注混凝土桩的桩壁和桩芯，分别按设计尺寸以立方米计算。

3.3.2.2 电焊接桩

电焊接桩按设计要求接桩的根数计算。硫磺胶泥接桩按桩断面面积，以平方米计算。桩头钢筋整理按所整理的桩的根数计算。

3.3.2.3 灰土桩、砂石桩、水泥桩

灰土桩、砂石桩、水泥桩，均按设计桩长（包括桩尖）乘以设计桩外径截面积，以立方米计算。

3.3.2.4　地基强夯

地基强夯区别不同夯击能量和夯点密度，按设计图示夯击范围，以平方米计算。设计无规定时，按建筑物基础外围轴线每边各加 4m 以平方米计算。

夯击击数是指强夯机械就位后，夯锤在同一夯点上下夯击的次数（落锤高度应满足设计夯击能量的要求，否则按低锤满拍计算）。

3.3.2.5　砂浆土钉防护、锚杆机钻孔防护

砂浆土钉防护、锚杆机钻孔防护（不包括锚杆），按施工组织设计规定的钻孔入土（岩）深度，以米计算。喷射混凝土护坡区分土层与岩层，按施工组织设计规定的防护范围，以平方米计算。

3.4　工程量计算主要技术资料

3.4.1　钢筋混凝土桩工程量计算

3.4.1.1　预制钢筋混凝土桩工程量计算公式

$$预制钢筋混凝土桩工程量＝设计桩总长度×桩断面面积 \tag{3-2}$$

3.4.1.2　灌注桩混凝土工程量计算公式

$$灌注桩混凝土工程量＝(L＋0.5)×\pi D^2/4 \tag{3-3}$$

或　　　　　　$$灌注桩混凝土工程量＝D^2×0.7854×(L＋增加桩长) \tag{3-4}$$

式中　L——桩长（含桩尖）；

　　　D——桩外直径。

3.4.1.3　夯扩成孔灌注桩工程量计算公式

$$夯扩成孔灌注桩工程量＝(L＋0.3)×\pi D^2/4＋夯扩混凝土体积 \tag{3-5}$$

3.4.1.4　混凝土爆扩桩

混凝土爆扩桩由桩柱和扩大头两部分组成，常用的形式如图 3-2 所示。

混凝土爆扩桩工程量计算公式

$$V=0.7854d^2(L-D)+\left(\frac{1}{6}\pi D^3\right) \tag{3-6}$$

3.4.1.5　混凝土桩壁、桩芯工程量计算

预制混凝土桩壁及现浇混凝土桩芯，如图 3-3 所示。

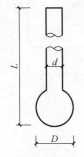

图 3-2　混凝土爆扩桩示意图

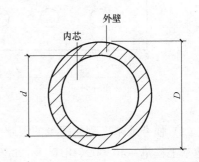

图 3-3　混凝土桩壁、桩芯工程量计算

(1) 混凝土桩壁工程量计算公式

$$混凝土桩壁工程量 = H_{桩壁} \times \pi D^2 / 4 - H_{桩芯} \times \pi d^2 / 4 \qquad (3-7)$$

(2) 混凝土桩芯工程量计算公式

$$混凝土桩芯工程量 = H_{桩芯} \times \pi d^2 / 4 \qquad (3-8)$$

3.4.1.6 钢板桩工程量计算公式

$$钢板桩工程量 = 钢板桩长 \times 单位重量 \qquad (3-9)$$

3.4.2 地基强夯工程量计算公式

3.4.2.1 夯点密度计算公式

$$夯点密度(夯点/100m^2) = 设计夯击范围内的夯点个数 / 夯击范围(m^2) \times 100 \qquad (3-10)$$

3.4.2.2 强夯工程量计算公式

$$地基强夯工程量 = 设计图示面积 \qquad (3-11)$$

或 $$地基强夯工程量 = S_{轴包} + L_{外轴} \times 4 + 4 \times 16 = S_{轴包} + L_{外轴} \times 4 + 64 (m^2) \qquad (3-12)$$

$$低锤满拍工程量 = 设计夯击范围 \qquad (3-13)$$

$$1台日 = 1台抽水机 \times 24h \qquad (3-14)$$

3.5 计量与计价实务案例

3.5.1 地基处理实务案例

【案例 3-1】 某工程强夯地基范围如图 3-4 所示。设计要求间隔夯击，先夯奇数点，再夯偶数点，间隔夯击点不大于 8m。设计击数为 10 击，分两遍夯击，第一遍 5 击，第二遍 5 击，第二遍要求低锤满拍。设计夯击能量为 400t·m，设计地耐力要求大于 100kN/m²。编制强夯地基工程量清单及清单报价。

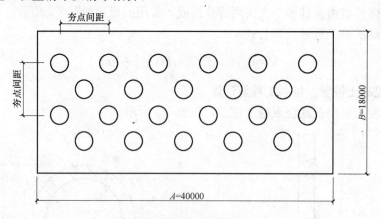

图 3-4 强夯示意图

【解】 (1) 强夯地基工程量清单的编制

强夯地基工程量 = 40.00 × 18.00 = 720.00m²

分部分项工程量清单见表 3-8。

分部分项工程量清单   表 3-8

序号	项目编号	项目名称	项目特征描述	计量单位	工程量
1	010201004001	强夯地基	①夯击能量:400t·m ②夯击遍数:2遍 ③夯点布置形式、间距:梅花点布置、间距 8m ④地耐力要求:大于 100kN/m² ⑤夯填材料种类:原土	m²	720.00

（2）强夯地基工程量清单计价表的编制

该项目发生的工程内容为：机具准备、夯击、资料记载。

夯击密度（夯点/100m²）＝设计夯击范围内的夯点个数÷夯击范围×100＝（40÷8）×（18÷8）÷720×100＝5×3÷720×100＝2夯点/100m²

设计击数 5 击工程量＝40.00×18.00×2＝1440.00m²

10 夯点以内 4 击：套定额 2-4-42；每增减 1 击：套定额 2-4-43。

低锤满拍：套定额 2-4-44。

人工、材料、机械单价选用市场价。

根据企业情况确定管理费率为 4.6%，利润率为 3.2%。

分部分项工程量清单计价表见表 3-9。

分部分项工程量清单计价表   表 3-9

序号	项目编号	项目名称	项目特征描述	计量单位	工程量	金额（元）	
						综合单价	合价
1	010201004001	强夯地基	①夯击能量:400t·m ②夯击遍数:2遍 ③夯点布置形式、间距:梅花点布置、间距 8m ④地耐力要求:大于 100kN/m² ⑤夯填材料种类:原土	m²	720.00	122.55	88236.00

【案例 3-2】 某工程在砂土中采用 42.5MP 硅酸盐水泥喷粉桩，水泥掺量为桩体的 12%，桩长 9m，桩截面直径 1000mm，共 50 根，编制工程量清单及工程量清单报价。

【解】（1）水泥喷粉桩工程量清单的编制

喷粉桩工程量＝9.00×50＝450.00m

分部分项工程量清单见表 3-10。

分部分项工程量清单   表 3-10

序号	项目编号	项目名称	项目特征描述	计量单位	工程量
1	010201010001	喷粉桩	①地层情况:一、二类土 ②桩长:9m ③桩径:1000mm ④粉体种类、掺量:硅酸盐水泥、掺量12% ⑤水泥强度等级:42.5MP	m	450.00

（2）水泥喷粉桩工程量清单计价表的编制

该项目发生的工程内容为：成孔、粉体运输、喷粉固化。

水泥喷粉桩工程量$=3.14×0.50^2×9.00×50=353.25m^3$

深层搅拌水泥桩（水泥掺量10%），套定额2-3-55。

水泥掺量每增加1%工程量$=353.25×2=706.50m^3$

水泥掺量每增加1%：套定额2-3-57。

人工、材料、机械单价选用市场价。

根据企业情况确定管理费率为5.1%，利润率为3.3%。

分部分项工程量清单计价表见表3-11。

分部分项工程量清单计价表 表3-11

序号	项目编号	项目名称	项目特征描述	计量单位	工程量	金额（元）	
						综合单价	合价
1	010201010001	喷粉桩	①地层情况：一、二类土 ②桩长：9m ③桩径：1000mm ④粉体种类、掺量：硅酸盐水泥、掺量12% ⑤水泥强度等级：42.5MP	m	450.00	128.51	57829.50

3.5.2 基坑与边坡支护实务案例

【案例3-3】 某工程基坑开挖，三类土，施工组织设计中采用土钉支护，如图3-5所示。土钉深度为2m，平均每平方米设一个，钻孔直径50mm，置入单根ϕ25螺纹钢筋，用1:1水泥砂浆注浆，C25细石混凝土，现场搅拌，喷射厚度为80mm。编制工程量清单并进行清单报价（不考虑挂钢筋网和施工平台搭拆内容）。

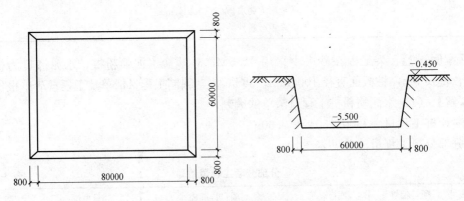

图3-5 土钉支护

【解】 （1）土钉支护工程量清单的编制

① 土钉工程量$=1447.99÷1×2.00=2895.98m$

② 喷射混凝土工程量$=(80.80+60.80)×2×\sqrt{0.8^2+(5.5-0.45)^2}=1447.99m^2$

分部分项工程量清单见表3-12。

分部分项工程量清单　　　　　　　　　　表 3-12

序号	项目编号	项目名称	项目特征描述	计量单位	工程量
1	010202008001	土钉	①地层情况：三类土 ②钻孔深度：2m ③钻孔直径：50mm ④置入方法：钻孔置入 ⑤杆体材料品种、规格、数量：单根Φ25 螺纹钢筋 ⑥浆液种类：1∶1 水泥砂浆	m	2895.98
2	010202009001	喷射混凝土	①部位：基坑边坡 ②厚度：80mm ③材料种类：细石混凝土 ④混凝土类别、强度等级：现场搅拌、C25	m²	1447.99

（2）土钉支护工程量清单计价表的编制

①土钉项目发生的工程内容为：钻孔、置入钢筋、搅拌灰浆、灌浆。

砂浆土钉（钻孔灌浆）工程量＝1447.99÷1×2.00＝2895.98m

砂浆土钉（钻孔灌浆）土层，套定额 2-5-19。

Φ25 螺纹钢筋制作、安装工程量＝2895.98×3.85＝11149.52kg＝11.15t

Φ25 螺纹钢筋制作、安装，套定额 4-1-19。

②喷射混凝土项目发生的工程内容为：混凝土搅拌、运输、喷射混凝土。

喷射混凝土护坡工程量＝$(80.80+60.80)×2×\sqrt{0.8^2+(5.5-0.45)^2}$＝1447.99m²

混凝土喷射（土层）50mm，套定额 2-5-23（混凝土含量为 0.051m³/m²）。

喷射混凝土每增 10mm 工程量＝1447.99×3＝4343.97m²

喷射混凝土每增 10mm，套定额 2-5-25（混凝土含量为 0.0102m³/m²）。

现场搅拌细石混凝土工程量＝1447.99×0.051＋4343.97×0.0102＝118.16m³

现场搅拌细石混凝土，套定额 4-4-17。

人工、材料、机械单价选用市场价。

根据企业情况确定管理费率为 3.8%，利润率为 2.8%。

分部分项工程量清单计价表见表 3-13。

分部分项工程量清单计价表　　　　　　　　　　表 3-13

序号	项目编号	项目名称	项目特征描述	计量单位	工程量	金额（元）	
						综合单价	合价
1	010202008001	土钉	①地层情况：三类土 ②钻孔深度：2m ③钻孔直径：50mm ④置入方法：钻孔置入 ⑤杆体材料品种、规格、数量：单根Φ25 螺纹钢筋 ⑥浆液种类：1∶1 水泥砂浆	m	2895.98	42.11	121949.72
2	010202009001	喷射混凝土	①部位：基坑边坡 ②厚度：80mm ③材料种类：细石混凝土 ④混凝土类别、强度等级：现场搅拌、C25	m²	1447.99	44.35	64218.36

3.5.3 打预制钢筋混凝土桩实务案例

【案例 3-4】 某工程采用钢筋混凝土方桩基础,三类土,用柴油打桩机打预制钢筋混凝土方桩 74 根,如图 3-6 所示。桩长 15m,桩断面尺寸为 300mm×300mm,混凝土强度等级为 C30,现场预制,混凝土场外运输,运距为 3km,场外集中搅拌 50m³/h。编制工程量清单及工程量清单报价。

【解】 (1) 钢筋混凝土方桩工程量清单的编制

工程量=15.00×74=1110.00m

分部分项工程量清单见表 3-14。

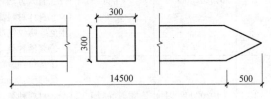

图 3-6 钢筋混凝土方桩

分部分项工程量清单　　　　　　　　　表 3-14

序号	项目编号	项目名称	项目特征描述	计量单位	工程量
1	010301001001	预制钢筋混凝土方桩	①地层情况:三类土 ②单桩长度:15m ③桩截面:300mm×300mm ④桩倾斜度:垂直 ⑤沉桩方法:柴油打桩机打桩 ⑥混凝土强度等级:C30	m	1110.00

(2) 钢筋混凝土方桩工程量清单计价表的编制

该项目发生的工程内容为:混凝土制作、运输,桩制作,打桩。

工程量=0.30×0.30×15.00×74=99.90m³<100m³(属小型工程)

预制钢筋混凝土方桩制作:套定额 4-3-1。打预制钢筋混凝土方桩(18m 以内),套定额 2-3-2。

单位工程的预制钢筋混凝土桩基础工程量在 100m³ 以内时,打桩相应定额人工、机械乘以小型工程系数 1.05。

混凝土搅拌:99.90×1.015=101.40m³

混凝土场外集中搅拌 50m³/h,套定额 4-4-1;混凝土运输 5km 以内,套定额 4-4-3。

人工、材料、机械单价选用市场价。

根据企业情况确定管理费率为 5.3%,利润率为 6.2%。

分部分项工程量清单计价表见表 3-15。

分部分项工程量清单计价表　　　　　　　　　表 3-15

序号	项目编号	项目名称	项目特征描述	计量单位	工程量	金额(元) 综合单价	合价
1	010301001001	预制钢筋混凝土方桩	①地层情况:三类土 ②单桩长度:15m ③桩截面:300mm×300mm ④桩倾斜度:垂直 ⑤沉桩方法:柴油打桩机打桩 ⑥混凝土强度等级:C30	m	1110.00	53.74	59651.40

【**案例 3-5**】 某工程压预制钢筋混凝土离心管桩，如图 3-7 所示，共 80 根，一类土，混凝土为 C30，编制工程量清单及工程量清单报价。

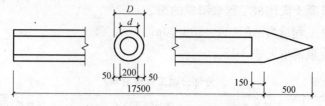

图 3-7 预制钢筋混凝土离心管桩

【**解**】 （1）预制钢筋混凝土离心管桩工程量清单的编制

预制钢筋混凝土离心管桩工程量＝80 根

分部分项工程量清单见表 3-16。

分部分项工程量清单

表 3-16

序号	项目编号	项目名称	项目特征描述	计量单位	工程量
1	010301002001	预制钢筋混凝土管桩	①地层情况:一类土 ②单桩长度:18m ③桩外径、壁厚:300mm、50mm ④沉桩方法:压入 ⑤桩倾斜度:垂直 ⑥混凝土强度等级:C30	根	80

（2）预制钢筋混凝土离心管桩工程量清单计价表的编制

该项目发生的工程内容为：压预制管桩。压预制钢筋混凝土管桩工程量＝（3.14×0.15×0.15×18.00－3.14×0.10×0.10×17.35）×80＝145.34m³＞100m³

压预制钢筋混凝土管桩（18m 以内成品）：套定额 2-3-6。

人工、材料、机械单价选用市场价。预制钢筋混凝土离心管桩暂估价 509.15 元/根。

根据企业情况确定管理费率为 5.3%，利润率为 5.2%。

分部分项工程量清单计价表见表 3-17。

分部分项工程量清单计价表

表 3-17

序号	项目编号	项目名称	项目特征描述	计量单位	工程量	金额(元)		
						综合单价	合价	其中:暂估价
1	010301002001	预制钢筋混凝土管桩	①地层情况:一类土 ②单桩长度:18m ③桩外径、壁厚:300mm,50mm ④沉桩方法:压入 ⑤桩倾斜度:垂直 ⑥混凝土强度等级:C30	根	80	1020.47	81637.60	509.15

3.5.4 现浇混凝土灌注桩实务案例

【**案例 3-6**】 某工程采用 C30 商品混凝土打入式沉管灌注桩，C30 商品混凝土单价为

280.00 元/m³，单根桩设计长度为 8m，桩截面为 ϕ800mm，共 36 根，一类土。编制工程量清单及工程量清单报价。

【解】 （1）混凝土灌注桩工程量清单的编制

混凝土灌注桩工程量为＝8×36＝288.00m

分部分项工程量清单见表 3-18。

分部分项工程量清单   表 3-18

序号	项目编号	项目名称	项目特征描述	计量单位	工程量
1	010302002001	沉管灌注桩	①地层情况：一类土 ②单桩长度：8m ③桩径：800mm ④沉管方法：打入式 ⑤混凝土种类、强度等级：商品混凝土 C30	m	288.00

（2）混凝土灌注桩工程量清单计价表的编制

该项目发生的工程内容为：成孔、灌注。

打孔灌注混凝土桩工程量＝3.14×0.40²×(8.00＋0.50)×36＝153.73m³

C30 商品混凝土单价＝280.00 元/m³

打孔灌注混凝土桩（桩长 10m 以内），套定额 2-3-17。

人工、材料、机械单价选用市场价。

混凝土制作、运输，按商品混凝土计价，人工、材料、机械已含在成品价中。

商品混凝土材料增加费＝12.20×(280.00－205.16)＝913.05 元/10m³

根据企业情况确定管理费率为 5.5%，利润率为 4.3%。

分部分项工程量清单计价表见表 3-19。

分部分项工程量清单计价表   表 3-19

序号	项目编号	项目名称	项目特征描述	计量单位	工程量	金额(元)	
						综合单价	合价
1	010302002001	沉管灌注桩	①地层情况：一类土 ②单桩长度：8m ③桩径：800mm. ④沉管方法：打入式 ⑤混凝土种类、强度等级：商品混凝土 C30	m	288.00	435.44	125406.72

【案例 3-7】 某工程为沉管灌注钢筋混凝土桩，混凝土强度等级 C25，桩径 400mm，凿桩高度 500mm，共计 180 个，人力车清运石渣，运距 50m，编制凿桩头工程量清单及清单报价。

【解】 （1）凿桩头工程量清单的编制

凿桩头工程量＝180 个

分部分项工程量清单表 3-20。

分部分项工程量清单　　　　　　　　　　　　表 3-20

序号	项目编号	项目名称	项目特征描述	计量单位	工程量
1	010301004001	凿桩头	①桩类型:灌注混凝土桩 ②桩头截面、高度:桩径 400mm,高度 500mm ③混凝土强度等级:C25 ④有无钢筋:有	个	180

（2）凿桩头工程量清单计价表的编制

该项目发生的工程内容为：凿桩头、桩头钢筋整理、废料外运。

凿桩头工程量＝$3.14 \times 0.40 \times 0.40 \times 0.50 \times 180 = 45.22 m^3$

灌注混凝土桩凿桩头，套定额 2-3-67。

桩头钢筋整理工程量＝180 根

桩头钢筋整理，套定额 2-3-68。

人力车清运石渣工程量＝$3.14 \times 0.40 \times 0.40 \times 0.50 \times 180 = 45.22 m^3$

人力车清运石渣，运距 50m，套定额 1-2-53。

人工、材料、机械单价选用市场价。

根据企业情况确定管理费率为 5.5%，利润率为 4.3%。

分部分项工程量清单计价表见表 3-21。

分部分项工程量清单计价表　　　　　　　　　　表 3-21

序号	项目编号	项目名称	项目特征描述	计量单位	工程量	综合单价	合价
1	010301004001	凿桩头	①桩类型:灌注混凝土桩 ②桩头截面、高度:桩径 400mm,高度 500mm ③混凝土强度等级:C25 ④有无钢筋:有	个	180	39.48	7106.40

【案例 3-8】　打桩机打钢管成孔钢筋混凝土灌注桩，桩长 14m，钢管外径 0.5m，桩根数为 50 根，混凝土强度等级为 C20，混凝土现场搅拌，机动翻斗车现场运输混凝土，运距 500m，一类土。编制现场灌注桩工程量清单及清单报价。

【解】　（1）混凝土灌注桩工程量清单的编制

混凝土灌注桩工程量＝$14 \times 50 = 700.00 m$

分部分项工程量清单见表 3-22。

分部分项工程量清单　　　　　　　　　　　　表 3-22

序号	项目编号	项目名称	项目特征描述	计量单位	工程量
1	010302002001	沉管灌注桩	①地层情况:一类土 ②单桩长度:14m ③桩径:500mm ④沉管方法:打入式 ⑤混凝土种类、强度等级:现场搅拌、C20	m	700.00

（2）混凝土灌注桩工程量清单计价表的编制

该项目发生的工程内容为：成孔、混凝土制作、运输、灌注。

打孔钢筋混凝土灌注桩工程量 $=3.14\div4\times0.5^2\times(14+0.5)\times50=142.28m^3>60m^3$

打孔钢筋混凝土灌注桩（15m 以内），套定额 2-3-18（混凝土含量均为 $1.22m^3/m^3$）。

混凝土现场搅拌工程量 $=142.28\times1.22=173.58m^3$

混凝土现场搅拌（基础）：套定额 4-4-15。

混凝土机动翻斗车运输：套定额 4-4-5。

人工、材料、机械单价选用市场价。

根据企业情况确定管理费率为 3.5%，利润率为 2.2%。

分部分项工程量清单计价表见表 3-23。

分部分项工程量清单计价表　　　　　　表 3-23

| 序号 | 项目编号 | 项目名称 | 项目特征描述 | 计量单位 | 工程量 | 金额（元） | |
						综合单价	合价
1	010302002001	沉管灌注桩	①地层情况：一类土 ②单桩长度：14m ③桩径：500mm ④沉管方法：打入式 ⑤混凝土种类、强度等级：现场搅拌、C20	m	700.00	123.61	86527.00

【案例 3-9】 如图 3-8 所示，计算打入式夯扩成孔灌注混凝土桩。已知共 15 根，设计桩长为 9m，直径为 500mm，底部扩大球体直径为 1000mm，混凝土强度等级为 C20，混凝土现场搅拌，机动翻斗车现场运输混凝土，运距 200m，一类土。编制工程量清单及清单报价。

【解】（1）混凝土灌注桩工程量清单的编制

混凝土灌注桩工程量 $=15$ 根

分部分项工程量清单见表 3-24。

（2）混凝土灌注桩工程量清单计价表的编制

该项目发生的工程内容为：成孔、混凝土制作、运输、灌注。

① 桩身工程量 $=3.14\times0.25\times0.25\times(9.00+0.3)\times15=27.38m^3$

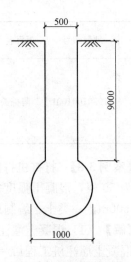

图 3-8 夯扩成孔灌注混凝土桩

分部分项工程量清单　　　　　　表 2-24

序号	项目编号	项目名称	项目特征描述	计量单位	工程量
1	010302002002	沉管灌注桩	①地层情况：一类土 ②单桩长度：9m ③桩径：500mm ④沉管方法：打入式 ⑤桩尖类型：球体直径 1000mm ⑥混凝土种类、强度等级：现场搅拌、C20	根	15

② 夯扩混凝土工程量＝3.14×0.5×0.5×0.5×4÷3×15＝7.85m³

单位工程工程量＝27.38＋7.85＝35.23m³＜60m³

混凝土灌注桩单位工程工程量小于60m³，相应定额人工、机械乘以系数1.05。

夯扩成孔灌注混凝土桩（桩身），套定额2-3-20（换）。

夯扩成孔灌注混凝土桩（夯扩混凝土），套定额2-3-21（换）。

夯扩成孔灌注混凝土桩的桩身和夯扩混凝土部分的混凝土含量均为1.22m³/m³。

混凝土现场搅拌工程量＝35.23×1.22＝42.98m³

混凝土现场搅拌（基础），套定额4-4-15。

机动翻斗车运输（运距1km），套定额4-4-5。

人工、材料、机械单价选用市场价。

根据企业情况确定管理费率为4.6%，利润率为3.2%。

分部分项工程量清单计价表见表3-25。

分部分项工程量清单计价表   表 3-25

序号	项目编号	项目名称	项目特征描述	计量单位	工程量	金额(元)	
						综合单价	合价
1	010302002002	沉管灌注桩	①地层情况：一类土 ②单桩长度：9m ③桩径：500mm ④沉管方法：打入式 ⑤桩尖类型：球体直径1000mm ⑥混凝土种类、强度等级：现场搅拌、C20	根	15	2629.37	39440.55

【**案例 3-10**】 如图3-9所示，某工程为人工挖孔灌注混凝土桩，二类土，已知桩身直径2m，深度9.9m，护壁δ＝100mm厚，C25混凝土，桩芯C20混凝土，桩数量共16根，最下面截锥体d＝2.2m，D＝2.5m，h_2＝1.3m。上面截锥体d＝2.2m，D＝2.4m，h_1＝1.0m。底段圆柱h_3＝0.4m，球缺h_4＝0.2m。混凝土场外集中搅拌，（50m³/h），混凝土运输车运输，运距4km。编制工程量清单及工程量清单报价。

【**解**】 （1）混凝土灌注桩工程量清单的编制

混凝土灌注桩工程量＝16根

分部分项工程量清单见表3-26。

（2）混凝土灌注桩工程量清单计价表的编制

该项目发生的工程内容为：成孔、混凝土制作、运输、灌注。

① 混凝土护壁的工程量：

上面 8 个截锥体＝$1.5708h_1\delta(D+d)n$＝$1.5708×1.0×0.1×(2.2+2.4)×8＝5.78m³$

下面 1 个截锥体＝$1.5708h_2\delta(D+d)n$＝$1.5708×1.3×0.1×(2.2+2.5)×1＝0.96m³$

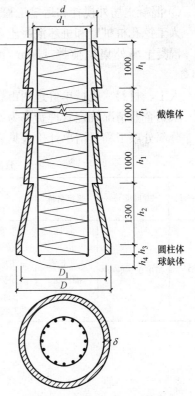

图 3-9 人工挖孔灌注混凝土桩

分部分项工程量清单 表 3-26

序号	项目编号	项目名称	项目特征描述	计量单位	工程量
1	010302005001	人工挖孔灌注桩	①单桩长度：9.9m ②桩芯直径、扩底直径、扩底高度：见图所示尺寸 ③护壁厚度、高度：见图所示尺寸 ④混凝土强度等级：桩壁 C25，桩芯 C20	根	16

圆柱护壁＝$0.7854h_3(D^2-D_1^2)=0.7854\times0.4\times(2.5^2-2.3^2)=0.30m^3$

16 根桩混凝土护壁工程量合计：$(5.78+0.96+0.30)\times16=112.64m^3$

C25 混凝土护壁，套定额 2-3-37。

② 混凝土桩芯工程量：

上面 8 段截锥体积＝$0.2618h_1(D_1^2+d_1^2+D_1d_1)n=0.2618\times1.0\times(2.2^2+2.0^2+2.2\times2.0)\times8=27.73m^3$

下面 1 段截锥体积＝$0.2618h_2(D_1^2+d_1^2+D_1d_1)n=0.2618\times1.3\times(2.3^2+2.0^2+2.3\times2.0)\times1=4.73m^3$

底段圆柱体积＝$0.7854h_3D_1^2=0.7854\times0.4\times2.3^2=1.66m^3$

底段球缺体积＝$0.5236h_4(0.75D_1^2+h_4^2)=0.5236\times0.2\times(0.75\times2.3^2+0.2^2)=0.42m^3$

16 根桩混凝土桩芯工程量合计＝$(27.73+4.73+1.66+0.42)\times16=552.64m^3$

C20 混凝土桩芯，套定额 2-3-40。

③ 混凝土场外搅拌和运输工程量＝$112.64\times1.015+552.64\times1.015=675.26m^3$

人工挖孔桩桩壁和桩芯混凝土含量均为 $1.015m^3/m^3$。

混凝土场外集中搅拌（50m³/h），套定额 4-4-1；混凝土运输（5km 以内），套定额 4-4-3。

人工、材料、机械单价选用市场价。

根据企业情况确定管理费率为 4.5%，利润率为 3.4%。

分部分项工程量清单计价表见表 3-27。

分部分项工程量清单计价表 表 3-27

序号	项目编号	项目名称	项目特征描述	计量单位	工程量	综合单价	合价
1	010302005001	人工挖孔灌注桩	①单桩长度：9.9m ②桩芯直径、扩底直径、扩底高度：见图所示尺寸 ③护壁厚度、高度：见图所示尺寸 ④混凝土强度等级：桩壁 C25，桩芯 C20	根	16	16060.09	256961.44

4 砌 筑 工 程

4.1 相关知识简介

砌筑工程就是利用砂浆对砖、石、砌块这样的砌体材料进行砌筑的工程。施工过程包括：砂浆制备，材料运输，搭设脚手架及砌体砌筑。一般的混合结构中，墙体的工程量在整个建筑中占有相当大的比重，墙体的造价约占总造价的 30%～40%。

砌体材料的优点：具有就地取材方便、保温、隔热、隔声、耐久性好、施工简单、不需大型机械等。

砌体材料的作用：在房屋结构中起围护、隔热、承重等作用。

4.1.1 砌筑材料及砌筑方法

砌体通常用块材和砂浆砌筑而成，因此砌体的强度主要取决于块材和砂浆的强度。

4.1.1.1 砌体块材

块材有天然石材（如料石、毛石）、人工制造的砖（如烧结普通砖、硅酸盐砖、烧结多孔砖）和中、小型砌块（如混凝土中型、小型空心砌块、加气混凝土中型实心砌块）等。

标准砖的规格为 240mm×115mm×53mm，空心砖、多孔砖的规格为 90mm×90mm×190mm、90mm×190mm×190mm、190mm×190mm×190mm 等，小型砌块常用规格为 390mm×190mm×190mm。砖的强度等级分 MU10、MU15、MU20、MU25、MU30；石材强度等级分 MU20、MU30、MU40 和 MU50；砌块强度等级分 MU5、MU7.5 和 MU10。对于五层及五层以上房屋，以及受震动或层高大于 6m 的墙、柱，材料最低强度等级为：砖不小于 MU10；砌块不小于 MU7.5；石材不小于 MU30；砂浆不小于 M5。

4.1.1.2 砂浆及其分类

（1）砂浆。砂浆是指由水泥、砂、水按一定比例配合而成的。有时根据需要，加入一些掺合料及外加剂，改善砂浆的某些性质。

（2）砂浆的分类。砂浆按其成分分为水泥砂浆、石灰砂浆、混合砂浆、黏土砂浆。水泥砂浆属于水硬性材料，强度高，适合砌筑处于潮湿环境下的砌体。石灰砂浆属于气硬性材料，强度不高，多用于砌筑次要建筑地面以上的砌体。混合砂浆强度较高、和易性和保水性较好，适于砌筑一般建筑地面以上的砌体。黏土砂浆强度低，用于砌筑地面以上的临时建筑砌体。

砂浆强度分为五个等级（5级），M2.5、M5、M7.5、M10、M15。

（3）砂浆的作用：

1）抹平块材表面，使荷载均匀分布、传递；

2）将各个块材黏结成一个整体；

3）填满块材间的缝隙，减少透气性。

（4）砂浆的配置与使用：

1）配制。砌筑砂浆的配合比应在施工前由试验试配确定，配料时采用各种材料的重量比。

2）使用。应随拌随用，水泥砂浆应在拌成后 3h 内用完（最高气温大于 30℃时为 2h）；水泥石灰砂浆在拌成后 4h 内用完（最高气温大于 30℃时为 3h）；对每层楼或每 250m³ 砌体中的各个强度等级砂浆，都应由每台搅拌机至少检查一次配合比，每检查一次都应分别制作至少一组（6 块）的试块；当砂浆强度等级或配合比有变化时，也应制作试块。

4.1.1.3 砖砌体的组砌形式

（1）组砌形式。砖墙的组砌形式常用的有三种：一顺一丁，三顺一丁，梅花丁，如图 4-1（a）、（b）、（c）所示。也有采用"全顺"或"全丁"的组砌方法的。空斗墙（一眠二斗）构造，如图 4-1（d）所示。

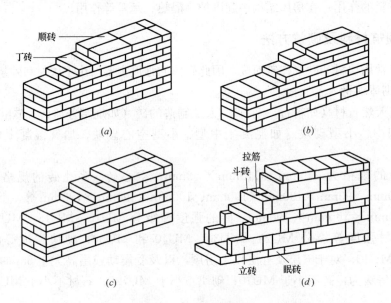

图 4-1　砖墙组砌形式

（a）一顺一丁；（b）三顺一丁；（c）梅花丁；（d）一眠二斗

（2）砖基础的组砌。基础下部放大一般称为大放脚。大放脚有两种形式：等高式和不等高式。一般都采用一顺一丁组砌。等高式是指大放脚自下而上每两皮砖收一次，每次两边各收 1/4 砖长；不等高式是大放脚自下而上两皮砖收一次与一皮砖收一次间隔，每次两边也是各收 1/4 砖长。

（3）砖柱的组砌。砖柱组砌时竖缝一定要相互错开 1/2 砖长或 1/4 砖长，要避免柱心通天缝，尽量利用二分头砖（1/4 砖），严禁采用包心组砌法。

（4）多孔砖及空心砖的组砌。对于多孔砖，孔数量多、孔小，砌筑时孔是竖直的。多孔砖的组砌方法也是一顺一丁、梅花丁或全顺或全丁砌筑。对于空心砖，孔大但数量少，砌筑时孔呈水平状态，一般可采用侧砌，上下皮竖缝相互错开1/2砖长。

（5）空斗墙的组砌。空斗墙具有节约材料，自重轻，保暖及隔声性能好的优点，也存在着整体性差，抗剪能力差，砌筑工效低等缺点。空斗墙的组砌形式有：一眠一斗，一眠两斗，一眠三斗，无眠斗墙等。

4.1.1.4　砌筑方法

砖砌体的砌筑方法有四种："三一"砌筑法，挤浆法，刮浆法，满口灰法。

（1）"三一"砌筑法。一块砖，一铲灰，一揉压。优点：灰缝容易饱满，粘结力好，墙面比较整洁，多用于实心砖砌体。

（2）挤浆法。挤浆法是用灰勺、大铲或者铺灰器在砖墙上铺一段砂浆，然后用砖在砂浆层上水平地推、挤而使砖粘结成整体，并形成灰缝。优点：一次可以连续完成几块砖的砌筑，减少动作，效率较高，而且通过平推平挤使灰缝饱满，保证了砌筑质量。

4.1.2　基础

4.1.2.1　基础的埋深

（1）室外地坪。室外地坪分自然地坪和设计地坪。自然地坪是指施工地段的现有地坪，而设计地坪是指按设计要求工程竣工后室外场地经垫起或开挖后的地坪。

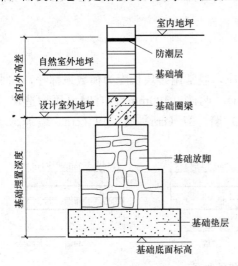

图 4-2　基础埋置深度

基础埋置深度是指设计室外地坪到基础底面的距离，如图 4-2 所示。

（2）基础的埋置深度。根据基础埋置深度的不同，基础分为浅基础和深基础。一般情况下，基础埋置深度不超过 5m 时叫浅基础；超过 5m 的叫深基础。在确定基础的埋深时，应优先选用浅基础。它的特点是：构造简单，施工方便，造价低廉且不需要特殊施工设备。只有在表层土质极弱或总荷载较大或其他特殊情况下，才选用深基础。

基础的埋置深度不能过小，应不小于 500mm。因为地基受到建筑荷载作用后可能将四周土挤走，使基础失稳，天气寒冷地基土宜遭受冻害或地面受到雨水冲刷及机械破坏而导致基础暴露，影响建筑的安全。

4.1.2.2　基础的种类

基础的类型很多：

（1）按基础的构造形式可分为独立基础、条形基础。

（2）按基础使用的建筑材料可以分为砖基础、毛石基础等。

4.1.2.3　砖基础施工

砖基础砌筑前必须用皮数杆检查垫层面标高是否合适，如果第一层砖下水平缝超过 20mm 时，应先用细石混凝土找平。当基础垫层标高不等时，应从最低处开始砌筑。砌筑时经常拉通线检查，防止位移或者同皮砖标高不等。采用一顺一丁组砌，竖缝要错开1/4

砖长，大放脚最下一皮及每层台阶的上面一皮应砌丁砖，灰缝砂浆要饱满。

当砌到防潮层标高时，应扫清砌体表面，浇水湿润后，按图纸设计要求进行防潮层施工。如果没有具体要求，可采用一毡二油，也可用 1:2.5 水泥砂浆掺水泥重 5% 的防水粉制成防水砂浆，但有抗震设防要求时，不能用油毡。

4.1.3 墙体

4.1.3.1 墙体分类

（1）按位置及方向分：内墙、外墙、纵墙、横墙。

（2）按受力情况分：承重墙、非承重墙。

（3）按材料、构造方式分：砖墙、石墙、土墙、混凝土墙及其他材料砌块墙和板材墙等。

（4）按构造方式不同分：实体墙、空体墙、组合墙。

4.1.3.2 墙的设计要求

（1）足够的强度与稳定性。

（2）必要的保温、隔热、隔声、防水、防潮和防火等性能。

（3）合理选材，合理确定构造方式以减轻自重、降低造价、保护耕地、减少环境污染等。

（4）适应工业化生产的发展。

4.1.3.3 砖墙构造

（1）砖墙厚度。砖墙厚度应与砖的规格相适应，通常用砖块长度为模数来称呼，如半砖（115mm）、一砖（240mm）、一砖半（365mm）、两砖（490mm）；有时也用构造尺寸来称呼。如 12（cm）墙、18（cm）墙、24（cm）墙、37（cm）墙、49（cm）墙等。墙厚与规格的关系，如图 4-3 所示。

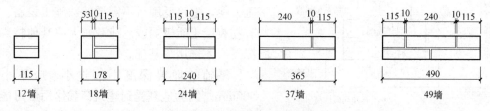

图 4-3 墙厚与规格的关系

（2）砖墙的细部构造。

1）门窗过梁。过梁是用来支撑门窗洞口上部砌体的重量以及楼板传来荷载的承重构件，并把这些荷载传给两端的窗间墙。过梁形式主要有以下三种。

① 砖砌平拱。砖砌平拱如图 4-4 所示。

② 钢筋砖过梁。钢筋砖过梁如图 4-5 所示。

③ 钢筋混凝土过梁。钢筋混凝土过梁依据其制作方法有：现浇过梁和预制过梁。过梁断面常采用：矩形、L 形（小挑口断面、大挑口断面等），如图 4-6 所示。

2）窗台。窗台做法，如图 4-7 所示。

3）勒脚。勒脚做法，如图 4-8 所示。

4）明沟与散水。明沟与散水做法，如图 4-9 所示。

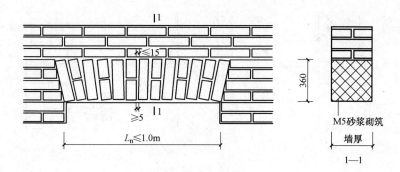

图 4-4 砖砌平拱

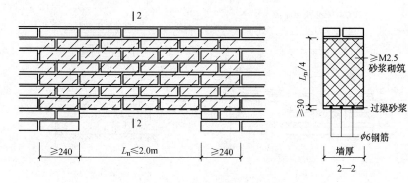

图 4-5 钢筋砖过梁

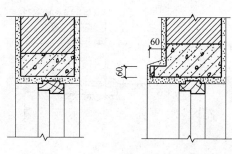

图 4-6 钢筋混凝土过梁

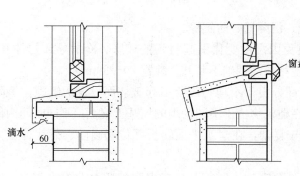
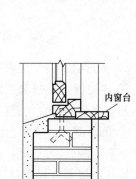

图 4-7 窗台做法

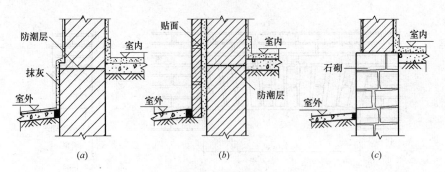

图 4-8 勒脚做法
(a) 抹灰;(b) 贴面;(c) 石材砌筑

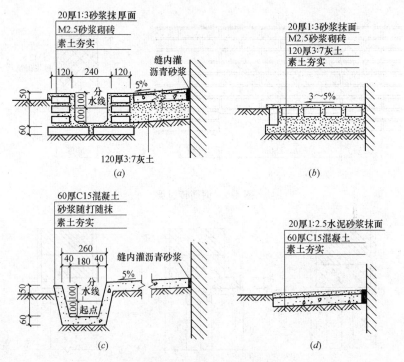

图 4-9 明沟与散水做法
(a) 砖砌明沟;(b) 砖铺散水;(c) 混凝土明沟;(d) 混凝土散水

5) 变形缝。变形缝包括伸缩缝、沉降缝、防震缝。

① 伸缩缝,又叫温度缝,为避免因温度变化引起材料的热胀、冷缩导致构件开裂,而沿建筑物竖向设置的缝隙。伸缩缝特征是基础不断开,缝宽 20~30mm。

② 沉降缝。为了防止建筑物各部分由于不均匀沉降引起破坏而设置的缝隙。沉降缝特征是基础断开。沉降缝一般设置在建筑物位于不同种类的地基土壤上;不同时间内修建的房屋各连接部位;建筑物形体比较复杂,在建筑平面转折部位和高度、荷载有很大差异处。

③ 防震缝。为了防止建筑物各部分在地震时相互撞击引起破坏而设置的缝隙。通过防震缝将建筑物划分成若干体型简单、结构刚度均匀的独立单元。对以下情况,需考虑设

置防震缝：

    A. 建筑平面复杂，有较大突出部分时。

    B. 建筑物立面高差在 6m 以上时。

    C. 建筑物有错层，且错开距离较大时。

    D. 建筑物相邻部分结构刚度、质量相差较大时。

    防震缝应沿建筑物全高设置，并用双墙使各部分结构封闭。通常基础可不分开，但对于平面复杂的建筑，或与沉降缝合并考虑时，基础也应分开。

4.1.3.4 砖墙施工

    砖墙施工工序为：抄平→放线→摆样砖→立皮数杆→砌砖→清理。

    基础砌筑完毕或每层墙体砌筑完毕均需抄平。抄平后应在基础顶面弹线，主要是弹出底层墙身边线及洞口位置。按所选定的组砌方式，在已经放线的墙基础顶面用干砖试摆。保证砌筑在门窗洞口及附墙垛等处不砍砖，并使灰缝均匀。皮数杆一般应立在墙体的转角处以及纵横墙交接处，或楼梯间、洞口多的地方。每隔 10～15m 立一根。每次开始砌砖前都应检查一遍皮数杆的垂直度和牢固程度。对于一砖墙可以单面挂线，一砖半及以上的砖墙应该里外两面挂准线。按选定的组砌形式砌砖。砌筑过程中应"三皮一吊，五皮一靠"，尽量消除误差。砖墙每天可砌筑高度不应超过 1.8m，以免影响墙体质量。当分段施工时，两个相邻工作段或临时间断处的墙体高度差，不能超过一个楼层的高度。当一个楼层的墙体施工完后，应进行墙面、柱面以及落地灰的清理工作。

4.1.3.5 空心砖及多孔砖墙施工

    多孔砖砌筑时使孔竖直，且长圆孔应顺墙方向。空心砖砌筑时孔洞呈水平方向，且砖墙底部至少砌三皮实心砖，门洞两侧各一砖长范围内也应用普通实心黏土砖砌筑。半砖厚的空心砖隔墙，当墙高度较大时，应该在墙的水平灰缝中加设 2ϕ6 钢筋或者隔一定高度砌几皮实心砖带。

4.1.3.6 中小型砌块施工

    砌块的施工工艺过程为：砌块装车，砂浆制备→地面水平运输→垂直运输→楼层水平运输→铺灰→安装砌块→就位→校正→填砖灌缝→清理。它的砌筑工艺应符合砖砌体的施工规定，还须注意一些问题：

    (1) 砌筑砂浆宜采用水泥石灰砂浆或水泥黏土砂浆，铺灰厚度应不小于 20mm，稠度 50～70mm，灰缝厚度（包括垂直、水平）8～12mm；

    (2) 尽量采用主规格砌块，采用全顺的组砌形式；

    (3) 外墙转角处，纵横墙交接处砌块应分皮咬槎，交错搭接；

    (4) 承重墙体不得采用砌块与黏土砖混合砌筑；

    (5) 从外墙转角处或定位砌块处开始砌筑，且孔洞上小下大；

    (6) 水平灰缝宜用做浆法铺浆，全部灰缝均应填铺砂浆，水平灰缝饱满度不小于 90%，竖缝饱满度不小于 60%；

    (7) 临时间断处应设置在门窗洞口处，且砌成斜槎，否则设直槎时必须采用拉结网片等构造措施；

    (8) 圈梁底部或梁端支承处，一般可先用 C15 混凝土填实砌块孔洞后砌筑；

    (9) 内墙转角、外墙转角处应按构造要求设构造芯柱；

（10）管道、沟槽、预埋件等孔洞应在砌筑时预留或预埋，不得在砌好墙后再打洞。

4.1.4 名词解释

4.1.4.1 砌筑工程

（1）砌筑工程：指采用小块建筑材料以砂浆半成品为粘结料，手工砌筑而成。如砌砖、砌石、砌块等。

（2）砖石结构：系指用胶结材料砂浆，将砖、石、砌块等砌筑成一体的结构。可用于基础、墙体、柱子、口拱、烟囱、水池等。

（3）承重砖墙：指除承受自重外，还承受梁、板和屋架的荷重的砖墙。

（4）非承重砖墙：指仅承受自重的砖墙，如框架间的填充墙、隔墙等。

（5）清水砖墙：是指砖墙砌成后，外墙面只需要勾缝，不需要外墙面装饰的砖墙体。

（6）混水砖墙：是指砖墙外表面需抹灰粉刷或贴面材料装饰的砖墙体。

（7）砖外墙：指用砖和粘结材料砌筑的用以保温、防风、挡雨的建筑物四周边的维护砖墙。

（8）砖内墙：指用以分割房间及稳定横向变形的砖墙，有承重和非承重之分。

（9）山墙：指房屋的横向墙。有内山墙和外山墙之分。山墙砌到檐口标高后，向上收砌成三角形，叫山尖。

（10）墙身：室外设计地坪至檐口之间的墙。

（11）檐高：指由室外地坪面至檐口滴水间的高度。

4.1.4.2 砌筑材料

（1）黏土砖：指以黏土为主要原料，经过成型、干燥、焙烧而成。有人工、机制和青、红砖之分，其规格为：240mm×115mm×53mm，是建筑使用的传统材料。

（2）粉煤灰砖：以粉煤灰为主要原料，掺入煤矸石粉或黏土等胶结料，经配料、成形、干燥和焙烧而成。优点是可充分利用工业废料，节约燃料。其规格与黏土砖相同。

（3）灰砂砖：指用砂（或细砂岩）和石灰为主要原料，也可加入着色剂等外加剂，压制成型，饱和蒸汽蒸压养护制成的建筑用砖。

（4）硅酸盐砖：以硅质材料和石灰为主要原料，必要时加入集料和适量石膏，压制成型，经温热处理而制成的建筑用砖。根据所用的硅质材料的不同，有灰砂砖、粉煤灰砖、煤渣砖、矿渣砖等，其规格与黏土砖相同。

（5）多孔砖：指孔洞率不小于 15%，孔的尺寸小而数量多的砖，常用于承重部位。其常用规格有：190mm×190mm×90mm、240mm×115mm×90mm、240mm×180mm×115mm。

（6）楔形砖：烟囱或水塔施工时，为防止直通缝的出现，将砖的侧面进行加工，加工后的小头宽度应不小于原来宽度的 2/3，从而形成一头大、一头小的楔形砖，简称楔形砖。

（7）砌筑砂浆：是用于砖石砌体的砂浆统称。它的主要作用是将分散的块体材料牢固地粘结成为整体，并使荷载均匀地往下传递。

（8）黏土砂浆：指用黏土和砂拌合而成的砂浆。

4.1.4.3 砖墙、柱

（1）砖砌体：用砂浆为胶结材料将砖粘结在一起形成墙体、柱体和基础等砌体。

（2）砖砌大放脚：指砖基础断面成阶梯状逐层放宽的部分，借以将墙的荷载逐层分散传递到地基上。有等高式和间歇式两种砌法。等高式每二皮砖收一次，间歇式是二皮一收和一皮一收间隔进行。

（3）砖墩：用砖砌筑的矮砖柱叫砖墩。

（4）砖柱：指按设计尺寸以砂浆为胶结材料砌筑而成的砖体。一般为方形，有240mm×240mm、370mm×370mm、490mm×490mm 的方柱。亦有圆形柱，但砖应另加工。

（5）墙柱：是突出墙面柱状部分，一直到顶，承受上部梁及屋架的荷载，并增加墙的稳定性。

（6）砖墙：墙为房屋的主要结构部件之一，在建筑物中主要起着维护和承重作用。砖墙是用砖砌筑的墙，分承重墙和非承重墙两种，此外，还有清水、混水及外墙、内墙之分。

（7）18砖墙：砌两皮半砖，旁砌一侧砖，每隔一层内外交错砌筑的方法，叫18砖墙。

（8）砖砌女儿墙：指在建筑立面和某种构造需要而砌筑的高出屋顶的砖矮墙。也是作为屋顶上的栏墙或屋顶外形处理的一种形式。

（9）防火墙：用非燃烧材料砌筑的墙叫防火墙。设在建筑物的两端，高出屋面的防火墙又称封火墙或风火墙。

（10）空斗墙：空斗墙是由平砌砖和侧砌砖相互交错砌合而成的砖墙。

（11）填充墙：填充墙亦称框架间墙，是在框架空间砌筑的非承重墙。

（12）空花砖墙：指用砖砌筑的花墙，一般用于非承重结构，如围墙的上部。

（13）隔墙：指把房屋内部分割成若干房间或空间的非承重墙。

（14）原浆勾缝：是指用砌筑砂浆进行的勾缝。

（15）砌体加固筋：指为防止建筑物的外墙侧塌和墙体不均匀下沉而在墙角和内外墙交接处墙体内设置的加固钢筋。

4.1.4.4 其他砖砌体

（1）砖平碹：指用立砖在碹胎板上水平砌筑的砖碹。

（2）钢筋砖过梁：指在砖过梁中的砖缝内配置钢筋、砂浆不低于 M5.0 的平砌过梁。

（3）砖砌挑檐：指房屋檐口处挑出的砖砌体。用以防止雨水淋入墙内。常用的砖挑檐有一层一挑、两层一挑等。

（4）砖压顶：指在露天的墙顶上用砖砌成的覆盖层叫砖压顶。为了防止雨水渗入墙身，压顶砖约挑出 60mm。

（5）烟道：指设有燃煤（或薪柴）炉灶的建筑中，常在墙内或附墙砌筑排烟通道，称为烟道。燃煤炉灶烟道的净断面积不应小于 135mm×135mm。

（6）垃圾道：在多层建筑中，为了便于清除垃圾，在墙体内设置的上下通道，每层设置垃圾门，最下端设有垃圾箱。

（7）通风道：指在民用建筑中，为使室内通风换气（或在室内的浴厕中）而在墙壁中设置的通风道。

(8) 壁龛：指建筑物室内墙体一面有洞，另一面不出现洞的砌筑，一般做小门，存放杂物。这是充分利用墙体的空间处理。

(9) 过人洞：不安装门框及门扇的墙洞叫过人洞。如进入楼梯间的外墙洞。

(10) 孔洞：在墙体中为某种需要或安装管道所留的洞口叫孔洞。

(11) 空圈：指在墙体平面中心留的既不安框，也不安扇的大于 0.3m² 的孔洞。

(12) 梁头：梁两端在墙体内的部分叫梁头。

(13) 梁垫：为使梁的荷载更加均匀地传递、增大墙体受压面积，在梁头下面垫的木块或混凝土块。

(14) 檩头：檩条端部砌在墙体内的部分体积。

(15) 垫木：垫梁头、檩头、楞木的木块或木方。

(16) 木砖：为使门窗框与墙体牢固结合，在门窗洞口两侧砖墙中安放的与砖规格相同的木质砖叫木砖。

(17) 门窗框走头：门窗框走头亦称羊角。为使木门窗与墙体牢固结合，门窗上下坎一般嵌入墙内 40~60mm 的木端头叫门窗框走头。

(18) 压顶线：指屋面和山墙砌平，或挑出一、二皮砖，用水泥砂浆抹压出的线条。

(19) 山墙泛水：为了防止山尖抹白灰受到污染，在山墙外面做出 40~60mm 的砖沿子，用水泥砂浆抹压出的线条，如图 4-10 所示。

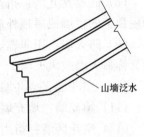
山墙泛水

图 4-10　山墙泛水

(20) 烟囱根：烟囱根部扩大部分的体积叫烟囱根。

(21) 门窗套：门窗口四周比墙面凸出 40~60mm 的沿子叫门窗套。

(22) 腰线：为增加建筑立面上的美感而设在窗台高度的装饰线条叫腰线。一般与窗台高度相同和外窗台虎头砖相连接，但也有与窗台不在一条水平线的。

(23) 窗台线：指外墙窗洞的下部挑出墙面约 60mm 的一皮砖的窗台下口线。

(24) 窗台虎头砖：建筑物的窗台用黏土砖侧砌 120mm 高，伸出外墙面约 60mm 的砖沿，叫窗台虎头砖。

4.1.4.5　零星砌体

(1) 零星砌体：指体积较小的砌筑。一般包括砖砌大小便池槽、明沟、暗沟、地板墩、垃圾箱、台阶挡墙、花台、花池等。

(2) 台阶挡墙：指台阶侧面的挡墙。

(3) 垃圾箱：供集存垃圾而设置在垃圾道底部的设施，也包括室外砖砌的垃圾箱。

(4) 花台：指台阶两侧用砖砌筑的放花用的砖砌体。

(5) 花池：指在大门两边或院内用砖砌筑的养花用的池子。

4.1.4.6　毛石砌体

(1) 毛石砌筑：是指用毛石和砂浆胶接的砌体。

(2) 毛石墙：由大小、形状不规则的石块砌筑的墙体叫毛石墙。

(3) 方整石墙：指用经加工成一定规格的石块砌筑的墙体。

(4) 浆砌毛石墙：毛石墙砌筑方法之一，一般用水泥砂浆或混合砂浆，随铺砂浆随摆砌毛石。

（5）干砌毛石墙：毛石墙砌筑方法之一，又称"干背山"做法，摆砌毛石时不铺灰浆，而是用小石片将其垫稳，在墙面勾抹灰缝后再行灌浆。

（6）勾缝：指砖石等墙面不抹灰的清水墙，为防止雨水浸入墙体内，用1：1或1：2水泥细砂浆（其砂浆内也可加颜色，变换色调以增加美感）进行的嵌缝。其形式有嵌平缝、平凹缝、斜缝、弧形缝等。另外还有用砌筑砂浆随砌随勾，叫做原浆勾缝。

4.1.4.7 构筑物

（1）化粪池：是指处理粪便，污物的特种沉淀池。常用砖、石或混凝土砌（浇）筑在地面以下。从厕所排出的粪便流进池内，其中粪便沉下并腐化，污水则流入排污管道，池中腐化后的粪便定期清除。

（2）检查井：指一种室外地下构筑物。是管道或电缆连接的部位，井口伸出地面，方便工作人员下井检查和维护。

（3）渗井：是指地面以下用以排除地面雨水、积水或管道污水的井。水流入井内后逐渐自行渗入地层。

（4）砌地垄墙：指在铺设架空式木地板时，房间较大，为减少搁栅方木挠度和充分利用小料，在房间地面下增设的搁置地板方木的矮砖墙。

（5）暖气沟：指用砖砌筑的在自然地坪下的安装供暖管道的沟道。

（6）砖地沟：指在地下用砖砌筑的沟管。沟道内放置管道、电缆等设施。长度较长，沟宽和深度均较小。

4.2 工程量计算规范与计价规则相关规定

砌筑工程的工程量清单共分四个分部工程清单项目，即砖砌体、砌块砌体、石砌体、垫层。适用于建筑物的砌筑工程。

计价规范关于砌筑工程共性问题的说明：

（1）基础与墙（柱）身使用同一种材料时，以设计室内地面为界（有地下室者，以地下室室内设计地面为界），以下为基础，以上为墙（柱）身。基础与墙身使用不同材料时，位于设计室内地面高度≤±300mm 时，以不同材料为分界线，高度＞±300mm 时，以设计室内地面为分界线。

（2）砖石围墙以设计室外地坪为界，以下为基础，以上为墙身。

（3）砖石基础垫层不包括在基础项目内，应单独列项计算。其他相关项目包括垫层铺设内容。

（4）砌体内加筋、墙体拉结的制作、安装，应按钢筋工程项目编码列项。

（5）如施工图设计标注做法见标准图集时，应注明标注图集的编码、页号及节点大样。

（6）砖砌体勾缝按装饰墙柱面抹灰工程编码列项。

4.2.1 砖砌体（编码：010401）

《房屋建筑与装饰工程工程量计算规范》GB 50854—2013 附录 D.1 砖砌体工程包括

砖基础、砖砌挖孔桩护壁、实心砖墙、多孔砖墙、空心砖墙、空斗墙、空花墙、填充墙、实心砖柱、多孔砖柱、砖检查井、零星砌砖、砖散水地坪、砖地沟明沟 14 个清单项目，见表 4-1。

砖砌体（编码：010401）　　　　　　　　　　　表 4-1

项目编码	项目名称	项目特征	计量单位	工程量计算规则	工程内容
010401001	砖基础	①砖品种、规格、强度等级 ②基础类型 ③砂浆强度等级 ④防潮层材料种类		按设计图示尺寸以体积计算	①砂浆制作、运输 ②砌砖 ③防潮层铺设 ④材料运输
010401002	砖砌挖孔桩护壁	①砖品种、规格、强度等级 ②砂浆强度等级		按设计图示尺寸以立方米计算	①砂浆制作、运输 ②砌砖 ③材料运输
010401003	实心砖墙			按设计图示尺寸以体积计算	①砂浆制作、运输 ②砌砖 ③刮缝 ④砖压顶砌筑 ⑤材料运输
010401004	多孔砖墙				
010401005	空心砖墙				
010401006	空斗墙	①砖品种、规格、强度等级 ②墙体类型 ③砂浆强度等级、配合比	m³	按设计图示尺寸以空斗墙外形体积计算。墙角、内外墙交接处、门窗洞口立边、窗台砖、屋檐处的实砌部分体积并入空斗墙体积内	
010401007	空花墙			按设计图示尺寸以空花部分外形体积计算,不扣除空洞部分体积	①砂浆制作、运输 ②砌砖 ③装填充料 ④刮缝 ⑤材料运输
010401008	填充墙	①砖品种、规格、强度等级 ②墙体类型 ③填充材料种类及厚度 ④砂浆强度等级、配合比		按设计图示尺寸以填充墙外形体积计算	
010401009	实心砖柱	①砖品种、规格、强度等级 ②柱类型 ③砂浆强度等级、配合比		按设计图示尺寸以体积计算。扣除混凝土及钢筋混凝土梁垫、梁头、板头所占体积	①砂浆制作、运输 ②砌砖 ③刮缝 ④材料运输
010401010	多孔砖柱				

项目编码	项目名称	项目特征	计量单位	工程量计算规则	工程内容
010401011	砖检查井	①井截面、深度 ②砖品种、规格、强度等级 ③垫层材料种类、厚度 ④底板厚度 ⑤井盖安装 ⑥混凝土强度等级 ⑦砂浆强度等级 ⑧防潮层材料种类	座	按设计图示数量计算	①砂浆制作、运输 ②铺设垫层 ③底板混凝土作、运输、浇筑、振捣、养护 ④砌砖 ⑤刮缝 ⑥井池底、壁抹灰 ⑦抹防潮层 ⑧材料运输
010401012	零星砌体	①零星砌砖名称、部位 ②砖品种、规格、强度等级 ③砂浆强度等级、配合比	m³/m²/m/个	①以立方米计量,按设计图示尺寸截面积乘以长度计算 ②以平方米计量,按设计图示尺寸水平投影面积计算 ③以米计量,按设计图示尺寸长度计算 ④以个计量,按设计图示数量计算	①砂浆制作、运输 ②砌砖 ③刮缝 ④材料运输
010401013	砖散水、地坪	①砖品种、规格、强度等级 ②垫层材料种类、厚度 ③散水、地坪厚度 ④面层种类、厚度 ⑤砂浆强度等级	m²	按设计图示尺寸以面积计算	①土方挖、运、填 ②地基找平、夯实 ③铺设垫层 ④砌砖散水、地坪 ⑤抹砂浆面层
010401014	砖地沟、明沟	①砖品种、规格、强度等级 ②沟截面尺寸 ③垫层材料种类、厚度 ④混凝土强度等级 ⑤砂浆强度等级	m	以米计量,按设计图示以中心线长度计算	①土方挖、运、填 ②铺设垫层 ③底板混凝土制作、运输、浇筑、振捣、养护 ④砌砖 ⑤刮缝、抹灰 ⑥材料运输

4.2.1.1 砖基础

(1) 砖基础项目适用于各种类型砖基础、柱基础、墙基础、管道基础等。对基础类型,应在工程量清单中进行描述。

(2) 计算砖基础体积时,包括附墙垛基础宽出部分体积,扣除地梁(圈梁)、构造柱所占体积,不扣除基础大放脚T形接头处的重叠部分及嵌入基础内的钢筋、铁件、管道、基础砂浆防潮层和单个面积≤0.3m²的孔洞所占体积,靠墙暖气沟的挑檐不增加。

(3) 基础长度:外墙按中心线,内墙按净长线计算。

4.2.1.2 实心、多孔、空心砖墙

(1) 实心、多孔、空心砖墙适用各种类型砖墙,可分为外墙、内墙、围墙、双面混水墙、双面清水墙、单面清水墙、直形墙、弧形墙，以及不同的墙厚，砌筑砂浆分水泥砂浆、混合砂浆及不同的强度，不同的砖强度等级，加浆勾缝、原浆勾缝等。

（2）实心、多孔、空心砖墙体积计算时，扣除门窗洞口、过人洞、空圈、嵌入墙内的钢筋混凝土柱、梁、圈梁、挑梁、过梁，凹进墙内的壁龛、管槽、暖气槽、消火栓箱所占体积。不扣除梁头、板头、檩头、垫木、木楞头、沿缘木、木砖、门窗走头、砖墙内加固钢筋、木筋、铁件、钢管，单个面积≤0.3m² 的孔洞所占的体积。凸出墙面的腰线、挑檐、压顶、窗台线、虎头砖、门窗套的体积亦不增加。凸出墙面的砖垛并入墙体体积内计算。

（3）墙长度：外墙按中心线计算，内墙按净长计算。

（4）标准砖尺寸应为 240mm×115mm×53mm，标准砖墙体厚度按表 4-2 计算。

标准砖墙墙厚　　　　　　　　表 4-2

砖数（厚度）	1/4	1/2	3/4	1	1.5	2	2.5	3
计算厚度(mm)	53	115	180	240	365	490	615	740

（5）墙高度：

1）外墙：斜（坡）屋面无檐口天棚者，算至屋面板底；有屋架，且室内外均有天棚者算至屋架下弦底另加 200mm；无天棚者算至屋架下弦底另加 300mm，出檐宽度超过 600mm 时按实砌高度计算；与钢筋混凝土楼板隔层者算至楼板顶。平屋顶算至钢筋混凝土板底。

2）内墙：位于屋架下弦者，算至屋架下弦底；无屋架者算至天棚底另加 100mm；有钢筋混凝土楼板隔层者，算至楼板顶；有框架梁时，算至梁底。

3）女儿墙：从屋面板上表面算至女儿墙顶面（如有混凝土压顶时，算至压顶下表面）。

4）内、外山墙：按其平均高度计算。

（6）框架间墙：不分内外墙按墙体净尺寸以体积计算。框架外表面的镶贴砖部分，按零星项目编码列项。

（7）围墙：高度算至压顶上表面（如有混凝土压顶时，算至压顶下表面），围墙柱并入围墙体积内。

（8）计算工程量时应注意以下几点：

1）附墙烟囱、通风道、垃圾道，应按设计图示以体积（扣除孔洞所占体积）计算，并入所附的墙体体积内。当设计规定孔洞内需抹灰时，应按装饰工程量清单项目墙柱面装饰工程 中零星抹灰项目编码列项。

2）三皮砖以下或三皮砖以上的腰线、挑檐突出墙面部分均不计算体积（与《全国统一建筑工程基础定额》不同）。

3）内墙算至楼板隔层板顶（与《全国统一建筑工程基础定额》不同）。

4）女儿墙的砖压顶、围墙的砖压顶突出墙面压顶线部分不计算体积，压顶顶面凹进墙面的部分也不扣除（包括一般围墙的抽屉檐、棱角檐、仿瓦砖檐等）。

5）墙内砖平碹、砖拱碹、砖过梁的体积不扣除，应包括在报价内。

4.2.1.3　空斗墙

（1）空斗墙，一般使用标砖砌筑，使墙体内形成许多空腔的墙体，如一斗一眠、二斗一眠、三斗一眠及无眠空斗等砌法。

（2）空斗墙项目适用于各种砌法的空斗墙。

（3）空斗墙工程量以空斗墙外形体积计算，包括墙角、内外墙交接处、门窗洞口立边、窗台砖、屋檐实砌部分的体积。空斗墙的窗间墙、窗台下、楼板下、梁头下的实砌部分应另行计算，按零星砌砖项目编码列项。

4.2.1.4　空花墙

（1）"空花墙"项目适用于各种类型空花墙。

（2）"空花部分的外形体积计算"应包括空花的外框。

（3）使用混凝土花格砌筑的空花墙，实砌墙体与混凝土花格分别计算工程量，混凝土花格按混凝土及钢筋混凝土预制其他构件编码列项。

4.2.1.5　实心、多孔砖柱

"实心、多孔砖柱"项目适用于各种类型柱，如矩形柱、异形柱、圆柱、包柱等。应注意工程量应扣除混凝土及钢筋混凝土梁垫、梁头、板头所占体积（与《全国统一建筑工程基础定额》不同）。

4.2.1.6　砖检查井

（1）"砖检查井"项目适用于各类砖砌窨井、检查井等。

（2）检查井内的爬梯按预埋铁件项目编码列项；井、池内的混凝土构件按混凝土及钢筋混凝土预制构件编码列项。

4.2.1.7　零星砌砖

"零星砌砖"项目适用于台阶、台阶挡墙、梯带、锅台、炉灶、蹲台、池槽、池槽腿、花台、花池、楼梯栏板、阳台栏板、地垄墙、屋面隔热板下的砖墩、≤0.3m² 孔洞填塞等，应按零星砌砖工程量清单项目编码列项。砖砌锅台与炉灶可按外形尺寸以个计算，砖砌台阶可按水平投影面积，以平方米计算（不包括梯带或台阶挡墙），小便槽、地垄墙可按长度计算，小型池槽、锅台、炉灶可按个计算，应按"长×宽×高"顺序标明外形尺寸。其他工程量按立方米计算。

4.2.2　砌块砌体（编码：010402）

《房屋建筑与装饰工程工程量计算规范》GB 50854—2013 附录 D.2 砌块砌体项目包括砌块墙和砌块柱两个项目，见表 4-3。

砌块砌体（编码：010402）　　　　　　　　　　　　表 4-3

项目编码	项目名称	项目特征	计量单位	工程量计算规则	工程内容
010402001	砌块墙	①砌块品种、规格、强度等级 ②墙体类型 ③砂浆强度等级	m³	按设计图示尺寸以体积计算	①砂浆制作、运输 ②砌砖、砌块 ③勾缝 ④材料运输
010402002	砌块柱	①砌块品种、规格、强度等级 ②柱体类型 ③砂浆强度等级		按设计图示尺寸以体积计算，扣除混凝土及钢筋混凝土梁垫、梁头、板头所占体积	

4.2.2.1　砌块墙

（1）"砌块墙"项目适用于各种规格的砌块砌筑的各种类型的墙体，嵌入砌块墙的实

心砖不扣除。

（2）砌块墙工程量计算时，应扣除门窗、洞口、嵌入墙内的钢筋混凝土柱、梁、圈梁、挑梁、过梁以及凹进墙内的壁龛、管槽、暖气槽、消火栓箱所占体积，不扣除梁头、板头、檩头、垫木、木楞头、沿缘木、木砖、门窗走头，砌块墙内加固钢筋、木筋、铁件、钢管以及单个面积≤0.3m² 的孔洞所占体积。凸出墙面的腰线、挑檐、压顶、窗台线、虎头砖、门窗套的体积不增加。凸出墙面的砖垛并入墙体体积内。

（3）墙长度：外墙按中心线计算，内墙按净长计算。

（4）墙高度：

1）外墙：斜（坡）屋面，无檐口天棚者算至屋面板底；有屋架，室内外均有天棚者算至屋架下弦底另加 200mm，无天棚者算至屋架下弦底另加 300mm；出檐宽度超过 600mm 时按实砌高度计算；与钢筋混凝土楼板隔层者算至楼板顶。平屋面算至钢筋混凝土板底。

2）内墙：位于屋架下弦者，算至屋架下弦底；无屋架者算至天棚底另加 100mm；有钢筋混凝土楼板隔层者算至楼板顶；有框架梁时算至梁底。

3）女儿墙：从屋面板上表面算至女儿墙顶面（如有压顶时算至压顶下表面）。

4）内、外山墙：按其平均高度计算。

（5）框架间墙：不分内外墙按墙体净尺寸以体积计算。

（6）围墙：高度算至压顶上表面（如有混凝土压顶时，算至压顶下表面），围墙柱并入围墙体积内。

4.2.2.2　砌块柱

"砌块柱"项目适用于各种类型柱（矩形柱、方柱、异形柱、圆柱、包柱等）。注意工程量计算与"基础定额"不同，要扣除混凝土及钢筋混凝土梁头、梁垫、板头所占体积，不扣除梁头、板头下局部实心砖砌体的体积。

4.2.2.3　其他注意事项

（1）砌块排列应上、下错缝搭砌，如果搭砌错缝长度满足不了规定的压搭要求，应采取压砌钢筋网片的措施，具体构造要求按设计规定。若设计无规定时，应注明由投标人根据工程实际情况自行考虑。钢筋网片按金属结构工程砌块墙钢丝网加固项目编码列项。

（2）砌体垂直灰缝宽>30mm 时，采用 C20 细石混凝土灌实。灌注的混凝土应按混凝土及钢筋混凝土工程其他构件项目编码列项。

4.2.3　石砌体（编码：010403）

《房屋建筑与装饰工程工程量计算规范》GB 50854—2013 附录 D.3 石砌体项目包括石基础、石勒脚、石墙、石挡土墙、石柱、石栏杆、石护坡、石台阶、石坡道、石地沟石明沟 10 个清单项目，见表 4-4。

石砌体（编码：010403）　　　　　　　　　　　　　　表 4-4

项目编码	项目名称	项目特征	计量单位	工程量计算规则	工程内容
010403001	石基础	①石料种类、规格 ②基础类型 ③砂浆强度等级	m³	按设计图示尺寸以体积计算	①砂浆制作、运输 ②吊装、砌石 ③防潮层铺设 ④材料运输

项目编码	项目名称	项目特征	计量单位	工程量计算规则	工程内容
010403002	石勒脚			按设计图示尺寸以体积计算，扣除单个面积>0.3m²的孔洞所占的体积	①砂浆制作、运输 ②吊装、砌石 ③石表面加工 ④勾缝 ⑤材料运输
010403003	石墙			按设计图示尺寸以体积计算	
010403004	石挡土墙	①石料种类、规格 ②石表面加工要求 ③勾缝要求 ④砂浆强度等级、配合比	m³	按设计图示尺寸以体积计算	①砂浆制作、运输 ②吊装、砌石 ③石表面加工 ④变形缝、泄水孔、压顶抹灰 ⑤滤水层 ⑥勾缝 ⑦材料运输
010403005	石柱				①砂浆制作、运输 ②吊装、砌石 ③石表面加工 ④勾缝 ⑤材料运输
010403006	石栏杆		m	按设计图示尺寸以长度计算	
010403007	石护坡	①垫层材料种类、厚度 ②石料种类、规格 ③护坡厚度、高度 ④石表面加工要求 ⑤勾缝要求 ⑥砂浆强度等级、配合比	m³	按设计图示尺寸以体积计算	①铺设垫层 ②石料加工 ③砂浆制作、运输 ④砌石 ⑤石表面加工 ⑥勾缝 ⑦材料运输
010403008	石台阶				
010403009	石坡道		m²	按设计图示尺寸以水平投影计算	
010403010	石地沟、石明沟	①沟截面尺寸 ②土壤类别、运距 ③垫层材料种类、厚度 ④石料种类、规格 ⑤石表面加工要求 ⑥勾缝要求 ⑦砂浆强度等级、配合比	m	按设计图示尺寸以中心线长度计算	①土石挖、运 ②砂浆制作、运输 ③铺设垫层 ④砌石 ⑤石表面加工 ⑥勾缝 ⑦回填 ⑧材料运输

4.2.3.1 界线划分

（1）石砌体项目适用于各种规格的条石、块石等。

（2）石基础、石勒脚、石墙的划分：基础与勒脚应以设计室外地坪为界。勒脚与墙身应以设计室内地面为界。石围墙内外地坪标高不同时，应以较低地坪标高为界，以下为基础；内外标高之差为挡土墙时，挡土墙以上为墙身。

4.2.3.2 石基础

"石基础"项目适用于各种规格（粗料石、细料石等）、各种材质（砂石、青石等）和各种类型（柱基、墙基、直形、弧形等）基础。

石基础计算体积时，应包括附墙垛基础宽出部分体积，不扣除基础砂浆防潮层及单个面积≤0.3m²的孔洞所占体积，靠墙暖气沟的挑檐不增加体积。基础长度：外墙按中心线，内墙按净长计算。

4.2.3.3 石勒脚

"石勒脚""石墙"项目适用于各种规格（粗料石、细料石等）、各种材质（砂石、青石、大理石、花岗石等）和各种类型（直形、弧形等）勒脚和墙体。

4.2.3.4 石墙

(1)"石墙"项目适用于各种规格（粗料石、细料石等）、各种材质（砂石、青石、大理石、花岗石等）和各种类型（直形、弧形等）的墙体。

(2) 石料天、地座打平、拼缝打平、打扁口等工序包括在报价内。

(3) 石表面加工分打钻路、钉麻石、剁斧、扁光等。

(4) 石墙勾缝分平缝、平圆凹缝、平凹缝、平凸缝、半圆凸缝、三角凸缝。

(5) 石墙计算工程量，应扣除门窗、洞口，嵌入墙内的钢筋混凝土柱、梁、圈梁、挑梁，过梁以及凹进墙内的壁龛、管槽、暖气槽、消火栓箱所占体积；不扣除梁头、板头、檩头、垫木、木楞头、沿缘木、木砖、门窗走头，石墙内加固钢筋、木筋、铁件、钢管及单个面积≤0.3m² 的孔洞所占体积；凸出墙面的腰线、挑檐、压顶、窗台线、虎头砖、门窗套的体积亦不增加，凸出墙面的砖垛并入墙体体积内。

(6) 墙长度：外墙按中心线，内墙按净长计算。

(7) 墙高度：

1) 外墙：斜（坡）屋面，无檐口天棚者算至屋面板底；有屋架，室内外均有天棚者算至屋架下弦底另加 200mm，无天棚者算至屋架下弦底另加 300mm；出檐宽度超过600mm 时按实砌高度计算；有钢筋混凝土楼板隔层者算至楼板顶。平屋顶，算至钢筋混凝土板底。

2) 内墙：位于屋架下弦者，算至屋架下弦底；无屋架者，算至天棚底另加 100mm；有钢筋混凝土楼板隔层者，算至楼板顶；有框架梁时，算至梁底。

3) 女儿墙：从屋面板上表面算至女儿墙顶面（如有混凝土压顶时，算至压顶下表面）。

4) 内、外山墙：按其平均高度计算。

(8) 围墙：高度算至压顶上表面（如有混凝土压顶时，算至压顶下表面），围墙柱并入围墙体积内。

4.2.3.5 石挡土墙

(1)"石挡土墙"项目适用于各种规格（粗料石、细料石、块石、毛石、卵石等）、各种材质（砂石、青石、石灰石等）和各种类型（直形、弧形、台阶形等）挡土墙。

(2) 石梯膀应按石砌体中"石挡土墙"工程量清单项目编码列项。

(3) 变形缝、泄水孔、压顶抹灰等应包括在项目内。

(4) 挡土墙若有滤水层要求的，应包括在报价内。

(5) 包括搭、拆简易起重架。

4.2.3.6 石柱

"石柱"项目适用于各种规格、各种石质、各种类型的石柱。工程量应扣除混凝土梁头、板头和梁垫所占体积。

4.2.3.7 石栏杆

"石栏杆"项目适用于无雕饰的一般石栏杆。

4.2.3.8 石护坡

"石护坡"项目适用于各种石质和各种石料（粗料石、细料石、片石、块石、毛石、卵石等）。

4.2.3.9 石台阶

"石台阶"项目包括石梯带（垂带），石梯带工程量应计算在石台阶工程量内。石梯带是指在石梯的两侧（或一侧）与石梯斜度完全一致的石梯封头的条石。但不包括石梯膀，石梯膀按石挡土墙项目编码列项。石梯膀是指石梯的两侧面形成的两直角三角形的翼墙（古建筑中称"象眼"）。石梯膀的工程量计算以石梯带下边线为斜边，与地平相交的直线为一直角边，石梯与平台相交的垂线为另一直角边，形成一个三角形，三角形面积乘以砌石的宽度为石梯膀的工程量。

4.2.4 垫层（编码：010404）

《房屋建筑与装饰工程工程量计算规范》GB 50854—2013 附录 D.4 垫层清单项目，见表4-5。

表 4-5

垫层（编码：010404）

项目编码	项目名称	项目特征	计量单位	工程量计算规则	工作内容
010404001	垫层	垫层材料种类、配合比、厚度	m^3	按设计图示尺寸以立方米计算	①垫层材料的拌制 ②垫层铺设 ③材料运输

外墙基础垫层长度按外墙中心线长度计算，内墙基础垫层长度按内墙基础垫层净长计算。除混凝土垫层应按混凝土及钢筋混凝土工程中相关项目编码列项外，没有包括垫层要求的清单项目应按本表垫层项目编码列项。

4.3 配套定额相关规定

4.3.1 定额说明

4.3.1.1 配套定额关于砌筑工程共性问题的说明

（1）砌筑砂浆的强度等级、砂浆的种类，设计与定额不同时可换算，消耗量不变。

（2）黏土砖、实心轻质砖设计采用非标准砖时可以换算，但每定额单位消耗量（块料与砂浆总体积）不变。

（3）基础与墙身以设计室内地坪为界，设计室内地坪以下为基础，以上为墙身。若基础与墙身使用不同材料，且分界线位于设计室内地坪300mm以内时，300mm以内部分并入相应墙身工程量内计算。有地下室者，以地下室室内地坪为界，以下为基础，以上为墙身。

（4）围墙以设计室外地坪为界，室外地坪以下为基础，以上为墙身。

（5）室内柱以设计室内地坪为界，以下为柱基础，以上为柱。若基础与柱身使用不同材料，且分界线位于设计室内地坪300mm以内时，300mm以内部分并入相应柱身工程量内计算。室外柱以设计室外地坪为界，以下为柱基础，以上为柱。

（6）挡土墙与基础的划分以挡土墙设计地坪标高低的一侧为界，以下为基础，以上为墙身。

（7）定额中不包括施工现场的筛砂用工。砌筑砂浆中的过筛净砂，按每立方米 0.30 工日，另行计算。以净砂体积为工程量，套补充定额 3-5-6。

4.3.1.2 砖砌体定额说明

（1）实心轻质砖包括蒸压灰砂砖、蒸压粉煤灰砖、煤渣砖、煤矸石砖、页岩烧结砖、黄河淤泥烧结砖等。

（2）砖砌体均包括原浆勾缝用工，加浆勾缝时，按装饰工程相应项目另行计算。

（3）零星项目系指小便池槽、蹲台、花台、隔热板下砖墩、石墙砖立边和虎头砖等。

（4）两砖以上砖挡土墙执行砖基础项目，两砖以内执行砖墙相应项目。

（5）设计砖砌体中的拉结钢筋，按相应章节另行计算。

（6）定额中砖规格是按 240mm×115mm×53mm 标准砖编制的，空心砖、多孔砖规格是按常用规格编制的，设计采用非标准砖、非常用规格砌筑材料，与定额不同时可以换算，但每定额单位消耗量（块料与砂浆总体积）不变。砌轻质砖子目，已掺砌了普通黏土砖或黏土多孔砖的项目，掺砌砖的种类和规格，设计与定额不同时，可以换算，掺砌砖的消耗量（块数折合体积）及其他均不变。未掺砌砖的项目，按掺砌砖的体积换算，其他不变。掺砌砖执行砖零星砌体子目。

（7）各种轻质砖综合了以下种类的砖：

1）实心轻质砖包括蒸压灰砂砖、蒸压粉煤灰砖、煤渣砖、煤矸石砖、页岩烧结砖、黄河淤泥烧结砖等。

2）多孔砖包括粉煤灰多孔砖、烧结黄河淤泥多孔砖等。

3）空心砖包括蒸压灰砂空心砖、粉煤灰空心砖、页岩空心砖、混凝土空心砖等。

（8）多孔砖包括黏土多孔砖和粉煤灰、煤矸石等轻质多孔砖。定额中列出 KP 型砖（240mm×115mm×90mm 和 178mm×115mm×90mm）和模数砖（190mm×90mm×90mm、190mm×140mm×90mm 和 190mm×190mm×90mm）两种系列规格，并考虑了不够模数部分由其他材料填充。

（9）黏土空心砖按其空隙率大小分承重型空心砖和非承重型空心砖，规格分别是 240mm×115mm×115mm、240mm×180mm×115mm、115mm×240mm×115mm 和 240mm×240mm×115mm。

（10）空心砖和空心砌块墙中的混凝土芯柱、混凝土压顶及圈梁等，按相应章节另行计算。

（11）多孔砖、空心砖和砌块，砌筑弧形墙时，人工乘以系数 1.1. 材料乘以系数 1.03。

4.3.1.3 小型构筑物定额说明

（1）砖构筑物定额包括单项及综合项目。综合项目是按国标、省标的标准做法编制，使用时对应标准图号直接套用，不再调整。设计文件与标准图做法不同时，套用单项定额。

（2）砖构筑物定额不包括土方内容，发生时按土石方相应定额执行。

（3）构筑物综合项目中的化粪池及检查井子目，按国标图集 S2 编制。凡设计采用国家标准图集的，均按定额执行，不另调整。

（4）水表池、沉砂池、检查井等室外给水排水小型构筑物，实际工程中，常依据省标图集 LS 设计和施工。凡依据省标准图集 LS 设计和施工的室外给水排水小型构筑物，均执行室外给水排水小型构筑物补充定额，不作调整。

（5）砖地沟挖土方、回填土参照土石方工程项目。

4.3.1.4 砌块定额说明

（1）小型空心砌块墙定额选用 190 系列（砌块宽 $b=190\text{mm}$），若设计选用其他系列时，可以换算。

（2）砌块墙中用于固定门窗或吊柜、窗帘盒、散热器等配件所需的灌注混凝土或预埋构件，按相应章节另行计算。

（3）砌块规格按常用规格编制的，设计采用非常用规格砌筑材料，与定额不同时可以换算，但每定额单位消耗量（块料与砂浆总体积）不变。砌块子目，已掺砌了普通黏土砖或黏土多孔砖的项目，掺砌砖的种类和规格，设计与定额不同时，可以换算，掺砌砖的消耗量（块数折合体积）及其他均不变。未掺砌砖的项目，按掺砌砖的体积换算，其他不变。掺砌砖执行砖零星砌体子目。

4.3.1.5 石砌体定额说明

（1）定额中石材按其材料加工程度，分为毛石、整毛石和方整石。使用时应根据石料名称、规格分别套用。

（2）方整石柱、墙中石材按 400mm（长）×220mm（高）×200mm（厚）规格考虑。设计不同时，可以换算。块料和砂浆的总体积不变。

（3）方整石零星砌体子目，适用于窗台、门窗洞口立边、压顶、台阶、墙面点缀石等定额未列项目的方整石的砌筑。

（4）毛石护坡高度超过 4m 时，定额人工乘以系数 1.15。

（5）砌筑弧形基础、墙时，按相应定额项目人工乘以系数 1.1。

（6）整砌毛石墙（有背里的）项目中，毛石整砌厚度为 200mm；方整石墙（有背里的）项目中，方整石整砌厚度为 220mm，定额均已考虑了拉结石和错缝搭砌。

4.3.1.6 轻质墙板定额说明

（1）轻质墙板，适用于框架、框剪结构中的内外墙或隔墙，定额按不同材质和墙体厚度分别列项。

（2）轻质条板墙，不论空心条板或实心条板，均按厂家提供墙板半成品（包括板内预埋件，配套吊挂件、U 形卡等），现场安装编制。

（3）轻质条板墙中与门窗连接的钢筋码和钢板（预埋件），定额已综合考虑，但钢柱门框、铝门框、木门框及其固定件（或连接件）按有关章节相应项目另行计算。

（4）钢丝网架水泥夹心板厚是指钢丝网架厚度，不包括抹灰厚度。括号内尺寸为保温芯材厚度。

（5）各种轻质墙板综合内容如下：

1）GRC 轻质多孔板适用于圆孔板、方孔板，其材质适用于水泥多孔板、珍珠岩多孔板、陶粒多孔板等。

2）挤压成型混凝土多孔板即 AC 板，适用于普通混凝土多孔板和粉煤灰混凝土多孔条板、陶粒混凝土多孔条板、炉碴与膨胀珍珠岩多孔条板等。

3）石膏空心条板适用于石膏珍珠岩空心条板、石膏硅酸盐空心条板等。

4）GRC 复合夹心板适用于水泥珍珠岩夹心板、岩棉夹心板等。

（6）轻质墙板选用常用材质和板型编制的。轻质墙板的材质、板型设计等，与定额不同时可以换算，但定额消耗量不变。

4.3.2 工程量计算规则

4.3.2.1 条形基础

外墙条形基础按设计外墙中心线长度、柱间条形基础按柱间墙体的设计净长度、内墙条形基础按设计内墙净长度乘以设计断面，以立方米计算，基础大放脚 T 形接头处的重叠部分，以及嵌入基础的钢筋、铁件、管道、基础防潮层、单个面积在 0.3m² 以内的孔洞所占体积不予扣除，但靠墙暖气沟的挑檐亦不增加，洞口上的砖平碹亦不另算。附墙垛基础宽出部分体积并入基础工程量内。

4.3.2.2 独立基础

独立基础按设计图示尺寸，以立方米计算。

4.3.2.3 砖墙体

（1）外墙、内墙、框架间墙（轻质墙板、镂空花格及隔断板除外）按其高度乘以长度乘以设计厚度，以立方米计算。框架外表贴砖部分并入框架间砌体工程量内计算。

（2）计算墙体时，应扣除门窗洞口、过人洞、空圈以及嵌入墙身的钢筋混凝土柱（包括构造柱）、梁（包括过梁、圈梁、挑梁）、砖平碹、砖过梁（普通黏土砖墙除外）、暖气包壁龛的体积；不扣除梁头、外墙板头、檩头、垫木、木楞头、沿椽木、木砖、门窗走头，墙内的加固钢筋、木筋、铁件、钢管以及每个面积在 0.3m² 以内的孔洞等所占体积；突出墙面的窗台虎头砖、压顶线、山墙泛水、烟囱根、门窗套及三皮砖以内的腰线和挑檐等体积亦不增加。墙垛、三皮砖以上的腰线和挑檐等体积，并入墙身体积内计算。

（3）女儿墙按外墙计算，砖垛、三皮砖以上的腰线和挑檐（对三皮砖以上的腰线和挑檐规范规定不计算）等体积，按其外形尺寸并入墙身体积计算。

（4）附墙烟囱（包括附墙通风道、垃圾道，混凝土烟风道除外），按其外形体积并入所依附的墙体积内计算。计算时不扣除每一横截面在 0.1m² 以内的孔洞所占的体积，但孔洞内抹灰工程量也不增加。混凝土烟道、风道按设计混凝土砌块（扣除孔洞）体积，以立方米计算。计算墙体工程量时，应按混凝土烟风道工程量，扣除其所占墙体体积。

4.3.2.4 砖平碹、平砌砖过梁

（1）砖平碹、平砌砖过梁按图示尺寸，以立方米计算。如设计无规定时，砖平碹按门窗洞口宽度两端共加 100mm 乘以高度（洞口宽小于 1500mm 时，高度按 240mm；大于 1500mm 时，高度按 365mm）乘以设计厚度计算。平砌砖过梁按门窗洞口宽度两端共加 500mm，高度按 440mm 计算。普通黏土砖平（拱）碹或过梁（钢筋除外），与普通黏土砖墙砌为一体时，其工程量并入相应砖砌体内，不单独计算。

（2）方整石平（拱）碹，与无背里的方整石砌为一体时，其工程量并入相应方整石砌体内，不单独计算。

4.3.2.5　镂空花格墙

镂空花格墙按设计空花部分外形面积（空花部分不予扣除），以平方米计算。混凝土镂空花格按半成品考虑。

4.3.2.6　其他砌筑

（1）砖台阶按设计图示尺寸，以立方米计算。

（2）砖砌栏板按设计图示尺寸扣除混凝土压顶、柱所占的面积，以平方米计算。

（3）预制水磨石隔断板、窗台板，按设计图示尺寸，以平方米计算。

（4）砖砌地沟不分沟底、沟壁按设计图示尺寸，以立方米计算。

（5）变压式排气烟道，自设计室内地坪或安装起点，计算至上一层楼板的上表面；顶端遇坡屋面时，按其高点计算至屋面板上表面，以延长米计算工程量（楼层交接处的混凝土垫块及垫块安装灌缝已综合在子目中，不单独计算）。

（6）厕所蹲台、小便池槽、水槽腿、花台、砖墩、毛石墙的门窗砖立边和窗台虎头砖、锅台等定额未列的零星项目，按设计图示尺寸，以立方米计算，套用零星砌体项目。

4.3.2.7　检查井、化粪池及其他

（1）砖砌井（池）壁不分厚度，均以立方米计算，洞口上的砖平拱碳等并入砌体体积内计算。与井壁相连接的管道及其内径在 20cm 以内的孔洞所占体积不予扣除。

（2）渗井系指上部浆砌、下部干砌的渗水井。干砌部分不分方形、圆形，均以立方米计算。计算时不扣除渗水孔所占体积。浆砌部分套用砖砌井（池）壁定额。渗井是指地面以下用以排除地面雨水、积水或管道污水的井。水流入井内后逐渐自行渗入地层。

（3）铸铁盖板（带座）安装以套计算。

4.3.2.8　石砌护坡

（1）石砌护坡按设计图示尺寸，以立方米计算。

（2）乱毛石表面处理，按所处理的乱石表面积或延长米，以平方米或延长米计算。

4.3.2.9　砖地沟

（1）垫层铺设按照基础垫层相关规定计算。

（2）砖地沟按图示尺寸，以立方米计算。

（3）抹灰按零星抹灰项目计算。

4.3.2.10　轻质墙板

按设计图示尺寸，以平方米计算。

4.4　工程量计算主要技术资料

4.4.1　基础

4.4.1.1　砖条形基础工程量计算公式

$$条形基础工程量＝L×基础断面积－嵌入基础的构件体积 \qquad (4-1)$$

式中　L——外墙为中心线长度（$L_{中}$）；内墙为内墙净长度（$L_{内}$）。

（1）标准砖等高式大放脚砖基础断面积，按大放脚增加断面积计算，如图 4-11 所示。

$$砖基础断面积＝基础墙厚×基础高度＋大放脚增加断面积＝b \cdot h＋\Delta s \quad (4-2)$$

式中　b——基础墙厚；

　　　h——基础高度；

　　　Δs——全部大放脚增加断面积＝$0.007875n(n＋1)$；

　　　n——大放脚层数。

（2）标准砖等高式大放脚砖基础断面积，按大放脚折加高度计算，如图4-12所示。

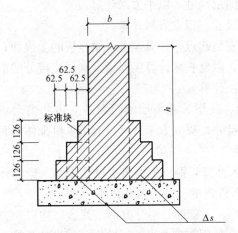

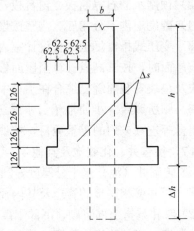

图4-11　等高式大放脚砖基础增加断面积　　　图4-12　等高式大放脚砖基础折加高度

$$砖基础断面积＝（基础高度＋大放脚折加高度）×基础墙厚$$
$$＝(h＋\Delta h) \cdot b \quad (4-3)$$

$$大放脚折加高度＝大放脚增加断面积/基础墙厚$$
$$＝\Delta s/b \quad (4-4)$$

式中　b——基础墙厚；

　　　h——基础高度；

　　　Δs——全部大放脚增加断面积＝$0.007875n(n＋1)$；

　　　n——大放脚层数；

　　　Δh——大放脚折加高度。

（3）标准砖等高式砖基础大放脚折加高度与增加断面积，见表4-6。

（4）标准砖不等高式大放脚砖基础断面积，按大放脚增加断面积计算，如图4-13所示。

$$砖基础断面积＝基础墙厚×基础高度＋大放脚增加断面积$$
$$＝b \cdot h＋\Delta s \quad (4-5)$$

式中　b——基础墙厚；

　　　h——基础高度；

　　　Δs——全部大放脚增加断面积。

（5）标准砖不等高式大放脚砖基础断面积，按大放脚折加高度计算，如图4-14所示。

$$砖基础断面积＝（基础高度＋大放脚折加高度）×基础墙厚$$

$$=(h+\Delta h)\cdot b \tag{4-6}$$

$$大放脚折加高度=大放脚增加断面积/基础墙厚$$

$$=\Delta s/b \tag{4-7}$$

式中　b——基础墙厚；

　　　h——基础高度；

　　　Δs——全部大放脚增加断面积；

　　　Δh——大放脚折加高度。

（6）标准砖不等高式砖基础大放脚折加高度与增加断面积，见表4-7。

标准砖等高式砖基础大放脚折加高度与增加断面积　　表 4-6

| 放脚层数 | 折加高度(m) | | | | | | 增加断面积 (m²) |
	$\frac{1}{2}$砖 (0.115)	1砖 (0.24)	$1\frac{1}{2}$砖 (0.365)	2砖 (0.49)	$2\frac{1}{2}$砖 (0.615)	3砖 (0.74)	
一	0.137	0.066	0.043	0.032	0.026	0.021	0.01575
二	0.411	0.197	0.129	0.096	0.077	0.064	0.04725
三	0.822	0.394	0.259	0.193	0.154	0.128	0.0945
四	1.369	0.656	0.432	0.321	0.259	0.213	0.1575
五	2.054	0.984	0.647	0.482	0.384	0.319	0.2363
六	2.876	1.378	0.906	0.675	0.538	0.447	0.3308
七		1.838	1.208	0.900	0.717	0.596	0.4410
八		2.363	1.553	1.157	0.922	0.766	0.5670
九		2.953	1.942	1.447	1.153	0.958	0.7088
十		3.609	2.373	1.768	1.409	1.171	0.8663

注：1. 本表按标准砖双面放脚，每层等高 12.6cm（二皮砖，二灰缝）砌出 6.25cm 计算。

　　2. 本表折加墙基高度的计算，以 240mm×115mm×53mm 标准砖，1cm 灰缝及双面大放脚为准。

　　3. 折加高度（m）=$\dfrac{放脚断面积（m^2）}{墙厚（m）}$。

　　4. 采用折加高度数字时，取两位小数，第三位以后四舍五入。采用增加断面数字时，取三位小数，第四位以后四舍五入。

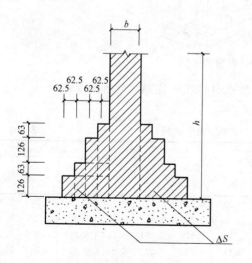

图 4-13　不等高式大放
脚砖基础增加断面积

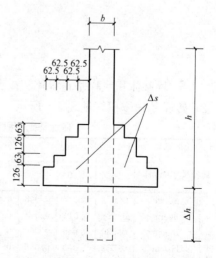

图 4-14　不等高式大放
脚砖基础折加高度

标准砖不等高式砖基础大放脚折加高度与增加断面积　　表 4-7

放脚层数	折加高度(m)						增加断面积(m²)
	$\frac{1}{2}$砖 (0.115)	1 砖 (0.24)	$1\frac{1}{2}$砖 (0.365)	2 砖 (0.49)	$2\frac{1}{2}$砖 (0.615)	3 砖 (0.74)	
一	0.137	0.066	0.043	0.032	0.026	0.021	0.0158
二	0.343	0.164	0.108	0.080	0.064	0.053	0.0394
三	0.685	0.320	0.216	0.161	0.128	0.106	0.0788
四	1.096	0.525	0.345	0.257	0.205	0.170	0.1260
五	1.643	0.788	0.518	0.386	0.307	0.255	0.1890
六	2.260	1.083	0.712	0.530	0.423	0.331	0.2597
七		1.444	0.949	0.707	0.563	0.468	0.3465
八			1.208	0.900	0.717	0.596	0.4410
九				1.125	0.896	0.745	0.5513
十					1.088	0.905	0.6694

注：1. 本表适用于间隔式砖墙基大放脚（即底层为二皮开始高 12.6cm，上层为一皮砖高 6.3cm，每边每层砌出 6.25cm）。

2. 本表折加墙基高度的计算，以 240mm×115mm×53mm 标准砖，1cm 灰缝及双面大放脚为准。

3. 本表砖墙基础体积计算公式与表 4-10（等高式砖墙基）同。

4.4.1.2 砖垛基础

(1) 砖垛基础增加体积计算公式，如图 4-15 所示。

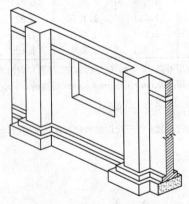

图 4-15　砖垛基础增加体积

$$垛基体积＝垛基正身体积＋大放脚部分体积＝垛厚×基础断面积 \qquad (4-8)$$

(2) 砖垛基础体积，见表 4-8 所示。

砖垛基础体积（单位：m³/每个砖垛）　　表 4-8

项目	突出墙面宽	1/2 砖(12.5cm)		1 砖(25cm)			1₁/₂砖(37.8cm)			2 砖(50cm)		
	砖垛尺寸(mm)	125× 240	125× 365	250× 240	250× 365	250× 490	375× 365	375× 490	375× 615	500× 490	500× 615	500× 740
垛基正身体积	垛基高 80cm	0.024	0.037	0.048	0.073	0.098	0.110	0.147	0.184	0.196	0.246	0.296
	90cm	0.027	0.014	0.054	0.028	0.110	0.123	0.165	0.208	0.221	0.277	0.333
	100cm	0.030	0.046	0.060	0.091	0.123	0.137	0.184	0.231	0.245	0.308	0.370
	110cm	0.033	0.050	0.066	0.100	0.135	0.151	0.202	0.254	0.270	0.338	0.407
	120cm	0.036	0.055	0.072	0.110	0.147	0.164	0.221	0.277	0.294	0.369	0.444
	130cm	0.039	0.059	0.078	0.119	0.159	0.178	0.239	0.300	0.319	0.400	0.481
	140cm	0.042	0.064	0.084	0.128	0.172	0.192	0.257	0.323	0.343	0.431	0.518

续表

项目	突出墙面宽	1/2砖(12.5cm)		1砖(25cm)			1½砖(37.8cm)			2砖(50cm)		
	砖垛尺寸(mm)	125×240	125×365	250×240	250×365	250×490	375×365	375×490	375×615	500×490	500×615	500×740
垛基正身体积 / 垛基高	150cm	0.045	0.068	0.090	0.137	0.184	0.205	0.276	0.346	0.368	0.461	0.555
	160cm	0.048	0.073	0.096	0.146	0.196	0.219	0.294	0.369	0.392	0.492	0.592
	170cm	0.051	0.078	0.102	0.155	0.208	0.233	0.312	0.392	0.417	0.523	0.629
	180cm	0.054	0.082	0.108	0.164	0.221	0.246	0.331	0.415	0.441	0.554	0.666
	每增减5cm	0.0015	0.0023	0.0030	0.0045	0.0062	0.0063	0.0092	0.0115	0.0126	0.0154	0.1850

项目	层数	等高式	间隔式	等高式	间隔式	等高式	间隔式	等高式	间隔式
放脚部分体积	一	0.002	0.002	0.004	0.004	0.006	0.006	0.008	0.008
	二	0.006	0.005	0.012	0.010	0.018	0.015	0.023	0.020
	三	0.012	0.010	0.023	0.020	0.035	0.029	0.047	0.039
	四	0.020	0.016	0.039	0.032	0.059	0.047	0.078	0.063
	五	0.029	0.024	0.059	0.047	0.088	0.070	0.117	0.094
	六	0.041	0.032	0.082	0.065	0.123	0.097	0.164	0.129
	七	0.055	0.043	0.109	0.086	0.164	0.129	0.221	0.172
	八	0.070	0.055	0.141	0.109	0.211	0.164	0.284	0.225

4.4.1.3 砖柱基础体积

（1）标准砖等高大放脚柱基础体积计算公式，如图 4-16 所示。

标准砖等高大放脚柱基础体积＝柱断面长×柱断面宽×柱基高＋砖柱四周大放脚体积

$$= a \cdot b \cdot h + \Delta v$$
$$= a \cdot b \cdot h + n(n+1)[0.007875(a+b) + 0.000328125(2n+1)] \quad (4\text{-}9)$$

式中　a——柱断面长（m）；

b——柱断面宽（m）；

h——柱基高（m）；

Δv——砖柱四周大放脚体积（m³）；

n——大放脚层数。

（2）砖柱基础体积，见表 4-9 所示。

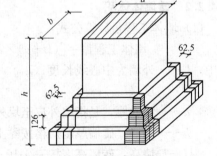

图 4-16　标准砖等高大放脚柱基础体积

4.4.2 砖墙体

4.4.2.1 砖消耗用量计算

（1）砖消耗用量计算公式

砖的用量(块/m³)＝2×墙厚砖数/[墙厚×（砖长＋灰缝）×（砖厚＋灰缝）]×(1＋损耗率)或砖的用量(块/m³)＝127×墙厚砖数/墙厚×(1＋损耗率)　　(4-10)

砂浆用量(m³/m³)＝[1－砖单块体积(m³/块)×砖净用量(块/m³)]×(1＋损耗率)

(4-11)

（2）标准砖墙砖与砂浆损耗率

实砌砖墙损耗率为2%；多孔砖墙损耗率为2%；实砌砖墙砂浆损耗率为1%；多孔砖墙砂浆损耗率为10%。

砖柱基础体积（单位：m³/每个砖柱）　　　　表 4-9

柱断面尺寸		240×240		240×365		365×365		365×490	
每米深柱基身体积		0.0576m³		0.0876m³		0.1332m³		0.17885m³	
	层数	等高	不等高	等高	不等高	等高	不等高	等高	不等高
砖柱增加四边放脚体积	一	0.0095	0.0095	0.0115	0.0115	0.0135	0.0135	0.0154	0.0154
	二	0.0325	0.0278	0.0384	0.0327	0.0443	0.0376	0.0502	0.0425
	三	0.0729	0.0614	0.0847	0.0713	0.0965	0.0811	0.1084	0.0910
	四	0.1347	0.1097	0.1544	0.1254	0.1740	0.1412	0.1937	0.1569
	五	0.2217	0.1793	0.2512	0.2029	0.2807	0.2265	0.3103	0.2502
	六	0.3379	0.2694	0.3793	0.3019	0.4206	0.3344	0.4619	0.3669
	七	0.4873	0.3868	0.5424	0.4301	0.5976	0.4734	0.6527	0.5167
	八	0.6738	0.5306	0.7447	0.5857	0.8155	0.6408	0.8864	0.6959
	九	0.9013	0.7075	0.9899	0.7764	1.0785	0.8453	1.1674	0.9142
	十	1.1738	0.9167	1.2821	1.0004	1.3903	1.0841	1.4986	1.1678
柱断面尺寸		490×490		490×615		615×615		615×740	
每米深柱基身体积		0.2401m³		0.30135m³		0.37823m³		0.4451m³	
	层数	等高	不等高	等高	不等高	等高	不等高	等高	不等高
砖柱增加四边放脚体积	一	0.0174	0.0174	0.0194	0.0194	0.0213	0.0213	0.0233	0.0233
	二	0.0561	0.0474	0.0621	0.0524	0.0680	0.0573	0.0739	0.0622
	三	0.1202	0.1008	0.1320	0.1106	0.1438	0.1205	0.1556	0.1303
	四	0.2134	0.1727	0.2331	0.1884	0.2528	0.2042	0.2725	0.2199
	五	0.3398	0.2738	0.3693	0.2974	0.3989	0.3210	0.4284	0.3447
	六	0.5033	0.3994	0.5446	0.4318	0.5860	0.4643	0.6273	0.4968
	七	0.7078	0.5600	0.7629	0.6033	0.8181	0.6467	0.8732	0.6900
	八	0.9573	0.7511	1.0288	0.8062	1.0990	0.8613	1.1699	0.9164
	九	1.2557	0.9831	1.3443	1.0520	1.4329	1.1209	1.5214	1.1898
	十	1.6069	1.2514	1.7152	1.3351	1.8235	1.4188	1.9317	1.5024

4.4.2.2　砖墙体体积

（1）墙体工程量计算公式：

$$墙体工程量＝[(L＋a)×H－门窗洞口面积]×h－\Sigma 构件体积 \qquad (4-12)$$

式中　L——外墙为中心线长度（$L_中$），内墙为内墙净长度（$L_内$）；框架间墙为柱间净长度（$L_净$）；

　　　a——墙垛厚，是指墙外皮至垛外皮的厚度；

　　　h——墙厚，砖墙厚度严格按黏土砖砌体计算厚度表（表 4-3）计算；

　　　H——墙高，砖墙高度按表 4-10 规则计算。

墙身高度计算规定　　　　表 4-10

名称	屋面类型	檐口构造	规范墙身计算高度	定额墙身计算高度
外墙	坡屋面	无檐口天棚者	算至屋面板底	算至屋面板底
		有屋架，室内外均有天棚者	算至屋架下弦底面另加 200mm	算至屋架下弦底另加 200mm
		有屋架，无天棚者	算至屋架下弦底面另加 300mm	算至屋架下弦底另加 300mm
		无天棚，檐宽超过 600mm	按实砌高度计算	按实砌高度计算
	平屋面	有挑檐	算至钢筋混凝土板底	算至钢筋混凝土板顶
		有女儿墙，无檐口	算至屋面板顶面	算至屋面板顶面
	女儿墙	无混凝土压顶	算至女儿墙顶面	算至女儿墙顶面
		有混凝土压顶	算至女儿墙压顶底面	算至女儿墙压顶底面

续表

名称	屋面类型	檐口构造	规范墙身计算高度	定额墙身计算高度
内墙	平顶	位于屋架下弦者	算至屋架下弦底	算至屋架下弦底
		无屋架,有天棚者	算至天棚底另加 100mm	算至天棚底另加 100mm
		有钢筋混凝土楼板隔层者	算至楼板顶面	算至楼板底面
		有框架梁时	算至梁底面	算至梁底面
山墙	有山尖	内、外山墙	按平均高度计算	按平均高度计算

（2）砖垛折合成墙体长度，见表 4-11 所示。

砖垛折合成墙体长度（单位：m） 表 4-11

突出墙面 $a \times b$ (cm)	墙身厚度 D(mm)					
	1/2 砖	3/4 砖	1 砖	$1_{1/2}$ 砖	2 砖	$2_{1/2}$ 砖
	115	180	240	365	490	615
12.5×24	0.2609	0.1685	0.1250	0.0822	0.0612	0.0488
12.5×36.5	0.3970	0.2562	0.1900	0.1249	0.0930	0.0741
12.5×49	0.5330	0.3444	0.2554	0.1680	0.1251	0.0997
12.5×61.5	0.6687	0.4320	0.3204	0.2107	0.1569	0.1250
25×24	0.5218	0.3371	0.2500	0.1644	0.1224	0.0976
25×36.5	0.7938	0.5129	0.3804	0.2500	0.1862	0.1485
25×49	1.0625	0.6882	0.5104	0.2356	0.2499	0.1992
25×61.5	1.3374	0.8641	0.6410	0.4214	0.3138	0.2501
37.5×24	0.7826	0.5056	0.3751	0.2466	0.1836	0.1463
37.5×36.5	1.1904	0.7691	0.5700	0.3751	0.2793	0.2226
37.5×49	1.5983	1.0326	0.7650	0.5036	0.3749	0.2989
37.5×61.5	2.0047	1.2955	0.9608	0.6318	0.4704	0.3750
50×24	1.0435	0.6742	0.5000	0.3288	0.2446	0.1951
50×61.5	1.5870	1.0253	0.7604	0.5000	0.3724	0.2967
50×49	2.1304	1.3764	1.0208	0.6712	0.5000	0.3980
50×31.5	2.6739	1.7273	1.2813	0.8425	0.6261	0.4997
62.5×36.5	1.9813	1.2821	0.9510	0.6249	0.4653	0.3709
62.5×49	2.6635	1.7208	1.3763	0.8390	0.6249	0.4980
62.5×61.5	3.3426	2.1600	1.6016	1.0532	0.7842	0.6250
74×36.5	2.3487	1.5174	1.1254	0.7400	0.5510	0.4392

注：1. 表中采用标准砖，规格 240×115×53（mm）。

2. 表中 a 为突出墙面尺寸（cm），b 为砖垛的宽度（cm）。

4.4.2.3 砖平碹计算公式

$$砖平碹工程量 = (L + 0.1m) \times 0.24 \times b \ (L \leqslant 1.5m) \tag{4-13}$$

$$砖平碹工程量 = (L + 0.1m) \times 0.365 \times b \ (L > 1.5m) \tag{4-14}$$

式中　L——门窗洞口宽度（m）；

　　　b——墙体厚度（m）。

4.4.2.4 平砌砖过梁计算公式

$$平砌砖过梁工程量 = (L + 0.5m) \times 0.44 \times b \tag{4-15}$$

式中　L——门窗洞口宽度（m）；

b——墙体厚度（m）。

4.4.2.5 烟囱筒身体积计算公式

$$V=\sum H\times C\times\pi D \tag{4-16}$$

式中　V——筒身体积（m^3）；

　　　H——每段筒身垂直高度（m）；

　　　C——每段筒壁厚度（m）；

　　　D——每段筒壁中心线的平均直径（m）。

$$勾缝面积=0.5\times\pi\times烟囱高\times（上口外径+下口外径） \tag{4-17}$$

4.5　计量与计价实务案例

4.5.1　砖基础实务案例

【**案例 4-1**】　某基础工程尺寸如图 4-17 所示，3∶7 灰土垫层 300mm 厚，黏土为就地取土；砖基础用标准砖 MU10，M5.0 水泥砂浆砌筑；钢筋混凝土圈梁断面为 240mm×240mm。编制砖基础工程工程量清单，进行工程量清单报价。

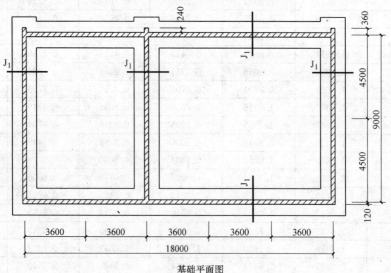

基础平面图

基础详图

图 4-17　基础工程

【解】 (1)"砖基础"工程量清单的编制

$$L_{中}=(9.00+3.60\times5)\times2+0.24\times3=54.72m$$
$$L_{内}=9.00-0.24=8.76m$$
$$L_{净}=9.00-1.20=7.80m$$

① 砖基础工程量$=(0.24\times1.50+0.0625\times5\times0.126\times4-0.24\times0.24)\times(54.72+8.76)=29.19m^3$

② 灰土垫层工程量$=1.20\times0.30\times54.72+1.20\times0.30\times7.80=22.51m^3$

分部分项工程量清单见表 4-12。

分部分项工程量清单   表 4-12

序号	项目编号	项目名称	项目特征描述	计量单位	工程量
1	010401001001	砖基础	MU10 标准黏土砖砌条形基础;M5.0 水泥砂浆	m^3	29.19
2	010404001001	垫层	3:7 灰土,300mm 厚	m^3	22.51

(2)"砖基础"工程量清单计价表的编制

该项目发生的工程内容为:铺设垫层、砖基础砌筑。

$$L_{中}=(9.00+3.60\times5)\times2+0.24\times3=54.72m$$
$$L_{内}=9.00-0.24=8.76m$$
$$L_{净}=9.00-1.20=7.80m$$

① 砖基础工程量$=(0.24\times1.50+0.0625\times5\times0.126\times4-0.24\times0.24)\times(54.72+8.76)=29.19m^3$

M5.0 水泥砂浆砌筑砖基础:套定额 3-1-1。

② 条形基础 3:7 灰土垫层:

灰土垫层工程量$=1.20\times0.30\times54.72+1.20\times0.30\times7.80=22.51m^3$

条形基础 3:7 灰土垫层:套定额 2-1-1(换)。

条形基础垫层套定额时,人工、机械要分别乘以系数 1.05。灰土垫层就地取土时,应扣除灰土配合比中的黏土(每 $10m^3$ 灰土垫层中黏土含量为 $10.10\times1.15m^3$,黏土单价为 30.00 元/m^3)。

人工、材料、机械单价选用市场价。

根据企业情况确定管理费率为 5.1%,利润率为 3.2%。

分部分项工程量清单计价表见表 4-13。

分部分项工程量清单计价表   表 4-13

序号	项目编号	项目名称	项目特征描述	计量单位	工程量
1	010401001001	砖基础	MU10 标准黏土砖砌条形基础;M5.0 水泥砂浆	m^3	29.19
2	010404001001	垫层	3:7 灰土,300mm 厚	m^3	22.51

4.5.2 砖砌体实务案例

【案例 4-2】 某传达室如图 4-18 所示,砖墙体用 MU10 黏土砖、M2.5 混合砂浆砌筑，M1 为 1000mm×2400mm，M2 为 900mm×2400mm，C1 为 1500mm×1500mm；门窗上部均设过梁，断面为 240mm×180mm，长度按门窗洞口宽度每边增加 250mm；外墙均设圈梁（内墙不设），断面为 240mm×240mm。编制墙体工程量清单，进行工程量清单报价。

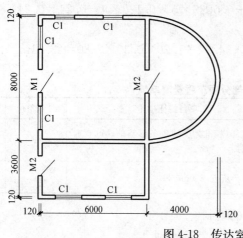 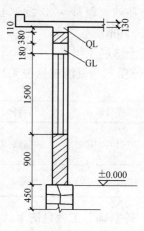

图 4-18　传达室

【解】　（1）实心砖墙工程量清单的编制

外墙中心线长度＝6.00＋4.00×3.14＋3.60＋6.00＋3.60＋8.00＝39.76m

内墙净长线长度＝6.00－0.24＋8.00－0.24＝13.52m

外墙高度＝0.90＋1.50＋0.18＋0.38＝2.96m

内墙高度＝0.90＋1.50＋0.18＋0.38＋0.11＋0.13＝3.20m

M1 面积＝1.00×2.40＝2.40m^2

M2 面积＝0.90×2.40＝2.16m^2

C1 面积＝1.50×1.50＝2.25m^2

M1GL 体积＝0.24×0.18×（1.00＋0.50）＝0.065m^3

M2GL 体积＝0.24×0.18×（0.90＋0.50）＝0.060m^3

C1GL 体积＝0.24×0.18×（1.50＋0.50）＝0.086m^3

①　外墙工程量＝（39.76×2.96－2.40－2.16－2.25×6）×0.24－0.065－0.060－0.086×6＝23.27m^3

②　内墙工程量＝（13.52×3.20－2.16）×0.24－0.06＝9.80m^3

墙体工程量合计＝23.27＋9.80＝33.07m^3

分部分项工程量清单见表 4-14。

分部分项工程量清单　　　　　　　　　　　　　　　　　　　　　　　　表 4-14

序号	项目编号	项目名称	项目特征描述	计量单位	工程量
1	010401003001	实心砖墙	①砖品种、规格、强度等级：MU10 标准黏土砖 ②墙体类型：双面混水墙 ③砂浆强度等级、配合比：M2.5 混合砂浆	m^3	33.07

（2）实心砖墙工程量清单计价表的编制

该项目发生的工程内容为：砖墙体砌筑。

外墙直墙中心线长度＝6.00＋3.60＋6.00＋3.60＋8.00＝27.20m

外墙弧形墙中心线长度＝4.00×3.14＝12.56m

内墙净长线长度＝6.00－0.24＋8.00－0.24＝13.52m

外墙高度＝0.90＋1.50＋0.18＋0.38＝2.96m

内墙高度＝0.90＋1.50＋0.18＋0.38＋0.11＝3.07m

M1 面积＝1.00×2.40＝2.40m^2

M2 面积＝0.90×2.40＝2.16m^2

C1 面积＝1.50×1.50＝2.25m^2

M1GL 体积＝0.24×0.18×（1.00＋0.50）＝0.065m^3

M2GL 体积＝0.24×0.18×（0.90＋0.50）＝0.060m^3

C1GL 体积＝0.24×0.18×（1.50＋0.50）＝0.086m^3

① 外墙直墙工程量＝（27.20×2.96－2.40－2.16－2.25×6）×0.24－0.065－0.060－0.086×6＝14.35m^3

② 内墙工程量＝（13.52×3.07－2.16）×0.24－0.06＝9.38m^3

③ 半圆弧外墙工程量＝12.56×2.96×0.24＝8.92m^3

墙体工程量合计＝14.35＋9.38＋8.92＝32.65m^3

240mm 混水砖墙（M2.5 混合砂浆）：套定额 3-1-14。

弧形砖墙另加工料：套定额 3-1-17

人工、材料、机械单价选用市场价。

根据企业情况确定管理费率为 5.1%，利润率为 3.2%。

分部分项工程量清单计价表见表 4-15。

分部分项工程量清单计价表 表 4-15

序号	项目编号	项目名称	项目特征描述	计量单位	工程量	金额(元) 综合单价	合价
1	010401003001	实心砖墙	①砖品种、规格、强度等级：MU10 标准黏土砖 ②墙体类型：双面混水墙 ③砂浆强度等级、配合比：M2.5 混合砂浆	m^3	33.07	302.02	9987.80

【案例 4-3】 某单层建筑物如图 4-19 所示，墙身用 MU10 标准黏土砖、M2.5 混合砂浆砌筑，内外墙厚均为 370mm，混水砖墙。GZ370mm×370mm 从基础到板顶，女儿墙处 GZ240mm×240mm 到砖压顶顶，梁高 500mm，附墙垛高度至梁底，门窗洞口上全部采用砖平碹过梁。M1：1500mm×2700mm；M2：1000mm×2700mm；C1：1800mm×1800mm。计算砖墙的工程量，进行工程量清单报价。

【解】（1）实心砖墙工程量清单的编制

$$L_{中}＝（9.84－0.37＋6.24－0.37）×2－0.37×6＝28.46m$$

$$L_{内}＝6.24－0.37×2＝5.50m$$

240 女儿墙：$L_{中}＝（9.84＋6.24）×2－0.24×4－0.24×6＝29.76m$

① 365 砖墙工程量＝[（28.46＋5.50）×3.60－1.50×2.70－1.00×2.70－1.80×

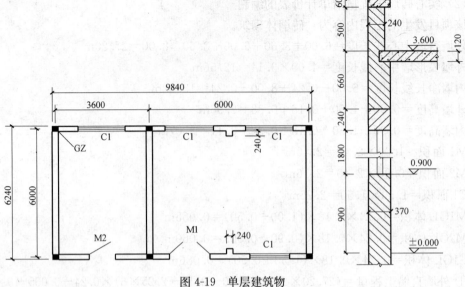

图 4-19　单层建筑物

1.80×4]×0.365＋0.24×0.24×(3.60－0.50梁底)×2＝37.79m³

② 女儿墙工程量＝0.24×0.56×29.76＝4.00m³

分部分项工程量清单见表 4-16。

分部分项工程量清单

表 4-16

序号	项目编号	项目名称	项目特征描述	计量单位	工程量
1	010401003001	实心砖墙	MU10 标准黏土砖;365mm 双面混水墙;M2.5 混合砂浆	m³	37.79
2	010401003002	实心砖墙	MU10 标准黏土砖;240mm 女儿墙;M2.5 混合砂浆	m³	4.00

(2) 实心砖墙工程量清单计价表的编制

该项目发生的工程内容为：砌筑砖墙体，女儿墙。

① 365 砖墙：

$$L_中＝(9.84－0.37＋6.24－0.37)×2－0.37×6＝28.46m$$

$$L_内＝6.24－0.37×2＝5.50m$$

砖墙工程量＝0.365×[(3.6×28.46－1.5×2.7－1.0×2.7－1.8×1.8×4)＋(3.6－0.12)×5.50]＋0.24×0.24×(3.6－0.5)×2＝37.55m³

M2.5 混合砂浆砌筑砖墙体：套定额 3-1-15。

② 240 女儿墙：

$$L_中＝(9.84＋6.24)×2－0.24×4－0.24×6＝29.76m$$

$$女儿墙工程量＝0.24×0.56×29.76＝4.00m³$$

女儿墙 M2.5 混合砂浆：套定额 3-1-14。

人工、材料、机械单价选用市场价。

根据企业情况确定管理费率为 5.1%，利润率为 3.2%。

分部分项工程量清单计价表见表 4-17。

分部分项工程量清单计价表　　　　　　　　　表 4-17

序号	项目编号	项目名称	项目特征描述	计量单位	工程量	金额（元）	
						综合单价	合价
1	010401003001	实心砖墙	MU10 标准黏土砖；365mm 双面混水墙；M2.5 混合砂浆	m³	37.79	302.17	11419.00
2	0104041003002	实心砖墙	MU10 标准黏土砖；240mm 女儿墙；M2.5 混合砂浆	m³	4.00	312.64	1210.56

【案例 4-4】　如图 4-20 所示砖台阶，MU10 标准黏土砖，M5.0 水泥砂浆砌筑。编制砖台阶工程量清单，进行工程量清单报价。

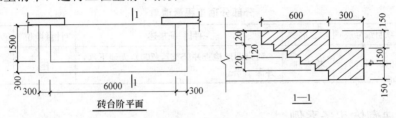

图 4-20　砖台阶

【解】　(1)"零星砌砖"工程量清单的编制

零星砌砖（砖台阶）工程量＝0.30×0.30×(6.00＋1.50×2＋0.30×2)＋0.60×0.24×(6.00＋1.50×2－0.60×2)＝0.864＋1.123＝1.99m³

分部分项工程量清单见表 4-18。

分部分项工程量清单　　　　　　　　　　表 4-18

序号	项目编号	项目名称	项目特征描述	计量单位	工程量
1	010401012001	零星砌砖	①零星砌砖名称、部位：砖台阶 ②砖品种、规格、强度等级：MU10 标准黏土砖 ③砂浆强度等级：M5.0 水泥砂浆	m³	1.99

(2) 砖台阶工程量清单计价表的编制

砖台阶项目发生的工程内容为：砖台阶砌筑。

砖台阶工程量＝0.30×0.30×(6.00＋1.50×2＋0.30×2)＋0.60×0.24×(6.00＋1.50×2－0.60×2)＝1.99m³

砖台阶：套定额 3-1-27。

人工、材料、机械单价选用市场价。

根据企业情况确定管理费率为 5.1%，利润率为 3.2%。

分部分项工程量清单计价表见表 4-19。

分部分项工程量清单计价表　　　　　　　　表 4-19

序号	项目编号	项目名称	项目特征描述	计量单位	工程量	金额（元）	
						综合单价	合价
1	010401012001	零星砌砖	①零星砌砖名称、部位：砖台阶 ②砖品种、规格、强度等级：MU10 标准黏土砖 ③砂浆强度等级：M5.0 水泥砂浆	m³	1.99	298.54	594.09

4.5.3　砖检查井实务案例

【案例 4-5】　某办公楼附属项目：砖砌圆形检查井（S231，ϕ700），无地下水，井深 1.5m，共 10 个，M5.0 水泥砂浆砌筑，C15 现浇混凝土垫层，1：3 水泥砂浆打底，1：2.5 水泥砂浆抹面。编制检查井工程量清单，自己进行工程量清单报价。

【解】　检查井工程量清单的编制

检查井工程量＝10 座

分部分项工程量清单见表 4-20。

表 4-20

分部分项工程量清单

序号	项目编号	项目名称	项目特征描述	计量单位	工程量
1	010401011001	检查井	砖砌圆形检查井(S231,ϕ700),无地下水,井深 1.5m	座	10

4.5.4　砌块砌体实务案例

【案例 4-6】　某单层建筑物，框架结构，尺寸如图 4-21 所示。墙身用 M5.0 混合砂浆砌筑加气混凝土砌块，强度等级 C20，规格为 585mm×240mm×240mm。女儿墙砌筑煤矸石空心砖，MU15，规格为 240mm×115mm×115mm，混凝土压顶断面 240mm×60mm，墙厚均为 240mm，钢筋混凝土板厚 120mm。框架柱断面 240mm×240mm 到女儿墙顶，框架梁断面 240mm×500mm，门窗洞口上均采用现浇钢筋混凝土过梁，断面 240mm×180mm。M1：1560mm×2700mm；M2：1000mm×2700mm，C1：1800mm×1800mm，C2：1560mm×1800mm。编制空心砖和砌块墙体工程量清单，进行工程量清单报价。

【解】　（1）砌块墙工程量清单的编制

① 加气混凝土砌块墙工程量＝[(11.34－0.24＋10.44－0.24－0.24×6)×2×3.60－1.56×2.70－1.80×1.80×6－1.56×1.80]×0.24－(1.56×2＋2.30×6)×0.24×0.18＝27.24m³

② 煤矸石空心砖女儿墙工程量＝(11.34－0.24＋10.44－0.24－0.24×6)×2×(0.50－0.06)×0.24＝4.19m³

分部分项工程量清单见表 4-21。

表 4-21

分部分项工程量清单

序号	项目编号	项目名称	项目特征描述	计量单位	工程量
1	010402001001	砌块墙	C20 加气混凝土砌块墙,585mm×240mm×240mm;M5.0 混合砂浆	m³	27.24
2	010401005001	空心砖墙	MU15 空心砖墙 240mm × 115mm × 115mm;M5.0 混合砂浆	m³	4.19

（2）砌块墙工程量清单计价表的编制

1）砌块墙项目发生的工程内容为砌块砌筑。

加气混凝土砌块墙工程量＝[(11.34－0.24＋10.44－0.24－0.24×6)×2×3.6－1.56×2.7－1.8×1.8×6－1.56×1.8]×0.24－(1.56×2＋2.3×6)×0.24×0.18＝27.24m³

240mm 厚加气混凝土砌块墙：套定额 3-3-26。

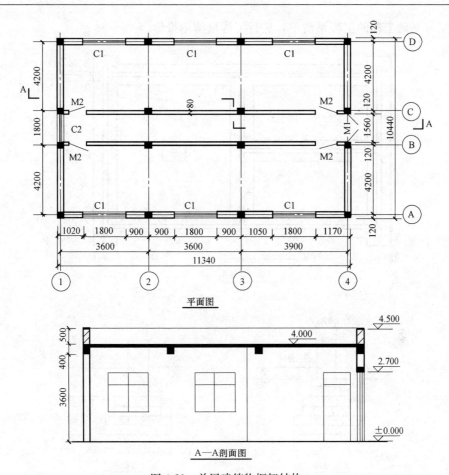

图 4-21　单层建筑物框架结构

2）空心砖墙项目发生的工程内容为空心砖砌筑。

煤矸石空心砖女儿墙工程量＝(11.34－0.24＋10.44－0.24－0.24×6)×2×(0.50－0.06)×0.24＝4.19m³

240mm 厚煤矸石空心砖墙：套定额 3-3-22。

人工、材料、机械单价选用市场价。

根据企业情况确定管理费率为 4.5%，利润率为 3.2%。

分部分项工程量清单计价表见表 4-22。

分部分项工程量清单计价表 表 4-22

序号	项目编号	项目名称	项目特征描述	计量单位	工程量	金额（元）	
						综合单价	合价
1	0104102001001	砌块墙	C20 加气混凝土砌块墙,585mm×240mm×240mm;M5.0 混合砂浆	m³	27.24	235.41	6412.57
2	010401005001	空心砖墙	MU15 空心砖墙 240mm×115mm×115mm;M5.0 混合砂浆	m³	4.19	255.56	1070.80

4.5.5　石砌体实务案例

【**案例 4-7**】　某基础工程如图 4-22 所示，MU30 整毛石，基础用 M5.0 水泥砂浆砌

177

筑。编制该基础工程的工程量清单，进行工程量清单报价。

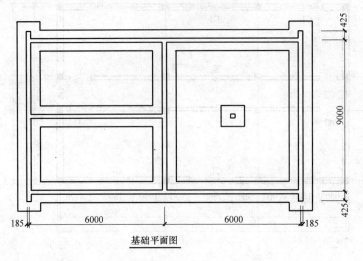

基础平面图

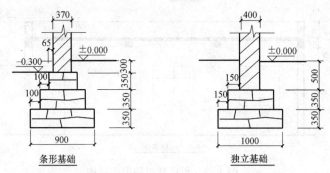

条形基础   独立基础

图 4-22 案例 4-7 基础工程

【解】 石基础工程量清单的编制

$$L_{中} = (6.00 \times 2 - 0.37 + 9.00 + 0.425 \times 2) \times 2 = 42.96 \text{m}$$
$$L_{内} = 9.00 - 0.37 + 6.00 - 0.37 = 14.26 \text{m}$$

① 毛石条基工程量 $= (42.96 + 14.26) \times (0.90 + 0.70 + 0.50) \times 0.35 = 42.06 \text{m}^3$

② 毛石独立基础工程量 $= (1.00 \times 1.00 + 0.70 \times 0.70) \times 0.35 = 0.52 \text{m}^3$

分部分项工程量清单见表 4-23。

分部分项工程量清单   表 4-23

序号	项目编号	项目名称	项目特征描述	计量单位	工程量
1	010403001001	石基础	①石料种类、规格:MU30 整毛石 ②基础类型:条形 ③砂浆强度等级、配合比:M5.0 水泥砂浆	m³	42.06
2	010403001002	石基础	①石料种类、规格:MU30 整毛石 ②基础类型:独立 ③砂浆强度等级、配合比:M5.0 水泥砂浆	m³	0.52

【案例 4-8】 某基础工程如图 4-23 所示，MU30 整毛石，基础用 M5.0 水泥砂浆砌筑。编制毛石条形基础工程量清单，进行工程量清单报价。

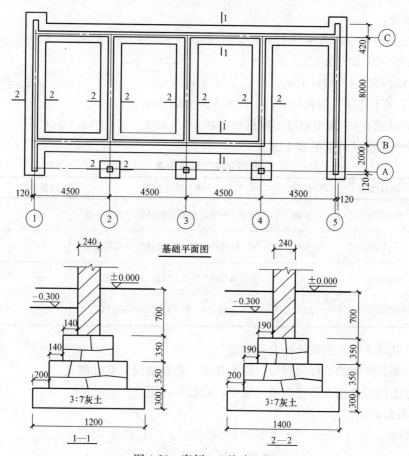

图 4-23 案例 4-8 基础工程

【解】 （1）石基础工程量清单的编制

1）毛石基础：

1—1 断面：

$L = 4.50 \times 4 + 4.50 \times 3 = 31.50\text{m}$

$S = (0.80 + 0.52) \times 0.35 = 0.462\text{m}^2$

$V = 31.50 \times 0.462 = 14.553\text{m}^3$

2—2 断面：

$L = (2.00 + 8.00 + 0.42 - 0.12) \times 2 + 0.12 + (8.00 - 0.24) \times 2 + 8.00 - 0.12 = 44.12\text{m}$

$S = (1.00 + 0.62) \times 0.35 = 0.567\text{m}^2$

$V = 44.12 \times 0.567 = 25.016\text{m}^3$

① 毛石条形基础工程量 $= 14.553 + 25.016 = 39.57\text{m}^3$

② 毛石独立基础工程量 $= (1.00 \times 1.00 + 0.62 \times 0.62) \times 0.35 \times 3 = 1.45\text{m}^3$

2）3∶7 灰土垫层：

1—1 断面：

$L = 4.50 \times 4 - 1.40 + 4.50 \times 3 - 0.70 = 29.40\text{m}$

$S = 1.20 \times 0.30 = 0.36\text{m}^2$

$V = 29.40 \times 0.36 = 10.58\text{m}^3$

2—2 断面：

$L=(2.00+8.00+0.30+1.40)\times2+(8.00-1.20)\times2+8.00-0.60=44.40m$

$S=1.40\times0.30=0.42m^2$

$V=44.40\times0.42=18.65m^3$

① 3：7 灰土垫层工程量＝10.58＋18.65＝29.23m³

② 独立基础 3：7 灰土垫层工程量＝1.40×1.40×0.30×3＝1.76m³

分部分项工程量清单见表 4-24。

分部分项工程量清单

表 4-24

序号	项目编号	项目名称	项目特征描述	计量单位	工程量
1	010403001001	石基础	MU30 整毛石条形基础；M5.0 水泥砂浆	m³	39.57
2	010403001002	石基础	MU30 整毛石独立基础；M5.0 水泥砂浆	m³	1.45
3	010404001001	垫层	条形基础 3：7 灰土垫层，300mm 厚	m³	29.23
4	010404001002	垫层	独立基础 3：7 灰土垫层，300mm 厚	m³	1.76

（2）石基础工程量清单计价表的编制

石基础项目发生的工程内容为：原土夯实、垫层铺设、基础砌筑。

原土夯实已包含在人工挖沟槽定额中，此处不考虑。

1）毛石基础：

1—1 断面：

$$L=4.50\times4+4.50\times3=31.50m$$

$$S=(0.80+0.52)\times0.35=0.462m^2$$

$$V=31.50\times0.462=14.553m^3$$

2—2 断面：

$$L=(2.00+8.00+0.42-0.12)\times2+0.12+(8.00-0.24)\times2+8.00-0.12=44.12m$$

$$S=(1.00+0.62)\times0.35=0.567m^2$$

$$V=44.12\times0.567=25.016m^3$$

① 毛石条形基础工程量＝14.553＋25.016＝39.57m³

② 毛石独立基础工程量＝（1.00×1.00＋0.62×0.62）×0.35×3＝1.45m³

毛石基础砌筑：套定额 3-2-1。

2）3：7 灰土垫层：

1—1 断面：

$$L=4.50\times4-1.40+4.50\times3-0.70=29.40m$$

$$S=1.20\times0.30=0.36m^2$$

$$V=29.40\times0.36=10.58m^3$$

2—2 断面：

$L=(2.00+8.00+0.30+1.40)\times2+(8.00-1.20)\times2+8.00-0.60=44.40m$

$S=1.40\times0.30=0.42m^2$

$V=44.40\times0.42=18.65m^3$

① 3：7 灰土垫层工程量＝10.58＋18.65＝29.23m³

3∶7灰土垫层：套定额 2-1-1（换）。

垫层定额按地面垫层编制，用于条形基础人工、机械分别乘以系数 1.05。

② 独立基础 3∶7 灰土垫层工程量＝1.40×1.40×0.30×3＝1.76m³

3∶7灰土垫层：套定额 2-1-1（换）。

垫层定额按地面垫层编制，用于独立基础人工、机械分别乘以系数 1.10。

人工、材料、机械单价选用市场价。

根据企业情况确定管理费率为 5.3％，利润率为 3.3％。

分部分项工程量清单计价表见表 4-25。

分部分项工程量清单计价表　　　　　表 4-25

序号	项目编号	项目名称	项目特征描述	计量单位	工程量	金额（元）	
						综合单价	合价
1	010403001001	石基础	MU30 整毛石条形基础,M5.0 水泥砂浆	m³	39.57	205.36	8126.10
2	010403001002	石基础	MU30 整毛石独立基础,M5.0 水泥砂浆	m³	1.45	205.36	297.77
3	010404001001	垫层	条形基础 3∶7 灰土垫层,300mm 厚	m³	29.23	140.22	4098.63
4	010404001002	垫层	独立基础 3∶7 灰土垫层,300mm 厚	m³	1.76	142.70	251.15

【案例 4-9】 某工程毛石挡土墙如图 4-24 所示，挡土墙长度 50m，共 8 段，砌筑砂浆为 M5.0 混合砂浆，石材表面加工（整砌毛石），水泥砂浆勾凸缝，1∶3 水泥砂浆抹压顶 20mm。编制整砌毛石挡土墙工程量清单，进行工程量清单报价。

【解】（1）石基础和石挡土墙工程量清单的编制

① 石基础工程量＝（0.50×0.40＋1.55×1.00）× 50.00×8＝700.00m³

② 石砌挡土墙工程量＝（0.50＋1.20）÷2×3.00× 50.00×8＝1020.00m³

分部分项工程量清单见表 4-26。

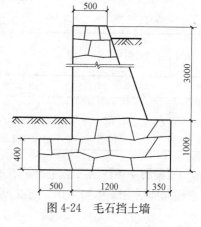

图 4-24　毛石挡土墙

分部分项工程量清单　　　　　表 4-26

序号	项目编号	项目名称	项目特征描述	计量单位	工程量
1	010403001001	石基础	MU30 整毛石条形基础；M5.0 混合砂浆砌筑	m³	700.0
2	010403003001	石挡土墙	MU30 整毛石；石表面处理；1∶2 水泥砂浆勾凸缝；M5.0 混合砂浆砌筑；1∶3 水泥砂浆抹压顶 20mm	m³	1020.00

（2）石基础和石挡土墙工程量清单计价表的编制

1）石基础工程量清单计价表的编制。石基础项目发生的工程内容为基础砌筑。

毛石基础工程量＝（0.50×0.40＋1.55×1.00）×50.00×8＝700.00m³

乱毛石基础：套定额 3-2-1（换）。

M5.0 水泥砂浆定额含量为 $3.9289m^3/10m^3$，即毛石基础每 10 立方米增加材料费为 $3.9289×(164.25−156.95)＝28.68元$

2）石挡土墙项目发生的工程内容为：整毛石砌筑，石材表面加工，压顶抹灰、勾缝。变形缝、泄水孔，搭、拆简易起重架等内容另行报价。

① 整砌毛石挡土墙砌筑工程量＝$(0.50＋1.20)×3.00÷2×50.00×8＝1020.00m^3$

整砌毛石挡土墙：套定额 3-2-22。

② 石材表面加工工程量＝$(0.60＋3.00)×50.00×8＝1440.00m^2$

乱毛石表面处理（整砌毛石）：套定额 3-2-10。

③ 压顶抹灰工程量＝$0.50×50.00×8＝200.00m^2$

1:3 水泥砂浆抹压顶 20mm：套定额 9-1-1。

④ 水泥砂浆勾缝工程量＝$(0.60＋3.00)×50.00×8＝1440.00m^2$

方整石墙面勾凸缝：套定额 9-2-68。

人工、材料、机械单价选用市场价。

根据企业情况确定管理费率为 4.1%，利润率为 2.2%。

分部分项工程量清单计价表见表 4-27。

分部分项工程量清单计价表 表 4-27

序号	项目编号	项目名称	项目特征描述	计量单位	工程量	金额（元）	
						综合单价	合价
1	010403001001	石基础	MU30 整毛石条形基础；M5.0 混合砂浆	m^3	700.0	204.06	142842.00
2	010403003001	石挡土墙	MU30 整毛石,石表面处理；1:2 水泥砂浆勾凸缝；M5.0 混合砂浆砌筑,1:3 水泥砂浆抹压顶 20mm	m^3	1020.00	292.60	298452.00

【案例 4-10】 某工程毛石护坡如图 4-25 所示，用 M5.0 水泥砂浆砌筑，全长 200m，石材表面局部剔凿修边，1:1.5 水泥砂浆勾凸缝。编制乱毛石护坡工程量清单和清单报价。

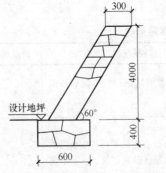

图 4-25 毛石护坡

【解】 （1）石基础和石护坡工程量清单的编制

① 石基础工程量＝$0.40×0.60×200＝48.00m^3$

② 石护坡工程量＝$0.30×4.00×200＝240.00m^3$

分部分项工程量清单见表 4-28。

分部分项工程量清单 表 4-28

序号	项目编号	项目名称	项目特征描述	计量单位	工程量
1	010403001001	石基础	条形基础；MU30 乱毛石；M5.0 水泥砂浆砌筑	m³	48.00
2	010403007001	石护坡	MU30 乱毛石，厚度 300mm，高度 4m；石表面局部剔凿修边；1:1.5 水泥砂浆勾凸缝；M5.0 水泥砂浆砌筑	m³	240.00

（2）分部分项工程量清单计价表见表 4-6

1）石基础项目发生的工程内容为毛石砌筑。

$$毛石基础工程量 = 0.40 \times 0.60 \times 200 = 48.00 m^3$$

乱毛石基础：套定额 3-2-1。

2）石护坡项目发生的工程内容为：毛石砌筑，砂浆勾凸缝。其他内容另行报价。

① 乱毛石护坡工程量 = 0.30 × 4.00 × 200 = 240.00m³

乱毛石护坡浆砌：套定额 3-2-4（换）。

M5.0 混合砂浆定额含量为 4.31m³/10m³，即乱毛石护坡每 10 立方米增加材料费为 4.31×(156.95－164.25)＝－31.46 元

另外，毛石护坡高度超过 4m 时，超过部分套定额人工乘以系数 1.15。

② 乱毛石护坡勾凸缝工程量 =(4.00÷0.866+0.30)×200=983.79m²

1:1.5 水泥砂浆勾凸缝：套定额 9-2-65。

人工、材料、机械单价选用市场价。

根据企业情况确定管理费率为 4.1%，利润率为 2.2%。

分部分项工程量清单计价表见表 4-29。

分部分项工程量清单计价表 表 4-29

序号	项目编号	项目名称	项目特征描述	计量单位	工程量	综合单价	合价
1	010403001001	石基础	条形基础；MU30 乱毛石，M5.0 水泥砂浆砌筑	m³	48.00	201.01	9648.48
2	010403007001	石护坡	MU30 乱毛石护坡，厚度 300mm，高度 4m；石表面局部剔凿修边；1:1.5 水泥砂浆勾凸缝；M5.0 水泥砂浆砌筑	m³	240.00	248.81	59714.40

4.5.6 砖散水、地坪、地沟实务案例

【案例 4-11】 图 4-26 所示为砖砌暖气沟，长度 230m，采用 MU7.5 标准黏土砖、M5.0 混合砂浆砌筑，沟内侧 1:2.5 水泥砂浆抹灰 20mm 厚（14mm＋6mm）。C15 混凝土垫层，现场就近搅拌，土质为Ⅲ类土，人工挖沟槽，土方就地堆放，准备人工回填。编制砖地沟工程量清单和清单报价。

【解】 （1）砖地沟工程量清单的编制

$$砖地沟工程量 = 230.00m$$

分部分项工程量清单见表 4-30。

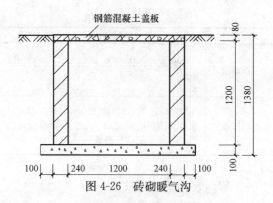

图 4-26 砖砌暖气沟

分部分项工程量清单 表 4-30

序号	项目编号	项目名称	项目特征描述	计量单位	工程量
1	010401014001	砖地沟	MU10 标准黏土砖；沟截面尺寸：120mm×120mm；C15 混凝土垫层 100mm 厚；M5.0 混合砂浆砌筑，1：2.5 水泥砂浆抹灰 20mm 厚	m	230.00

（2）砖地沟工程量清单计价表的编制

砖地沟项目发生的工程内容为：挖地槽、混凝土制作、垫层铺设、砖地沟砌筑、抹灰、回填土方。

① 人工挖地槽工程量＝(1.88＋0.10×2)×1.38×230.00＝660.19m³

人工挖地槽：套定额 1-2-12。

② 垫层铺设工程量＝1.88×0.10×230.00＝43.24m³

C15 垫层铺设：套定额 2-1-13（换）（定额混凝土含量为 1.01m³/m³）。

垫层定额按地面垫层编制。条形基础垫层，人工、机械分别乘以系数 1.05。

③ 混凝土制作工程量＝43.24×1.01＝43.67m³

现场混凝土制作（基础）：套定额 4-4-15。

④ 砖地沟砌筑工程量＝0.24×1.20×230.00×2＝132.48m³

M5.0 混合砂浆砌筑砖地沟：套定额 3-1-28。

⑤ 水泥砂浆抹灰工程量＝1.20×230.00×2＝552.00m²

1：2.5 水泥砂浆抹灰 20mm 厚（14mm＋6mm）：套定额 9-2-25。

⑥ 回填土方工程量＝660.19－43.24－1.68×1.28×230.00＝122.36m³

人工回填土方：套定额 1-4-12。

人工、材料、机械单价选用市场价。

根据企业情况确定管理费率为 4.3%，利润率为 3.4%。

分部分项工程量清单计价表见表 4-31。

4.5.7 轻质墙板实务案例

【案例 4-12】 某单层建筑物，框架结构，尺寸见图 4-22 所示。内墙为石膏空心条板墙，80mm 厚。框架柱断面 240mm×240mm 到女儿墙顶，框架梁断面 240mm×500mm。

分部分项工程量清单计价表 表 4-31

序号	项目编号	项目名称	项目特征描述	计量单位	工程量	金额(元)	
						综合单价	合价
1	010401014001	砖地沟	MU10 标准黏土砖；沟截面尺寸：120mm×120mm；C15 混凝土垫层 100mm 厚；M5.0混合砂浆砌筑，1：2.5水泥砂浆抹灰20厚	m	230.00	441.40	101522.00

门窗洞口上均采用现浇钢筋混凝土过梁，断面 240mm×180mm。M1：1560mm×2700mm，M2：1000mm×2700mm，C1：1800mm×1800mm，C2：1560mm×1800mm。编制石膏空心条板墙工程量清单，自编工程量清单报价。

【解】 轻质条板墙工程量清单的编制：

石膏空心条板墙工程量＝[(11.34−0.24−0.24×3)×3.60−1.00×2.70×2]×2＝63.94m²

分部分项工程量清单见表 4-32。

分部分项工程量清单 表 4-32

序号	项目编号	项目名称	项目特征描述	计量单位	工程量
1	01B001	轻质条板墙	①墙板种类：石膏空心条板墙 ②厚度：80mm ③砂浆配合比：石膏浆	m²	63.94

185

5 混凝土及钢筋混凝土工程

5.1 相关知识简介

混凝土及钢筋混凝土工程是建筑工程施工的主要劳务作业项目。由于钢筋混凝土结构是我国应用最广的一种结构形式,所以在建筑施工领域里钢筋混凝土工程无论在人力、物资消耗和对工期的影响方面都占有极其重要的地位。

混凝土及钢筋混凝土构件分为现浇和预制两种施工方法。现浇构件按照工程的设计部位支模现浇成构件,这种构件具有整体性好,制成后即不再移动(运输吊装等),不损耗,也不需要大型运输吊装设备。其缺点是消耗大量模板,施工进度受混凝土凝固时间的影响比较大。预制构件是在工厂或者在施工现场事先制成,经过运输起吊,安装在工程的设计部位上。这种构件的优点是,生产效率高,质量容易控制,节约模板,便于整个工程的机械化施工。

5.1.1 钢筋混凝土的一般知识

5.1.1.1 混凝土的概念

混凝土是由砂、碎石、水泥、水及外加剂等按适当比例配合,经拌匀、成型和硬化而制成的人造石材。混凝土是脆性材料,它具有较高的抗压强度,但抗拉强度很低,约为抗压强度的 $1/17 \sim 1/8$。

5.1.1.2 混凝土的强度

按国家标准《普通混凝土力学性能试验方法标准》GB/T 50081—2002,制作边长为150mm 的立方体试件,在标准条件(温度 20 ± 2℃,相对湿度 95% 以上)下,养护到 28d 龄期,测得的抗压强度值为混凝土立方体试件抗压强度,以 f_{cu} 表示,单位为 N/mm^2 或 MPa。

混凝土立方体抗压标准强度(或称立方体抗压强度标准值)是指按标准方法制作和养护的试件,用标准试验方法测得的抗压强度总体分布中具有不低于 95% 保证率的抗压强度值,以 $f_{cu,k}$ 表示。

混凝土强度等级是按混凝土立方体抗压标准强度来划分的,采用符号 C 与立方体抗压强度标准值(单位为 MPa)表示。普通混凝土划分为 C15、C20、C25、C30、C35、C40、C45、C50、C55、C60、C65、C70、C75 和 C80 共 14 个等级,C30 即表示混凝土立方体抗压强度标准值 $30MPa \leqslant f_{cu,k} < 35MPa$。混凝土强度等级是混凝土结构设计、施工质量控制和工程验收的重要依据。

混凝土结构在实际使用中,受压构件不是立方体,而是棱柱体。也不仅仅是轴心抗压，还有弯曲抗压、抗拉、抗裂等多种受力情况。混凝土是一种非匀质材料，因此它在受力方式不同时，其强度也各不相同。弯曲抗压强度比轴心抗压强度高，抗拉及抗裂强度比轴心抗压强度低很多。应根据构件的实际受力情况，采用由大量试验资料统计所得的各种设计强度。

5.1.1.3　钢筋混凝土结构用钢

钢筋混凝土结构用钢包括热轧钢筋、冷轧带肋钢筋、冷轧扭钢筋、预应力混凝土用热处理钢筋、预应力混凝土用钢丝和钢绞线等。

热轧钢筋是建筑工程中用量最大的钢材品种之一，主要用于钢筋混凝土结构和预应力混凝土结构的配筋。从外形可分为光圆钢筋和带肋钢筋，与光圆钢筋相比，带肋钢筋与混凝土之间的握裹力大，共同工作性能较好。

目前我国钢筋混凝土结构中常用的热轧钢筋品种、规格、强度标准值见表 5-1。

常用热轧钢筋的品种、规格及强度标准值　　　　　　　　　　表 5-1

牌号	符号	公称直径 d(mm)	屈服强度标准值 f_{yk}(N/mm²)	极限强度标准值 f_{stk}(N/mm²)
HPB300	Φ	6～22	300	420
HRB335 HRBF335	Φ Φ^F	6～50	335	455
HRB400 HRBF400 RRB400	Φ Φ^F Φ^R	6～50	400	540
HRB500 HRBF500	Φ Φ^F	6～50	500	630

HPB300 级钢筋（定额称Ⅰ级钢），属低碳钢，强度较低，外形为光圆，它与混凝土的粘结强度也较低，主要用作板的受力钢筋、箍筋以及构造钢筋。HRB335、HRB400 和 HRB500 级钢筋（定额称Ⅱ、Ⅲ、Ⅳ级钢）为热轧带肋钢筋低合金钢，是钢筋混凝土用的主要受力钢筋，HRBF335、HRBF400 和 HRBF500 为细晶热轧带肋钢筋，是我国规范提倡使用的钢筋品种。RRB400 级钢筋为余热处理钢筋，也可用作主要受力钢筋。

工程中常用的钢筋直径有 6.5mm、8mm、10mm、12mm、14mm、16mm、18mm、20mm、22mm、25mm、28mm、32mm、36mm、40mm 等。

5.1.1.4　混凝土强度等级的选用

钢筋混凝土结构的混凝土强度等级不宜低于C15。当采用 HRB335 级钢筋时不宜低于C20；当采用 HRB400 和 RRB400 级钢筋以及对承受重复荷载的构件，混凝土强度等级不得低于 C20。

预应力混凝土结构的混凝土强度等级不宜低于C30；当采用钢丝、钢绞线、热处理钢筋作预应力筋时，混凝土强度等级不宜低于C40。

5.1.1.5　混凝土与钢筋的粘结强度

在钢筋混凝土结构中，钢筋和混凝土所以能够共同工作，主要是依靠钢筋与混凝土之间的粘结作用，这个粘结作用是由以下三部分组成的。

（1）水泥浆凝结后与钢筋表面产生的胶结力；

（2）混凝土结硬收缩将钢筋握紧产生的摩擦力；

（3）钢筋表面的凸凹（指变形钢筋）或光面钢筋的弯钩与混凝土之间的机械咬合力。

钢筋与混凝土的粘结面上所能承受的平均剪应力的最大值称为粘结强度。粘结强度的大小取决于钢筋埋入混凝土中的长度、钢筋种类（直径、表面粗糙程度等）、混凝土强度等级等因素。光面钢筋与混凝土之间的粘结强度小，为了保证钢筋在混凝土中的粘结效果，要求在钢筋的端部，延长若干长度（锚固长度），并加做弯钩。变形钢筋与混凝土之间的粘结强度大，故变形钢筋端部可不做弯钩，按《混凝土结构设计规范》GB 50010—2010 规定的锚固长度，就可保证钢筋的锚固效果。

5.1.2 现浇混凝土基础

5.1.2.1 垫层

垫层的种类较多，主要有黏土、灰土和砂垫层；碎砖和碎砾石的三合土与四合土垫层；天然或人工级配的砂石垫层；干铺和灌浆的碎砖、毛石及碎（砾）石垫层；有筋、无筋的混凝土垫层；干铺或石灰或水泥石灰拌合的炉（矿）渣垫层等。

（1）黏土垫层。是先挖去基础下的部分土层或全部软弱土层，然后回填素土，分层夯实而成。黏土垫层材料主要有黏土和粉土，土料含水量大小直接影响垫层质量，主要用于不受地下水侵蚀的建筑物基础和底层地面垫层。

（2）灰土垫层。是用石灰和黏性土拌合均匀，然后分层夯实而成。灰土的土料应尽量采用基槽中挖出来的土，不得采用地表面种植土或冻土。土料应过筛，粒径不得大于15mm，石灰块需经过浇水粉化。一般常用的灰土体积配合比为 3∶7 或 2∶8。适用于一般黏性土地基加固，施工简单，取材方便，费用较低。

（3）砂垫层。是用夯（压、灌水）实的砂垫层替换基础下部一定厚度的软土层。主要用于建筑物的基础和底层地面，是作为处理软弱土层，进行地基排水加固的一种措施。砂垫层的材料，应采用质地坚硬不含草根、杂物和含泥量不超过 5% 的中砂或粗砂。

（4）三合土与四合土垫层。包括碎（砾）石三合土，碎砖三合土、碎（砾）石四合土、碎砖四合土四种。碎（砾）石或碎砖三合土所用材料为生石灰、砂、碎（砾）石或碎砖。

（5）级配砂石垫层。级配砂石垫层可分为天然级配砂石垫层和人工级配砂石垫层两种。级配是指大小颗粒之间的搭配，尽量减小孔隙率，增加密实度。砂石宜采用质地坚硬的中砂、粗砂、砾砂、碎（卵）石、石屑或其他工业废粒料。

（6）碎砖、碎石和毛石垫层。包括干铺和灌浆两种做法的垫层。干铺或灌浆碎砖、碎石和毛石垫层，系以碎砖、碎石和毛石分别与砂和砂浆拌合后而浇捣的垫层，采用的碎（砾）石粒经为 20～40mm，砂浆强度等级一般采用 M5.0 的水泥砂浆。

（7）混凝土垫层。是钢筋混凝土基础与地基土的中间层，用素混凝土浇制，作用是使其表面平整便于在上面绑扎钢筋，也起到保护基础的作用。混凝土垫层的厚度不应小于60mm，一般采用 C15 混凝土 100mm 厚。如有钢筋则不能称其为垫层，应视为基础底板。室内地面的混凝土垫层，应设置纵向缩缝和横向缩缝；纵向缩缝间距不得大于 6m，横向缩缝不得大于 12m。

5.1.2.2 钢筋混凝土基础

基础的类型很多，按基础的构造形式可分为独立基础、条形基础、井格基础、满堂基础（筏基及箱基）和桩基础。

（1）独立基础。独立基础是柱下基础的主要形式，如图 5-1 所示。

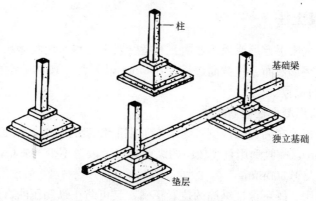

图 5-1 独立基础

（2）条形基础。当建筑物上部结构采用墙承重时，基础沿墙身设置呈长条形，这种基础为条形基础或带形基础，如图 5-2 所示。条形基础一般由垫层、大放脚和基础墙三部分组成。基础墙是指墙体地下部分的延伸部分。基础墙的下部做成台阶形，称为大放脚。做垫层是为了节约材料，降低造价和便于施工。

（3）井格基础。将独立基础沿纵向和横向连接起来，形成十字交叉的井格基础，如图 5-3 所示。

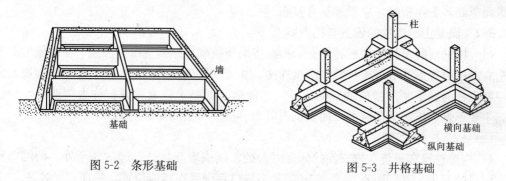

图 5-2 条形基础

图 5-3 井格基础

（4）满堂基础。满堂基础包括筏式基础和箱形基础。

筏式基础按结构形式分为板式结构和梁板式结构两类，前者板的厚度较大，构造简单；后者板的厚度较小，但增加了双向梁，构造较为复杂，如图 5-4 所示。

箱形基础是用钢筋混凝土将基础四周的墙、顶板、底板整浇成刚度很大的盒状基础，如图 5-5 所示。

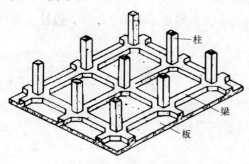

图 5-4 筏式基础

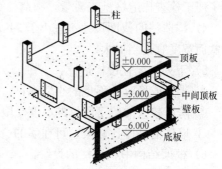

图 5-5 箱形基础

5.1.3 钢筋混凝土柱

钢筋混凝土柱常用正方形或矩形截面，有特殊要求时也采用圆形或多边形截面，装配式厂房柱则常用工字形截面。柱截面边长在 800mm 以下者，取 50mm 的倍数；800mm 以上者，取 100mm 的倍数。

5.1.3.1 现浇钢筋混凝土柱钢筋配置

柱中的受力筋布置在周边或两侧，为了增加钢筋骨架的刚度，纵筋的直径不宜过细，通常采用 12~32mm，一般选用直径较粗的纵筋为好，数量不少于 4 根。纵筋的净距不少于 50mm，也不应大于 300mm。

柱中箍筋的作用，既可保证纵筋的位置正确，又可防止纵筋压曲，从而提高柱的承载能力，柱中箍筋应做成封闭式。箍筋间距不应大于 400mm，且不应大于构件截面的短边尺寸，且不应大于 15d（d 为纵向钢筋的最小直径）。箍筋直径不应小于 d/4（d 为纵向钢筋的最大直径），且不小于 6mm。

当柱中全部纵向受力钢筋的配筋率超过 3% 时，则箍筋直径不宜小于 8mm，间距不应大于 10d（d 为纵向钢筋的最小直径），且不应大于 200mm，箍筋末端做成 135°弯钩，且弯曲末端平直段长度不应小于箍筋直径的 10 倍；箍筋也可焊成封闭环式。当柱截面短边尺寸大于 400mm 且各边纵向钢筋多于 3 根时，或当柱截面短边尺寸不大于 400mm，但各边纵向钢筋多于 4 根时，应设置复合箍筋。

5.1.3.2 混凝土构造柱的设置与构造要求

（1）钢筋混凝土构造柱的特性。为提高多层建筑砌体结构的抗震性能，在房屋的砌体内适宜部位设置钢筋混凝土柱并与圈梁连接，共同加强建筑物的稳定性，并按先砌墙后浇灌混凝土柱的施工顺序制成的混凝土柱。这种钢筋混凝土柱通常就被称为构造柱。构造柱，主要不是承担竖向荷载的，而是抗击剪力、抗震等横向荷载的。

（2）构造柱的设置

1）构造柱通常设置在楼梯间的休息平台处、纵横墙交接处、墙的转角处、墙端部和较大洞口的洞边，其间距不宜大于 4m。各层洞口宜设置在相应位置，并宜上下对齐。

2）女儿墙应设置构造柱，构造柱间距不宜大于 4m，构造柱应伸至女儿墙顶并与现浇钢筋混凝土压顶整浇在一起。对于突出屋顶的楼、电梯间，构造柱还须伸至顶部，并与顶部圈梁连接。

3）构造柱可不单独设置基础，一般从室外地坪以下 500mm 或基础圈梁处开始设置。为了便于检查构造柱施工质量，构造柱宜有一面外露。

4）构造柱的截面尺寸不宜小于 240mm×240mm，其厚度不应小于墙厚，边柱、角柱的截面宽度宜适当加大。

5）下列情况宜设构造柱：

① 受力或稳定性不足的小墙垛；

② 跨度较大的梁下墙体的厚度受限制时，于梁下设置；

③ 墙体的高厚比较大，可在墙的适当部位设置构造柱。

6）框架结构中构造柱的设置：

① 当无混凝土墙（柱）分隔的直段长度，120mm（或 100mm）厚墙超过 3.6m，

180mm（或 190mm）厚墙超过 5m 时，在该区间加混凝土构造柱分隔。

② 120mm（或 100mm）厚墙。当墙高小于等于 3m 时，开洞宽度小于等于 2.4m，若不满足时应加构造柱或钢筋混凝土水平系梁。

③ 180mm（或 190mm）厚墙。当墙高小于等于 4m 时，开洞宽度小于等于 3.5m，若不满足时应加构造柱或钢筋混凝土水平系梁。

④ 当填充墙长超过 2 倍层高或开了比较大的洞口，中间没有支撑，要设置构造柱加强，防止墙体开裂。

（3）构造柱与其他构件的连接

1）从施工角度讲，构造柱要与圈梁、地梁、基础梁整体浇筑。

2）构造柱建造过程中，必须先砌筑墙体后浇筑构造柱。

3）砖砌体与构造柱的连接处应砌成马牙槎，每一马牙槎高度不宜超过 300mm，并应沿墙高每隔 500mm 设 2ϕ6 拉结钢筋，且每边伸入墙内不宜小于 600mm，有抗震要求时不宜小于 1m。

4）对于纵墙承重的多层砖房，当需要在无横墙处的纵墙中设置构造柱时，应在楼板处预留相应构造柱宽度的板缝，并与构造柱混凝土同时浇灌，做成现浇混凝土带。现浇混凝土带的纵向钢筋不少于 4ϕ12，箍筋间距不宜大于 200mm。

（4）构造柱对钢筋和混凝土的要求

1）构造柱一般用 HPB300 级钢筋，构造柱的混凝土强度等级不宜低于 C20。

2）柱内竖向受力钢筋对于中柱不宜少于 4ϕ12，对于边柱、角柱不宜少于 4ϕ14，构造柱的竖向受力钢筋的直径也不宜大于 16mm。其箍筋一般部位宜采用 ϕ6、间距 200mm，在柱与圈梁相交的节点处应适当加密柱的箍筋，加密范围在圈梁上、下均不应小于 450mm 或 1/6 层高，箍筋间距不宜大于 100mm。

3）构造柱的竖向受力钢筋应在基础梁和楼层圈梁中锚固，并应符合受拉钢筋的锚固要求。

4）构造柱的竖向钢筋末端应做成弯钩，接头可以采用绑扎，其搭接长度宜为 35 倍钢筋直径。在搭接接头长度范围内的箍筋间距不应大于 100mm。

5.1.3.3 钢筋混凝土预制柱

（1）柱的作用及分类。柱是工业厂房中主要的承重构件，以承受由屋顶、吊车梁、外墙和支撑传来的荷载，并传给基础。柱的分类如下：

1）按柱在建筑中的位置分。在单层、单跨的工业厂房中，柱有纵向边柱、山墙抗风柱几种。

① 纵向边柱：主要承受屋顶和吊车梁等传来的竖向荷载和风荷载及吊车产生的纵向和横向的水平荷载，有时还承受墙、管道设备等其他荷载。

② 山墙抗风柱：主要承受由山墙上传来的水平风荷载，而不承受屋顶重量，它的下端插在杯形基础内，上端与屋架上弦弹性连接。图 5-6 是几种常用的钢筋混凝土柱。

2）按柱的外形和构造形式分。柱可分为单肢柱和

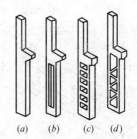

图 5-6 几种常用的钢筋
混凝土柱

（a）矩形柱；（b）工字形柱；（c）平腹
杆双肢柱；（d）斜腹杆双肢柱

双肢柱两大类。单肢柱常见的有矩形柱，工字形柱；双肢柱常见的有平腹杆柱、斜腹杆柱等，如图 5-6 所示。其特点说明如下：

① 矩形柱：外形简单，制作方便，抗扭性能好，但自重较大。

② 工字形柱：断面结构性能合理，自重较轻，在工业建筑中颇为常用。

③ 双肢柱：由两个肢柱用腹杆连接而成，能承受较大的荷载，但制作比较困难。

（2）柱的一般构造。柱的上部和中间局部常做成扩大部分，称为牛腿。牛腿可用作支承吊车梁、连系梁、屋架（或屋面大梁）用。

预制钢筋混凝土柱与其他结构构件（屋架梁、墙等）应有良好的连接，这是确保装配式结构具有较好整体性的一个重要环节。这些连接往往是通过柱子中的预埋铁件、插筋和牛腿等来完成的。

5.1.4 现浇混凝土梁

5.1.4.1 梁的性能和分类

梁是一种跨空结构。梁在荷载下发生弯曲，不同的梁弯曲情况也不同。悬臂梁受弯后上部受拉下部受压，简支梁受弯后下部受拉上部受压，连续梁受弯后跨中下部受拉上部受压，中间支座上部受拉下部受压。混凝土抗压强度很高，但抗拉强度很低。所以钢筋是放在梁的受拉区，梁的上部和下部是主要受力层，中间有一个既不受拉也不受压的中和层（也叫中和轴）。为了节约材料和减轻自重，常把梁的中间部分适当缩小。I 形梁、T 形梁等都是根据这个原理确定的断面形式。

梁的承受能力主要取决于梁的高度、钢筋含量和混凝土强度等级以及梁的跨度、荷载形式等。

梁的分类方法比较多，按梁的用途分为基础梁、墙梁、托架梁、吊车梁、连系梁、过梁、圈梁等；按形状分为矩形（断面）梁、异形（断面）梁、圆（弧）形梁等；按施工方法分为预制梁、现浇梁、叠合梁等；按受力特点分为单梁（简支梁）、连续梁、悬臂梁等。

5.1.4.2 钢筋混凝土梁的构造

（1）梁的截面。梁的截面高度 h 可根据刚度要求按高跨比（h/L）来估计，如简支梁高度为跨度的 $1/14\sim1/8$。梁高确定后，梁的截面宽度 b 可由常用的高宽比（h/b）来估计，矩形截面 $b=(1/2.5\sim1/2)h$；T 形截面 $b=(1/4\sim1/2.5)h$。

为了统一模板尺寸和便于施工，截面宽度取 50mm 的倍数。当梁高 h 不大于 800mm 时，截面高度取 50mm 的倍数，当 h 大于 800mm 时，则取 100mm 的倍数。

（2）梁的配筋。梁中的钢筋有纵向受力钢筋、弯起钢筋、箍筋、架立钢筋和腰筋等，如图 5-7 所示。

1）纵向受力钢筋。纵向受力筋的作用主要是承受由弯矩在梁内产生的拉力，直径通常采用 12～25mm。纵向

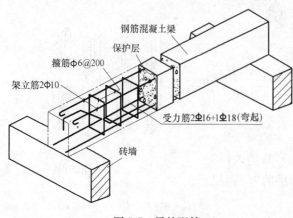

图 5-7 梁的配筋

受力筋一般放在梁的受拉一侧，其数量通过计算确定，一般不少于 2 根，为便于浇注混凝土，梁的上部纵向钢筋净距，不应小于 30mm 和 1.5d（d 为纵向钢筋的最大直径），下部纵向钢筋净距不应小于 25mm 和 1d。梁的下部纵向钢筋配置多于两层时，两层以上钢筋水平方向的中距应比下面两层的中距增大一倍。各层钢筋之间的净间距不应小于 25mm 和 1d。

2）弯起钢筋。弯起钢筋是由纵向受力筋弯起成型的。梁中弯起钢筋在跨中承受正弯矩产生的拉力，靠近支座的弯起段用来承受弯矩和剪力共同产生的主拉应力，弯起后的水平段可用于承受支座端的负弯矩。当梁高 h 不大于 800mm 时，弯起角度采用 45°；当梁高 h 大于 800mm 时，应采用 60°。

3）箍筋。箍筋的主要作用是承受由剪力和弯矩引起的主拉应力。同时，箍筋通过绑扎或焊接把其他钢筋联系在一起，形成一个空间的钢筋骨架。箍筋的最小直径与梁高有关，常用直径是 ϕ6mm、ϕ8mm。

箍筋的肢数分单肢、双肢及复合箍（多肢箍）。箍筋一般采用双肢箍，当梁宽 b 大于 400mm 且一层内的纵向受压钢筋多于 3 根时，或当梁宽 b 小于 400mm 但一层内的纵向受压钢筋多于 4 根时，应设置复合箍筋；梁截面宽度较小时，也可采用单肢箍。箍筋形式和肢数如图 5-8 所示。

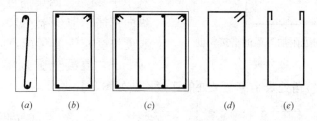

图 5-8　箍筋形式和肢数
(a) 单肢；(b) 双肢；(c) 四肢；(d) 封闭式；(e) 开口式

4）架立钢筋。为了固定箍筋的正确位置和形成钢筋骨架，在梁的受压区外缘两侧，布置平行于纵向受力筋的架立钢筋。架立筋还可承受因温度变化和混凝土收缩而产生的拉力，防止裂缝的产生。架立钢筋的直径与梁的跨度有关：当梁跨度小于 4m 时，直径不宜小于 8mm；当梁的跨度为 4～6m 时，直径不宜小于 10mm；当梁的跨度大于 6m 时，直径不小于 12mm。

5）腰筋。腰筋主要是为了防止梁侧由于混凝土的收缩或温度变形而引起的竖向裂缝，同时也能加强整个钢筋骨架的刚性。当梁的腹板高度 h_w 不小于 450mm 时，在梁的两个侧面沿高度配置纵向构造钢筋，称腰筋。腰筋的最小直径为 10mm，间距不应大于 200mm。此处的腹板高度 h_w：对矩形截面取有效高度；对 T 形截面取有效高度减翼缘高度（板厚）；对工形截面取腹板净高。

另外，在主梁和次梁相交的部位，为防止梁在交叉点被拉坏，需要设置吊筋来抵抗可能出现的裂缝。

（3）圈梁的设置与构造要求

1）车间、仓库、食堂等空旷的单层房屋应按下列规定设置圈梁。

① 砖砌体房屋，檐口标高为 5～8m 时，应在檐口标高处设置圈梁一道，檐口标高大于 8m 时，应增加设置数量。

② 砌块及料石砌体房屋，檐口标高为 4～5m 时，应在檐口标高处设置圈梁一道，檐口标高大于 5m 时，应增加设置数量。

2）宿舍、办公楼等多层砌体民用房屋，且层数为 3～4 层时，应在檐口标高处设置圈梁一道。当层数超过 4 层时，应在所有纵横墙上隔层设置，隔层设置圈梁的房屋，应在无圈梁的楼层增设配筋带。多层砌体工业房屋，应每层设置现浇钢筋混凝土圈梁。设置墙梁的多层砌体房屋应在托梁、墙梁顶面和檐口标高处设置现浇钢筋混凝土圈梁，其他楼层处应在所有纵横墙上每层设置。

3）圈梁宜连续地设在同一水平面上，并形成封闭状；当圈梁被门窗洞口截断时，应在洞口上部增设相同截面的附加圈梁。附加圈梁与圈梁的搭接长度不应小于其中到中垂直间距的二倍，且不得小于 1m，如图 5-9 所示。

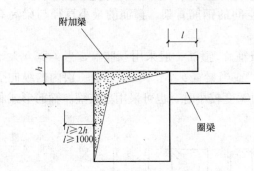

图 5-9 洞口处附加圈梁的搭接长度

4）钢筋混凝土圈梁的宽度宜与墙厚相同，当墙厚 h 不小于 240mm 时，其宽度不宜小于 $2h/3$。圈梁高度不应小于 120mm。纵向钢筋不应少于 $4\phi10$，绑扎接头的搭接长度按受拉钢筋考虑，箍筋间距不应大于 300mm，混凝土强度等级一般不宜低于 C20。圈梁在房屋转角处及丁字交叉处的连接构造如图 5-10 所示。

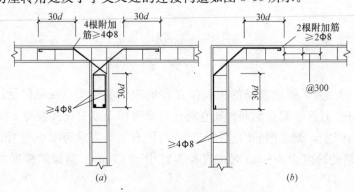

图 5-10 圈梁连接构造

(a) 丁字交叉处连接构造；(b) 转角处连接构造

5）当抗震设防烈度为 6 度 8 层、7 度 7 层和 8 度 6 层时，应在所有楼（屋）盖处的纵横墙上设置混凝土圈梁，圈梁的截面尺寸不应小于 240mm×180mm，圈梁主筋不应少于 $4\phi12$，箍筋 $\phi6$、间距 200mm。

5.1.5 钢筋混凝土楼板

5.1.5.1 钢筋混凝土楼板的分类

（1）钢筋混凝土楼板按制作地点分为现浇板和预制板两大类。现浇板通常分为有梁板

（包括肋形板和井式板）、无梁板（厚度大于 120mm）和平板（包括挡水翻沿）。预制板通常分为实心平板、槽形板和空心板。

（2）现浇钢筋混凝土楼板按其支承条件不同，可分为板式楼板、梁式楼板、无梁楼板、压型钢板混凝土组合楼板等。

（3）钢筋混凝土楼板按施工方式不同，有现浇整体式、预制装配式和装配整体式三种类型。

5.1.5.2 现浇整体式钢筋混凝土楼板

现浇钢筋混凝土楼板是在施工现场将整个楼板浇筑成整体。它的优点是：整体性好，可塑性好，便于预留孔洞。

（1）板式楼板。将楼板现浇成一块平板，并直接支承在墙上，这种楼板称为板式楼板。板式楼板底面平整，便于支模施工，是最简单的一种形式，适用于平面尺寸较小的房间（如住宅中的厨房、卫生间等）以及公共建筑的走廊。

（2）梁式楼板。对平面尺寸较大的房间或门厅，若仍采用板式楼板，会因板跨较大而增加板厚。这不仅使材料用量增多，板的自重加大，而且使板的自重在楼板荷载中所占的比重增加。为此，应采取措施控制板的跨度，通常可在板下设梁来增加板的支点，从而减小板跨。这时，楼板上的荷载先由板传给梁，再由梁传给墙或柱。这种由板和梁组成的楼板称为梁式楼板。

梁式楼板通常在纵横两个方向都设置梁，有主梁和次梁之分。主梁和次梁的布置应整齐有规律，并应考虑建筑物的使用要求、房间的大小形状以及荷载作用情况等。一般主梁沿房间短跨方向布置，次梁则垂直于主梁布置。对短向跨度不大的房间，可只沿房间短跨方向布置一种梁即可。梁应避免搁置在门窗洞口上。在设有重质隔墙或承重墙的楼板下部也应布置梁。

另外，梁的布置还应考虑经济合理性。

一般主梁的经济跨度为 5～8m，高度为跨度的 1/14～1/8，宽度为高度的 1/3～1/2。

次梁的跨度（即主梁的间距），一般为 4～6m，高度为跨度的 1/18～1/12，宽度为高度的 1/3～1/2。次梁的间距（即板的跨度），一般为 1.7～2.7m。

板的厚度一般为 60～80mm。

对平面尺寸较大且平面形状为方形或近于方形的房间或门厅，可将两个方向的梁等间距布置，并采用相同的梁高，形成井字形梁，无主梁和次梁之分，这种楼板称为井字梁式楼板或井式楼板，它是梁式楼板的一种特殊布置形式。井式楼板的梁通常采用正交正放或正交斜放的布置方式，由于布置规整，故具有较好的装饰性，一般多用于公共建筑的门厅或大厅。

（3）无梁楼板。对平面尺寸较大的房间或门厅，也可以不设梁，直接将板支承在柱子上，这种楼板称为无梁楼板。分无柱帽和有柱帽两种类型，当荷载较大时，为避免楼板太厚，应采用有柱帽无梁楼板，以增加板在柱上的支承面积。无梁楼板的柱网一般布置成方形或矩形，以方形柱网较为经济，跨度一般不超过 6m，板厚通常不小于 120mm。

无梁楼板的底面平整，增加了室内的净空高度，有利于采光和通风，但楼板厚度较大。这种楼板适用于活荷载较大的商店、仓库等建筑。

（4）压型钢板混凝土组合楼板。压型钢板混凝土组合楼板是在型钢梁上铺设压型钢板，以压型钢板作衬板来现浇混凝土，使压型钢板和混凝土浇筑在一起共同工作。

5.1.5.3 预制装配式钢筋混凝土楼板

预制装配式钢筋混凝土楼板是将楼板在预制厂或施工现场预制，然后在施工现场装配而成。这种楼板可节省模板，改善劳动条件，提高劳动生产率，加快施工速度，缩短工期，但楼板的整体性较差。

（1）预制钢筋混凝土楼板类型

1）实心平板：跨度不超过 2.5m，板宽 500～1000mm，板厚为跨度的 1/30，常用 50～80mm。

2）槽形板：跨度 3～7.2m，板宽 600～1200mm，板厚 30～35mm。

3）空心板：跨度 2.4～6m，板宽 500～1200mm，板厚 110～240mm。

（2）板在墙上的搁置。板在墙上必须具有足够的搁置长度，一般不宜小于 100mm。为使板与墙有较好的连接，在板安装时，应先在墙上铺设水泥砂浆即坐浆，厚度不小于 10mm。板安装后，板端缝内须用细石混凝土或水泥砂浆灌实。若采用空心板，在板安装前，应在板的两端用砖块或混凝土堵孔，以防板端在搁置处被压坏，同时，也可避免板缝灌浆时细石混凝土流入孔内，还可提高其围护性能。

（3）板在梁上的搁置。板在梁上的搁置方式有两种：一种是搁置在梁的顶面，如矩形梁；另一种是搁置在梁出挑的翼缘（即梁肩）上，如花篮梁。后一种搁置方式，板的上表面与梁的顶面相平齐，若梁高不变，楼板结构所占的高度就比前一种搁置方式小一个板厚，使室内的净空高度增加。但应注意板的跨度并非梁的中心距，而是减去梁顶面宽度之后的尺寸。

板搁置在梁上的构造要求和做法与搁置在墙上时基本相同，只是板在梁上的搁置长度不小于 60mm。

5.1.5.4 装配整体式钢筋混凝土楼板

装配整体式钢筋混凝土楼板是一种预制装配和现浇相结合的楼板类型。

（1）叠合式楼板。在预制板吊装就位后再现浇一层钢筋混凝土与预制板结合成整体。

叠合式楼板常用做法是在预制板面浇 30～50mm 厚钢筋混凝土现浇层或将预制板缝拉开 60～150mm 并配置钢筋，同时现浇混凝土现浇层。

（2）密肋空心砖楼板。密肋空心砖楼板通常是以空心砖或空心矿渣混凝土块作为肋间填块，现浇密肋和板而成的。

（3）预制小梁现浇板。这种楼板是在预制小梁上现浇混凝土板，小梁截面小而密排，通常板跨为 500～1000mm，小梁高为跨度的 1/25～1/20，梁宽常为 70～100mm。现浇板厚 50～60mm。

（4）混凝土（叠合箱）网梁楼盖。混凝土（叠合箱）网梁楼盖是一种新型的楼盖形式，是箱形截面的密肋楼盖。楼盖由小型预制构件混凝土"叠合箱"与现浇混凝土"肋梁"结合成梁板合一、具有连续箱形截面的整体楼盖。

1）叠合箱。叠合箱由预制高强度钢筋混凝土底板、轻质材料侧板（充当肋梁侧壁模板）和预制高强度钢筋混凝土顶板组成，如图 5-11 所示。箱体及箱体剖面结构如图 5-12 所示。

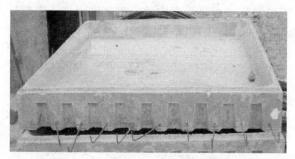

图 5-11 预制高强度钢筋混凝土底板

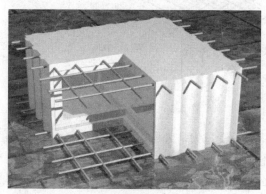

图 5-12 箱体及箱体剖面结构

① 叠合箱平面尺寸系列（mm）：1000×1000、1000×700、1000×500、1000×300、700×700、700×500、500×500 等。

② 叠合箱侧壁为薄壁，厚度为 8～12mm。

③ 叠合箱顶板、底板厚度可按结构不同部位进行调整，顶板最小厚度为 40mm，最大厚度 120mm。底板最小厚度可为 30mm（不考虑受力时），考虑受力时不小于 40mm。需要受压区混凝土较大时，其厚度做到 100mm。

④ 叠合箱外伸的受力拉接筋应按计算配置，考虑受力时应与周边肋梁筋相匹配，钢筋间距一般不大于 100mm。

2）肋梁。肋梁为叠合箱四周宽度为 100～120mm，高度与叠合箱等高的连接梁，采用普通混凝土现浇而成，与叠合箱结合成整体楼盖。

3）混凝土（叠合箱）网梁楼盖组合。依据工程面积需求由数个叠合箱与肋梁组合成蜂巢构造的网梁楼盖。

4）网梁楼盖适用范围。适用于大跨度、大空间的各类多层、高层建筑的楼盖，如商场、多层仓库、多层厂房、大会议厅、图书馆、地下车库、多层车库、人防建筑、教学楼、电视演播厅、写字楼、办公楼、阶梯教室、小型体育馆等。

5.1.5.5 钢筋混凝土板的构造

（1）板的厚度。板的厚度应满足承载力、刚度和抗裂的要求，从刚度条件出发，板的最小厚度对于单跨板不得小于 $L_0/35$，对于多跨连续板不得小于 $L_0/40$（L_0 为板的计算跨度），如板厚满足上述要求，即不需作挠度验算。一般现浇板板厚不宜小于 60mm。

(2) 板的配筋。钢筋混凝土板是受弯构件，按其作用分为底部受力筋、上部负筋（或构造筋）、分布筋几种（图 5-13）。

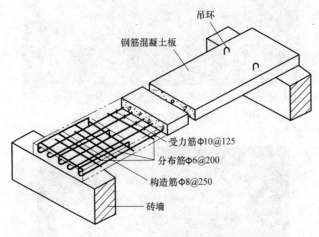

图 5-13　板内钢筋的配置

1）受力筋。主要用来承受拉力。悬臂板及地下室底板等构件的受力钢筋的配置是在板的上部。当板为两端支承的简支板时，其底部受力钢筋平行跨度布置；当板为四周支承并且其长短边之比值大于 2 时，板为单向受力，叫单向板，其底部受力钢筋平行短边方向布置；当板为四周支承并且其长短边之比值不大于 2 时，板为双向受力，叫双向板，其底部纵横两个方向均为受力钢筋。

板中受力钢筋的常用直径：板厚 h 小于 100mm 时，为 6～8mm；h 在 100～150mm 之间时，为 8～12mm；h 大于 150mm 时，为 12～16mm；采用现浇板时受力钢筋不应小于 6mm，预制板时不应小于 4mm。

板中受力钢筋的间距，一般不小于 70mm，当板厚 h 不大于 150mm 时，间距不宜大于 200mm，当 h 大于 150mm 时，不宜大于 $1.5h$ 或 250mm。板中受力钢筋一般距墙边或梁边 50mm 开始配置。当板中的受力钢筋需要弯起时，其弯起角度为 30°。

2）分布钢筋。分布钢筋布置在受力钢筋的内侧，与受力钢筋垂直；交点用细钢丝绑扎或焊接，其作用是固定受力钢筋的位置并将板上荷载分散到受力钢筋上，同时也能防止因混凝土的收缩和温度变化等原因，在垂直于受力钢筋方向产生的裂缝。

分布钢筋的间距不宜大于 250mm，直径不宜小于 6mm。对集中荷载较大的情况，分布钢筋的截面面积应适当增加，其间距不宜大于 200mm。在温度、收缩应力较大的现浇板区域内，钢筋间距宜为 150～200mm，并应在板的配筋表面布置温度收缩钢筋。分布钢筋应配置在受力钢筋的弯折处及直线段内，在梁的截面范围内可不配置。

3）构造钢筋。为了避免板受力后，在支座上部出现裂缝，通常是在这些部位上部配置受拉钢筋，这种钢筋称为负筋。

对于支承结构整体浇筑或嵌固在承重砌体墙内的现浇混凝土板，应沿支承周边配置上部构造钢筋，其直径不宜小于 8mm，间距不宜大于 200mm。伸入板内的长度：对嵌固在承重砌体墙内的板不宜小于板短边跨度的 1/7，在两边嵌固于墙内的板角部分不宜小于板短边跨度的 1/4（双向配置）；对周边与混凝土梁或墙整体浇筑的板不宜小于受力方向板计算跨度的 1/5（单向板）、1/4（双向板）。

当现浇板的受力钢筋与梁平行时，应沿梁长度方向配置间距不大于 200mm，且与梁垂直的上部构造钢筋，其直径不宜小于 8mm，伸入板内的长度不宜小于板计算跨度 L_0 的 1/4。

5.1.6　钢筋混凝土墙

5.1.6.1　轻型框剪墙

轻型框剪墙是近几年出现的新的结构形式。该结构形式与混凝土框架结构相比，有混凝土用量小、结构框架灵活、施工方便等特点，一般用于高层住宅工程。轻型框剪墙中的柱、梁、墙厚度相同，且与其间的砌体（多为新型墙体材料）厚度相同，柱（靠暗配钢筋体现）的断面形式可根据需要做成"T"、"L"、"一"、"十"字等形状，与上部梁（靠暗配钢筋体现）相连。柱、梁、墙之间没有明显的界限区分。由于轻型框剪墙中的混凝土柱、梁、墙浇筑内容相差不大，故定额仅设一个子目。

5.1.6.2　轻体墙填充混凝土

轻体墙填充混凝土适用于空心砌块墙的空心内填充混凝土的情况。空心砌块墙的转角处，在水平方向的一定范围内，向墙体的空心处灌注混凝土，并配以竖向钢筋（与水平方向的墙体拉结筋连接），形成与构造柱作用相同的芯柱，加强空心砌块墙的拉结力和牢固性。芯柱在墙厚方向上的宽度，为空心同方向的内径尺寸；在墙长方向上的长度，根据建筑物高度和抗震设防的要求，不尽相同，但最少不得小于 3 个空心孔洞；芯柱在平面上的设置部位，按设计规定。

5.1.7　钢筋混凝土楼梯、阳台和雨篷

钢筋混凝土楼梯具有较好的结构刚度和耐久、耐火性能，并且在施工、造型和造价等方面也有较多优点，故应用最为普遍。

钢筋混凝土楼梯按施工方法不同，主要有现浇整体式和预制装配式两类。

5.1.7.1　现浇整体式钢筋混凝土楼梯

现浇钢筋混凝土楼梯的整体性好，刚度大，有利于抗震，但模板耗费大，施工期较长。一般适用于抗震要求高、楼梯形式和尺寸特殊或施工吊装有困难的建筑。现浇钢筋混凝土楼梯按梯段的结构形式不同，有板式楼梯和梁式楼梯两种。

（1）板式楼梯。整个梯段是一块斜放的板，称为梯段板。板式楼梯通常由梯段板、平台梁和平台板组成。梯段板承受梯段的全部荷载，通过平台梁将荷载传给墙体。必要时，也可取消梯段板一端或两端的平台梁，使梯段板与平台板连成一体，形成折线形的板直接支承于墙上。

板式楼梯的梯段底面平整，外形简洁，便于支模施工。但是，当梯段跨度较大时，梯段板较厚，自重较大，钢材和混凝土用量较多，不经济。当梯段跨度不大时（一般不超过 3m），常采用板式楼梯。

（2）梁式楼梯。楼梯梯段是由踏步板和梯段斜梁（简称梯梁）组成。梯段的荷载由踏步板传递给梯梁，再通过平台梁将荷载传给墙体。梯梁通常设两根，分别布置在踏步板的两端。梯梁与踏步板在竖向的相对位置有两种：明步和暗步。

梁式楼梯比板式楼梯的钢材和混凝土用量少、自重轻,但支模和施工较复杂。当荷载或梯段跨度较大时,采用梁式楼梯比较经济。

5.1.7.2 阳台

阳台是楼房各层与房间相连并设有栏杆的室外小平台,是居住建筑中用以联系室内外空间和改善居住条件的重要组成部分。阳台主要由阳台板和栏杆扶手组成。阳台板是阳台的承重结构,栏杆扶手是阳台的围护构件,设于阳台临空一侧。栏杆扶手的高度不应低于1.05m,高层建筑不应低于1.1m。阳台地面低于室内地面30~60mm,沿排水方向作排水坡,布置排水设施使排水通畅。

阳台按其与外墙的相对位置分为挑阳台、凹阳台、半凹半挑阳台、转角阳台。结构处理有挑梁式、挑板式、压梁式及墙承式。

5.1.7.3 雨篷

雨篷是指在建筑物外墙出入口的上方用以挡雨并有一定装饰作用的水平构件。多为悬挑式,悬挑0.9~1.5m。顶部抹防水砂浆20mm厚。

5.1.7.4 通风道、烟道

通风道、烟道,也称排风(气)道、烟道。用于排除厨房炊事活动产生的烟气或卫生间浊气的管道制品。是住宅厨房、卫生间共用排气管道系统的组成部分。是由水泥加耐碱玻璃纤维网或钢丝网及其他增强材料预制成的通风道制品。它具有自重轻、强度高、不变形、韧性好、耐腐蚀、便于安装、隔声性能好、吸水率低、不易破坏等特点,广泛应用于住宅建筑和公用建筑。

图集88JZ8规格:(550~320mm)×(450~250mm);图集07J916规格:(650~250mm)×(600~200mm)。

5.1.8 混凝土工程施工

5.1.8.1 混凝土的施工配料

(1)施工配合比换算。

假设实验室配合比为:水泥:砂:石子$=1:x:y$,并测得现场砂、石含水率分别为W_x、W_y,则换算后的施工配合比为:$1:(1+W_x)x:(1+W_y)y$,水灰比$W/C=$水的质量/水泥质量,换算前后不能改变。

(2)施工配料:

水泥:C;砂子:$(1+W_x)\cdot x\cdot C$;石子:$(1+W_y)\cdot y\cdot C$;水:$W-CW_xx-CW_yy$。

5.1.8.2 混凝土的搅拌

混凝土的搅拌就是将水、水泥和粗细骨料(砂、石)进行均匀拌合及混合的过程。同时,通过搅拌,还要使材料达到强化、塑化的目的。混凝土的搅拌方法有人工搅拌和机械搅拌两种。

搅拌机的规格是以其出料容量(m³)×1000标定规格的,常用的有:50L、150L、250L、350L、500L、750L、1000L、1500L、3000L等。

混凝土搅拌时间从全部材料都投入搅拌筒起,到开始卸料为止所经历的时间。混凝土投料顺序有一次投料法、二次投料法和水泥裹砂法等。投料允许偏差:水泥、外加剂、搅拌水为±2%;粗、细骨料为±3%。

混凝土在搅拌时应严格控制施工配合比；搅拌机应在搅拌前加适量水运转；搅拌第一盘混凝土时，考虑到筒壁上粘附砂浆的损失，石子用量应按配合比规定减半；装料必须在转筒正常运转之后进行。因故（如停电）停机时，应立即设法将筒内的混凝土取出，以免凝结；搅拌好的混凝土要卸净，不能采取边出料边进料的方法；搅拌工作全部结束后应立即清洗料筒内外。

5.1.8.3 混凝土的运输

混凝土运输过程中应不产生分层、离析现象，保持混凝土的均匀性；保证设计所规定的流动性；应使混凝土在初凝前浇筑并振捣完毕；运输工作应保证混凝土浇筑工作连续进行；以最少的转运次数，最短的时间运至浇筑地点；运输工具应严密，不吸水，不漏浆。

混凝土的运输分为水平运输和垂直运输。水平运输又分为地面运输和楼面运输。混凝土在运输过程中要求道路平坦，运输线路尽量短而且直。

5.1.8.4 混凝土的浇筑与振捣

（1）混凝土浇筑。混凝土应在初凝前浇筑；浇筑前不应有离析现象，否则需重新搅拌；混凝土的自由下落高度不宜超过 2m，否则应设溜槽或串筒下落；必须分层浇筑，分层厚度符合规定；浇筑深而窄的结构时，应先在底部浇筑一层厚 50~100mm 与混凝土内砂浆成分相同的水泥砂浆或先在底部浇筑一部分"减半石混凝土"。这样可避免产生蜂窝麻面现象；尽可能连续浇筑，如必须间歇，最大间歇时间应符合规定。

（2）框架结构混凝土浇筑。一般先按结构层划分施工层，并在各层划分施工段分别浇筑。同一施工段内每排柱子应从两端同时浇筑并向中间推进，以防柱模板由一侧向另一侧倾斜。每一施工层应先浇筑柱和墙，并连续浇筑到顶。停 1~1.5h 后等柱和墙有一定强度后再浇筑梁和板混凝土，梁和板的混凝土应同时浇筑。

（3）混凝土的振捣。混凝土的捣实方法有人工捣实和机械振捣两种。机械振捣最常用。

5.1.8.5 混凝土的养护

混凝土养护的目的是为混凝土硬化创造必需的温度、湿度条件，防止水分过早蒸发或冻结，防止混凝土强度降低并出现收缩裂缝，脱皮起砂现象。

混凝土的养护方法有自然养护和蒸汽养护两种，蒸汽养护一般用于预制构件。混凝土的自然养护是指平均气温高于 +5℃ 的条件下在一定时间内使混凝土保持湿润状态。混凝土的自然养护又分为洒水养护和喷洒塑料薄膜养生液养护等。洒水养护可以用麻袋、苇席、草帘、锯末或砂等覆盖混凝土并及时浇水保持湿润。养护日期以达到标准养护条件下 28d 强度的 60% 为止。一般用硅酸盐水泥、普通硅酸盐水泥和矿渣硅酸盐水泥拌制的混凝土，养护时间不少于 7d；掺有缓凝剂或有抗渗要求的混凝土，养护时间不少于14d。洒水次数以能保证湿润状态为宜。喷涂薄膜养护适用于不易洒水养护的高耸建筑物等结构。它是在混凝土浇筑后 2~4h 用喷枪把塑料溶液、醇酸树脂或沥青乳胶喷涂在混凝土表面，溶液挥发后，会在混凝土表面上结成一层薄膜，以阻止内部水分蒸发而起到养护作用。

5.1.9 预应力混凝土工程

预应力混凝土即在构件的受拉区预先施加压力产生预压应力。当构件在荷载作用下产生拉应力时，首先要抵消预压应力。然后随荷载不断增加，受拉区混凝土才受拉开裂，从而推迟了裂缝出现和限制裂缝开展，提高构件的抗裂度和刚度。

预应力混凝土的优点是：易于满足裂缝控制的要求；能充分利用高强度材料；能提高构件刚度，减小变形。

预应力按施加预应力的方法不同有先张法、后张法和电热法。

5.1.9.1 先张法

(1) 先张法及其特点。

1) 概念。在混凝土浇筑之前，在台座或钢模板上张拉钢筋，并用夹具将张拉完毕的预应力筋临时固定在台座的横梁或钢模上，然后浇筑混凝土。当混凝土强度达到规定强度时，放松预应力筋，利用钢筋的回弹对混凝土产生预压应力，这种施工方法称为先张法。

2) 特点。

① 工艺简单，工序少，效率高，质量好，成本较低；

② 适用于工厂化大批量生产定型的中小型预应力混凝土构件。如预应力楼板、屋面板、中小型吊车梁、檩条等；

③ 预应力的建立和传递是靠钢筋和混凝土间的粘结力传递给混凝土的。

(2) 先张法施工工艺。先张法施工的工序为：台座准备→刷隔离剂→铺放预应力筋→张拉→安装模板→浇筑混凝土→混凝土养护→拆模→放松（切断）预应力筋→出槽堆放。

1) 预应力筋的铺设。铺放前涂隔离剂，但不应沾污预应力筋，以免影响粘结力。铺设时采用牵引车，长度不足时可利用拼接器连接。

2) 预应力筋的张拉。

预应力筋的张拉有两种：

第一种：σ 由 $0 \xrightarrow{\text{持荷 2min}} 1.05\sigma_{con} \longrightarrow \sigma_{con}$

第二种：σ 由 $0 \longrightarrow 1.03\sigma_{con}$（一次超张拉）

张拉应力应在稳定的速率下逐渐加大拉力，并保证使拉力传到台座或横梁上，而不应使钢丝夹具产生次应力。锚固时敲击锚塞用力应均匀，防止由于用力大小不同而使各钢丝应力不同。张拉完毕用夹具锚固后，张拉设备应逐步放松，以免冲击张拉设备或夹具。

施工中应注意安全，张拉时，正对钢筋两端禁止站人，防止钢筋（丝）被拉断后从两端冲出伤人。敲击锚塞时，也不应用力过猛，当气温低于2℃时，应考虑钢丝易脆断的危险。

3) 混凝土的浇筑与养护。

① 浇筑：混凝土的浇筑必须一次完成，不能留设施工缝。确定混凝土配合比时应控制水泥用量并采用低水灰比；浇筑时振捣器不应碰撞钢丝或踩动钢丝；当叠层生产时，平均温度高于20℃时，可两天一层，气温较低时应采取措施缩短养护时间。

② 养护：采用自然养护或蒸汽养护。采用蒸汽养护时，为了减少温差所引起的预应力损失，应采取"两次升温法"养护。使温差在20℃内，等混凝土强度达到10N/mm² 后，再将温度升到规定值养护。

4) 预应力筋的放张。预应力筋的放松（或切断）必须等混凝土强度满足设计要求后才可以进行。当设计没有要求时，混凝土强度须达到设计强度标准值的75%以上才能放松或切断预应力筋。放松前应先拆除模板，使钢筋能自由回缩，以免损坏模板或构件开裂。

5.1.9.2 后张法

(1) 后张法及其特点。

1) 概念。后张法是在构件制作成型时，在设计规定的位置上预留孔道，待混凝土强度达到设计规定的数值后，穿入预应力筋，进行张拉，并用锚具把预应力筋锚固在构件上，然后进行孔道灌浆，这种施工方法称后张法。

2) 特点。

① 直接在构件上张拉，不需要专门的台座，不需要大型场地；

② 适于现场生产大型构件（特别是大跨度构件，可以避免运输，如薄腹梁、吊车梁、屋架等）；

③ 施工工艺、操作复杂，造价较高；

④ 预应力的建立和传递靠构件两端的工作锚具。

(2) 锚具及预应力筋的制作。

1) 锚具。对锚具的要求工作可靠，构造简单，施工方便，预应力损失小，成本低。

2) 预应力筋的制作。

① 单根粗钢筋。

A. 适用的锚具：锚固单根粗钢筋时张拉端一般采用螺钉端杆锚具；固定端一般采用帮条锚具或拉头锚具。

B. 预应力筋制作：单根粗钢筋制作一般包括配料、对焊、冷拉等工序。计算时应考虑焊接接头的压缩量、镦头的预留量、冷拉伸长值、弹性回缩值、张拉伸长值等。

② 钢筋束和钢绞线束：

A. 适用的锚具：JM-12 型、XM 型、QM 型、镦头锚具。

B. 预应力筋制作：钢筋束的制作工序为：开盘冷拉→下料→编束。

③ 钢丝束：

A. 适用的锚具：钢丝束一般由几根到几十根直径 3～5mm 平行的碳素钢丝组成，适用的锚具有钢质锥形锚具、XM 型锚具和钢丝束镦头锚具等。

B. 钢丝束的制作：钢丝束的制作包括调直→下料→编束→安装锚具。

(3) 后张法施工工艺。

后张法施工工序为：安装模板→安装钢筋骨架→埋管制孔→浇筑混凝土→抽芯管→养护→拆模→清理孔道→穿筋→张拉预应力筋→孔道灌浆及养护→起吊运输。

1) 孔道留设。

① 孔道形状：孔道形状有：直线、曲线、折线三种。

② 孔道成型：

A. 基本要求：孔道尺寸、位置正确；孔道平顺、端部预埋件钢板垂直孔道中心线。

B. 成型方法：采用钢管抽芯、胶管抽芯、预埋波纹管等方法。

2) 预应力筋张拉

① 张拉时对混凝土构件强度的要求：后张法施工进行预应力筋张拉时，要求混凝土强度应符合设计要求，如果设计没有要求，应在混凝土强度达到不低于设计强度标准值的 75% 时张拉。

② 张拉顺序：应分批、分阶段、对称地张拉。

③ 张拉制度：

A. 采用两端张拉或一端张拉。

B. 对平卧叠浇的预应力混凝土构件，宜先上后下逐层张拉。

C. 张拉程序：

$$0 \longrightarrow 1.05\sigma_{con} \xrightarrow{\text{持荷 2min}} \sigma_{con}$$

$$0 \longrightarrow 1.03\sigma_{con}$$

D. 张拉过程中，预应力钢材断裂或滑脱的数量，对后张法构件，严禁超过结构同一截面预应力钢材总根数的 3%，且一束钢丝只允许一根。

E. 锚固阶段，张拉端预应力筋的内缩量不宜超过规定。

3）孔道灌浆

① 孔道灌浆的作用是保护预应力筋，防止锈蚀；使预应力筋与构件混凝土粘结成整体，以提高构件抗裂性及承载力。

② 施工前要先清洗和湿润孔道。灌浆顺序一般为先下层后上层，灌浆应缓慢、均匀进行，中途不得中断，并应排气通顺，直到排气孔排出空气→水→稀浆→浓浆时为止。灌浆压力为 $0.4 \sim 0.6 \text{N/mm}^2$，在灌满并封闭排气孔后，再加压 $0.5 \sim 0.6 \text{N/mm}^2$，再封闭灌浆孔并移动构件。对于不掺外加剂的水泥浆可以采用二次灌浆法，以提高孔道灌浆的密实性。

5.1.10　结构安装工程

结构安装工程是利用起重和运输机械把预制构件或构件组合的单元，安放到设计要求的位置上的工艺过程。

5.1.10.1　起重机械

结构安装工程常用的起重机械主要有自行式起重机（包括履带式、汽车式及轮胎式起重机）、桅杆式起重机及塔式起重机。

（1）自行式起重机。优点：灵活性大、移动方便、能为整个建筑工地服务。到现场后直接可投入使用，不需要再安装和拼接。缺点：稳定性较差。

（2）塔式起重机。塔式起重机是一种有一个直立的塔身、起重臂能回转的起重机械。

按起重能力大小分为轻型塔式起重机，用于 6 层以下民用建筑施工；中型塔式起重机，适用于一般工业建筑及高层民用建筑；重型塔式起重机，用于重工业厂房的施工及高炉等设备的吊装。

按结构与性能特点分为一般塔式起重机和自升塔式起重机。塔式起重机的选择应根据房屋的高度与平面尺寸、构件的重量与所在位置，以及现有机械设备条件而定。

一般塔式起重机的布置方案主要取决于房屋的平面形状、构件重量、起重机的性能以及施工现场的地形等条件。

（3）桅杆式起重机。桅杆式起重机制作简单，装拆方便，能在较狭窄的场地使用；起重量较大（可达 100t 以上）；不受电源的限制（无电源时，可用人工绞）；能安装其他起重机械不能安装的特殊工程和重大结构。但服务半径小，移动较困难，需拉设较多的缆风绳。适于安装工程量较集中的工程。

5.1.10.2 索具设备

（1）卷扬机。卷扬机有快速和慢速两种。卷扬机在使用时必须有可靠的锚固，以防止在工作时产生滑移或倾覆。固定方法：螺栓锚固法、水平锚固法、立桩锚固法及压重物锚固法。

（2）滑轮组。滑轮组是由一定数量的定滑轮和动滑轮以及绳索组成的。

（3）钢丝绳。钢丝绳是先由若干根钢丝捻成股，再由若干股围绕绳芯捻成绳。常用钢丝绳一般有 6×19、6×37、6×61 三种。

6×19——质地硬不能用来捆绑，多用于缆风绳；

6×37——用作穿滑轮组、绑构件、作吊索；

6×61——最柔软、用作起重机钢丝绳。

（4）吊装工具。

① 吊索（千斤绳）：吊索的作用主要是用来绑扎构件以便起吊，吊索有两种，一种是环状吊索，又称万能吊索，另一种是开式吊索，又称轻便吊索或 8 股头吊索。

② 卡环（卸甲）：卡环用于吊索与吊索或吊索与构件吊环之间的连接。卡环由弯环和销子组成。

③ 吊钩：吊钩有单钩和双钩两种。吊装时一般用单钩，双钩多用于桥式或塔式起重机上。使用时，表面应光滑，不得有剥裂、刻痕、锐角、裂缝等缺陷。吊钩不得直接钩在构件的吊环中。

④ 钢丝绳卡扣：主要用来固定钢丝绳端。

⑤ 花篮螺钉：花篮螺钉是利用丝杠进行伸缩，能调节钢丝绳的松紧，可以在构件运输中捆绑构件，在安装校正中松紧缆风绳。

⑥ 横吊梁（铁扁担）：其形式有钢板和钢管两种。常用于柱和屋架等构件的吊装。

⑦ 锚碇（地锚）：是用来固定缆风绳、卷扬机、导向滑车、拔杆的平衡绳索等。常用的锚碇有桩式锚碇和水平锚碇。桩式锚碇适用于固定受力不大的缆风绳，承载力 $10\sim50kN$，埋入土内的深度不小于 1.2m；水平锚碇承载力高达 150kN。

5.1.10.3 吊装前的准备工作

准备工作包括：场地的清理及平整，道路的修筑，水电管线的铺设，基础的准备，构件的运输、就位、堆放、拼装加固、检查清理、弹线编号以及吊装机具的准备等。

5.1.10.4 构件的吊装工艺

吊装过程包括绑扎、吊升、对位、临时加固、校正及最后固定等工序。

（1）柱的吊装。

1）柱的绑扎。柱的绑扎方法、绑扎位置和绑扎点数应根据柱子的形状、几何尺寸以及起吊方法等因素确定。柱的绑扎工具有：吊索、卡环、柱销及横吊梁等。绑扎方法有斜吊绑扎法和直吊绑扎法。

当柱平放起吊的抗弯强度满足要求时采用斜吊。有一点绑扎斜吊法（$G\leqslant130kN$ 中小型柱）和两点绑扎斜吊法（重型柱或细长的柱）。

当柱平放起吊抗弯强度不满足要求时采用直吊。有一点绑扎直吊（$G\leqslant130kN$ 中小型柱）和两点绑扎直吊（重型柱或细长的柱）。

2）柱的吊升。当采用旋转法吊装柱时，柱的平面布置要做到：绑扎点、柱脚中心与基础杯口中心三点共弧，在以吊柱时起重半径为半径的圆弧上，柱脚靠近基础。采用旋转法，柱受震动小，生产效率高。对起重机性能要求较高，宜采用自行式起重机吊装。

当采用滑行法吊装柱时，柱的平面布置要做到：绑扎点、基础杯口中心两点共弧，在以起重半径为半径的圆弧上，绑扎点靠近基础杯口。宜在不能采用旋转法时采用，对起重机的性能要求较低，宜采用独脚拔杆、人字拔杆等。

3）柱的对位和临时固定。在距杯底 30～50mm 处进行对位。先从柱四边放入杯口八个楔块，并用撬棍撬住柱脚，使柱的吊装准线对准杯口顶面的吊装准线。

对于重型柱或细长柱，除采用八只楔块来加强临时固定外，必要时应增设缆风绳或斜撑来加强临时固定。

4）柱的校正。包括平面位置、标高、垂直度的校正。

5）柱的最后固定。在柱脚与杯口间的空隙处灌筑细石混凝土，其强度等级可比原构件的混凝土强度等级提高两级。灌筑应分两次进行。第一次灌到楔块底部；第二次在第一次灌筑的细石混凝土强度达到设计强度等级的 25％时，拔出楔块，将杯口灌满细石混凝土。

（2）吊车梁的吊装。吊车梁的吊装必须在柱子杯口第二次浇筑的混凝土强度达到设计的 75％以后进行。

1）绑扎、吊升、对位与临时固定。吊车梁的绑扎应使吊车梁在吊升后保持水平状态，采用二点绑扎，在梁两端对称设置绑扎点，吊钩应对准梁重心。吊车梁两端用拉绳控制，以免在吊升过程中碰撞柱子。

在对位过程中使吊车梁端与柱牛腿面的横轴线对准，缓慢落钩。在纵轴方向不宜用撬棍撬动吊车梁，因柱子在此方向刚度较差。如没有对准，应吊起再重新对位。

一般对位时只用垫铁垫平，但当梁高与底宽之比大于 4 时，可用 8 号钢丝把梁捆在柱上以防倾倒。

2）校正和最后固定。一般是在车间或一个伸缩缝区段内的全部结构安装完毕，并经过最后固定后进行。校正内容是平面位置、垂直度和标高的校正。吊车梁垂直度允许偏差不大于 5mm，平面位置的校正包括纵轴线和跨距两项，常用通线法（又称拉钢丝法）、平移轴线法（又称仪器放线法）等检查。

（3）屋架的吊装。屋盖系统包括屋架、屋面板、天窗架、支撑、天窗侧板及天沟板等构件，一般都是按节间进行综合安装。屋架吊装的施工顺序：绑扎→扶直就位→吊升→对位→临时固定→校正并最后固定。

1）绑扎。绑扎点应选在上弦节点处，左右对称。绑扎吊索内力的合力作用点（绑扎中心）应高于屋架重心。吊索与水平线的夹角为翻身扶直时不宜小于 60°，起吊时不宜小于 45°。

2）扶直与就位。屋架扶直可分为正向扶直和反向扶直。当起重机位于屋架下弦一侧时为正向扶直；当起重机位于屋架上弦一侧时为反向扶直。就位的位置与屋架的安装方法、起重机械的性能有关，应尽量少占场地。一般靠柱边斜放或以 3～5 榀为一组平行柱边就位。

3）吊升、对位与临时固定。屋架起吊后离地面约 300mm 处转至吊装位置下方，再将其吊升超过柱顶约 300mm，然后缓缓下落在柱顶上，力求对准安装准线。屋架对位后，先进行临时固定，然后再使起重机脱钩。

4) 校正、最后固定。屋架校正的内容是检查并校正垂直度，可用经纬仪或垂球检查，用屋架校正器校正。

屋架校正垂直后，立即用电焊固定。应对角施焊，以防止焊缝收缩等导致屋架倾斜。

(4) 屋面板的吊装。屋面板一般埋有吊环，用带钩的吊索钩住吊环就可以安装。可采用一钩多块迭吊法或平吊法。屋面板的吊装顺序应从两边檐口对称地铺向屋脊，以免屋架承受半边荷载的作用。

屋面板对位后，立即电焊牢固，每块屋面板必须保证有三个角点焊接，最后一块只能焊两点。

(5) 天窗架的吊装。天窗架可单独吊装，也可在地面上与屋架拼装成整体同时吊装。目前多采用单独吊装，吊装时应待天窗架两侧屋面板吊装后进行，并应用工具式夹具或绑扎原木进行临时加固。

5.1.10.5 结构安装方案

施工方案的内容包括：结构吊装方法、起重机的选择、起重机的开行路线以及构件的平面布置等。

(1) 结构吊装方法。吊装方法分为分件吊装法和综合吊装法两种。

1) 分件吊装法。分件吊装法是指在厂房结构吊装时，起重机每开一次仅吊装一种或两种构件。第一次开行——安装全部柱子，并对柱子进行校正及最后固定；第二次开行——安装吊车梁、基础梁及柱间支撑等；第三次开行——分节间安装屋架、天窗架、屋面板及屋盖支撑等。其优点：可根据不同的构件分别选择起重机械，机械性能被充分发挥；索具更换次数少，劳动效率高；构件校正时间充分；构件平面布置简单。其缺点：起重机开行次数多，路线长，不能及早地为后续工种提供工作面。

2) 综合吊装法。综合吊装法是在厂房结构安装的过程中，起重机开行一次，以节间为单位安装所有的结构构件。其优点：起重机开行次数少，路线短；能及早地为后续工种提供工作面。其缺点：不能充分利用发挥机械性能；索具更换频繁，劳动效率低；构件校正时间少；构件平面布置复杂。

(2) 起重机的选择。对于中小型厂房结构采用自行式起重机安装；当厂房结构高度和长度较大时，可选用塔式起重机安装屋盖系统；在缺乏自行式起重机的地方，可采用桅杆式起重机安装；大跨度的重型工业厂房，应结合设备安装来选择起重机的类型；当一台起重机无法吊装时，可选用两台起重机抬吊。

(3) 起重机的开行路线和停机位置。起重机的开行路线与停机位置和起重机的性能、构件的尺寸及重量、构件的平面位置、构件的供应方式、吊装方法等有关。

在吊装过程中，互相衔接，不跑空车，开行线路宜短且重复使用，以减少铺设钢板、枕木的设施。要充分利用附近的永久性道路作为起重机的开行路线。

(4) 构件的平面布置与运输堆放。构件的平面布置与吊装方法、起重机性能、构件制作方法等有关。

1) 预制阶段构件平面布置：

柱的布置通常采用斜向布置和纵向布置两种，一般用旋转法吊柱时，柱斜向布置；用滑行法吊柱时，柱纵向布置。

屋架一般布置在跨内平卧叠浇预制，每叠 3～4 榀。布置的方式有斜向布置，正反斜向布置和正反纵向布置三种。

吊车梁当在现场预制时，可靠近柱基顺纵轴线或略倾斜布置。也可插在柱子的空当中预制，如有运输条件也可在场外预制。

2）吊装阶段构件的就位布置及运输堆放：

① 屋架的扶直就位排放。屋架扶直是用起重机把屋架由平卧转成直立。就位排放分屋架斜向就位排放和纵向排放。

② 屋面板的运输和堆放。屋面板的堆放位置一般在跨内，可以 6～8 块为一堆，靠柱边堆放。如果车间跨度 L 不大于 18m，一般采用纵向堆放；如果 L 不小于 18m，可采用横向堆放。

5.1.11　钢筋工程

5.1.11.1　钢筋的种类

（1）钢筋的分类

1）按化学成分分：碳素钢钢筋和普通低合金钢钢筋。

2）按生产加工工艺分：热轧钢筋、冷拉钢筋、热处理钢筋、冷拔低碳钢丝、碳素钢丝、刻痕钢丝、钢绞线。

3）按外形分：光面钢筋和变形钢筋。

4）按直径大小分：细钢筋、中粗钢筋、粗钢筋和钢丝。

（2）钢筋的验收和存放

1）验收。验收包括查对标牌、外观检查、力学性能试验。钢筋表面不得有裂缝、疤痕、折叠，外形尺寸符合规定。应逐捆（盘）进行。每 60t 为一批，抽取两根钢筋，每根钢筋上取两个试样分别进行拉伸试验和冷弯试验。通过拉伸试验测它的屈服点、抗拉强度和伸长率。抗拉强度和屈服点是钢筋的强度指标；伸长率和冷弯性能是钢筋的塑性指标。

2）存放。运进现场的钢筋经检验合格后必须严格按批分等级、牌号、直径、长度挂牌存放，并注明数量，不得混淆；尽量堆入仓库或料棚内。四周挖排水沟以利泄水；堆放钢筋时下面须加垫木；加工后的钢筋成品要按不同的工程、不同的构件挂牌并分别堆放；远离有害气体生产车间。

（3）钢筋的接头

1）焊接接头。钢筋常用的焊接方法有：闪光对焊、电弧焊、电渣压力焊、电阻点焊、埋弧压力焊等。

2）机械连接。主要有钢筋套筒挤压连接、锥螺纹套筒连接、精轧大螺旋钢筋套筒连接、热熔剂充填套筒连接、平面承压对接等。

机械连接多数是利用钢筋表面轧制的或特制的螺纹、横肋和螺纹套筒间的机械咬合作用来传递钢筋中拉力或压力的。

3）绑扎接头。钢筋绑扎时，应采用钢丝扎牢；板和墙的钢筋网，除外围两行钢筋的相交点全部扎牢外，中间部分交叉点可相隔交错扎牢，保证受力钢筋位置不产生偏移；梁和柱的钢筋应与受力钢筋垂直设置。弯钩叠合处应沿受力钢筋方向错开设置。钢筋绑扎搭接接头的末端与钢筋弯起点的距离，不得小于钢筋直径的 10 倍，接头宜设在构件受力较小处。钢筋搭接处应在中部和两端用钢丝扎牢。受拉钢筋和受压钢筋的搭接长度及接头位置要符合《混凝土结构工程施工质量验收规范》GB 50204—2002（2011 年版）的规定。

（4）钢筋配料

1）外包尺寸和内包尺寸。外包尺寸：钢筋外皮到外皮量得的尺寸。内包尺寸：钢筋内皮到内皮量得的尺寸。

2）量度差值：钢筋的外包尺寸和轴线长度之差。量度差值见表 5-2。

量度差值　　　　　　　　　　表 5-2

序号	角度	量度差值	序号	角度	量度差值
1	30°	0.35d	4	90°	2d
2	45°	0.5d	5	135°	2.5d
3	60°	0.85d			

3）钢筋末端弯钩或弯折时下斜长度的增长值。

① HPB300 级钢筋两端必须设 180°弯钩，弯钩增长值为 6.25d；

② HRB335 级钢筋有时设弯钩或弯折：

当 90°弯折时，增长值为 1d；

当 135°弯折时，增长值为 3d。

4）箍筋弯钩调整值：将箍筋弯钩增加长度和弯折量度差值两项合并成一项称为箍筋弯钩调整值。调整增加值长度见表 5-3。

箍筋弯钩调整增加值　　　　　　　　　　表 5-3

箍筋直径 计算基础	4～5mm	6mm	8mm	10～12mm
外包尺寸(mm)	40	50	60	70
内包尺寸(mm)	80	100	120	150～170

5）钢筋保护层厚度：受力筋外边缘到混凝土构件表面的距离，作用是保护钢筋防止锈蚀，增加钢筋与混凝土间的粘结。

6）钢筋下料长度计算公式：

① 直钢筋下料长度＝构件长度－保护层厚度＋弯钩增加长度　　　　(5-1)

② 弯起钢筋下料长度＝直段长度＋斜段长度－弯折量度差值＋弯钩增加长度　(5-2)

③ 箍筋下料长度＝直段长度之和＋箍筋调整值　　　　(5-3)

当钢筋采用绑扎接头搭接时，还应加上钢筋的搭接长度。

（5）钢筋代换

1）等强度代换：不同种类、级别的钢筋的代换。

若设计中采用的钢筋强度为 f_{y1}，总面积为 A_{s1}，代换后的钢筋强度为 f_{y2}，总面积为 A_{s2}，即 $A_{s2}f_{y2} \geqslant A_{s1}f_{y1}$ 或根数 $n_2 \geqslant (n_1 d_1 f_{y1})/(d_2 f_{y2})$。

2）等面积代换：相同种类和级别的钢筋代换。

代换前钢筋面积为 A_{s1}，代换后钢筋面积为 A_{s2}，代换前后钢筋强度相同 f_y，即 $A_{s2}f_y \geqslant A_{s1}f_y$ 或 $A_{s2} \geqslant A_{s1}$ 或 $n_2 \geqslant n_1 d_1/d_2$。

5.1.11.2 无粘结预应力钢丝束

无粘结预应力钢丝束是指外表面刷涂料、包塑料管的钢丝束，直接预埋于混凝土中，待混凝土达到一定强度后，进行后张法施工。预应力钢丝束的张拉应力，通过其两端的锚具，传递给混凝土构件。由于钢丝束外表面的塑料管，阻断了钢丝束与混凝土的接触，因此钢丝束与混凝土之间不能形成粘结，故称无粘结。

5.1.11.3 有粘结预应力钢绞线

有粘结预应力钢绞线是指浇筑混凝土时，用波纹管在混凝土中预留孔道，混凝土达到一定强度时，首先在波纹管中穿入钢质裸露的钢绞线，然后进行后张法施工，最后在波纹管中加压灌浆，用锚具锚固钢筋。由于混凝土、波纹管、砂浆、钢绞线能够相互粘结成牢固的整体，故称有粘结。

5.1.12 梁平法施工图制图规则简介

梁平法施工图是在梁平面布置图上采用平面注写或截面注写方式表达。

平面注写方式是在梁平面布置图上，分别在不同编号的梁中各选一根梁，在其上注写截面尺寸和配筋具体值的方式表达梁平法施工图。

截面注写方式是在分标准层绘制的梁平面布置图上，分别在不同编号的梁中各选一根梁用剖面号引出配筋图，并在其上注写截面尺寸和配筋具体值的方式表达梁平法施工图。

平面注写方式包括集中标注与原位标注，如图 5-14 所示。集中标注表达梁的通用数值，原位标注表达梁的特殊数值。当集中标注中的某项数值不适用于梁某部位时，则将该项数值原位标注。施工时原位标注优先。

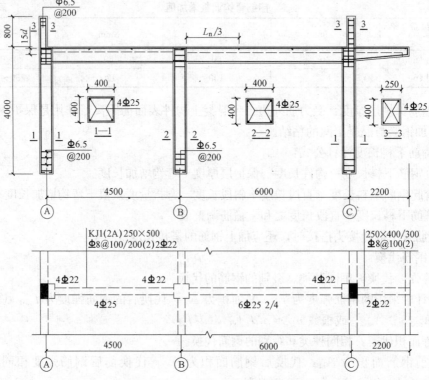

图 5-14 梁平面注写方式示意图

5.1.12.1 梁集中标注内容有五项必注值及一项选注值：

（1）梁编号由梁类型代号、序号、跨数及有无悬挑代号几项组成。

（2）梁的截面尺寸。梁为等截面时，用 $b \cdot h$ 表示；当有悬挑梁且根部和端部的高度不同时，用斜分隔根部与端部的高度值，即为 $b \cdot h_1 / h_2$。

（3）梁箍筋包括钢筋级别、直径、加密区与非加密区间距及肢数。箍筋加密区与非加密区的不同间距及肢数需用斜线分隔。当梁箍筋为同一种间距及肢数时，则不需用斜线。当加密区与非加密区的箍筋肢数相同时，则将肢数注写一次。箍筋肢数应写在括号内。

加密区应为纵向钢筋搭接长度范围内均按不大于 $5d$ 及不大于 100mm 的间距加密箍筋。

（4）梁上部通长筋或架立筋。当同排纵筋中既有通长筋又有架立筋时，应用加号将通长筋和架立筋相连。角部纵筋写在加号的前面，架立筋写在加号后面的括号内，当全部采用架立筋时，则将其写入括号内。当梁的上部纵筋和下部纵筋为全跨相同，且多数跨配筋相同，此项可加注下部纵筋的配筋值，用分号将上部与下部纵筋的配筋值分隔开来。

（5）梁侧面纵向构造钢筋或受扭钢筋配置。当梁腹板高度 h_w 不小于 450mm 时，须配置纵向构造筋。纵向构造钢筋或受扭钢筋注写值以大写字母 G 或 N 打头，注写配置在梁两侧的总配筋值，且对称配置。

（6）梁顶面标高差，该项为选注值。

5.1.12.2 梁原位标注的内容规定如下：

（1）梁支座上部纵筋，该部位含通长筋在内的所有纵筋。

1）当上部纵筋多于一排时，用斜线将各排纵筋自上而下分开。

2）当同排纵筋有两种直径时，用加号将两种直径的纵筋相连，注写时将角部的纵筋写在前面。

3）当梁中间支座两边的上部纵筋不同时，须在支座两边分别标注；当中间支座两边的上部纵筋相同时，可仅在支座的一边标注配筋值。

（2）梁下部纵筋：

1）当下部纵筋多于一排时，用斜线将各排纵筋自上而下分开。

2）当同排纵筋有两种直径时，用加号将两种直径的纵筋相连，注写时将角部的纵筋写在前面。

3）当梁下部纵筋不全部伸入支座时，将梁支座下部纵筋减少的数量写在括号内。

4）当梁的集中标注中已按规定标注了上下部通长纵筋时，则不需要梁下部重复做原位标注。

5.1.13 名词解释

5.1.13.1 混凝土及钢筋混凝土

（1）混凝土工程：是指混凝土制作工程，分为工厂预制、现场预制和现场浇筑三种。

（2）混凝土：混凝土亦称人工石料，它是用胶凝材料（水泥或其他胶结材料）将骨料（砂、石子）胶结成整体的固体材料的总称。

（3）加气混凝土：在砂浆中掺入铅粉或过氧化氢溶液等加气剂制成密度小、隔热性能良好的加气混凝土，作为建筑物的围护结构及热力设备、蒸汽设备的隔热保温材料。

（4）轻质混凝土：密度小并具有良好的隔热、隔声性能的混凝土。

（5）泡沫混凝土：将发泡剂（松香胶等）打成泡沫，加入水泥浆中调制而成的混凝土叫泡沫混凝土。

（6）钢筋混凝土：用钢筋加强的混凝土叫钢筋混凝土。混凝土的抗压强度大，抗拉强度小，如在其中配置钢筋则可弥补抗拉强度小的不足，制成既能受压也能受拉的各种构件。

（7）混凝土构件：指在建筑物和构筑物中为承受各种荷载而设置的地基基础梁、柱子、楼梯、屋架、屋面板、天窗架等构件。

（8）输送泵车：专为输送混凝土（从地面到浇筑点）的一种泵车，此车既能输送混凝土到浇筑点，自身又能行走。

5.1.13.2 现浇钢筋混凝土基础

（1）有肋（梁）带形基础：是指上部荷载较大时，将条形基础中间做成翻梁形式，通过梁将上部荷载均匀地传递到基础上的钢筋混凝土基础。

（2）独立基础：指单独承受上部传来荷载并传递到地基上的钢筋混凝土基础。

（3）独立基础扩大顶面：是指钢筋混凝土柱与独立基础交界处的扩大面（不论台面大小，以最上台面为准）。

（4）满堂基础：当独立基础或带形基础不能满足设计需要时，在设计上将基础连成一个整体，称为筏形基础（满堂基础）。

（5）箱式满堂基础：是指上有盖板，下有底板，中间有纵横墙连成整体的盒状箱形基础。箱式满堂基础具有较大的强度和刚度，多用于高层建筑中。

（6）筏形基础：指埋在地下的连片基础，其结构形式分有梁式和无梁式两种。多用于荷载集中（如高层建筑）和地耐力较差的建筑物。

（7）块体毛石混凝土设备基础：指混凝土体积较大的设备基础，设计允许掺有 25% 的毛石浇筑的混凝土。

（8）无筋混凝土设备基础：指没有钢筋的素混凝土设备基础。

（9）桩承台：是钢筋混凝土桩顶部承受柱或墙身荷载的基础构件，有独立桩承台和带形桩承台两种，如图 5-15 所示。

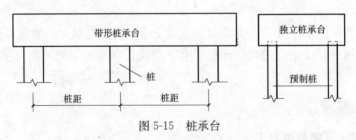

图 5-15　桩承台

（10）基础垫层：指传递基础荷重至地基上的构造层，一般分为素混凝土、灰土和钢筋混凝土垫层。

（11）碎砖三合土垫层：用石灰、黏土以及粒径在 30～50mm 的碎砖按比例，加水拌匀后分层铺设夯实而成的垫层。有基础垫层或地面垫层之分。

5.1.13.3 钢筋混凝土柱、墙

(1) 钢筋混凝土柱：主要承受轴向压力和弯矩的长条形钢筋混凝土构件叫钢筋混凝土柱。一般竖立以支承梁、屋架、楼板等，也可用于墙体内或墙体侧面用以加固墙体或从侧面支承墙体。

(2) 矩形柱：钢筋混凝土柱断面呈矩形的叫矩形柱。

(3) 圆形柱：钢筋混凝土柱断面呈圆形的叫圆形柱。

(4) 双肢柱：双肢柱是一种大型钢筋混凝土承重柱，有两根主要受力竖向肢杆，其间沿柱高每隔一定距离用水平杆联系组成一个整体，一般在高大厂房中采用。

(5) 薄壁柱：也称隐壁柱，在框剪结构中，隐藏在墙体中的钢筋混凝土柱，抹灰后不再有柱的痕迹。薄壁柱按钢筋混凝土墙计算。

(6) 构造柱：钢筋混凝土构造柱亦称抗震构造柱。是现浇抗震结构构件的组成部分，一般设置在砖墙转角处或纵墙横墙轴线的交接处，多为先砌筑砖墙后浇筑混凝土柱，适用于抗震烈度为 $7°\sim9°$ 的工业与民用建筑。

(7) 牛腿：指钢筋混凝土柱侧面凸出部分，用以支承吊车梁、连系梁、屋架、屋面传来的垂直荷载，它是配筋较多的钢筋混凝土构件。

(8) 柱帽：一般指无梁楼板（或升板）柱上端与楼板接触处为扩大支承面积的部分，多用于厂房、冷库、商场等建筑物，其形式为方形、圆形和多角形。

5.1.13.4 钢筋混凝土梁

(1) 钢筋混凝土梁：指跨越一定空间，以承受屋盖或楼板、墙传来荷重的钢筋混凝土构件，如屋面梁、楼板梁、过梁。梁的截面形式分为矩形、T 字形、工字形、十字形等。

(2) 基础梁：亦称地基梁。是支承在基础上或桩承台上的梁，主要用做工业厂房的基础。

(3) 墙梁：指在房屋中承托承重墙，承受墙体传来的荷载。

(4) 矩形梁：是指断面为矩形的现浇梁或预制梁。

(5) 异形梁：指梁断面不规则，有 T 形、十字形、工字形等的钢筋混凝土梁。

(6) 叠合梁：亦称叠台梁，是预制和现浇相结合的梁，叠合前为预制 T 形梁，上部有伸出钢筋，顶面为毛面，梁安装后，在两侧安装预制板，中间留出现浇梁的截面，板头上下伸出的钢筋和梁上部伸出的钢筋焊在现浇梁的上部钢筋上，再浇筑混凝土，将梁板连接成整体。

(7) 单梁：是指不和板浇在一起的单跨，断面一般为矩形的现浇梁或预制梁。

(8) 连续梁：三个或三个以上简支支座的钢筋混凝土梁叫钢筋混凝土连续梁，且梁在支座间不断开、连续通过。

(9) 连系梁：钢筋混凝土连系梁亦称拉梁，一般不直接承受荷载而将某些构件拉在一起。

(10) 托架梁：为支承屋面梁或屋架而设置的托架或托梁称为托架梁。托架梁多用于厂房建筑，一般为预制。

(11) 悬臂梁：一端固定，而另一端悬空的钢筋混凝土梁叫钢筋混凝土悬臂梁。

(12) 过梁：承受建筑物门窗洞口以上传来荷载的钢筋混凝土构件叫钢筋混凝土过梁。

(13) 圈梁：指为提高房屋的整体刚度在内外墙上设置的连续封闭的钢筋混凝土梁。

（14）圆形圈梁：指水平投影呈圆形，但圈梁断面尺寸仍为矩形的钢筋混凝土圈梁。

5.1.13.5 钢筋混凝土板

（1）钢筋混凝土板：指用钢筋混凝土材料制成的板，是房屋建筑和各种工程结构中的基本结构或构件。

（2）单向板：指板上荷载只沿一个方向传递到支座的钢筋混凝土板。

（3）双向板：指荷载沿板的两个方向传递到支座的钢筋混凝土板。

（4）井式楼板：指梁呈网格状布置的现浇钢筋混凝土楼（盖）板，板支承在井字梁上，井字梁两端支承在大梁、柱或墙上，井字梁中两个方向可以正交，也可斜交。

（5）有梁板：是指由一个方向或两个方向的梁（主梁、次梁）与板连成一体的钢筋混凝土板称为有梁板。

（6）无梁板：是指无梁且直接用柱子支撑的钢筋混凝土板。

（7）平板：是指直接放在墙上或预制梁上而没有和现浇梁（不包括框架梁、圈梁和过梁）连在一起的板。

（8）斜屋面板：是指斜屋面铺瓦用的钢筋混凝土基层板。

（9）薄壳板：指带弧形的极薄钢筋混凝土大跨度屋面板构件。形状有球状、椭圆抛物面、扁壳、圆抛等形状。

（10）圆弧形老虎窗顶板：是指坡屋面阁楼部分为了采光而设计的圆弧形老虎窗的钢筋混凝土顶板。

5.1.13.6 钢筋混凝土其他构件

（1）整体楼梯：指用现浇混凝土浇筑楼梯踏步、斜梁、休息平台等成一体的钢筋混凝土楼梯。

（2）平台梁：指通常在楼梯段与平台相连处设置的梁，以支承上下楼梯和平台板传来的荷载。

（3）栏板：指用钢筋混凝土制作的楼梯或阳台、平台临空一边所设置的安全设施。厚度小于120mm，有预制和现浇两种。

（4）扶手：指由栏杆支承的上、下楼梯时依附之用的混凝土构件。

（5）遮阳板：指遮挡阳光的钢筋混凝土构件。一般设置在门窗口上部和两侧，有水平、垂直和斜向之分。

（6）天沟：指接收无组织屋面排水，又可兼作挑檐的屋面排水钢筋混凝土构件。

5.1.13.7 钢筋混凝土预制构件

（1）混凝土预制构件：指预先将各种构件（如柱、梁、板、屋架、挑檐板等）在构件场或工地预制，等达到规定强度时，再运到施工现场进行吊装，装配成整体的构件。

（2）装配式构件：指在工厂和现场生产的用吊装机械按照设计规定安装起来的建筑物构件，如梁、板、柱等。

（3）门式钢架：指由三个受力铰链组成的钢筋混凝土门形钢架。

（4）空腹柱：指一种预制钢筋混凝土柱，柱子中部空心。

（5）防风柱：亦称抗风柱，是支承房屋山墙以承受风荷载的钢筋混凝土柱。

（6）支撑：指能加强屋顶横向水平支撑传来的水平荷载、吊车纵向刹车、地震纵向力和增加房屋的纵向刚度的钢筋混凝土构件。

(7) 吊车梁：亦称桁车梁。是承受桥式起重机或电动单梁起重机荷重的钢筋混凝土梁。分 T 形吊车梁和鱼腹式吊车梁两种，顶面铺设轨道。

(8) 屋面梁：指用于屋面结构的钢筋混凝土梁，有 T 形、工字形薄腹梁等。

(9) 屋架：指支承建筑物屋盖传来荷载的钢筋混凝土构件。

(10) 拱形屋架：上弦为弧形的预制钢筋混凝土屋架叫拱形钢筋混凝土屋架。

(11) 梯形屋架：只有一组对边平行的钢筋混凝土预制屋架叫梯形屋架。

(12) 锯齿形屋架：指其形状与锯齿相似的钢筋混凝土屋架。采光性能好，多用于纺织厂的厂房。

(13) 组合屋架：受压杆件为钢筋混凝土，受拉杆件为型钢组成的屋架。

(14) 托架：指支承两柱跨度不大于 12m 的承托屋架的钢筋混凝土构件。

(15) 天窗架：指支承凸出屋面天窗部分的承重钢筋混凝土构件。

(16) 天窗端壁：指天窗两端的钢筋混凝土山墙壁板，是支承天窗屋面板的承重构件。

(17) 楼板（盖）：指多层房屋中楼层间的承重钢筋混凝土结构，有现浇和预制之分。

(18) 双 T 板：是一种板、梁结合的预制钢筋混凝土承重构件，由宽大的面板和两根窄而高的肋组成。

(19) 空心板：指沿板跨度方向有通长圆孔或方孔的钢筋混凝土构件。

(20) 槽形板：指由较薄的平板及边梁组成呈槽形的钢筋混凝土构件。

(21) 混凝土板灌缝：指安装钢筋混凝土板时，板与板之间及板头间的空缝灌浆填空的施工。

(22) 楼梯段：指预制钢筋混凝土装配式楼梯的整体踏步板，有空心和实心之分。

(23) 檩条：指用钢筋混凝土预制支承屋面基层以上传来荷载的构件。

(24) 镂空花格：指用模板拼制成花纹图案，然后用 1：2 水泥砂浆或强度等级为 C20 的细石混凝土一次浇制而成的混凝土装饰构件。

(25) 沟盖板：指长方形的钢筋混凝土板，其尺寸应与沟上口相适应。

(26) 小型构件：指单件体积在 $0.1m^3$ 以内的构件。

5.1.13.8 钢筋混凝土构件安装

(1) 构件翻身：亦称构件扶直，指将构件预制位置翻至可以吊装的位置。如屋架预制时为平面的，吊装时必须立直起来。

(2) 吊装：指将金属或钢筋混凝土构件用起重设备吊起，放到设计规定的高度和位置的施工过程。

(3) 构件加固：指为防止构件在吊装过程中发生断裂、翘曲而增加的措施。

(4) 柱与基础灌缝：一般指在杯形基础上安装柱，待柱就位找正后，用砂浆或细石混凝土将杯口空隙全部灌满以固定柱的施工过程。

(5) 柱接柱：上段柱与下段柱用焊接和混凝土浇筑连接的施工过程。

(6) 构件坐浆：指在构件安装位置铺设砂浆使构件稳固并与支承体结合成一个整体。

(7) 构件接头灌缝：在预制钢筋混凝土构件吊装过程中，将分段和分部位预制的构件用相应强度等级混凝土连接的施工过程。

5.1.13.9 混凝土构筑物

(1) 贮水池：是指供直接用水或供处理水用的贮水容器。前者称贮水池，后者称处理池（如冷却池、沉淀池、澄清池和过滤池）。有方形、圆形和矩形之分。

（2）污水池：是指专门设置的将污水排至污水管道内的设施，有方形、圆形和室内、室外之分。

（3）沉淀池：指水处理中澄清浑水用的水池。浑水缓慢流过或停留在池中时，悬浮物下沉至池底。

（4）贮仓：是指一种短期贮备，等待外运的特种仓库，其布置成单列或双列的圆形仓和矩形仓。

（5）圆形仓：是指圆形贮仓，高度有限，面积较大，一般是地下式或半地下式。

（6）筒仓：单体或连体圆形筒式贮仓，也称筒式料仓，多建在地面以上。其中，单体筒仓面积较小，高度较大。

（7）倒锥壳：是指倒锥壳水塔、水箱。倒锥壳水塔、水箱在地面上预制施工，用提升的方法安装在水塔筒身顶部，一般水塔筒身多采用滑升模板方法施工。

5.1.13.10　钢筋

（1）钢筋：指用于加强混凝土的钢条，与混凝土组成钢筋混凝土共同承载外力，主要用来承受拉应力。

（2）冷拔低碳钢丝：指将直径 6～10mm 的低碳光圆钢筋，在常温下用专用拔径设备，经一定次数冷拔成较细的钢筋。

（3）钢筋冷加工：为使钢筋增加强度，节约钢材，一般在常温下用冷拉、冷拔和冷轧的方法，使其屈服点和极限强度提高。

（4）张拉设备：指先张、后张及预应力钢筋的张拉机械。

（5）延伸率：指钢筋拉断试验中的延长百分比。

（6）人工时效：指钢筋经冷加工硬化后，其屈服点和极限强度随时间逐渐提高，塑性逐渐偏低的现象。这种现象在常温下半个月才能完成，在高温下可加快时效过程的完成，所以常用人工加温的方法来提高钢筋强度。

（7）钢筋损耗率：钢筋在正常施工中截配料合理损耗（不能利用部分）的数量与按设计图纸计算量的百分比。

（8）钢丝束：使用于预应力钢筋混凝土构件中，钢丝束是根据设计使用锚具不同，由多根钢丝拧成钢丝束。

（9）钢绞线：在使用于后张法预应力钢筋混凝土构件中，是加工厂定型产品，一般是由 7 根钢丝或 19 根钢丝拧成的。钢绞线有各种不同直径的规格，预应力钢绞线多使用 5mm 钢绞。

（10）预应力钢筋：指通过张拉预先获得应力的钢筋。

（11）钢筋骨架：亦称钢筋笼，指配置在混凝土内，经绑扎或焊接的钢筋，其形状与构件相似，数量和规格按设计要求。按施工方法，分焊接和手工绑扎。按平面可分平面和空间立体骨架。

（12）受力钢筋：指在构件中受压和受拉应力钢筋的统称，是骨架钢筋的主要部分。

（13）纵向钢筋：指沿着构件长方向配置的钢筋，包括受力筋和构造筋。在梁构件中承受弯曲应力，在柱构件中一般承受压应力；若纵向钢筋施加预应力，即称为纵向预应力钢筋。

（14）钢筋搭接：指为保证钢筋达到设计受力要求，使两根钢筋端头各伸出一定长度连接在一起，共同完成受力的接头方法。

（15）接头：指在一条水平线的两个钢筋端头接在一起的方法；其接头方法有绑扎双面焊，绑扎单面焊，搭接双面焊、单面焊及钢筋与钢筋两条焊缝的电弧焊，钢筋与钢筋的对接接头埋弧压力焊。

（16）箍筋：亦称钢箍，指横向配置的箍状钢筋，为固定受力筋的钢筋。在梁内可承受剪力，限制斜裂缝的扩展，在柱内可以加强受压钢筋的稳定性，其形状有开口、闭口和螺旋形等形式。

（17）S 钩：是指用于拉结现浇钢筋混凝土墙内受力钢筋的单支箍。

（18）绑扎：指用细铁丝按构件配制好的钢筋数量、规格、位置固定成形的工作。

（19）对焊：对焊亦称碰焊，指将两根钢筋的端头分别夹持在对焊机的两夹头，电流通过两金属件的连接端，加热至塑性或熔化状态，在轴向压力下造成永久性连接的方法。

（20）点焊：指强大的电流通过钢筋接触处产生电阻热，使其迅速加热到塑性或熔化状态，并加一定压力而成的焊接。这种方法多用于钢丝网。

（21）马凳：即铁马，是指用于支撑现浇混凝土板或现浇雨篷板中的上部钢筋的铁件。

（22）地脚螺栓：指一端带有一段螺栓（以便上螺母），下端做成弯钩、鱼尾等形状或焊接在钢板上作为锚头埋在混凝土内。常埋于安装机械设备的混凝土基础中。

5.2 工程量计算规范与计价规则相关规定

混凝土及钢筋混凝土工程的工程量清单共分 16 个分部工程清单项目，即现浇混凝土基础、现浇混凝土柱、现浇混凝土梁、现浇混凝土墙、现浇混凝土板、现浇混凝土楼梯、现浇混凝土其他构件、后浇带、预制混凝土柱、预制混凝土梁、预制混凝土屋架、预制混凝土板、预制混凝土楼梯、其他预制构件、钢筋工程、螺栓、铁件等。适用于建筑物的混凝土工程。

计量规范与计价办法的共性问题：

（1）混凝土的供应方式（现场搅拌混凝土、商品混凝土）以招标文件确定。

（2）购入的商品构配件以商品价进入报价。

（3）附录要求分别编码列项的项目（如箱式满堂基础、框架式设备基础等），可在第五级编码上进行分项编码。

（4）预制构件的吊装机械（如履带式起重机、轮胎式起重机、汽车式起重机、塔式起重机等）应包括在项目内。

（5）滑模的提升设备（如千斤顶、液压操作台等）应列在模板及支撑费内。

（6）倒锥壳水箱在地面就位预制后的提升设备（如液压千斤顶及操作台等）应列在垂直运输费内。

（7）项目特征内的安装高度，不需要每个构件都注上标高和高度，而是要求选择关键部件注明，以便投标人选择吊装机械和垂直运输机械。

（8）混凝土工程的模板、支撑、垂直运输机械和脚手架等，应列入措施项目中。

（9）预制混凝土构件以根、榀、块、套计量，必须描述单件体积。

（10）预制混凝土构件或预制钢筋混凝土构件，如施工图设计标注做法见标准图集时，项目特征注明标准图集的编码、页号及节点大样即可。

（11）现浇或预制钢筋混凝土构件，不扣除构件内钢筋、螺栓、预埋铁件、张拉孔道所占体积，但应扣除劲性骨架的型钢所占体积。

5.2.1　现浇混凝土基础（编码：010501）

《房屋建筑与装饰工程工程量计算规范》GB 50854—2013附录E.1现浇混凝土基础项目包括垫层、带形基础、独立基础、满堂基础、桩承台基础、设备基础，见表5-4。

现浇混凝土基础（编码：010501）　　　　表5-4

项目编码	项目名称	项目特征	计量单位	工程量计算规则	工程内容
010501001	垫层	①混凝土种类②混凝土强度等级	m³	按设计图示尺寸以体积计算。不扣除伸入承台基础的桩头所占体积	①模板及支撑制作、安装、拆除、堆放、运输及清理模内杂物、刷隔离剂等②混凝土制作、运输、浇筑、振捣、养护
010501002	带形基础				
010501003	独立基础				
010501004	满堂基础				
010501005	桩承台基础				
010501006	设备基础	①混凝土种类②混凝土强度等级③灌浆材料及其强度等级			

（1）混凝土垫层应单独列项计算，其他材料垫层执行砌筑工程中的垫层清单项目。

（2）带形基础项目适于各种带形基础。墙下的板式基础包括浇筑在一字排桩上面的带形基础。有肋带形基础、无肋带形基础应按现浇混凝土基础中相关项目列项，并注明肋高。

（3）独立基础项目适用于块体柱基、杯基、柱下板式基础、壳体基础、电梯井基础等。

（4）"满堂基础"项目适用于地下室的箱式、筏式基础等。箱式满堂基础是上有盖板，下有底板，中间有纵横墙板连成整体的基础。箱式满堂基础具有较大的强度和刚度，多用于高层建筑中的基础。筏形基础（满堂基础）是指当独立基础或带形基础不能满足设计需要时，在设计上将基础连成一个整体，称为筏形基础（满堂基础）。箱式满堂基础中柱、梁、墙、板按柱、梁、墙、板相关项目分别编码列项；箱式满堂基础底板按满堂基础项目列项。

（5）桩承台基础项目适用于浇筑在组桩（如梅花桩）上的承台，工程量不扣除浇入承台体积内的桩头所占体积。

（6）设备基础项目适用于设备的块体基础、框架基础等，螺栓孔灌浆包括在报价内。框架式设备基础中柱、梁、墙、板分别按柱、梁、墙、板相关项目编码列项；基础部分按设备基础相关项目编码列项。

（7）如为毛石混凝土基础，项目特征应描述毛石所占比例。

5.2.2 现浇混凝土柱（编码：010502）

《房屋建筑与装饰工程工程量计算规范》GB 50854—2013 附录 E.2 现浇混凝土柱项目包括矩形柱、构造柱、异形柱叁项，见表 5-5。

现浇混凝土柱（编码：010502）　　　　　　　　　表 5-5

项目编码	项目名称	项目特征	计量单位	工程量计算规则	工程内容
010502001	矩形柱	① 混凝土种类 ② 混凝土强度等级	m³	按设计图示尺寸，以体积计算	① 模板及支架（撑）制作、安装、拆除、堆放、运输及清理模内杂物、刷隔离剂等 ② 混凝土制作、运输、浇筑、振捣、养护
010502002	构造柱				
010502003	异形柱	① 柱形状 ② 混凝土种类 ③ 混凝土强度等级			

5.2.2.1 清单项目适用范围

矩形柱、异形柱项目适用于各种形状的柱，除无梁板柱的高度计算至柱帽下表面，其他柱都计算全高。单独的薄壁柱应根据其截面形状，确定以异形柱或矩形柱编码列项。柱帽工程量包括在无梁板体积内。混凝土柱上的钢牛腿按金属结构工程零星钢构件编码列项。

5.2.2.2 柱高计算的相关规定

（1）有梁板的柱高，应自柱基上表面（或楼板上表面）至上一层楼板上表面之间的高度计算。

（2）无梁板的柱高，应自柱基上表面（或楼板上表面）至柱帽下表面之间的高度计算。

（3）框架柱的柱高，应自柱基上表面至柱顶高度计算。

（4）构造柱按全高计算，嵌接墙体部分（马牙槎）并入柱身体积，按构造柱工程量清单项目编码列项。

（5）依附柱上的牛腿和升板的柱帽，并入柱身体积计算。

5.2.3 现浇混凝土梁（编码：010503）

《房屋建筑与装饰工程工程量计算规范》GB 50854—2013 附录 E.3 现浇混凝土梁项目包括基础梁、矩形梁、异形梁、圈梁、过梁、弧形拱形梁，见表 5-6。

现浇混凝土梁（编码：010503）　　　　　　　　　表 5-6

项目编码	项目名称	项目特征	计量单位	工程量计算规则	工程内容
010503001	基础梁	① 混凝土种类 ② 混凝土强度等级	m³	按设计图示尺寸以体积计算。伸入墙内的梁头、梁垫并入梁体积内	① 模板及支架（撑）制作、安装、拆除、堆放、运输及清理模内杂物、刷隔离剂等 ② 混凝土制作、运输、浇筑、振捣、养护
010503002	矩形梁				
010503003	异形梁				
010503004	圈梁				
010503005	过梁				
010503006	弧形、拱形梁				

梁长按下列规定计算：

（1）梁与柱连接时，梁长算至柱侧面。

（2）主梁与次梁连接时，次梁长算至主梁侧面，即截面小的梁长度计算至截面大的梁侧面。

5.2.4 现浇混凝土墙（编码：010504）

《房屋建筑与装饰工程工程量计算规范》GB 50854—2013 附录 E.4 现浇混凝土墙项目包括直形墙、弧形墙、短肢剪力墙、挡土墙，见表5-7。

现浇混凝土墙（编码：010504）　　　　　　　　　　　　表 5-7

项目编码	项目名称	项目特征	计量单位	工程量计算规则	工程内容
010504001	直形墙	① 混凝土种类 ② 混凝土强度等级	m³	按设计图示尺寸以体积计算。扣除门窗洞口及单个面积＞0.3m² 的孔洞所占体积，墙垛及突出墙面部分并入墙体体积计算内	① 模板及支架（撑）制作、安装、拆除、堆放、运输及清理模内杂物、刷隔离剂等 ② 混凝土制作、运输、浇筑、振捣、养护
010504002	弧形墙				
010504003	短肢剪力墙				
010504004	挡土墙				

（1）直形墙、弧形墙项目也适用于电梯井。与墙相连接的薄壁柱按墙项目编码列项。

（2）短肢剪力墙是指截面厚度不大于 300mm、各肢截面高度与厚度之比的最大值大于 4 但不大于 8 的剪力墙；各肢截面高度与厚度之比的最大值不大于 4 的剪力墙按柱项目编码列项；各肢的截面高度与厚度之比的最大值大于 8 的剪力墙按墙项目列项。

5.2.5 现浇混凝土板（编码：010505）

《房屋建筑与装饰工程工程量计算规范》GB 50854—2013 附录 E.5 现浇混凝土板项目包括有梁板、无梁板、平板、拱板、薄壳板、栏板、天沟挑檐板、雨篷阳台板、空心板和其他板，见表5-8。

现浇混凝土板（编码：010505）　　　　　　　　　　　　表 5-8

项目编码	项目名称	项目特征	计量单位	工程量计算规则	工程内容
010505001	有梁板	① 混凝土种类 ② 混凝土强度等级	m³	按设计图示尺寸以体积计算。不扣除单个面积≤0.3m² 的柱、垛及孔洞所占体积 压形钢板混凝土楼板扣除构件内压形钢板所占体积	① 模板及支架（撑）制作、安装、拆除、堆放、运输及清理模内杂物、刷隔离剂等 ② 混凝土制作、运输、浇筑、振捣、养护
010505002	无梁板				
010505003	平板				
010505004	拱板				
010505005	薄壳板				
010505006	栏板				
010505007	天沟（檐沟）、挑檐板			按设计图示尺寸以体积计算	
010505008	雨篷、悬挑板、阳台板			按设计图示尺寸以墙外部分体积计算。包括伸出墙外的牛腿和雨篷反挑檐的体积	
010505009	空心板			按设计图示尺寸以体积计算。空心板（GBF 高强薄壁蜂巢芯板等）应扣除空心部分体积	
010505010	其他板			按设计图示尺寸以体积计算	

5.2.5.1 有梁板、无梁板、平板、拱板、薄壳板

(1) 有梁板（包括主、次梁与板）按梁、板体积之和计算。

(2) 无梁板按板和柱帽体积之和计算。

(3) 各类板伸入墙内的板头并入板体积内计算。

(4) 薄壳板的肋、基梁并入薄壳体积内计算。

(5) 混凝土板采用浇筑复合高强薄型空心管时，其工程量应扣除管所占体积，复合高强薄型空心管应包括在报价内。采用轻质材料浇筑在有梁板内，轻质材料应包括在报价内。

5.2.5.2 雨篷、阳台板

现浇挑檐、天沟板、雨篷、阳台与板（包括屋面板、楼板）连接时，以外墙外边线为分界线；与圈梁（包括其他梁）连接时，以梁外边线为分界线。外边线以外为挑檐、天沟、雨篷或阳台。

5.2.6 现浇混凝土楼梯（编码：010506）

《房屋建筑与装饰工程工程量计算规范》GB 50854—2013 附录 E.6 现浇混凝土楼梯项目包括直形楼梯和弧形楼梯两项，见表 5-9。

现浇混凝土楼梯（编码：010506）　　　　　　　　　　　　　　表 5-9

项目编码	项目名称	项目特征	计量单位	工程量计算规则	工程内容
010506001	直形楼梯	① 混凝土种类 ② 混凝土强度等级	m²/m³	① 以平方米计量，按设计图示尺寸以水平投影面积计算。不扣除宽度≤500mm 的楼梯井，伸入墙内部分不计算 ② 以立方米计量，按设计图示尺寸以体积计算	① 模板及支架（撑）制作、安装、拆除、堆放、运输及清理模内杂物、刷隔离剂等 ② 混凝土制作、运输、浇筑、振捣、养护
010506002	弧形楼梯				

整体楼梯（包括直形楼梯、弧形楼梯）水平投影面积包括休息平台、平台梁、斜梁和楼梯的连接梁。当整体楼梯与现浇楼板无梯梁连接时，以楼梯的最后一个踏步边缘加300mm 为界。单跑楼梯的工程量计算与直形楼梯、弧形楼梯的工程量计算相同。单跑楼梯如无中间休息平台时，应在工程量清单中进行描述。

5.2.7 现浇混凝土其他构件（编码：010507）

《房屋建筑与装饰工程工程量计算规范》GB 50854—2013 附录 E.7 现浇混凝土其他构件项目包括其他构件、散水、坡道、电缆沟、地沟，见表 5-10。

现浇混凝土其他构件（编码：010507）　　　　　　　　　　　　表 5-10

项目编码	项目名称	项目特征	计量单位	工程量计算规则	工程内容
010507001	散水、坡道	① 垫层材料种类、厚度 ② 面层厚度 ③ 混凝土种类 ④ 混凝土强度等级 ⑤ 变形缝填塞材料种类	m²	按设计图示尺寸以水平投影面积计算。不扣除单个≤0.3m² 的孔洞所占面积	① 地基夯实 ② 铺设垫层 ③ 模板及支撑制作、安装、拆除、堆放、运输及清理模内杂物、刷隔离剂等 ④ 混凝土制作、运输、浇筑、振捣、养护 ⑤ 变形缝填塞
010507002	室外地坪	① 地坪厚度 ② 混凝土强度等级			

项目编码	项目名称	项目特征	计量单位	工程量计算规则	工程内容
010507003	电缆沟、地沟	① 土壤类别 ② 沟截面净空尺寸 ③ 垫层材料种类、厚度 ④ 混凝土种类 ⑤ 混凝土强度等级 ⑥ 防护材料种类	m	按设计图示以中心线长度计算	① 挖填、运土石方 ② 铺设垫层 ③ 模板及支撑制作、安装、拆除、堆放、运输及清理模内杂物、刷隔离剂等 ④ 混凝土制作、运输、浇筑、振捣、养护 ⑤ 刷防护材料
010507004	台阶	① 踏步高、宽 ② 混凝土种类 ③ 混凝土强度等级	m²/m³	① 以平方米计量,按设计图示尺寸水平投影面积计算 ② 以立方米计量,按设计图示尺寸以体积计算	① 模板及支撑制作、安装、拆除、堆放、运输及清理模内杂物、刷隔离剂等 ② 混凝土制作、运输、浇筑、振捣、养护
010507005	扶手、压顶	① 断面尺寸 ② 混凝土种类 ③ 混凝土强度等级	m/m³	① 以米计量,按设计图示的中心线以延长米计算 ② 以立方米计量,按设计图示尺寸以体积计算	① 模板及支架(撑)制作、安装、拆除、堆放、运输及清理模内杂物、刷隔离剂等 ② 混凝土制作、运输、浇筑、振捣、养护
010507006	化粪池、检查井	① 部位 ② 混凝土强度等级 ③ 防水、抗渗要求	m³/座	① 按设计图示尺寸以体积计算。 ② 以座计量,按设计图示数量计算	
010507007	其他构件	① 构件的类型 ② 构件规格 ③ 部位 ④ 混凝土种类 ⑤ 混凝土强度等级	m³	按图示尺寸以体积计算	

5.2.7.1　电缆沟、地沟、散水、坡道

电缆沟、地沟、散水、坡道铺设垫层和需要抹灰时,应包括在报价内。

5.2.7.2　混凝土台阶

架空式混凝土台阶,按现浇楼梯计算。

5.2.7.3　扶手、压顶

扶手、压顶(包括伸入墙内的长度)应按延长米计算。

5.2.7.4　其他构件

其他构件指现浇混凝土小型池槽、垫块、门框等,按其他构件项目编码列项。

5.2.8　后浇带（编码：010508）

《房屋建筑与装饰工程工程量计算规范》GB 50854—2013 附录 E.8 现浇混凝土后浇带,计价规范规定后浇带单独计算,见表 5-11。

后浇带（编码：010508）					表 5-11

项目编码	项目名称	项目特征	计量单位	工程量计算规则	工程内容
010508001	后浇带	① 混凝土种类 ② 混凝土强度等级	m³	按设计图示尺寸以体积计算	① 模板及支架（撑）制作、安装、拆除、堆放、运输及清理模内杂物、刷隔离剂等 ② 混凝土制作、运输、浇筑、振捣、养护及混凝土交接面、钢筋等清理

后浇带项目适用于梁、墙、板等的后浇带。

5.2.9 预制混凝土柱（编码：010509）

《房屋建筑与装饰工程工程量计算规范》GB 50854—2013 附录 E.9 预制混凝土柱项目包括矩形柱和异形柱两项，见表 5-12。

预制混凝土柱（编码：010509）					表 5-12

项目编码	项目名称	项目特征	计量单位	工程量计算规则	工程内容
010509001	矩形柱	① 图代号 ② 单件体积 ③ 安装高度 ④ 混凝土强度等级 ⑤ 砂浆（细石混凝土）强度等级、配合比	m³/根	① 以立方米计量，按设计图示尺寸以体积计算 ② 以根计量，按设计图示尺寸以数量计算	① 模板制作、安装、拆除、堆放、运输及清理模内杂物、刷隔离剂等 ② 混凝土制作、运输、浇筑、振捣、养护 ③ 构件运输、安装 ④ 砂浆制作、运输 ⑤ 接头灌缝、养护
010509002	异形柱				

（1）有相同截面、长度的预制混凝土柱的工程量可按根数计算。

（2）预制混凝土柱安装定额项目中所含的吊装机械，投标报价时须扣除，列入措施项目中。

5.2.10 预制混凝土梁（编码：010510）

《房屋建筑与装饰工程工程量计算规范》GB 50854—2013 附录 E.10 预制混凝土梁项目包括矩形梁、异形梁、过梁、拱形梁、鱼腹式吊车梁、其他梁，见表 5-13。

预制混凝土梁（编码：010510）					表 5-13

项目编码	项目名称	项目特征	计量单位	工程量计算规则	工程内容
010510001	矩形梁	① 图代号 ② 单件体积 ③ 安装高度 ④ 混凝土强度等级 ⑤ 砂浆（细石混凝土）强度等级、配合比	m³/根	① 以立方米计量，按设计图示尺寸以体积计算 ② 以根计量，按设计图示尺寸以数量计算	① 模板制作、安装、拆除、堆放、运输及清理模内杂物、刷隔离剂等 ② 混凝土制作、运输、浇筑、振捣、养护 ③ 构件运输、安装 ④ 砂浆制作、运输 ⑤ 接头灌缝、养护
010510002	异形梁				
010510003	过梁				
010510004	拱形梁				
010510005	鱼腹式吊车梁				
010510006	其他梁				

（1）有相同截面、长度的预制混凝土梁的工程量可按根数计算。

（2）预制混凝土梁安装"定额"项目中所含的吊装机械，投标报价时须扣除，列入措施项目中。

5.2.11　预制混凝土屋架（编码：010511）

《房屋建筑与装饰工程工程量计算规范》GB 50854—2013 附录 E.11 预制混凝土屋架项目包括折线形屋架、组合屋架、薄腹屋架、门式刚架屋架、天窗架屋架，见表5-14。

预制混凝土屋架（编码：010511）　　　　　　　　　　　表 5-14

项目编码	项目名称	项目特征	计量单位	工程量计算规则	工程内容
010511001	折线形	① 图代号 ② 单件体积 ③ 安装高度 ④ 混凝土强度等级 ⑤ 砂浆（细石混凝土）强度等级、配合比	m³/榀	① 以立方米计量，按设计图示尺寸以体积计算 ② 以榀计量，按设计图示尺寸以数量计算	① 模板制作、安装、拆除、堆放、运输及清理模内杂物、刷隔离剂等 ② 混凝土制作、运输、浇筑、振捣、养护 ③ 构件运输、安装 ④ 砂浆制作、运输 ⑤ 接头灌缝、养护
010511002	组合				
010511003	薄腹				
010511004	门式刚架				
010511005	天窗架				

（1）同类型、相同跨度的预制混凝土屋架的工程量可按榀数计算。

（2）三角形屋架应按预制混凝土屋架中的折线形屋架工程量清单项目编码列项。

（3）预制混凝土梁安装定额项目中所含的吊装机械，投标报价时须扣除，列入措施项目中。

5.2.12　预制混凝土板（编码：010512）

《房屋建筑与装饰工程工程量计算规范》GB 50854—2013 附录 E.12 预制混凝土板项目包括平板、空心板、槽形板、网架板、折线板、带肋板、大型板、沟盖板、井盖板、井圈，见表5-15。

预制混凝土板（编码：010512）　　　　　　　　　　　表 5-15

项目编码	项目名称	项目特征	计量单位	工程量计算规则	工程内容
010512001	平板	① 图代号 ② 单件体积 ③ 安装高度 ④ 混凝土强度等级 ⑤ 砂浆（细石混凝土）强度等级、配合比	m³/块	① 以立方米计量，按设计图示尺寸以体积计算。不扣除单个面积 ≤ 300mm × 300mm 的孔洞所占体积，扣除空心板空洞体积 ② 以块计量，按设计图示尺寸以数量计算	① 模板制作、安装、拆除、堆放、运输及清理模内杂物、刷隔离剂等 ② 混凝土制作、运输、浇筑、振捣、养护 ③ 构件运输、安装 ④ 砂浆制作、运输 ⑤ 接头灌缝、养护
010512002	空心板				
010512003	槽形板				
010512004	网架板				
010512005	折线板				
010512006	带肋板				
010512007	大型板				
010512008	沟盖板、井盖板、井圈	① 单件体积 ② 安装高度 ③ 混凝土强度等级 ④ 砂浆强度等级、配合比	m³/块/套	① 以立方米计量，按设计图示尺寸以体积计算。 ② 以块或套计量，按设计图示尺寸以数量计算	

5.2.12.1 平板、空心板、槽形板、网架板、折线板、带肋板、大型板

（1）不带肋的预制遮阳板、雨篷板、挑檐板、栏板等，应按预制混凝土板中的平板工程量清单项目编码列项。

（2）同类型相同构件尺寸的预制混凝土板工程量可按块数计算。

（3）预制 F 形板、双 T 形板、单肋板和带反挑檐的雨篷板、挑檐板、遮阳板等，应按预制混凝土板中的带肋板工程量清单项目编码列项。

（4）预制大型墙板、大型楼板、大型屋面板等，应按预制混凝土板中的大型板工程量清单项目编码列项。

（5）预制混凝土板安装定额项目中所含的吊装机械，投标报价时须扣除，列入措施项目中。

5.2.12.2 沟盖板、井盖板、井圈

同类型相同构件尺寸的预制混凝土沟盖板的工程量可按块数计算。混凝土井圈、井盖板工程量可按套数计算。

5.2.13 预制混凝土楼梯（编码：010513）

《房屋建筑与装饰工程工程量计算规范》GB 50854—2013 附录 E.13 只有预制混凝土楼梯一个项目，见表 5-16。

预制混凝土楼梯（编码：010513）　　　　　　　　　　　　表 5-16

项目编码	项目名称	项目特征	计量单位	工程量计算规则	工程内容
010513001	楼梯	① 楼梯类型 ② 单件体积 ③ 混凝土强度等级 ④ 砂浆（细石混凝土）强度等级	m³/段	① 以立方米计量，按设计图示尺寸以体积计算。扣除空心踏步板空洞体积 ② 以段计量，按设计图示尺寸以数量计算	① 模板制作、安装、拆除、堆放、运输及清理模内杂物、刷隔离剂等 ② 混凝土制作、运输、浇筑、振捣、养护 ③ 构件运输、安装 ④ 砂浆制作、运输 ⑤ 接头灌缝、养护

（1）预制钢筋混凝土楼梯按楼梯段、平台板分别编码列项。

（2）预制混凝土楼梯安装"定额"项目中所含的吊装机械，投标报价时须扣除，列入措施项目中。

（3）整体楼梯（包括直形楼梯、弧形楼梯）水平投影面积包括休息平台、平台梁、斜梁和楼梯的连接梁。当整体楼梯与现浇楼板无梯梁连接时，以楼梯的最后一个踏步边缘加 300mm 为界。

5.2.14 其他预制构件（编码：010514）

《房屋建筑与装饰工程工程量计算规范》GB 50854—2013 附录 E.14 其他预制构件项目包括烟道、垃圾道、通风道及其他构件两项，见表 5-17。

5.2.14.1 烟道、垃圾道、通风道

计算烟道、垃圾道、通风道工程量时，应扣除烟道、垃圾道、通风道的孔洞所占体积。

其他预制构件（编码：010514）表 5-17

项目编码	项目名称	项目特征	计量单位	工程量计算规则	工程内容
010514001	垃圾道、通风道、烟道	① 单件体积 ② 混凝土强度等级 ③ 砂浆强度等级	m³/m²/根/块/套	① 以立方米计量，按设计图示尺寸以体积计算。不扣除单个面积≤300mm×300mm 的孔洞所占体积，扣除烟道、垃圾道、通风道的孔洞所占体积 ② 以平方米计量，按设计图示尺寸以面积计算。不扣除单个面积≤300mm×300mm 的孔洞所占面积 ③ 以块、套计量，按设计图示尺寸以数量计算	① 模板制作、安装、拆除、堆放、运输及清理模内杂物、刷隔离剂等 ② 混凝土制作、运输、浇筑、振捣、养护 ③ 构件运输、安装 ④ 砂浆制作、运输 ⑤ 接头灌缝、养护
010514002	其他构件	① 单件体积 ② 构件的类型 ③ 混凝土强度等级 ④ 砂浆强度等级			

5.2.14.2 其他预制构件

预制钢筋混凝土小型池槽、压顶、扶手、垫块、隔热板、花格等，应按其他预制构件中的其他构件工程量清单项目编码列项。

5.2.15 钢筋工程（编码：010515）

《房屋建筑与装饰工程工程量计算规范》GB 50854—2013 附录 E.15 钢筋工程项目包括现浇构件钢筋、预制构件钢筋、钢筋网片、钢筋笼、先张法预应力钢筋、后张法预应力钢筋、预应力钢丝、预应力钢绞线，见表 5-18。

钢筋工程（编码：010515）表 5-18

项目编码	项目名称	项目特征	计量单位	工程量计算规则	工程内容
010515001	现浇构件钢筋	钢筋种类、规格		按设计图示钢筋（网）长度（面积）乘以单位理论质量计算	① 钢筋（网、笼）制作、运输 ② 钢筋（网、笼）安装 ③ 焊接（绑扎）
010515002	预制构件钢筋				
010515003	钢筋网片				
010515004	钢筋笼				
010515005	先张法预应力钢筋	① 钢筋种类、规格 ② 锚具种类	t	按设计图示钢筋长度乘以单位理论质量计算	① 钢筋制作、运输 ② 钢筋张拉
010515006	后张法预应力钢筋	① 钢筋种类、规格 ② 钢丝种类、规格 ③ 钢绞线种类、规格 ④ 锚具种类 ⑤ 砂浆强度等级		按设计图示钢筋（丝束、绞线）长度乘以单位理论质量计算	① 钢筋、钢丝、钢绞线制作、运输 ② 钢筋、钢丝、钢绞线安装 ③ 预埋管孔道铺设 ④ 锚具安装 ⑤ 砂浆制作、运输 ⑥ 孔道压浆、养护
010515007	预应力钢丝				
010515008	预应力钢绞线				
010515009	支撑钢筋（铁马）	① 钢筋种类 ② 规格		按钢筋长度乘单位理论质量计算	钢筋制作、焊接、安装
010515010	声测管	① 材质 ② 规格型号		按设计图示尺寸以质量计算	① 检测管截断、封头 ② 套管制作、焊接 ③ 定位、固定

5.2.15.1 现浇混凝土构件中钢筋的锚固及搭接

现浇构件中伸出构件的锚固钢筋应并入钢筋工程量内。除设计（包括规范规定）标明的搭接外，其他施工搭接不计算工程量，在综合单价中综合考虑。

5.2.15.2 后张法预应力钢筋增加长度规定

（1）低合金钢筋两端均采用螺杆锚具时，钢筋长度按孔道长度减 0.35m 计算，螺杆另行计算。

（2）低合金钢筋一端采用镦头插片、另一端采用螺杆锚具时，钢筋长度按孔道长度计算，螺杆另行计算。

（3）低合金钢筋一端采用镦头插片、另一端采用帮条锚具时，钢筋增加 0.15m 计算；两端均采用帮条锚具时，钢筋长度按孔道长度增加 0.3m 计算。

（4）低合金钢筋采用后张混凝土自锚时，钢筋长度按孔道长度增加 0.35m 计算。

（5）低合金钢筋（钢铰线）采用 JM、XM、QM 型锚具，孔道长度在 20m 以内时，钢筋长度增加 1m 计算；孔道长度 20m 以外时，钢筋（钢铰线）长度按孔道长度增加 1.8m 计算。

（6）碳素钢丝采用锥形锚具，孔道长度在 20m 以内时，钢丝束长度按孔道长度增加 1m 计算；孔道长在 20m 以上时，钢丝束长度按孔道长度增加 1.8m 计算。

（7）碳素钢丝束采用镦头锚具时，钢丝束长度按孔道长度增加 0.35m 计算。

5.2.15.3 现浇混凝土构件中其他钢筋

现浇构件中固定位置的支撑钢筋、双层钢筋用的"铁马（马凳）"、预制构件的吊钩等，应并入钢筋工程量内。在编制工程量清单时，其工程数量可为暂估量，结算时按现场签证数量计算。

5.2.16 螺栓、铁件（编码：010516）

《房屋建筑与装饰工程工程量计算规范》GB 50854—2013 附录 E.16 螺栓、铁件项目包括螺栓、预埋铁件、机械连接三项，见表 5-19。

螺栓、铁件（编码：010516）   表 5-19

项目编码	项目名称	项目特征	计量单位	工程量计算规则	工程内容
010516001	螺栓	① 螺栓种类 ② 规格	t	按设计图示尺寸以质量计算	① 螺栓、铁件制作、运输 ② 螺栓、铁件安装
010516002	预埋铁件	① 钢材种类 ② 规格 ③ 铁件尺寸			
010516003	机械连接	① 连接方式 ② 螺纹套筒种类 ③ 规格	个	按数量计算	① 钢筋套丝 ② 套筒连接

螺栓铁件工程量，编制工程量清单时，其工程数量可为暂估量，实际工程量按现场签证数。

5.3 配套定额相关规定

5.3.1 定额说明

5.3.1.1 配套定额的共性问题

（1）定额内混凝土搅拌项目包括筛砂子、筛洗石子、搅拌、前台运输上料等内容。混凝土浇筑项目包括润湿模板、浇灌、捣固、养护等内容。

（2）定额中已列出常用混凝土强度等级，如与设计要求不同时可以换算。

（3）定额混凝土工程量除另有规定者外，均按图示尺寸，以立方米计算。不扣除构件内钢筋、预埋件及墙、板中 $0.3m^2$ 以内的孔洞所占体积。

（4）混凝土搅拌制作和泵送子目，按各混凝土构件的混凝土消耗量之和，以立方米计算，单独套用混凝土搅拌制作子目和泵送混凝土补充定额。

（5）施工单位自行制作泵送混凝土，其泵送剂以及由于混凝土坍落度增大和使用水泥砂浆润滑输送管道而增加的水泥用量等内容，执行补充子目 4-4-18。子目中的水泥强度等级、泵送剂的规格和用量，设计与定额不同时可以换算，其他不变。

（6）施工单位自行泵送混凝土，其管道输送混凝土（输送高度 50m 以内），执行补充子目 4-4-19～4-4-21。输送高度 100m 以内，其超过部分乘以系数 1.25；输送高度 150m 以内，其超过部分乘以系数 1.60。

（7）预制混凝土构件定额内仅考虑现场预制的情况。混凝土构件安装项目中，凡注明现场预制的构件，其构件按混凝土构件制作有关子目计算；凡注明成品的构件，按其商品价格计入安装项目内。

（8）定额规定安装高度为 20m 以内。预制混凝土构件安装子目中的安装高度是指建筑物的总高度。

（9）定额中机械吊装是按单机作业编制的。

（10）定额是按机械起吊中心回转半径 15m 以内的距离编制的。

（11）定额中包括每一项工作循环中机械必要的位移。

（12）定额安装项目是以轮胎式起重机、塔式起重机（塔式起重机台班消耗量包括在垂直运输机械项目内）分别列项编制的。预制混凝土构件安装子目中，机械栏列出轮胎式起重机台班消耗量的，为轮胎式起重机安装。其余的除定额注明者外，为塔式起重机安装。如使用汽车式起重机时，按轮胎式起重机相应定额项目乘以系数 1.05。

（13）预制混凝土构件的轮胎式起重机安装子目，定额按单机作业编制。双机作业时，轮胎式起重机台班数量乘以系数 2；三机作业时，轮胎式起重机台班数量乘以系数 3。

（14）定额中不包括起重机械、运输机械行驶道路的修整、垫铺工作所消耗的人工、材料和机械。

（15）预制混凝土构件安装子目中，未计入构件的操作损耗。施工单位报价时，可根据构件、现场等具体情况，自行确定构件损耗率。编制标底时，预制混凝土构件按相应规则计算的工程量，乘以表 5-20 规定的工程量系数。

预制混凝土构件安装操作损耗率表 表 5-20

定额内容 构件类别	运　输	安　装
预制加工厂预制	1.013	1.005
现场（非就地）预制	1.010	1.005
现场就地预制	—	1.005
成品构件	—	1.010

（16）预制混凝土构件安装子目均不包括为安装工程所搭设的临时性脚手架及临时平台，发生时按有关规定另行计算。

（17）预制混凝土构件必须在跨外安装就位时，按相应构件安装子目中的人工、机械台班乘以系数 1.18。使用塔式起重机安装时，不再乘以系数。

（18）预制混凝土（钢）构件安装机械的采用，编制标底时按下列规定执行：

1）檐高 20m 以下的建筑物，除预制排架单层厂房、预制框架多层厂房执行轮胎式起重机安装子目外，其他结构执行塔式起重机安装子目。

2）檐高 20m 以上的建筑物，预制框（排）架结构可执行轮胎式起重机安装子目，其他结构执行塔式起重机安装子目。

5.3.1.2 垫层与填料加固定额说明

（1）垫层定额按地面垫层编制。若为基础垫层，人工、机械分别乘以下列系数：条形基础 1.05；独立基础 1.10；满堂基础 1.00。

（2）填料加固定额用于软弱地基挖土后的换填材料加固工程。

垫层与填料加固的不同之处在于：垫层平面尺寸比基础略大（一般≤200mm），总是伴随着基础的发生，总体厚度较填料加固小（一般≤500mm），垫层与槽（坑）边有一定的间距（不呈满填状态）。填料加固用于软弱地基整体或局部大开挖后的换填，其平面尺寸由建筑物地基的整体或局部尺寸，以及地基的承载能力决定，总体厚度较大（一般＞500mm），一般呈满填状态。灰土垫层及填料加固夯填灰土就地取土时，应扣除灰土配合比中的黏土。

5.3.1.3 毛石混凝土

毛石混凝土系按毛石占混凝土总体积 20% 计算的。如设计要求不同时，可以换算。

5.3.1.4 钢筋混凝土柱、轻型框剪墙及剪力墙的区别

附墙轻型框架结构中，各构件的区别主要是截面尺寸：

柱：$L/B<5$（单肢）；

异形柱：$L/B<5$（一般柱肢数≥2）；

轻型框剪墙：$5≤L/B≤8$；

剪力墙：$L/B>8$。

T 形、L 形、匚形、十形等计算墙肢截面长度与厚度之比以最长的肢为准。墙肢截面长度（L）指墙肢截面长边（或称墙肢高度），墙肢厚度（B）指墙肢截面短边。

5.3.1.5 后浇带

现浇钢筋混凝土柱、墙、后浇带定额项目，定额综合了底部灌注 1∶2 水泥砂浆的用量。

5.3.1.6 小型混凝土构件

小型混凝土构件系指单件体积在 0.05m³ 以内的定额未列项目。其他预制构件定额内仅考虑现场预制的情况。

5.3.1.7 其他工程定额说明

（1）构筑物其他工程包括单项及综合项目定额。综合项目是按国标、省标的标准做法编制，使用时对应标准图号直接套用，不再调整。设计文件与标准图做法不同时，套用单项定额。"计价规范"本章内容不单列，各项目分解到各章节内。

(2) 构筑物其他工程定额不包括土石方内容，发生时按土（石）方相应定额执行。

(3) 室外排水管道的试水所需工料已包括在定额内，不得另行计算。

(4) 室外排水管道定额，其沟深是按 2m 以内（平均自然地坪至垫层上表面）考虑的。当沟深在 2～3m 时，综合工日乘以系数 1.11；3m 以外者，综合工日乘系数 1.18。此条指的是陶土管和混凝土管的铺设项目。排水管道混凝土基础、砂基础及砂石基础不考虑沟深。排水管道砂基础 90°、120°、180°是指砂基础表面与管道的两个接触点的中心角的大小，如 180°是指砂垫层埋半个管子的深度。

(5) 室外排水管道无论人工或机械铺设，均执行定额，不得调整。

(6) 毛石混凝土系按毛石占混凝土体积 20%计算的。如设计要求不同时，可以换算。其中毛石损耗率为 2%，混凝土损耗率为 1.5%。

(7) 排水管道砂石基础中砂与石子比例按 1：2 考虑。如设计要求不同时，可以换算材料单价，定额消耗量不变。

(8) 化粪池、水表池、沉砂池、检查井等室外给水排水小型构筑物，实际工程中，常依据省标图集 LS 设计和施工。凡依据省标准图集 LS 设计和施工的室外给水排水小型构筑物，均执行室外给水排水小型构筑物补充定额，不作调整。

(9) 构筑物综合项目中的散水及坡道子目，按山东省建筑标准设计图集 L96J002 编制。

5.3.1.8 配套定额关于钢筋的相关说明

(1) 定额按钢筋的不同品种、规格，并按现浇构件钢筋、预制构件钢筋、预应力钢筋及箍筋分别列项。

(2) 预应力构件中非预应力钢筋按预制钢筋相应项目计算。

(3) 设计规定钢筋搭接的，按规定搭接长度计算；设计未规定的钢筋锚固、定尺长度的钢筋连接等结构性搭接，按施工规范规定计算；设计、施工规范均未规定的，已包括在钢筋损耗率内，不另计算。

(4) 绑扎低碳钢丝、成型点焊和接头焊接用的电焊条已综合在定额项目内，不另行计算。

(5) 非预应力钢筋不包括冷加工，如设计要求冷加工时，另行计算。

(6) 预应力钢筋如设计要求人工时效处理时，另行计算。

(7) 后张法钢筋的锚固是按钢筋帮条焊、U 形插垫编制的。如采用其他方法锚固时，可另行计算。

(8) 拱梯形屋架、托架梁、小型构件（或小型池槽）、构筑物，其钢筋可按表 5-21 内系数调整人工、机械用量。

人工、机械调整系数 表 5-21

项 目	预制构件钢筋		现浇构件钢筋	
系数范围	拱梯形屋架	托架梁	小型构件（或小型池槽）	构筑物
人工、机械调整系数	1.16	1.05	2	1.25

(9) 现浇构件箍筋采用 HRB400 级钢时，执行现浇构件 HPB235 级钢箍筋子目，换算钢筋种类，机械乘以系数 1.25。

（10）砌体加固筋，定额按焊接连接编制。实际采用非焊接方式连接，不得调整。

（11）HPB235 级钢筋电渣压力焊接头，执行 HRB335 级钢筋电渣压力焊接头子目，换算钢筋种类，其他不变。

5.3.2 工程量计算规则

5.3.2.1 垫层

（1）地面垫层按室内主墙间净面积乘以设计厚度，以立方米计算。计算时应扣除凸出地面的构筑物、设备基础、室内铁道、地沟以及单个面积在 0.3m² 以上的孔洞、独立柱等所占体积；不扣除间壁墙、附墙烟囱、墙垛以及单个面积在 0.3m² 以内的孔洞等所占体积，门洞、空圈、散热器壁龛等开口部分也不增加。

（2）基础垫层按下列规定，以立方米计算。

1）条形基础垫层，外墙按外墙中心线长度、内墙按其设计净长度乘以垫层平均断面面积计算。柱间条形基础垫层，按柱基础（含垫层）之间的设计净长度计算。

2）独立基础垫层和满堂基础垫层，按设计图示尺寸乘以平均厚度计算。

3）爆破岩石增加垫层的工程量，按现场实测结果计算。

5.3.2.2 现浇混凝土基础

（1）带形基础，外墙按设计外墙中心线长度、内墙按设计内墙基础图示长度乘设计断面计算。

带形基础工程量＝外墙中心线长度×设计断面＋设计内墙基础图示长度×设计断面

$$(5-4)$$

（2）有肋（梁）带形混凝土基础，其肋高与肋宽之比在 4∶1 以内的，按有梁式带形基础计算。超过 4∶1 时，起肋部分按墙计算，肋以下按无梁式带形基础计算。

（3）箱式满堂基础分别按无梁式满堂基础、柱、墙、梁、板有关规定计算，套用相应定额子目；有梁式满堂基础，肋高大于 0.4m 时，套用有梁式满堂基础定额项目；肋高小于 0.4m 或设有暗梁、下翻梁时，套用无梁式满堂基础项目。

（4）独立基础包括各种形式的独立基础及柱墩，其工程量按图示尺寸，以立方米计算。柱与柱基的划分以柱基的扩大顶面为分界线。

（5）桩承台是钢筋混凝土桩顶部承受柱或墙身荷载的基础构件，有独立桩承台和带形桩承台两种。带形桩承台按带形基础的计算规则计算，独立桩承台按独立基础的计算规则计算。

（6）设备基础：除块体基础外，分别按基础、柱、梁、板、墙等有关规定计算，套用相应定额子目。楼层上的钢筋混凝土设备基础按有梁板项目计算。

5.3.2.3 现浇混凝土柱

（1）现浇混凝土柱工程量按图示断面尺寸乘以柱高，以立方米计算。

（2）柱高按下列规定计算：

1）有梁板的柱高，自柱基上表面（或楼板上表面）至上一层楼板上表面之间的高度计算。

2）无梁板的柱高，自柱基上表面（或楼板上表面）至柱帽下表面之间的高度计算。

3）框架柱的柱高，自柱基上表面至柱顶高度计算。

4）构造柱按设计高度计算，构造柱与墙嵌接部分（马牙槎）的体积，按构造柱出槎长度的一半（有槎与无槎的平均值）乘以出槎宽度，再乘以构造柱柱高，并入构造柱体积内计算。

5）依附柱上的牛腿、升板的柱帽，并入柱体积内计算。

6）薄壁柱也称隐壁柱。在框剪结构中，隐藏在墙体中的钢筋混凝土柱，抹灰后不再有柱的痕迹。

5.3.2.4 现浇混凝土梁

（1）现浇混凝土梁工程量按图示断面尺寸乘以梁长，以立方米计算。

（2）梁长及梁高按下列规定计算：

1）梁与柱连接时，梁长算至柱侧面。圈梁与构造柱连接时，圈梁长度算至构造柱侧面。构造柱有马牙槎时，圈梁长度算至构造柱主断面（不包括马牙槎）的侧面。

2）主梁与次梁连接时，次梁长算至主梁侧面。伸入墙体内的梁头、梁垫体积并入梁体积内计算。

3）圈梁与过梁连接时，分别套用圈梁、过梁定额。过梁长度按设计规定计算。设计无规定时，按门窗洞口宽度两端各加 250mm 计算。房间与阳台连通，洞口上坪与圈梁连成一体的混凝土梁，按过梁的计算规则计算工程量，执行单梁子目。基础圈梁，按圈梁计算。

4）圈梁与梁连接时，圈梁体积应扣除伸入圈梁内的梁体积。

5）在圈梁部位挑出外墙的混凝土梁，以外墙外边线为界限，挑出部分按图示尺寸，以立方米计算，套用单梁、连续梁项目。

6）梁（单梁、框架梁、圈梁、过梁）与板整体现浇时，梁高计算至板底。

5.3.2.5 现浇混凝土墙

（1）现浇混凝土墙与基础的划分，以基础扩大面的顶面为分界线，以下为基础，以上为墙身。梁、墙连接时，墙高算至梁底。墙、墙相交时，外墙按外墙中心线长度计算，内墙按墙间净长度计算。柱、墙与板相交时，柱和外墙的高度算至板上坪；内墙的高度算至板底。

（2）混凝土墙按图示中心线长度尺寸乘以设计高度及墙体厚度，以立方米计算。扣除门窗洞口及单个面积在 0.3m² 以上孔洞的体积，墙垛、附墙柱及突出部分并入墙体积内计算。混凝土墙中的暗柱、暗梁并入相应墙体积内，不单独计算。电梯井壁工程量计算执行外墙的相应规定。

5.3.2.6 现浇混凝土板

（1）现浇混凝土板工程量按图示面积乘以板厚，以立方米计算。柱、墙与板相交时，板的宽度按外墙间净宽度（无外墙时，按板边缘之间的宽度）计算，不扣除柱、垛所占板的面积。

（2）各种板按以下规定计算：

1）有梁板是指由一个方向或两个方向的梁（主梁、次梁）与板连成一体的板。有梁板包括主、次梁及板，工程量按梁、板体积之和计算。

2）无梁板是指无梁且直接用柱子支撑的楼板。无梁板按板和柱帽体积之和计算。

3）平板是指直接支撑在墙上的现浇楼板。平板按板图示体积计算，伸入墙内的板头、平板边沿的翻檐，均并入平板体积内计算。

4）斜屋面板是指斜屋面铺瓦用的钢筋混凝土基层板。斜屋面按板断面积乘以斜长。有梁时，梁板合并计算。屋脊处八字脚的加厚混凝土（素混凝土）已包括在消耗量内，不单独计算。若屋脊处八字脚的加厚混凝土配置钢筋作梁使用，应按设计尺寸并入斜板工程量内计算。

5）圆弧形老虎窗顶板是指坡屋面阁楼部分为了采光而设计的圆弧形老虎窗的钢筋混凝土顶板。圆弧形老虎窗顶板套用拱板子目。

6）现浇挑檐与板（包括屋面板）连接时，以外墙外边线为界限；与圈梁（包括其他梁）连接时，以梁外边线为界限，外边线以外为挑檐。

5.3.2.7 现浇混凝土阳台、雨篷

（1）阳台、雨篷按伸出外墙的水平投影面积计算，伸出外墙的牛腿不另计算，其嵌入墙内的梁另按梁有关规定单独计算。混凝土挑檐、阳台、雨篷的翻檐，总高度在300mm以内时，按展开面积并入相应工程量内；高度超过300mm时，按栏板计算。井字梁雨篷按有梁板计算规则计算。

（2）混凝土阳台（含板式和挑梁式）子目按阳台板厚100mm编制。混凝土雨篷子目按板式雨篷、板厚80mm编制。若阳台、雨篷板厚设计与定额不同时，按补充子目4-2-65调整。三面梁式雨篷，按有梁式阳台计算。

5.3.2.8 现浇混凝土栏板

（1）现浇混凝土栏板，以立方米计算，伸入墙内的栏板合并计算。

（2）飘窗左右混凝土立板，按混凝土栏板计算。飘窗上下混凝土挑板、空调机的混凝土搁板，按混凝土挑檐计算。

5.3.2.9 现浇混凝土楼梯

（1）现浇混凝土整体楼梯包括休息平台、平台梁、楼梯底板、斜梁及楼梯与楼板的连接梁，按水平投影面积计算，不扣除宽度小于500mm的楼梯井，伸入墙内部分不另增加。混凝土楼梯（含直形和旋转形）与楼板以楼梯顶部与楼板的连接梁为界，连接梁以外为楼板。楼梯基础按基础的相应规定计算。

（2）混凝土楼梯子目，按踏步底板（不含踏步和踏步底板下的梁）和休息平台板厚均为100mm编制。若踏步底板、休息平台的板厚设计与定额不同时，按定额4-2-46子目调整。踏步底板、休息平台的板厚不同时，应分别计算。踏步底板的水平投影面积包括底板和连接梁，休息平台的投影面积包括平台板和平台梁。

（3）踏步旋转楼梯按其楼梯部分的水平投影面积乘以周数计算（不包括中心柱）。弧形楼梯按旋转楼梯计算。

5.3.2.10 小型混凝土构件

以立方米计算。

5.3.2.11 预制混凝土构件

（1）预制混凝土板补现浇板缝。板底缝宽大于40mm时，按小型构件计算；板底缝宽大于100mm时，按平板计算。

（2）预制混凝土柱工程量均按图示尺寸，以立方米计算，不扣除构件内钢筋、铁件等所占的体积。

　　（3）预制混凝土框架柱的现浇接头（包括梁接头）按设计规定断面和长度，以立方米计算。

　　（4）预制钢筋混凝土工字形柱、矩形柱、空腹柱、双肢柱、空心柱、管道支架等的安装，均按柱安装计算。

　　（5）升板预制柱加固是指柱安装后至楼板提升完成前的预制混凝土柱的搭设加固。

　　（6）预制钢筋混凝土多层柱安装，首层柱按柱安装计算，二层及二层以上按柱接柱计算。

　　（7）升板预制柱加固子目，其工程量按提升混凝土板的体积，以立方米计算。

　　（8）焊接成型的预制混凝土框架结构，其柱安装按框架柱计算。

　　（9）预制混凝土梁工程量均按图示尺寸，以立方米计算，不扣除构件内钢筋、铁件、预应力钢筋预留孔洞等所占的体积。

　　（10）焊接成型的预制混凝土框架结构，其梁安装按框架梁计算。

　　（11）预制混凝土过梁，如需现场预制，执行预制小型构件子目。

　　（12）预制混凝土屋架工程量均按图示尺寸，以立方米计算，不扣除构件内钢筋、铁件、预应力钢筋预留孔洞等所占的体积。

　　（13）预制混凝土与钢杆件组合的屋架，混凝土部分按构件实体积，以立方米计算，钢构件部分按"t"计算，分别套用相应的定额项目。组合屋架安装，以混凝土部分的实体积计算，钢杆件部分不另计算。预制混凝土板工程量均按图示尺寸，以立方米计算，不扣除构件内钢筋、铁件、预应力钢筋预留孔洞及小于300mm×300mm以内孔洞所占的体积。

　　（14）预制混凝土楼梯工程量均按图示尺寸，以立方米计算，不扣除构件内钢筋、铁件、预应力钢筋预留孔洞及小于300mm×300mm以内的孔洞所占的体积。

　　（15）预制混凝土其他构件工程量均按图示尺寸，以立方米计算，不扣除构件内钢筋、铁件、预应力钢筋预留孔洞及小于300mm×300mm以内孔洞所占的体积。

　　（16）预制混凝土与钢杆件组合的其他构件，混凝土部分按构件实体积，以立方米计算，钢构件部分按"t"计算，分别套用相应的定额项目。其他混凝土构件安装及灌缝子目，适用于单体体积在0.1m³以内（人力安装）或0.5m³（5t汽车吊安装）以内定额未单独列项的小型构件。天窗架、天窗端壁、上下档、支撑、侧板及檩条的灌缝套用10-3-148子目。

　　（17）预制混凝土构件安装均按图示尺寸，以实体积计算。

5.3.2.12　混凝土井（池）

　　混凝土井（池）按实体积，以立方米计算，与井壁相连接的管道及内径在20cm以内的孔洞所占体积不予扣除。

5.3.2.13　铸铁盖板

　　铸铁盖板（带座）安装以套计算。

5.3.2.14　室外排水管道

　　（1）室外排水管道与室内排水管道的分界，以室内至室外第一个排水检查井为界。检查井至室内一侧为室内排水管道，另一侧为室外排水（厂区、小区内）管道。

　　（2）排水管道铺设以延长米计算，扣除其检查井所占的长度。

（3）排水管道基础按不同管径及基础材料分别以延长米计算。

5.3.2.15 场区道路

场区道路子目，按山东省建筑标准设计图集 L96J002 编制。场区道路子目中，已包括留设伸缩缝及嵌缝内容。场区道路垫层按设计图示尺寸，以立方米计算。道路面层工程量按设计图示尺寸以平方米计算。

5.3.2.16 配套定额关于钢筋工程量的计算

（1）钢筋工程应区别现浇、预制构件和不同钢种、规格。计算时分别按设计长度乘单位理论重量，以"t"计算。钢筋电渣压力焊接、套筒挤压等接头，以个计算。钢筋机械连接的接头，按设计规定计算。设计无规定时，按施工规范或施工组织设计规定的实际数量计算。

（2）计算钢筋工程量时，钢筋保护层厚度按设计规定计算。设计无规定时，按施工规范规定计算。钢筋的弯钩增加长度和弯起增加长度按设计规定计算。已执行了本章钢筋接头子目的钢筋连接，其连接长度不另行计算。施工单位为了节约材料所发生的钢筋搭接，其连接长度或钢筋接头不另行计算。

（3）先张法预应力钢筋按构件外形尺寸计算长度。后张法预应力钢筋按设计规定的预应力钢筋预留孔道长度，并区别不同的锚具类型，分别按下列规定计算：

1）低合金钢筋两端采用螺杆锚具时，预应力钢筋按预留孔道长度减 0.35m，螺杆另行计算。

2）低合金钢筋一端采用镦头插片，另一端为螺杆锚具时，预应力钢筋长度按预留孔道长度计算，螺杆另行计算。

3）低合金钢筋一端采用镦头插片，另一端采用帮条锚具时，预应力钢筋长度增加 0.15m；两端均采用帮条锚具时，预应力钢筋长度共增加 0.3m。

4）低合金钢筋采用后张混凝土自锚时，预应力钢筋长度增加 0.35m。

5）低合金钢筋或钢绞线采用 JM、XM、QM 型锚具。孔道长度在 20m 以内时，预应力钢筋长度增加 1m；孔道长在 20m 以上时，预应力钢筋长度增加 1.8m。

6）碳素钢丝采用锥形锚具。孔道长在 20m 以内时，预应力钢筋长度增加 1m；孔道长在 20m 以上时，预应力钢筋长度增加 1.8m。

7）碳素钢丝两端采用镦粗头时，预应力钢丝长度增加 0.35m。

现行定额新增了无粘结预应力钢丝束和有粘结预应力钢绞线项目，其含义是：无粘结预应力钢丝束是指外表面刷涂料、包塑料管的钢丝束，直接预埋于混凝土中，待混凝土达到一定强度后，进行后张法施工。预应力钢丝束的张拉应力通过其两端的锚具传递给混凝土构件。由于钢丝束外表面的塑料管阻断了钢丝束与混凝土的接触，因此钢丝束与混凝土之间不能形成粘结，故称无粘结。

有粘结预应力钢绞线是指浇筑混凝土时，用波纹管在混凝土中预留孔道，混凝土达到一定强度时，在波纹管中穿入钢质裸露的钢绞线，然后进行后张法施工，最后在波纹管中加压灌浆，用锚具锚固钢筋。由于混凝土、波纹管、砂浆、钢绞线能够相互粘结成牢固的整体，故称有粘结。

（4）其他：

1）马凳是指用于支撑现浇混凝土板或现浇雨篷板中的上部钢筋的铁件。马凳钢筋质量，设计有规定的按设计规定计算。设计无规定时，马凳的规格应比底板钢筋降低一个规格。若底板钢筋规格不同时，按其中规格大的钢筋降低一个规格计算。长度按底板厚度的2倍加200mm计算，每平方米1个，计入钢筋总量。

2）墙体拉结S钩钢筋质量，设计有规定的按设计规定计算，设计无规定按$\phi 8$钢筋，长度按墙厚加150mm计算，每平方米3个，计入钢筋总量。

3）砌体加固钢筋按设计用量，以t计算。

4）防护工程的钢筋锚杆、锚喷护壁钢筋、钢筋网按设计用量，以"t"计算，执行现浇构件钢筋子目。

5）混凝土构件预埋铁件工程量，按金属结构制作工程量的规则，以"t"计算。

6）冷扎扭钢筋执行冷扎带肋钢筋子目。

7）设计采用HRB400级钢时，执行补充定额相应子目。

8）预制混凝土构件中，不同直径的钢筋点焊成一体时，按各自的直径计算钢筋工程量，按不同直径钢筋的总工程量执行最小直径钢筋的点焊子目；如果最大与最小钢筋的直径比大于2时，最小直径钢筋点焊子目的人工乘以系数1.25。

5.3.2.17 螺栓铁件、钢板计算

螺栓铁件按设计图示尺寸的钢材质量，以"t"计算。金属构件中所用钢板，设计为多边形者，按矩形计算；矩形的边长以设计构件尺寸的最大矩形面积计算。

5.4 工程量计算主要技术资料

5.4.1 钢筋混凝土构件工程量计算

5.4.1.1 垫层工程量计算

（1）地面垫层计算公式：

地面垫层工程量＝$(S_房－单个面积在0.3m^2以上孔洞独立柱及构筑物等面积)×垫层厚$

$$\tag{5-5}$$

$$S_房＝S_底－\sum L_中×外墙厚－\sum L_内×内墙厚 \tag{5-6}$$

（2）条形基础垫层计算公式：

$$条形基础垫层工程量＝(\sum L_中＋\sum L_净)×垫层断面积 \tag{5-7}$$

（3）独立满堂基础垫层计算公式：

$$独立满堂基础垫层工程量＝设计长度×设计宽度×平均厚度 \tag{5-8}$$

5.4.1.2 现浇钢筋混凝土构件工程量计算

（1）带形基础计算公式：

带形基础工程量＝外墙中心线长度×设计断面＋设计内墙基础图示长度×设计断面

$$\tag{5-9}$$

（2）独立基础计算公式：

$$独立基础工程量＝设计图示体积 \tag{5-10}$$

（3）满堂基础计算公式：

$$满堂基础工程量＝图示长度×图示宽度×厚度＋翻梁体积 \tag{5-11}$$

(4) 矩形柱计算公式：

$$矩形柱工程量＝图示断面面积×柱计算高度 \tag{5-12}$$

(5) 圆形柱计算公式：

$$圆形柱工程量＝柱直径×柱直径×π÷4×图示高度 \tag{5-13}$$

(6) 构造柱计算公式：

$$构造柱工程量＝(图示柱宽度＋折加咬口宽度)×厚度×图示高度 \tag{5-14}$$

或 $$构造柱工程量＝构造柱折算截面积×构造柱计算高度 \tag{5-15}$$

有咬口的现浇钢筋混凝土构造柱折算截面积，见表 5-22。

现浇钢筋混凝土构造柱折算截面积（m²） 表 5-22

构造柱的平面形式	构造柱基本截面 $d_1×d_2$(m)			
	0.24×0.24	0.24×0.365	0.365×0.24	0.365×0.365
	0.072	0.1095	0.1020	0.1551
	0.0792	0.1167	0.1130	0.1661
	0.072	0.1058	0.1058	0.1551
	0.0864	0.1239	0.1239	0.1770

(7) 梁计算公式：

$$单梁工程量＝图示断面面积×梁长＋梁垫体积 \tag{5-16}$$

$$过梁工程量＝图示断面面积×过梁长度(设计无规定时，$$
$$按门窗洞口宽度,两端各加250mm 计算) \tag{5-17}$$

$$圈梁工程量＝图示长度×图示断面面积－构造柱宽度×根数 \tag{5-18}$$

(8) 板计算公式：

$$有梁板工程量＝图示长度×图示宽度×板厚＋主梁及次梁肋体积 \tag{5-19}$$

主梁及次梁肋体积＝主梁长度×主梁宽度×肋高＋次梁净长度×次梁宽度×肋高

$$\tag{5-20}$$

$$无梁板工程量＝图示长度×图示宽度×板厚＋柱帽体积 \quad (5-21)$$
$$平板工程量＝图示长度×图示宽度×板厚＋边沿的翻檐体积 \quad (5-22)$$
$$斜板工程量＝图示长度×图示宽度×坡度系数×板厚＋附梁体积 \quad (5-23)$$
$$现浇钢筋混凝土栏板工程量＝栏板中心线长度×断面 \quad (5-24)$$
$$现浇钢筋混凝土阳台板工程量＝水平投影面积×板厚＋牛腿体积 \quad (5-25)$$
$$现浇钢筋混凝土天沟板工程量＝天沟板中心线长度×天沟板断面 \quad (5-26)$$

（9）墙计算公式：

$$墙工程量＝（外墙中心线长度×设计高度－门窗洞口面积）×外墙厚＋$$
$$（内墙净长度×设计高度－门窗洞口面积）×内墙厚 \quad (5-27)$$

（10）楼梯工程量计算公式：

$$楼梯工程量＝图示水平长度×图示水平宽度－大于500mm宽楼梯井 \quad (5-28)$$

楼梯工程量计算示意图，如图 5-16 所示。

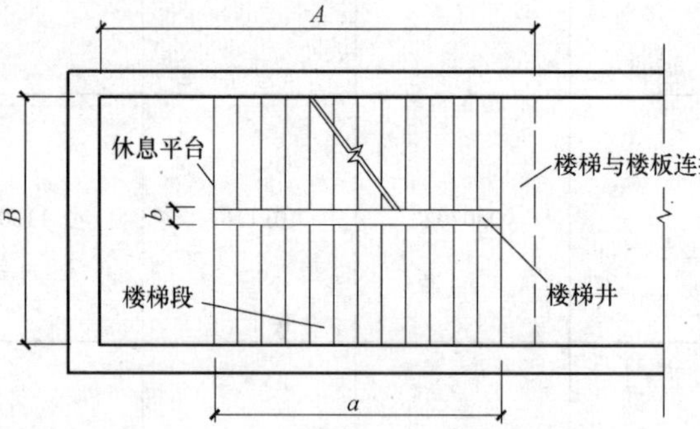

图 5-16 钢筋混凝土楼梯平面图

当 $b \leqslant 500mm$ 时，$S＝A×B$

当 $b > 500mm$ 时，$S＝A×B－a×b$

（11）散水工程量计算公式：

$$散水工程量＝（外墙外边线长度＋4×散水宽度－台阶长度）×散水宽 \quad (5-29)$$

（12）混凝土池工程量计算公式：

$$池底工程量＝池底面积×板厚 \quad (5-30)$$
$$池壁工程量＝池壁中心线长度×池壁断面 \quad (5-31)$$
$$池盖工程量＝池盖面积×板厚 \quad (5-32)$$
$$井盖板工程量＝盖板面积×板厚 \quad (5-33)$$

5.4.1.3 预制钢筋混凝土构件工程量计算

（1）预制钢筋混凝土桩计算公式：

$$预制混凝土桩工程量＝图示断面面积×桩总长度 \quad (5-34)$$

（2）预制钢筋混凝土柱计算公式：

$$预制混凝土柱工程量＝上柱图示断面面积×上柱长度＋下柱图示断面面积×$$
$$下柱长度＋牛腿体积 \quad (5-35)$$

（3）混凝土柱牛腿单个体积计算表，见表 5-23。

混凝土柱牛腿单个体积计算表 表 5-23

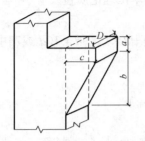

表中每个混凝土柱牛腿的体积系指图示虚线以外部分

a	b	c	D(mm)			a	b	c	D(mm)		
mm			400	500	600	mm			400	500	600
250	300	300	0.048	0.060	0.072	400	600	600	0.168	0.210	0.252
300	300	300	0.054	0.084	0.081	400	800	800	0.256	0.320	0.384
300	400	400	0.080	0.100	0.120	400	650	650	0.189	0.236	0.283
300	500	600	0.132	0.165	0.198	400	700	700	0.210	0.263	0.315
300	500	700	0.154	0.193	0.231	400	700	950	0.285	0.356	0.425
400	200	200	0.040	0.050	0.060	400	1000	1000	0.360	0.450	0.540
400	250	250	0.052	0.066	0.079	500	200	200	0.045	0.060	0.072
400	300	300	0.066	0.082	0.099	500	250	250	0.063	0.078	0.094
400	300	600	0.132	0.165	0.198	500	300	300	0.078	0.098	0.117
400	350	350	0.081	0.101	0.121	500	400	400	0.112	0.140	0.168
400	400	400	0.096	0.120	0.144	500	500	500	0.150	0.189	0.225
400	400	700	0.168	0.210	0.252	500	600	600	0.192	0.240	0.288
400	450	450	0.113	0.141	0.169	500	700	700	0.238	0.298	0.357
400	500	500	0.130	0.163	0.195	500	1000	1000	0.400	0.500	0.600
400	500	700	0.182	0.223	0.273	500	1100	1100	0.462	0.578	0.693
400	550	550	0.149	0.186	0.223	500	300	700	0.266	0.333	0.399

（4）预制混凝土 T 形吊车梁计算公式：

预制混凝土 T 形吊车梁工程量＝断面面积×设计图示长度 （5-36）

（5）预制混凝土折线形屋架计算公式：

钢筋混凝土折线形屋架工程量＝∑杆件断面面积×杆件计算长度 （5-37）

（6）预制混凝土平板计算公式：

钢筋混凝土预制平板工程量＝图示长度×图示宽度×板厚 （5-38）

5.4.2 钢筋混凝土构件钢筋工程量计算

5.4.2.1 钢筋工程量计算公式

（1）现浇混凝土钢筋工程量计算公式：

现浇混凝土钢筋工程量＝设计图示钢筋长度×单位理论质量 （5-39）

（2）钢筋混凝土构件纵向钢筋计算公式：

$$钢筋图示用量＝（构件长度－两端保护层＋弯钩长度＋弯起增加长度＋$$
$$钢筋搭接长度）×线密度（钢筋单位理论质量） \qquad (5-40)$$

（3）双肢箍筋长度计算公式：

$$箍筋长度＝构件截面周长－8×保护层厚－4×箍筋直径＋2×（1.9d＋10d 或75中较大值)$$
$$\qquad (5-41)$$

（4）箍筋根数。箍筋配置范围如图 5-17 所示。

$$箍筋根数＝配置范围/@＋1 \qquad (5-42)$$

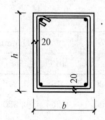 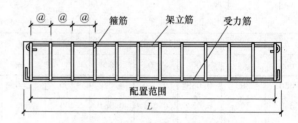

图 5-17 箍筋配置范围示意图

（5）设计无规定时计算公式：

$$马凳钢筋质量＝（板厚×2＋0.2）×板面积×受撑钢筋次规格的线密度 \qquad (5-43)$$

（6）设计无规定时计算公式：

$$墙体拉结 S 钩质量＝（墙厚＋0.15）×（墙面积×3）×0.395 \qquad (5-44)$$

（7）预制构件钢筋计算公式：

$$预制构件钢筋工程量＝设计图示钢筋长度×单位理论质量 \qquad (5-45)$$

（8）先张法预应力钢筋计算公式：

$$先张法预应力钢筋工程量＝（设计图示钢筋长度＋增加长度）×单位理论质量 \qquad (5-46)$$

（9）后张法预应力钢筋计算公式：

$$后张法预应力钢筋(JM 型锚具)工程量＝（设计图示钢筋长度＋增加长度）×单位理论质量$$
$$\qquad (5-47)$$

5.4.2.2 混凝土保护层

根据《混凝土结构设计规范》GB 50010—2010 的规定，构件中受力钢筋的保护层厚度不应小于钢筋的直径 d。设计使用年限为 50 年的混凝土结构，最外层钢筋的保护层厚度应符合表 5-26 的规定。设计使用年限为 100 年的混凝土结构，最外层钢筋的保护层厚度不应小于表 5-24 规定的 1.4 倍。

混凝土保护层的最小厚度 （mm） 　　　　　　　　　　　　　　　　表 5-24

环境等级	板墙壳	梁柱	环境等级	板墙壳	梁柱
一	15	20	三 a	30	40
二 a	20	25	三 b	40	50
二 b	25	35			

注：1. 混凝土强度等级不大于 C25 时，表中保护层厚度数值应增加 5mm；
　　2. 钢筋混凝土基础宜设置混凝土垫层，其受力钢筋的混凝土保护层厚度应从垫层顶面算起，且不应小于 40mm。

5.4.2.3 钢筋弯钩增加长度

HPB300 级钢筋受拉时弯钩增加长度，见表 5-25。

HPB300 级钢筋弯钩增加长度　　　　表 5-25

弯钩类型	图　示	增加长度计算值
半圆弯钩		6.25d

HPB300 级钢筋受拉时可不做弯钩，HRB335 级钢筋以上钢筋或分布筋一般不加钩。HPB300 级受拉钢筋端部一般增加 6.25d，d 为钢筋直径。为了减少马凳的用量，板上负筋（如雨篷）直钩长度一般为板厚减两个保护层。抗震要求箍筋平直段长度为 10d 或 75mm 中较大值。

5.4.2.4 弯起钢筋增加长度

（1）弯起钢筋斜长及增加长度计算方法，见表 5-26。

弯起钢筋斜长及增加长度计算方法　　　　表 5-26

形状			
计算方法　斜边长 s	2h	1.414h	1.155h
增加长度 $s-l=\Delta l$	0.268h	0.414h	0.577h

（2）弯起钢筋增加长度：需要弯起钢筋比较少见，但弯起角度只限 30°、45°、60° 三种。

（3）适应的构件：梁高、板厚 300mm 以内，弯起角度为 30°；梁高、板厚 300～800mm 之间，弯起角度为 45°；梁高、板厚 800mm 以上，弯起角度为 60°。弯起增加长度分别为 0.268h、0.414h、0.577h，h 为上下弯起端之距离。

5.4.2.5 钢筋的锚固长度

（1）钢筋锚固长度：受拉钢筋基本锚固长度，按表 5-27 计算。

受拉钢筋基本锚固长度 l_{abE}、l_{ab}　　　　表 5-27

钢筋种类	抗震等级	混凝土强度等级								
		C20	C25	C30	C35	C40	C45	C50	C55	＞C60
HPB300	一、二级（l_{abE}）	45d	39d	35d	32d	29d	28d	26d	25d	24d
	三级（l_{abE}）	41d	36d	32d	29d	26d	25d	24d	23d	22d
	四级（l_{abE}）非抗震（l_{ab}）	39d	34d	30d	28d	25d	24d	23d	22d	21d

续表

钢筋种类	抗震等级	混凝土强度等级								
		C20	C25	C30	C35	C40	C45	C50	C55	>C60
HRB335 HRBF335	一、二级(l_{abE})	44d	38d	33d	31d	29d	26d	25d	24d	24d
	三级(l_{abE})	40d	35d	31d	28d	26d	24d	23d	22d	22d
	四级(l_{abE}) 非抗震(l_{ab})	38d	33d	29d	27d	25d	23d	22d	21d	21d
HRB400 HRBF400 RRB400	一、二级(l_{abE})	—	46d	40d	37d	33d	32d	31d	30d	29d
	三级(l_{abE})	—	42d	37d	34d	30d	29d	28d	27d	26d
	四级(l_{abE}) 非抗震(l_{ab})	—	40d	35d	32d	29d	28d	27d	26d	25d
HRB500 HRBF500	一、二级(l_{abE})	—	55d	49d	45d	41d	39d	37d	36d	35d
	三级(l_{abE})	—	50d	45d	41d	38d	36d	34d	33d	32d
	四级(l_{abE}) 非抗震(l_{ab})	—	48d	43d	39d	36d	34d	32d	31d	30d

(2) 钢筋锚固长度修正系数及最小长度要求

① 直径大于 25mm 的带肋钢筋锚固长度应乘以修正系数 1.1；

② 带有环氧树脂涂层的带肋钢筋锚固长度应乘以修正系数 1.25；

③ 施工过程易受扰动的情况，锚固长度应乘以修正系数 1.1；

④ 锚固区的混凝土保护层厚度，大于钢筋直径的 3 倍锚固长度可乘以修正系数 0.8，大于钢筋直径的 5 倍锚固长度可乘以修正系数 0.7，中间按内插取值；

⑤ 锚固长度修正系数可以连乘，但不应小于 0.6；

⑥ 当纵向受拉普通钢筋末端采用弯钩或机械锚固措施时，包括弯钩或锚固端头在内的锚固长度（投影长度）可乘以修正系数 0.6；

⑦ 受拉钢筋的锚固长度不应小于 200mm；

⑧ 纵向受压钢筋的锚固长度不应小于受拉钢筋锚固长度的 0.7 倍。

5.4.2.6 纵向受力钢筋搭接长度

(1)《混凝土结构设计规范》GB 50010—2010 规定，纵向受拉钢筋绑扎搭接长度，按锚固长度乘以修正系数计算，修正系数见表 5-28。

纵向受拉钢筋抗震绑扎搭接长度修正系数　　　　　　　表 5-28

纵向钢筋搭接接头面积百分率	≤25	≤50	≤100
修正系数	1.2	1.4	1.6

(2) 位于同一连接区段内的受拉钢筋搭接接头面积百分率，《混凝土结构设计规范》GB 50010—2010 规定：对梁类、板类及墙类构件，不宜大于 25%；对柱类构件，不宜大于 50%。当工程中确有必要增大受拉钢筋搭接接头面积百分率时，对梁类构件，不宜大于 50%；对板、墙、柱及预制类构件的拼接处，可根据实际情况放宽。

(3) 纵向受力钢筋的搭接长度修正系数及最小长度要求

① 纵向受压钢筋搭接时，其最小搭接长度应根据上述规定确定相应数值后，乘以系数 0.7 取用；

② 在任何情况下，纵向受拉钢筋的搭接长度不应小于 300mm；受压钢筋的搭接长度不应小于 200mm。

（4）不宜采用搭接接头的情况

① 直径大于 25mm 的受拉钢筋和直径大于 28mm 的受压钢筋不宜采用搭接接头；

② 轴心受拉和小偏心受拉构件不得采用搭接接头。

5.4.2.7 钢筋单位理论质量

（1）钢筋单位理论质量计算公式

钢筋每米理论质量＝$0.006165 \times d^2$（d 为钢筋直径）

（2）常用钢材理论质量与直径倍数长度数据，见表 5-29。

常用钢材理论质量与直径倍数长度数据　　　　　表 5-29

直径 d/(mm)	理论质量 (kg/m)	横截面积 (cm²)	直径倍数(mm)									
			$3d$	$6.25d$	$8d$	$10d$	$12.5d$	$20d$	$25d$	$30d$	$35d$	$40d$
4	0.099	0.126	12	25	32	40	50	80	100	120	140	160
6	0.222	0.283	18	38	48	60	75	120	150	180	210	240
6.5	0.260	0.332	20	41	52	65	81	130	163	195	228	260
8	0.395	0.503	24	50	64	80	100	160	200	240	280	320
9	0.490	0.635	27	57	72	90	113	180	225	270	315	360
10	0.617	0.785	30	63	80	100	125	200	250	300	350	400
12	0.888	1.131	36	75	96	120	150	240	300	360	420	480
14	1.208	1.539	42	88	112	140	175	280	350	420	490	560
16	1.578	2.011	48	100	128	160	200	320	400	480	560	640
18	1.998	2.545	54	113	144	180	225	360	450	540	630	720
19	2.230	2.835	57	119	152	190	238	380	475	570	665	760
20	2.466	3.142	60	125	160	220	250	400	500	600	700	800
22	2.984	3.301	66	138	176	220	275	440	550	660	770	880
24	3.551	4.524	72	150	192	240	300	480	600	720	840	960
25	3.850	4.909	75	157	200	250	313	500	625	750	875	1000
26	4.170	5.309	78	163	208	260	325	520	650	780	910	1040
28	4.830	6.153	84	175	224	280	350	560	700	840	980	1160
30	5.550	7.069	90	188	240	300	375	600	750	900	1050	1200
32	6.310	8.043	96	200	256	320	400	640	800	960	1120	1280
34	7.130	9.079	102	213	272	340	425	680	850	1020	1190	1360
35	7.500	9.620	105	219	280	350	438	700	875	1050	1225	1400
36	7.990	10.179	108	225	288	360	450	720	900	1080	1200	1440
40	9.865	12.561	120	250	320	400	500	800	1000	1220	1400	1600

5.4.3 钢筋计算常用公式

5.4.3.1 钢筋理论长度计算公式

钢筋理论长度计算公式，见表 5-30。

钢筋理论长度计算公式　　　　　表 5-30

钢筋名称	钢筋简图	计算公式
直筋		构件长－两端保护层厚
直钩		构件长－两端保护层厚＋一个弯钩长度
板中弯起筋	30°	构件长－两端保护层厚＋2×0.268×(板厚－上下保护层厚)＋两个弯钩长
	30°	构件长－两端保护层厚＋0.268×(板厚－上下保护层厚)＋两个弯钩长
	30°	构件长－两端保护层厚＋0.268×(板厚－上下保护层厚)＋(板厚－上下保护层厚)＋一个弯钩长
	30°	构件长－两端保护层厚＋2×0.268×(板厚－上下保护层厚)＋2×(板厚－上下保护层厚)
	30°	构件长－两端保护层厚＋0.268×(板厚－上下保护层厚)＋(板厚－上下保护层厚)
		构件长－两端保护层厚＋2×(板厚－上下保护层厚)
梁中弯起筋	45°	构件长－两端保护层厚＋2×0.414×(梁高－上下保护层厚)＋两个弯钩长
	45°	构件长－两端保护层厚＋2×0.414×(梁高－上下保护层厚)＋2×(梁高－上下保护层厚)＋两个弯钩长
	45°	构件长－两端保护层厚＋0.414×(梁高－上下保护层厚)＋两个弯钩长
	45°	构件长－两端保护层厚＋1.414×(梁高－上下保护层厚)＋两个弯钩长
	45°	构件长－两端保护层厚＋2×0.414×(梁高－上下保护层厚)＋2×(梁高－上下保护层厚)

注：梁中弯起筋的弯起角度，如果弯起角度为 60°，则上表中系数 0.414 改为 0.577，1.414 改为 1.577。

5.4.3.2　钢筋接头系数的测算

钢筋绑扎搭接接头和机械连结接头工程量计算比较麻烦，在实际工作中，可以测定其单位含量，用比例系数法进行计算。例如，钢筋绑扎搭接接头形式有两种，如图 5-18 所示。

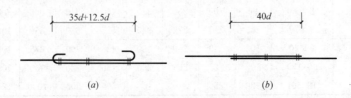

图 5-18　钢筋绑扎搭接接头长度示意图

(a) 光圆钢筋 HPB300 级钢筋 C20 混凝土（有弯钩）；(b) 带肋钢筋 HRB400 级 C30 混凝土（无弯钩）

当设计要求钢筋长度大于钢筋的定尺长度（单根长度）时，就要按要求计算钢筋的搭接长度。为了简化计算过程，可以用钢筋接头系数的方法计算钢筋的搭接长度，其计算公式如下：

$$钢筋接头系数 = \frac{钢筋单根长}{钢筋单根长 - 接头长} \tag{5-48}$$

5.4.3.3　圆形板内钢筋计算

圆内钢筋理论长度的计算，可以通过图5-19所示钢筋进行分析。

布置在直径上的钢筋长（l_0）就是直径长；相邻直径的钢筋长（l_1）可以根据半径r和间距a及钢筋一半长构成的直角三角形关系算出，计算式为：$l_1 = \sqrt{r^2 - a^2} \times 2$。因此，圆内钢筋长度的计算公式如下：

$$l_n = \sqrt{r^2 - (na)^2} \times 2 - 两端保护层 + 两端弯钩长度 \tag{5-49}$$

式中　n——第n根钢筋；　r——构件半径；

l_n——第n根钢筋长；a——钢筋间距。

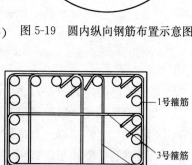

图 5-19　圆内纵向钢筋布置示意图

5.4.3.4　箍筋的种类和构造

（1）箍筋的种类。柱箍筋分为非复合箍筋（图5-20）和复合箍筋（图5-21）两种。

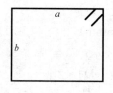

图 5-20　非复合箍筋常见类型图

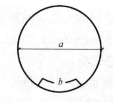

图 5-21　复合箍筋类型图

（2）梁、柱、剪力墙箍筋和拉筋弯勾构造，如图5-22所示。

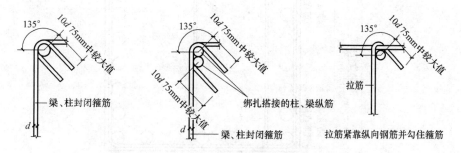

图 5-22　梁、柱、剪力墙箍筋和拉筋弯勾构造

5.4.3.5　柱箍筋长度

复合箍筋是由非复合箍筋组成的。柱复合箍筋如图5-21所示，各种箍筋长度计算如下：

1) 1号箍筋类型如图 5-23 所示，长度计算公式为：

$$1号箍筋长度＝2(b+h)-8bhc-4d+2\times1.9d+2\max(10d,75\mathrm{mm}) \tag{5-50}$$

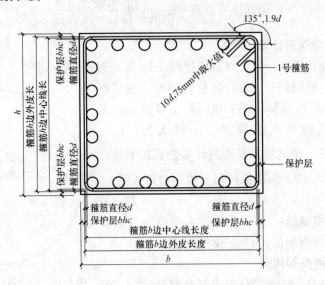

图 5-23　1号箍筋类型图

2) 2 号箍筋类型如图 5-24 所示，长度计算公式为：

$$2号箍筋长度＝[(b-2bhc-D)/(b边纵筋根数-1)\times间距 j 数+D]\times2+$$
$$(h-2bhc)\times2-4d+2\times1.9d+2\max(10d,75\mathrm{mm}) \tag{5-51}$$

3) 3 号箍筋类型如图 5-25 所示，长度计算公式为：

$$3号箍筋长度＝[(h-2bhc-D)/(h边纵筋根数-1)\times间距 j 数+D]\times2+$$
$$(b-2bhc)\times2-4d+2\times1.9d+2\max(10d,75\mathrm{mm}) \tag{5-52}$$

4) 4 号箍筋类型如图 5-26 所示，长度计算公式为：

$$4号箍筋长度＝(h-2bhc-d)+2\times1.9d+2\max(10d,75\mathrm{mm}) \tag{5-53}$$

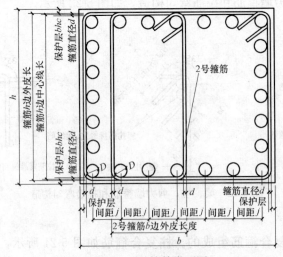

图 5-24　2号箍筋类型图

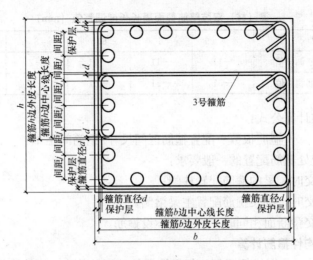

图 5-25 3 号箍筋类型图

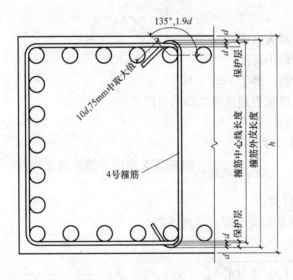

图 5-26 4 号箍筋类型图

5.4.3.6 梁箍筋长度

（1）梁双肢箍筋长度计算公式（保护层为 20mm）：

$$双肢箍筋长度=2\times(h-2\times20+b-2\times20)-4d+2\times1.9d+2\max(10d,75mm)$$

(5-54)

（2）为了简化计算，箍筋单根钢筋长度有如下几种算法供参考：

1）按梁、柱截面设计尺寸外围周长计算，弯钩不增加，箍筋保护层也不扣除。

2）按梁、柱截面设计尺寸周长扣减 8 个箍筋保护层后增加箍筋弯钩长度。

3）按梁、柱主筋外表面周长增加 0.18m（即箍筋内周长增加 0.18m）。

4）按构件断面周长加上 ΔL（箍筋增减值）：

梁（柱）双肢箍筋截面周长长度调整值表，见表 5-31 所示。

梁（柱）双肢箍筋截面周长长度调整值（mm）　　　　　表 5-31

钢筋直径 d	4	6	6.5	8	10	12
保护层为 20mm 箍筋调整值	−11	−11	−11	−2	38	78
保护层为 25mm 箍筋调整值	−51	−51	−51	−42	2	38

（3）箍筋根数计算公式：

$$箍筋根数＝配置箍筋区间尺寸/钢筋间距＋1 \tag{5-55}$$

（4）构件相交处箍筋配置的一般要求：

1）梁与柱相交时，梁的箍筋配置柱侧；

2）梁与梁相交时，次梁箍筋配置主梁梁侧；

3）梁与梁相交梁断面相同时，相交处不设箍筋。

5.4.3.7 变截面构件箍筋计算

如图 5-27 所示，根据比例原理，每根箍筋的长短差数为 Δ，计算公式为：

$$\Delta = \frac{l_c - l_d}{n-1} \tag{5-56}$$

式中　l_c——箍筋的最大高度；

　　　l_d——箍筋的最小高度；

　　　n——箍筋个数，等于 $s \div a + 1$；

　　　s——最长箍筋和最短箍筋之间的总距离；

　　　a——箍筋间距。

箍筋平均高计算公式：

$$箍筋平均高 = \frac{箍筋最大高度＋箍筋最小高度}{2} \tag{5-57}$$

5.4.3.8 特殊钢筋计算

（1）曲线构件钢筋长度计算，见图 5-28。

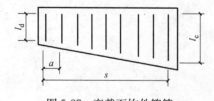

图 5-27　变截面构件箍筋

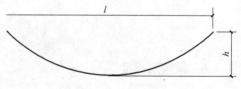

图 5-28　抛物线钢筋长度

抛物线钢筋长度的计算公式：

$$L = \left(1 + \frac{8h^2}{3l^2}\right)l \tag{5-58}$$

式中　L——抛物线钢筋长度；

　　　l——抛物线水平投影长度；

　　　h——抛物线矢高。

其他曲线状钢筋长度，可用渐近法计算，即分段按直线计算，然后累计。

（2）双箍方形内箍，见图 5-29。

$$内箍长度＝[(B-2b)×\sqrt{2}/2+d_0]×4+2个弯钩增加长度 \tag{5-59}$$

式中 b——保护层厚度；

d_0——箍筋直径。

（3）三角箍，见图 5-30。

$$箍筋长度＝(B-2b-d_0)+\sqrt{4(H-2b+d_0)^2+(B-2b+d_0)^2}+2个弯钩增加长度 \tag{5-60}$$

（4）S箍（拉条），见图 5-31。

$$长度＝h+d_0+2个弯钩增加长度 \tag{5-61}$$

注：S筋间距一般为箍筋的两倍。

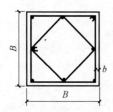

图 5-29 双箍方形内箍

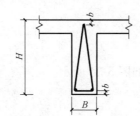

图 5-30 三角箍

图 5-31 S箍（拉条）

（5）螺旋箍筋长度计算，见图 5-32、图 5-33。

1）螺旋箍筋长度计算公式（一）：

$$L=n×\sqrt{b^2+(\pi d)^2} \tag{5-62}$$

式中 L——螺旋箍筋长度；

n——螺旋箍筋圈数（$n=H/b$）；

b——螺距；

d——螺旋箍筋中心线直径。

2）螺旋箍筋长度计算公式（二）：

$$箍筋长度＝N\sqrt{P^2+(D-2b+d_0)^2\pi^2}+2个弯钩增加长度 \tag{5-63}$$

式中 N——螺旋圈数，$N=\dfrac{L}{P}$（L 为构件长）；

P——螺距；

D——构件直径。

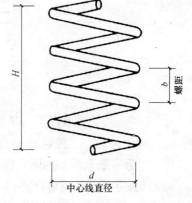

图 5-32 螺旋箍筋（一）

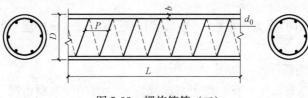

图 5-33 螺旋箍筋（二）

3）每米圆形柱高螺旋箍筋长度，见表 5-32。

螺距(mm)	圆柱直径(mm)						
	400	500	600	700	800	900	1000
	保护层厚度 25mm						
100	11.04	14.17	17.31	20.44	23.58	26.72	29.86
150	6.66	8.53	10.41	12.29	14.17	16.05	17.93
200	5.59	7.14	8.70	10.26	11.82	13.39	14.96
250	4.51	5.74	6.98	8.29	9.48	10.73	11.98
300	3.42	4.34	5.26	6.19	7.16	8.06	9.00

每米圆形柱高螺旋箍筋长度表　　　　　表 5-32

5.4.4 平法钢筋工程量计算

5.4.4.1 基础构件

（1）条形基础钢筋的计算，如图 5-34 所示。

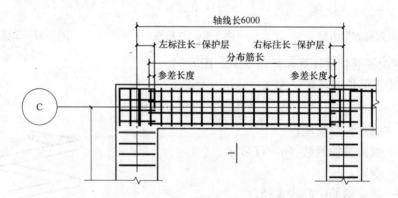

图 5-34 条形基础钢筋

$$受力筋长度 L = 条基宽度 - 2×保护层 + 2×6.25d(HPB235级) \quad (5-64)$$

$$根数 n = (条基长度 - 2×保护层)/布筋间距 + 1 \quad (5-65)$$

$$分布筋长度 = 轴间长度 - 左右标注长度 + 搭接(参接)长度×2(2×300) \quad (5-66)$$

（2）独立基础的钢筋计算：

$$横向(纵向)受力筋长度 = 独基底长(底宽) - 2×保护层 + 2×6.25d(HPB235级)$$
$$\quad (5-67)$$

$$横向(纵向)受力筋根数 = [独基底长(底宽) - 2×保护层]/间距 + 1 \quad (5-68)$$

5.4.4.2 柱构件

（1）基础部位钢筋计算，如图 5-35 所示。

基础插筋 L＝基础高度－保护层＋基础弯折 $a(\geqslant 150)$＋基础钢筋

$$外露长度 H_n/3(H_n 指楼层净高) + 搭接长度(焊接时为0) \quad (5-69)$$

（2）首层柱钢筋计算，如图 5-36 所示。

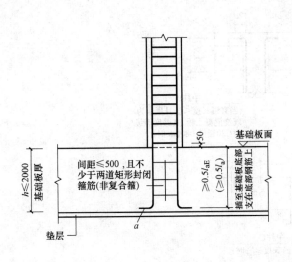

图 5-35 基础部位钢筋

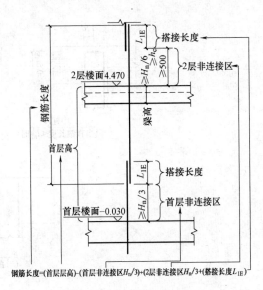

图 5-36 首层柱钢筋

柱纵筋长度＝首层层高－基础柱钢筋外露长度 $H_n/3$＋本柱层钢筋外露长度 max

$$(\geqslant H_n/6, \geqslant 500, \geqslant 柱截面长边尺寸)＋搭接长度（焊接时为0）\qquad (5-70)$$

（3）中间柱钢筋计算，如图 5-37 所示。

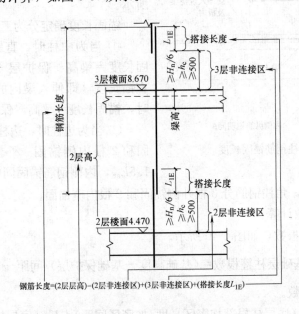

图 5-37 中间柱钢筋

柱纵筋长 L＝本层层高－下层柱钢筋外露长度 max $(\geqslant H_n/6, \geqslant 500,$

$\geqslant 柱截面长边尺寸)＋本层柱钢筋外露长度 max (\geqslant H_n/6, \geqslant 500,$

$$\geqslant 柱截面长边尺寸)＋搭接长度（焊接时为0）\qquad (5-71)$$

（4）顶层柱钢筋计算，如图 5-38 所示。

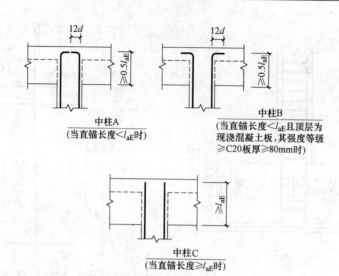

图 5-38 顶层柱钢筋

柱纵筋长 $L=$ 本层层高－下层柱钢筋外露长度 max（$\geq H_n/6$，≥ 500，

$$\geq 柱截面长边尺寸）－屋顶节点梁高＋锚固长度 \qquad (5-72)$$

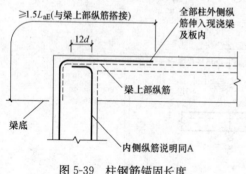

图 5-39 柱钢筋锚固长度

（5）柱钢筋锚固长度计算，如图 5-39 所示。

锚固长度确定分为三种：

① 当为中柱时，直锚长度$<L_{aE}$ 时，锚固长度＝梁高－保护层＋12d；当柱纵筋的直锚长度（即伸入梁内的长度）不小于 L_{aE} 时，锚固长度＝梁高－保护层。

② 当为边柱时，边柱钢筋分 2 根外侧锚固和 2 根内侧锚固。外侧钢筋锚固不小于 $1.5L_{aE}$，内侧钢筋锚固同中碎裂纵筋锚固。

③ 当为角柱时，角柱钢筋分 3 根外侧锚固和 2 根内侧锚固。

（6）柱箍筋根数计算：

1）基础层柱箍根数，如图 5-40 所示。

$$基础层柱箍根数＝（基础高度－基础保护层）/间距－1 \qquad (5-73)$$

2）底层柱箍根数。

底层柱箍筋根数 $n＝$（底层柱根部加密区高度/加密区间距）＋1＋（底层柱上部加密区高度/加密区间距）＋1＋（底层柱中间非加密区高度/非加密区间距）－1

$$(5-74)$$

3）楼层或顶层柱箍根数。

楼层或顶层柱箍筋根数 $n＝$（下部加密区高度＋上部加密区高度）/加密区间距＋

$$2＋（柱中间非加密区高度/非加密区间距）－1 \qquad (5-75)$$

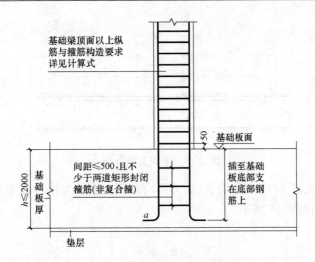

图 5-40 基础层柱箍根数计算

5.4.4.3 梁构件

钢筋长度计算方法如下:

(1) 平法楼层框架梁常见的钢筋计算方法有以下几种:

1) 上部贯通筋,如图 5-41 所示。

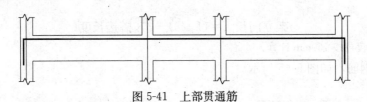

图 5-41 上部贯通筋

上部贯通筋长度 L = 构件总长度 - 两端支座(柱)宽度 + 两端锚固长度 + 搭接长度

$$(5-76)$$

锚固长度取值:

① 当支座宽度 - 保护层 $\geqslant L_{aE}$ 且 $\geqslant 0.5 h_c$ + $5d$ 时,锚固长度 = max (L_{aE}, $0.5 h_c$ + $5d$);

② 当支座宽度 - 保护层 $< L_{aE}$ 时,锚固长度 = 支座宽度 - 保护层 + $15d$。

说明:h_c 为柱宽,d 为钢筋直径。

2) 端支座负筋,如图 5-42 所示。

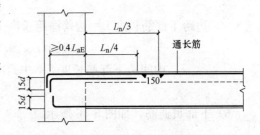

图 5-42 端支座负筋

上排钢筋长 $L = L_n/3$ + 锚固长度   (5-77)

下排钢筋长 $L = L_n/4$ + 锚固长度   (5-78)

式中,L_n 为梁净跨长,锚固长度同上部贯通筋。

3) 中间支座负筋,如图 5-43 所示。

上排钢筋长度 L = 1/3净跨长(相邻两跨净跨长度较大值) × 2 + 支座宽度   (5-79)

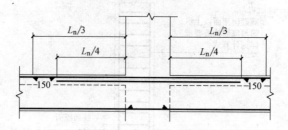

图 5-43　中间支座负筋

　　下排钢筋长度 $L=1/4$ 净跨长（相邻两跨净跨长度较大值）$\times 2+$ 支座宽度　　（5-80）

　　4）架力筋，如图 5-44 所示。

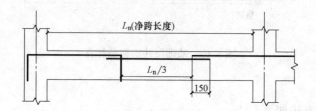

图 5-44　架力筋

　　架立筋长度 $L=$ 净跨长度－两边负筋净长度$+150\times 2$　　（5-81）

或

　　架立筋长 $L=(L_n/3)+2\times$ 搭接长度　　（5-82）

注：搭接长度可按 150mm 计算。

　　5）下部钢筋，如图 5-45 所示。

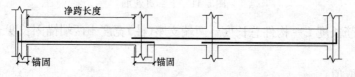

图 5-45　下部钢筋

　　边跨下部筋长度 $L=$ 边跨净跨长度＋左锚固（$L_{aE},0.4L_{aE}+15d$ 较大值）＋

　　　　右锚固（$L_{aE},0.5$ 支座宽$+5d$ 较大值）＋搭接长度　　（5-83）

　　中间跨下部筋长度 $L=$ 中跨净跨长度＋两端锚固长度（$L_{aE},$

　　　　0.5 支座宽$+5d$ 较大值）＋搭接长度　　（5-84）

　　6）下部贯通筋，如图 5-46 所示。

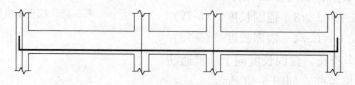

图 5-46　下部贯通筋

下部贯通筋长度 L＝构件总长度－两端支座（柱）宽度＋两端锚固长度（L_{aE}，

$$0.5支座宽＋5d 较大值）＋搭接长度 \qquad (5-85)$$

7）梁侧面钢筋，如图 5-47 所示。

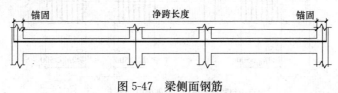

图 5-47　梁侧面钢筋

梁侧面钢筋长度（L）＝构件总长度－两端支座（柱）宽度＋两端锚固长度＋搭接长度

$$(5-86)$$

说明：当为侧面构造钢筋时，搭接与锚固长度为 $15d$；当为侧面受扭纵向钢筋时，锚固长度同框架梁下部钢筋。

8）单支箍（拉筋），如图 5-48 所示。

$$拉筋长度 L＝梁宽－2×保护层＋2×11.9d＋d$$

$$(5-87)$$

拉筋根数 n＝（梁净跨长－2×50）/（箍筋非加密间距×2）＋1

$$(5-88)$$

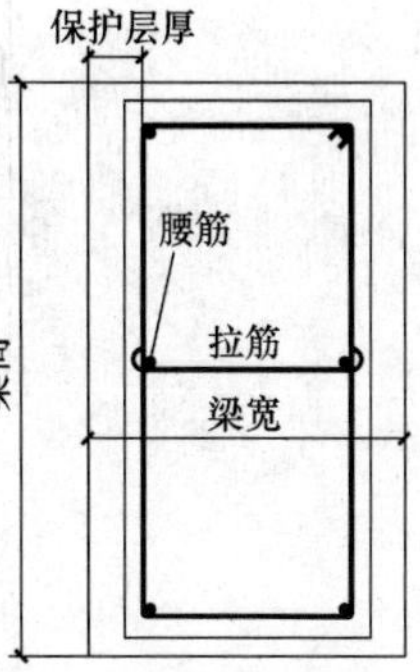

9）吊筋，如图 5-49 所示。

吊筋长度 L＝2×20d（锚固长度）＋2×斜段长度＋

$$次梁宽度＋2×50 \qquad (5-89)$$

图 5-48　单支箍（拉筋）

说明：当梁高≤800 时，斜段长度＝（梁高－2×保护层）/sin45°

当梁高>800 时，斜段长度＝（梁高－2×保护层）/sin60°

10）箍筋。双支箍长度计算，如图 5-50 所示。

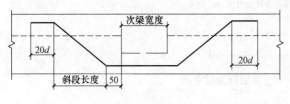

图 5-49　吊筋

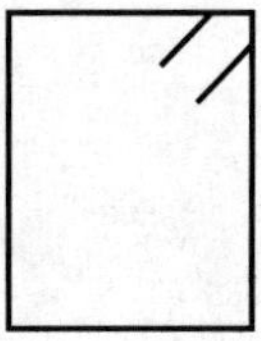

图 5-50　箍筋

箍筋长度 L＝2×（梁高－2×保护层＋梁宽－2×保护层）＋2×11.9d＋4d　(5-90)

箍筋根数计算，如图 5-51 所示。

箍筋根数 n＝2×[（加密区长度－50）/加密区间距＋1]＋

$$[（非加密区长度）/非加密区间距－1] \qquad (5-91)$$

说明：当为一级抗震时，箍筋加密区长度为 max（2×梁高，500mm）；当为二～四级抗震时，箍筋加密区长度为 max（1.5×梁高，500mm）。

11）屋面框架梁钢筋，如图 5-52 所示。

屋面框架梁纵筋端部锚固长度 L＝柱宽－保护层＋梁高－保护层　(5-92)

(2) 悬壁梁钢筋计算，如图 5-53、图 5-54、图 5-55 所示。

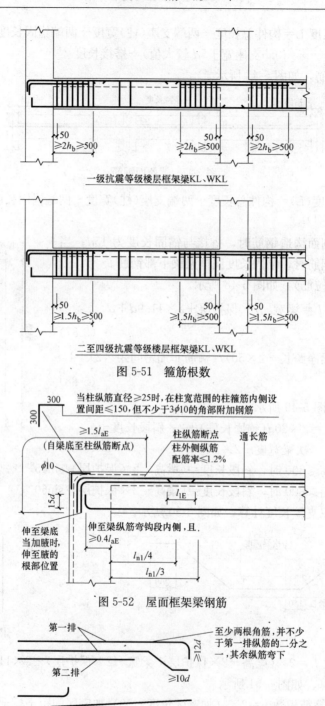

图 5-51　箍筋根数

图 5-52　屋面框架梁钢筋

图 5-53　悬壁梁配筋构造

注：1. 当纯悬挑梁的纵向钢筋直锚长度≥l_a 且≥$0.5h_c+0.5d$ 时，可不必上下弯锚，当直锚伸至对边仍不足 l_a 时，同应按图示弯锚，当直锚伸至对边不足 $0.45l_a$ 时，则应采用较小直径的钢筋。

2. 当悬挑梁由屋框架梁延伸出来时，其配筋构造应由设计者补充。

3. 当梁的上部设有第三排钢筋时，其延伸长度应由设计者注明。

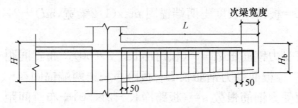

图 5-54 悬壁梁箍筋

$$箍筋长度 L=2\times[(H+H_b)/2-2\times保护层+挑梁宽-2\times保护层]+11.9d+4d \tag{5-93}$$

$$箍筋根数 n=(L-次梁宽-2\times50)/箍筋间距+1 \tag{5-94}$$

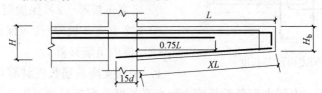

图 5-55 悬壁梁受力钢筋

$$上部上排钢筋 L=L_n/3+支座宽+L-保护层+H_b-2\times保护层(\geqslant12d) \tag{5-95}$$

$$上部下排钢筋 L=L_n/4+支座宽+0.75L \tag{5-96}$$

$$下部钢筋 L=15d+XL-保护层 \tag{5-97}$$

5.4.4.4 板构件

板构件钢筋主要有：受力钢筋（单向或双向，单层或双层）、支座负筋、分布筋、温度筋、附加钢筋（角部附加放射筋、洞口附加钢筋）、马凳筋（又称撑脚钢筋，用于支撑上层钢筋）：

（1）板内受力钢筋计算。单跨板平法标注如图 5-56 所示。

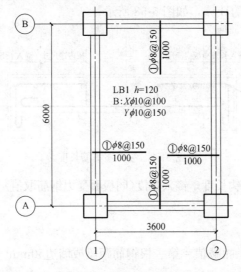

图 5-56 单跨板平法标注

注：1. 未注明分布筋间距为 $\phi8@250$，温度筋为 $\phi8@200$。

2. 原位标注中负筋标注长度尺寸为伸至支座中心线尺寸。

板底受力钢筋长度 $L=$ 板跨净长度＋两端锚固 $\max(1/2梁宽, 5d)+2\times 6.25d$（HPB235级）

$$(5\text{-}98)$$

板底受力钢筋根数 $n=$（板跨净长-2×50）÷布置间距$+1$ $\qquad(5\text{-}99)$

板面受力钢筋长 $L=$ 板跨净长＋两端锚固 $\qquad(5\text{-}100)$

板面受力钢筋根数 $n=$（板跨净长-2×50）÷布置间距$+1$ $\qquad(5\text{-}101)$

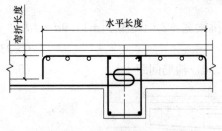

图 5-57 中间支座负筋长度

说明：板面受力钢筋在端支座的锚固，结合平法和施工实际情况，大致有以下四种构造。

① 直接取 L_a；

② $0.4\times L_a+15d$；

③ 梁宽＋板厚$-2\times$保护层；

④ 1/2梁宽＋板厚$-2\times$保护层。

（2）板内负筋计算。

1）中间支座负筋长度计算，如图 5-57 所示。

中间支座负筋长度 $L=$ 水平长度＋弯折长度$\times 2$ $\qquad(5\text{-}102)$

或中间支座负筋长度 $L=$ 左标注长度＋右标注长度＋左弯折长度＋右弯折长度

$$(5\text{-}103)$$

由于情况不同，弯折长度的计算有以下几种方法：

① 板厚$-2\times$保护层（通常算法）；

② 板厚$-$保护层（04G101$-$4）；

③ 支座宽$-$保护层＋板厚$-2\times$保护层；

④ 伸过支座中心线＋板厚$-2\times$保护层；

⑤ 支座宽$-$保护层＋板厚$-$保护层；

⑥ 伸过支座中心线＋板厚$-$保护层。

2）端支座负筋长度的计算，如图 5-58 所示。

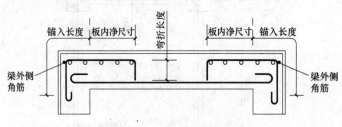

图 5-58 端支座负筋长度

端支座板负筋长度 $L=$ 弯钩长度＋锚入长度（同板面受力钢筋取值）＋板内净尺寸＋弯折长度

$$(5\text{-}104)$$

3）负筋的根数计算

扣减值＝第一根钢筋距梁或墙边50mm $\qquad(5\text{-}105)$

负筋的根数 $n=$（布筋范围$-2\times$扣减值）/布筋间距$+1$ $\qquad(5\text{-}106)$

（3）板内分布筋计算。

1）负筋的分布筋长度计算，如图 5-59 所示。

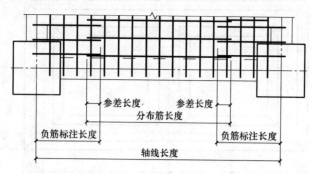

图 5-59 负筋的分布筋长度

负筋的分布筋长度 $L=$ 轴线长度－负筋标注长度×2＋搭接（参差）长度×2(2×300)

(5-107)

2）受力钢筋的分布筋长度：

$$受力钢筋的分布筋长度 L=轴线长度$$ (5-108)

3）其他受力钢筋的分布筋长度：

$$分布筋长度 L=按照负筋布置范围计算$$ (5-109)

4）端支座负筋的分布筋根数计算：

$$根数 n=（负筋板内净长－50)/布筋间距＋1$$ (5-110)

5）中间支座负筋的分布筋的根数计算：

根数 $n=$（左侧负筋板内净长－50)/布筋间距＋1＋（右侧负筋板内净长－50)/布筋间距＋1

(5-111)

5.5 计量与计价实务案例

5.5.1 现浇混凝土基础实务案例

【案例 5-1】 某现浇钢筋混凝土带形基础的尺寸，如图 5-60 所示，现浇钢筋混凝土独立基础的尺寸如图 5-61 所示，共三个。混凝土垫层强度等级为 C15，混凝土基础强度等级为 C20，场外集中搅拌，搅拌量为 25m³/h，混凝土运输车运输，运距为 4km。槽坑底均用电动夯实机夯实。计算现浇钢筋混凝土带形基础、独立基础混凝土工程量和综合单价。

【解】 （1）现浇混凝土基础工程量清单的编制

① 现浇混凝土（C15）带形基础垫层工程量＝[(8.00＋4.60)×2＋(4.60－1.40)]× 1.20×0.10＝3.41m³

② 现浇混凝土（C15）独立基础垫层工程量＝2.20×2.20×0.10×3＝1.45m³

③ 现浇钢筋混凝土带形基础工程量＝[(8.00＋4.60)×2＋4.60－1.20]×(1.20× 0.15＋0.90×0.10)＋0.60×0.30×0.10(1折合体积)＋0.30×0.10÷2×0.30÷3×4(B体积)＝7.75m³

④ 现浇钢筋混凝土独立基础工程量＝(2.00×2.00＋1.60×1.60＋1.20×1.20)×

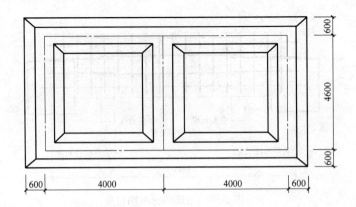

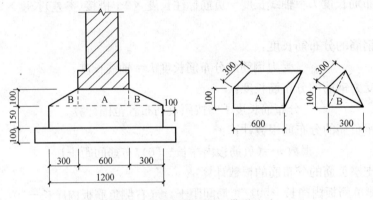

图 5-60　现浇钢筋混凝土带形基础

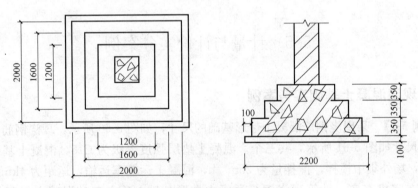

图 5-61　现浇钢筋混凝土独立基础

$0.35 \times 3 = 8.40 \text{m}^3$

分部分项工程量清单见表 5-33。

分部分项工程量清单　　　　　　　　　　　　　表 5-33

序号	项目编号	项目名称	项目特征描述	计量单位	工程量
1	010501001001	垫层	C15 混凝土条形基础垫层；场外集中搅拌	m³	3.41
2	010501001002	垫层	C15 混凝土独立基础垫层；场外集中搅拌	m³	1.45
3	010501002001	带形基础	场外集中搅拌混凝土 C20	m³	7.75
4	010501003001	独立基础	场外集中搅拌混凝土 C20	m³	8.40

（2）现浇混凝土基础工程量清单计价表的编制

1）条形基础垫层项目发生的工程内容：混凝土制作、混凝土运输、混凝土浇筑、振捣、养护。

① 槽底原土夯实已包括在人工挖沟槽定额内，在此不考虑。

② 现浇混凝土（C15）带形基础垫层工程量＝$[(8.00+4.60)\times2+(4.60-1.40)]\times$ $1.20\times0.10=3.41m^3$

混凝土（C15）带形基础垫层：套定额 2-1-13（人工、机械分别乘以系数 1.05）。

③ 混凝土拌制、运输工程量＝0.341×10.1000（定额混凝土含量）＝$3.44m^3$

场外集中搅拌混凝土（25m³/h）：套定额 4-4-2；混凝土运输车运输混凝土（运距为 5km 内）：套定额 4-4-3。

2）独立基础垫层项目发生的工程内容：混凝土制作、混凝土运输、混凝土浇筑、振捣、养护。

① 坑底原土夯实已包括在人工挖沟槽定额内，在此不考虑。

② 现浇混凝土（C15）独立基础垫层工程量＝$2.20\times2.20\times0.10\times3=1.45m^3$

混凝土（C15）独立基础垫层：套定额 2-1-13（人工、机械分别乘以系数 1.1）。

③ 混凝土拌制、运输工程量＝$0.145\times10.1000=1.46m^3$

场外集中搅拌混凝土（25m³/h）：套定额 4-4-2；混凝土运输车运输混凝土（运距为 5km 内）：套定额 4-4-3。

3）带形基础项目发生的工程内容：混凝土制作、混凝土运输、混凝土浇筑、振捣、养护。

① 现浇钢筋混凝土（C20）带形基础浇筑工程量＝$[(8.00+4.60)\times2+(4.60-1.20)]\times(1.20\times0.15+0.90\times0.10)+0.60\times0.30\times0.10(1折合体积)+0.30\times0.10\div2\times0.30\div3\times4(B体积)=7.75m^3$

无梁式现浇钢筋混凝土（C20）带形基础浇筑、振捣、养护：套定额 4-2-4。

② 混凝土拌制、运输工程量＝0.775×10.1500（定额混凝土含量，下同）＝$7.87m^3$

场外集中搅拌混凝土（25m³/h）：套定额 4-4-2；混凝土运输车运输混凝土（运距为 5km 内）：套定额 4-4-3。

4）独立基础项目发生的工程内容：混凝土制作、混凝土运输、混凝土浇筑、振捣、养护。

① 现浇钢筋混凝土（C20）独立基础浇筑工程量＝$(2.00\times2.00+1.60\times1.60+1.20\times1.20)\times0.35\times3=8.40m^3$

现浇钢筋混凝土（C20）独立基础浇筑、振捣、养护：套定额 4-2-7。

② 混凝土拌制、运输工程量＝$0.840\times10.1500=8.53m^3$

场外集中搅拌混凝土（25m³/h）：套定额 4-4-2；混凝土运输车运输混凝土（运距为 5km 内）：套定额 4-4-3。

人工、材料、机械单价选用市场价。

根据企业情况确定管理费率为 5.1%，利润率为 3.2%。

分部分项工程量清单计价表见表 5-34。

分部分项工程量清单计价表　　　　　　　　　表 5-34

序号	项目编号	项目名称	项目特征描述	计量单位	工程量	金额（元）	
						综合单价	合价
1	010501001001	垫层	C15 混凝土条形基础垫层；场外集中搅拌	m³	3.41	322.32	1099.11
2	010501001002	垫层	C15 混凝土独立基础垫层；场外集中搅拌	m³	1.45	325.20	471.54
3	010501002001	带形基础	场外集中搅拌混凝土 C20	m³	7.75	320.02	2480.16
4	010501003001	独立基础	场外集中搅拌混凝土 C20	m³	8.40	328.54	2759.74

【案例 5-2】 某现浇钢筋混凝土带形基础、独立基础的尺寸如图 5-62 所示。混凝土垫层强度等级为 C15，混凝土基础强度等级为 C20，场外集中搅拌，搅拌量为 25m³/h，混凝土运输车运输，运距为 4km。槽坑底均用电动夯实机夯实。编制现浇钢筋混凝土带形基础和独立基础工程量清单。自行进行工程量清单报价。

【解】 现浇混凝土基础工程量清单的编制

$L_{中}$ =（3.60×3＋6.00×2＋0.25×2－0.37＋2.70＋4.20×2＋2.10＋0.25×2－0.37）×2＝72.52m

J_{2-2} 上层 L 净＝3.60×3－0.37＋（3.60＋4.20－0.37）×2＋（4.20－0.37）×2＋4.20＋2.10－0.37＝10.43＋14.86＋7.66＋5.93＝38.88m

J_{2-2} 下层 L 净＝38.88-0.30×2×6＝35.28m

① 现浇钢筋混凝土带形基础工程量＝（1.10×0.35＋0.50×0.30）×72.52＋0.97×0.35×35.28＋0.37×0.30×38.88＝38.80＋11.98＋4.32＝55.10m³

② 现浇钢筋混凝土独立工程量＝1.20×1.20×0.35＋0.35÷3×（1.20×1.20＋0.36×0.36＋1.20×0.36）＋0.36×0.36×0.30＝0.504＋0.234＋0.039＝0.78m³

分部分项工程量清单见表 5-35。

分部分项工程量清单　　　　　　　　　　表 5-35

序号	项目编号	项目名称	项目特征描述	计量单位	工程量
1	010501002001	带形基础	C20，场外集中搅拌，运距为 4km	m³	55.10
2	010501003001	独立基础	C20，场外集中搅拌，运距为 4km	m³	0.78

【案例 5-3】 有梁式满堂基础尺寸如图 5-63 所示。机械原土夯实，铺设混凝土垫层，混凝土强度等级为 C15，有梁式满堂基础，混凝土强度等级为 C20，场外搅拌量为 50m³/h，运距为 5km。编制有梁式满堂基础工程量清单和综合单价。

【解】 （1）现浇混凝土满堂基础工程量清单的编制

① 满堂基础混凝土垫层工程量＝（35.00＋0.25×2）×（25.00＋0.25×2）×0.30＝35.50×25.50×0.30＝271.58m³

② 满堂基础工程量＝35×25×0.3＋0.3×0.4×[35×3＋（25－0.3×3）×5]＝289.56m³

分部分项工程量清单见表 5-36。

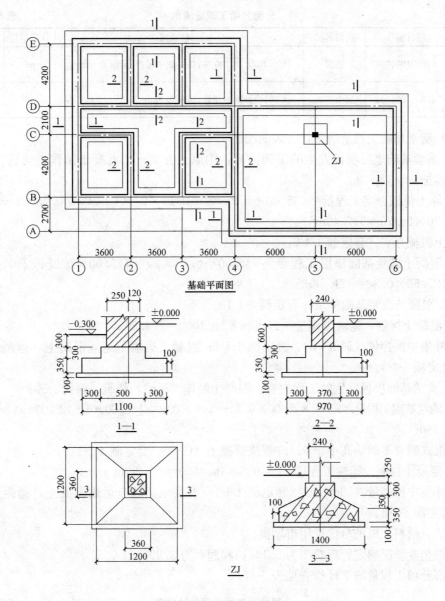

图 5-62 现浇钢筋混凝土带形基础、独立基础

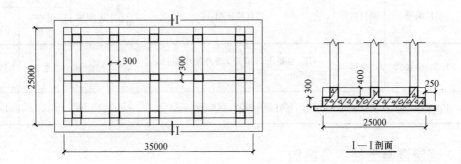

图 5-63 有梁式满堂基础

分部分项工程量清单　　　　　　　　　表 5-36

序号	项目编号	项目名称	项目特征描述	计量单位	工程量
1	010501001001	垫层	C15 混凝土，100 厚；场外集中搅拌，运距为 5km	m³	271.58
2	010501004001	满堂基础	C20，场外集中搅拌，运距为 5km	m³	289.56

（2）满堂基础工程量清单计价表的编制

1）满堂基础垫层项目发生的工程内容：①原土夯实；②混凝土制作、运输、浇筑、振捣、养护。

① 原土机械夯实工程量＝$(35.00+0.25\times2+0.10\times2)\times(25.00+0.25\times2+0.10\times2)=35.70\times25.70=917.49\text{m}^2$

原土机械夯实：套定额 1-4-6。

② 混凝土满堂基础垫层工程量＝$(35.00+0.25\times2)\times(25.00+0.25\times2)\times0.30=35.50\times25.50\times0.30=271.58\text{m}^3$

C15 混凝土满堂基础垫层：套定额 2-1-13。

③ 混凝土拌制、运输工程量＝$27.158\times10.1000=274.30\text{m}^3$

场外集中搅拌量（50m³/h）：套定额 4-4-1；混凝土运输车运输混凝土（运距为 5km 内）：套定额 4-4-3。

2）满堂基础项目发生的工程内容：混凝土制作、运输、浇筑、振捣、养护。

① 满堂基础工程量＝$35.00\times25.00\times0.30+0.30\times0.40\times[35.00\times3+(25.00-0.30\times3)\times5]=289.56\text{m}^3$

有梁式满堂基础肋高小于 0.4m 现浇混凝土（C20）、套定额 4-2-11。

② 混凝土拌制、运输工程量＝$28.956\times10.1500=293.90\text{m}^3$

场外集中搅拌量（50m³/h）：套定额 4-4-1；混凝土运输车运输混凝土（运距为 5km 内）：套定额 4-4-3。

人工、材料、机械单价选用市场价。

根据企业情况确定管理费率为 5.1%，利润率为 3.2%。

分部分项工程量清单计价表见表 5-37。

分部分项工程量清单计价表　　　　　　　　　表 5-37

序号	项目编号	项目名称	项目特征描述	计量单位	工程量	金额(元) 综合单价	金额(元) 合价
1	010501001001	垫层	C15 混凝土，100 厚；场外集中搅拌，运距为 5km	m³	271.58	316.52	85960.50
2	010501004001	满堂基础	C20，场外集中搅拌，运距为 5km	m³	289.56	316.29	91584.93

5.5.2　现浇混凝土柱实务案例

【案例 5-4】　某钢筋混凝土框架 10 根，尺寸如图 5-64 所示，混凝土强度等级为 C30，混凝土保护层 25mm。混凝土由施工企业自行采购，商品混凝土供应价为 283.00 元/m³。施工企业采用混凝土运输车运输，运距为 6km，管道泵送混凝土。钢筋现场制作及安装，箍筋加钩长度为 100mm。编制现浇钢筋混凝土框架柱工程量清单及其报价。

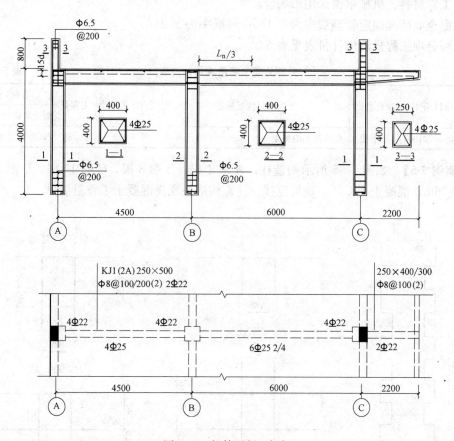

图 5-64　钢筋混凝土框架

【解】　(1) 现浇混凝土框架柱工程量清单的编制

现浇混凝土矩形柱工程量 =(0.40×0.40×4.00×3+0.40×0.25×0.80×2)×10=20.80m³

分部分项工程量清单见表 5-38。

表 5-38

分部分项工程量清单

序号	项目编号	项目名称	项目特征描述	计量单位	工程量
1	010502001001	矩形柱	C30 商品混凝土	m³	20.80

(2) 现浇混凝土柱工程量清单计价表的编制

该项目发生的工程内容为：混凝土制作、浇筑（含振捣、养护）。

① 现浇混凝土矩形柱浇筑工程量 =(0.40×0.40×4.00×3+0.40×0.25×0.80×2)×10=20.80m³

矩形柱浇筑：套定额 4-2-17。定额混凝土含量为 1.00m³/m³，C25 现浇混凝土单价为 213.42 元/m³。商品混凝土增加费 =20.80×1.00×(283.00－213.42)=1447.26 元

265

② 混凝土运输：$20.80 \times 1.00 = 20.80 \text{m}^3$

混凝土运输车运距 5km 以内：套定额 4-4-3；每增 1km：套定额 4-4-4。

管道泵送混凝土列入措施项目费中。

人工、材料、机械单价选用市场价。

根据企业情况确定管理费率为 5.1%，利润率为 3.2%

分部分项工程量清单计价表见表 5-39。

分部分项工程量清单计价表　　　　　　表 5-39

序号	项目编号	项目名称	项目特征描述	计量单位	工程量	金额（元）	
						综合单价	合价
1	010502001001	矩形柱	C30 商品混凝土	m³	20.80	459.76	9563.01

【案例 5-5】 如图 5-65 所示构造柱，A 形 4 根，B 形 8 根，C 形 12 根，D 形 24 根，总高为 26m，混凝土为 C25，现场搅拌。计算构造柱现浇混凝土工程量清单。

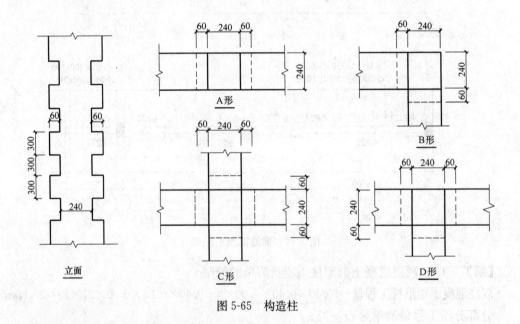

图 5-65　构造柱

【解】 现浇混凝土构造柱工程量清单的编制

构造柱工程量＝[A 形(0.24＋0.06)×4＋B 形(0.24＋0.06)×8＋C 形(0.24＋0.06×2)×12＋D 形(0.24＋0.06×1.5)×24]×0.24×26.00＝(0.30×4＋0.30×8＋0.36×12＋0.33×24)×0.24×26.00＝98.84m³

分部分项工程量清单见表 5-40。

分部分项工程量清单　　　　　　表 5-40

序号	项目编号	项目名称	项目特征描述	计量单位	工程量
1	010502002001	构造柱	现场搅拌混凝土 C25	m³	98.84

【案例 5-6】 某地下车库工程，现浇钢筋混凝土柱墙板尺寸如图 5-66 所示，门洞

4000mm×3000mm，混凝土强度等级均为 C25，现场搅拌混凝土，编制现浇钢筋混凝土柱工程量清单。

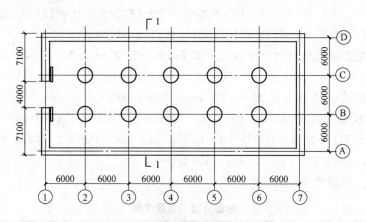

柱网布置示意图

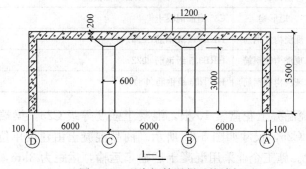

1—1

图 5-66　现浇钢筋混凝土柱墙板

【解】　现浇混凝土柱工程量清单的编制

圆形柱工程量＝0.60×0.60×3.14÷4×3.00×5×2＝8.48m³

分部分项工程量清单见表 5-41。

分部分项工程量清单　　　　　　　　　　　　　　　　表 5-41

序号	项目编号	项目名称	项目特征描述	计量单位	工程量
1	010502003001	异形柱	现场搅拌混凝土 C25	m³	8.48

5.5.3　现浇混凝土梁实务案例

【案例 5-7】　某钢筋混凝土框架 10 根，尺寸如图 5-64 所示。混凝土强度等级为 C30，混凝土保护层 25mm。混凝土由施工企业自行采购，商品混凝土供应价为 283.00 元/m³。施工企业采用混凝土运输车运输，运距为 8km，管道泵送混凝土。钢筋现场制作及安装，箍筋加钩长度为 100mm。编制现浇钢筋混凝土框架梁和钢筋工程的工程量清单。

【解】　现浇混凝土梁工程量清单的编制

① 现浇混凝土矩形梁工程量＝[0.25×0.50×(4.50＋6.00－0.40×2)＋0.25×0.35×(2.20-0.20)]×10＝(1.213＋0.175)×10＝13.88m³

② ⊈25 钢筋：[(4.50＋0.40－0.025×2＋15×0.025)×4＋(6.00＋0.40－0.025×

$2+15×0.025)×6]×10×3.85=(5.225×4+6.725×6)×10×3.85=2358kg=2.358t$

$\Phi22$ 钢筋：$\{(4.50+6.00+2.20+0.20+15×0.022×2+34×0.022×1.4)×2+[(6.00-0.40)÷3×5+0.40×3+15×0.022]×2+(2.20+0.20+15×0.022)×2\}×10×2.984=(29.21+21.73+5.46)×10×2.984=1683kg=1.683t$

$\Phi8$ 箍筋：矩形梁箍筋根数$=(4.50+6.00+0.40-0.025)÷0.20+1+(6.00-0.40)÷3÷0.20×2+(4.50-0.40)÷3÷0.20×2=56+10×2+7×2=90$根

挑梁箍筋根数$=(2.20-0.20-0.025)÷0.10=20$根

$\Phi8$ 箍筋工程量$=\{[(0.25+0.50)×2-8×0.025-4×0.008+11.9×0.008×2]×90+[(0.25+0.35)×2-8×0.025-4×0.008+11.9×0.008×2]×20\}×10×0.395=(1.458×90+1.158×20)×10×0.395=610kg=0.610t$

分部分项工程量清单见表5-42。

分部分项工程量清单   表 5-42

序号	项目编号	项目名称	项目特征描述	计量单位	工程量
1	010503002001	矩形梁	C35 商品混凝土	m³	13.88
2	010515001001	现浇构件钢筋	HRB335 级钢筋($\Phi25$)	t	2.358
3	010515001002	现浇构件钢筋	HRB335 级钢筋($\Phi22$)	t	1.683
4	010515001003	现浇构件钢筋	HPB235 级钢筋($\Phi8$)	t	0.610

【案例 5-8】 现浇混凝土花篮梁 10 根，混凝土强度等级 C25，梁端有现浇混凝土梁垫，混凝土强度等级 C25，尺寸如图 5-67 所示。商品混凝土由建设单位购买，混凝土暂估价为 250.00 元/m³。施工企业采用混凝土运输车运输，运距为 3km，管道泵送混凝土（15m³/h）。计算现浇混凝土花篮梁工程量和综合单价。

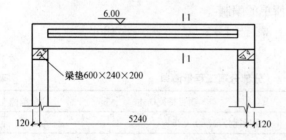 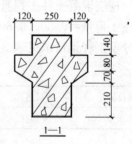

图 5-67 现浇混凝土花篮梁

【解】 （1）现浇混凝土异形梁工程量清单的编制

现浇混凝土异形梁工程量$=[0.25×0.5×5.48+(0.15+0.08)×0.12×5+0.6×0.24×0.2×2]×10=8.81m³$

分部分项工程量清单见表5-43。

分部分项工程量清单   表 5-43

序号	项目编号	项目名称	项目特征描述	计量单位	工程量
1	010503003001	异形梁	C25 商品混凝土	m³	8.81

（2）现浇混凝土异形梁工程量清单计价表的编制

该项目发生的工程内容：混凝土运输、浇筑、振捣、养护。

① 现浇混凝土异形梁浇筑、振捣、养护工程量＝[0.25×0.50×5.48＋(0.15＋0.08)×0.12×5＋0.60×0.24×0.20×2]×10＝8.81m³

现浇混凝土异形梁浇筑、振捣、养护：套定额4-2-25。

② 混凝土运输工程量＝0.881×10.1500＝8.94m³

混凝土运输，运距为3km：套定额4-4-3。

③ 泵送混凝土工程量＝0.881×10.1500＝8.94m³

泵送混凝土梁（15m³/h）：套定额4-4-9。

人工、材料、机械单价选用市场价。

工程量清单项目人工、材料、机械费用分析表，见表5-44。

工程量清单项目人工、材料、机械费用分析表　　　表5-44

清单项目名称	工程内容	定额编号	计量单位	工程量	费用组成　其中：			
					人工费	材料费	机械费	小计
异形梁 C25 商品混凝土	浇筑	4-2-25 （换）	m³	8.81	641.56	2273.65	6.65	2921.86
	混凝土运输	4-4-3	m³	8.94	—	—	264.94	264.94
	泵送混凝土	4-4-9	m³	8.94	425.49	47.42	111.45	584.36
合计					1067.05	2321.07	383.04	3771.16

说明：综合单价应包括招标人自行采购材料的价款，否则计价基数不对。表内材料费中已增加混凝土材料费
8.81÷10×10.15×(250.00－219.42)＝273.45 元。

根据企业情况确定管理费率为5.1%，利润率为3.2%。

分部分项工程量清单计价表见表5-45。

分部分项工程量清单计价表　　　表5-45

序号	项目编号	项目名称	项目特征描述	计量单位	工程量	金额(元)	
						综合单价	合价
1	010503003001	异形梁	C25 商品混凝土	m³	8.81	463.58	4084.14

【案例 5-9】　某教学单层用房，现浇钢筋混凝土圈梁代过梁，尺寸如图5-68所示。门洞 1000mm×2700mm，共 4 个；窗洞 1500mm×1500mm，共 8 个。混凝土强度等级均为C25，现场搅拌混凝土。钢筋定尺长度为 8m，转角筋需在 1m 以外进行搭接，故考虑 7 处搭接。编制现浇钢筋混凝土圈梁、过梁及其钢筋的工程量清单。

【解】　现浇混凝土圈梁、过梁及钢筋工程量清单的编制

① 现浇混凝土过梁工程量＝[(1.00＋0.50)×4＋(1.50＋0.50)×8]×0.24×0.20＝1.056m³

② 现浇混凝土圈梁工程量＝[(3.00×6＋8.50)×2－0.24×14＋8.50－0.24]×0.24×0.20－1.056＝2.779－1.056＝1.72m³

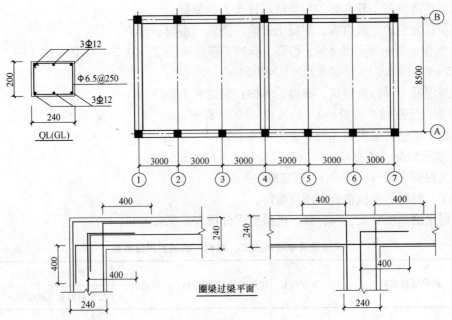

图 5-68 现浇钢筋混凝土圈梁代过梁

③ 现浇混凝土钢筋工程量：

Φ12 钢筋：外圈$[(18.00+8.50)\times2\times6+(0.24-0.025\times2+0.40)\times4\times4+0.40\times$ $4\times4+$内墙圈梁$8.50\times6+(0.12-0.025+0.40)\times4\times2+0.40\times2\times2+$搭接$38\times0.012\times$ $1.2\times6\times7]\times0.888=(333.84+56.56+22.98)\times0.888=367kg=0.367$t

Φ6.5 钢筋：圈梁（含过梁）箍筋根数$=[(18.00+0.24-0.05)\div0.25+1]\times2+$ $[(8.50+0.24-0.05)\div0.25+1]\times3=73\times2+35\times3=251$根

Φ6.5 箍筋工程量$=[(0.24+0.20)\times2-0.011]\times251\times0.260=57kg=0.057$t

分部分项工程量清单见表 5-46。

分部分项工程量清单 表 5-46

序号	项目编号	项目名称	项目特征描述	计量单位	工程量
1	010503004001	圈梁	现场搅拌 C25	m³	1.72
2	010503005001	过梁	现场搅拌 C25	m³	1.06
3	010515001001	现浇构件钢筋	HRB335 级钢筋（Φ12）	t	0.367
4	010515001002	现浇构件钢筋	HPB300 级钢筋（Φ6.5）	t	0.057

5.5.4 现浇混凝土墙实务案例

【案例 5-10】 某地下车库工程，现浇钢筋混凝土柱墙板尺寸如图 5-66。门洞 4000mm× 3000mm，混凝土强度等级均为 C25，现场搅拌混凝土。编制现浇钢筋混凝土墙工程量 清单。

【解】 现浇混凝土墙工程量清单的编制

现浇钢筋混凝土墙工程量＝（图示长度×图示高度－门窗洞口面积）×墙厚＋附墙柱

体积

现浇钢筋混凝土墙工程量＝[(6.00×6＋6.00×3)×2×3.50－4.00×3.00]×0.20＝73.20m³

分部分项工程量清单见表 5-47。

分部分项工程量清单　　　　　　　　　　　表 5-47

序号	项目编号	项目名称	项目特征描述	计量单位	工程量
1	010504001001	直形墙	现场搅拌 C25	m³	73.20

5.5.5 现浇混凝土板实务案例

【案例 5-11】　某工程现浇钢筋混凝土框架有梁板，尺寸如图 5-69 所示。混凝土强度等级 C25，现场搅拌混凝土。编制现浇钢筋混凝土框架有梁板工程量清单。自行进行工程量清单报价。

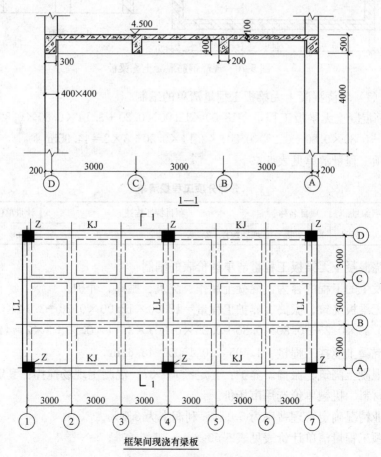

图 5-69　现浇钢筋混凝土框架有梁板

【解】　现浇混凝土有梁板工程量清单的编制

现浇钢筋混凝土有梁板工程量＝板(3.00×6＋0.20×2)×(3.00×3＋0.20×2)×0.10＋纵梁肋(3.00×6＋0.20×2－0.30×3)×2×0.20×0.40＋横梁肋(3.00×3＋0.20×

2－0.30×2－0.20×2)×4×0.20×0.40＝17.296＋2.800＋2.688＝22.78m³

分部分项工程量清单见表 5-48。

分部分项工程量清单　　表 5-48

序号	项目编号	项目名称	项目特征描述	计量单位	工程量
1	010505001001	有梁板	现场搅拌 C25	m³	22.78

【案例 5-12】　某工程现浇钢筋混凝土无梁板尺寸，如图 5-70 所示。板顶标高 5.4m，混凝土强度等级 C25，现场搅拌混凝土。计算现浇钢筋混凝土无梁板工程量和综合单价。

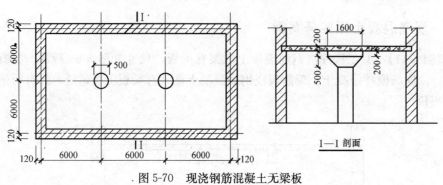

图 5-70　现浇钢筋混凝土无梁板

【解】　(1) 现浇混凝土无梁板工程量清单的编制

现浇钢筋混凝土无梁板工程量＝18.00×12.00×0.20＋3.14×0.80×0.80×0.20×2＋(0.25×0.25＋0.80×0.80＋0.25×0.80)×3.14×0.50÷3×2＝44.95m³

分部分项工程量清单见表 5-49。

分部分项工程量清单　　表 5-49

序号	项目编号	项目名称	项目特征描述	计量单位	工程量
1	010505002001	无梁板	现场搅拌 C25	m³	44.95

(2) 现浇混凝土无梁板工程量清单计价表的编制

该项目发生的工程内容为：混凝土制作、浇筑、振捣、养护。

混凝土无梁板浇筑、振捣、养护工程量＝18.00×12.00×0.20＋3.14×0.80×0.80×0.20×2＋(0.25×0.25＋0.80×0.80＋0.25×0.80)×3.14×0.50÷3×2＝44.95m³

无梁板混凝土搅拌工程量＝4.495×10.1500＝45.62m³

无梁板混凝土浇筑、振捣、养护：套定额 4-2-37；混凝土现场搅拌：套定额 4-4-16。

人工、材料、机械单价选用市场价。

根据企业情况确定管理费率为 5.1%，利润率为 3.2%。

分部分项工程量清单计价表见表 5-50。

分部分项工程量清单计价表　　表 5-50

序号	项目编号	项目名称	项目特征描述	计量单位	工程量	金额(元)	
						综合单价	合价
1	010505002001	无梁板	现场搅拌 C25	m³	44.95	338.41	15211.53

【**案例 5-13**】　混凝土阳台栏板尺寸如图 5-71 所示，共 100 个。混凝土强度等级为
C25。编制现浇混凝土阳台及栏板工程量清单。自行进行工程量清单报价。

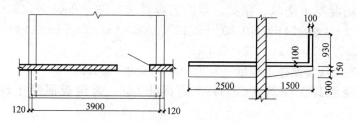

图 5-71　混凝土阳台栏板

【**解**】　现浇混凝土阳台及栏板工程量清单的编制

① 阳台混凝土栏板工程量＝[3.90＋0.24＋(1.50－0.10)×2]×(0.93－0.10)×0.10×
100＝57.62m³

② 现浇钢筋混凝土阳台板工程量＝[(3.90＋0.24)×1.50×0.10＋1.50×0.24×
(0.15＋0.45)(折合)]×100＝83.70m³

分部分项工程量清单见表 5-51。

分部分项工程量清单　　　　　　　　　　　　　　　　　　　　　表 5-51

序号	项目编号	项目名称	项目特征描述	计量单位	工程量
1	010505006001	栏板	现场搅拌 C25	m³	57.62
2	010505008001	阳台板	现场搅拌 C25	m³	83.70

【**案例 5-14**】　某工程现浇混凝土天沟板如图 5-72 所示，混凝土强度等级为 C25，混
凝土现场搅拌，搭吊水率及垂直运输。计算现浇混凝土天沟板工程量及其综合单价。

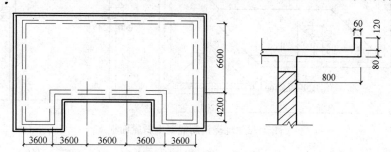

图 5-72　现浇混凝土天沟板

【**解**】　(1) 现浇钢筋混凝土天沟板工程量清单的编制

现浇钢筋混凝土天沟板工程量＝0.8×0.08×[(3.6×5＋4.2＋6.6＋4.2)×2＋4×
0.24＋4×0.8]＋0.12×0.06×(3.6×5＋0.24＋0.77×2＋4.2＋6.6＋0.24＋0.77×2＋
4.2)×2＝5.02m³

分部分项工程量清单见表 5-52。

分部分项工程量清单　　　　　　　　　　　　　　　　　　　　　表 5-52

序号	项目编号	项目名称	项目特征描述	计量单位	工程量
1	010505007001	天沟	现场搅拌 C25	m³	5.02

（2）现浇钢筋混凝土天沟板工程量清单计价表的编制

该项目发生的工程内容为：混凝土制作、浇筑、振捣、养护。

天沟板现浇混凝土浇筑、振捣、养护工程量＝0.80×0.08×[（3.60×5＋4.20＋6.60＋4.20）×2＋4×0.24＋4×0.80]＋0.12×0.06×（3.60×5＋0.24＋0.77×2＋4.20＋6.60＋0.24＋0.77×2＋4.20）×2＝5.02m³

天沟板混凝土现场搅拌工程量＝0.502×10.1500＝5.10m³

天沟板现浇混凝土浇筑（C25）：套定额4-2-56；天沟板混凝土现场搅拌：套定额4-4-17。

人工、材料、机械单价选用市场价。

根据企业情况确定管理费率为5.1%，利润率为3.2%。

分部分项工程量清单计价表见表5-53。

分部分项工程量清单计价表 表5-53

序号	项目编号	项目名称	项目特征描述	计量单位	工程量	金额（元）	
						综合单价	合价
1	010505007001	天沟	现场搅拌 C25	m³	5.02	409.03	2053.33

【案例5-15】 某工程现浇钢筋混凝土斜屋面板，尺寸如图5-73所示，老虎窗斜板坡度与屋面相同，檐口圈梁和斜屋面板混凝土强度等级均为C25，现场搅拌混凝土。编制现浇钢筋混凝土斜屋面板和檐口圈梁工程量清单。

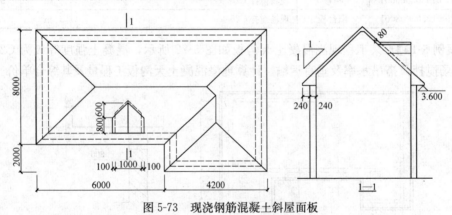

图5-73 现浇钢筋混凝土斜屋面板

【解】 现浇混凝土斜板和檐口圈梁工程量清单的编制

① 现浇钢筋混凝土斜板工程量＝[8.00×（6.00＋4.20）＋4.20×2.00]×1.4142×0.08＝10.18m³

② 现浇钢筋混凝土圈梁工程量＝[（2.00＋8.00＋6.00＋4.20）×2－（0.48÷3×2）×8]×0.48×0.48÷2＝4.36m³

分部分项工程量清单见表5-54。

分部分项工程量清单 表5-54

序号	项目编号	项目名称	项目特征描述	计量单位	工程量
1	010505010001	其他板	现场搅拌 C25	m³	10.18
2	010503004001	圈梁	现场搅拌 C25	m³	4.36

5.5.6 现浇混凝土楼梯实务案例

【案例 5-16】 某地下储藏室现浇钢筋混凝土楼梯（单跑），尺寸如图 5-74 所示。钢筋保护层 15mm，钢筋现场制作及安装。混凝土强度等级 C25，现场搅拌混凝土。编制现浇钢筋混凝土楼梯工程量清单。自行进行钢筋工程量和综合单价计算。

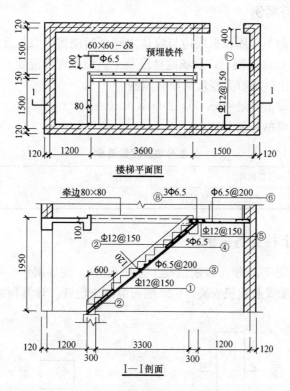

图 5-74 现浇钢筋混凝土楼梯

【解】 现浇混凝土楼梯工程量清单的编制

现浇混凝土楼梯工程量$=(0.30+3.30+0.30)\times(1.50+0.15-0.12)=5.97\text{m}^2$

分部分项工程量清单见表 5-55。

分部分项工程量清单 　　　　　　　　　　表 5-55

序号	项目编号	项目名称	项目特征描述	计量单位	工程量
1	010506001001	直形楼梯	现场搅拌 C25 混凝土，120mm 厚	m²	5.97

5.5.7 现浇混凝土其他构件实务案例

【案例 5-17】 某宿舍楼散水长度为 90m、宽 0.80m，浇筑 C15 混凝土 80mm 厚，1：3水泥砂浆 20mm 厚，塑料油膏嵌缝。编制现浇混凝土散水工程量清单。

【解】 现浇混凝土散水工程量$=90\times0.80=72.00\text{m}^2$

分部分项工程量清单见表 5-56。

分部分项工程量清单 表 5-56

序号	项目编号	项目名称	项目特征描述	计量单位	工程量
1	010507001001	散水	混凝土 80mm 厚,面层厚度 20mm;现场搅拌 C15;塑料油膏嵌缝	m²	72.00

5.5.8 后浇带实务案例

【案例 5-18】 某地下车库顶板周边与墙体之间做后浇带,总长度 89m、宽 2m、厚度 400mm,后浇带浇筑 C30 混凝土,现场搅拌混凝土。编制现浇混凝土后浇带工程量清单。

【解】 现浇混凝土后浇带工程量清单的编制

现浇混凝土后浇带工程量=89.00×2.00×0.40=71.20m²

分部分项工程量清单见表 5-57。

分部分项工程量清单 表 5-57

序号	项目编号	项目名称	项目特征描述	计量单位	工程量
1	010508001001	后浇带	现场搅拌 C30	m³	71.20

5.5.9 预制混凝土柱实务案例

【案例 5-19】 如图 5-75 所示预制混凝土方柱 60 根,现场制作、搅拌混凝土,混凝土强度等级为 C25,轮胎式起重机安装,C20 细石混凝土灌缝。计算预制混凝土方柱工程量和综合单价。

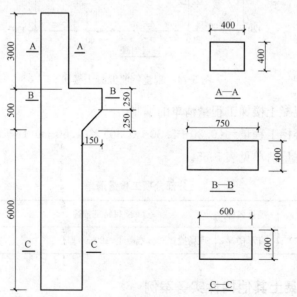

图 5-75 预制混凝土方柱

【解】 (1) 预制混凝土柱工程量清单的编制

混凝土柱工程量=[0.4×0.4×3.00+0.6×0.4×6.50+(0.25+0.50)×0.15÷2×0.4]×60=2.063×60=123.75m³

分部分项工程量清单见表 5-58。

分部分项工程量清单　　　　　　　　　　　　　　　　　　表 5-58

序号	项目编号	项目名称	项目特征描述	计量单位	工程量
1	010509001001	矩形柱	矩形牛腿柱；混凝土强度等级 C25；C20 细石混凝土灌缝	m³	123.75

（2）预制混凝土柱工程量清单计价表的编制

该项目发生的工程内容为：混凝土制作、构件制作、构件安装、细石混凝土灌缝，暂不考虑模板。

预制混凝土柱工程量＝$[0.40 \times 0.40 \times 3.00 + 0.60 \times 0.40 \times 6.50 + (0.25 + 0.50) \times 0.15 \div 2 \times 0.40] \times 60 = 123.75\text{m}^3$

混凝土制作工程量＝$12.375 \times 10.1500 = 125.61\text{m}^3$

轮胎式起重机安装工程量＝123.75m^3

C20 细石混凝土灌缝工程量＝123.75m^3

细石混凝土制作工程量＝$12.375 \times 0.730 = 9.03\text{m}^3$

预制混凝土矩形柱制作：套定额 4-3-2；混凝土现场制作：套定额 4-4-16；轮胎式起重机安装：套定额 10-3-51（换）；细石混凝土灌缝：套定额 10-3-52；细石混凝土制作：套定额 4-4-17。

人工、材料、机械单价选用市场价。

工程量清单项目人工、材料、机械费用分析表见表 5-59。

工程量清单项目人工、材料、机械费用分析表　　　　　　表 5-59

清单项目名称	工程内容	定额编号	计量单位	工程量	费用组成 其中：人工费	材料费	机械费	小计
矩形柱 矩形牛腿柱；混凝土强度等级 C25；C20 细石混凝土灌缝	柱制作	4-3-2	m³	123.75	5332.26	26449.95	1171.79	32954.00
	混凝土制作	4-4-16	m³	125.61	1524.53	452.07	1023.09	2999.69
	柱安装	10-3-51（换）	m³	123.75	4663.27	4054.05	56.67	8773.99
	柱灌缝	10-3-52	m³	123.75	1928.27	2274.28	—	4202.55
	细石混凝土制作	4-4-17	m³	9.03	109.60	32.50	116.74	258.84
合计					13557.93	33262.85	2368.29	49189.07

注：预制构件安装"定额"项目中所含的吊装机械，投标报价时须扣除，列入措施项目中。柱安装机械费已减去
12.375×0.37×1019.03＝4665.88 元的措施费。

根据企业情况确定管理费率为 5.1%，利润率为 3.2%。

分部分项工程量清单计价表见表 5-60。

分部分项工程量清单计价表　　　　　　　　　　　　　　表 5-60

序号	项目编号	项目名称	项目特征描述	计量单位	工程量	金额（元） 综合单价	合价
1	010509001001	矩形柱	矩形牛腿柱；混凝土强度等级 C25；C20 细石混凝土灌缝	m³	123.75	430.48	53271.90

5.5.10　预制混凝土梁实务案例

【案例5-20】　如图5-76所示后张预应力T形吊车梁20根，下部后张预应力钢筋用JM型锚具，上部钢筋为非预应力，箍筋采用电焊接头，保护层20mm厚。现场制作、搅拌混凝土，混凝土强度等级为C30，轮胎式起重机安装，安装高度为6.50m，C20细石混凝土灌缝。计算后张预应力钢筋和混凝土工程量及其综合单价。

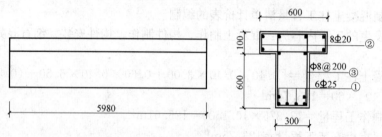

图5-76　后张预应力T形吊车梁

【解】　（1）预制混凝土梁工程量清单的编制

T形吊车梁制作工程量＝（0.10×0.60＋0.30×0.60）×5.98×20＝28.70m³

后张预应力钢筋（Φ25）工程量＝（5.98＋1.00）×6×3.853×20＝3227kg＝3.227t

受压钢筋（Φ20）工程量＝（5.98－0.02×2）×8×2.466×20＝2344kg＝2.344t

（Φ8）箍筋：n＝（5.98－0.02×2）÷0.20＋1＝31根

Φ8箍筋工程量＝[（0.30－0.02×2－0.008＋0.70－0.02×2－0.008）×2＋（0.60－0.02×2－0.008＋0.10－0.02×2－0.008）×2]×31×0.395×20＝739kg＝0.739t

分部分项工程量清单见表5-61。

分部分项工程量清单　　　　表5-61

序号	项目编号	项目名称	项目特征描述	计量单位	工程量
1	010510005001	T形吊车梁	混凝土强度等级C30；C20细石混凝土灌缝	m³	28.70
2	010515006001	后张法预应力钢筋	HRB335级钢筋（Φ25）	t	3.227
3	010515002001	预制构件钢筋	HRB335级钢筋（Φ20）	t	2.344
4	010515002002	预制构件钢筋	HPB300级钢筋（Φ6.5）	t	0.739

（2）预制混凝土梁工程量清单计价表的编制

预制混凝土T形吊车梁项目发生的工程内容为：混凝土制作、构件制作、构件安装、细石混凝土灌缝。不考虑安装损耗和模板。

① T形吊车梁制作工程量＝（0.1×0.6＋0.3×0.6）×5.98×20＝28.70m³

② 混凝土制作工程量＝2.870×10.1500＝29.13m³

③ T形吊车梁安装工程量＝28.70m³

④ C20细石混凝土灌缝工程量＝28.70m³

⑤ 细石混凝土制作工程量＝2.870×0.998＝2.86m³

⑥ 后张预应力钢筋（Φ25）：L＝5.98＋1.00＝6.98m

后张预应力钢筋（Φ25）工程量＝6.98×6×3.853×20＝3227kg＝3.227t

⑦ 受压 HRB335 级钢筋（Φ20）：$L=5.98-0.02\times2=5.94\mathrm{m}$

受压钢筋（Φ20）工程量$=5.94\times8\times2.466\times20=2344\mathrm{kg}=2.344\mathrm{t}$

⑧（Φ8）箍筋：$n=(5.98-0.02\times2)\div0.20+1=31$ 根

$L_1=(0.30-0.02\times2+0.008+0.70-0.02\times2+0.008)\times2=1.808\mathrm{m}$

$L_2=(0.60-0.02\times2+0.008+0.10-0.02\times2+0.008)\times2=1.208\mathrm{m}$

Φ8箍筋工程量$=(1.808+1.208)\times31\times0.395\times20=739\mathrm{kg}=0.739\mathrm{t}$

预制混凝土 T 形吊车梁制作：套定额 4-3-7；混凝土现场制作：套定额 4-4-16；T 形吊车梁轮胎式起重机安装：套定额 10-3-83（换）；C20 细石混凝土吊车梁灌缝：套定额 10-3-85；细石混凝土制作：套定额 4-4-17；后张预应力钢筋（Φ25）：套定额 4-1-69；受压 HRB335 级钢筋（Φ20）：套定额 4-1-46；（Φ8）箍筋：套定额 4-1-57。

人工、材料、机械单价选用市场价。

根据企业情况确定管理费率为 5.1%，利润率为 3.2%。

分部分项工程量清单计价表见表 5-62。

分部分项工程量清单计价表　　表 5-62

序号	项目编号	项目名称	项目特征描述	计量单位	工程量	金额(元) 综合单价	金额(元) 合价
1	010510005001	T 形吊车梁	混凝土强度等级 C30，C20 细石混凝土灌缝	m³	28.70	472.70	13566.49
2	010515006001	后张法预应力钢筋	HRB335 级钢筋(Φ25)	t	3.227	8377.88	27035.42
3	010515002001	预制构件钢筋	HRB335 级钢筋(Φ20)	t	2.344	5362.41	12569.49
4	010515002002	预制构件钢筋	HPB300 级钢筋(Φ8)	t	0.739	5998.30	4432.74

5.5.11 预制混凝土屋架实务案例

【案例 5-21】 某工业厂房 30m 跨度钢筋预应力混凝土折线形屋架 20 榀，按标准图计算每榀屋架 3.25m³，下弦后张预应力钢筋用 JM 型锚具，上弦钢筋为非预应力，箍筋采用电焊接头。现场制作、搅拌混凝土，混凝土强度等级为 C30。轮胎式起重机安装，安装高度 15.5m，M5.0 水泥砂浆坐浆。编制后张预应力钢筋折线形屋架工程量清单。

【解】 后张预应力钢筋混凝土折线形屋架工程量清单的编制

折线形屋架工程量$=3.25\times20=65.00\mathrm{m}^3$

分部分项工程量清单见表 5-63。

分部分项工程量清单　　表 5-63

序号	项目编号	项目名称	项目特征描述	计量单位	工程量
1	010511001001	折线形屋架	30m 跨度钢筋预应力混凝土折线形屋架；安装高度 15.5m；混凝土强度等级 C30；M5 水泥砂浆	m³	65.00

5.5.12　预制混凝土板实务案例

【案例 5-22】　某工程需用 200 块，如图 5-77 所示先张预应力钢筋混凝土平板，混凝土强度等级为 C30，外购（供应价）每块 135 元（不含运输费），塔式起重机安装，高度 20m 以内，电焊和点焊连接，保护层厚 10mm，灌缝细石混凝土强度等级 C20，现场搅拌。计算预应力钢筋混凝土平板和钢筋工程量及其综合单价。

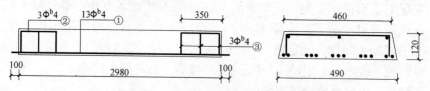

图 5-77　先张预应力钢筋混凝土平板

【解】　（1）预应力混凝土板工程量清单的编制

预应力钢筋混凝土平板工程量＝$(0.49＋0.46)÷2×0.12×2.98×200＝33.97m^3$

② 号纵向钢筋工程量＝$(0.35－0.01)×3×2×200×0.099＝40kg＝0.040t$

③ 号横向钢筋工程量＝$(0.46－0.01×2＋0.1×2)×3×2×200×0.099＝76kg＝0.076t$

构造筋（非预应力冷拔低碳钢丝ϕ^b4）工程量合计＝$0.040＋0.076＝0.116t$

先张法预应力钢筋工程量＝$(2.98＋0.1×2)×13×200×0.099＝819kg＝0.819t$

分部分项工程量清单见表 5-64。

分部分项工程量清单

表 5-64

序号	项目编号	项目名称	项目特征描述	计量单位	工程量
1	010512001001	平板	先张预应力钢筋混凝土平板；安装高度 20m 以内，混凝土强度等级 C30；C20 细石混凝土灌缝	m³	33.97
2	010515002001	预制构件钢筋	HPB300 级钢筋（ϕ^b4）	t	0.116
3	010515005001	先张法预应力钢筋	HPB300 级钢筋（ϕ^b4）	t	0.819

（2）预应力混凝土板工程量清单计价表的编制

预应力钢筋混凝土平板发生的工程内容为：购买构件，构件运输，构件安装，细石混凝土制作、运输、灌缝、养护。

购买构件工程量＝$200×1.013≈203$ 块

式中的 1.013 为构件损耗系数，其中，运输堆放损耗考虑 0.8%；安装损耗考虑 0.5%。

运输预应力钢筋混凝土平板工程量＝$(0.49＋0.46)÷2×0.12×2.98×200×1.013＝33.97×1.013＝34.41m^3$

预应力钢筋混凝土平板构件安装工程量＝$33.97×1.005＝34.14m^3$

平板灌缝混凝土制作工程量＝$3.397×1.08＝3.67m^3$

预应力钢筋混凝土平板灌缝工程量＝$33.97m^3$

预制构件钢筋：

② 号钢筋（$\Phi^b 4$）：$n = 3 \times 2 = 6$ 根　$L = 0.35 - 0.01 = 0.340m$

纵向钢筋工程量 $= 0.340 \times 6 \times 200 \times 0.099 = 40kg = 0.040t$

③ 号钢筋（$\Phi^b 4$）：$n = 3 \times 2 = 6$ 根　$L = 0.46 - 0.01 \times 2 + 0.1 \times 2 = 0.640m$

横向钢筋工程量 $= 0.640 \times 6 \times 200 \times 0.099 = 76kg = 0.076t$

构造筋（非预应力冷拔低碳钢丝 $\Phi^b 4$）工程量合计 $= 0.040 + 0.076 = 0.116t$

先张法预应力钢筋：

纵向钢筋（$\Phi^b 4$）：$n = 13$ 根　$L1 = (2.98 + 0.1 \times 2) = 3.180m$

先张法预应力钢筋工程量 $= 3.180 \times 13 \times 200 \times 0.099 = 819kg = 0.819t$

塔式起重机安装（焊接 $0.2m^3$ 以内）：套定额 10-3-175；预应力钢筋混凝土平板运输按施工技术措施项目费另计；灌缝细石混凝土制作：套定额 4-4-17；预应力钢筋混凝土平板灌缝，套定额 10-3-179；先张预应力钢筋（$\Phi^b 4$）：套定额 4-1-60；预制构件（非预应力冷拔低碳钢丝 $\Phi^b 4$）点焊：套定额 4-1-24。

人工、材料、机械单价选用市场价。预应力钢筋混凝土平板外购（供应价）每块 135 元（不含运输费），另扣除钢筋费用。

根据企业情况确定混凝土平板的采购、检验及相应管理费率为供应价的 10%，利润不计。其他项目管理费率为 5.1%，利润率为 3.2%。

分部分项工程量清单计价表见表 5-65。

分部分项工程量清单计价表　　　　　　　　　　表 5-65

序号	项目编号	项目名称	项目特征描述	计量单位	工程量	综合单价	合价
						金额（元）	
1	010512001001	平板	先张预应力钢筋混凝土平板；安装高度 20m 以内；混凝土强度等级 C30；C20 细石混凝土灌缝	m^3	33.97	995.61	33820.87
2	010515002001	预制构件钢筋	HPB300 级钢筋（$\Phi^b 4$）	t	0.116	7358.96	853.64
3	010515005001	先张法预应力钢筋	HPB300 级钢筋（$\Phi^b 4$）	t	0.819	6694.28	5482.62

5.5.13　预制混凝土楼梯实务案例

【案例 5-23】　某商业用房一旋转楼梯采用预制楼梯平台板 32 块，单块体积 $0.03m^3$，人工进行安装。现场制作混凝土预制板，混凝土强度等级为 C20，M5.0 水泥砂浆铺砌。编制预制楼梯平台板工程量清单。

【解】　预制楼梯平台板工程量清单的编制

预制楼梯平台板工程量 = 单块体积 × 块数 $= 0.03 \times 32 = 0.96m^3$

分部分项工程量清单见表 5-66。

分部分项工程量清单　　　　　　　　　　表 5-66

序号	项目编号	项目名称	项目特征描述	计量单位	工程量
1	010513001001	楼梯	①楼梯类型：平板式 ②单件体积：$0.03m^3$ ③混凝土强度等级：C20 ④砂浆强度等级：M5.0	m^3	0.96

5.5.14 其他预制构件实务案例

【案例 5-24】 如图 5-78 所示，预制水磨石窗台板共 135 块，混凝土强度等级 C20，建设单位成品买入，施工单位安装，安装高度 20m 以内，并进行酸洗、打蜡。计算预制水磨石窗台板工程量，进行工程量清单报价。

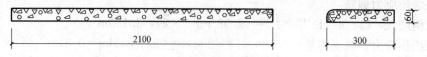

图 5-78 预制水磨石窗台板

【解】 （1）"其他构件"工程量清单的编制

预制水磨石窗台板工程量＝$2.10 \times 0.3 \times 0.06 \times 135 = 5.10 m^3$

分部分项工程量清单见表 5-67。

分部分项工程量清单   表 5-67

序号	项目编号	项目名称	项目特征描述	计量单位	工程量
1	010514002001	其他构件	预制水磨石窗台板；混凝土强度等级 C20；彩色水泥白石子；安装后酸洗、打蜡	m^3	5.10

（2）"其他构件"工程量清单计价表的编制

该项目发生的工程内容：构件安装；砂浆制作、运输，接头灌缝、养护，酸洗、打蜡。

预制水磨石窗台板工程量＝$2.10 \times 0.30 \times 135 = 85.05 m^2$

预制水磨石窗台板安装：套定额 3-3-58（调）。扣除预制水磨石窗台板（成品）材料费。

预制水磨石窗台板酸洗、打蜡工程量＝$2.10 \times 0.30 \times 135 = 85.05 m^2$

预制水磨石窗台板酸洗、打蜡（考虑侧面也需酸洗、打蜡）：套定额 9-1-161（台阶）。

人工、材料、机械单价选用市场价。

根据企业情况确定管理费率为 5.1%，利润率为 3.2%。

分部分项工程量清单计价表见表 5-68。

分部分项工程量清单计价表   表 5-68

序号	项目编号	项目名称	项目特征描述	计量单位	工程量	金额（元）	
						综合单价	合价
1	010514002001	其他构件	预制水磨石窗台板，混凝土强度等级 C20；彩色水泥白石子；安装后酸洗、打蜡	m^3	5.10	277.99	1417.75

注：如果建设单位将预制水磨石窗台板列入材料暂估单价表中，报价时应包括对综合单价内。

5.5.15 钢筋工程实务案例

【案例 5-25】 有梁式满堂基础尺寸和梁板配筋，如图 5-79 所示，保护层为 70mm。

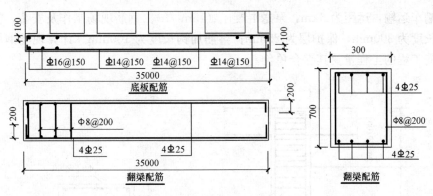

图 5-79 有梁式满堂基础

编制满堂基础的钢筋工程量清单。

【解】 满堂基础的钢筋工程量清单的编制

(1) 满堂基础底板钢筋：

底板下部钢筋（Φ16）根数＝(35−0.07)÷0.15＋1＝234 根

钢筋（Φ16）质量＝(25−0.07＋0.10×2)×234×1.578＝9279kg＝9.279t

底板下部钢筋（Φ14）根数＝(25−0.07)÷0.15＋1＝168 根

钢筋（Φ14）质量＝(35−0.07＋0.10×2)×168×1.208＝7129kg＝7.129t

底板上部钢筋（Φ14）质量＝(25−0.07＋0.10×2)×234×1.208＋7129＝14233kg＝14.233t

现浇构件 HRB335 级钢筋（Φ16）工程量＝9.279t

现浇构件 HRB335 级钢筋（Φ14）工程量＝7.129＋14.233＝21.362t

(2) 满堂基础翻梁钢筋：

梁纵向受力钢筋（Φ25）质量＝[(25−0.07＋0.4)×8×5＋(35−0.07＋0.4)×8×3]×3.853＝7171kg＝7.171t

梁箍筋（Φ8）根数＝[(25−0.07)÷0.2＋1]×5＋[(35−0.07)÷0.2＋1]×3＝126×5＋176×3＝1158 根

梁箍筋（Φ8）质量＝[(0.3−0.07−0.008＋0.7−0.07−0.008)×2＋11.9(135° 的钩)×0.008×2]×1158×0.395＝859kg＝0.859t

现浇构件 HRB335 级钢筋（Φ25）工程量＝7.171t

现浇构件 HPB300 级钢筋（Φ8）工程量＝0.888t

分部分项工程量清单见表 5-69。

分部分项工程量清单 表 5-69

序号	项目编号	项目名称	项目特征描述	计量单位	工程量
1	010515001001	现浇构件钢筋	HRB335 级钢筋（Φ25）	t	7.171
2	010515001002	现浇构件钢筋	HRB335 级钢筋（Φ16）	t	9.279
3	010515001003	现浇构件钢筋	HRB335 级钢筋（Φ14）	t	21.362
4	010515001004	现浇构件钢筋	HPB300 级钢筋（Φ8）	t	0.859

【案例 5-26】 某钢筋混凝土框架柱 50 根，尺寸如图 5-80 所示。混凝土强度等级为 C30，混凝土由施工企业自行采购，商品混凝土供应价为 213.42 元/m³。施工企业采用混

凝土运输车运输，运距为 6km，泵送混凝土（15m³/h）。钢筋现场制作及安装，柱上端水平锚固长度为 300mm，保护层为 25mm；箍筋加钩长度为 100mm。计算现浇钢筋混凝土柱和钢筋工程的工程量及其综合单价。

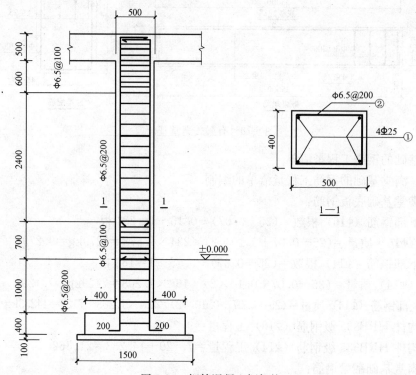

图 5-80　钢筋混凝土框架柱

【解】　（1）现浇混凝土柱工程量清单的编制

现浇混凝土矩形柱工程量＝0.50×0.40×（1.00＋0.70＋2.40＋0.60＋0.50）×50＝52.00m³

钢筋（Φ25）质量＝[（0.40＋1.00＋0.70−0.035＋0.20）＋（0.70＋2.40＋0.60）＋（0.60＋0.50−0.025＋0.30）]×4×50×3.85＝5652kg＝5.652t

箍筋（Φ6.5）根数＝[（0.40＋1.00−0.035）÷0.20＋1]＋（0.70÷0.10）＋（2.40÷0.20）＋[（0.60＋0.50−0.025）÷0.10]＝8＋7＋12＋11＝38根

箍筋（Φ6.5）质量＝[（0.50−0.025×2−0.0065＋0.40−0.025×2−0.0065）×2＋0.10]×38×50×0.260＝827kg＝0.827t

分部分项工程量清单见表 5-70。

分部分项工程量清单　　　　　　　　　　　　　　　　　表 5-70

序号	项目编号	项目名称	项目特征描述	计量单位	工程量
1	010502001001	矩形柱	C25 商品混凝土	m³	52.00
2	010515001001	现浇构件钢筋	HRB335 级钢筋（Φ25）	t	5.652
3	010515001002	现浇构件钢筋	HPB300 级钢筋（Φ6.5）	t	0.827

（2）现浇混凝土柱工程量清单计价表的编制

1) 现浇混凝土矩形柱项目发生的工程内容为：混凝土运输、浇筑、振捣、养护。
混凝土工程的模板、支撑、垂直运输机械、泵送和脚手架等，应列入措施项目中。

① 柱混凝土浇筑、振捣、养护工程量＝$0.50 \times 0.40 \times (1.00 + 0.70 + 2.40 + 0.60 + 0.50) \times 50 = 52.00 \text{m}^3$

② 混凝土运输工程量＝$5.200 \times 10.00 = 52.00 \text{m}^3$

2) 现浇混凝土钢筋项目发生的工程内容为：①钢筋制作、运输；②钢筋安装。

① 钢筋（Φ25）：$L = (0.40 + 1.00 + 0.70 - 0.035 + 0.20) + (0.70 + 2.40 + 0.60) + (0.60 + 0.50 - 0.025 + 0.30) = 2.265 + 3.700 + 1.375 = 7.340 \text{m}$

钢筋（Φ25）工程量＝$7.340 \times 4 \times 50 \times 3.85 = 5652 \text{kg} = 5.652 \text{t}$

② 钢筋（φ6.5）：$n = [(0.40 + 1.00 - 0.035) \div 0.20 + 1] + (0.70 \div 0.10) + (2.40 \div 0.20) + [(0.60 + 0.50 - 0.025) \div 0.10] = 8 + 7 + 12 + 11 = 38$ 根

$L = (0.50 - 0.025 \times 2 - 0.0065 + 0.40 - 0.025 \times 2 - 0.0065) \times 2 + 0.10 = 1.674 \text{m}$

箍筋（φ6.5）工程量＝$1.674 \times 38 \times 50 \times 0.260 = 827 \text{kg} = 0.827 \text{t}$

矩形柱现浇 C25 混凝土浇筑、振捣、养护：套定额 4-2-17（换）；混凝土运输车运输，运距为 6km：套定额 4-4-3、4-4-4。

现浇构件螺纹钢筋（Φ25）：套定额 4-1-19；现浇构件箍筋（φ6.5）：套定额 4-1-52。

人工、材料、机械单价选用市场价。

考虑使用商品混凝土和企业竞争情况确定管理费率为 5.1%，利润率为 3.0%。

分部分项工程量清单计价表见表 5-71。

分部分项工程量清单计价表 表 5-71

序号	项目编号	项目名称	项目特征描述	计量单位	工程量	综合单价	合价
1	010502001001	矩形柱	C25 商品混凝土	m³	52.00	383.69	19951.88
2	010515001001	现浇混凝土钢筋	HRB335 级钢筋(Φ25)	t	5.652	5280.29	29844.20
3	010515001002	现浇混凝土钢筋	HPB300 级钢筋(Φ6.5)	t	0.827	6679.09	5697.26

（金额（元）列分为综合单价和合价两栏）

【案例 5-27】 如图 5-81 所示。某现浇花篮梁共 20 支，混凝土 C25，梁垫尺寸为 800mm×240mm×240mm。计算现浇钢筋混凝土梁钢筋工程量及其综合单价。

【解】 （1）现浇混凝土梁钢筋工程量清单的编制

①号钢筋：

2Φ25 单根长度＝$5.74 - 0.025 \times 2 = 5.69 \text{m}$

钢筋（Φ25）质量＝$5.69 \times 2 \times 3.85 \times 20 = 876 \text{kg}$

②号钢筋：

1Φ25 单根长度＝$5.74 - 0.025 \times 2 + 2 \times 0.414 \times (0.5 - 0.025 \times 2) + 0.2 \times 2 = 6.463 \text{m}$

钢筋（Φ25）质量＝$6.463 \times 3.85 \times 20 = 498 \text{kg}$

现浇构件螺纹钢筋（Φ25）工程量＝$876 + 498 = 1374 \text{kg}$

③号钢筋：

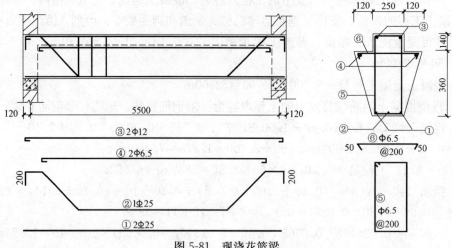

图 5-81 现浇花篮梁

2ϕ12 单根长度＝5.74－0.025×2＋6.25×0.012×2＝5.84m

现浇构件圆钢筋（ϕ12）工程量＝5.84×2×0.888×20＝207kg

④号钢筋：

2ϕ6.5 单根长度＝5.50－0.24－0.025×2＋6.25×0.0065×2＝5.291m

现浇构件圆钢筋（ϕ6.5）质量＝5.291×2×0.260×20＝55kg

⑤号钢筋：

ϕ6.5 根数＝(5.74－0.05)÷0.2＋1＝30 根

单根长度＝2×(0.25＋0.5)－0.025×8－0.0065×4＋2×(1.9×0.0065＋0.075)＝1.45m

现浇构件箍筋（ϕ6.5）质量＝1.45×30×0.260×20＝226kg

⑥号钢筋：

ϕ6.5 根数＝(5.5－0.24－0.05)÷0.2＋1＝27 根

单根长度＝0.49－0.05＋0.05×2＝0.54m

现浇构件圆钢筋（ϕ6.5）质量＝0.54×27×0.260×20＝76kg

现浇构件圆钢筋（ϕ6.5）工程量＝55＋226＋76＝357kg

分部分项工程量清单见表 5-72。

分部分项工程量清单　　　　　　　　　　　　　　　　　　　　表 5-72

序号	项目编号	项目名称	项目特征描述	计量单位	工程量
1	010515001001	现浇构件钢筋	HRB335 级钢筋(Φ25)	t	1.374
2	010515001002	现浇构件钢筋	HPB300 级钢筋(Φ12)	t	0.207
3	010515001003	现浇构件钢筋	HPB300 级钢筋(Φ6.5)	t	0.357

（2）钢筋工程量清单计价表的编制

该项目发生的工程内容为：①钢筋制作、运输；②钢筋安装。

① 号钢筋：

2Φ25 单根长度＝5.74－0.025×2＝5.69m

$ \pm 25$ 钢筋质量＝5.69×2×3.85×20＝876kg

② 号钢筋：

1$\pm$25 单根长度＝5.74－0.025×2＋2×0.414×(0.5－0.025×2)＋0.2×2＝6.463m

$\pm$25 钢筋质量＝6.463×3.85×20＝498kg

现浇构件螺纹钢筋（$\pm$25）工程量＝876＋498＝1374kg

现浇构件螺纹钢筋（$\pm$25）：套定额 4-1-19。

③ 号钢筋：

2ϕ12 单根长度＝5.74－0.025×2＋6.25×0.012×2＝5.84m

现浇构件圆钢筋（ϕ12）工程量＝5.84×2×0.888×20＝207kg

现浇构件圆钢筋（ϕ12）：套定额 4-1-5。

④ 号钢筋：

2ϕ6.5 单根长度＝5.50－0.24－0.025×2＋6.25×0.0065×2＝5.291m

现浇构件圆钢筋（ϕ6.5）工程量＝5.291×2×0.260×20＝55kg

现浇构件圆钢筋（ϕ6.5）：套定额 4-1-2。

⑤ 号钢筋：

ϕ6.5 根数＝(5.74－0.05)÷0.2＋1＝30 根

单根长度＝2×(0.25＋0.5)－0.025×8－0.0065×4＋2×(1.9×0.0065＋0.075)＝
1.45m

现浇构件箍筋（ϕ6.5）工程量＝1.45×30×0.260×20＝226kg

现浇构件箍筋（ϕ6.5）：套定额 4-1-52。

⑥号钢筋：

ϕ6.5 根数＝(5.5－0.24－0.05)÷0.2＋1＝27 根

单根长度＝0.49－0.05＋0.05×2＝0.54m

现浇构件圆钢筋（ϕ6.5）工程量＝0.54×27×0.260×20＝76kg

现浇构件圆钢筋（ϕ6.5）：套定额 4-1-2。

人工、材料、机械单价选用市场信息价。

根据企业情况确定管理费率为 5.1%，利润率为 3.2%。

分部分项工程量清单计价表见表 5-73。

分部分项工程量清单计价表   表 5-73

序号	项目编号	项目名称	项目特征描述	计量单位	工程量	金额（元）	
						综合单价	合价
1	010515001001	现浇构件钢筋	HRB335 级钢筋（$\pm$25）	t	1.374	5290.05	7268.53
2	010515001002	现浇构件钢筋	HPB300 级钢筋（ϕ12）	t	0.207	5623.57	1164.08
3	010515001003	现浇构件钢筋	HPB300 级钢筋（ϕ6.5）	t	0.357	6566.76	2344.33

【**案例 5-28**】 某卫生间现浇平板尺寸如图 5-82 所示。墙体厚度 240mm，钢筋保护层 15mm，④号分布筋与③号筋的搭接长度为 100mm，马凳沿负筋区域中心线布置，钢筋现场制作及安装。计算现浇钢筋混凝土平板钢筋工程量和综合单价。

【**解**】 （1）现浇混凝土板钢筋工程量清单的编制

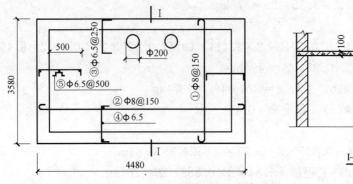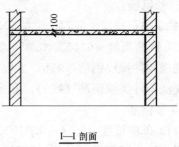

图 5-82 现浇平板

①号钢筋：$n=(4.48-0.015\times2)\div0.15+1=31$ 根

②号钢筋：$n=(3.58-0.015\times2)\div0.15+1=25$ 根

Φ8 钢筋工程量=[(3.58-0.015×2+12.5×0.008)×31+(4.48-0.015×2+12.5×0.008)×25]×0.395=90kg=0.090t

③号钢筋：$n=[(4.48-0.015\times2)\div0.25+1+(3.58-0.015\times2)\div0.25+1]\times2=(19+15)\times2=68$ 根

Φ6.5 钢筋工程量=[0.24+0.50-0.015+(0.10-0.015)×2]×68×0.260=16kg=0.016t

④号钢筋：每边 3 根分布筋，与受力钢筋搭接长度为 100mm。

Φ6.5 分布筋钢筋工程量=[4.48-(0.24+0.50-0.10)×2+3.58-(0.24+0.50-0.10)×2]×2×3×0.260=9kg=0.009t

⑤号钢筋：设计无规定时计算公式：

马凳钢筋质量=(板厚×2+0.2)×板面积×受撑钢筋次规格的线密度

注意：现浇构件中固定位置的支撑钢筋、双层钢筋用的"铁马（马凳）"，伸出构件的锚固钢筋、预制构件的吊钩等，应并入钢筋工程量内。

马凳钢筋长度=板厚×2+0.2=0.10×2+0.20=0.40m

Φ6.5 马凳钢筋工程量=[(4.48-0.015×2)÷0.50+(3.58-0.015×2)÷0.50]×2×0.40×0.260=(9+7)×2×0.40×0.260=3kg=0.003t

Φ6.5 钢筋工程量合计=0.016+0.009+0.003=0.028t

分部分项工程量清单见表 5-74。

分部分项工程量清单　　　　　　　　　　　　　　　表 5-74

序号	项目编号	项目名称	项目特征描述	计量单位	工程量
1	010515001001	现浇构件钢筋	HPB300 级钢筋(Φ8)	t	0.090
2	010515001002	现浇构件钢筋	HPB300 级钢筋(Φ6.5)	t	0.028

(2) 现浇混凝土板钢筋工程量清单计价表的编制

该项目发生的工程内容为：①钢筋制作、运输；②钢筋安装。

钢筋计算：

① 号钢筋：

$n=(4.48-0.015\times2)\div0.15+1=31$ 根

$L=3.58-0.015\times2+2\times6.25\times0.008=3.650m$

② 号钢筋：

$n=(3.58-0.015\times2)\div0.15+1=25$ 根

$L=4.48-0.015\times2+2\times6.25\times0.008=4.550m$

$\Phi8$ 钢筋工程量 $=(3.65\times31+4.55\times25)\times0.395=90kg=0.090t$

③ 号钢筋：

$n=[(4.48-0.015\times2)\div0.25+1]\times2+[(3.58-0.015\times2)\div0.25+1]\times2=19\times2+15\times2=68$ 根

$L=0.24+0.50-0.015+(0.10-0.015)\times2=0.895m$

$\Phi6.5$ 钢筋工程量 $=0.895\times68\times0.260=16kg=0.016t$

④ 号钢筋：

长边：$n=6$ 根；$L=4.48-(0.24+0.50-0.10)\times2=3.200m$

短边：$n=6$ 根；$L=3.58-(0.24+0.50-0.10)\times2=4.100m$

$\Phi6.5$ 布筋钢筋工程量 $=(3.20+4.10)\times6\times0.260=9kg=0.009t$

⑤ 号钢筋：

$n=[(4.48-0.015\times2)\div0.50+(3.58-0.015\times2)\div0.50]\times2=(9+7)\times2=32$ 根

$L=$ 板厚 $\times2+0.2=0.1\times2+0.2=0.400m$

$\Phi6.5$ 马凳钢筋工程量 $=32\times0.40\times0.260=3kg=0.003t$

$\Phi6.5$ 钢筋工程量合计 $=0.016+0.009+0.003=0.028t$

现浇构件圆钢筋（$\Phi8$）：套定额 4-1-3；现浇构件圆钢筋（$\Phi6.5$）：套定额 4-1-2。

人工、材料、机械单价选用市场价。

根据企业情况确定管理费率为 5.1%，利润率为 3.2%。

分部分项工程量清单计价表见表 5-75。

分部分项工程量清单计价表 表 5-75

序号	项目编号	项目名称	项目特征描述	计量单位	工程量	金额(元)	
						综合单价	合价
1	010515001001	现浇构件钢筋	HPB300 级钢筋($\Phi8$)	t	0.090	5853.93	526.85
2	010515001002	现浇构件钢筋	HPB300 级钢筋($\Phi6.5$)	t	0.028	6351.65	177.85

【案例 5-29】 某圆形水池现浇混凝土顶板，尺寸如图 5-83 所示，钢筋保护层 20mm，钢筋现场制作及安装，环筋焊接，搭接长度 50mm。计算现浇钢筋混凝土顶板钢筋工程量清单。

【解】 圆形水池现浇混凝土顶板钢筋工程量清单的编制

① 号钢筋：

由中心线向一边分布根数 $=$（构件半径－保护层）$\div@-1=(3.30\div2-0.02)\div0.25=$

7 根

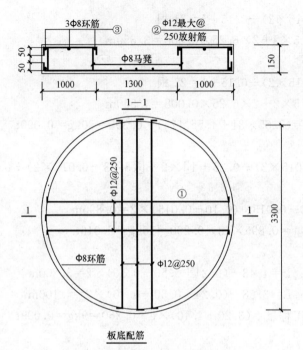

板底配筋

图 5-83　圆形水池现浇混凝土顶板

根据弦长公式：$C=2\sqrt{h(2r-h)}$ 从中间往一边推进计算：

第 1 根长度 = 3.30−0.02×2+0.05×2 = 3.36m

第 2 根长度 = 2×$\sqrt{1.4×(3.3-1.4)}$−0.04+0.10 = 3.32m

第 3 根长度 = 2×$\sqrt{1.15×(3.3-1.15)}$+0.06 = 3.20m

第 4 根长度 = 2×$\sqrt{0.9×(3.3-0.9)}$+0.06 = 3.00m

第 5 根长度 = 2×$\sqrt{0.65×(3.3-0.65)}$+0.06 = 2.68m

第 6 根长度 = 2×$\sqrt{0.4×(3.3-0.4)}$+0.06 = 2.09m

第 7 根长度 = 2×$\sqrt{0.15×(3.3-0.15)}$−0.04+0.10 = 1.43m

①号钢筋（Φ12）质量 = [3.36×2+（3.20+3.00+2.68+2.09）×4]×0.888 = 45kg = 0.045t

②号钢筋：n = π（3.30−0.02×2）÷0.25 = 41根

②号钢筋（Φ12）质量 = （1.00−0.02+0.05×2）×41×0.888 = 39kg = 0.039t

Φ12 钢筋工程量合计 = 0.045+0.039 = 0.084t

③号钢筋（Φ8）质量 = [π（1.30+1.00−0.02）+0.05]×3×0.395 = 9kg = 0.009t

马凳（Φ8）：设计无规定时，马凳钢筋质量 = （板厚×2+0.2）×板面积×受撑钢筋次规格的线密度

马凳钢筋质量 = （0.15×2+0.20）×π（3.30×3.30−1.30×1.30）÷4×0.395 = 0.5×8×0.395 = 2kg = 0.002t

Φ8 钢筋工程量合计 = 0.009+0.002 = 0.011t

分部分项工程量清单见表 5-76。

分部分项工程量清单　　　　　　　表 5-76

序号	项目编号	项目名称	项目特征描述	计量单位	工程量
1	010515001001	现浇构件钢筋	HPB300 级钢筋(Φ12)	t	0.084
2	010515001002	现浇构件钢筋	HPB300 级钢筋(Φ8)	t	0.011

5.5.16　螺栓铁件实务案例

【案例 5-30】　某钢筋混凝土组合屋架单榀用螺栓：$\phi25$ 提筋，16.40kg；$\phi16$ 提筋，9.51kg；$\phi12$ 提筋，3.13kg；$\phi25$ 螺栓，13.86kg；$\phi16$ 串钉，0.47kg。铁件：$\phi12$ 扒钉，3.72kg。梁垫预埋件如图 5-84 所示，每榀 2 个，共 10 榀屋架。编制工程量清单及清单报价。

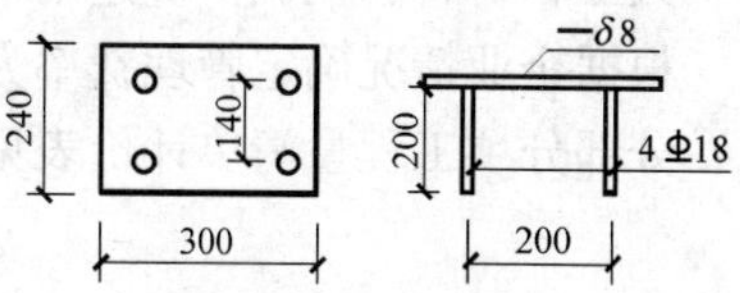

图 5-84　预埋件

【解】　(1) 螺栓、预埋铁件工程量清单的编制

① 螺栓工程量：

$\phi25$ 提筋工程量＝16.40×10＝164kg；

$\phi16$ 提筋工程量＝9.51×10＝95kg；

$\phi12$ 提筋工程量＝3.13×10＝31kg；

$\phi25$ 螺栓工程量＝13.86×10＝137kg；

$\phi16$ 串钉工程量＝0.47×10＝5kg。

② 预埋铁件工程量：

$\phi12$ 扒钉工程量＝3.72×10＝37kg；

梁垫预埋件工程量＝(0.30×0.24×62.80＋0.20×4×1.998)×2×10＝122kg；

分部分项工程量清单见表 5-77。

分部分项工程量清单　　　　　　　表 5-77

序号	项目编号	项目名称	项目特征描述	计量单位	工程量
1	010516001001	螺栓	$\phi25$ 提筋 3700mm	t	0.164
2	010516001002	螺栓	$\phi16$ 提筋 2500mm	t	0.095
3	010516001003	螺栓	$\phi12$ 提筋 1200mm	t	0.031
4	010516001004	螺栓	$\phi25$ 螺栓 200mm	t	0.137
5	010516001005	螺栓	镀锌 $\phi16$ 串钉	t	0.005
6	010516002001	预埋铁件	$\phi12$ 扒钉,长度 300mm	t	0.037
7	010516002002	预埋铁件	300mm×240mm,钢板 8mm 厚,4Φ18 钢筋锚杆 200mm	t	0.122

(2) 螺栓、预埋铁件工程量清单计价表的编制

该项目发生的工程内容：① 螺栓（铁件）制作、运输；② 螺栓（铁件）安装。

① 螺栓工程量：

$\phi25$ 提筋工程量＝16.40×10＝164kg；

$\phi16$ 提筋工程量＝9.51×10＝95kg；

$\phi12$ 提筋工程量＝$3.13\times10=31$kg；

$\phi25$ 螺栓工程量＝$13.86\times10=137$kg；

$\phi16$ 串钉工程量＝$0.47\times10=5$kg；

螺栓制作、运输、安装可套其他定额相关项目或自行补充。

② 预埋铁件工程量：

$\phi12$ 扒钉工程量＝$3.72\times10=37$kg；

梁垫预埋件工程量＝$(0.30\times0.24\times62.80+0.20\times4\times1.998)\times2\times10=122$kg；

铁件制作、安装、埋设焊接固定：套定额 4-1-96。

人工、材料、机械单价选用市场信息价。

根据企业情况确定管理费率为 5.1%，利润率为 3.2%。

分部分项工程量清单计价表见表 5-78。

分部分项工程量清单计价表

表 5-78

序号	项目编号	项目名称	项目特征描述	计量单位	工程量	金额(元)	
						综合单价	合价
1	010516001001	螺栓	$\phi25$ 提筋 3700mm	t	0.164	6524.48	1070.07
2	010516001002	螺栓	$\phi16$ 提筋 2500mm	t	0.095	6298.58	598.37
3	010516001003	螺栓	$\phi12$ 提筋 1200mm	t	0.031	6572.37	203.74
4	010516001004	螺栓	$\phi25$ 螺栓 200mm	t	0.137	7120.16	975.46
5	010516001005	螺栓	镀锌 $\phi16$ 串钉	t	0.005	8215.28	41.08
6	010516002001	预埋铁件	$\phi12$ 扒钉,长度 300mm	t	0.037	8227.67	304.42
7	010516002002	预埋铁件	300mm×240mm 钢板 8mm 厚；4$\phi18$ 钢筋锚杆 200mm	t	0.122	8227.67	1003.78

6 金属结构工程

6.1 相关知识简介

6.1.1 钢结构加工制作工艺

6.1.1.1 钢结构的概念及特点

钢结构是由钢板、热轧型钢和冷加工成型的薄壁型钢制造而成。与其他材料的结构相比具有以下特点：

(1) 材料强度高，钢材质量轻。

(2) 材质均匀，韧性、塑性好，抗震性能好。

(3) 制造简单，工业化程度高，施工周期短。

(4) 构件截面小，有效空间大。

(5) 密封性好，节能、环保。

(6) 钢材耐热性好，但耐火性差。150℃时强度无变化，600℃时强度约为0。

(7) 钢材耐腐蚀性能差，维护费用高。一般应采取保护措施。

6.1.1.2 钢结构的加工制作

(1) 加工制作前的准备工作。准备工作主要包括：①加工制作图；②加工制作前的施工条件分析；③钢卷尺（同一把尺）；④上岗培训、操作考核、技术交底。

(2) 钢结构加工制作的工艺程序：

1) 放样。放样是钢结构制作工艺中的第一道工序，其工作的准确与否将直接影响到整个产品的质量，至关重要。

放样工作包括如下内容：①核对图纸的安装尺寸和孔距；②以1:1的大样放出节点；③核对各部分的尺寸；④制作样板和样杆作为下料、弯制、铣、刨、制孔等加工的依据。

2) 号料。号料（也称划线），即利用样板、样杆或根据图纸，在板料及型钢上画出孔的位置和零件形状的加工界线。

号料的一般工作内容包括：①检查核对材料；②在材料上划出切割、铣、刨、弯曲、钻孔等加工位置，打冲孔，标注出零件的编号等。

常采用以下几种号料方法：①集中号料法；②套料法；③统计计算法；④余料统一号料法。

3) 切割下料。切割下料的目的就是将放样和号料的零件形状从原材料上进行下料分离。钢材的切割可以通过切削、冲剪、摩擦机械力和热切割来实现。

常用的切割方法有：机械剪切、气割和等离子切割三种方法。

4) 坡口加工。坡口形式有：U、X、V、双V形，一般用专用坡口机加工。

5）开孔。在钢结构制孔中包括铆钉孔、普通螺栓连接孔、高强度螺栓孔、地脚螺栓孔等，制孔方法通常有冲孔和钻孔两种。

6）组装。钢构件焊接连接组装的允许偏差应符合规范的规定，顶紧触面应有75％以上的面积紧贴。吊车梁和吊车桁架不应下挠，桁架结构杆件轴件交点错位的允许偏差不得大于3.0mm。钢构件外形尺寸的允许偏差值应符合本规范规定。

6.1.1.3 钢结构构件的验收、运输、堆放

（1）钢结构构件的验收。钢构件加工制作完成后，应按照施工图和国标《钢结构工程施工质量验收规范》GB 50205—2001的规定进行验收，有的还分工厂验收、工地验收。

（2）构件的运输。发运的构件，单件超过3t的，宜在易见部位用油漆标上重量及重心位置的标志，以免在装、卸车和起吊过程中损坏构件；节点板、高强度螺栓连接面等重要部分要有适当的保护措施，零星的部件等都要按同一类别用螺栓和钢丝紧固成束或包装发运。

运输构件时，应根据构件的长度、重量断面形状选用车辆；构件在运输车辆上的支点、两端伸长的长度及绑扎方法均应保证构件不产生永久变形、不损伤涂层。构件起吊必须按设计吊点起吊，不得随意。

公路运输装运的高度极限4.5m，如需通过隧道时，则高度极限4m，构件长出车身不得超过2m。

（3）构件的堆放。构件一般要堆放在工厂的堆放场和现场的堆放场。构件堆放场地应平整坚实，无水坑、冰层，地面平整干燥，并应排水通畅，有较好的排水设施，同时有车辆进出的回路。

构件应按种类、型号、安装顺序划分区域，插竖标志牌。构件底层垫块要有足够的支承面，不允许垫块有大的沉降量，堆放的高度应有计算依据，以最下面的构件不产生永久变形为准，不得随意堆高。钢结构产品不得直接置于地上，要垫高200mm。

不同类型的钢构件一般不堆放在一起。同一工程的钢构件应分类堆放在同一地区，便于装车发运。

6.1.2 钢结构构件的焊接

6.1.2.1 钢结构构件常用的焊接方法

（1）焊接结构种类。焊接结构根据对象和用途大致可分为建筑焊接结构、贮罐和容器焊接结构、管道焊接结构、导电性焊接结构四类。

（2）焊接方法。主要焊接方法有手工电弧焊、气体保护焊、自保护电弧焊、埋弧焊、电渣焊、点焊等。

（3）焊接变形的种类。焊接变形可分为线性缩短、角变形、弯曲变形、扭曲变形、波浪形失稳变形等。

（4）焊接的主要缺陷。《金属熔化焊接头缺欠分类及说明》GB/T 6417.1—2005将焊缝缺陷分为六类，即裂纹、孔穴、固体夹杂、未熔合和未焊透、形状缺陷和其他缺陷（电弧擦伤、飞溅、表面撕裂等）。

6.1.2.2 焊接的质量检验

焊接质量检验包括焊前检验、焊接生产中检验和成品检验。

（1）焊前检验。检验技术文件（图纸、标准、工艺规程等）是否齐备。焊接材料（焊

条、焊丝、焊剂、气体等）和钢材原材料的质量检验，构件装配和焊接件边缘质量检验、焊接设备（焊机和专用胎、模具等）是否完善。焊工应经过考试取得合格证，停焊时间达6个月及以上，必须重新考核方可上岗操作。

（2）焊接生产中的检验。主要是对焊接设备运行情况、焊接规范和焊接工艺的执行情况，以及多层焊接过程中夹渣、焊透等缺陷的自检等。

（3）焊接检验。全部焊接工作结束，焊缝清理干净后进行成品检验。检验的方法有很多种，通常可分为无损检验（外观检查、致密性检验、无损探伤）和破坏性检验（机械性能试验、化学成分分析、扩散氢测定、耐腐蚀试验）两大类。

6.1.3 螺栓连接

螺栓作为钢结构主要连接紧固件，通常用于钢结构中构件间的连接、固定、定位等，钢结构中使用的连接螺栓一般分为普通螺栓和高强度螺栓两种。

6.1.3.1 普通螺栓连接

钢结构普通螺栓连接即将螺栓、螺母、垫圈机械地和连接件连接在一起形成的一种连接方式。

普通螺栓按照形式可分为六角头螺栓、双头螺栓、沉头螺栓等。螺母的螺纹应和螺栓相一致，一般应为粗牙螺纹（除非特殊说明用细牙螺纹）。垫圈分为圆平垫圈、方形垫圈、斜垫圈和弹簧垫圈四种。

6.1.3.2 高强度螺栓连接

高强度螺栓连接已经发展成为与焊接并举的钢结构主要连接形式之一，它具有受力性能好、耐疲劳、抗震性能好、连接刚度高、施工简便等优点，被广泛地应用在建筑钢结构和桥梁钢结构的工地连接中。

（1）高强度螺栓施工扳手分为手动扭矩扳手、扭剪型手动扳手和电动扳手三种。

（2）高强度螺栓的施工。大六角头高强度螺栓常采用扭矩法和转角法施工。扭剪型高强度螺栓，正常的情况采用专用的电动扳手进行终拧，梅花头拧掉标志着螺栓终拧的结束。

6.1.4 单层钢结构安装工程

钢结构单层工业厂房一般由柱、柱间支撑、吊车梁、制动梁（桁架）屋架、天窗架、上下支撑、檩条及墙体骨架等构件组成，如图 6-1 所示。柱基通常采用钢筋混凝土阶梯或独立基础。

6.1.4.1 安装前的准备工作

（1）核对进场资料、质量证明、设计变更、图纸等技术资料；

（2）落实深化施工组织设计，做好起吊前的准备工作；

（3）掌握安装前后的外界环境，如风力、温度、风雪、日照等；

（4）图纸的会审和自审；

（5）基础验收；

（6）垫板设置；

（7）灌筑砂浆采用无收缩微膨胀砂浆，且比基础混凝土高一个等级。

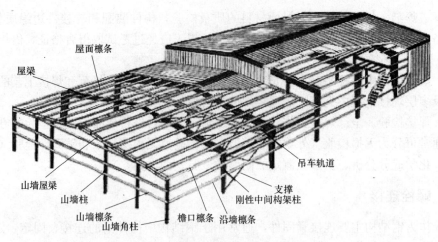

图 6-1　钢结构单层工业厂房构件组成

6.1.4.2　钢柱子安装

设置标高观测点和中心线标志，标高观测点的设置应与牛腿支承面为基准，且便于观察，无牛腿柱应以柱顶端与桁架连接的最后一个安装孔中心为基准。

（1）中心线标志应符合相应规定。

（2）多节柱安装时，宜将柱组装后再整体吊装。

（3）钢柱吊装后应进行调整，如温差、阳光侧面照射等引起的偏差。

（4）柱子安装后允许偏差应符合相应规定。

（5）屋架、吊车梁安装后，进行总体调整，然后再进行固定连接。

（6）长细比较大的柱子，吊装后应增加临时固定措施。

（7）柱间支撑应在柱子找正后再进行安装。

6.1.4.3　吊车梁的安装

（1）吊车梁的安装应在柱子第一次校正的柱间支撑安装后进行，安装顺序从有柱间支撑的跨间开始，吊装后的吊车梁应进行临时固定。

（2）吊车梁的校正应在屋面系统构件安装并永久连接后进行，其允许偏差应符合相应规定。

（3）其标高的校正可通过调整柱底板下垫板厚度进行。

（4）吊车梁下翼缘与柱牛腿的连接应符合相应规定。

（5）吊车梁与辅助桁架的安装宜采用拼装后整体吊装，其侧向弯曲、扭曲和垂直度应符合规定。

6.1.4.4　其他钢构件安装

吊车轨道、檩条、墙架、钢平台、钢梯、栏杆安装等均应符合规范规定。

6.1.5　多层及高层钢结构安装工程

用于钢结构多层及高层建筑的体系有：框架结构、框架-剪力墙结构、框筒结构、组合筒体系及交错钢桁架体系等。

6.1.5.1　安装前的准备工作

（1）检查并标注定位轴线及标高的位置；

（2）检查钢柱基础，包括基础的中心线、标高、地角螺栓等；

（3）确定流水方向，划分施工段；

（4）安排钢构件在现场的堆放位置；

（5）选择起重机械；

（6）选择吊装方法：分件吊装、综合吊装等；

（7）轴线、标高、螺栓允许偏差应符合相应规定。

6.1.5.2 安装与校正

（1）钢柱的吊装与校正：

1）钢柱吊装：选用双机抬吊（递送法）或单机抬吊（旋转法），并做好保护。

2）钢柱校正：对垂直度、轴线、牛腿面标高进行初验，柱间间距用液压千斤顶与钢楔或倒链与钢丝绳校正。

3）柱底灌浆：先在柱脚四周立模板，将基础上表面清除干净，用高强聚合砂浆从一侧自由灌入至密实。

（2）钢梁的吊装与校正：

1）钢梁吊装前，应于柱子牛腿处检查标高和柱子间距，并应在梁上装好扶手和扶手绳，以便待主梁吊装就位后，将扶手绳与钢柱系牢，以保证施工人员的安全。钢梁一般可在钢梁的翼缘处开孔为吊点，其位置取决于钢梁的跨度。

2）为减少高空作业，保证质量，并加快吊装进度，可将梁、柱在地面组装成排架后进行整体吊装。

3）要反复校正，直到符合要求。

6.1.5.3 构件间的连接

钢柱间的连接常采用坡口焊连接，主梁与钢柱的连接一般上、下翼缘用坡口焊连接，而腹板用高强度螺栓连接。次梁与主梁的连接基本上是在腹板处用高强螺栓连接，少量再在上、下翼缘处用坡口焊连接。

柱与梁的焊接顺序，先焊接顶部柱、梁节点，再焊接底部柱、梁节点，最后焊接中间部分的柱、梁节点。

高强度螺栓连接两个连接构件的紧固顺序是：先主要构件，后次要构件。

工字形构件的紧固顺序是：上翼缘、下翼缘、腹板。

同一节柱上各梁柱节点的紧固顺序：柱子上部的梁柱节点、柱子下部的梁柱节点、柱子中部的梁柱节点。

6.1.6 钢网架结构安装工程

网架结构是由多根杆件按照一定的规律布置，通过节点连接而成的网格状杆系结构。网架结构具有空间受力的特点。

网架结构的整体性好，能有效地承受各种非对称荷载、集中荷载、动力荷载。其构件和节点可定型化，适用于工厂成批生产，现场拼装。

网架结构安装方法有高空拼装法、整体安装法、高空滑移法。

6.1.6.1 高空拼装法

先在地面上搭设拼装支架，然后用起重机把网架构件分件或分块吊至空中的设计位置，在支架上进行拼装的方法。

网架总的拼装顺序是从建筑物的一端开始向另一端以两个三角形同时推进，待两个三角形相反后，则按人字形逐渐向前推进，最后在另一端的正中闭合。每榀块体的安装顺序，在开始的两个三角形部分是由屋脊部分开始分别向两边拼装，两个三角形相交后，则由交点开始同时向两边推进。

6.1.6.2 整体安装法

（1）多机抬吊法。准备工作简单，安装快速方便，适用于跨度 40m 左右、高度在 25m 左右的中小型网架屋盖吊装。

（2）提升机提升法。在结构柱上安装升板工程用的电动穿心式提升机，将地面正位拼装的网架直接整体提升到柱顶横梁就位。本方法不需大型吊装设备，机具和安装工艺简单，提升平稳，劳动强度低，工效高，施工安全，但准备工作量大。适用于跨度 50～70m 左右、高度在 40m 以上、重复较大的大、中型周边支承网架屋盖吊装。

（3）桅杆提升法。网架在地面错位拼装，用多根独脚桅杆将其整体提升到柱顶以上，然后进行空中旋转和移位，落下就位安装，本法起重量大，可达 1000～2000kN，桅杆高度可达 50～60m，但所需设备数量大、准备工作的操作较复杂，适用于安装高、重、大（跨度 80～100m）的大型网架屋盖吊装。

（4）千斤顶顶升法。是利用支承结构和千斤顶将网架整体顶升到设计位置。其设备简单，不用大型吊装设备；顶升支承结构可利用永久性支承，拼装网架不需要搭设拼装支架，可节省费用，降低施工成本，操作简便安全。但顶升速度较慢，且对结构顶升的误差控制要求严格，以防失稳。适用于安装多支点支承的各种四角锥网架屋盖。

6.1.6.3 高空滑移法

高空滑移法不需大型设备；可与室内其他工种作业平行进行，缩短总工期、用工省、减少高空作业、施工速度快。适用于场地狭小或跨越其他结构、起重机无法进入网架安装区域的中小型网架。

6.1.7 名词解释

6.1.7.1 金属结构构件制作

（1）金属结构：亦称钢结构，指由金属材料制成的结构。金属结构通常由型钢和钢板制成的钢梁、钢柱、钢桁架等构件组成；各构件是经过截、断、铆、焊组成，构件或部件之间采用焊缝、螺栓或铆钉连接。

（2）分段制作：指由于构件重量大或制作不方便而分成几部分制作，然后再组装成构件的制作方法。

（3）拼装台：为将单件和片组装成构件而搭设的平台叫拼装台。一般用钢板和型钢搭设较多。

（4）整体预装配：指将分段、分件制作的构件在整体吊装前试组合装配一次，以检查构件制作的各部分尺寸标准是否符合设计要求，在预装配中发现问题可提前处理，避免吊装时发生误差，造成报废。

（5）防锈漆：为保护金属面免受大气、海水等侵蚀的涂料，主要由防锈颜料（如氧化锌、锌铬黄、铅酸钙、铅粉、云母、氧化铁、铅丹等）、干性油、树脂和沥青等经调制研磨而成。

6.1.7.2 钢屋架、钢托架

(1) 钢屋架：是指用钢材（型钢）作腹杆和弦杆组成的支架，承受屋面全部荷载的承重结构构件。

(2) 球节点钢网架：指一种常用的结构网架。以钢球作节点，无缝钢管作结构支架。

(3) 钢托架：它由多种钢材组成的桁架结构形式，是承托两柱中间屋架的钢构件。

(4) 轻钢屋架：是指每榀重量小于 1t 且用小型角钢或钢筋、薄钢板作为支撑、拉杆的钢屋架。

(5) 薄壁型钢屋架：是指厚度在 2～6mm 的钢板或带钢经冷弯或冷拔等方式弯曲而成的型钢组成的屋架。

(6) 钢檩托：指钢檩条搁在钢屋架上弦的斜面上，需要有一个三角形的钢件托住，称钢檩托。

6.1.7.3 钢柱

(1) 钢柱：是指钢结构工程中主要承受压力，同时也承受弯矩的竖向杆件。

(2) 型钢混凝土柱：是指由混凝土包裹型钢组成的柱。

(3) 钢管混凝土柱：是指将普通混凝土填入薄壁圆形钢管内形成的组合结构。

(4) 墙架柱：指在墙架中承受轴向压力的长条形构件，一般为竖立，用以支承梁、桁架、楼板等。

6.1.7.4 钢梁

(1) 墙架梁：是指在墙架中承受与轴线不平行荷载的长条形构件，梁轴一般为水平方向。

(2) 型钢混凝土梁：是指由混凝土包裹型钢组成的梁。

(3) 吊车梁：亦称行车梁，指支承桥式起重机或电动单梁起重机的梁，钢吊车梁一般采用工字钢。

(4) 钢制动梁：是指吊车梁旁边承受吊车横向水平荷载的梁。

(5) 制动板：指在制动梁复板上铺设的钢板。

6.1.7.5 金属构件

(1) 金属构件：也称钢构件，指用型钢和钢板制作的钢柱、支撑、栏杆等部件。

(2) 钢支撑：指加强横向水平，增强刚度的钢杆件。

(3) 钢檩条：是指设置在屋架间、山墙间或屋架和山墙间的小梁，用以支承椽子或屋面板的钢构件。有组成式和型钢式两种。

(4) 型钢檩条：是直接用型钢做成，一般称为实腹式檩条。常用的有槽钢檩条、角钢檩条，以及槽钢组合式、角钢组合式等。

(5) 防风桁架：是桁架的一种，是支承山墙以承受风荷载的钢构件。

(6) 挡风架：指钉挡风板、挡雨板等的钢架。

(7) 挡风板：是指不保温、不防寒蔽盖的板形材料，木板、薄钢板、混凝土板皆可作挡风板。

(8) 钢墙架：指由钢柱、梁连系拉杆组成的承重墙钢结构架。

(9) 平台、操作平台：是指在生产和施工过程中，为进行某种操作设置的工作台。有固定式、移动式和升降式三种。

(10) 梯子：是指供人上下的工具，用两根柱做高度的边，中间按一定距离装若干短横杆或钢板做成上下踏步的金属构件。有直梯和斜梯之分。

(11) 板式踏步：是指用钢板做踏步板的踏步。

(12) 篦式踏步：是用钢板网或圆钢做成踏步板，故称篦式踏步。

(13) 钢漏斗：指工业厂房或构筑物内制作的大型钢漏斗，供松散物质（如砂、石料）等装车运输之用。

(14) 钢零星构件：系指定额未列项的、单体重量在 0.2t 以内的钢构件。

6.1.7.6　金属构件安装

(1) 构件安装：指按照设计规定的部位、高度，将构件安装固定好的施工过程。

(2) 构件拼装：将分散的构件、杆件组装成整体构件的施工过程叫构件拼装。

(3) 连接螺栓：指用来连接构件或固定构件的螺钉，带有螺帽和垫圈。

(4) 单机作业：由一台起重机械独立完成构件吊装工作。

(5) 双机抬吊：当构件重量（或跨度）大，使用一台机械无法吊装时必须用两台机械共同吊装，称抬吊。

(6) 回转半径：起重机械在起重量不变的情况下，从所能吊装物的起吊点到机械起吊中心的距离。

(7) 构件堆放：指根据施工组织设计规定的位置或构件安装平面位置图，按构件型号、吊装顺序依次按规定的方法放置构件。

(8) 构件就位：指将构件按设计规定位置安放。

(9) 校正：指构件在吊装过程中，对中线、垂直、标高等进行修正的过程。

(10) 垫铁：亦称铁楔，指形状一头厚一头薄，宽度一样，为吊装构件找平稳固之用的铁件。

6.1.7.7　锈蚀分类

(1) 轻锈：是指部分氧化皮开始脱落，红锈开始发生的锈蚀。

(2) 中锈：是指氧化皮部分破裂脱落，呈堆粉末状，除锈后用肉眼可以见到腐蚀凹点。

(3) 重锈：是指氧化皮大部分脱落，呈片状锈层或凸起的锈斑，脱落处出现麻点或麻坑。

6.1.7.8　除锈分类

(1) 手工除锈：是用废旧砂轮片、破布、铲刀、钢丝刷等简单工具，以磨、敲、铲、刷等方法除掉金属表面的氧化物及杂质。一般用于金属表面刷油前的除锈。

(2) 工具除锈：是指人工使用砂轮机、钢丝刷机等机械进行除锈。

(3) 喷砂除锈：是采用无油压缩空气为动力，将干燥的石英砂、河砂喷射到金属表面上，达到除锈目的。适用于大面积及除锈质量高的工程。

(4) 化学除锈：是利用一定浓度的无机酸水溶液对金属表面起溶蚀作用，除掉表面氧化物。一般适用于小面积、形状复杂的构件的除锈。

6.2 工程量计算规范与计价规则相关规定

金属结构工程共分7个分部工程清单项目,即钢网架,钢屋架、钢托架、钢桁架、钢架桥,钢柱,钢梁,钢板楼板、墙板,钢构件,金属制品。适用于建筑物的钢结构工程。

计价规范与计价规则相关规定共性问题的说明:

(1)型钢混凝土柱、梁和压型钢板楼板上浇筑钢筋混凝土,混凝土和钢筋按"混凝土和钢筋混凝土工程"中相关工程量清单项目编码列项。

(2)螺栓种类指普通螺栓或高强度螺栓。防火要求指耐火极限。

(3)金属构件的切边,不规则及多边形钢板发生的损耗在综合单价中考虑。

(4)金属构件的拼装台的搭拆和材料摊销,应列入措施项目费。

(5)金属构件需探伤包括射线探伤、超声波探伤、磁粉探伤、金相探伤、着色探伤、荧光探伤等,应包括在报价内。

(6)金属构件除锈(包括特殊除锈)、刷防锈漆,其所需费用应计入相应项目报价内。

(7)金属构件面层刷油漆,按"装饰装修工程工程量清单计价规则"中相关工程量清单项目编码列项。

(8)金属构件如需运输,其所需费用应计入相应项目报价内。

(9)金属构件的拼装、安装,在参照消耗量定额报价时,定额项目内应扣除垂直运输机械台班数量。

6.2.1 钢网架（编码：010601）

《房屋建筑与装饰工程工程量计算规范》GB 50854—2013 附录 F.1 钢网架项目,见表6-1。

钢网架（编码：010601） 表6-1

项目编码	项目名称	项目特征	计量单位	工程量计算规则	工程内容
010601001	钢网架	①钢材品种、规格 ②网架节点形式,连接方式 ③网架跨度、安装高度 ④探伤要求 ⑤防火要求	t	按设计图示尺寸以质量计算。不扣除孔眼的质量,焊条、铆钉等不另增加质量	①拼装 ②安装 ③探伤 ④补刷油漆

(1)钢网架项目适用于一般钢网架和不锈钢网架。不论节点形式(球形节点、板式节点等)和节点连接方式(焊结、丝结)等,均使用该项目。

(2)钢网架在地面组装后的整体提升设备(如液压千斤顶及操作台等),应列在垂直运输费内。

6.2.2 钢屋架、钢托架、钢桁架、钢架桥（编码：010602）

《房屋建筑与装饰工程工程量计算规范》GB 50854—2013 附录 F.2 钢屋架、钢托架、钢桁架、钢架桥,见表6-2。

钢屋架、钢托架、钢桁架、钢架桥（编码：010602）　　　　表 6-2

项目编码	项目名称	项目特征	计量单位	工程量计算规则	工程内容
010602001	钢屋架	①钢材品种、规格 ②单榀质量 ③屋架跨度、安装高度 ④螺栓种类 ⑤探伤要求 ⑥防火要求	榀/t	①以榀计量，按设计图示数量计算 ②以吨计量，按设计图示尺寸以质量计算。不扣除孔眼的质量，焊条、铆钉、螺栓等不另增加质量	①拼装 ②安装 ③探伤 ④补刷油漆
010602002	钢托架	①钢材品种、规格 ②单榀质量 ③安装高度 ④螺栓种类 ⑤探伤要求 ⑥防火要求	t	按设计图示尺寸以质量计算。不扣除孔眼的质量，焊条、铆钉、螺栓等不另增加质量	
010602003	钢桁架				
010602004	钢架桥	①桥类型 ②钢材品种、规格 ③单榀质量 ④安装高度 ⑤螺栓种类 ⑥探伤要求			

（1）钢屋架项目适用于一般钢屋架、轻钢屋架、冷弯薄壁型钢屋架。墙架项目包括墙架柱、墙架梁和连接杆件。

（2）钢筋混凝土组合屋架的钢拉杆，应按屋架钢支撑编码列项。

（3）以榀计量，按标准图设计的应注明标准图代号，按非标准图设计的项目特征必须描述单榀屋架的质量。

6.2.3　钢柱（编码：010603）

《房屋建筑与装饰工程工程量计算规范》GB 50854—2013 附录 F.3 钢柱项目包括实腹钢柱、空腹钢柱、钢管柱，见表 6-3。

钢柱（编码：010603）　　　　表 6-3

项目编码	项目名称	项目特征	计量单位	工程量计算规则	工程内容
010603001	实腹钢柱	①柱类型 ②钢材品种、规格 ③单根柱质量 ④螺栓种类 ⑤探伤要求 ⑥防火要求	t	按设计图示尺寸以质量计算。不扣除孔眼的质量，焊条、铆钉、螺栓等不另增加质量，依附在钢柱上的牛腿及悬臂梁等并入钢柱工程量内	①拼装 ②安装 ③探伤 ④补刷油漆
010603002	空腹钢柱				
010603003	钢管柱	①钢材品种、规格 ②单根柱质量 ③螺栓种类 ④探伤要求 ⑤防火要求		按设计图示尺寸以质量计算。不扣除孔眼的质量，焊条、铆钉、螺栓等不另增加质量，钢管柱上的节点板、加强环、内衬管、牛腿等并入钢管柱工程量内	

（1）实腹钢柱类型指十字、T、L、H形等。实腹柱项目适用于实腹钢柱和实腹式型钢混凝土柱。

（2）空腹钢柱类型指箱形、格构等。空腹柱项目适用于空腹钢柱和空腹型钢混凝土柱。

（3）钢管柱项目适用于钢管柱和钢管混凝土柱。

6.2.4 钢梁（编码：010604）

《房屋建筑与装饰工程工程量计算规范》GB 50854—2013 附录F.4 钢梁项目包括钢梁和钢吊车梁两项，见表6-4。

钢梁（编码：010604）　　　　表6-4

项目编码	项目名称	项目特征	计量单位	工程量计算规则	工程内容
010604001	钢梁	①梁类型 ②钢材品种、规格 ③单根质量 ④螺栓种类 ⑤安装高度 ⑥探伤要求 ⑦防火要求	t	按设计图示尺寸以质量计算。不扣除孔眼的质量，焊条、铆钉、螺栓等不另增加质量，制动梁、制动板、制动桁架、车挡并入钢吊车梁工程量内。	①拼装 ②安装 ③探伤 ④补刷油漆
010604002	钢吊车梁	①钢材品种、规格 ②单根质量 ③螺栓种类 ④安装高度 ⑤探伤要求 ⑥防火要求			

（1）"钢梁"项目适用于钢梁和实腹式型钢混凝土梁、空腹式型钢混凝土梁。

（2）"钢吊车梁"项目适用于钢吊车梁及吊车梁的制动梁、制动板、制动桁架，车挡应包括在报价内。

（3）梁类型指H、L、T形、箱形、格构式等。

6.2.5 钢板楼板、墙板（编码：010605）

《房屋建筑与装饰工程工程量计算规范》GB 50854—2013 附录F.5 钢板楼板、墙板项目包括钢板楼板、钢板墙板两项，见表6-5。

（1）钢板楼板项目适用于现浇混凝土楼板，使用钢板作永久性模板，并与混凝土叠合后组成共同受力的构件。

（2）压型钢楼板按钢楼板项目编码列项。压型钢板采用镀锌或经防腐处理的薄钢板。

6.2.6 钢构件（编码：010606）

《房屋建筑与装饰工程工程量计算规范》GB 50854—2013 附录F.6 钢构件项目包括钢支撑（钢拉条）、钢檩条、钢天窗架、钢挡风架、钢墙架、钢平台、钢走道、钢梯、钢护栏、钢漏斗、钢板天沟、钢支架、零星钢构件，见表6-6。

钢板楼板、墙板（编码：010605）　　表 6-5

项目编码	项目名称	项目特征	计量单位	工程量计算规则	工程内容
010605001	钢板楼板	①钢材品种、规格 ②钢板厚度 ③螺栓种类 ④防火要求	m²	按设计图示尺寸以铺设水平投影面积计算。不扣除单个面积≤0.3m²柱、垛及孔洞所占面积	①拼装 ②安装 ③探伤 ④补刷油漆
010605002	钢板墙板	①钢材品种、规格 ②钢板厚度、复合板厚度 ③螺栓种类 ④复合板夹芯材料种类、层数、型号、规格 ⑤防火要求		按设计图示尺寸以铺挂展开面积计算。不扣除单个面积≤0.3m²的梁、孔洞所占面积，包角、包边、窗台泛水等不另加面积	

钢构件（编码：010606）　　表 6-6

项目编码	项目名称	项目特征	计量单位	工程量计算规则	工程内容
010606001	钢支撑、钢拉条	①钢材品种、规格 ②构件类型 ③安装高度 ④螺栓种类 ⑤探伤要求 ⑥防火要求	t	按设计图示尺寸以质量计算,不扣除孔眼的质量,焊条、铆钉、螺栓等不另增加质量	①拼装 ②安装 ③探伤 ④补刷油漆
010606002	钢檩条	①钢材品种、规格 ②构件类型 ③单根质量 ④安装高度 ⑤螺栓种类 ⑥探伤要求 ⑦防火要求			
010606003	钢天窗架	①钢材品种、规格 ②单榀质量 ③安装高度 ④螺栓种类 ⑤探伤要求 ⑥防火要求			
010606004	钢挡风架	①钢材品种、规格 ②单榀质量 ③螺栓种类 ④探伤要求 ⑤防火要求			
010606005	钢墙架				
010606006	钢平台	①钢材品种、规格 ②螺栓种类 ③防火要求			
010606007	钢走道				
010606008	钢梯	①钢材品种、规格 ②钢梯形式 ③螺栓种类 ④防火要求			

续表

项目编码	项目名称	项目特征	计量单位	工程量计算规则	工程内容
010606009	钢护栏	①钢材品种、规格 ②防火要求		按设计图示尺寸以质量计算,不扣除孔眼的质量,焊条、铆钉、螺栓等不另增加质量	①拼装 ②安装 ③探伤 ④补刷油漆
010606010	钢漏斗	①钢材品种、规格 ②漏斗、天沟形式 ③安装高度 ④探伤要求	t	按设计图示尺寸以质量计算,不扣除孔眼的质量,焊条、铆钉、螺栓等不另增加质量,依附漏斗或天沟的型钢并入漏斗或天沟工程量内	
010606011	钢板天沟				
010606012	钢支架	①钢材品种、规格 ②安装高度 ③防火要求		按设计图示尺寸以质量计算,不扣除孔眼的质量,焊条、铆钉、螺栓等不另增加质量	
010606013	零星钢构件	①构件名称 ②钢材品种、规格			

(1) 型钢檩条直接用型钢做成,一般称为实腹式檩条,常用的有槽钢檩条、角钢檩条,以及槽钢组合式、角钢组合式等。

(2) "钢护栏"适用于工业厂房平台钢栏杆。

(3) 钢墙架项目包括墙架柱、墙架梁和连接杆件。

(4) 钢支撑、钢拉条类型指单式、复式;钢檩条类型指型钢式、格构式;钢漏斗形式指方形、圆形;天沟形式指矩形沟或半圆形沟。

(5) 加工铁件等小型构件,按钢构件中"零星钢构件"编码列项。

6.2.7 金属制品 (编码: 010607)

《房屋建筑与装饰工程工程量计算规范》GB 50854—2013 附录 F.7 金属制品包括成品空调金属百页护栏、成品栅栏、成品雨篷、金属网栏、砌块墙钢丝网加固、后浇带金属网项目,见表 6-7。

金属制品 (编码: 010607)   表 6-7

项目编码	项目名称	项目特征	计量单位	工程量计算规则	工程内容
010607001	成品空调金属百页护栏	①材料品种、规格 ②边框材质	m²	按设计图示尺寸以框外围展开面积计算	①安装 ②校正 ③预埋铁件及安螺栓
010607002	成品栅栏	①材料品种、规格 ②边框及立柱型钢品种、规格			①安装 ②校正 ③预埋铁件 ④安螺栓及金属立柱
010607003	成品雨篷	①材料品种、规格 ②雨篷宽度 ③凉衣杆品种、规格	m/m²	①以米计量,按设计图示接触边以米计算 ②以平方米计量,按设计图示尺寸以展开面积计算	①安装 ②校正 ③预埋铁件及安螺栓

续表

项目编码	项目名称	项目特征	计量单位	工程量计算规则	工程内容
010607004	金属网栏	①材料品种、规格 ②边框及立柱型钢品种、规格		按设计图示尺寸以框外围展开面积计算	①安装 ②校正 ③安螺栓及金属立柱
010607005	砌块墙钢丝网加固	①材料品种、规格 ②加固方式	m²	按设计图示尺寸以面积计算	①铺贴 ②铆固
010607006	后浇带金属网				

抹灰钢丝网加固按砌块墙钢丝网加固项目编码列项。

6.3 配套定额相关规定

6.3.1 定额说明

6.3.1.1 配套定额相关规定共性问题的说明

（1）本章包括金属构件的制作、探伤、除锈等内容；金属构件的安装按措施项目有关项目执行。本章适用于现场、企业附属加工厂制作的构件。

（2）定额内包括整段制作、分段制作和整体预装配所需的人工材料及机械台班用量。整体预装配用的螺栓及锚固杆件用的螺栓，已包括在定额内。

（3）各种杆件的连接以焊接为主。焊接前连接两组相邻构件使其固定以及构件运输时为避免出现误差而使用的螺栓，已包括在制作子目内，不另计算。

（4）本章除注明者外，均包括现场内（工厂内）的材料运输、号料、加工、组装及成品堆放、装车出厂等全部工序。

（5）本章未包括加工点至安装点的构件运输，构件运输按相应章节规定计算。

（6）金属构件制作子目中，钢材的规格和用量在设计与定额不同时，可以调整，其他不变。钢材的损耗率为 6%。

（7）金属构件制作子目中，均包括除锈（为刷防锈漆而进行的简单除尘、除锈）、刷一遍防锈漆（制作工序的防护性防锈漆）内容。设计文件规定的金属构件除锈、刷油，另按相应规定计算。制作子目中的除锈、防锈漆工料不扣除。

（8）除锈工程的工程量，依据定额单位，分别按除锈构件的质量或表面积计算。

（9）制作平台摊销是指构件制作中发生的平台摊销。钢屋架、钢托架等构件跨度大、重量重，运输困难，一般都在施工现场制作。为了防止构件纵向弯曲，应在平整坚固的钢平台上施焊。定额中制作平台摊销考虑制作平台的搭设，内容包括场地平整夯实、砌砖地垄墙、铺设钢板及拆除、材料装运等。钢屋架制作平台尺寸，长度等于屋架跨度加 2m，宽度等于屋架脊高的 2 倍加 2m。钢屋架、钢托架制作平台摊销子目，是与钢屋架、钢托架制作子目配套使用的子目，其工程量与钢屋架、钢托架制作工程量相同。其他金属构件制作，不计平台摊销费用。

（10）金属构件安装项目中，未包括金属构件的消耗量。金属构件制作按有关子目计算，金属构件制作定额未包括的构件，按其商品价格计入工程造价内。

（11）定额的安装高度为 20m 以内。

（12）定额中机械吊装是按单机作业编制的。

（13）定额是按机械起吊中心回转半径 15m 以内的距离编制的。

（14）定额中包括每一项工作循环中机械必要的位移。

（15）定额安装项目是以轮胎式起重机、塔式起重机（塔式起重机台班消耗量包括在垂直运输机械项目内）分别列项编制的。使用汽车式起重机时，按轮胎式起重机相应定额项目乘以系数 1.05。

（16）定额中不包括起重机械、运输机械行驶道路的修整、垫铺工作所消耗的人工、材料和机械。

（17）定额中的金属构件拼装和安装是按焊接编制的。

（18）钢柱、钢屋架、天窗架安装子目中，不包括拼装工序，如需拼装则按拼装子目计算。

（19）金属构件安装子目均不包括为安装工程所搭设的临时性脚手架及临时平台，发生时按有关规定另行计算。

（20）钢构件必须在跨外安装就位时，按相应构件安装子目中的人工、机械台班乘以系数 1.18。使用塔式起重机安装时，不再乘以系数。

（21）铁栏杆制作，仅适用于工业厂房中平台、操作台的钢栏杆。工业厂房中的楼梯、阳台、走廊的装饰性铁栏杆，民用建筑中的各种装饰性铁栏杆，均按装饰工程其他项目的相应规定计算。

6.3.1.2 钢屋架、钢柱定额说明

（1）钢柱安装在混凝土柱上时，其人工、机械乘以系数 1.43。

（2）钢筋混凝土组合屋架钢拉杆，按屋架钢支撑计算。钢梁执行钢制动梁子目，钢支架执行屋架钢支撑（十字）子目。

6.3.1.3 轻质墙板定额说明

（1）轻质墙板，适用于框架、框剪结构中的内外墙或隔墙，定额按不同材质和墙体厚度分别列项。

（2）轻质条板墙，不论空心条板或实心条板，均按厂家提供墙板半成品（包括板内预埋件，配套吊挂件、U 形卡等），现场安装编制。

（3）轻质条板墙中与门窗连接的钢筋码和钢板（预埋件），定额已综合考虑，但钢柱门框、铝门框、木门框及其固定件（或连接件）按有关章节相应项目另行计算。

（4）压型钢板楼板、墙板现行定额将此内容放入"砌筑工程"内。

6.3.2 工程量计算规则

6.3.2.1 金属结构制作

（1）金属结构制作，按图示钢材尺寸以吨计算，不扣除孔眼、切边的质量。焊条、铆

钉、螺栓等质量，已包括在定额内不另计算。在计算不规则或多边形钢板质量时，均以其最大对角线乘最大宽度的矩形面积计算。

（2）实腹柱、吊车梁、H形型钢等均按图示尺寸计算，其中腹板及翼板宽度按每边增加25mm计算。

（3）制动梁的制作工程量包括制动梁、制动桁架、制动板质量；墙架的制作工程量包括墙架柱、墙架梁及连接柱杆质量；钢柱制作工程量包括依附于柱上的牛腿及悬臂梁和柱脚连接板的质量。

（4）钢漏斗的制作工程量，矩形按图示分片，圆形按图示展开尺寸，并以钢板宽度分段计算，每段均以其上口长度（圆形以分段展开上口长度）与钢板宽度，按矩形计算，依附漏斗的型钢并入漏斗质量内计算。

（5）计算钢屋架、钢托架、天窗架工程量时，依附其上的悬臂梁、檩托、横档、支爪、檩条爪等分别并入相应构件内计算。

6.3.2.2　金属网

金属网按设计图示尺寸以面积计算。

6.3.2.3　金属构件焊缝探伤

（1）X射线焊缝无损探伤，按不同板厚，以"10张"（胶片）为单位。拍片张数按设计规定计算的探伤焊缝总长度除以定额取定的胶片有效长度（250mm）计算。

（2）金属板材对接焊缝超声波探伤，以焊缝长度为计量单位。

6.3.2.4　钢构件安装

（1）钢构件安装按图示构件钢材质量以吨计算，所需螺栓、电焊条等质量不另计算。

（2）金属构件中所用钢板，设计为多边形者，按矩形计算，矩形的边长以设计构件尺寸的最大矩形面积计算。

（3）钢屋架安装单榀质量在1t以下者，按轻钢屋架子目计算。

6.4　工程量计算主要技术资料

6.4.1　金属结构计算公式

6.4.1.1　金属杆件质量计算公式

$$金属杆件质量＝金属杆件设计长度×型钢线密度(kg/m) \tag{6-1}$$

6.4.1.2　多边形钢板质量计算公式

$$多边形钢板质量＝最大对角线长度×最大宽度×面密度(kg/m^2) \tag{6-2}$$

注：最大矩形面积＝$A×B$，如图6-2所示。

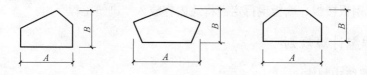

图6-2　最大矩形面积

6.4.2 金属结构计算主要技术资料

6.4.2.1 钢材断面面积计算公式，见表6-8。

钢材断面面积计算公式
表6-8

序号	型　材	计算公式	符号含义
1	方钢	$F=a^2$	a——边宽
2	圆角方钢	$F=a^2-0.8584r^2$	a——边宽 r——圆角半径
3	钢板、扁钢、带钢	$F=a\delta$	a——边宽 δ——厚度
4	圆角扁钢	$F=a\delta-0.8584r^2$	a——边宽 δ——厚度 r——圆角半径
5	圆角、圆盘条、钢丝	$F=0.7854d^2$	d——外径
6	六角钢	$F=0.866a^2=2.598s^2$	a——对边距离
7	八角钢	$F=0.8284a^2=4.8284s^2$	s——边宽
8	钢管	$F=3.1416\delta(D-\delta)$	D——外径 δ——壁厚
9	等边角钢	$F=d(2b-d)+0.2146\times(r^2-2r_1^2)$	d——边厚 b——边宽 r——内面圆角半径 r_1——端边圆角半径
10	不等边角钢	$F=d(B+b-d)+0.2146\times(r^2-2r_1^2)$	d——边厚 B——长边宽 b——短边宽 r——内面圆角半径 r_1——端边圆角半径
11	工字钢	$F=hd+2t(b-d)+0.8584(r^2-r_1^2)$	h——高度 b——腿宽 d——腰厚 t——平均腿厚 r——内面圆角半径 r_1——边端圆角半径
12	槽钢	$F=hd+2t(b-d)+0.4292(r^2-r_1^2)$	

6.4.2.2 钢材理论质量计算公式

（1）基本公式：

$$W=FLG/1000 \qquad (6\text{-}3)$$

式中　W——质量（kg）；

　　　F——断面面积（mm^2）；

　　　L——长度（m）；

　　　G——密度（g/cm^3）。

钢的密度一般按 7.85g/cm^3 计算。其他型材如钢材、铝材等，亦可引用上式参照其不同的密度计算。

（2）钢材理论质量计算简式（表6-9）

钢材理论质量计算简式   表 6-9

材料名称	理论质量 W(kg/m)	备 注
扁钢、钢板、钢带	$W=0.00785\times宽\times厚$	
方钢	$W=0.00785\times边长^2$	
圆钢、线材、钢丝	$W=0.00617\times直径^2$	1. 角钢、工字钢和槽钢的准确计算公式很
六角钢	$W=0.0068\times对边距离^2$	繁，表列简式用于计算近似值
八角钢	$W=0.0065\times对边距离^2$	2. f 值：一般型号及带 a 的为 3.34，带 b
钢管	$W=0.02466\times壁厚(外径-壁厚)$	的 2.65，带 c 的为 2.26
等边角钢	$W=0.00795\times边厚(2边宽-边厚)$	3. e 值：一般型号及带 a 的为 3.26，带 b 的
不等边角钢	$W=0.00795\times边厚(长边宽+短边宽-边厚)$	为 2.44，带 c 的为 2.24
工字钢	$W=0.00785\times腰厚[高+f(腿宽-腰厚)]$	4. 各长度单位均为 mm
槽钢	$W=0.00785\times腰厚[高+e(腿宽-腰厚)]$	

6.5 计量与计价实务案例

6.5.1 钢网架实案例

【案例 6-1】 某商厦屋面采用螺栓球钢网架屋盖，跨度 26m，安装高度 18m，在支架上进行拼装。根据提供的工程量计算单编制该钢网架部分项目的工程量清单和进行工程量清单报价。工程量计算单详见表 6-10。

网架各构件工程量计算单   表 6-10

序号	各构件名称	计算公式	单位	数量	材料消耗量
1	杆件	15.846	t	15.846	16.797
2	螺栓球	2.299	t	2.299	2.437
3	封板和锥头	2.002	t	2.002	2.122
4	支托	$0.842+0.153=0.995$	t	0.995	1.055
5	支座	$(13\times2+3\times2)\times[0.22\times0.22\times0.01+0.2\times0.2\times0.01+4\times(0.05\times0.05\times0.006)+(0.2\times0.276\times0.012)\times2]\times7.85=0.570$	t	0.570	0.604
6	埋件	钢板：$(13\times2+3\times2)\times(0.24\times0.24\times0.02)\times7.85=0.289$ $\phi18$ 锚筋：$2\times(13\times2+3\times2)\times1.998\div1000\times(0.11+0.4\times2+0.1\times2)=0.142$	t	0.431	0.457
7	高强螺栓	0.931	t	0.931	0.950
8	刷防锈漆1道	$22.143+0.931=23.074$	t	23.074	—

【解】 (1) 钢网架工程量清单的编制

钢网架工程量=15.846+2.299+2.002+0.995+0.57+0.431=22.143t

分部分项工程量清单见表6-11。

分部分项工程量清单　　　　　　　　　　　　　　　　　　表6-11

序号	项目编号	项目名称	项目特征述	计量单位	工程量
1	010601001001	钢网架	结构钢杆件,高强螺栓球连接;网架跨度、安装高度:26m、18m;不探伤;刷红丹醇酸防锈底漆1道	t	22.143

(2) 钢网架工程量清单计价表的编制

1) 网架各构件工程量计算单提供的质量是净用量,补充定额要用材料消耗量,构件加工损耗率取6%,高强螺栓损耗率取2%。各构件材料消耗量见表6-10所示。

2) 钢网架缺少单位估价表,各构件根据市场价格补充单价如下:

① 计算杆件人、材、机价款。杆件钢管材料价格取6400元/t,材料采购、保管及检验费取材料费的3%;杆件需加工厂加工,加工费1300元/t;运输、安装费取1600元/t,其中人工费为300元/t。钢杆件的单价为:6400×1.03+1300+1600=9553.80元/t。

② 计算钢球人、材、机价款。螺栓球按图纸数量到网架配件生产厂家定做,厂方供货(安装损耗量,运输费、损耗率和检验费等因素已包括在价格中),单价为7300元/t;安装费取1800元/t,其中安装人工费为380元/t,安装材料费为60元/t;采购、保管费取供应价的2.5%。钢球的单价为:7300×1.025+1800=9282.50元/t。

③ 计算封板和锥头人、材、机价款。封板和锥头市场材料价格取4800元/t,其他费用与杆件相同。封板和锥头的单价为:4800×1.03+1300+1600=7844.00元/t。

④ 计算支托人、材、机价款:支托单价同杆件。

⑤ 计算支座人、材、机价款:套定额4-1-96。

⑥ 计算埋件人、材、机价款:套定额4-1-96。

⑦ 计算高强螺栓人、材、机价款:根据市场供应情况,高强螺栓单价取9800元/t(含运输、采购保管费),其中人工费为260元/t。

⑧ 刷防锈漆1道人、材、机价款:套定额9-4-137。

3) 综合单价的计算。

根据企业情况确定管理费率为5.2%,利润率为5.2%。

分部分项工程量清单计价表见表6-12。

分部分项工程量清单计价表　　　　　　　　　　　　　　　　表6-12

序号	项目编码	项目名称	项目特征述	计量单位	工程量	金额(元) 综合单价	合价
1	010601001001	钢网架	结构钢杆件,高强螺栓球连接;网架跨度、安装高度:26m、18m;不探伤,刷红丹醇酸防锈底漆1道	t	22.143	11458.01	253714.72

注:屋面维护措施费和脚手架搭设费等应列入措施项目费中。

6.5.2 钢屋架实务案例

【案例 6-2】 某工程钢屋架如图 6-3 所示，共 8 榀，现场制作并安装，安装高度 6m，刷防锈漆一遍。编制钢屋架工程量清单，进行清单报价。

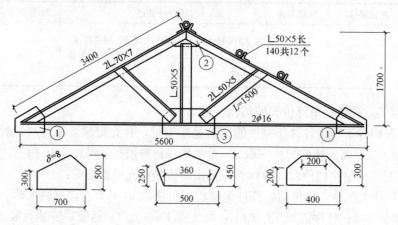

图 6-3 钢屋架

【解】（1）钢屋架工程量清单的编制

单榀屋架各杆件及节点钢板质量计算如下：

上弦质量＝3.40×2×2×7.398＝100.61kg

下弦质量＝5.60×2×1.58＝17.70kg

立杆质量＝1.70×3.77＝6.41kg

斜撑质量＝1.50×2×2×3.77＝22.62kg

① 号连接板质量＝（0.70×0.50－0.70×0.20÷2）×2×62.80＝35.17kg

② 号连接板质量＝（0.50×0.45－0.25×0.20－0.07×0.25）×62.80＝9.89kg

③ 号连接板质量＝（0.40×0.30－0.10×0.10）×62.80＝6.91kg

檩托质量＝0.14×12×3.77＝6.33kg

钢屋架工程量＝（100.61＋17.70＋6.41＋22.62＋35.17＋9.89＋6.91＋6.33）×8＝205.64×8＝1645.12kg＝1.645t

分部分项工程量清单见表 6-13。

分部分项工程量清单　　　　　　　　　　　　　　　　　　　　　　表 6-13

序号	项目编号	项目名称	项目特征述	计量单位	工程量
1	010602001001	钢屋架	不同规格角钢如图；单榀屋架的重量0.206t；跨度、安装高度：5.6m、6m；不探伤，刷防锈漆一遍	t	1.645

（2）钢屋架工程量清单计价表的编制

钢屋架项目发生的工程内容为：制作、安装。

上弦质量＝3.40×2×2×7.398＝100.61kg

下弦质量＝5.60×2×1.58＝17.70kg

立杆质量＝1.70×3.77＝6.41kg

斜撑质量＝1.50×2×2×3.77＝22.62kg

① 号连接板质量＝0.7×0.5×2×62.80＝43.96kg

② 号连接板质量＝0.5×0.45×62.80＝14.13kg

③ 号连接板质量＝0.4×0.3×62.80＝7.54kg

檩托质量＝0.14×12×3.77＝6.33kg

单榀屋架质量＝100.61＋17.70＋6.41＋22.62＋43.96＋14.13＋7.54＋6.33＝219.30kg

钢屋架(8榀)工程量＝219.30×8＝1754.40kg＝1.754t

钢屋架制作（单榀质量1.5t以内包括刷防锈漆），套定额7-2-2。钢屋架制作平台摊销，套定额7-9-1。钢屋架安装（3t以内），套定额10-3-216（扣除轮胎式起重机20t台班费0.17×955.26＝162.39元/t）。

人工、材料、机械单价选用市场价。

根据企业情况确定管理费率为5.2%，利润率为3.2%。

分部分项工程量清单计价表见表6-14。

分部分项工程量清单计价表　　　　　　表6-14

序号	项目编码	项目名称	项目特征述	计量单位	工程量	金额（元）	
						综合单价	合价
1	010602001001	钢屋架	不同规格角钢如图；单榀屋架的重量：0.206t；跨度、安装高度：5.6m、6m；不探伤，刷防锈漆一遍	t	1.645	9107.61	14982.02

【案例 6-3】 某厂房屋面不同规格角钢屋架15榀，每榀重5t，跨度20m，由金属构件厂加工，场外运输5km，现场拼装，采用汽车吊跨外安装，安装高度为10m。编制制作、运输、拼装、安装工程量清单，并进行清单报价。

【解】 （1）钢屋架工程量清单的编制

钢屋架工程量＝5.000×15＝75.000t

分部分项工程量清单见表6-15。

分部分项工程量清单　　　　　　表6-15

序号	项目编号	项目名称	项目特征述	计量单位	工程量
1	010602001002	钢屋架	不同规格角钢；单榀屋架的重量5t；跨度、安装高度：20m、10m；不探伤，刷防锈漆一遍	t	75.000

（2）钢屋架项目清单计价表的编制

该项目发生的工程内容为：构件制作、运输、拼装、安装。

① 钢屋架制作工程量＝5.000×15＝75.000t

钢屋架制作每榀构件 5t 以内：套定额 7-2-4。

② 钢屋架运输工程量＝5.000×15＝75.000t

钢屋架（Ⅰ类构件）运输 5km 以内：套定额 10-3-26。

③ 钢屋架拼装工程量＝5.000×15＝75.000t

钢屋架拼装每榀构件 8t 以内：套定额 10-3-214（扣除轮胎式起重机 20t 台班费 0.07×955.26＝66.87 元/t）。

④ 钢屋架安装工程量＝5.000×15×1.05(汽车吊)＝78.750t

钢屋架安装 8t 以内：套定额 10-3-217（扣除轮胎式起重机 20t 台班费 0.11×955.26＝105.08 元/t）。

采用汽车吊按轮胎式起重机相应定额项目乘以系数 1.05；跨外安装就位人工、机械台班乘以 1.18 系数。

人工、材料、机械单价选用市场价。

根据企业情况确定管理费率为 5.2%，利润率为 3.2%。

分部分项工程量清单计价表见表 6-16。

分部分项工程量清单计价表　　　表 6-16

序号	项目编码	项目名称	项目特征述	计量单位	工程量	金额（元）	
						综合单价	合价
1	010602001002	钢屋架	不同规格角钢；单榀屋架的重量 5t；跨度、安装高度：20m、10m；不探伤，刷防锈漆一遍	t	75.000	8904.17	667812.75

6.5.3 钢桁架实务案例

【案例 6-4】 某钢结构雨篷采用方钢管桁架结构，高度 4.2m，化学螺栓锚固在钢筋混凝土圈梁上，锚固长度 200mm，要求二级焊缝探伤，刷一遍防锈漆。编制钢结构雨篷工程量清单。

钢结构雨篷各构件质量计算单，见表 6-17。

钢结构雨篷各构件质量计算单　　　表 6-17

序号	构件名称	数量	截面规格	工程量计算公式	单位	工程量
1	L1	2	6×□50×30×2.75	2×[6×(0.35＋1.523＋0.35)＋2×10×(0.08＋0.074)]×3.454÷1000＝0.113	t	0.113
2	L2	2	4×□50×30×2.75	2×(4×2＋4×6×0.14)×3.454÷1000＝0.078	t	0.078
3	L3	6	4×□50×30×2.75	6×[4×(0.35＋1.523＋0.35)＋10×0.114]×3.454÷1000＝0.07	t	0.07
4	L4	2	4×□50×30×2.75	2×{[4×7＋17×2×(0.14＋0.04)]×3.454÷1000}＝0.296	t	0.296

续表

序号	构件名称	数量	截面规格	工程量计算公式	单位	工程量
5	LL1	3	4×□50×30×2.75	3×(2×2×4×0.85＋5×2×4×1.1)×3.454÷1000=0.509	t	0.509
	小计				t	0.918
6	螺栓	64	M16	2×8＋8×6=64	个	64
7	预埋件	2	−380×340×14	2×0.38×0.34×0.014×7.85=0.028	t	0.028
		6	−320×250×14	6×0.32×0.25×0.014×7.85=0.053	t	0.053
		2	−320×340×14	2×0.32×0.34×0.014×7.85=0.024	t	0.024
	小计				t	0.105

【解】 分部分项工程量清单的编制：

根据钢结构雨篷各构件质量计算单，钢桁架工程量为 0.918t，螺栓工程量为 64 个，预埋铁件＝0.105t。

分部分项工程量清单见表 6-18。

分部分项工程量清单 表 6-18

序号	项目编号	项目名称	项目特征述	计量单位	工程量
1	010602003001	钢桁架	矩形钢管；单楄质量在 1t 以下；安装高度在 5m 以下；二级焊缝探伤；刷 1 遍防锈漆	t	0.918
2	010516001001	螺栓	M16 化学螺栓；锚固长度 200mm；	个	64
3	010516002001	预埋铁件	钢板 14mm 厚；锚固长度 200mm；铁件尺寸：−380×340×14，−320×250×14，−320×340×14	t	0.105

6.5.4 钢柱实务案例

【案例 6-5】 某厂房实腹钢柱（主要以 16mm 厚钢板制作）共 20 根，每根重 2.500t，由附属加工厂制作，刷防锈漆一遍，运至安装地点，运距 1.5km。编制工程量清单及清单报价。

【解】 (1) 实腹钢柱工程量清单的编制

实腹钢柱工程量＝2.500×20＝50.000t

分部分项工程量清单见表 6-19。

分部分项工程量清单 表 6-19

序号	项目编号	项目名称	项目特征述	计量单位	工程量
1	010603001001	实腹柱	钢板厚 16mm；单根柱重量 2.500t；不探伤；刷防锈漆 1 遍	t	50.000

（2）实腹钢柱工程量清单计价表的编制

该项目发生的工程内容为：制作、运输、安装。

实腹钢柱工程量＝2.500×20＝50.000t

实腹钢柱制作（每根重 3t 以内）：套定额 7-1-1。

Ⅰ类金属构件运输（5km 以内）：套定额 10-3-26。

金属结构构件安装（每根重 4t 以内）：套定额 10-3-203（扣除轮胎式起重机 20t 台班费 0.06×955.26＝57.32 元/t）。

人工、材料、机械单价选用市场价。

根据企业情况确定管理费率为 6.6%，利润率为 4.5%。

分部分项工程量清单计价表见表 6-20。

分部分项工程量清单计价表　　　　　　表 6-20

序号	项目编号	项目名称	项目特征述	计量单位	工程数量	金额(元)	
						综合单价	合价
1	010603001001	实腹柱	钢板厚 16mm；单根柱重量 2.500t；不探伤；刷防锈漆 1 遍	t	50.000	9821.18	491059.00

【**案例 6-6**】 如图 6-4 所示，某工程空腹钢柱共 24 根，刷防锈漆一遍。编制空腹钢柱工程量清单，自行进行工程量清单报价。

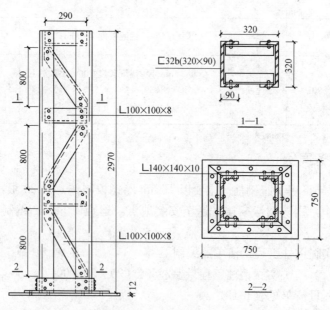

图 6-4 空腹钢柱

【**解**】 空腹钢柱工程量清单的编制

匚32b 槽钢立柱质量＝2.97×2×43.25＝256.91kg

∟100×100×8 角钢横撑质量＝0.29×6×12.276＝21.36kg

L100×100×8 角钢斜撑质量＝$\sqrt{0.8^2 \times 0.29^2} \times 6 \times 12.276 = 62.68kg$

L140×140×10 角钢底座质量＝$(0.32+0.14 \times 2) \times 4 \times 21.488 = 51.57kg$

－12 钢板底座质量＝$0.75 \times 0.75 \times 94.20 = 52.99kg$

空腹钢柱工程量＝$(256.91+21.36+62.68+51.57+52.99) \times 24 = 11932.56kg = 11.933t$

分部分项工程量清单见表 6-21。

分部分项工程量清单 表 6-21

序号	项目编号	项目名称	项目特征述	计量单位	工程量
1	010603002001	空腹柱	不同规格角钢如图； 单根质量 0.500t； 不探伤； 刷防锈漆一遍	t	11.933

6.5.5 钢梁实务案例

【案例 6-7】 某单位自行车棚，高度 4m。用 5 根 H200×100×5.5×8 钢梁，长度 4.80m，单根质量 104.16kg；用 36 根槽钢 18a 钢梁，长度 4.12m，单根质量 83.10kg。由附属加工厂制作，刷防锈漆一遍，运至安装地点，运距 1.5km。编制工程量清单，自行报价。

【解】 钢梁工程量清单的编制

H200×100×5.5×8 钢梁工程量＝$104.16 \times 5 = 520.80kg = 0.521t$

槽钢 18a 钢梁工程量＝$83.10 \times 36 = 2991.60kg = 2.992t$

分部分项工程量清单见表 6-22。

分部分项工程量清单 表 6-22

序号	项目编号	项目名称	项目特征述	计量单位	工程量
1	010604001001	钢梁	H200×100×5.5×8 型钢；单根重量：0.104t；安装高度：4m；不探伤，刷防锈漆 1 遍	t	0.521
2	010604001002	钢梁	槽钢 18a；单根重量：0.083t；安装高度：4m；不探伤，刷防锈漆 1 遍	t	2.992

6.5.6 钢板楼板实务案例

【案例 6-8】 某工棚长度 15m，宽度 5m，高度 3m。有 8 个 1000mm×1200mm 塑料窗；外墙均采用 75mmEPS 夹芯板，外蓝内白，钢板厚 0.425mm。材料价（含运输、采购、保管费）为 75 元/m²，安装费为 20 元/m²，其中人工费 15 元/m²，材料损耗为 5%。试编制屋面板的工程量清单，并确定其综合单价。

【解】 (1) 钢板墙板工程量清单的编制

钢板墙板工程量＝$(15.00+5.00) \times 2 \times 3.00 - 1.00 \times 1.20 \times 8 = 110.40m^2$

分部分项工程量清单见表 6-23。

分部分项工程量清单 表 6-23

序号	项目编号	项目名称	项目特征述	计量单位	工程量
1	010605002001	钢板墙板	75mmEPS夹芯板;钢板厚0.425mm;外蓝内白白免漆板	m²	110.40

(2) 钢板墙板工程量清单计价表的编制

压型钢板墙板项目发生的工程内容为成品安装。

1) 压型钢板墙板工程量$=(15.00+5.00)\times2\times3.00-1.00\times1.20\times8=110.40m^2$

2) 压型钢板墙板人工、材料、机械单价$=75.00\times1.05+20.00=98.75$元/m²

根据企业情况确定管理费率为 5.2%,利润率为 3.5%。

分部分项工程量清单计价表见表 6-24。

分部分项工程量清单计价表 表 6-24

序号	项目编号	项目名称	项目特征述	计量单位	工程量	金额(元)	
						综合单价	合价
1	010605002001	钢板墙板	75mmEPS夹芯板;钢板厚0.425mm;外蓝内白白免漆板	m²	110.40	107.34	11850.47

6.5.7 钢构件实务案例

【案例 6-9】 某厂房上柱间支撑尺寸如图 6-5 所示,共 4 组,支撑高度 10m 内,∟63×6 的线密度为 5.72kg/m,-8 钢板的面密度为 62.8kg/m²,刷防锈漆一遍。编制柱间支撑工程量清单,并确定其综合单价。

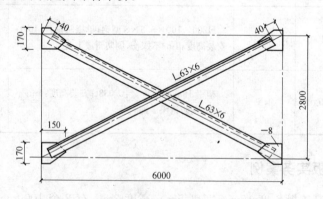

图 6-5 柱间支撑

【解】 (1) 钢支撑工程量清单的编制

∟63×6 角钢质量$=(\sqrt{6^2+2.8^2}-0.04\times2)\times5.72\times2=74.83kg$

-8 钢板质量$=0.17\times0.15\times62.8\times4=6.41kg$

柱间支撑工程量$=(74.83+6.41)\times4=324.96kg=0.325t$

分部分项工程量清单见表 6-25。

分部分项工程量清单 表 6-25

序号	项目编号	项目名称	项目特征述	计量单位	工程量
1	010606001001	钢支撑	∟63×6 角钢；复式支撑；支撑高度：10m 内；不探伤；刷防锈漆 1 遍	t	0.325

（2）钢支撑工程量清单计价表的编制

钢支撑项目发生的工程内容为制作、安装。

∟63×6 角钢质量=$(\sqrt{6^2+2.8^2}-0.04\times2)\times5.72\times2=74.83\text{kg}$

−8 钢板质量=$0.17\times0.15\times62.8\times4=6.41\text{kg}$

柱间支撑工程量=$(74.83+6.41)\times4=324.96\text{kg}=0.325\text{t}$

柱间支撑制作，套定额 7-4-1。柱间支撑安装（复式，单榀重量 0.3t 以内），套定额 10-3-246（扣除轮胎式起重机 20t 台班费 $0.91\times995.26=905.69$ 元/t）。

人工、材料、机械单价选用市场价。

根据企业情况确定管理费率为 5.2%，利润率为 3.5%。

分部分项工程量清单计价表见表 6-26。

分部分项工程量清单计价表 表 6-26

序号	项目编号	项目名称	项目特征述	计量单位	工程量	金额（元）	
						综合单价	合价
1	010606001001	钢支撑	∟63×6 角钢；复式支撑；支撑高度：10m 内；不探伤；刷防锈漆 1 遍	t	0.325	9096.36	2956.32

【案例 6-10】 某装饰大棚型钢檩条，尺寸如图 6-6 所示，共 100 根，安装高度 8m 内，∟50×32×4 的线密度为 2.494kg/m。编制钢檩条工程量清单。

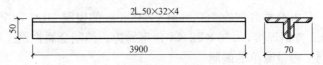

图 6-6 型钢檩条

【解】 钢檩条工程量清单的编制

组合型钢檩条工程量=$3.90\times2\times2.494\times100=1945.32\text{kg}=1.945\text{t}$

分部分项工程量清单见表 6-27。

【案例 6-11】 某钢直梯如图 6-7 所示，ϕ28 光面钢筋线密度为 4.834kg/m。编制钢直梯工程量清单。

分部分项工程量清单

表 6-27

序号	项目编号	项目名称	项目特征述	计量单位	工程量
1	010606002001	钢檩条	∟50×32×4 角钢;组合型钢式;单根重量:0.019t;安装高度:8m 内;刷防锈漆 1 遍	t	1.945

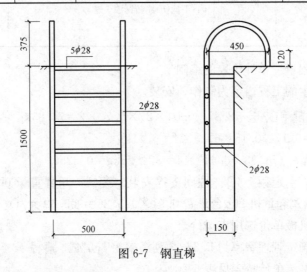

图 6-7 钢直梯

【解】 钢檩条工程量清单的编制

钢直梯工程量＝[(1.50＋0.12×2＋0.45×π÷2)×2＋(0.50-0.028)×5＋(0.15-0.014)×4]×4.834＝37.69kg＝0.038t

分部分项工程量清单见表 6-28。

分部分项工程量清单

表 6-28

序号	项目编号	项目名称	项目特征述	计量单位	工程量
1	010606008001	钢梯	φ28 圆钢;直梯;刷防锈漆 1 遍	t	0.038

6.5.8 金属制品实务案例

【案例 6-12】 某办公楼底层有 1500mm×2000mm 的窗洞 20 个,全部用金属网封闭,采用 10mm×10mm 方钢焊接,∟50×32×4 角钢封边。编制金属栏网工程量清单。

【解】 金属网工程量清单的编制

金属网栏工程量＝1.50×2.00×20＝60.00m²

分部分项工程量清单见表 6-29。

分部分项工程量清单

表 6-29

序号	项目编号	项目名称	项目特征述	计量单位	工程量
1	010607004001	金属网栏	□10×10 方钢立柱;边框∟50×32×4 角钢;刷防锈漆 1 遍	m²	60.00

7 木结构及门窗工程

7.1 相关知识简介

7.1.1 木材的基本知识

木材是人类最早使用的一种建筑材料，时至今日，在建筑工程中仍占有一定的地位。桁架、屋架、梁柱、模板、门窗、地板、家具、装饰等都要用到木材。

与建筑钢材、水泥及混凝土相比，木材最大的特点在于其自然性，它在大自然中生长与再生，并具有某些生物特性。

7.1.1.1 木材的种类、性质及使用范围

（1）建筑用木材的分类。在建筑工程中一般是将树木划分为针叶树与阔叶树两大类。相应的木材称为针叶树材与阔叶树材。

针叶树树干通直高大、纹理平顺、材质较软（故又称软木树），加工容易，大部分是常绿树，如松、杉、柏等，是建筑工程中的主要用材。阔叶树大部分（桦、杨除外）材质较硬（故又称硬木树），加工难度大，大多冬季落叶，如水曲柳、柞、槐等，刨削加工后表面光滑、纹理美丽、耐磨，主要用于装饰工程。

1）针叶树有红松、鱼鳞云杉、樟子松、马尾松、落叶松、杉木、柏木、臭松、水杉等；

2）阔叶树有水曲柳、核桃柳、柞木、色木、桦木、白皮榆、槐木、毛白杨、楠木、柚木、柳桉等。

（2）定额木材种类的划分。在消耗定额中，按木材加工难易程度不同分为四类：

一类：红松、水桐木、樟子松。

二类：白松（方杉、冷杉）、杉木、杨木、柳木、椴木。

三类：青松、黄花松、秋子木、马尾松、东北榆木、柏木、苦木、梓木、黄菠萝、椿木、楠木、柚木、樟木。

四类：栎木（柞木）、檀木、色木、槐木、荔木、麻栗木、桦木、荷木、水曲柳、华北榆木。

7.1.1.2 建筑承重构件用材的选择

用于建筑承重构件的木材，应具有树干长、纹理直、木节少、扭纹少、耐腐蚀和虫蚀、易干燥、少开裂、具有较好的力学性质、便于加工等特点。一般轴心受压构件多采用针叶材；阔叶材主要用于板、销、键块和受拉接头中的夹板等重要构件。

木结构及细木制品所用木材的种类，应根据其特征，进行防裂、防腐和防虫处理。当供承重木结构使用的成批木材的材质或外观与同类木材有显著差异时，应做顺纹受压强度

试验，按其极限强度的最低值确定该批木材的应力等级，进行使用。

7.1.1.3 木材的种类及规格

（1）木材的种类。木材按加工与用途不同，可分为原条、原木、板材、方材等几种。

1）原条。原条是指只经修枝和剥皮（或不剥皮），没有加工成材的条木。长度 6m 以上，梢径 60mm 以上。

2）原木。原木是指伐倒后经修枝并截成一定长度的木材。原木分为直接使用原木和加工使用原木两种。加工使用原木又分特殊加工用原木（造船材、车辆材）和一般加工用原木。

3）板材。板材是指宽度为厚度的 3 倍或 3 倍以上的型材。板材按厚度分为薄板、中板、厚板和特厚板四种。板材按加工程度还可分为毛边板、齐边板、规方板；一面光、两面光、三面光、四面光；平口板、搭（错）口板、企口板等。

4）方材。方材是指宽度不足厚度的三倍的型材。方材分为小方、中方、大方和特大方四种。板、方材应根据原木大小合理搭配，提高木材的出材率。

（2）木材的规格及用途。板、方材规格及用途见表 7-1。板、方材的长度：针叶树材为 1～8m；阔叶树材为 1～6m。

板、方材规格及用途参考表 表 7-1

木材种类	品种	规格	用途
板材	薄板	厚 18mm 以下	门心板、木隔断、装饰板
	中板	厚 19～35mm	屋面板、模板、木装饰、木地板
	厚板	厚 36～65mm	木门窗、脚手架板
	特厚板	厚 66mm 以上	特殊用途
方材	小方	截面积 54cm² 以下	椽条、模板板带、隔断木筋、吊顶搁栅
	中方	截面积 55～100cm²	支撑、搁栅、檩条、木扶手
	大方	截面积 101～225cm²	木屋架、檩条
	特大方	截面积 226cm² 以上	木或钢木屋架

7.1.1.4 常见木材的缺陷

木材虽然具有质量轻、强度大、加工容易、用途广泛等一系列优点，但是由于它本身构造上自然形成的某些缺陷和由于保管或加工不善而形成的腐朽、虫伤、裂纹等疵点，往往严重地影响木材的强度和使用效果。正确地认识木材的这些缺陷，就可以针对不同的缺陷，确定不同的材级，采用不同的处置方法，以达到量材使用、保质保量的目的。

常见的木材缺陷主要有节子、腐朽、虫害、裂纹、形状缺陷、斜纹、髓心等几种。

7.1.1.5 木材的干燥、防腐及防火处理

工程中对木材进行干燥、防腐和防火处理，是提高木材的耐久性，延长木材使用年限，充分利用和节约木材的重要措施。

（1）木材的干燥。木材的干燥处理是利用各种方法，去掉木材中所含的多余水分，这是防止腐朽、变形、裂纹，延长木材使用寿命的有效方法。同时，还可以减轻质量，增加木材的机械强度，便于进行胶合、油漆、刷防腐剂等工作；因此，应根据树种、规格、用途、设

备条件等选择合理的、正确的干燥方法。干燥方法分为天然干燥法和人工干燥法两种。

1) 天然干燥法。天然干燥法是在空旷场地或棚内采用正确、合理的堆垛方法，利用空气作传热、传湿介质，利用太阳辐射热量，使木材水分逐渐蒸发，达到一定的干燥程度。干燥时采用的堆垛方法多种多样。原木主要采用分层纵、横交叉堆积法；板、方材常采用分层纵、横交叉堆积法和垫条堆积法；小材料常采用"×"形堆积法、井字形堆积法、三角形堆积法和交搭式堆积法等。

2) 人工干燥法。为了使木材的含水率低于平衡含水率，就需要采用人工方法干燥。木材人工干燥处理，需根据树种、规格、质量和数量的不同，结合当地具体条件和要求采用不同的方法。常采用的方法主要有：浸水法、水煮法、烟熏干燥法、蒸汽干燥法、红外线干燥法等。

（2）木材的防腐。木材的腐朽是由真菌中的腐朽菌寄生引起的，腐朽菌在木材中生存与繁殖必须同时具备水分、空气与温度三个条件。当木材的含水率在 15%～50%，温度在 25～30℃，又有足够的空气时，腐朽菌最适宜繁殖，木材最易腐朽。因此，木材防腐的基本原理是破坏腐朽菌生存与繁殖的条件。常用的方法有结构预防法和防腐剂预防法两种。

在木材面刷油漆，也是防腐措施的一种。木材还会受到白蚁、天牛等昆虫的蛀蚀，对此，多采用化学药剂处理。一般来说，木材防腐剂对防虫也有效。

（3）木材的防火处理。木材系易燃物质，在有火灾危险的地方，要做好木构件的防火处理。防火的主要手段是使用防火涂料对木材作表面涂敷，或使用防火溶液对木材进行深层浸注，也可以用金属、混凝土或石膏等耐燃材料覆盖木材表面来防火。

7.1.2 木结构

7.1.2.1 承重结构类型

（1）屋架承重。是指利用建筑物的外纵墙或柱支承屋架，然后在屋架上搁置檩条来承受屋面重量的一种承重方式。这种承重方式多用于要求有较大空间的建筑，如食堂、教学楼等。

用在屋顶承重结构的桁架叫屋架。屋架可根据排水坡度和空间要求，组成三角形、梯形、矩形、多边形屋架。三角形屋架由上弦、下弦和腹杆组成，所用材料有木材、钢材及钢筋混凝土等。

（2）梁架承重。是我国传统的结构形式，即用柱和梁组成排架，檩条置于梁间承受屋面荷载并将各排架联系成为一完整骨架。内外墙体均填充在骨架之间，仅起分隔和围护作用，不承受荷载。这种承重系统的主要优点是结构牢固，抗震性好。

7.1.2.2 屋面基层

为铺设屋面材料，应首先在其下面做好基层。屋面基层由檩条、椽子、屋面板等组成。

（1）檩条：木檩条、预制钢筋混凝土檩条、轻钢檩条。

（2）椽子：垂直于檩条方向架立椽子。当屋顶中的檩条间距较大时，一般采用椽条垂直搁置在檩条上，以此来支承屋面荷载。椽子一般用木制，间距一般为 360～400mm，截面为 50mm×50mm 左右。

（3）望板：俗称屋面板。它常为木板制成，板的厚度为 16～20mm，望板可直接铺钉在檩条上，板的顶头接缝应错开。望板有密铺和稀铺两种，稀铺的望板一般适用于有顶棚处，其空隙间距应小于板宽之半，并不应大于75mm，如望板下面不设顶棚时，则望板一般为密铺，其底部应刨光处理，以保持光洁、平整和美观。

7.1.3 门窗术语及释义

门窗分类、术语及释义，见图7-1。

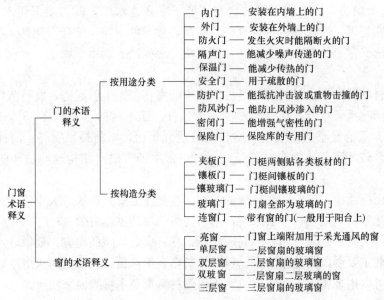

图 7-1 门窗分类、术语及释义

7.1.4 厂库房大门、特种门

7.1.4.1 厂库房大门

厂库房大门，一般为无框大门，按其使用材料分为木板大门和钢木大门两类。由于各种类型钢木大门的钢骨架用量相差较大，可将钢木大门分为平开和推拉两类，因此，在工程定额中则应包括木板大门、平开钢木大门和推拉钢木大门三部分。

（1）木板大门。木板大门是按照启闭方式，即平开木板大门和推拉木板大门，一般平开木板大门多为单扇，推拉木板大门则有单扇或双扇，其构造如图7-2、图7-3所示。

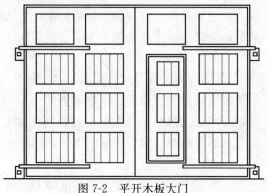

图 7-2 平开木板大门

（2）平开钢木大门和推拉钢木大门。钢木大门是用角钢或槽钢做骨架，镶以木板而成的门，按照门的启闭方式，分为向内或向外开启的平开钢木大门和左右开启的推拉钢木大门两种，其构造如图7-4、图7-5所示。在制作中，一般镶铺一面板者称为"一般门"，两面铺木板、中间铺油毡，以防风砂者称为"防风砂门"，再在四周或上下端钉毛毡以防严寒者则称为"防寒门"。

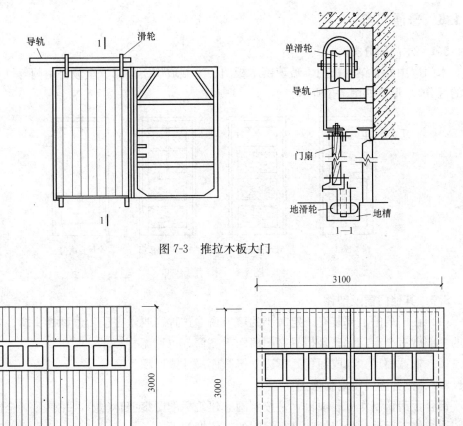

图 7-3　推拉木板大门

图 7-4　平开钢木大门　　　　图 7-5　推拉钢木大门

7.1.4.2　特种门

特种门种类很多，但常用的有冷藏门、防火门，保温隔声门、变电室门和折叠门等五种。

（1）冷藏门：是制冷工程中的专用门；由于对冷藏门的构造要求不同，分为库门和冻结门两项。

（2）防火门：按照防火等级划分类型和确定构造，一般包括实拼式防火门和框架式防火门两类。

（3）保温隔声门；保温隔声门包括门框和门扇，其做法是以木料作骨架，填充矿渣棉，铺镶胶合板，安钉橡胶密封条。

（4）变电室门：一般与拼板门做法相同，唯有下部应设百叶通风孔，多以角钢和扁钢制作，常用规格角钢为 25mm×30mm、扁钢为 30mm×1.5mm 和 56mm×2mm，并在通风孔内钉铁纱。

（5）折叠门：是将一排门扇相连，开启时折叠起来，可以推向一边或者两旁。按照使用要求，一般可分为正折式、偏折式和隐藏式。全部构造包括上部的吊轮、滑轮、中间的折叠门扇、铰链及下部的导槽等。

7.1.5 普通门窗

7.1.5.1 木门扇分类

木门扇中列有镶木板门、玻璃镶木板门、半截玻璃镶板门、全玻自由门等（要注意项目的区分），形式如图 7-6 所示。

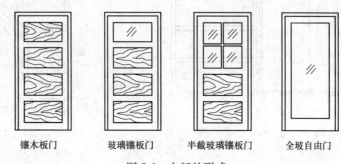

| 镶木板门 | 玻璃镶板门 | 半截玻璃镶板门 | 全玻自由门 |

图 7-6 木门的形式

7.1.5.2 其他门窗及部件

（1）在门扇的上部装有一定大小的玻璃窗，这种窗叫做亮子，也称摇头窗。带亮是指门的上部做有亮窗。无亮是指只有门扇而无亮窗，也称无亮子。

（2）框截面尺寸（或面积）指边立梃截面尺寸或面积。

7.1.5.3 铝合金门窗编制依据

铝合金门窗制作安装项目，是按照国家建筑标准图集 JH（九），并参照《全国统一建筑装饰装修工程消耗量定额》进行编制的。依据如下：

（1）地弹门：国家建筑标准 92SJ607（二）《100 系列铝合金地弹簧门》。框料尺寸为 101.6mm×44.5mm，厚 1.8mm。

（2）平开门：国家建筑标准 92SJ605（三）《70 系列平开铝合金门》。框料尺寸为 70mm×30mm，厚 1.5mm。

（3）平开窗：国家建筑标准 92SJ712（三）《70 系列平开铝合金窗》。框料的宽度为 70mm，厚 1.5mm。

（4）推拉窗：国家建筑标准 92SJ713（四）《90 系列推拉铝合金窗》。框料宽度为 90mm，厚 1.5mm。

定额中制作部分采用加工厂集中下料、组装，现场安装方式。

7.1.6 名词解释

7.1.6.1 木结构构件

（1）木结构：指用方木、圆木或木板等组成的结构，一般用榫接、螺栓接、钉接、销连接、键连接、胶结合等连接方法，具有加工简便、自重轻等特点，但耐火能力差。

（2）竣工木料：是指已加工完成的结构构件的木料体积。

（3）木屋架：亦称木桁架，指承受檩条传来荷重的三角形屋架。

（4）钢木屋架：用木料和钢材混合制作而成的屋架，一般受压杆件为木材，受拉杆件为钢材。

（5）马尾屋架：四面坡屋面，山墙部位斜屋面处的半屋架称马尾屋架。

（6）折角屋架：平面为 L 形的坡屋面，阴阳角处的半屋架称为折角屋架。

（7）正交屋架：平面为 T 形的坡屋面，纵横交接处的半屋架称为正交屋架。

（8）气楼：指屋顶上或屋架上用作通风换气的突出部分。

（9）后备长度：指木屋架制作时多备了一定的长度，在安装时可根据实际需要锯短一点，这种长度称后备长度。

（10）檩托（托木）亦称三角木、爬山虎，指托住檩条防止下滑移位的楔形构件。

（11）封檐板：又称挂檐板，一般用 25～30mm 厚的木板制成，挂在建筑物的檐口处，将屋架外端遮蔽起来。

（12）博风板：又称顺风板，是用于山墙处的封檐板。

（13）大刀头：亦称勾头板，指山墙博风板两端形似大刀的板头。

7.1.6.2 屋面基层

（1）屋面基层：指木屋架以上的全部构造。包括椽子、挂瓦条、屋顶板或苇箔、铺毡等。

（2）檩条：亦称桁条、檩子，指两端放置在屋架和山墙间的小梁上用以支承椽子和屋面板的简支构件。

（3）简支檩：指檩木的一般做法，檩木两端直接搁在支点上，或由支点挑出部分长度至博风扳。

（4）连续檩：指檩木由多个开间组合连结而成的连续檩条。檩木接头应设在弯矩最小的地方。

（5）椽子：亦称椽，指两端搁置在檩条上，承受屋面荷重的构件。与檩条成垂直方向。

（6）望板：又称屋面板，系指铺钉在檩条或屋面椽子上面的木板。如图 7-7 所示。

（7）顺水条：指钉在屋面防水上，沿屋面坡度方向的 6mm×24mm 的薄板条。

（8）格椽：指大小挂瓦条。也就是椽带挂瓦条。

7.1.6.3 厂库房大门、特种门

（1）木材含水率：木材内部所含水分有两种，即吸附水（存在于细胞壁内）与自由水（存在于细胞腔与细胞间隙中）。当木材中细胞壁内被吸附水充满，而细胞间隙中没有自由水时，该木材的含水率被称为纤维饱和点，它一般约为 20%～35%。

（2）钢骨架：指一般的钢木大门中的钢骨架，它以型钢焊接一个门扇钢骨架，再在钢骨架上铺满

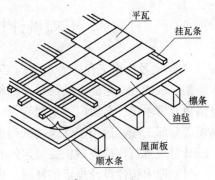

图 7-7 望板

木板组成钢木大门。

（3）木板平开大门：是作为交通及疏散用的大门。这种门多用于公共建筑、仓库等。一般为双扇，高度按需要尺寸定，无下槛，也叫扫地门。

（4）木板推拉大门：亦称扯门，在门洞上、下装有轨道，可左右滑行，既可单扇，也可双扇，开启后的门扇有放在夹墙内的，也有靠墙的，优点是占地面积小。

（5）钢木一面板防风门：指用型钢作骨架一面钉木板的钢木混合门，有推拉和平开之分。

（6）钢木二面板防寒门：指用型钢作骨架两面钉木板，中间夹防寒材料的大门，有平开和推拉之分。

（7）折叠门：是将一排门扇相连，开启时折叠起来，可以推向一边或两旁的门。

（8）钢木折叠门：指用型钢做骨架钉木板的折叠门，可推移到一侧，传动方式简单，开启方便。

（9）彩板组角钢门：又称镀锌彩板门，是用镀锌彩涂钢板制作的一种彩色金属空腹门。彩板组角钢门内外框采用插接件（各种芯板）用螺柱组装成框。

（10）保温隔声门：是指用保温材料和隔音材料制作的有一定密封程度的门。

（11）冷藏门：是指制冷车间，冷藏库用的各种保温隔热以及密封程度较高的门。

（12）防射线门：是指门内夹铅板，能防各种射线作用的安全门，如医院各放射室用门。

7.1.6.4 普通门窗

（1）镶木板门：门芯板由薄的木板做成，并镶进门边和冒头的槽内。

（2）半截玻璃镶板门：门扇下部镶木板、上部镶玻璃，且镶嵌玻璃的高度超过门扇高度 1/3 以上。

（3）玻璃镶板门：镶嵌玻璃的高度在门扇高度 1/3 以内，其余镶木板。

（4）全玻自由门：门扇冒头之间全部镶嵌玻璃，开启后能自动关闭的弹簧门。

（5）胶合板门：亦称夹板门，是指中间为轻型骨架，一般用厚 32～35mm、宽 32～35mm 的方木做框，内为格形肋条，两面钉胶合板。胶合板门上常做小玻璃窗和百叶窗。

（6）塑料门窗：是以硬质聚氯乙烯为主要原料，加入适量添加剂加工而成，是门窗的替代材料。

（7）特殊五金：指贵重五金及业主认为应单独列项的五金配件，如拉手、门锁等。

7.2 工程量计算规范与计价规则相关规定

木结构及门窗工程分为木结构工程和门窗工程两部分。木结构工程工程量清单分为木屋架、木构件、屋面木基层 3 个分部工程，适用于建筑物的木结构工程。门窗工程工程量清单分为木门、金属门、金属卷帘（闸）门、厂库房大门、特种门、其他门、木窗、金属窗等分部工程，适用于建筑物的门窗工程。

计量规范与计价规则相关规定的共性问题的说明如下：

（1）原木构件设计规定梢径时，应按原木材积计算表计算体积。

（2）设计规定使用干燥木材时，干燥损耗及干燥费应包括在报价内。

(3) 木材的出材率应包括在报价内。

(4) 木结构有防虫要求时，防虫药剂应包括在报价内。

(5) 木构件（木柱、木梁、木檩、木楼梯）及厂库房大门、特种门，面层刷油漆，按"油漆、涂料、裱糊工程"中相关工程量清单项目编码列项；木材防腐、防火处理，钢构件（钢侧架、钢拉杆）防锈、防火处理，其所需费用应计入相应项目报价内。

(6) 以榀计量，项目特征必须描述洞口尺寸，没有洞口尺寸必须描述窗框外围尺寸，以平方米计量，项目特征可不描述洞口尺寸及框的外围尺寸。

(7) 以平方米计量，无设计图示洞口尺寸，按窗框外围以面积计算。

(8) 框截面尺寸（或面积）指边立梃截面尺寸或面积。

(9) 防护材料分防火、防腐、防虫、防潮、耐磨、耐老化等材料，应根据清单项目要求报价。

(10) 门窗框与洞口之间缝的填塞，应包括在报价内。

7.2.1 木屋架（编码：010701）

《房屋建筑与装饰工程工程量计算规范》GB 50854—2013 附录 G.1 木屋架项目包括木屋架和钢木屋架两项，见表 7-2。

木屋架（编码：010701） 表 7-2

项目编码	项目名称	项目特征	计量单位	工程量计算规则	工程内容
010701001	木屋架	①跨度 ②材料品种、规格 ③刨光要求 ④拉杆及夹板种类 ⑤防护材料种类	榀/m³	①以榀计量，按设计图示数量计算 ②以立方米计量，按设计图示的规格尺寸以体积计算	①制作 ②运输 ③安装 ④刷防护材料
010701002	钢木屋架	①跨度 ②木材品种、规格 ③刨光要求 ④钢材品种、规格 ⑤防护材料种类	榀	以榀计量，按设计图示数量计算	

(1) 木屋架项目适用于各种方木、圆木屋架。与屋架相连接的挑檐木应包括在木屋架报价内。钢夹板构件、连接螺栓应包括在报价内。

(2) "钢木屋架"项目适用于各种方木、圆木的钢木组合屋架。钢拉杆（下弦拉杆）、受拉腹杆、钢夹板、连接螺栓应包括在报价内。

(3) 带气楼的屋架和马尾、折角以及正交部分半屋架，按相关屋架工程量清单项目编码列项。

(4) 屋架的跨度应以上、下弦中心线两交点之间的距离计算。

(5) 以榀计量，按标准图设计，项目特征必须标注标准图代号。

7.2.2 木构件（编码：010702）

《房屋建筑与装饰工程工程量计算规范》GB 50854—2013 附录 G.2 木构件项目包括木柱、木梁、木檩、木楼梯、其他木构件，见表 7-3。

木构件（编码：010702）　　　　　　　　　　　　表 7-3

项目编码	项目名称	项目特征	计量单位	工程量计算规则	工程内容
010702001	木柱	①构件规格尺寸 ②木材种类 ③刨光要求 ④防护材料种类	m³	按设计图示尺寸以体积计算	①制作 ②运输 ③安装 ④刷防护材料
010702002	木梁				
010702003	木檩		m³/m	①以立方米计量，按设计图示尺寸以体积计算 ②以米计量，按设计图示尺寸以长度计算	
010702004	木楼梯	①楼梯形式 ②木材种类 ③刨光要求 ④防护材料种类	m²	按设计图示尺寸以水平投影面积计算，不扣除宽度≤300mm 的楼梯井，伸入墙内部分不计算	
010702005	其他木构件	①构件名称 ②构件规格尺寸 ③木材种类 ④刨光要求 ⑤防护材料种类	m³/m	①以立方米计量，按设计图示尺寸以体积计算 ②以米计量，按设计图示尺寸以长度计算	

（1）木柱、木梁、木檩项目适用于建筑物各部位的柱、梁、檩。接地、嵌入墙内部分的防腐包括在报价内。

（2）木楼梯项目适用于楼梯和爬梯。楼梯的防滑条应包括在报价内。木楼梯的栏杆（栏板）、扶手，按其他装饰工程中的相关项目编码列项。

（3）其他木构件项目适用于斜撑，传统民居的垂花、花芽子、封檐板、博风板等构件。封檐板、博风板工程量按延长米计算；博风板带大刀头时，每个大刀头增加长度 50cm。

（4）以米计量，项目特征必须描述构件规格尺寸。

7.2.3　屋面木基层（编码：010703）

《房屋建筑与装饰工程工程量计算规范》GB 50854—2013 附录 G.3 屋面木基层，见表 7-4。

屋面木基层（编码：010703）　　　　　　　　　表 7-4

项目编码	项目名称	项目特征	计量单位	工程量计算规则	工程内容
010703001	屋面木基层	①椽子断面尺寸及椽距 ②望板材料种类、厚度 ③防护材料种类	m²	按设计图示尺寸以斜面积计算。不扣除房上烟囱、风帽底座、风道、小气窗、斜沟等所占面积。小气窗的出檐部分不增加面积	①椽子制作、安装 ②望板制作、安装 ③顺水条和挂瓦条制作、安装 ④刷防护材料

7.2.4　木门（编码：010801）

《房屋建筑与装饰工程工程量计算规范》GB 50854—2013 附录 H.1 木门项目包括木质门、木质门带套、木质连窗门、木质防火门、木门框、门锁安装，见表 7-5。

木门（编码：010801） 表 7-5

项目编码	项目名称	项目特征	计量单位	工程量计算规则	工程内容
010801001	木质门	①门代号及洞口尺寸 ②镶嵌玻璃品种、厚度	樘/m²	①以樘计量，按设计图示数量计算 ②以平方米计量，按设计图示洞口尺寸以面积计算	①门安装 ②玻璃安装 ③五金安装
010801002	木质门带套				
010801003	木质连窗门				
010801004	木质防火门				
010801005	木门框	①门代号及洞口尺寸 ②框截面尺寸 ③防护材料种类	樘/m	①以樘计量，按设计图示数量计算 ②以米计量，按设计图示框的中心线以延长米计算	①木门框制作、安装 ②运输 ③刷防护材料
010801006	门锁安装	①锁品种 ②锁规格	个/套	按设计图示数量计算	安装

（1）木质门应区分镶板木门、企口木板门、实木装饰门、胶合板门、夹板装饰门、木纱门、全玻门（带木质扇框）、木质半玻门（带木质扇框）等项目，分别编码列项。

（2）木门五金应包括：折页、插销、门碰珠、弓背拉手、搭机、木螺丝、弹簧折页（自动门）、管子拉手（自由门、地弹门）、地弹簧（地弹门）、角铁、门轧头（地弹门、自由门）等。

（3）木质门带套计量按洞口尺寸以面积计算，不包括门套的面积。

（4）单独制作安装木门框按木门框项目编码列项。

7.2.5 金属门（编码：010802）

《房屋建筑与装饰工程工程量计算规范》GB 50854—2013 附录 H.2 金属门项目包括金属（塑钢）门、彩板门、钢质防火门、防盗门，见表 7-6。

金属门（编码：010802） 表 7-6

项目编码	项目名称	项目特征	计量单位	工程量计算规则	工程内容
010802001	金属(塑钢)门	①门代号及洞口尺寸 ②门框或扇外围尺寸 ③门框、扇材质 ④玻璃品种、厚度	樘/m²	①以樘计量，按设计图示数量计算 ②以平方米计量，按设计图示洞口尺寸以面积计算	①门安装 ②五金安装 ③玻璃安装
010802002	彩板门	①门代号及洞口尺寸 ②门框或扇外围尺寸			
010802003	钢质防火门	①门代号及洞口尺寸 ②门框或扇外围尺寸 ③门框、扇材质			①门安装 ②五金安装
010802004	防盗门				

（1）金属门应区分金属平开门、金属推拉门、金属地弹门、全玻门（带金属扇框）、金属半玻门（带扇框）等项目，分别编码列项。

（2）铝合金门五金包括：地弹簧、门锁、拉手、门插、门铰、螺丝等。

（3）其他金属门五金包括 L 型执手插锁（双舌）、执手锁（单舌）、门轧头、地锁、防盗门机、门眼（猫眼）、门碰珠、电子锁（磁卡锁）、闭门器、装饰拉手等。

7.2.6 金属卷帘（闸）门（编码：010803）

《房屋建筑与装饰工程工程量计算规范》GB 50854—2013 附录 H.3 金属卷帘（闸）门项目包括金属卷帘（闸）门、防火卷帘（闸）门两项，见表 7-7。

金属卷帘（闸）门（编码：010803）　　　　　　　表 7-7

项目编码	项目名称	项目特征	计量单位	工程量计算规则	工程内容
010803001	金属卷帘（闸）门	①门代号及洞口尺寸 ②门材质 ③启动装置品种、规格	樘/m²	①以樘计量，按设计图示数量计算 ②以平方米计量，按设计图示洞口尺寸以面积计算	①门运输、安装 ②启动装置、活动小门、五金安装
010803002	防火卷帘（闸）门				

7.2.7 厂库房大门、特种门（编码：010804）

《房屋建筑与装饰工程工程量计算规范》GB 50854—2013 附录 H.4 厂库房大门、特种门项目包括木板大门、钢木大门、全钢板大门、防护铁丝门、金属格栅门、钢质花饰大门、特种门，见表 7-8。

厂库房大门、特种门（编码：010804）　　　　　　表 7-8

项目编码	项目名称	项目特征	计量单位	工程量计算规则	工程内容
010804001	木板大门	①门代号及洞口尺寸 ②门框或扇外围尺寸 ③门框、扇材质 ④五金种类、规格 ⑤防护材料种类	樘/m²	①以樘计量，按设计图示数量计算 ②以平方米计量，按设计图示洞口尺寸以面积计算	①门（骨架）制作、运输 ②门、五金配件安装 ③刷防护材料
010804002	钢木大门				
010804003	全钢板大门				
010804004	防护铁丝门			①以樘计量，按设计图示数量计算 ②以平方米计量，按设计图示门框或扇以面积计算	
010804005	金属格栅门	①门代号及洞口尺寸 ②门框或扇外围尺寸 ③门框、扇材质 ④启动装置的品种、规格		①以樘计量，按设计图示数量计算 ②以平方米计量，按设计图示洞口尺寸以面积计算	①门安装 ②启动装置、五金配件安装
010804006	钢质花饰大门	①门代号及洞口尺寸 ②门框或扇外围尺寸 ③门框、扇材质		①以樘计量，按设计图示数量计算 ②以平方米计量，按设计图示门框或扇以面积计算	①门安装 ②五金配件安装
010804007	特种门			①以樘计量，按设计图示数量计算 ②以平方米计量，按设计图示洞口尺寸以面积计算	

（1）"木板大门"项目适用于厂库房的平开、推拉、带观察窗、不带观察窗等各类型木板大门。

（2）"钢木大门"项目适用于厂库房的平开、推拉、单面铺木板、双单铺木板、防风型、保暖型等各类型钢木大门。其中，钢骨架制作安装包括在报价内。防风型钢木门应描述防风材料或保暖材料。

（3）"全钢板大门"项目适用于厂库房的平开、推拉、折叠、单面铺钢板、双面铺钢板等各类型全钢板门。

（4）"特种门"应区分冷藏门、冷冻间门、保温门、变电室门、隔音门、防射线门、人防门、金库门等项目，分别编码列项。

（5）门配件设计有特殊要求时，应计入相应项目报价内。

7.2.8 木窗（编码：010806）

《房屋建筑与装饰工程工程量计算规范》GB 50854—2013 附录 H.6 木窗项目包括木质窗、木飘（凸）窗、木橱窗、木纱窗，见表7-9。

木窗（编码：010806）　　　　　　表7-9

项目编码	项目名称	项目特征	计量单位	工程量计算规则	工程内容
010806001	木质窗	①窗代号及洞口尺寸 ②玻璃品种、厚度	樘/m²	①以樘计量,按设计图示数量计算 ②以平方米计量,按设计图示洞口尺寸以面积计算	①窗安装 ②五金、玻璃安装
010806002	木飘(凸)窗			①以樘计量,按设计图示数量计算 ②以平方米计量,按设计图示尺寸以框外围展开面积计算	①窗制作、运输、安装 ②五金、玻璃安装 ③刷防护材料
010806003	木橱窗	①窗代号 ②框截面及外围展开面积 ③玻璃品种、厚度 ④防护材料种类			
010806004	木纱窗	①窗代号及框的外围尺寸 ②窗纱材料品种、规格		①以樘计量,按设计图示数量计算 ②以平方米计量,按框的外围尺寸以面积计算	①窗安装 ②五金安装

（1）木质窗应区分木百叶窗、木组合窗、木天窗、木固定窗、木装饰空花窗等项目，分别编码列项。

（2）木橱窗、木飘（凸）窗以樘计量，项目特征必须描述框截面及外围展开面积。

（3）木窗五金包括：折页、插销、风钩、木螺丝、滑轮滑轨（推拉窗）等。

7.2.9 金属窗（编码：010807）

《房屋建筑与装饰工程工程量计算规范》GB 50854—2013 附录 H.7 金属窗项目包括金属（塑钢、断桥）窗、金属防火窗、金属百叶窗、金属纱窗、金属格栅窗、金属（塑钢、断桥）橱窗、金属（塑钢、断桥）飘（凸）窗、彩板窗、复合材料窗，见表7-10。

金属窗（编码：010807）　　　　　　　　　　　　　　表 7-10

项目编码	项目名称	项目特征	计量单位	工程量计算规则	工程内容
010807001	金属（塑钢、断桥）窗	①窗代号及洞口尺寸 ②框、扇材质 ③玻璃品种、厚度		①以樘计量，按设计图示数量计算 ②以平方米计量，按设计图示洞口尺寸以面积计算	①窗安装 ②五金、玻璃安装
010807002	金属防火窗				
010807003	金属百叶窗				
010807004	金属纱窗	①窗代号及框的外围尺寸 ②框材质 ③窗纱材料品种、规格		①以樘计量，按设计图示数量计算 ②以平方米计量，按框的外围尺寸以面积计算	①窗安装 ②五金安装
010807005	金属格栅窗	①窗代号及洞口尺寸 ②框外围尺寸 ③框、扇材质	樘/m²	①以樘计量，按设计图示数量计算 ②以平方米计量，按设计图示洞口尺寸以面积计算	
010807006	金属（塑钢、断桥）橱窗	①窗代号 ②框外围展开面积 ③框、扇材质 ④玻璃品种、厚度 ⑤防护材料种类		①以樘计量，按设计图示数量计算 ②以平方米计量，按设计图示尺寸以框外围展开面积计算	①窗制作、运输、安装 ②五金、玻璃安装 ③刷防护材料
010807007	金属（塑钢、断桥）飘（凸）窗	①窗代号 ②框外围展开面积 ③框、扇材质 ④玻璃品种、厚度			①窗安装 ②五金、玻璃安装
010807008	彩板窗	①窗代号及洞口尺寸 ②框外围尺寸 ③框、扇材质 ④玻璃品种、厚度		①以樘计量，按设计图示数量计算 ②以平方米计量，按设计图示洞口尺寸或框外围以面积计算	
010807009	复合材料窗				

（1）金属窗应区分金属组合窗、防盗窗等项目，分别编码列项。

（2）以平方米计量，无设计图示洞口尺寸，按窗框外围以面积计算。

（3）金属橱窗、飘（凸）窗以樘计量，项目特征必须描述框外围展开面积。

（4）金属窗五金包括：折页、螺丝、执手、卡锁、铰拉、风撑、滑轮、滑轨、拉把、拉手、角码、牛角制等。

7.3　配套定额相关规定

7.3.1　定额说明

7.3.1.1　定额的一般说明

（1）本章是按机械和手工操作综合编制的。不论实际采用何种操作方法，均按本定额执行。

（2）定额中木材以自然干燥条件下的含水率编制的，需人工干燥时，另行计算。即定额中不包括木材的人工干燥费用，需要人工干燥时，其费用另计。干燥费用包括干燥时发生的人工费、燃料费、设备费及干燥损耗。其费用可列入木材价格内。

（3）成品门扇安装子目工作内容未包括刷油漆，油漆按相应章节规定计算。

（4）木门窗不论现场或附属加工厂制作，均执行本定额。现场以外至安装地点的水平运输另行计算。木门定额内已综合考虑了场内运输，无论远近不另计算场内运输费用。场外运输无论框、扇，均按第十章第三节构件运输及安装工程相应项目套用。

7.3.1.2　木屋架定额说明

（1）钢木屋架定额单位 10m³ 指的是竣工木料的材积量。钢杆件用量已包括在定额内，若设计钢杆件用量与定额不同，可以调整，其他不变。

（2）屋架的制作安装应区别不同跨度，其跨度以屋架上下弦杆的中心线交点之间的长度为准。见图 7-8 所示。

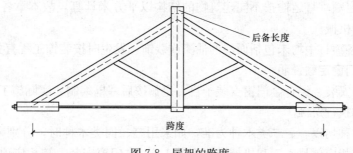

图 7-8　屋架的跨度

（3）支撑屋架的混凝土垫块，按混凝土及钢筋混凝土中有关定额计算。

7.3.1.3　木构件定额说明

（1）定额木结构中的木材消耗量均包括后备长度及刨光损耗，使用时不再调整。

（2）封檐板、博风板，定额按板厚 25mm（净料）编制，设计与定额不同时木板材用量可以调整，其他不变。木板材的损耗率为 23%。

7.3.1.4　厂库房大门、特种门定额说明

（1）折叠门制作、安装项目是从国家基础定额移植过来的，根据国家建筑标准 J623 计算编制的。全部构造包括上部吊轨、滑轮，中间折叠门，下部导槽、轨道等。定额中制作部分包括门扇钢骨架、木制门板等主要材料，安装部分包括连接和挡风的橡胶条、水龙带及采光玻璃等。

（2）型钢附框安装是为了保证钢门窗与轻质墙牢固连接而设的附框。定额中包括附框、钢门窗及墙内预理件焊接的用工及材料，但不包括轻质墙内的预埋件。定额中型钢附框按槽钢考虑，若实际采用方钢或角钢，可换算钢材单价，定额用量不变。

（3）厂库房大门、特种门定额不包括固定铁件的混凝土垫块及门框或梁柱内的预埋铁件。

（4）平开钢木大门钢骨架用量如与设计不同，应按施工图调整，损耗率为 6%。

（5）特种门钢骨架为半成品，未包括电焊条、氧气、乙炔气及油漆材料；钢骨架用量与设计不同时，应按施工图调整，损耗率为 6%；保温材料不同时可换算。

（6）门扇包镀锌铁皮以双面包为准，如设计为单面包铁皮，则工程量乘以系数 0.67。

（7）全板钢大门制作不包括门框和小门制作，如带小门者，人工乘以系数1.25。

（8）厂库房大门、特种门项目中，木门框扇、门钢骨架采用工厂制作、现场安装方式。钢骨架按半成品计入定额，如果设计用量与定额不一致，可以调整，损耗率按6%考虑。项目内不包括固定铁件的混凝土垫块及门框或梁柱内的预埋铁件，实际发生时，混凝土垫块套用4-2-55小型构件，预埋铁件套用4-1-96铁件项目。

（9）定额中或交底资料中凡提到"可以调整"的，指主材种类或数量可以调整，人工、机械及其他辅材除特别注明外，均不另调整。

（10）冷藏库门、冷藏冻结间门项目中不包括门樘的制作、安装内容。需要时，可按照补充定额项目套用。

（11）由于定额脚手架工程量按外墙外边线乘以高度计算，故本章安装各部分不单独计算脚手架。

（12）由于定额垂直运输按不同建筑物的结构以平方米计算，故本章各定额项目不单独计算垂直运输机械。

（13）本章各项目中均未包括面层的油漆或装饰，发生时按装饰工程有关项目套用。

7.3.1.5 普通门窗定额说明

（1）木门框安装、铝合金门窗安装子目，定额按后塞框编制，实际施工中，无论先立框、后塞框，均执行定额。

（2）木材木种均以一、二类木种为准，如采用三、四类木种时，分别乘以下列系数：木门窗制作，按相应项目人工和机械乘以系数1.3；木门窗安装，按相应项目人工和机械乘以系数1.35。此条是指现场制作的情况，不适用于按商品价购进的门窗。现场制作的木结构，不论采用何种木材，均按定额执行。

（3）定额木门框、扇制作、安装项目中的木材消耗量，均按山东省建筑标准图案《木门》（L92J601）所示木料断面计算，使用时不再调整。定额中木门窗框、扇的木料耗用量是按标准图集所示尺寸加上各种损耗后综合取定的，凡设计采用标准图集的，均按定额相应项目套用，不另调整。各种损耗包括木材后备长度、刨光损耗、制作及安装损耗。但镶板门安装小百页时，扣除相应定额子目制作部分木薄板0.0191m³，门窗材0.0071m³；胶合板（纤维板）门安装小百页时，扣除相应定额子目胶合板（纤维板）0.82m²，门窗材0.0117m³。

（4）定额中木门扇制作、安装项目中均不包括纱扇、纱亮内容，纱扇、纱亮按相应定额项目另行计算。即定额中木门扇均按无纱门扇列项，另外列有纱门扇、纱亮扇项目。若设计有纱扇时，另套用纱扇项目。但矩形百叶窗带铁纱，如设计要求不带铁纱时，5-3-49项扣除人工0.51工日，5-3-50项扣除铁窗纱用量及0.97工日，5-3-51项扣除人工0.44工日，5-3-52项扣除铁窗纱用量及0.73工日。

（5）木门窗制作、安装中的带亮子目，系指木门扇和门上亮均为现场制作和安装。如果采用成品木门扇，成品门扇安装，执行5-1-107子目；门上亮，无论单扇、双扇、固定扇、开启扇，制作执行5-3-3子目；安装执行5-3-4子目。门上亮框上装玻璃，执行5-3-74子目。门上亮的工程量，计算至门框中横框上面的裁口线。

（6）木门窗制作子目中，均包括制作工序的防护性底油1遍。如框扇不刷底油者，扣除相应项目内清油和油漆溶剂油用量。设计文件规定的木门窗油漆，另按定额的相应规定计算。

(7) 成品门扇安装子目工作内容未包括刷油漆，油漆按相应章节规定计算。

(8) 木门窗不论现场或附属加工厂制作，均执行本定额。现场以外至安装地点的水平运输另行计算。木门窗定额内已综合考虑了场内运输，无论远近不另计算场内运输费用。场外运输无论框、扇，均按构件运输及安装工程相应项目套用。

(9) 玻璃厚度、颜色设计与定额不同时可以换算。

(10) 成品门窗安装项目中，门窗附件包含在成品门窗单价内考虑；铝合金门窗制作、安装项目中未含五金配件，五金配件按本章门窗配件选用。

成品门窗安装定额中包括普通成品门扇安装、钢门窗安装、铝合金门窗（成品）安装、铝合金卷闸门安装、塑料门窗及彩板门窗安装。五金配件按包括在其成品预算价中考虑。铝合金制作安装项目中未含五金配件，是指配套的五金配件未包括在定额项目内，应另套五金配件项目，但安装用工已包括在相应项目内。

(11) 铝合金门窗制作型材按国家标准图案 92SJ《铝合金门窗》编制，其中地弹门采用 100 系列；平开门、平开窗采用 70 系列；推拉窗、固定窗采用 90 系列。如实际采用的型材断面及厚度与定额不同时，可按设计图示尺寸乘以线密度加 5% 损耗调整。

(12) 现场制作、安装的各种门窗，已计入五金配件的安装用工，但不包括五金配件的材料用量。五金配件的材料用量，另按定额相应规定计算，其种类和用量，设计与定额不同时，可以换算。门窗配件项目中不包括门锁安装，普通木门锁另按 5-1-110 "普通门锁安装" 的定额单位计算。成品门门锁安装包括在成品门预算价内。

(13) 钢门窗安装子目，定额按成品安装编制，成品内包括五金配件及铁脚，不包括安装玻璃的工料。设计需要安玻璃时，另按定额 5-4-15 子目的相应规定计算。

(14) 门窗扇包镀锌铁皮以双面包为准，如设计为单面包铁皮时，工程量乘系数 0.67。

(15) 钢天窗安装角铁横档及连接件，设计与定额用量不同时，可以调整，损耗率 6%。

(16) 组合窗、钢天窗拼装缝需满刮油灰时，每 $10m^2$ 洞口面积增加人工 0.554 工日、油灰 5.58kg。

(17) 钢门窗安玻璃，如采用塑料、橡胶条，按门窗安装工程量每 $10m^2$ 计算压条 73.6m；安装型钢附框，定额不包括墙体内预埋混凝土块或预埋铁件。

(18) 铁窗栅制作以扁、方、圆钢为准，如带花饰者，人工乘系数 1.2。

(19) 成品铝合金门窗含五金配件、附件。

(20) 若门上安装门锁，则应在门窗配件定额中减去 150mm 封闭铁插销及 M4×20 木螺丝每 10 个插销 80 个。

(21) 自由门若材料采用地弹簧 365 型，配件材料中应减去双弹簧合页。

(22) 木门窗子目中，均不包括披水条、盖口条。设计需要时，执行补充定额。

(23) 木门部分项目是按照框、扇、带纱、无纱、带亮、无亮设置的，因此套用时要分清框扇的形式，分别套用。

(24) 木门窗中门窗扇安装、铝合金门窗安装项目中，均不包括纱扇安装内容，设计有纱扇时，另套用纱扇项目。

（25）镶板门、纤维板（胶合板）门扇安装小百叶项目（5-1-108及5-1-109），项目中单位10m²指的是相应门的洞口面积，而不是小百叶的面积。比如：无纱、无亮、单扇镶板门带小百叶，首先套用5-1-37门扇制作项目，再套用5-1-108小百叶制作安装项目，然后减去定额规定木材用量。

（26）目前木窗的设计仍沿用原设计标准图集，为保持与木门项目一致，均按窗框、窗扇、带亮、无亮、单扇、双扇等列项。套用定额时应分清框扇形式分别套用。

（27）塑料窗一般在专门的工厂加工组装，将成品运至施工现场。定额中按成品计入，包括各种配件及玻璃。塑钢窗安装，执行补充定额塑钢窗安装子目。

（28）普通成品门扇是指建筑标准图案L92J601《木门》中注明的普通档次的门扇，其他形式的门扇套用装饰工程中成品门扇安装项目（9-5-143）。其立面形式和具体做法详见图集。

（29）钢质防火门是根据建筑标准图集L92J606《防火门》进行编制的。定额中工作内容包括安装门框及门扇、安装五金配件。配套的五金件有轴承铰链、防火门锁、闭门器、拉手等，均包括在成品钢质防火门预算价内。其中靠墙的钢板与调整铁件不包括在定额内，门框和与铁件焊接的边片包括在定额内。

（30）型钢附框安装是为了保证钢窗与轻质墙牢固连接而设的附框。定额中包括附框、钢窗及墙内预埋件焊接的用工及材料，但不包括轻质墙内的预埋件。定额中型钢附框按槽钢考虑，若实际采用方钢或角钢，可换算钢材单价，定额用量不变。

（31）钢门窗安装均按成品安装考虑，成品内包括附件及铁脚，但不包括安玻璃的用工及材料，设计需要时，另按本节5-4-15"钢门窗安玻璃"项目套用。

（32）木门框安装是按后塞框考虑的，上框不做走头，边框与墙体连接采用墙内预埋木砖形式，框与墙体间缝隙用石灰麻刀砂浆填满。使用时不论先立框或后立框，均执行定额。

（33）铝合金门窗的框边间隙比木门窗大，木门窗间隙按10mm，铝合金门窗间隙按25mm考虑，均按洞口尺寸计算，无论先塞框或后塞框，均执行定额。

（34）5-4-12"钢质防火门"、5-4-14"钢防盗门"，工作内容均包括门洞修整、成品门框及门扇安装、周边塞缝等。其成品价中包括门框、门扇及配套五金件。

（35）定额中或交底资料中凡提到"可以调整"的，指主材种类或数量可以调整，人工、机械及其他辅材除特别注明外，均不另调整。

（36）定额中的玻璃用量，凡现场制作安装的，均包括配置损耗和安装损耗，损耗率为18.45%；凡成品安装的，只包括安装损耗。

（37）由于定额脚手架工程量按外墙外边线乘以高度计算，故本章安装各部分不单独计算脚手架。

（38）由于定额垂直运输按不同建筑物的结构以平方米计算，故本章各定额项目不单独计算垂直运输机械。

（39）门窗工程各项目内均未包括半成品的场外运输费用，木门窗、铝合金门窗场外运输费用均按构件运输及安装工程有关项目套用。成品铝合金卷闸门、塑料门窗、彩板门窗、钢门窗的场外运输费用计入其成品预算价格中。

（40）门窗工程各项目中均未包括面层的油漆或装饰。发生时按装饰工程有关项目套用。

7.3.2 工程量计算规则

7.3.2.1 钢木屋架

（1）钢木屋架按竣工木料以立方米计算。其后备长度及配置损耗已包括在定额内，不另计算。

（2）钢木屋架按设计尺寸只计算木杆件的材积量。附属于屋架的垫木等已并入屋架子目内，不另计算；与屋架相连的挑檐木，另按木檩条子目的相应规定计算。钢杆件的用量已包括在子目内，设计与定额不同时可以调整，其他不变。钢杆件的损耗率为 6％。

（3）带气楼屋架的气楼部分及马尾、折角和正交部分半屋架，并入相连接屋架的体积内计算。屋面为四坡水形式，两端坡水称为马尾，它由两个半屋架组成折角而成。此屋架体积与正屋架体积合并计算。如图 7-9 所示。

7.3.2.2 木构件

（1）封檐板按图示檐口外围长度计算，博风板按斜长度计算，每个大刀头增加长度 500mm。

（2）木楼梯按水平投影面积计算，不扣除宽度小于 300mm 的楼梯井面积，踢脚板、平台和伸入墙内部分不另计算；栏杆、扶手按延长米计算，木柱、木梁按竣工体积，以立方米计算。

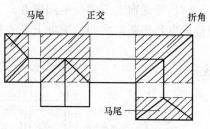

图 7-9　木屋架部位示意图

7.3.2.3 厂库房大门、特种门

（1）厂库房大门、特种门、钢门制作兼安装项目均按门洞口面积计算。特种门包括冷藏库门、冷藏冻结间门、保温隔声门、变电室门、折叠门、防射线门、人防门、金库门等。

（2）密闭钢门、厂库房钢大门、钢折叠门、射线防护门、变压器室门等安装项目均按扇外围面积计算。

7.3.2.4 屋面板、檩木

（1）屋面板制作、檩木上钉屋面板、油毡挂瓦条、钉椽板项目按屋面的斜面积计算。天窗挑檐重叠部分按设计规定计算，屋面烟囱及斜沟部分所占面积不扣除。

（2）檩木按竣工木料以立方米计算。檩垫木或钉在屋架上的檩托木已包括在定额内，不另计算。简支檩长度按设计规定计算，如设计未规定者，按屋架或山墙中距增加 200mm 计算，如两端出山，檩条长度算至博风板；连续檩长度按设计长度计算，其接头长度按全部连续檩的总长度增加 5％计算，即按全部连续檩的总体积增加 5％计算。

连续檩由于檩木太长，通常檩木在中间对接，增加了对接接头长度，此部分搭接体积按全部连续檩总体积的 5％计算，并入檩木工程量内。

7.3.2.5 普通门窗

（1）各类门窗制作、安装工程量，除注明者外，均按图示门窗洞口面积计算。

$$门窗工程量＝洞口宽×洞口高 \tag{7-1}$$

木门计算时需要注意，由于框的项目设置与扇的项目设置不完全一致，比如自由门门框按单扇带亮、双扇带亮、四扇带亮等列项，而自由门扇按半玻带亮、半玻无亮、全玻带亮、全玻无亮列项；门连窗框按带纱、无纱门连窗框列项，门连窗扇按单扇窗、双扇窗等列项。因此，框、扇项目工程量不是一一对应关系，框、扇的工程量应分别计算。

（2）木门扇设计有纱扇者，纱扇按扇外围面积计算，套用相应定额。

$$纱门扇工程量＝纱扇宽×纱扇高 \tag{7-2}$$

定额中门框按带纱、无纱列项，而门扇均按无纱扇列项，设计有纱扇时，另套纱扇项目。纱扇工程量按扇外围面积计算。凡按标准图集设计的，按图集所示的纱扇尺寸计算纱扇的工程量。

例如：设计带纱半截玻璃镶板门双扇带亮 1.3m×2.7m，计算工程量。

门扇工程量：$1.3×2.7＝3.51m^2$

纱门扇工程量：按图集所示尺寸 $(1.3-0.052×2)×(2.1-0.055+0.02)＝2.4697m^2$

纱亮扇工程量：按图集所示尺寸 $(1.3-0.052×2)×(0.6-0.052)＝0.6554m^2$

（3）普通窗上部带有半圆窗者，工程量按半圆窗和普通窗分别计算（半圆窗的工程量以普通窗和半圆窗之间的横框上面的裁口线为分界线）。如图 7-10 所示。

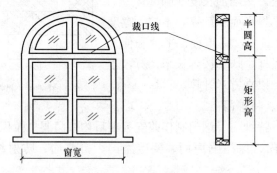

图 7-10　半圆窗

$$半圆窗工程量＝0.3927×窗洞宽×窗洞宽 \tag{7-3}$$

或：
$$半圆窗工程量＝π/8×窗洞宽×窗洞宽 \tag{7-4}$$

$$矩形窗工程量＝窗洞宽×矩形高 \tag{7-5}$$

（4）门连窗按门窗洞口面积之和计算。见图 7-11 所示。

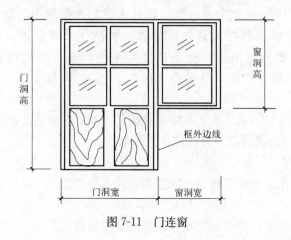

图 7-11　门连窗

$$门连窗工程量＝门洞宽×门洞高＋窗洞宽×窗洞高 \tag{7-6}$$

（5）一般门窗制作、安装，均按图示门窗洞面积计算。弧形门窗制作、安装，按门窗图示展开面积计算。

（6）普通木窗设计有纱扇时，纱扇按扇外围面积计算，套用纱窗扇定额。

（7）门窗框包镀锌铁皮、钉橡皮条、钉毛毡，按图示门窗洞口尺寸以延长米计算；门窗扇包镀锌铁皮，按图示门窗洞口面积计算；包铝合金、铜踢脚板，按图示设计面积计算。门窗披水条、盖口条按图示尺寸以延长米计算。

（8）铝合金门窗制作、安装（包括成品安装）设计有纱扇时，纱扇按扇外围面积计算，套用相应定额。

（9）铝合金卷闸门安装按洞口高度增加 600mm 乘以门实际宽度以平方米计算（卷闸门宽按设计宽度计入）。电动装置安装以套计算，小门安装以个计算。

$$卷闸门安装工程量＝卷闸门宽×(洞口高度＋0.6) \tag{7-7}$$

（10）型钢附框安装按图示构件钢材重量以吨计算。

（11）钢制防火门、钢防盗门等安装项目均按扇外围面积计算。

7.4 工程量计算主要技术资料

7.4.1 木结构工程量及主要材料计算

7.4.1.1 木结构工程量计算公式

钢木屋架工程量＝屋架木杆件轴线长度×杆件竣工断面面积＋气楼屋架和半屋架体积

$$\tag{7-8}$$

$$檩木工程量＝檩木杆件计算长度×竣工木料断面面积 \tag{7-9}$$

$$屋面板斜面积＝屋面水平投影面积×延尺系数 \tag{7-10}$$

$$封檐板工程量＝屋面水平投影长度×檐板数量 \tag{7-11}$$

博风板工程量＝（山尖屋面水平投影长度×屋面坡度系数＋0.5×2）×山墙端数

7.4.1.2 檩条调整量计算公式

彩钢压型板屋面檩条，定额按间距 1～1.2m 编制，设计与定额不同时，檩条数量可以换算，其他不变。

$$调整用量＝设计每平方米檩条用量×10m^2×(1＋损耗率) \tag{7-12}$$

其中：损耗率按 3％计算。

7.4.1.3 屋面板工程量计算公式

$$屋面斜面积＝屋面水平投影面积×延尺系数 \tag{7-13}$$

7.4.1.4 檩木工程量计算公式

$$檩木工程量＝檩木杆件计算长度×竣工木料断面面积 \tag{7-14}$$

7.4.1.5 三角屋架长度计算系数

三角屋架下弦长度（L）与上弦、腹杆长度系数表。三角屋架杆件代号与长度系数表对应关系，见图 7-12 和表 7-11 所示。

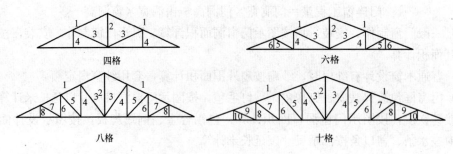

图 7-12　三角屋架杆件代号

			三角屋架下弦长度（L）与上弦、腹杆长度系数表				表 7-11

坡度		30°				26°34′ 1/2			
形式		四格	六格	八格	十格	四格	六格	八格	十格
杆件	1	0.577L	0.577L	0.577L	0.577L	0.559L	0.559L	0.559L	0.559L
	2	0.289L	0.289L	0.289L	0.289L	0.250L	0.250L	0.250L	0.250L
	3	0.289L	0.254L	0.250L	0.252L	0.280L	0.236L	0.225L	0.224L
	4	0.144L	0.192L	0.216L	0.231L	0.125L	0.167L	0.188L	0.200L
	5		0.192L	0.181L	0.200L		0.186L	0.141L	0.180L
	6		0.096L	0.144L	0.173L		0.083L	0.125L	0.150L
	7			0.144L	0.153L			0.140L	0.141L
	8			0.072L	0.116L			0.063L	0.100L
	9				0.116L				0.112L
	10				0.058L				0.050L

7.4.1.6　木材材积用量计算

（1）木材材积计算公式，见表 7-12。

	木材材积计算公式	表 7-12

项目	体积计算公式
板、方板	$V=$宽×厚×长
原木	$V=L[D^2(0.0000003895L+0.00008982)+D(0.000039L-0.0001219)+(0.00005796L+0.0003067)]$ 式中　V——原木材料积，单位为 m³ 　　　　L——原木长度，单位为 m 　　　　D——小头直径，单位为 cm
原条	$V=\dfrac{\pi}{4}D^2L\times\dfrac{1}{10000}$ 或 $V=0.7854D^2L\times\dfrac{1}{10000}$ 式中　V——原条材积，单位为 m³ 　　　　D——原条中央直径，单位为 cm 　　　　L——原条长度，单位为 m 　　　　$\dfrac{1}{10000}$——中央直径（D）以米为单位化成以厘米为单位时的绝对值

（2）常用树种木材出材率，见表 7-13。

常用树种木材出材率（单位：%） 表 7-13

树种	产品名称	混合出材率	其中						薪材	锯末
			工程用材	其中			毛边板材			
				整材	小瓦条	灰条				
杉木	薄板	66.71	60.52	49.40	7.30	3.82	6.18		15.13	18.16
	中板	77.42	69.27	58.60	7.05	3.62	8.15		10.26	12.32
	厚板	83.84	71.67	55.65	8.07	7.95	12.17		7.30	8.86
	特厚板	80.80	69.05	56.63	3.25	9.17	11.75		8.73	10.41
	小方	73.44	65.97	50.76	7.11	8.14	7.47		12.17	14.39
	中方	78.40	71.13	53.24	13.27	14.62	7.27		9.82	11.78
	大方	78.98	76.63	58.29	6.34	20.00	2.35		9.58	11.44
	特大方	84.81	67.80	55.30	3.50	9.00	16.61		7.08	8.50
	平均数	78.00	69.01	54.73	8.24	6.04	8.99		10.00	12.00
红松、白松	薄板	66.89	45.53		9.30		12.04		5.83	27.28
	中板	80.60	58.00		10.55		12.05		2.01	17.39
	厚板	83.36	59.00		12.36		15.00		1.34	15.30
	特厚板	73.00	50.32		9.93		12.75		2.07	24.93
	小方	73.83	48.49		12.05		13.29		3.97	22.20
	中方	78.86	55.69		10.98		14.19		2.55	18.59
	大方	84.36	58.88		10.30		15.18		1.35	14.29
	特大方	83.00	57.22		11.29		14.49		2.22	14.79
	平均数	78.00	53.77		10.60		13.60		2.66	19.34
桦木	中板	51.14	40.00		11.40		34.20		14.00	
	中方	50.00	40.00		10.00		33.00		15.00	
	薄板	42.85	35.00		7.85		23.35		33.60	
	平均	48.00	38.33		9.75		30.19		21.00	

7.4.2 门窗工程量及主要材料计算

7.4.2.1 门窗工程量计算公式

$$门工程量 = 门洞宽 \times 门洞高 \qquad (7-15)$$

$$无门框门工程量 = 门扇宽 \times 门扇高 \qquad (7-16)$$

7.4.2.2 木门窗附件材料用量

木门附件材料用量参考，见表 7-14。

木门附件材料用量参考（单位：樘） 表 7-14

项目	规格/mm	单位	开扇门						自由门			
			不带亮子		带亮子		翻窗亮子		不带亮子		带亮子	
			单扇	双扇	单扇	双扇	单扇	双扇	单扇	双扇	单扇	双扇
合页	125	个	2		2		2					
	100	个		4		4	4					
	65	个			2	4						
弹簧合页	200	个							2	4	2	4
插销	300	个	1		1		1					
	150	个	1		1		1					

续表

项目	规格/mm	单位	开扇门						自由门			
			不带亮子		带亮子		翻窗亮子		不带亮子		带亮子	
			单扇	双扇	单扇	双扇	单扇	双扇	单扇	双扇	单扇	双扇
插销	100	个	1		3	4	1					
弹簧插销	50	个					1	2				
翻窗合页	65	个					2	4				
L铁角	150	个	4	8	4	8	4	8	4	8	4	8
	75	个			4	8	4	8			4	8
T铁角	150	个	2	4	2	4	2	4	2	4	2	4
风钩	150	个			1	2	1	2				
拉手	150	个	2	2	2	2	2	2				
	75	个			1							
木螺钉	16	个	6	16	42	84	26	56			20	40
	20	个	8	8	8	8	14	20			6	12
	22	个	34	68	34	68	42	84	34	68	42	84
	25	个			12	24						
	35	个	16	32	16	32	16	32				

7.5 计量与计价实务案例

7.5.1 木屋架实务案例

【案例 7-1】 某临时仓库，设计方木钢屋架如图 7-13 所示，共 3 榀，现场制作，不刨光，铁件刷防锈漆 1 遍，轮胎式起重机安装，安装高度 6m。编制钢木屋架工程量清单，并进行清单报价（不调整钢拉杆用量）。

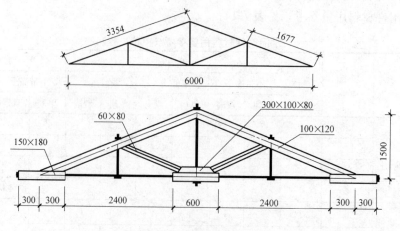

图 7-13 方木钢屋架

【解】 (1) 钢木屋架工程量清单的编制

① 下弦杆体积＝0.15×0.18×0.60×3×3＝0.146m³

② 上弦杆体积＝0.10×0.12×3.354×2×3＝0.241m³

③ 斜撑体积＝0.06×0.08×1.677×2×3＝0.048m³

④ 元宝垫木体积＝0.30×0.10×0.08×3＝0.007m³

竣工木料工程量＝0.146＋0.241＋0.048＋0.007＝0.442m³

分部分项工程量清单见表 7-15。

分部分项工程量清单 表 7-15

序号	项目编号	项目名称	项目特征描述	计量单位	工程量
1	010701002001	钢木屋架	跨度 6m 方木钢屋架；不刨光，铁件刷防锈漆 1 遍	m³	0.442
				榀	1

(2) 钢木屋架工程量清单计价表的编制

钢木屋架项目发生的工程内容为：屋架制作、安装。

① 下弦杆体积＝0.15×0.18×0.60×3×3＝0.146m³

② 上弦杆体积＝0.10×0.12×3.354×2×3＝0.241m³

③ 斜撑体积＝0.06×0.08×1.677×2×3＝0.048m³

④ 元宝垫木体积＝0.30×0.10×0.08×3＝0.007m³

竣工木料工程量＝0.146＋0.241＋0.048＋0.007＝0.442m³

方木钢屋架制作（跨度 15m 以内），套定额 5-8-4。

方木钢屋架安装（跨度 15m 以内），套定额 10-3-256。

人工、材料、机械单价选用市场价。

根据企业情况确定管理费率为 5.2%，利润率为 2.7%。

分部分项工程量清单计价表，见表 7-16。

分部分项工程量清单计价表 表 7-16

序号	项目编号	项目名称	项目特征描述	计量单位	工程量	金额（元） 综合单价	金额（元） 合价
1	010701002001	钢木屋架	跨度 6m 方木钢屋架；不刨光，铁件刷防锈漆 1 遍	m³	0.442	5517.16	2438.58
				榀	1	2438.58	2438.58

7.5.2 木构件实务案例

【案例 7-2】 某建筑物屋面采用木结构，如图 7-14 所示，屋面坡度系数为 1.118，木板净厚 30mm，刷防腐油，灰色调和漆两遍。编制封檐板、博风板工程量清单并进行清单报价。

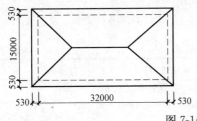
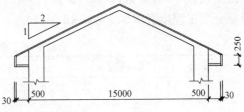

图 7-14 封檐板、博风板

【解】 （1）其他木构件工程量清单的编制

封檐板工程量＝（32＋0.5×2）×2＝66.00m

博风板工程量＝[15.00＋（0.5＋0.03）×2]×1.118×2＋0.5×4＝37.91m

工程量合计＝103.91m

分部分项工程量清单见表7-17。

分部分项工程量清单　　表7-17

序号	项目编号	项目名称	项目特征描述	计量单位	工程量
1	010702005001	其他木构件	封檐板、博风板，δ＝30mm 木板材，双面刨光，刷防腐油，灰色调和漆2遍	m	103.91

（2）其他木构件工程量清单计价表的编制

该项目发生的工程内容为：封檐板、博风板制作。

封檐板工程量＝（32＋0.5×2）×2＝66.00m

博风板工程量＝[15.00＋（0.5＋0.03）×2]×1.118×2＋0.5×4＝37.91m

工程量合计＝103.91m

封檐板、博风板制作、安装（高度30cm以内），套定额5-8-17（换）。

木板材调增费＝（0.0923÷25×30－0.0923）×2040.00＝37.66元/10m³

工程量合计＝103.91m

人工、材料、机械单价选用市场价。

根据企业情况确定管理费率为6.8%，利润率为5.7%。

分部分项工程量清单计价表，见表7-18。

分部分项工程量清单计价表　　表7-18

序号	项目编号	项目名称	项目特征描述	计量单位	工程量	金额（元）综合单价	合价
1	010702005001	其他木构件	封檐板、博风板，δ＝30mm木板材，双面刨光，刷防腐油，灰色调和漆2遍	m	103.91	29.63	3078.85

7.5.3 木门实务案例

【案例7-3】 某工程的木门如图7-15所示。根据招标人提供的资料：带纱门扇半截玻璃镶板门、双扇带亮（上亮无纱扇）6樘，木材为红松，一类薄板，要求现场制作，刷防护底油。编制木门工程量清单和清单报价。

【解】 （1）编制木门工程量清单

木门工程量＝6樘，或1.30×2.70×6＝21.06m²

分部分项工程量清单，见表7-19。

分部分项工程量清单　　表7-19

序号	项目编号	项目名称	项目特征描述	计量单位	工程量
1	01080100101	半截玻璃镶板门	带纱半截玻璃镶板木门，双扇带亮；红松，一类薄板，框断面95mm×55mm；3mm平板玻璃	樘	6
				m²	21.06

（2）木门工程量清单计价表的编制

该项目发生的工程内容：门框、门扇制作和安装，纱门扇的制作和安装，门窗配件的安装。

计算1樘门的工程量（门属构件，计算一个比较方便）：

① 木门框、扇制作安装工程量＝1.30×2.70＝3.51m²

木门框制作，套定额 5-1-3；木门框安装，套定额 5-1-4。

木门扇制作，套定额 5-1-51；木门扇安装，套定额 5-1-52。

② 木门扇配件工程量＝1 樘。木门扇配件，套定额 5-9-2。

③ 纱门扇制作安装工程量＝（1.30－0.052×2）×（2.10－0.055＋0.02）＝2.47m²

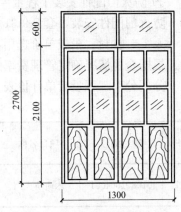

图 7-15 带纱门扇半截玻璃镶板门

纱门扇制作，套定额 5-1-103；纱门扇安装，套定额 5-1-104。

④ 纱门扇配件工程量＝2 扇。纱门扇配件，套定额 5-9-14。

人工、材料、机械单价选用市场价。

根据企业情况确定管理费率为 6.5%，利润率为 5.5%。

分部分项工程量清单计价表，见表 7-20。

分部分项工程量清单计价表　　　　　表 7-20

序号	项目编号	项目名称	项目特征描述	计量单位	工程量	金额（元）	
						综合单价	合价
1	01080100101	半截玻璃镶板门	带纱半截玻璃镶板木门，双扇带亮；红松，一类薄板，框断面95mm×55mm；3mm 平板玻璃	樘	6	864.56	5187.36
				m²	21.06	246.31	5187.29

【案例 7-4】 某仓库采用实拼式双面石棉板防火门 6 樘，洞口尺寸为 1200mm×2100mm。双扇平开，不包含门锁安装。计算木质防火门工程量并报价。

【解】（1）木质防火门工程量清单的编制

木质防火门工程量＝6 樘，或工程量＝1.20×2.10×6＝15.12m²

分部分项工程量清单，见表 7-21。

分部分项工程量清单　　　　　表 7-21

序号	项目编号	项目名称	项目特征描述	计量单位	工程量
1	010801004001	木质防火门	双扇平开实拼式双面石棉板防火门	樘	6
				m²	15.12

（2）木质防火门工程量清单计价表的编制

该项目发生的工程内容：实拼式双面石棉板防火门扇制作、防火门安装、配件安装。

计算1樘门工程量和费用：

① 木质防火门制作安装工程量＝1.20×2.10＝2.52m²

实拼式双面石棉板防火门扇制作，套定额 5-2-35；防火门安装，套定额 5-2-39。

② 防火门配件安装工程量＝6 樘

防火门配件安装，套 5-9-31。

人工、材料、机械单价选用市场价。

根据企业情况确定管理费率为 6.5%，利润率为 5.5%。

分部分项工程量清单计价表，见表 7-22。

分部分项工程量清单计价表　　　　　　表 7-22

序号	项目编号	项目名称	项目特征描述	计量单位	工程量	金额（元）	
						综合单价	合价
1	010801004001	木质防火门	双扇平开实拼式双面石棉板防火门	樘	6	1551.02	9306.12
				m²	15.12	615.48	9306.06

7.5.4　金属实务案例

【案例 7-5】 某饭店采用铝合金地弹簧门 1 樘，洞口尺寸如图 7-16 所示。双扇带侧亮、带上亮，采用铝合金型材 100 系列。编制金属地弹簧门工程量清单，确定综合单价。

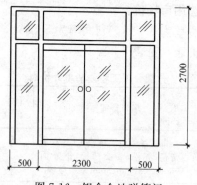

图 7-16　铝合金地弹簧门

【解】（1）金属地弹簧门工程量清单的编制

金属地弹簧门工程量＝1 樘，或工程量＝(0.50＋2.30＋0.50)×2.70＝8.91m²

分部分项工程量清单，见表 7-23。

分部分项工程量清单　　　　　　表 7-23

序号	项目编号	项目名称	项目特征描述	计量单位	工程量
1	010802001001	金属地弹簧门	双扇地弹簧门框外围尺寸 3300mm×2700mm；铝合金型材 100 系列门框；6mm 平板玻璃	樘	1
				m²	8.91

（2）分部分项工程量清单，见表 7-24。

该项目发生的工程内容：铝合金地弹簧门（双扇带上亮带侧亮）制作、安装，配件安装。

① 金属地弹簧门工程量＝(0.50＋2.30＋0.50)×2.70＝8.91m²

铝合金地弹簧门（双扇带上亮带侧亮）制作、安装，套定额 5-5-19。

② 铝合金双扇地弹门配件工程量＝1 樘

铝合金双扇地弹门配件，套定额 5-9-46。

人工、材料、机械单价选用市场价。

根据企业情况确定管理费率为 6.5%，利润率为 5.5%。

分部分项工程量清单计价表，见表 7-24。

分部分项工程量清单计价表　　　　　　　表 7-24

序号	项目编号	项目名称	项目特征描述	计量单位	工程量	金额(元)	
						综合单价	合价
1	010802001001	金属地弹簧门	双扇地弹簧门框外围尺寸 3300mm×2700mm；铝合金型材 100 系列门框；6mm 平板玻璃	樘	1	3261.97	3261.97
				m²	8.91	366.10	3261.95

7.5.5　金属卷帘门实务案例

【案例 7-6】　某装饰市场商业用房安装电动铝合金卷闸门，门洞高为 3000mm，铝合金卷闸门宽，尺寸如图 7-17 所示，共 20 张。编制铝合金卷闸门工程量清单，计算定额工程量。

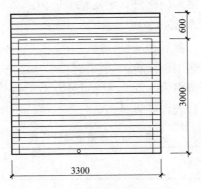

图 7-17　铝合金卷闸门

【解】　铝合金卷闸门工程量＝3.30×3.00×20＝198.00m²

分部分项工程量清单，见表 7-25。

分部分项工程量清单　　　　　　　　表 7-25

序号	项目编号	项目名称	项目特征描述	计量单位	工程量
1	010803001001	金属地弹簧门	扇外围尺寸 3300mm×3000mm；电动铝合金卷闸门	樘	1
				m²	198.00

铝合金卷闸门定额工程量＝3.30×(3.00＋0.60)×20＝237.60m²

7.5.6　厂库房大门、特种门实务案例

【案例 7-7】　某工厂采用单面木平开钢木大门 4 樘，门扇（双扇）外围尺寸为 3200mm×3000mm，不安装门锁，木板面刷 2 遍防火涂料（代替金属构件防锈漆）。编制钢木大门工程量清单并报价。

【解】 (1) 钢木大门工程量清单的编制

钢木大门工程量＝4 樘

或钢木大门工程量＝$3.20×3.00×4=38.40m^2$

分部分项工程量清单见表 7-26。

分部分项工程量清单 表 7-26

序号	项目编号	项目名称	项目特征描述	计量单位	工程量
1	010804002001	钢木大门	平开无框双扇钢骨架一面板大门；扇外围尺寸 3000mm× 3000mm；普通五金，不安装门锁；刷 2 遍防火涂料	樘	4
				m²	38.40

(2) 钢木大门工程量清单计价表的编制

钢木大门项目发生的工程内容为：门扇制作安装、门配件、刷防护材料。

① 门扇制作安装工程量＝$3.20×3.00×4=38.40m^2$

平开式一面板门（一般型），制作套定额 5-2-9；安装套定额 5-2-10。

② 门配件工程量＝4 樘

平开式（无小门，一般型）门配件，套定额 5-9-20。

③ 刷防护材料工程量＝$3.20×3.00×4=38.40m^2$

木板面刷两遍防火涂料，套定额 9-4-111。

人工、材料、机械单价选用市场价。

根据企业情况确定管理费率为 5.5%，利润率为 3.3%。

分部分项工程量清单计价表，见表 7-27。

分部分项工程量清单计价表 表 7-27

序号	项目编号	项目名称	项目特征描述	计量单位	工程量	金额(元) 综合单价	金额(元) 合价
1	010804002001	钢木大门	平开无框双扇钢骨架一面板大门；扇外围尺寸 3000mm× 3000mm；普通五金，不安装门锁；刷 2 遍防火涂料	樘	4	2879.38	11517.52
				m²	38.40	299.94	11517.52

【案例 7-8】 门洞口尺寸如图 7-18 所示，某厂房有平开全钢板大门（带探望孔），共 3 樘，刷防锈漆一遍。编制平开全钢板大门制作安装及配件工程量清单，并进行清单报价。

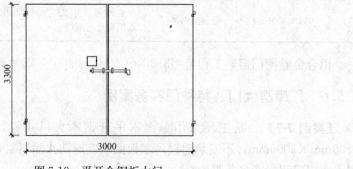

图 7-18　平开全钢板大门

【解】 (1) 全钢板大门工程量清单的编制

全钢板大门工程量＝3 樘

或全钢板大门工程量＝3.00×3.30×3＝29.70m²

分部分项工程量清单见表 7-28。

分部分项工程量清单　　　　　　　表 7-28

序号	项目编号	项目名称	项目特征描述	计量单位	工程量
1	010804003001	全钢板大门	平开无框双扇钢骨架薄钢板大门;扇外围尺寸 3000mm×3300mm;普通五金,防锈漆1遍	樘	3
				m²	29.70

(2) 全钢板大门工程量清单计价表的编制

全钢板大门项目发生的工程内容为:门扇制作安装、门配件。

① 门扇制作安装工程量＝3.00×3.30×3＝29.70m²

平开式制作:套定额 5-4-18;安装:套定额 5-4-19。

② 门配件工程量＝3 樘

平开式门配件,套定额 5-9-26。

人工、材料、机械单价选用市场价。

根据企业情况确定管理费率为 5.5%,利润率为 3.3%。

分部分项工程量清单计价表,见表 7-29。

分部分项工程量清单计价表　　　　　　表 7-29

序号	项目编号	项目名称	项目特征描述	计量单位	工程量	金额(元) 综合单价	金额(元) 合价
1	010804003001	全钢板大门	平开无框双扇钢骨架薄钢板大门;扇外围尺寸 3000mm×3300mm;普通五金,防锈漆1遍	樘	3	3900.17	11700.51
				m²	29.70	393.96	11700.51

【案例 7-9】 某变电室小房,门洞口尺寸图 7-19 所示的钢制半截百叶门 1 樘,外购成品门,刷 2 遍防火涂料,重量 200kg。编制钢制半截百叶门安装工程量清单,并进行清单报价。

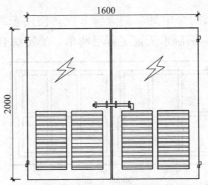

图 7-19　钢制半截百叶门

【解】 (1) 特种门工程量清单的编制

特种门工程量＝1 樘

或特种门工程量＝1.60×2.00＝3.20m²

分部分项工程量清单见表7-30。

分部分项工程量清单　　　表7-30

序号	项目编号	项目名称	项目特征描述	计量单位	工程量
1	010804007001	变电室门	平开无框双扇钢骨架一面板（成品）钢制半截百叶门；扇外围尺寸1600mm×2000mm；刷2遍防火涂料	樘	1
				m²	3.20

（2）变压器室钢板门工程量清单计价表的编制

变压器室钢板门项目发生的工程内容为：门扇安装、门配件、刷防护材料。

① 门扇安装工程量＝1.60×2.00＝3.20m²

成品变压器室钢板门安装，套定额5-4-13（含外购成品门价值）。

② 门配件工程量＝1樘

变压器室钢板门配件，套定额5-9-33。

③ 刷防护材料工程量＝0.200t

金属构件刷2遍防火涂料，套定额9-4-141。

人工、材料、机械单价选用市场价。

根据企业情况确定管理费率为5.5%，利润率为3.3%。

分部分项工程量清单计价表，见表7-31。

分部分项工程量清单计价表　　　表7-31

序号	项目编号	项目名称	项目特征描述	计量单位	工程量	综合单价	合价
1	010804007001	变电室门	平开无框双扇钢骨架一面板（成品）钢制半截百叶门；扇外围尺寸1600mm×2000mm；刷2遍防火涂料	樘	1	1885.42	1885.42
				m²	3.20	589.19	1885.42

7.5.7　木窗实务案例

【案例7-10】 某工程采用全中悬木制天窗8樘，使用东北榆木，平板玻璃3mm，刷底油1遍，如图7-20所示。编制木天窗工程量清单，确定综合单价。

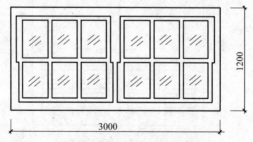

图7-20　全中悬木制天窗

【解】 （1）木天窗工程量清单的编制

木天窗工程量＝8樘，或工程量＝3.00×1.20×8＝28.80m²

分部分项工程量清单，见表 7-32。

分部分项工程量清单　　表 7-32

序号	项目编号	项目名称	项目特征描述	计量单位	工程量
1	010806001001	木天窗	全中悬榆木天窗；扇外围尺寸 3000mm×1200mm；平板玻璃、3mm 厚,刷底油 1 遍	樘	8
				m²	28.80

（2）木天窗工程量清单计价表的编制

该项目发生的工程内容：全中悬天窗窗框制作、安装，全中悬天窗窗扇制作、安装。

木天窗单窗面积＝3.00×1.20＝3.60m²

全中悬窗框制作，套 5-3-63。全中悬窗框安装，套 5-3-64。全中悬窗扇制作，套定额 5-3-65。全中悬窗扇安装，套 5-3-66。五金安装已包含在制作、安装中。

木材木种为三类木材，窗制作按相应项目人工和机械乘以系数 1.3；窗安装按相应项目人工和机械乘以系数 1.35。

人工、材料、机械单价选用市场价。

根据企业情况确定管理费率为 5.5%，利润率为 3.3%。

分部分项工程量清单计价表，见表 7-33。

分部分项工程量清单计价表　　表 7-33

序号	项目编号	项目名称	项目特征描述	计量单位	工程量	综合单价	合价
1	010806001001	木天窗	全中悬榆木天窗；扇外围尺寸 3000mm×1200mm；平板玻璃、3mm 厚,刷底油 1 遍	樘	8	499.22	3993.76
				m²	28.80	138.67	3993.70

7.5.8 金属（塑料）窗实务案例

【案例 7-11】 某工程的实腹钢窗的工程量清单，见表 7-34。

分部分项工程量清单与计价表　　表 7-34

序号	项目编码	项目名称	项目特征描述	计量单位	工程量	综合单价	合价	其中:暂估价
1	010807001001	金属平开窗	实腹带亮双扇开启,平开带纱双玻 3mm 厚淡蓝色玻璃；窗尺寸：宽 3.3m,高 2m；扇为双开扇,尺寸为宽为 0.95m,高为 1.5m；在开启扇上设纱窗,纱窗能开启；油漆采用除锈后,刷红丹防锈漆一遍,外刷淡黄色调合漆两遍,内刷银白色调合漆两遍	樘	10			

【解】 根据企业的实际，此工程钢窗在投标前采用网上预招标，通过多家的报价，最后确定一家供应商送货到现场，包括玻璃及纱窗扇每平方米供应单价为 120 元/m²。本企业钢窗安装一直采用分包的形式，分包内容：钢窗安装（包括纱扇），钢窗油漆及五金件，

承包形式采用按樘包干，明细见表 7-35。

劳务作业分包报价明细　　　　表 7-35

分包项目	实腹钢窗带玻璃油漆安装（每樘造价）
人工费	120 元
材料费	47.22 元（依据除钢窗以外材料实物量统计表）
机械费	20.67 元（依据所用机械实物量统计表）
直接费	187.89 元
间接费	187.89×10％＝18.79 元
报价	187.89＋18.79＝206.68 元

通过对上述方案分析，此案例每樘综合单价除了上述费用外，企业还得考虑一部分管理费和利润。公司管理费按实际分包费用的 5％计取，利润按直接费的 3％计取，由于组价比较实际，不再考虑风险因素。

综合单价＝(3.30×2.00×120.00＋206.68)×(1＋5％＋3％)＝1078.57 元

合价＝1078.57×10＝10785.70 元

工程量清单报价表，见表 7-36。

工程量清单报价表　　　　表 7-36

序号	项目编码	项目名称	项目特征描述	计量单位	工程量	综合单价	合价	其中：暂估价
1	010807001001	金属平开窗	实腹带亮双扇开启，平开带纱双玻 3mm 厚淡蓝色玻璃；窗尺寸：宽 3.3m，高 2m；扇为双开扇，尺寸为宽为 0.95m，高为 1.5m；在开启扇上设纱窗，纱窗能开启；油漆采用除锈后，刷红丹防锈漆一遍，外刷淡黄色调合漆两遍，内刷银白色调合漆两遍	樘	10	1078.57	10785.70	

【案例 7-12】 某宿舍塑料推拉窗，如图 7-21 所示，共 30 樘。双扇推拉窗采用 6mm 平板玻璃，一侧带纱扇，尺寸为 860mm×1150mm。编制塑料推拉窗工程量清单。

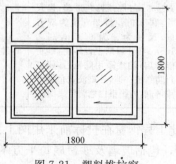

图 7-21　塑料推拉窗

【解】 塑料推拉窗工程量＝1.80×1.80×30＝97.20m²

分部分项工程量清单，见表 7-37。

分部分项工程量清单 表 7-37

序号	项目编号	项目名称	项目特征描述	计量单位	工程量
1	010807001001	塑料窗	80 系列塑料推拉窗；扇外围尺寸 1800mm×1800mm；平板玻璃 5mm 厚	樘	30
				m²	97.20

8 屋面及防水工程

8.1 相关知识简介

屋面指屋顶的面层。它直接受大自然的侵袭，屋顶材料要求有很好的防水性能，并耐大自然的长期侵蚀；另外，屋面材料也应有一定的强度，使其能承受在检修过程中的临时在上面增加的荷载。

建筑防水工程按构造做法分为结构构件的刚性自防水和用各种防水卷材、防水涂料作为防水层的柔性防水。按其工程部位又分为屋面防水、卫生间防水、外墙板防水、地下防水等。

8.1.1 屋面防水工程

屋面防水工程主要是防止雨雪对屋面的间歇性的浸渗。

8.1.1.1 屋面防水等级和原则

（1）屋面防水等级。根据建筑物的性质、重要程度、使用功能要求、防水层耐用年限、防水层选用材料和设防要求，将屋面防水分为四个等级，见表 8-1。

屋面防水等级和设防要求 表 8-1

项目	屋面防水等级			
	I	II	III	IV
建筑物类别	特别重要的民用建筑和对防水有特殊要求的工业建筑	重要的工业与民用建筑、高层建筑	一般的工业与民用建筑	非永久性的建筑
防水层耐用年限	25 年	15 年	10 年	5 年
防水层选用材料	宜选用合成高分子防水卷材、高聚物改性沥青防水卷材、合成高分子防水涂料、细石防水混凝土等材料	宜选用高聚物改性沥青防水卷材、合成高分子防水卷材、合成高分子防水涂料、高聚物改性沥青防水涂料、细石防水混凝土、平瓦等材料	应选用三毡四油沥青防水卷材、高聚物改性沥青防水卷材、合成高分子防水卷材、高聚物改性沥青防水涂料、合成高分子防水涂料、沥青基防水涂料、刚性防水层、平瓦、油毡瓦等材料	可选用二毡三油沥青防水卷材、高聚物改性沥青防水涂料、沥青基防水涂料、波形瓦等材料
设防要求	三道或三道以上防水设防，其中应有一道合成高分子防水卷材，且只能有一道厚度不小于 2mm 的合成高分子防水涂膜	二道防水设防，其中应有一道卷材。也可采用压型钢板进行一道设防	一道防水设防，或两种防水材料复合使用	一道防水设防

（2）屋面防水原则。防水工程应遵循"防排结合、刚柔并用、多道设防、综合治理"的原则。

8.1.1.2 屋顶构造

（1）屋顶：屋顶是由屋面与承重结构组成。主要功能是承重、围护（即排水、防水和保温隔热）和美观。承重结构可以是平面结构也可以是空间结构，一般承重结构为屋架、钢架、梁板；空间结构为薄壳、网架、悬索等。因此，其屋顶外形也各异，如拱屋顶、薄壳屋顶、折板屋顶、悬索屋顶、网架屋顶等。

（2）屋顶的组成。屋顶由面层、承重结构、保温隔热层、顶棚四个主要部分组成。屋顶构造如图 8-1 所示。

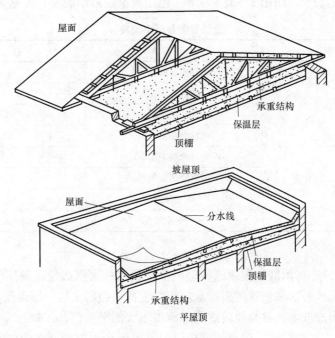

图 8-1 屋顶构造

（3）屋顶的类型。由于不同的屋面材料和不同的承重结构形式，形成了多种屋顶类型，一般可归纳为四大类：即为平屋顶、坡屋顶、曲面屋顶和多波式折板屋顶。

1）平屋顶。平屋顶也有一定的排水坡度，其排水坡度小于 5%，最常用的排水坡度为 2%～3%。屋顶坡度的形成有材料找坡和结构找坡两种做法。屋面防水层多用卷材和混凝土防水。

2）坡屋顶。坡屋顶是指屋面坡度较陡的屋顶，其坡度一般大于 10%。坡屋顶有单坡、双坡、四坡、歇山等多种形式。大多数用瓦材做成屋面的防水层，常用的瓦材有黏土瓦、水泥瓦、石棉水泥瓦及金属瓦等。临时性的也有用油毡、玻璃钢瓦等。

3）曲面屋顶。由各种薄壳结构或悬索结构作为屋顶的承重结构，如双曲拱屋顶、球形网壳屋顶等。在拱形屋架上铺设屋面板也可形成单曲面的屋顶。屋面防水层多用彩钢板。

4）多波式折板屋顶。是由钢筋混凝土薄板制成的一种多波式屋顶。折板厚约 60mm，折板的波长为 2～3m，跨度 9～15m，折板的倾角为 30°～38°之间。按每个波的截面形状又有三角形及梯形两种。屋面防水层多采用刚性防水。

8.1.1.3　屋顶排水方式

（1）屋顶排水坡度。各种屋面都需要有一定的坡度，以保证排水的通畅，防止雨水由屋面流入或渗入房屋内部。

屋面坡度的影响因素有：屋面材料、地理气候条件、屋顶结构形式、施工方法、构造组合方式、建筑造型要求以及经济等。

排水坡度的表示方法有斜率法、百分比法、角度法。一般屋面坡度采用单位高度与相应长度的比值，如 1∶2、1∶3 等；较大的坡度也有用角度表示，如 30°、45°等；较平坦的坡度常用百分比表示，如用 2%或 5%等。屋面类型及最小坡度，参见表 8-2。

屋面类型及最小坡度　　　　　　　　　　　　表 8-2

屋面类别	屋面名称	最小坡度
坡屋面	黏土瓦屋面	1∶2.5
	波形瓦屋面	1∶3
	金属皮屋面	1∶10
	构件自防水屋面	≥1∶4
平屋面	卷材涂膜平屋面	＞1∶30
	架空隔热板屋面	≤1∶20
	种植屋面	1∶30
	刚性防水屋面	＜1∶30,＞1∶50

（2）排水坡度的形成。

1）材料找坡：亦称填坡，屋顶结构层可像楼板一样水平搁置，采用价廉、质轻的材料，如炉渣加水泥或石灰来垫置屋面排水坡度，上面再做防水层。须设保温层的地区，也可用保温材料来形成坡度。材料找坡适用于跨度不大的平屋盖。

2）结构找坡：亦称撑坡，屋顶的结构层根据屋面排水坡度搁置成倾斜，再铺设防水层等。这种做法不需另加找坡层，荷载轻、施工简便，造价低，但不另设吊顶棚时，顶面稍有倾斜。房屋平面凹凸变化时应另加局部垫坡。结构找坡一般适用于屋面进深较大的建筑。

（3）屋面排水方式。

1）无组织排水：又称自由落水，是指屋面雨水直接从檐口落至室外地面的一种排水方式。这种排水方式具有构造简单、造价低廉的优点，但屋面雨水自由落下会溅湿墙面，外墙墙脚常被飞溅的雨水侵蚀，影响到外墙的坚固耐久性，并可能影响人行道的交通。主要适用于少雨地区或一般低层建筑，不宜用于临街建筑和高度较高的建筑。

2）有组织排水：屋面雨水通过排水系统，有组织地排至室外地面或地下管沟的一种排水方式。具有不妨碍人行交通、不易溅湿墙面的优点，因而在建筑工程中应用非常广泛。但与无组织排水相比，其构造较复杂，造价相对较高。

① 外排水：常用外排水方式有女儿墙外排水、檐沟外排水、女儿墙檐沟外排水三种。在一般情况下应尽量采用外排水方案，因为有组织排水构造较复杂，极易造成渗漏。在一

般民用建筑中，最常用的排水方式有女儿墙外排水和檐沟外排水两种。有组织排水方案见图 8-2 所示。

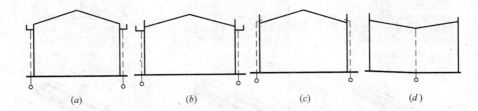

图 8-2 有组织排水方案

(*a*) 檐沟外排水；(*b*) 女儿墙檐沟外排水；(*c*) 女儿墙外排水；(*d*) 内排水

② 内排水：水落管位于外墙内侧。多跨房屋的中间跨为简化构造，以及考虑高层建筑的外立面美观和寒冷地区防止水落管冰冻堵塞等情况时，可采用内排水方式。

8.1.2 坡屋顶

8.1.2.1 坡屋顶的特点及形式

坡屋顶多采用瓦材防水，分为单坡顶、双坡顶及四坡顶等几种形式。

8.1.2.2 坡屋顶的组成

坡屋顶由承重结构、屋面、顶棚、保温或隔热层等组成。

8.1.2.3 坡屋顶的承重结构

承重结构主要承受屋面荷载并把它传到墙或柱上，一般有椽子、檩条、屋架或大梁等，如图 8-3 所示。目前基本采用屋架或现浇钢筋混凝土板。

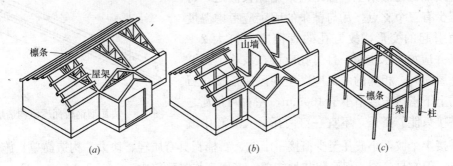

图 8-3 瓦屋面的承重结构系统

(*a*) 屋架支撑檩条；(*b*) 山墙支撑檩条；(*c*) 木结构梁架支撑檩条

8.1.2.4 坡屋顶的屋面构造

(1) 屋面面层。屋面面层是屋顶的上覆盖层，包括基层和屋面盖料。基层包括挂瓦条、屋面板等。屋面盖料分为块瓦屋面和波形瓦屋面两种。

1) 块瓦屋面。块瓦包括彩釉面和素面西式陶瓦、彩色水泥瓦、水泥平瓦、黏土平瓦和块瓦型钢板彩瓦等能钩挂、可钉、绑扎固定的瓦材。

块瓦铺瓦方式主要有水泥砂浆卧瓦、钢挂瓦条挂瓦、木挂瓦条挂瓦等几种，其屋面防水构造做法如图 8-4 所示。

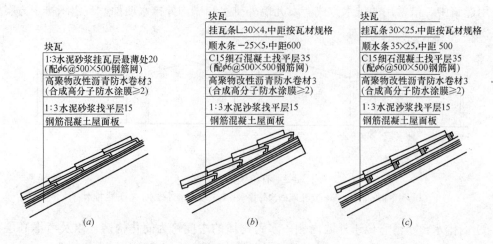

图 8-4 块瓦屋面构造

(a) 砂浆卧瓦；(b) 钢挂瓦条；(c) 木挂瓦条

块瓦型钢板彩瓦是用压型钢板的原板，按块瓦的外形压型，经涂层或镀层或喷涂彩色沙砾涂层表面处理，按瓦的长度剪切成条形的瓦材。一般是用钻尾螺栓固定于冷弯型钢挂瓦条上。其屋面防水构造做法如图 8-5 所示。

2) 波形瓦屋面。波形瓦可用石棉水泥、塑料、玻璃钢和金属等材料制成。

① 波形石棉水泥瓦简称波瓦，按其规格分为大波瓦、中波瓦、小波瓦三种。它具有一定的刚度，可以直接铺钉在檩条上，檩距应根据瓦长而定，每张瓦至少有三个支点。瓦与檩条的固定应考虑温度变化而引起的变形，故钉孔的直径应比钉大 2～3mm，并应加防水垫圈，且钉孔应设在波峰上。铺设波瓦屋面时，相邻的两瓦应顺主导风向搭接，石棉瓦的上下搭接长度不小于 100mm，左右两张瓦之间的搭接只能靠搭压，不宜一钉两瓦，大波和中波

图 8-5 块瓦型钢板瓦屋面构造层次

至少搭接半个波，小波瓦至少搭接一个波。石棉瓦具有质轻、块大、构造简单、施工方便的优点，但它易脆裂，保温隔热性能差，多用于临时建筑中。

② 金属压型坡屋面。金属板屋面适用于防水等级为 Ⅰ～Ⅲ 级的屋面，其具有使用寿命长、质量相对较轻、施工方便、防水效果好、板面形式多样、色彩丰富等特点。被广泛采用于大型公共建筑、厂房，住宅等建筑物屋面。

金属板材按材质分为锌板、镀铝锌板、铝合金板、铝镁合金板、钛合金扳、钢板、不锈钢板等。金属板材按形状分为复合板、单板。当前，国内使用量最大的为压型彩钢板。

波形薄钢板屋面铺设时，相邻薄钢板应顺主导风向搭接，搭接宽度不少于 1 个波。上排波形薄钢板搭盖在下排波形薄钢板上的长度一般为 80～100mm。

上下排薄钢板的搭接，必须位于檩条上。在金属檩条和混凝土檩条上的波形薄钢板，应用带防水垫圈的钻尾自钻螺栓或镀锌弯钩螺栓固定；在木檩条上的薄钢板，应用带防水

垫圈的镀锌螺钉固定。固定薄钢板的螺栓或螺钉应设在波峰上，在薄钢板四周每一个搭接边上设置的螺栓或螺钉数量不少于 3 个。必要时，应在薄钢板的中央适当增设螺栓或螺钉。

屋脊、天沟及突出屋面的墙体与屋面交接处的泛水，均应用镀锌薄钢板制作，与波形薄钢板的搭接宽度不少于 100mm。薄钢板的搭接缝和其他可能渗漏水的地方，应用铅油麻丝或油灰封固。

(2) 檐口构造。檐口分为纵墙檐口和山墙檐口。

1) 纵墙檐口。纵墙檐口根据建筑的造型要求可做成挑檐和封檐两种。挑檐可以分为砖挑檐、屋面板挑檐、挑檐木挑檐、椽木挑檐、屋架附木挑檐、钢筋混凝土挑檐梁挑檐和现浇钢筋混凝土檐沟檐口等多种形式。封檐是在檐口外墙上部用砖砌出屋檐的压檐墙（女儿墙）将檐口封住。防水做法是用镀锌薄钢板放在木底板上，薄钢板天沟一边应伸入油毡层下，一边在靠墙处做泛水。封檐檐口很易损坏，薄钢板须经常油漆防锈，木材也须防腐处理，保养不善将造成漏水，一般不常用。

2) 山墙檐口。山墙檐口按屋面形式可分山墙挑檐和山墙封檐两种。

① 山墙挑檐，也称悬山。悬山檐口是指屋面挑出山墙的构造做法，其构造一般是将檩条挑出山墙，再用木封檐板（也称博风板）封住檩条端部。

② 山墙封檐包括硬山和出山。硬山做法是屋面与山墙齐平，或挑出一二皮砖，用水泥砂浆抹压边瓦出线；出山做法是将山墙砌出屋面，高达 500mm 者，可作封火墙，在山墙与屋面交接处应做好泛水处理。

(3) 天沟构造。天沟分为外天沟、中间天沟和斜天沟。

1) 南方地区较多采用外天沟外排水的形式，其槽形天沟板一般支撑在钢筋混凝土屋架端部挑出的水平挑梁上或钢屋架、钢筋混凝土屋面大梁端部的钢牛腿上。天沟的卷材防水层除与屋面相同以外，在天沟内应加铺一层卷材。雨水口周围应附加玻璃布两层。外天沟的防水卷材也应注意收头处理。

2) 中间天沟设于等高多跨厂房的两坡屋面之间，一般用两块槽形天沟板并排布置。其防水处理、找坡等构造方法与纵墙内天沟基本相同。两块槽形天沟板接缝处的防水构造是将天沟卷材连续覆盖，直接利用两坡屋面的坡度做成的"V"形"自然天沟"仅适用于内排水（或内落外排水）。

3) 坡屋面转角处（阴角）两斜面相交形成斜天沟，斜天沟一般用镀锌薄钢板制成，镀锌薄钢板两边包钉在木条上，木条高度要使瓦片搁上后能与其他瓦片平行，同时还可防止溢水。在天沟两侧的屋面卷材最好要包到木条上，或者在薄钢板斜向的下面附加卷材一层。斜沟两侧的瓦片要锯成一条与斜沟平行的直线，挑出木条 40mm 以上。另一种做法是用弧形瓦或缸瓦作斜天沟，搭接处要用麻刀灰窝实。

(4) 烟囱泛水。烟囱穿过屋面，其构造问题是防水和防火。在交界处应做泛水处理，交接处四周均须做。一般采用镀锌薄钢板、水泥石灰麻刀砂浆抹面做泛水。

8.1.3 平屋面的防水面层

平屋面防水工程主要分为柔性、刚性、金属和复合材料防水等四大类。柔性防水屋面与刚性防水屋面使用量之比约为 9：1。刚性防水屋面在南方使用较多，北方由于温差大等原因很少使用，复合防水屋面使用较多，金属屋面目前仅在少数工业厂房和大中型公共建筑中使用。

8.1.3.1 柔性防水屋面

用防水卷材与胶粘剂结合在一起，形成连续致密的构造层，从而达到防水的目的。由于卷材防水层具有一定的延伸性和适应变形的能力，故而被称为柔性防水屋面。柔性防水屋面的主要优点是其具有一定的延伸性，对房屋地基沉降、房屋受震动或温度影响的适应性较好，防止渗漏水的质量比较稳定。适用于防水等级为Ⅰ～Ⅳ级的屋面防水。缺点是施工繁杂、层次多，出现渗漏水后维修比较麻烦。

柔性防水层材料有：石油沥青玛琋脂卷材、三元乙丙橡胶卷材、氯丁橡胶卷材、聚氯乙烯防水卷材、石油沥青改性卷材、塑料油膏、塑料油膏玻璃纤维布、聚氨酯涂膜、JC-Ⅱ型冷胶防水、水性丙烯酸酯防水涂料等。卷材铺贴需用卷材胶粘剂，即与卷材配套使用的溶剂型胶粘剂。

柔性防水屋面在施工时，首先要求基层的混凝土或砂浆层干燥（湿贴法除外），不然，防水层和基层就粘结不牢，甚至受热后水分蒸发而鼓起气泡，破坏防水层。其次，油毡和女儿墙等垂直面连接处，油毡和油毡的搭接缝，施工时沥青一定要浇满，使所有缝隙不要迎水迎风，并错开上下的搭接缝。

（1）油毡防水屋面构造组成。油毡防水屋面基本层次包括结构层、找平层、结合层、防水层、保护层，如图 8-6 所示。

1）结构层。结构层多为钢筋混凝土屋面板。

2）找平层。油毡防水卷材应铺设在表面平整的找平层上，位置一般设在结构层或保温层（保温屋面）上面。采用 1：3 水泥砂浆进行找平，找平层的厚度为 15～20mm（抹在结构层或块状保温层上时较薄，抹在松散料的保温层上时则较厚），待表面干燥后作为卷材屋面的基层。也可采用 1：8 沥青砂浆等。找平层宜留分隔缝。

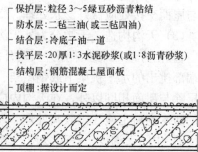

图 8-6 油毡防水屋面

3）结合层。结合层作用是在基层与卷材胶粘剂间形成一层胶质薄膜，使卷材与基层胶结牢固。沥青类卷材通常用冷底子油作结合层，它是用柴油、汽油或化学苯作为溶剂将沥青稀释，涂刷在水泥砂浆基层上，称为冷底子油。高分子卷材则多采用配套基层处理剂，也可用冷底子油或稀释乳化沥青作结合层。

4）防水层。油毡防水层是由沥青胶结材料和卷材交替粘合而形成的屋面整体防水覆盖层。它的层次顺序是：沥青胶→油毡→沥青胶→油毡→沥青胶。由于沥青胶结材料粘附在卷材的上下表面，所形成的薄层既是粘结层，又能起到一定的防水作用。因此，构造上常将一毡二油（沥青胶）称为三层做法；二毡三油称为五层做法；还有七层、九层做法等。

卷材的层数主要与建筑物的性质和屋面坡度大小有关。一般情况下，屋面铺两层卷材，在卷材与找平层之间、卷材之间、上层表面共涂浇三层沥青粘结。特殊情况或重要部位或严寒地区的屋面，铺三层卷材（其中可设两层油毡一层油纸），共涂四层沥青粘结。前者习惯称二毡三油做法，后者称三毡四油做法。

5）保护层。保护层的目的是保护防水层。保护层的构造做法应视屋面的利用情况而定。不上人时，改性沥青卷材防水屋面一般在防水层上撒粒径为 3～5mm 的小石子作为保护层，称为绿豆砂保护层；高分子卷材如三元乙丙橡胶防水屋面等通常是在卷材面上涂刷水溶型或溶剂型浅色保护着色剂，如氯丁银粉胶等。上人屋面的保护层的构造做法通常有：用沥青砂浆铺贴缸砖、大阶砖、混凝土板等块材；在防水层上现浇 30～40mm 厚细石混凝土。板材保护层或整体保护层均应设分隔缝，位置是：屋盖坡面的转折处，屋面与突出屋面的女儿墙、烟囱等的交接处。保护层分隔缝应尽量与找平层分隔缝错开，缝内用油膏嵌封。

油毡防水屋面辅助层次是指根据屋盖的使用需要或为提高屋面性能而补充设置的构造层，如：保温层、隔热层、隔蒸汽层、找坡层等。

（2）橡塑卷材防水屋面。橡塑卷材防水具有防水性能好、有弹性、延伸率高、抗裂性强、适用温度范围广、并且耐老化、抗腐蚀、施工方便等特点，是一种理想的新型防水材料。它与油毡防水相比较，虽然一次性投资较高，但综合经济效益却大大优于油毡防水。因此，目前已广泛使用。

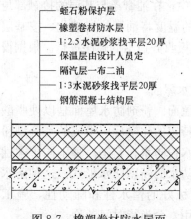

图 8-7　橡塑卷材防水屋面

构造做法如图 8-7 所示。首先在基层上用 1：3～1：2.5 水泥砂浆找平，找平层厚度为 20mm 左右，并用铁抹子均匀平滑地抹平、压光。再将粘胶涂抹在基面上，并用刮板将粘胶均匀刮平，其厚度为 1～2mm 为宜，边涂粘胶，边铺卷材，搭接口重叠 40～50mm。整体防水层铺贴后，再用粘胶沿接口线浇灌或涂刷一遍，以确保封口严实和搭接牢固。

（3）涂料防水屋面。涂料防水又称涂膜防水，系可塑性和粘结力较强的高分子防水涂料，直接涂刷在屋面基层上，形成一层满铺的不透水薄膜层，以达到屋面防水的目的。

（图中标注：）
蛭石粉保护层
橡塑卷材防水层
1：2.5 水泥砂浆找平层20厚
保温层由设计人员定
隔汽层一布二油
1：3水泥砂浆找平层20厚
钢筋混凝土结构层

涂料防水具有防水、抗渗、粘结力强、耐腐蚀、耐老化、延伸率大、弹性好、不延燃、无毒、施工方便等诸多优点。主要适用于防水等级为Ⅲ、Ⅳ级的屋面防水，也可用作Ⅰ、Ⅱ级屋面多道防水设防中的一道防水。

1）涂膜防水材料。

①涂料。按其溶剂或稀释剂的类型可分为溶剂型、水溶性、乳液型等类；按施工时涂料液化方法的不同则可分为热熔型、常温型等类。

②胎体增强材料。某些防水涂料（如氯丁胶乳沥青涂料）需要与胎体增强材料（即所谓的布）配合，以增强涂层的贴附覆盖能力和抗变形能力。目前，使用较多的胎体增强材料为 0.1mm×6mm×4mm 或 0.1mm×7mm×7mm 的中性玻璃纤维网格布或中碱玻璃布、聚酯无纺布等。

2）涂膜防水屋面的构造及做法：

①氯丁胶乳沥青防水涂料屋面。氯丁胶乳沥青防水涂料是以氯丁胶乳和石油沥青为

主要原料，选用阳离子乳化剂和其他助剂，经软化和乳化而成，是一种水乳型涂料。

氯丁胶乳沥青防水涂料屋面由找平层、底涂层、中涂层（有干铺和湿铺两种施工方法）、面层组成，如图8-8所示。

② 焦油聚氨酯防水涂料屋面。焦油聚氨酯防水涂料，又名851涂膜防水胶，是以异氰酸酯为主剂和以煤焦油为填料的固化剂构成的双组分高分子涂膜防水材料；其甲、乙两液混合后经化学反应能在常温下形成一种耐久的橡胶弹性体，从而起到防水的作用。

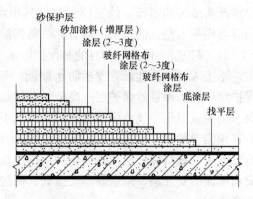

图8-8　氯丁胶乳沥青防水涂料

施工做法是将找平以后的基层面吹扫干净并待其干燥后，用配制好的涂液（甲、乙二液的重量比为1∶2）均匀涂刷在基层上。

③ 塑料油膏防水屋面。塑料油膏防水是以废旧聚氯乙烯塑料、煤焦油、增塑剂、稀释剂、防老化剂及填充材料等配制而成。

施工做法是先用预制油膏条冷嵌于找平层的分格缝中，在油膏条与基层的接触部位和油膏条相互搭接处刷冷粘剂1～2遍，然后按产品要求的温度将油膏热熔液化，按基层表面涂油膏、铺贴玻纤网格布、压实、表面再刷油膏、刮板收齐边沿的顺序进行。根据设计要求可做成一布二油或二布三油。

涂膜防水屋面的细部构造要求及做法类同于卷材防水屋面。

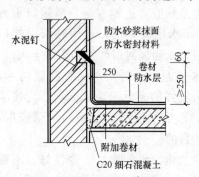

图8-9　卷材防水屋面泛水构造

（4）粉剂防水屋面。粉剂防水屋面是以硬脂酸钙为主要原料，通过特定的化学反应组成的复合型粉状防水材料，又称拒水粉防水。它是一种不同于柔性防水，也不同于刚性防水的新型防水形式。这种防水层透气而不透水，有极好的憎水性和随动性，施工简单、快捷，但其使用寿命尚待时间考验。

8.1.3.2　柔性防水屋面细部构造

（1）泛水。凡屋面与墙面交接处的防水构造处理叫泛水。如女儿墙与屋面、烟囱与屋面、高低屋面之间的墙与屋面等的交接处构造，如图8-9。

泛水构造要点及做法：

1）将屋面的卷材继续铺至垂直墙面上，形成卷材泛水，泛水高度不小于250mm。

2）在屋面与垂直女儿墙面的交接缝处，砂浆找平层应抹成圆弧形或45°斜面，上刷卷材胶粘剂，并加铺一层卷材。

3）做好泛水上口的卷材收头固定，防止卷材在垂直墙面上下滑。

（2）檐口构造。油毡防水屋面的檐口一般有自由落水檐口和有组织排水檐口。在檐口构造中，油毡防水层均易开裂、渗水，因此，必须做好油毡防水层在檐口处的收头处理。

在自由落水檐口中，为使屋面雨水迅速排除，一般在距檐口0.2～0.5m范围内的屋面坡度不宜小于 15%。檐口处用 1∶3 水泥砂浆抹面。卷材收头处采用油膏嵌缝，上面再洒绿豆砂保护，或镀锌薄钢板出挑。

有组织排水的檐口，有外挑檐口、女儿墙带檐沟檐口等多种形式。其檐沟内要加铺一层油毡，檐口油毡收头处，可用砂浆压实、嵌油膏和插铁卡等方法处理。用砂浆压实时，要求檐沟垂直面外抹灰和护毡层抹灰，两次抹灰的接缝处于最高点，均应将油毡压住。檐口下应抹出滴水。

（3）雨水口构造。雨水口是用来将屋面雨水排至水落管而在檐口或檐沟开设的洞口。雨水口分为檐沟底部的水平雨水口和设在女儿墙上的垂直雨水口两种。雨水口应排水通畅，不易堵塞和渗漏。雨水口通常是定型产品，分为直管式和弯管式两类，直管式适用于中间天沟、挑檐沟和女儿墙内排水天沟的水平雨水口；弯管式则适用于女儿墙的垂直雨水口。直管式雨水口一般用铸铁或钢板制造，有各种型号，根据降水量和汇水面积进行选择。

1）檐沟外排水水落口构造。水落口周围直径 500mm 范围内坡度不应小于 5%，并应用防水涂膜涂封，其厚度不应小于 2mm，为防止水落口四周漏水，应将防水卷材铺入连接管内 50mm，周围用油膏嵌缝，水落口上用定型铸铁罩或钢丝球盖住，防止杂物落入水落口中。

2）女儿墙外排水落口构造。如图 8-10 所示，在女儿墙上的预留孔洞中安装水落口构件，使屋面雨水穿过女儿墙排至墙外的水落斗中。为防止水落口与屋面交接处发生渗漏，也需将屋面卷材铺入水落口内 50mm。

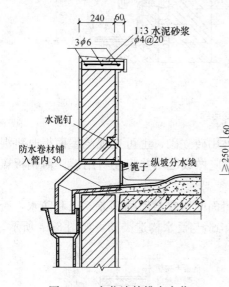

图 8-10　女儿墙外排水水落口

（4）女儿墙压顶。女儿墙是外墙在屋顶以上的延续，也称压檐墙。墙厚一般为 240mm。但为保证其稳定和抗震，高度不宜超过 500mm，如为满足屋顶上人或建筑造型要求而超过此值时，须加设小构造柱与顶层圈梁相连。

女儿墙的顶端构造叫压顶，压顶应为钢筋混凝土现浇或预制板材，并外抹水泥砂浆，以防雨水渗透浸蚀女儿墙。压顶有现浇和预制两种。预制压顶板为 C20 细石混凝土，板长不大于 1000mm，板缝用油膏嵌实。对于地震区须采用整体现浇式压顶，以增强女儿墙的整体性，如图 8-14 所示。

（5）屋面变形缝构造。

1）等高屋面的变形缝。在缝的两边屋面板上砌筑矮墙，矮墙的高度应大于 250mm，厚度为半砖墙厚；屋面卷材与矮墙的连接处理类同于泛水构造。矮墙顶部可用镀锌薄钢板盖缝，也可铺一层油毡后用混凝土板压顶，如图 8-11 所示。

2）高低屋面的变形缝。在低侧屋面板上砌筑矮墙。当变形缝宽度较少时，可用镀锌薄钢板盖缝并固定在高侧墙上，做法同泛水构造，也可从高侧墙上悬挑钢筋混凝土板盖缝，如图 8-12 所示。

（6）屋面检修孔、屋面出入门口构造。

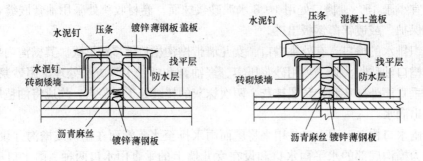

图 8-11　等高屋面变形缝

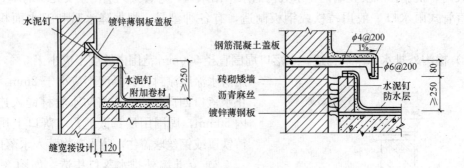

图 8-12　高低屋面变形缝

1) 不上人屋面的检修孔。检修孔四周的孔壁可用砖立砌，也可在现浇屋面板时将混凝土上翻制成，高度一般为 300mm。壁外的防水层应做成泛水并将卷材用镀锌薄钢板盖缝并压钉好，如图 8-13 所示。

2) 屋面出门口。楼梯间的室内地坪最好与屋面间留有足够的高差，以利防水，否则需在出入门口处设门槛挡水。屋面出入门口处的构造与泛水构造类同，如图 8-14 所示。

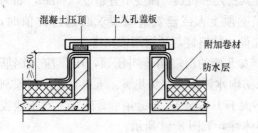

图 8-13　屋面检修口

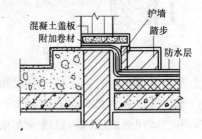

图 8-14　屋面出入门口

8.1.3.3　刚性防水屋面

刚性防水屋面是以刚性材料作防水面层，如防水砂浆、普通细石混凝土、补偿收缩混凝土、块体刚性材料等，它们的防水性能优于普通砂浆和普通混凝土。由于防水砂浆和防水混凝土的抗拉强度低，属于脆性材料，故称为刚性防水屋面。

刚性防水屋面的优点是构造简单、施工方便、材料来源广泛、价格便宜、使用寿命长，发生渗漏时容易找到渗漏点和进行局部修缮等；缺点是表观密度大、抗拉强度低、脆性比较大，对变形抵抗能力差，容易出现裂缝等。多用于日温差较小的我国南方地区防水等级为Ⅲ级的屋面防水，也可用作防水等级为Ⅰ、Ⅱ级的屋面多道设防中的一道防水层。刚性防水屋面要求基层变形小，一般只适用于无保温层的屋面；此外，也不宜用于高温、有振动和基础有较大不均匀沉降的建筑。

刚性防水屋面分为混凝土、砂浆和块体两个系列。混凝土、砂浆系列主要有现浇钢筋混凝土屋面，预应力混凝土屋面，微膨胀混凝土屋面，钢纤维混凝土屋面，多功能刚性屋面（包括蓄水、种植和通风隔热屋面）以及氯丁胶乳防水砂浆屋面等。块体系列有普通黏土砖、大阶砖和混凝土块体作防水层的屋面，还缸砖、广场砖和花岗石板屋面等。

（1）混凝土防水屋面构造层次和做法。如图 8-15 所示，刚性防水屋面的构造一般有：结构层、找平层、隔离层、防水层等，刚性防水屋面应尽量采用结构找坡。

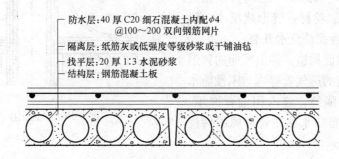

图 8-15　刚性防水屋面构造层次

1）结构层。采用钢筋混凝土现浇或预制板。

2）找平层。当结构层为预制混凝土板时，应作找平层，即厚度为 10～20mm 的 1：3 水泥砂浆。若采用现浇混凝土整体结构时，也可不设找平层。

3）隔离层。为了减少结构层变形对防水层的不利影响，宜在防水层与结构层之间设置隔离层。隔离层可采用纸筋灰、强度等级较小的砂浆或薄砂层上干铺一层油毡等做法。当防水层中加有膨胀剂时，其抗裂性能有所改善，也可不做隔离层。

4）防水层。采用不低于 C25 的细石混凝土整体现浇，其厚度不宜小于 40mm，并应在其中配置直径 4～6mm、间距 100～200mm 的双向钢筋网片，以防止混凝土收缩时产生裂缝。钢筋保护层厚度不应小于 10mm。细石混凝土防水层，宜掺入外加剂，如膨胀剂、防水剂等，其目的是提高混凝土的抗裂和抗渗性能。

（2）混凝土防水屋面细部构造。混凝土刚性防水屋面与油毡防水屋面一样要做好泛水、天沟、檐口、雨水口等部位细部构造，同时还应做好防水层的分格缝。

1）分格缝，亦称分仓缝，是防止屋面不规则裂缝以适应屋面变形而设置的人工缝。

分格缝应设置在装配式结构屋面板的支承端、屋面转折处、刚性防水层与立墙的交接处，并应与板缝对齐。分仓缝的纵横间距不宜大于 6m。屋脊处应设一纵向分仓缝；横向分仓缝每开间设一条，并与装配式屋面板的板缝对齐；沿女儿墙四周的刚性防水层与女儿墙之间也应设分仓缝。其他突出屋面的结构物四周都应设置分隔缝。

构造要求：

① 防水层内的钢筋在分隔缝处应断开；

②屋面板缝用浸过沥青的木丝板等密封材料嵌填，缝口用油膏嵌填；

③缝口表面用防水卷材铺贴盖缝，卷材的宽度为200~300mm。

2）泛水。刚性防水屋面的泛水构造要点与油毡屋面大体相同，即泛水应有足够高度，一般为250mm；泛水与屋面防水层应一次浇成，不留施工缝；转角处浇成圆弧形；泛水上端也应有挡雨措施。刚性屋面泛水也有特殊性，即泛水与凸出屋面的结构物（女儿墙、烟囱等）之间必须留分格缝，另铺贴附加卷材盖缝形成泛水，以免两者变形不一致而使泛水开裂。

3）管道出屋面构造。伸出屋面的管道（如厨、卫等房间的透气管等）与刚性防水层间亦应留设分隔缝，缝内用油膏嵌填，然后用卷材或涂膜防水层在管道周围做泛水，如图8-16所示。

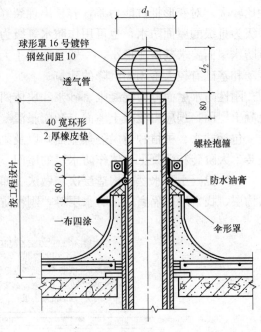

图 8-16 管道出屋面

4）檐口构造。自由落水檐口如图8-17、挑檐沟外排水檐口如图8-18、女儿墙外排水檐口如图8-19、平屋顶坡檐口如图8-20。

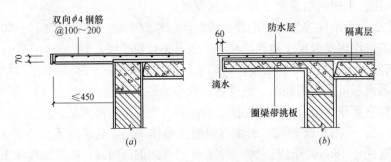

图 8-17 自由落水挑檐口

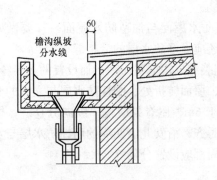

图 8-18 挑檐沟外排水檐口

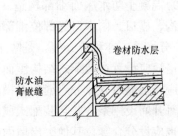

图 8-19 女儿墙外排水檐口

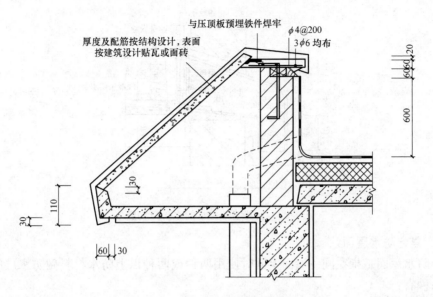

图 8-20 平屋顶坡檐构造

5) 水落口构造。

① 直管式水落口。用于天沟或檐沟的水落口，构造如图 8-21 所示。安装时为了防止雨水从水落口套管与檐沟底板间的接缝处渗漏，应在水落口的四周加铺宽度约 200mm 的附加卷材，卷材应铺入套管内壁中，天沟内的混凝土防水层应盖在卷材的上面，防水层与水落口的接缝用油膏嵌填密实。其他做法与卷材防水屋面相似。

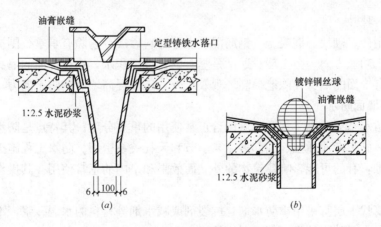

图 8-21 直管式水落口

(a) 65 型水落口；(b) 铸铁水落口

② 弯管式水落口：多用于女儿墙外排水，水落口可用铸铁或塑料做弯头，如图 8-22 所示。

8.1.3.4 金属防水屋面

金属防水屋面主要有平板金属，压型金属板和压型金属泡沫塑料、岩棉等复合板屋面三种类型。一般适用于工业厂房、大中型公共建筑和住宅坡屋顶的屋面防水。

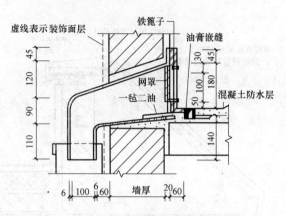

图 8-22　女儿墙外排水的水落口构造

8.1.3.5　复合防水屋面

复合防水屋面是指在同一屋面上同时使用两种或两种以上防水材料做防水层的屋面，其主要品种有：

（1）细石混凝土防水＋嵌缝密封膏＋涂膜防水屋面；

（2）卷材防水＋涂膜防水；

（3）板面自防水＋密封膏嵌缝＋涂膜防水屋面。

这类屋面能够通过对不同防水材料的不同性能，在工程中发挥扬长避短作用，从而具有较好的防水效果。

8.1.4　墙地面防水防潮

8.1.4.1　墙身防水

墙身可用砖、砌块、混凝土、钢筋混凝土等材料做成，它除有承重、围护、分隔等作用外，在防水功能方面，由于墙身通常是竖直的，难以积水，不设饰面的墙身本身也有自防水能力，有饰面的墙身，除能提高外观效果外，还能提高墙身的防水能力。

8.1.4.2　外墙面防水

外墙面防水是关系到工程完成后能否正常使用的重要分项。其特点是防水材料品种繁多、类别广、施工专业性强、细部多、与季节和天气关系密切。防水工程施工如果出现问题，返工困难，有的可能影响建筑物的外立面效果和室内的正常使用。其操作方法及要求如下：

（1）外墙找平层宜采用掺防水剂、抗裂剂或减水剂等材料的水泥砂浆，不得使用混合砂浆，找平层水泥砂浆的强度等级不应低于 M7.5。

（2）外墙不同材料交接处宜在找平层中附加 45～55mm 宽的金属网。

（3）光滑的混凝土墙面或轻质墙体抹找平层时，应设一道聚合物水泥砂浆粘结层。

（4）外墙防水层，当墙体为现浇混凝土或表面较平整的其他材料时，可与找平层合二为一，否则防水层必须设置在水泥砂浆找平层上，其抗压强度等级不应低于 M7.5。

（5）防水层应设分格缝，缝的纵横间距不宜大于 3m、宽度为 10mm，深度为防水层厚度，嵌填 5～8mm 密封材料。

（6）外墙饰面砖宜用聚合物水泥砂浆或聚合物水泥浆作为胶结材料，并勾满缝封严。

(7) 预留门窗洞口尺寸要准确，与四周的间隙每边不宜大于 10mm，采用聚合物水泥砂浆找平抹面，并抹至墙面不少于 50mm，内外窗台高差应不小于 20mm，且应向外有不小于 20％排水坡度；推拉窗应设限位装置；铝合金下框必须有泄水孔。

(8) 外墙找平层、防水层施工时，基层应充分润湿，并分层抹压。

8.1.4.3 厕浴间防水

厨房、厕浴间由于施工面积小、孔洞多、地形复杂、水量多，因而历来是防水界的难题，稍有不慎就会造成渗漏，而其渗漏点不单单在地面，墙面也经常发现渗潮现象。厨房、厕浴间的防水与屋面、地下室建筑防水问题同等重要，而且更有直观感受。

(1) 防水的特点：

1) 一般公用的厨房、厕浴间面积稍大一些，但住宅的厨房、厕浴间面积均较小，而且构造比较复杂；

2) 管道多（指给排水、冷热水、供暖管道），平立面连接拐角多，卫生设施多（指大便器、小便池、面盆、淋浴或洗澡盆），及排水地漏等或厨房间的所需管道、排水口、橱柜等均集中在独立的房间里；

3) 日常洗浴，房间带水环境特殊；

4) 防水施工作业面小，费时、费工、费料，必须精心作业；

5) 防水层尽量整体防水、无接缝。

(2) 厕浴间防水层有防水砂浆刚性防水及柔性防水两种做法。经实践证明，以涂膜防水代替各种卷材防水，尤其采用聚氨酯涂料或氯丁胶乳沥青涂料做成的涂料防水层，可以使厕浴间的地面和墙面形成一个封闭良好、具有一定弹性的整体防水层，从而确保厕浴间防水工程的质量。图 8-23 为厕浴间涂料防水的构造。

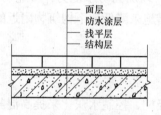

面层
防水涂层
找平层
结构层

图 8-23 厨房、厕浴间涂料防水的构造

(3) 使用的材料及要求。高分子益胶泥属水泥基高分子聚合物复合防水材料，粘接强度高、抗渗力强、耐水性能好、耐热、耐冻融、耐老化、施工适应性广，能在潮湿平面和立面上作业，它具有无机和有机复合网络结构，耐冲击，是近年来普遍使用的一种高性能、多功能，厨房、厕浴间防水材料。

其操作方法及要求如下：

1) 基层处理：

① 基层必须平整、牢固，无空鼓起壳，无裂缝。

② 基层必须清洁，施工时需将基层上的浮灰、污垢清洗干净。

③ 基层的泛水坡应在 2％以上，不得局部积水。

2) 灰浆配制、使用。不加任何助剂，用水搅拌均匀成厚糊状，不得有生粉团。

3) 防水层施工。在冲洗干净的基层上稍用劲刮涂上高分子益胶泥灰浆。

8.1.4.4 地下室防水

地下室是房屋建筑的组成部分，常埋设在地下或水下。当地下水位高于地下室底板时，在水压作用下，地下水会渗透到室内，容易使地下室潮湿和渗水。渗透作用随着水位、水压增加而增加，这就要求地下室防水措施较之房屋屋面有更高的要求。

地下室防水工程按防水要求的严格程度划分为 4 级，按《地下防水工程质量验收规范》，各级的标准应符合表 8-3 的规定。在进行地下室防水工程设计时，根据防水等级采用各种防水方法中的一种或同时采用两种方法来防止渗漏。

地下工程防水等级标准

表 8-3

防水等级	标　　准
1级	不允许渗水，结构表面无湿渍
2级	不允许漏水，结构表面可有少量湿渍 工业与民用建筑：湿渍总面积不大于总防水面积的 1‰，单个湿渍面积不大于 0.1m²，任意 100m² 防水面积不超过 1 处 其他地下工程：湿渍总面积不大于总防水面积的 6‰，单个湿渍面积不大于 0.2m²，任意 100m² 防水面积不超过 4 处
3级	有少量漏水点，不得有线流和漏泥砂 单个湿渍面积不大于 0.3m²，单个漏水点的漏水量不大于 2.5L/d，任意 100m² 防水面积不超过 7 处
4级	有漏水点，不得有线流和漏泥砂 整个工程平均漏水不大于 2L/(m²·d)，任意 100m² 防水面积的平均漏水量不大于 4L/(m²·d)

地下工程的防水方案有三大类，一是防水混凝土防水（包括地下室墙身和底板），即依靠防水混凝土本身的抗渗性和密实性来进行防水，如普通防水混凝土或在结构层材料内掺加各类防水剂等；二是在结构的外侧（或内侧）加防水层，以加强防水能力，如卷材、涂膜等；三是渗排水设施防水，利用设置盲沟、渗排水层等措施来降低地下构筑物附近的水位以达到防水目的。

8.1.4.5 防水混凝土

防水混凝土分为普通防水混凝土和掺外加剂的防水混凝土。

（1）普通防水混凝土。普通防水混凝土是通过改善材料级配、控制水灰比来提高混凝土本身的密实性，减少混凝土中的孔隙和毛细孔道，以控制地下水对混凝土的渗透。

普通防水混凝土可以起到承重、围护、防水三重作用；但不宜承受振动和冲击、高温或腐蚀作用，当构件表面温度高于 100℃ 或混凝土的耐腐蚀系数小于 0.8 时，必须采取隔热、防腐措施。

普通防水混凝土的材料要求：

1）水泥。在不受侵蚀性介质和冰冻作用时，可采用普通硅酸盐水泥或火山灰质、粉煤灰硅酸盐水泥。水泥强度等级不低于 42.5，每立方米水泥用量不得少于 330kg。不得使用过期、受潮、品种或等级混杂以及含有害杂质的水泥。

2）石子。应采用质地坚硬、形状整齐的天然卵石或人工破碎的碎石，不宜采用石灰岩。最大粒径不宜大于 40mm；针片状颗粒含量按重量计不大于 15%；含泥量不大于 1%；吸水率不大于 1.5%。

3）砂。采用天然河砂、山砂或海砂；其平均粒径须大于 0.3mm；砂中含泥量不得大于 3%。

4）水。使用能饮用的自来水或洁净的天然水。不得使用含有害杂质的水或海水。

5）配合比设计。水灰比为 0.45～0.6，坍落度不小于 80mm；砂率以 35%～40% 为宜，灰砂比在 1：2～2.5 之间；石子空隙率若大于 45% 时，宜调整石子级配；砂、石混合堆积密度应大于 2000kg/m³。

（2）掺外加剂的防水混凝土。掺外加剂的防水混凝土是利用外加剂填充混凝土内微小孔隙和隔断毛细通路，以消除混凝土渗水现象，达到防水的目的。配制时，按所掺外加剂种类不同分为：加气剂防水混凝土、三乙醇胺防水混凝土、氯化铁防水混凝土等；还有一种外加剂在混凝土中起长效的膨胀作用，以补偿混凝土不断硬化结晶时的体积收缩和温度引起的收缩，称补偿收缩混凝土；此外加剂常为微膨胀剂，具有较好的防水能力。

（3）防水混凝土的施工要点。

1）编制施工方案，搞好工艺控制。

2）施工作业面保持干燥，施工排水措施可靠有效。

3）模板表面平整，拼缝严密，吸水性小。

4）普通防水混凝土搅拌时间不得少于 2min，坍落度不大于 50mm；掺外加剂的防水混凝土搅拌时间不得少于 3min，坍落度不大于 80mm。运输路途较远、气温较高时，可掺入缓凝剂。

5）混凝土入模时，自由下落的高度不能超过 1.5m；钢筋密集、模板窄深时，应在模板侧面预留浇灌口；分层浇筑，每层厚度不超过 1m。

6）应不留或少留施工缝，必须留施工缝时应按图 8-24 所示的方法留缝。继续浇筑时，表面应凿毛、扫净、湿润，用相同水灰比的水泥砂浆先铺一层再浇灌混凝土。

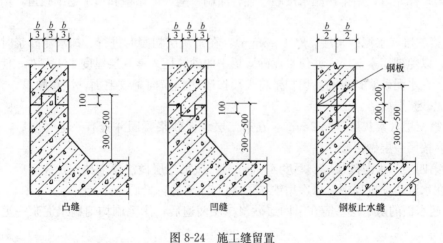

图 8-24 施工缝留置

7）混凝土振捣要密实，插点间距不得超过振捣棒作用半径的 1.5 倍，不得漏振和欠振，应以振捣混凝土表面泛浆无气泡为准。

8）混凝土初凝后，应覆盖浇水养护 14d 以上。

9）拆模后出现蜂窝麻面时，应及时采用 1：2～1：2.5 的水泥砂浆进行修补。在拆除模板并对混凝土修整后及时回填土。

8.1.4.6 刚性抹面防水层

刚性抹面防水层是构造性防水方法之一。它附着在结构主体表面上，作为独立的防水层，也可作为结构防水的加强防水层。刚性抹面防水层利用工艺上交替抹压均匀密实，与结构主体表面牢固地结合而成为坚硬、封闭的整体。因此，适用于地下承受一定的静水压力的混凝土、钢筋混凝土及砖砌体等结构的防水。

常见的刚性防水屋面构造形式有以下几种：在预制板上做刚性防水层；整体现浇刚性防水层；整体现浇层上做防水砂浆层等。

（1）刚性抹面防水层的施工要求。

1）施工前，降低地下水位，排除作业面积水，露天作业要防晒防雨。

2）所用的水泥、砂、水的要求，与普通防水混凝土的要求相同。

3）砂浆配制。配比为 1∶1、1∶2、1∶2.5，搅拌好的砂浆不宜存放过久，当气温在 20～35℃时，存放时间不宜超过 30min。

4）基层处理。混凝土基层应有较粗糙平整的毛面，必要时，要进行凿毛、清理、整平。

5）基层处理后，应先浇水，再抹防水砂浆。混凝土基层提前 1d 浇水，砖砌体基层提前 2d 开始浇水，使基层表面吸水饱和。

（2）刚性抹面防水层的做法。

防水层的施工顺序，一般是先抹顶板，再抹墙体，后抹地面。

1）混凝土顶板与混凝土墙面的操作方法。

① 第一层（素灰层、厚 2mm）：素灰层分两层抹成。先抹 1mm 厚，用铁抹子用力往返刮抹，使素灰层填实混凝土表面的空隙并抹刮均匀；随即再抹 1mm 厚找平，找平层厚度要均匀；抹完后，用排刷蘸水按顺序轻轻涂刷一遍，以堵塞和填平毛细孔道，增加不透水性。

② 第二层（水泥砂浆层、厚 4～5mm）：在素灰层初凝时进行。抹水泥砂浆时，应轻轻抹压，以免破坏素灰层，并使水泥砂浆层中的砂粒压入素灰层厚度 1/4 左右，使两层结合牢固。在水泥砂浆初凝前，用扫帚将表面按顺序扫横向条纹毛面，注意顺单一方向扫，防止水泥砂浆层脱落。

③ 第三层（素灰层、厚 2mm）：在第二层水泥砂浆凝固并具有一定强度后，适当浇水湿润，按第一层做法操作。

④ 第四层（水泥砂浆层、厚度 4～5mm）：按第二层做法要求抹压，抹完后，不扫条纹，而在水分蒸发过程中，分次用铁抹子抹压 5～6 遍，最后压光。

⑤ 迎水面的防水层，需在第四层砂浆抹压两遍后，用毛刷均匀刷水泥浆一道，然后压光。

2）混凝土地面防水层做法。

第一层，将素灰倒在地面上，用地板刷往返用力涂刷均匀，使素灰填实混凝土表面的空隙；其余各层做法同混凝土墙面，施工顺序应由里向外。

当防水层表面需要贴瓷砖或其他面层时，要在第四层抹压 3～4 遍后，用刷子扫成毛面，待凝固后，按设计要求进行饰面的施工。

转角处的防水层，均应抹成圆角；防水层的施工缝，不论留在地面或墙面上，均须离开转角处 300mm 以上；施工缝需留阶梯形槎，槎子的层次要清楚，每层留槎相距 40mm 左右，接槎时应先在阶梯槎上均匀涂刷水泥浆一层，然后再依照层次搭接。

3）刚性抹面防水层的养护。加强养护是保证防水层不出现裂纹，使水泥能充分水化而提高不透水性的重要措施。养护要掌握好水泥的凝结时间，一般终凝后，防水层表面泛白时，即可洒水养护，开始时必须用喷壶慢慢洒水，待养护 2～3d 后，方可用水管浇水养护。

在夏季施工，应避免在中午最热时浇水养护，否则会造成开裂现象。当阳光直接照射时，须在抹面层覆毡毯、草帘、塑料膜或喷养护剂等进行养护，以免防水层过早脱水而产生裂纹。

对于易风干的部位，应每隔 2～3h 浇水一次，经常保持面层湿润，养护期为 14d。

8.1.4.7 合成高分子卷材防水

合成高分子防水卷材主要包括三元乙丙—丁基橡胶防水卷材、氯化聚乙烯—橡胶共混防水卷材、氯化聚乙烯防水卷材、聚氯乙烯防水卷材等，一般采用冷粘法施工。

地下室防水多采用整体全外包防水做法，在外包防水中又有两种施工方法即"外防外贴法"和"外防内贴法"。

（1）外防外贴法。外防外贴法是待结构边墙（钢筋混凝土结构外墙）施工完成后，直接把卷材防水层贴在边墙上（即地下结构墙迎水面），最后作卷材防水层的保护层。施工顺序如下：

1）先粘结平面与立面的阴角部位附加层卷材或积水坑池阴（阳）角的附加层卷材。附加层卷材宽度一般为 300～500mm。用滚刷蘸满胶粘剂均匀涂刷阴阳角的粘结部位并凉胶。同时在附加层卷材背面亦涂满胶粘剂晾干。以指触基本不粘手时即可粘结，粘结必须紧贴阴（阳）角，不得空鼓。

2）平面与立面相连接的卷材，应先铺贴平面，然后由下向上铺贴。施工时要防止在阴角处进行卷材接缝处理，接缝部位必须距阴角中心 200mm 以上。

3）每铺完一幅卷材后，立即用干净松软的长把滚刷从卷材一端开始朝横方向顺序用力滚压一遍，排除卷材与基层之间的空气，使其粘结牢固。

4）卷材接缝粘结。合成高分子防水卷材搭接宽度用满粘时短边搭接或长边搭接的宽度均为 80mm，用条粘等粘结时短边或长边搭接宽度均为 100mm。

将专用胶粘剂均匀涂刷在翻开的卷材接头的两个接头的两个粘结面上，涂胶后 20min 左右，指触基本不粘手时即可粘结，边压合边驱除空气，粘合后再用手压辊滚压一遍。

5）密封膏嵌缝。凡卷材搭接处的沿缝，均应填充增强密封膏。缝隙须嵌填严密。

6）卷材接缝盖口条处理。再接缝嵌填密封膏后，再裁剪 120mm 宽的卷材，用卷材接缝胶粘贴再接缝之上，做补强附加层盖口条处理。同样用手持压辊滚压粘牢，盖口条的两侧边缘用增强密封膏再嵌填密实。

7）铺设油毡保护隔离层。卷材防水层铺设完毕，经全面检查验收合格后，对基层的平面部位，可在卷材防水层的表面上，虚铺一层石油沥青纸胎油毡做保护隔离层，铺设时可用少许胶粘剂（如 404 胶等）花粘固定，油毡接缝粘牢。保护隔离层的作用是防止卷材防水层在浇筑细石混凝土时发生位移。

8）浇筑细石混凝土刚性保护层。油毡保护隔离层铺设后，对平面部位可浇筑 40～50mm 厚的细石混凝土保护层。浇筑混凝土时，切勿损坏油毡和卷材防水层，如有损坏，必须及时用接缝专用胶粘剂补一块卷材进行修复后继续浇筑细石混凝土。

9）绑扎钢筋和浇筑结构混凝土。在细石混凝土刚性保护层养护固化后，即可按照施工和验收规范或设计要求绑扎钢筋和浇筑结构混凝土底板与墙体。

10）结构混凝土施工缝的处理与防水混凝土施工缝的处理方法相同。

11）外墙防水层及保护层的施工。对于地下室外墙的防水层，可将卷材直接粘贴在平整干燥的钢筋混凝土结构外墙的外侧，防水层的施工方法与平面做法基本相同。外墙防水层经检查验收合格后，可直接在卷材防水层的外侧，粘贴5～6mm厚的聚乙烯泡沫塑料片材，粘贴方法是采用氯丁橡胶系胶粘剂或其他胶粘剂花粘固定。也可以用40mm厚聚苯乙烯泡沫塑料板代替聚乙烯泡沫塑料，但胶粘剂应采用聚醋酸乙烯乳液代替氯丁橡胶系胶粘剂。

12）回填灰土。软保护层施工后，可根据设计要求或施工及验收规范的规定，在基坑内分步回填2∶8灰土分步夯实。

（2）外防内贴法。外防内贴法是结构边墙（钢筋混凝土结构外墙）施工前先砌保护墙，然后将卷材防水层贴在保护墙上，最后浇注边墙混凝土的方法。在施工条件受到限制、外防外贴法施工难以实施时，不得不采用外防内贴防水施工法。施工顺序如下：

1）在已浇筑的混凝土垫层和砌筑的永久性保护墙上，以1∶3的水泥砂浆抹找平层，要求抹平压光，无空鼓和起砂掉灰现象。

2）找平层干燥后，即可涂刷基层处理剂并铺贴卷材防水层，施工时应先铺贴立面后铺贴平面，其具体铺贴方法与外防外贴法基本相同。

3）卷材防水层铺贴完毕，经检查验收合格后，对墙体防水层的内侧可按外贴法所述粘贴5～6mm厚聚乙烯泡沫塑料片材作保护层，平面可在虚铺油毡保护隔离层后，浇筑40～50mm厚的细石混凝土保护层。

4）按照施工及验收规范或设计要求，绑扎钢筋和浇筑需要防水的混凝土主体结构。对基坑应及时回填2∶8灰土，分步夯实。

8.1.5 名词解释

8.1.5.1 瓦、型材屋面

（1）瓦屋面：用平瓦（如黏土瓦等），根据防水、排水要求，将瓦相互排列在挂瓦条或其他基层上的屋面叫瓦屋面。

（2）屋脊：两斜屋面相交形成的一条隆起的棱脊叫屋脊；按脊的类型不同，又分正脊、山脊和斜脊。屋面的正脊又叫瓦面的大脊、平脊，是指与两端山墙尖同高，且在同一直线上的水平屋脊。山脊又叫梢头，是指在山墙上的瓦脊或用砖砌成的山脊。斜脊是指四面坡折角处的阳脊。

（3）延尺系数：又称屋面系数，是指屋面斜长度或斜面积与水平宽度或面积的比例系数。隅延尺系数又称斜屋脊系数，是指斜脊长度与水平宽度的比例系数。

（4）水泥瓦：用水泥、砂子加水拌和均匀加工成型，经养护而成的片材叫水泥瓦。

（5）黏土瓦：指用黏土、页岩等原料，经成型、干燥、焙烧而成的片材。其形状与水泥瓦相同。

（6）琉璃瓦：传统建筑材料之一，用陶土烧制的表面施"釉"的瓦称为琉璃瓦，如图8-25。

（7）板瓦：横截面为1/6～1/4圆弧的瓦，有黏土烧制和琉璃两种。黏土烧制的一般有大小口即一端略宽，一端略窄；琉璃制的一般无大小口（图8-25）。

(8) 筒瓦：横截面为半圆弧形的瓦，有黏土烧制和琉璃两种（图8-25）。

(9) 滴水瓦：清式名称，又称滴水、滴子，筒瓦屋面用于檐头的第一块带有如意状滴水头的底瓦，宋代称其为垂尖华头（图8-25）。

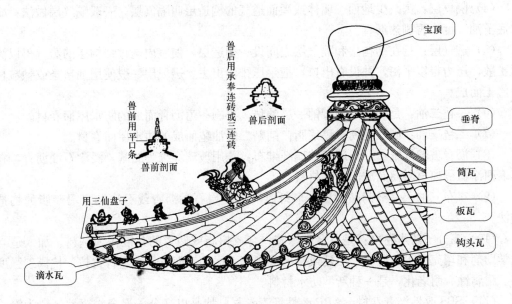

图 8-25　琉璃瓦屋面

(10) 勾头瓦：又称勾头或猫头，筒瓦屋面用于檐头的第一块带有瓦当的盖瓦，宋代称其为华头筒瓦（图8-25）。

(11) 脊瓦：覆盖屋脊的瓦叫脊瓦。有人字形、马鞍形和圆形三种，长度在300～450mm，宽度为180～230mm。有黏土、水泥和石棉之分。

(12) 石棉瓦：石棉瓦亦称石棉水泥瓦，是用石棉和水泥为主要原料制成的波形轻型板材。可分为小波、中波和大波。

(13) 玻璃钢波纹瓦：是以玻璃纤维布和不饱和聚酯树脂为原料，加工而成的轻型屋面材料。

(14) 塑料波纹瓦：是以PVC树脂为原料加入其他配合剂，经塑化、挤压成型制成的轻型屋面材料。

(15) 彩钢压型板屋面：是以镀锌钢板为主要材料，经轧制并敷以防腐耐蚀涂层与彩色烤漆而制成的轻型屋面材料。

(16) 彩钢压型夹心板屋面：是由两层钢板，中间加硬质聚氨酯泡沫，通过辊轧、发泡、黏结，一次成型的轻型屋面材料。

(17) 膜结构：也称索膜结构，是一种以膜布与支撑（柱、网架等）和拉结构（拉杆、钢丝绳等）组成的屋盖、篷顶结构。

8.1.5.2　屋面防水

(1) 柔性防水屋面：是以沥青、油毡等柔性材料铺设和粘结的屋面防水层，或以高分子合成材料为主体的材料涂布于屋面形成的防水层，叫柔性防水屋面。

(2) 刚性防水屋面：是以细石混凝土、防水水泥砂浆等刚性材料作为屋面防水层的，叫刚性防水屋面。

(3) 石油沥青玛琋脂：是一种改良性的沥青胶液，作为粘贴沥青卷材和防水防腐的涂刷层用料。

(4) 隔气层：为减少地面、墙体或屋面透气的构造层叫隔气层。一般隔气层做法：刷冷底子油一度，再刷热沥青。

(5) 透气层：指在结构层和隔气层之间设一构造层，使室内透过结构层的蒸汽得以流通扩散，压力得以平衡，并设有出口，把余压排泄出去。透气层一般使用油毡条或颗粒材料施工而成。

(6) 一毡二油：是刷一道沥青铺一层油毡，再刷一道沥青而成的防水屋面卷材。

(7) 二毡三油：刷三道沥青玛琋脂，铺贴二层油毡而成的防水屋面卷材。

(8) 沥青玻璃纤维布、玛琋脂玻璃纤维布：是用玻璃纤维为胎基，浸涂石油沥青，在其表面涂撒隔离材料而制成的防水材料。

(9) 二布三油：是指铺贴两层玻璃纤维布、三层石油沥青或石油沥青玛琋脂的构造做法。

(10) 高分子防水卷材：是以合成橡胶、合成树脂或两者的共混体为基料，加入适当化学助剂和填充料等经混炼、压延或挤出成型等工序加工而成。该卷材抗拉、抗撕裂强度高、耐腐蚀、耐老化，是一种新型防水材料。

(11) SBS 改性沥青卷材、APP 改性沥青卷材：均是以高分子聚合物改性沥青为涂盖层，以纤维织物为胎体，表面散布粉状、粒状、片状等覆盖材料而制成的可卷曲状防水材料。

(12) 氯化聚乙烯·橡胶共混卷材：是以高分子材料氯化聚乙烯与合成橡胶混合而制成的卷材。

(13) 氯丁橡胶片止水带：是指胶结材料以氯丁橡胶胶粘剂为主要材料，掺入固化剂、稀释剂等配制而成。

(14) 水乳型普通乳化沥青涂料：是将石油沥青在乳化剂水溶液的作用下，通过乳化机强烈搅拌分散成细粒状，形成乳化液。涂在基层上，水分蒸发，沥青颗粒凝聚成膜，形成稳定均匀的防水层。

(15) 水乳型再生胶沥青聚酯布防水涂料：是以阴离子型再生胶乳和沥青乳液混合而成，为黑色黏稠乳状液。

(16) 再生橡胶卷材冷贴满铺：铺贴卷材前，基层满涂聚氨酯甲乙料，基层与卷材间粘结剂采用氯丁橡胶胶粘剂，卷材搭接采用氯丁橡胶胶粘剂，接缝处采用嵌缝油膏。

(17) 水乳型水性石棉质沥青涂料：是以石油沥青为基料，以石棉纤维为增强料，在水溶液作用下，通过强烈搅拌分散而形成的防水层。

(18) 一布二涂：是指配一层玻璃纤维布做增强材料，涂刷二层水性石棉质沥青，保护层采用石棉质沥青加水泥的施工做法。

(19) 二布三涂：是指贴二层聚酯布，涂刷三层乳化沥青，最后两遍涂刷时掺入水泥做保护层的施工做法。

8.1.5.3 屋面孔道

(1) 屋面上人孔：为维修和检查屋面而设置的屋面孔叫屋面上人孔，有镀锌薄钢板包镶的木盖。

（2）房上烟囱：指为排除室内炉灶烟雾高出屋面部分的砌体叫房上烟囱。

（3）风帽底座：支承通风帽的底座叫风帽底座。

（4）风道：用于空气流通，排除室内废气的通风孔道。厕所内往往设有风道，排除废气。采用混凝土、砖、玻璃钢、镀锌板等材料砌筑而成。

（5）屋顶小气窗：为通风换气，而在屋顶设置的突出屋面的窗叫屋顶小气窗。

（6）出气孔：为预防卷材与屋面基层之间粘不实，或有水分、水汽存在，遇高温气体膨胀产生气泡，造成渗水隐患，而在保护层或找平层上设的排气道叫出气孔。一般设在房屋开间轴线上或屋脊高处。

（7）通风洞：为室内空气畅通，在檐口天棚上设置的小洞叫通风洞。

8.1.5.4　屋面排水

（1）天沟：屋面上的排水沟。在两个坡屋面相交处或坡屋面与墙面相交处设置的排水沟。

（2）檐沟：屋面檐口处设置的排水沟，常用 24 号或 26 号镀锌薄钢板制成。

（3）斜沟：又称窝角沟，在屋面阴角转角处（窝角）形成的排水沟。

（4）内檐沟：设有女儿墙的檐口叫内檐沟，檐沟设在外墙内侧，并在女儿墙上每隔一段距离设雨水口，使檐沟内的水经雨水口流入雨水管中。

（5）外檐沟：在女儿墙外设置的檐沟叫外檐沟，使雨水顺屋面坡度直接通至女儿墙外檐沟，流向水落管内。

（6）水落管：亦称雨水管、落水管，是引泄屋面雨水至地面的竖管。设置在墙外的叫明管，设置在墙内的叫暗管。常用镀锌薄钢板、石棉水泥、铸铁、玻璃钢、塑料管做成。

（7）水斗：雨水管上部漏斗形的配件叫水斗。

（8）雨水口：是指水落管排水系统汇集屋面水的设施。

（9）下水口：亦称泄水口，指水落管下端的出水口。

（10）泛水：亦称返水，指防水屋面与垂直墙面交接处做的防水处理。

（11）滴水：屋面雨水脱离屋檐下落处，叫滴水。

（12）盖缝：指屋面上有伸缩缝设施，为防止雨水从缝中流入而在缝上以木板、镀锌薄钢板等防水材料做成的盖缝。

（13）薄钢板咬口：是指薄钢板接头处的拉接方式。有单咬口和双咬口之分。

8.2　工程量计算规范与计价办法相关规定

屋面及防水工程共分 4 个分部工程，即瓦、型材及其他屋面，屋面防水及其他，墙面防水、防潮，楼（地）面防水、防潮。适用于建筑物屋面和墙、地面防水工程。

计量规范与计价规则相关规定的共性问题的说明如下：

（1）瓦屋面、型材屋面、阳光板屋面、玻璃钢屋面的柱、梁、屋架，按金属结构工程和木结构工程中相关项目编码列项。

（2）屋面找平层按楼地面装饰工程"平面砂浆找平层"项目编码列项

（3）墙面找平层墙、柱面装饰与隔断工程"立面砂浆找平层"项目编码列项

(4) 楼（地）面防水找平层按楼地面装饰工程"平面砂浆找平层"项目编码列项。

8.2.1 瓦、型材及其他屋面（编码：010901）

《房屋建筑与装饰工程工程量计算规范》GB 50854—2013 附录 J.1 瓦、型材及其他屋面项目包括瓦屋面、型材屋面、阳光板屋面、玻璃钢屋面、膜结构屋面，见表 8-4。

瓦及型材屋面（编码：010901）   表 8-4

项目编码	项目名称	项目特征	计量单位	工程量计算规则	工程内容
010901001	瓦屋面	①瓦品种、规格 ②粘结层砂浆的配合比	m²	按设计图示尺寸以斜面积计算，不扣除房上烟囱、风帽底座、风道、小气窗、斜沟等所占面积，小气窗的出檐部分不增加面积	①砂浆制作、运输、摊铺、养护 ②安瓦、作瓦脊
010901002	型材屋面	①型材品种、规格 ②金属檩条材料品种、规格 ③接缝、嵌缝材料种类			①檩条制作、运输、安装 ②屋面型材安装 ③接缝、嵌缝
010901003	阳光板屋面	①阳光板品种、规格 ②骨架材料品种、规格 ③接缝、嵌缝材料种类 ④油漆品种、刷漆遍数		按设计图示尺寸以斜面积计算。不扣除屋面面积≤0.3m² 孔洞所占面积	①骨架制作、运输、安装、刷防护材料、油漆 ②阳光板安装 ③接缝、嵌缝
010901004	玻璃钢屋面	①玻璃钢品种、规格 ②骨架材料品种、规格 ③玻璃钢固定方式 ④接缝、嵌缝材料种类 ⑤油漆品种、刷漆遍数			①骨架制作、运输、安装、刷防护材料、油漆 ②玻璃钢制作、安装 ③接缝、嵌缝
010901005	膜结构屋面	①膜布品种、规格 ②支柱（网架）钢材品种、规格 ③钢丝绳品种、规格 ④锚固基座做法 油漆品种、刷漆遍数		按设计图示尺寸以需要覆盖的水平面积计算	①膜布热压胶接 ②支柱（网架）制作、安装 ③膜布安装 ④穿钢丝绳、锚头锚固 ⑤锚固基座、挖土、回填 ⑥刷防护材料、油漆

8.2.1.1 瓦屋面

(1) 瓦屋面项目适用于小青瓦、筒瓦、黏土平瓦、水泥平瓦、西班牙瓦、英红瓦、三曲瓦、琉璃瓦等。

(2) 瓦屋面，若是在木基层上铺瓦，项目特征不必描述粘结层砂浆的配合比，瓦屋面铺防水层，按屋面防水及其他中相关项目编码列项。

8.2.1.2 型材屋面

(1) 型材屋面项目适用于彩钢压型钢板、彩钢压型夹心板、石棉瓦、玻璃钢波纹瓦、塑料波纹瓦、镀锌铁皮屋面等。型材屋面的钢檩条或木檩条以及骨架、螺栓、挂钩等应包括在报价内。

(2) 型材屋面表面需刷油漆时，应按"油漆、涂料、裱糊工程"中相关项目编码列项。

(3) 型材屋面的檩条需刷防火涂料时，可按相关项目单独编码列项，也可包括在型材屋面项目报价内。

8.2.1.3 膜结构屋面

"膜结构屋面"项目适用于膜布屋面。应注意：

（1）工程量的计算按设计图示尺寸以需要覆盖的水平投影面积计算，如图 8-26 所示。

（2）支撑和拉固膜布的钢柱、拉杆、金属网架、钢丝绳、锚固的锚头等应包括在报价内。

（3）支撑柱的钢筋混凝土的柱基、锚固的钢筋混凝土基础、地脚螺栓、挖土、回填等，应包括在报价内。

8.2.2 屋面防水及其他（编码：010902）

《房屋建筑与装饰工程工程量计算规范》GB 50854—2013 附录 J.2 屋面防水及其他项目包括屋面卷材防水、屋面涂膜防水、屋面刚性防水、屋面排水管、屋面排（透）气管、屋面（廊、阳台）吐水管、屋面天沟檐沟、屋面变形缝，见表 8-5。

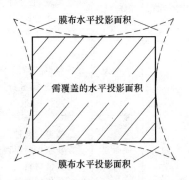

图 8-26 膜结构屋面工程量计算图

屋面防水及其他（编码：010902） 表 8-5

项目编码	项目名称	项目特征	计量单位	工程量计算规则	工程内容
010902001	屋面卷材防水	①卷材品种、规格、厚度 ②防水层数 ③防水层做法	m²	按设计图示尺寸以面积计算 ①斜屋顶(不包括平屋顶找坡)按斜面积计算，平屋顶按水平投影面积计算 ②不扣除房上烟囱、风帽底座、风道、屋面小气窗和斜沟所占面积 ③屋面的女儿墙、伸缩缝和天窗等处的弯起部分，并入屋面工程量内	①基层处理 ②刷底油 ③铺油毡卷材、接缝
010902002	屋面涂膜防水	①防水膜品种 ②涂膜厚度、遍数 ③增强材料种类			①基层处理 ②刷基层处理剂 ③铺布、喷涂防水层
010902003	屋面刚性层	①刚性层厚度 ②混凝土材料种类 ③混凝土强度等级 ③嵌缝材料种类 ④钢筋规格、型号		按设计图示尺寸以面积计算，不扣除房上烟囱、风帽底座、风道等所占面积	①基层处理 ②混凝土制作、运输、铺筑、养护 ③钢筋制安
010902004	屋面排水管	①排水管品种、规格 ②雨水斗、山墙出水口品种、规格 ③接缝、嵌缝材料种类 ④油漆品种、刷漆遍数	m	按设计图示尺寸以长度计算。如设计未标注尺寸，以檐口至设计室外散水上表面垂直距离计算	①排水管及配件安装、固定 ②雨水斗、山墙出水口、雨水篦子安装 ③接缝、嵌缝 ④刷漆
010902005	屋面排(透)气管	①排(透)气管品种、规格 ②接缝、嵌缝材料种类 ③油漆品种、刷漆遍数		按设计图示尺寸以长度计算。	①排(透)气管及配件安装、固定 ②铁件制作、安装 ③接缝、嵌缝 ④刷漆

续表

项目编码	项目名称	项目特征	计量单位	工程量计算规则	工程内容
010902006	屋面(廊、阳台)泄(吐)水管	①吐水管品种、规格 ②接缝、嵌缝材料种类 ③吐水管长度 ④油漆品种、刷漆遍数	根/个	按设计图示数量计算	①水管及配件安装、固定 ②接缝、嵌缝 ③刷漆
010902007	屋面天沟、檐沟	①材料品种、规格 ②接缝、嵌缝材料种类	m²	按设计图示尺寸以展开面积计算	①天沟材料铺设 ②天沟配件安装 ③接缝、嵌缝 ④刷防护材料
010902008	屋面变形缝	①嵌缝材料种类 ②止水带材料种类 ③盖缝材料 ④防护材料种类	m	按设计图示以长度计算	①清缝 ②填塞防水材料 ③止水带安装 ④盖缝制作、安装 ⑤刷防护材料

8.2.2.1 屋面卷材防水

屋面卷材防水项目适用于利用胶结材料粘贴卷材进行防水的屋面。其中：

（1）基层处理（清理修补、刷基层处理剂）等应包括在报价内。

（2）屋面防水搭接及檐沟、天沟、水落口、泛水收头、变形缝等处的卷材附加层应包括在报价内。

（3）浅色、反射涂料保护层、绿豆砂保护层、细砂、云母及蛭石保护层应包括在报价内。

（4）水泥砂浆保护层、细石混凝土保护层可包括在报价内，也可按相关项目编码列项。

8.2.2.2 屋面涂膜防水

屋面涂膜防水项目适用于厚质涂料、薄质涂料和有加增强材料或无加增强材料的涂膜防水屋面。其中：

（1）基层处理（清理修补、刷基层处理剂等）应包括在报价内。

（2）需加强材料的应包括在报价内。

（3）檐沟、天沟、水落口、泛水收头、变形缝等处的附加层材料应包括在报价内。

（4）浅色、反射涂料保护层、绿豆砂保护层、细砂、云母、蛭石保护层应包括在报价内。

（5）水泥砂浆、细石混凝土保护层可包括在报价内，也可按相关项目编码列项。

8.2.2.3 屋面刚性防水

屋面刚性防水项目适用于细石混凝土、补偿收缩混凝土、块体混凝土、预应力混凝土和钢纤维混凝土等刚性防水屋面。其中，刚性防水屋面的分格缝、泛水、变形缝部位的防水卷材、密封材料、背衬材料、沥青麻丝等应包括在报价内。

屋面刚性层防水，按屋面卷材防水、屋面涂膜防水项目编码列项；屋面刚性层无钢筋，其钢筋项目特征不必描述。

8.2.2.4 屋面排水管

屋面排水管项目适用于各种排水管材（镀锌铁皮、石棉水泥管、塑料管、玻璃钢管、铸铁管、镀锌钢管等)。其中,排水管、雨水口、箅子板、水斗等应包括在报价内,埋设管卡箍、裁管、接嵌缝应包括在报价内。

8.2.2.5 屋面天沟、檐沟

屋面天沟、檐沟项目适用于水泥砂浆天沟、细石混凝土天沟、预制混凝土天沟板、卷材天沟、玻璃钢天沟、镀锌铁皮天沟等,以及塑料檐沟、镀锌铁皮檐沟、玻璃钢天沟等。其中,天沟、檐沟固定卡件、支撑件应包括在报价内,天沟、檐沟的接缝、嵌缝材料应包括在报价内。

8.2.3 墙面防水、防潮(编码:010903)

《房屋建筑与装饰工程工程量计算规范》GB 50854—2013 附录 J.3 墙面防水、防潮项目包括墙面卷材防水、墙面涂膜防水、墙面砂浆防水(防潮)、墙面变形缝,见表 8-6。

墙面防水、防潮(编码:010903)　　　　　　表 8-6

项目编码	项目名称	项目特征	计量单位	工程量计算规则	工程内容
010903001	墙面卷材防水	①卷材品种、规格、厚度 ②防水层数 ③防水层做法	m²	按设计图示尺寸以面积计算	①基层处理 ②刷粘结剂 ③铺防水卷材 ④接缝、嵌缝
010903002	墙面涂膜防水	①防水膜品种 ②涂膜厚度、遍数 ③增强材料种类			①基层处理 ②刷基层处理剂 ③铺布、喷涂防水层
010903003	墙面砂浆防水(防潮)	①防水层做法 ②砂浆厚度、配合比 ③钢丝网规格			①基层处理 ②挂钢丝网片 ③设置分格缝 ④砂浆制作、运输、摊铺、养护
010903004	墙面变形缝	①嵌缝材料种类 ②止水带材料种类 ③盖缝材料 ④防护材料种类	m	按设计图示以长度计算	①清缝 ②填塞防水材料 ③止水带安装 ④盖板制作、安装 ⑤刷防护材料

8.2.3.1 墙面卷材防水

卷材防水、涂膜防水项目适用于地下室墙面、内外墙面等部位的防水。其中:

(1)墙面防水搭接及附加层用量不另行计算,在综合单价中考虑。

(2)刷基础处理剂、刷胶粘剂、胶粘防水卷材应包括在报价内。

(3)特殊处理部位(如管道的通道部位)的嵌缝材料、附加卷材衬垫等应包括在报价内。

(4)永久保护层(如砖墙等)应按相关项目编码列项。

8.2.3.2 墙面砂浆防水(防潮)

墙面砂浆防水(防潮)项目适用于地下室墙面、内外墙面等部位的防水防潮。防水、防潮层的外加剂应包括在报价内。

8.2.3.3　墙面变形缝

墙面变形缝项目适用于内外墙体等部位的抗震缝、温度缝（伸缩缝）、沉降缝。止水带安装、盖板制作和安装应包括在报价内。

墙面变形缝，若做双面，工程量乘系数2。

8.2.4　楼（地）面防水、防潮（编码：010904）

《房屋建筑与装饰工程工程量计算规范》GB 50854—2013 附录 J.3 楼（地）面防水、防潮项目包括楼（地）面卷材防水、楼（地）面涂膜防水、楼（地）面砂浆防水（防潮）、楼（地）面变形缝，见表 8-7。

墙、地面防水、防潮（编码：010904）　　　　　　　　　　　表 8-7

项目编码	项目名称	项目特征	计量单位	工程量计算规则	工程内容
010904001	楼（地）面卷材防水	①卷材品种、规格、厚度 ②防水层数 ③防水层做法 ④反边高度	m²	按设计图示尺寸以面积计算。 ①楼（地）面防水：按主墙间净空面积计算，扣除凸出地面的构筑物、设备基础等所占面积，不扣除间壁墙及单个面积≤0.3m²柱、垛、烟囱和孔洞所占面积 ②楼（地）面防水反边高度≤300mm 算作地面防水，反边高度>300mm 算作墙面防水	①基层处理 ②刷粘结剂 ③铺防水卷材 ④接缝、嵌缝
010904002	楼（地）面涂膜防水	①防水膜品种 ②涂膜厚度、遍数 ③增强材料种类 ④反边高度			①基层处理 ②刷基层处理剂 ③铺布、喷涂防水层
010904003	楼（地）面砂浆防水（防潮）	①防水层做法 ②砂浆厚度、配合比 ③反边高度			①基层处理 ②砂浆制作、运输、摊铺、养护
010904004	楼（地）面变形缝	①嵌缝材料种类 ②止水带材料种类 ③盖缝材料 ④防护材料种类	m	按设计图示以长度计算	①清缝 ②填塞防水材料 ③止水带安装 ④盖板制作、安装 ⑤刷防护材料

8.2.4.1　楼（地）面卷材防水

卷材防水、涂膜防水项目适用于基础、楼地面等部位的防水。其中：

（1）刷基础处理剂、刷胶粘剂、胶粘防水卷材应包括在报价内。

（2）特殊处理部位（如管道的通道部位）的嵌缝材料、附加卷材衬垫等应包括在报价内。

（3）永久保护层（如混凝土地坪等）应按相关项目编码列项。

（4）楼（地）面防水搭接及附加层用量不另行计算，在综合单价中考虑。

8.2.4.2　楼（地）面砂浆防水（防潮）

楼（地）面砂浆防水（防潮）项目适用于地下、基础、楼地面、屋面等部位的防水防潮。防水、防潮层的外加剂应包括在报价内。

8.2.4.3　变形缝

变形缝项目适用于基础、楼地面、屋面等部位的抗震缝、温度缝（伸缩缝）、沉降缝。止水带安装、盖板制作和安装应包括在报价内。

8.3 配套定额相关规定

8.3.1 定额说明

8.3.1.1 瓦屋面定额说明

（1）黏土瓦、水泥瓦屋面板或椽子挂瓦条上铺设项目，工作内容只包括铺瓦、安脊瓦，瓦以下的木基层要套用"木结构"有关项目。

（2）西班牙瓦、英红瓦，定额中工作内容包括调制砂浆、铺瓦、绑扎钢丝固定及清扫瓦面。脊瓦铺设均单列项目。

（3）设计屋面材料规格与定额规格（定额未注明具体规格的除外）不同时，可以换算，其他不变。屋面中瓦材的规格已列于相应的定额项目中，如果设计使用的规格与定额不同，可以调整。水泥瓦或黏土瓦若穿钢丝、钉元钉，每 $10m^2$ 增加 1.1 工日，镀锌低碳钢丝 22 号 0.35kg，元钉 0.25kg。

（4）定额中波纹瓦铺设，采用镀锌螺栓钩固定在钢檩条上，镀锌螺钉固定在木檩条上。其工作内容包括在檩条上铺瓦、安装脊瓦。

（5）彩钢压型板屋面，定额中工作内容包括：吊装檩条，每块屋面板用专用螺栓与檩条固定，两板侧向搭接处用铝拉铆钉连接，安装屋脊板等。檩条可以调整。

（6）彩钢压型板屋面檩条，定额按间距 1～1.2m 编制。设计与定额不同时，檩条数量可以换算，其他不变。

（7）石棉瓦屋面、镀锌薄钢板屋面，工作内容包括檩条上铺瓦、安脊瓦，但檩条的制作、安装不包括在定额内，制作及安装另套用相应项目。彩钢压型板屋面，檩条已包括在定额内，不另计算。

（8）屋面找平层，执行装饰工程楼地面找平相应子目。

8.3.1.2 木作构件定额说明

（1）木作构件是按机械和手工操作综合编制的。不论实际采用何种操作方法，均按本定额执行。定额木结构中的木材消耗量均包括后备长度及刨光损耗，使用时不再调整。

（2）屋面板厚度，定额中按 15mm 计算，如设计板厚不同则板材量可以调整，其他不变（木板材的损耗率平口为 4.4%，错口为 13%）。

（3）屋面板制作项目（5-8-9～5-8-12），不包括安装工料，它只作为檩木上钉屋面板、铺油毡挂瓦条项目（5-8-13、5-8-14）中的屋面板的单价使用。

8.3.1.3 刚性防水定额说明

6-2-6、6-2-7 素水泥浆和水泥砂浆掺入的无机盐铝防水剂，是一种淡黄色的油状液体，是水泥砂浆找平层的添加剂，可以降低找平层的透湿率。定额中素水泥浆考虑 1mm 厚，防水砂浆 20mm 厚，掺无机盐铝按水泥用量 10% 计入。

8.3.1.4 卷材防水定额说明

（1）一般屋面基层以上有找坡层、隔气层、保温层、找平层、防水层、隔热层等构造。在本章定额中，分别按各结构层的不同做法列了项目，使用时按设计做法分别套用。

(2) 本章定额中，不再区分防水部位，只按设计做法套用相应定额。

(3) 刚性防水中，分格嵌缝的工料已包括在定额内，不另套用。卷材防水中，卷材下找平层的嵌缝内容不包括在定额内，发生时按定额有关项目套用。

(4) 定额 6-2-5 防水砂浆 20mm 厚子目，仅适用于基础做水平防水砂浆防潮层的情况。

(5) 卷材防水中，防水薄弱处的附加层、卷材接缝、收头及冷底子油基层均包括在定额内，不再另套项目。

8.3.1.5 玻璃钢排水管定额说明

玻璃钢排水管规格取定两种，为 $\phi110 \times 1500$、$\phi160 \times 1500$。单屋面排水管管箍每根一个，检查口每 10m 一个，伸缩节每 9m 一个。屋面阳台雨水管每隔 2.8m 增加三通一个。

8.3.1.6 变形缝与止水带定额说明

(1) 定额中氯丁橡胶片止水带，胶结材料以氯丁橡胶胶粘剂为主要材料，掺入固化剂、稀释剂等配制而成。施工做法：先用乙酸乙酯刷洗涂刷位置，按粘贴宽度切割胶片，用氯丁胶将胶片粘贴于基面上；3~5d 后，经检查无空鼓、起泡现象后，再在氯丁胶片上涂胶铺砂。

(2) 定额中氯丁胶贴玻璃纤维布止水带，胶粘剂用氯丁胶浆、三异氰酸酯、稀释剂、水泥等配成。施工做法：先在干燥基面上刷底胶一层，缝上粘贴 350mm 宽一布二涂氯丁胶贴玻璃纤维布，缝中心粘贴 150mm 宽一布二涂氯丁胶贴玻璃纤维布，止水片干后，表面涂胶粘砂粒。若基层表面潮湿，应先涂刷一层环氧聚酰胺树脂作为底层胶粘剂。

8.3.1.7 防水定额说明

(1) 定额防水项目不分室内、室外及防水部位，使用时按设计做法套用相应定额。

(2) 卷材防水中的卷材接缝、收头、防水薄弱处的附加层及找平层的嵌缝、冷底子油基层等人工、材料，已计入定额中，不另行计算。

(3) 细石混凝土防水层，使用钢筋网时，按有关章节规定计算。

8.3.1.8 变形缝

变形缝包括建筑物的伸缩缝、沉降缝及防震缝，适用于屋面、墙面、地基等部位。缝口断面尺寸已列于定额说明中，若设计断面尺寸与定额取定不同，主材用量可以调整，人工及辅材不变。

8.3.1.9 地面防水

墙面防水及楼地面防水中上卷高度超过 500mm 的防水，要套用立面防水项目（含 500mm 以内部分）；其他部位的防水，如屋面（包括上卷）、楼地面（包括上卷高度 500mm 以下面积），均套用平面防水项目。

8.3.2 工程量计算规则

8.3.2.1 瓦屋面

(1) 各种瓦屋面（包括挑檐部分），均按设计图示尺寸的水平投影面积乘以屋面坡度系数，以平方米计算，不扣除房上烟囱、风帽底座、风道、屋面小气窗、斜沟和脊瓦等所占面积，屋面小气窗的出檐部分也不增加。

（2）琉璃瓦屋面的琉璃瓦脊、檐口线，按设计图示尺寸，以米计算。设计要求安装勾头（卷尾）或博古（宝顶）等时，另按个计算。

8.3.2.2 屋面分格缝、油膏嵌缝、变形缝

（1）屋面分格缝，按设计图示尺寸，以米计算。

（2）涂膜防水的油膏嵌缝，按设计图示尺寸，以米计算。

（3）变形缝与止水带，按设计图示尺寸，以米计算。

8.3.2.3 屋面防水

（1）屋面防水，按设计图示尺寸的水平投影面积乘以坡度系数，以平方米计算，不扣除房上烟囱、风帽底座、风道和屋面小气窗等所占面积。屋面的女儿墙、伸缩缝和天窗等处的弯起部分，按设计图示尺寸并入屋面工程量内计算。设计无规定时，伸缩缝、女儿墙的弯起部分按 250mm 计算，天窗弯起部分按 500mm 计算。

（2）本章定额中屋面防水，坡屋面工程量按斜铺面积加弯起部分；平屋面工程量按水平投影面积加弯起部分，坡度小于 1/30 的屋面均按平屋面计算。屋面（包括上卷）、楼地面（包括上卷高度不足 500mm 部分面积）均套用平面防水项目。

8.3.2.4 排水

（1）水落管、镀锌薄钢板天沟、檐沟，按设计图示尺寸，以米计算。

（2）水斗、下水口、雨水口、弯头、短管等，均以个计算。

8.3.2.5 地面防水、防潮层

（1）地面防水、防潮层按主墙间净面积，以平方米计算。扣除凸出地面的构筑物、设备基础等所占面积，不扣除柱、垛、间壁墙、烟囱以及单个面积在 0.3m² 以内的孔洞所占面积。

（2）在本章定额中，地面防水，包括地面、楼面、地下室地面的防水，均按主墙间的净空面积计算，扣除地面上的构筑物、设备基础外，柱、垛、间壁墙、烟囱及 0.3m² 以内的孔洞所占面积均不扣除。

8.3.2.6 墙基防水、防潮层

（1）墙基防水、防潮层，外墙按外墙中心线长度、内墙按墙体净长度乘以宽度，以平方米计算。

（2）墙基侧面及墙立面防水、防潮层，不论内墙、外墙，均按设计面积以平方米计算。

8.4 工程量计算主要技术资料

8.4.1 材料用量的调整

8.4.1.1 瓦屋面材料规格不同的调整公式

调整用量＝[设计实铺面积/（单页有效瓦长×单页有效瓦宽）]×（1＋损耗率） (8-1)

单页有效瓦长、单页有效瓦宽＝瓦的规格－规范规定的搭接尺寸 (8-2)

8.4.1.2 变形缝主材用量调整公式

$$调整用量＝（设计缝口断面积/定额缝口断面积）×定额用量 \tag{8-3}$$

变形缝断面定额取定：建筑油膏、聚氯乙烯胶泥 30mm×20mm，油浸木丝板 150mm×25mm，木板盖板 200mm×25mm，紫铜板展开宽 450mm，氯丁橡胶片宽 300mm，涂刷式氯丁胶贴玻璃纤维布止水片宽 350mm，其他均为 150mm×30mm。

8.4.1.3 整体面层调整量计算公式

整体面层的厚度与定额不同时，可按设计厚度调整用量。调整公式如下：

$$调整用量＝10m^2×铺筑厚度×（1＋损耗率） \tag{8-4}$$

损耗率：耐酸沥青砂浆为 1%；耐酸沥青胶泥为 1%；耐酸沥青混凝土为 1%；环氧砂浆为 2%；环氧稀胶泥为 5%；钢屑砂浆为 1%。

8.4.1.4 块料面层用量调整公式

$$调整用量＝10m^2/[（块料长＋灰缝）×（块料宽＋灰缝）]×单块块料面积×（1＋损耗率） \tag{8-5}$$

损耗率：耐酸瓷砖为 2%，耐酸瓷板为 4%。

8.4.2 屋面工程量计算

8.4.2.1 瓦屋面工程量计算公式

$$等两坡屋面工程量＝檐口总宽度×檐口总长度×延尺系数 \tag{8-6}$$
$$等四坡屋面＝（两斜梯形水平投影面积＋两斜三角形水平投影面积）×延尺系数 \tag{8-7}$$
$$或 \qquad 等四坡屋面＝屋面水平投影面积×延尺系数 \tag{8-8}$$
$$等两坡正山脊工程量＝檐口总长度＋檐口总宽度×延尺系数×山墙端数 \tag{8-9}$$
$$等四坡正斜脊工程量＝檐口总长度－檐口总宽度＋屋面檐口总宽度×隔延尺系数×2 \tag{8-10}$$

屋面坡度系数，见表 8-8。

屋面坡度系数表 表 8-8

坡 度			延尺系数 C	隔延尺系数 D
B/A(A=1)	B/2A	角度 α		
1	1/2	45°	1.4142	1.7321
0.75		36°52′	1.2500	1.6008
0.70		35°	1.2207	1.5779
0.666	1/3	33°40′	1.2015	1.5620
0.65		33°01′	1.1926	1.5564
0.60		30°58′	1.1662	1.5362
0.577		30°	1.1547	1.5270
0.55		28°49′	1.1413	1.5170
0.50	1/4	26°34′	1.1180	1.5000
0.45		24°14′	1.0966	1.4839
0.40	1/5	21°48′	1.0770	1.4697

续表

坡 度			延尺系数 C	隔延尺系数 D
B/A(A=1)	B/2A	角度 α		
0.35		19°17′	1.0594	1.4569
0.30		16°42′	1.0440	1.4457
0.25		14°02′	1.0308	1.4362
0.20	1/10	11°19′	1.0198	1.4283
0.15		8°32′	1.0112	1.4221
0.125		7°8′	1.0078	1.4191
0.100	1/20	5°42′	1.0050	1.4177
0.083		4°45′	1.0035	1.4166
0.066	1/30	3°49′	1.0022	1.4157

注：1. $A=A'$，且 $S=0$ 时，为等两坡屋面；$A=A'=S$ 时，等四坡屋面；
　　2. 屋面斜铺面积=屋面水平投影面积×C；
　　3. 等两坡屋面山墙泛水斜长：$A×C$；
　　4. 等四坡屋面斜脊长度：$A×D$。

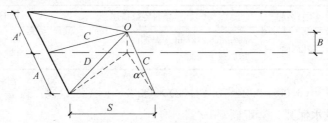

若已知坡度角 α 不在定额屋面坡度系数表中，则利用公式 $C=1/\cos\alpha$，直接计算出延尺系数 C，或利用公式 $C=[(A^2+B^2)^{1/2}]/A$，直接计算出延尺系数 C。

隔延尺系数 D 按下式计算：$D=(1+C^2)^{1/2}$。

隔延尺系数 D 可用于计算四坡屋面斜脊长度（斜脊长=斜坡水平长×D）。

8.4.2.2 防水工程量计算公式

屋面防水工程量=设计总长度×总宽度×坡度系数+弯起部分面积　　　　(8-11)

地面防水、防潮层工程量=主墙间净长度×主墙间净宽度±增减面积　　　　(8-12)

墙基防水、防潮层工程量=外墙中心线长度×实铺宽度+内墙净长度×实铺宽度

(8-13)

8.5　计量与计价实务案例

8.5.1　瓦、型材及其他屋面实务案例

【案例8-1】　某仓库双面坡，水泥瓦屋面如图 8-27 所示，共 4 间房屋。设计采用方木简支檩条，断面为 80mm×120mm，檩木上钉 15mm 厚平口屋面板，不刨光。屋面板上钉350 号油毡及挂瓦条，每间 7 根，铺设水泥瓦，砖挑檐（含山墙）外出 120mm，瓦每边出

檐80mm，木材面刷防火涂料两遍。编制瓦屋面工程量清单，并进行清单报价。

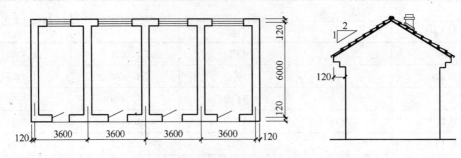

图 8-27 双面坡水泥瓦屋面

【解】 （1）瓦屋面工程量清单的编制

瓦屋面工程量＝（6.00＋0.24＋0.12×2）×（3.6×4＋0.24）×1.118＝106.06m²

分部分项工程量清单见表 8-9。

（2）瓦屋面工程量清单计价表的编制

该项目发生的工程内容为：水泥瓦、安脊瓦。

分部分项工程量清单   表 8-9

序号	项目编号	项目名称	项目特征描述	计量单位	工程量
1	010901001001	瓦屋面	387mm×218mm 水泥瓦； 屋面板上挂瓦	m²	106.06

瓦屋面工程量＝（6.00＋0.24＋0.12×2）×（3.6×4＋0.24）×1.118＝106.06m²

屋面板上铺设水泥瓦：套定额 6-1-4。

人工、材料、机械单价选用市场价。

根据企业情况确定管理费率为 5.1%，利润率为 3.2%。

分部分项工程量清单计价表见表 8-10。

分部分项工程量清单计价表   表 8-10

序号	项目编码	项目名称	项目特征描述	计量单位	工程量	金额（元）	
						综合单价	合价
1	010901001001	瓦屋面	387mm×218mm 水泥瓦；屋面板上挂瓦	m²	106.06	16.66	1766.96

【案例 8-2】 某别墅屋顶外檐尺寸如图 8-28 所示，钢筋混凝土斜屋面板上铺西班牙瓦。编制瓦赋予面工程量清单，进行工程量清单报价。

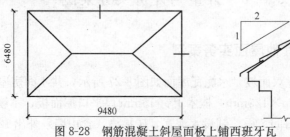

图 8-28 钢筋混凝土斜屋面板上铺西班牙瓦

【解】 (1) 瓦屋面工程量清单的编制

瓦屋面工程量＝9.48×6.48×1.118＝68.68m²

分部分项工程量清单见表 8-11。

分部分项工程量清单 表 8-11

序号	项目编号	项目名称	项目特征描述	计量单位	工程量
1	010901001002	瓦屋面	310mm×310mm 无釉西班牙瓦；混合砂浆 M2.5；钢筋混凝土斜屋面板上铺瓦	m²	68.68

(2) 瓦屋面工程量清单计价表的编制

瓦屋面项目发生的工程内容：安平瓦、安脊瓦。

瓦屋面工程量＝9.48×6.48×1.118＝68.68m²

四坡西班牙瓦屋面：套定额 6-1-12。

正斜脊工程量＝9.48-6.48+6.48×1.5×2＝22.44m

西班牙瓦正斜脊：套定额 6-1-13。

人工、材料、机械单价选用市场价。

根据企业情况确定管理费率为 5.1%，利润率为 3.8%。

分部分项工程量清单计价表见表 8-12。

分部分项工程量清单计价表 表 8-12

序号	项目编码	项目名称	项目特征描述	计量单位	工程量	综合单价	合价
1	010901001002	瓦屋面	310mm×310mm 无釉西班牙瓦；混合砂浆 M2.5；钢筋混凝土斜屋面板上铺瓦	m²	68.68	177.28	12175.59

（金额(元)：综合单价、合价）

【案例 8-3】 某装饰市场大棚尺寸如图 8-29 所示，S 形轻型钢檩条上安装彩钢夹心板 100mm 厚，密封胶封口。编制型材屋面工程量清单，自行报价（注意轻型钢檩条不能与钢檩条重复报价）。

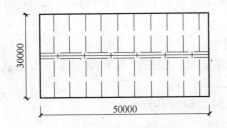

图 8-29 彩钢夹心板型材屋面

【解】 型材屋面工程工程量清单的编制

型材屋面工程量＝50.00×30.00×1.0308＝1546.20m²

分部分项工程量清单见表 8-13。

分部分项工程量清单　　　　　　　　表 8-13

序号	项目编号	项目名称	项目特征描述	计量单位	工程量
1	010901002001	型材屋面	彩钢夹心板 100mm 厚; S 形轻型钢檩条; 密封胶接缝	m²	1546.20

【案例 8-4】　某单位大门口篷盖采用索膜结构,索膜结构所覆盖面积为 40m²,采用白色加强型 PVC 膜材,膜布刷环氧富锌底漆一遍,脂肪族聚氨酯面漆一遍,钢丝绳选用 6 股 7 丝,使用不锈钢支架支撑。编制膜结构屋面工程量清单和工程量清单报价。

【解】　(1) 膜结构屋面工程量清单的编制

膜结构屋面工程量=40.00m²

分部分项工程量清单见表 8-14。

分部分项工程量清单　　　　　　　　表 8-14

序号	项目编号	项目名称	项目特征描述	计量单位	工程量
1	010901005001	膜结构屋面	白色加强型 PVC 膜布,混凝土基座不锈钢管支架支撑,丝绳 6 股 7 丝,环氧富锌底漆,脂肪族聚氨酯面漆	m²	40.00

(2) 膜结构屋面工程量清单计价表的编制

膜结构屋面项目发生的工程内容:膜布制作、安装,支架、支撑、拉杆、法兰制作、安装,钢丝绳加工、安装,刷油漆。其他项目另列项目计算。

根据图纸计算各构件工程量,根据市场价格确定人工、材料、机械费用,具体数值统计如下:

① 膜材工程量=46.00m²

查施工企业定额价目表,加强型 PVC 膜布制作、安装:人工费 22.46 元/m²,材料费 285.34 元/m²,机械费 8.85 元/m²。

② 不锈钢支架钢材工程量=0.654t

查施工企业定额价目表,不锈钢支架、支撑、拉杆、法兰以及混凝土基座制作、安装:人工费 982.14 元/t,材料费 43656.74 元/t,机械费 685.36 元/t。

③ 钢丝绳工程量=1.655t

查施工企业定额价目表,钢丝绳加工、安装:人工费 498.28 元/t,材料费 3445.65 元/t,机械费 288.26 元/t。

④ 刷油漆工程量=46.00m²

查施工企业定额价目表,环氧富锌底漆、脂肪族聚氨酯面漆:人工费 4.21 元/m²,材料费 18.34 元/m²。

根据企业情况确定管理费率为 6.1%,利润率为 8.8%。

分部分项工程量清单计价表见表 8-15。

分部分项工程量清单计价表　　　　　　　　表 8-15

序号	项目编码	项目名称	项目特征描述	计量单位	工程量	金额(元)	
						综合单价	合价
1	010901005001	膜结构屋面	白色加强型 PVC 膜布,混凝土基座不锈钢管支架支撑,丝绳 6 股 7 丝,环氧富锌底漆,脂肪族聚氨酯面漆	m²	40.00	1523.21	60928.36

8.5.2 屋面防水及其他实务案例

【案例 8-5】 某工程屋顶平面图如图 8-30 所示。屋面防水做法：1∶3 水泥砂浆找平 20mm 厚，4mm 厚 SBS 改性沥青卷材防水一层，APP 胶粘，错层部位向上翻起 250mm。编制屋面防水工程量清单和综合单价。

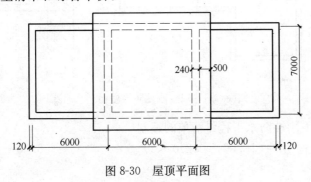

图 8-30 屋顶平面图

【解】 (1) 屋面卷材防水工程量清单的编制

屋面卷材防水工程量＝[(6.00－0.24)×(7.00－0.24)＋(6.00－0.24＋7.00－0.24)× 2×0.25]×2＋(6.00＋0.24＋1.00)×(7.00＋0.24＋1.00)＝90.395＋59.658＝150.05m²

分部分项工程量清单见表 8-16。

分部分项工程量清单　　　　　　表 8-16

序号	项目编号	项目名称	项目特征描述	计量单位	工程量
1	010902001001	屋面卷材防水	4mmSBS 防水卷材 1 层,APP 胶粘	m²	150.05

(2) 屋面卷材防水工程量清单计价表的编制

屋面卷材防水项目发生的工程内容：胶粘卷材防水。

屋面卷材防水工程量＝[(6.00－0.24)×(7.00－0.24)＋(6.00－0.24＋7.00－0.24)×2× 0.25]×2＋(6.00＋0.24＋1.00)×(7.00＋0.24＋1.00)＝90.395＋59.658＝150.05m²

SBS 改性沥青卷材防水 (1 层)：套定额 6-2-30。

人工、材料、机械单价选用市场价。

根据企业情况确定管理费率为 4.8％，利润率为 3.5％。

分部分项工程量清单计价表见表 8-17。

分部分项工程量清单计价表　　　　　表 8-17

序号	项目编码	项目名称	项目特征描述	计量单位	工程量	金额(元)	
						综合单价	合价
1	010902001001	屋面卷材防水	4mmSBS 防水卷材 1 层,APP 胶粘	m²	150.05	47.37	7107.87

【案例 8-6】 某刚性防水屋面尺寸如图 8-31 所示。做法如下：空心板上铺 40mm 厚 C20 细石混凝土防水层，1∶3 水泥砂浆掺拒水粉保护层 25mm 厚，混凝土现场搅拌。编

制屋面刚性层工程量清单，进行工程量清单报价。

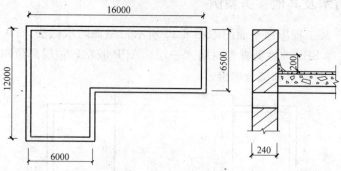

图 8-31　刚性防水屋面

【解】（1）屋面刚性防水工程量清单的编制

屋面刚性层工程量＝（16.00－0.24）×（6.50－0.24）＋（6.00－0.24）×（12.00－6.50）＝130.34m²

分部分项工程量清单见表 8-18。

分部分项工程量清单

表 8-18

序号	项目编号	项目名称	项目特征描述	计量单位	工程量
1	010902003001	屋面刚性屋	40mm 细石混凝土防水层，现场搅拌 C20，建筑油膏嵌缝，1：3水泥砂浆掺拒水粉保护层 25mm 厚	m²	130.34

（2）屋面刚性防水工程量清单计价表的编制

屋面刚性防水项目发生的工程内容为：混凝土的制作、混凝土铺设、砂浆铺设。

① 细石混凝土防水层工程量＝（16.00－0.24）×（6.50－0.24）＋（6.00－0.24）×（12.00－6.50）＝130.34m²

细石混凝土防水层 40mm 厚：套定额 6-2-1（定额细石混凝土含量为 0.0404m³/m²）

② 混凝土制作工程量＝0.0404×130.34＝5.27m³

混凝土制作：套定额 4-4-17

③ 水泥砂浆防水层工程量＝（16.00－0.24）×（6.50－0.24）＋（6.00－0.24）×（12.00－6.50）＝130.34m²

1：3水泥砂浆掺拒水粉保护层 25mm 厚：套定额 6-2-8

人工、材料、机械单价选用市场价。

根据企业情况确定管理费率为 5.1%，利润率为 3.2%。

分部分项工程量清单计价表见表 8-19。

分部分项工程量清单计价表

表 8-19

序号	项目编码	项目名称	项目特征描述	计量单位	工程量	金额（元）	
						综合单价	合价
1	010902003001	屋面刚性层	400mm 细石混凝土防水层，现场搅拌 C20，建筑油膏嵌缝，1：3水泥砂浆掺拒水粉保护层 25mm 厚	m²	130.34	66.18	8625.90

【案例 8-7】 某屋面设计有弯头铸铁雨水口 8 个，塑料水斗 8 个，配套的塑料水落管直径 100mm，每根长度 16m。编制屋面排水管工程量清单，进行工程量清单报价。

【解】 (1) 屋面排水管工程量清单的编制

屋面排水管工程量 $=16.00 \times 8 = 128.00$m

分部分项工程量清单见表 8-20。

分部分项工程量清单

表 8-20

序号	项目编号	项目名称	项目特征描述	计量单位	工程量
1	010902004001	屋面排水管	塑料水落管 ϕ100mm,铸铁雨水口,塑料水斗,沥青玛碲脂嵌缝	m	128.00

(2) 屋面排水管工程量清单计价表的编制

屋面排水管项目发生的工程内容：塑料排水管的安装，铸铁雨水口、塑料水斗安装。

① 水落管工程量 $=16.00 \times 8 = 128.00$m

直径 100mm 塑料水落管：套定额 6-4-9。

② 水斗工程量 $=8$ 个

塑料水斗：套定额 6-4-10。

③ 雨水口工程量 $=8$ 个

弯头铸铁落水口（含篦子板）：套定额 6-4-22。

人工、材料、机械单价选用市场价。

根据企业情况确定管理费率为 5.1%，利润率为 3.2%。

分部分项工程量清单计价表见表 8-21。

分部分项工程量清单计价表

表 8-21

序号	项目编码	项目名称	项目特征描述	计量单位	工程量	金额（元）	
						综合单价	合价
1	010902004001	屋面排水管	塑料水落管 ϕ100mm,铸铁雨水口,塑料水斗,沥青玛碲脂嵌缝	m	128.00	28.11	3598.08

8.5.3 墙面防水、防潮实务案例

【案例 8-8】 某地下室工程外防水做法如图 8-32 所示，1：3 水泥砂浆找平 20mm 厚，三元乙丙橡胶卷材防水（冷贴满铺），外墙防水高度做到±0.000。编制外墙、地面卷材防水工程量清单和综合单价。

【解】 (1) 卷材防水工程量清单的编制

① 墙面卷材防水工程量 $=(45.00+0.50+20.00+0.50+6.00) \times 2 \times (3.75+0.12) = 557.28$m²

② 地面卷材防水工程量 $=(45.00+0.50) \times (20.00+0.50)-6.00 \times (15.00-0.50) = 845.75$m²

分部分项工程量清单见表 8-22。

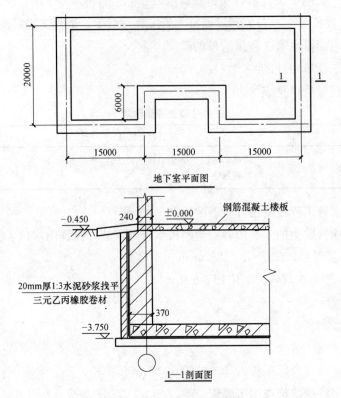

图 8-32 地下室工程外防水

分部分项工程量清单　　　　　　　　　　　　　　　　表 8-22

序号	项目编号	项目名称	项目特征描述	计量单位	工程量
1	010903001002	墙面卷材防水	三元乙丙橡胶卷材 1 层，丁基粘合剂冷贴满铺	m^2	557.28
2	010904001001	地面卷材防水	三元乙丙橡胶卷材 1 层，丁基粘合剂冷贴满铺	m^2	845.75

（2）卷材防水工程量清单计价表的编制

卷材防水项目发生的工程内容：三元乙丙橡胶卷材防水。

① 墙面卷材防水工程量＝（45.00＋0.50＋20.00＋0.50＋6.00）×2×（3.75＋0.12）＝557.28m^2

三元乙丙橡胶卷材防水（立面冷贴满铺）：套定额 6-2-41。

② 地面卷材防水工程量＝（45.00＋0.50）×（20.00＋0.50）－6.00×（15.00－0.50）＝845.75m^2

三元乙丙橡胶卷材防水（平面冷贴满铺），套定额 6-2-40。

人工、材料、机械单价选用市场价。

根据企业情况确定管理费率为 5.1％，利润率为 3.2％。

分部分项工程量清单计价表见表 8-23。

分部分项工程量清单计价表　　　　　　　　　　表 8-23

序号	项目编码	项目名称	项目特征描述	计量单位	工程量	金额(元)	
						综合单价	合价
1	010903001002	墙面卷材防水	三元乙丙橡胶卷材1层,丁基粘合剂冷贴满铺	m²	557.28	89.85	50071.61
2	010904001001	地面卷材防水	三元乙丙橡胶卷材1层,丁基粘合剂冷贴满铺	m²	845.75	86.58	73225.04

【**案例 8-9**】　某住宅楼，共 88 户，每户一个卫生间。该工程卫生间地面净长为 2.16m，宽 1.56m，门宽 700mm，门侧面宽 80mm。防水做法：1∶3 水泥砂浆找平 20mm 厚，聚氨酯涂膜防水 2 遍，翻起高度 300mm。编制防水工程量清单和清单报价。

【**解**】　(1) 地面涂膜防水工程量清单的编制

地面涂膜防水工程量＝[2.16×1.56＋(2.16×2＋1.56×2－0.70＋0.08×2)×0.30]× 88＝478.68m²

分部分项工程量清单见表 8-24。

分部分项工程量清单　　　　　　　　　　表 8-24

序号	项目编号	项目名称	项目特征描述	计量单位	工程量
1	010904001001	地面涂膜防水	聚氨酯涂膜2遍,反边高度300mm	m²	478.68

(2) 地面涂膜防水工程量清单计价表的编制

地面涂膜防水项目发生的工程内容：聚氨酯涂膜防水。

聚氨酯涂膜防水工程量＝[2.16×1.56＋(2.16×2＋1.56×2－0.70＋0.08×2)× 0.30]×88＝478.68m²

聚氨酯涂膜防水两遍：套定额 6-2-71。

人工、材料、机械单价选用市场价。

根据企业情况确定管理费率为 4.8%，利润率为 2.8%。

分部分项工程量清单计价表见表 8-25。

分部分项工程量清单计价表　　　　　　　　　　表 8-25

序号	项目编码	项目名称	项目特征描述	计量单位	工程量	金额(元)	
						综合单价	合价
1	010904001001	地面涂膜防水	聚氨酯涂膜2遍,反边高度300mm	m²	478.68	65.84	31516.29

【**案例 8-10**】　某工程变形缝屋面设 2 道，每道 26m；外墙面设 4 道，每道 25m。缝宽度 50mm，材料选用油浸麻丝，外钉镀锌铁皮。编制屋面和外墙面变形缝工程量清单和清单报价。

【**解**】　(1) 变形缝工程量清单的编制

① 外墙面变形缝工程量＝25.00×4＝100.00m

② 屋面变形缝工程量＝26.00×2＝52.00m

分部分项工程量清单见表 8-26。

分部分项工程量清单　　　　　　　　　　　　表 8-26

序号	项目编号	项目名称	项目特征描述	计量单位	工程量
1	010903004002	墙面变形缝	油浸麻丝,镀锌铁皮	m	100.00
2	010904004001	屋面变形缝	油浸麻丝,镀锌铁皮	m	52.00

（2）变形缝工程量清单计价表的编制

变形缝项目发生的工程内容：填塞防水材料,盖板制作、铺设。

① 外墙面变形缝工程量＝25.00×4＝100.00m

油浸麻丝塞缝：立面套定额 6-5-2,镀锌铁皮盖板：立面套定额 6-5-13。

② 屋面变形缝工程量＝26.00×2＝52.00m

油浸麻丝塞缝：平面套定额 6-5-1,镀锌铁皮盖板：平面套定额 6-5-12。

人工、材料、机械单价选用市场价。

根据企业情况确定管理费率为 4.8%,利润率为 2.8%。

分部分项工程量清单计价表见表 8-27。

分部分项工程量清单计价表　　　　　　　　　　表 8-27

序号	项目编码	项目名称	项目特征描述	计量单位	工程量	金额（元）	
						综合单价	合价
1	010903004002	墙面变形缝	油浸麻丝,镀锌铁皮	m	100.00	57.10	5710.00
2	010904004001	屋面变形缝	油浸麻丝,镀锌铁皮	m	52.00	72.23	3755.96

9 保温、隔热、防腐工程

9.1 相关知识简介

9.1.1 建筑上常用保温材料

保温材料按化学成分可分为有机和无机两大类，按材料的构造可分为纤维状、松散粒状和多孔组织材料三种，通常可制成板、片、卷材或管壳等多种形式的制品。一般来说，无机保温材料的表现密度较大，不易腐朽，不会燃烧，有的能耐高温。有机保温材料质轻，保温性能好，但耐热性较差。

9.1.1.1 无机保温隔热材料

（1）纤维状保温隔热材料：

1）石棉及其制品。石棉是常见的天然矿物纤维，主要化学成分是含水硅酸镁，具有耐火、耐热、耐酸碱、绝热、防腐、隔声及绝缘等特性。通常以石棉为主要原料生产的保温隔热制品有：石棉粉、石棉涂料、石棉板、石棉毡等制品，用于建筑工程的高效能保温及防火覆盖等。

2）矿渣棉、岩棉及其制品。矿渣棉是将矿渣熔化，用高速离心法或喷吹法制成的一种矿物棉。岩棉是以天然岩石为原料制成的矿物棉，常用岩石有白云石、花岗石、玄武岩、角闪岩等。矿渣棉与岩棉具有轻质、不燃、绝热、吸声和电绝缘等性能，且原料来源广，成本较低。可制成各种矿棉纤维制品，如纤维带、纤维板、纤维毡、纤维筒及管壳等。可用作建筑物的墙壁、屋顶、天花板等处的保温和吸声材料，以及热力管道的保温材料。

3）玻璃棉及其制品。玻璃棉是玻璃纤维的一种，是用玻璃原料或碎玻璃经熔融后制成纤维状材料。玻璃棉不仅具有无机矿棉绝热材料的优点，而可以生产效能更高的超细棉。价格与矿棉相近。可制成沥青玻璃棉毡、板及酚醛玻璃棉毡、板等制品，广泛用在温度较低的热力设备和房屋建筑中的保温，同时它还是良好的吸声材料。超细棉保温性能更为优良。

4）植物纤维复合板。系以植物纤维为主要材料加入胶结料和填料而制成。如木丝板是以木材下脚料制成木丝，加入硅酸钠溶液及普通硅酸盐水泥混合，经成型、冷压、养护、干燥而制成。甘蔗板是以甘蔗渣为原料，经过蒸制、加压、干燥等工序制成的一种轻质、吸声、保温材料。纤维板在建筑上用途广泛，可用于墙壁、地板、屋顶等。

（2）散粒状保温隔热材料：

1）膨胀蛭石及其制品。蛭石是一种天然矿物，是一种复杂的镁、铁水硅酸盐矿物，由云母类矿物风化而成，经 850～1000℃燃烧，体积急剧膨胀（可膨胀 5～20 倍）由于其热膨胀时像水蛭（蚂蟥）蠕动，故得名蛭石。其堆积密度为 $80\sim200kg/m^3$，导热系数为 $0.046\sim0.07W/(m\cdot K)$，可在 $1000\sim1100℃$ 下使用，是一种良好的无机保温材料，可直接作为松散填充料用于建筑，也可和水泥、水玻璃、沥青、树脂等胶结制成膨胀蛭石制品。用于房屋建筑及冷库建筑的保温层等需要绝热的地方。

2）膨胀珍珠岩。珍珠岩是一种由地下喷出的熔岩在地表急冷而成的酸性火山玻璃质岩石，因具有珍珠裂隙结构而得名。膨胀珍珠岩是珍珠矿石经煅烧体积急剧膨胀（可膨胀 20 倍）而得的蜂窝状白色或灰白色松散材料，膨胀珍珠岩具有质轻、绝热、无毒、不燃等特点，堆积密度为 $40\sim300kg/m^3$，导热系数 $\lambda=0.025\sim0.048W/(m\cdot K)$，耐热 $800℃$，为高效能保温保冷填充材料。

膨胀珍珠岩制品是以膨胀珍珠岩为骨料，配以适量胶凝材料，经拌合、成型、养护（或干燥，或焙烧）后而制成的板、砖、管等产品。目前国内主要产品有水泥膨胀珍珠岩制品，水玻璃膨胀珍珠岩制品，磷酸盐膨胀珍珠岩制品及沥青膨胀珍珠岩制品等。

（3）多孔状保温隔热材料：

1）微孔硅酸钙制品。微孔硅酸钙制品是用粉状二氧化硅材料（硅藻土）、石灰、纤维增强材料及水等经搅拌、成型、蒸压处理和干燥等工序而制成。用于围护结构及管道保温，效果较水泥膨胀珍珠岩和水泥膨胀蛭石好。

2）泡沫玻璃。它是采用碎玻璃加入 $1\%\sim2\%$ 发泡剂（石灰石或碳化钙），经粉磨、混合、装模，在 $800℃$ 下烧成后形成含有大量封闭气泡（直径 $0.1\sim5mm$）的制品。它具有导热系数小、抗压强度和抗冻性高、耐久性好等特点，易于进行锯切、钻孔等机械加工，为高级保温材料。

9.1.1.2 有机绝热材料

有机绝热材料，多由天然的植物材料或合成高分子材料为原料，经加工而成。与无机绝热材料相比，一般保温效能较高，但存在易变质、不耐燃和使用温度不能过高的弱点，有待在使用中采取措施或产品的改进。

（1）软木板。软木也叫栓木。软木板是用栓皮棕树皮或黄菠萝树皮为原料，经破碎后与皮胶溶液拌合，再加压成型。软木板具有表现密度小，导热性低，抗渗和防腐性能高等特点。软木板的表观密度为 $150\sim250kg/m^3$，导热系数 λ 为 $0.046\sim0.070W/(m\cdot K)$。常用于热沥青错缝粘贴及冷藏库隔热。

（2）蜂窝板。蜂窝板是由两块较薄的面板，牢固地粘结在一层较厚的蜂窝状芯材两面而制成的板材，亦称蜂窝夹层结构。蜂窝状芯材是用浸渍过合成树脂（酚醛、聚酯等）的牛皮纸、玻璃布和铝片等，经加工粘合成六角形空腹（蜂窝状）的整块芯材。芯材的厚度可根据使用要求而定，孔腔的尺寸一般分为 8mm，16mm，32mm 大小。常用的面板为浸渍过树脂的牛皮纸、玻璃布或不经树脂浸渍的胶合板、纤维板、石膏板等。面板必须采用合适的胶粘剂与芯材牢固地粘合在一起，才能显示出蜂窝板的优异特性，即具有比强度大、导热性低和抗震性好等性能。

（3）泡沫塑料。泡沫塑料是以合成树脂为基料，加入一定剂量的发泡剂、催化剂、稳定剂等辅助材料经加热发泡而制成的轻质保温、防震材料。泡沫塑料目前广泛用作建筑上的保温隔热材料，其表观密度很小，隔声性能好。适用于工业厂房的屋面、墙面、冷藏库设备及管道的保温隔热、防湿防潮工程。今后随着这类材料性能的改善，将向着高效、多功能方向发展。现我国生产泡沫塑料有：

1）聚苯乙烯。聚苯乙烯泡沫塑料是用低沸点液体的可发性聚苯乙烯树脂与适量的发泡剂加压成型的。由表皮层和中心层构成的蜂窝状结构。表皮层不含气孔，而中心层含有大量微细孔，孔隙率可达98％。聚苯乙烯泡沫塑料包括硬质、软质及纸状几种类型。它的缺点是高温下易软化变形，最高使用温度为90℃，最低使用温度为−150℃。

2）聚氯乙烯。聚氯乙烯泡沫塑料产品按其形态，分为硬质、软质两种。此材料的特点是质轻、保温隔热、吸水性小、不燃烧。是一种自熄性材料，适用于防火要求高的地方。但价格较为昂贵。

3）脲醛树脂泡沫塑料。以尿素和甲醛聚合而得的树脂为脲醛树脂。脲醛树脂外观洁白、质轻、价格较低。属于闭孔型硬质泡沫塑料。脲醛树脂塑料耐热性能良好，不易燃，在100℃下可长期使用性能不变，也可在−200～−150℃超低温下长期使用。由于脲醛树脂发泡工艺简单，施工时常采用现场发泡工艺。可将树脂液、发泡剂、硬化剂混合后注入建筑结构空腔内或空心墙体中发泡硬化后就形成泡沫塑料隔热层。

9.1.1.3 定额中几种保温材料的说明

（1）憎水珍珠岩块它除具备普通珍珠岩制品的性能外，还有独特的防水性能。定额中工作内容包括：清理基层，用SG—791建筑轻板胶粘剂配置的材料，铺贴憎水珍珠岩块；用SG—791胶砂浆进行补平、刮缝。SG—791胶砂浆配比为：胶：水泥：砂：水＝1：5：7.5：1.92。

（2）定额中聚氨酯发泡防水保温层项目，由两种液体组成，1组为多元醇，B组为异氰酸酯，两组分在一定状态下发生化学反应，由特制的喷枪喷于建筑物的表面，产生高密度聚氨酯硬泡化合物，形成防水保温一体的复合层。定额按三次喷涂考虑，每层10～15mm。

（3）SB保温板，是一种新型外墙保温材料，由于斜插钢丝未穿透保温层，热桥被阻断，因此，保温性能较好。该板具有自重轻、保温、隔声、防火防潮、抗震、节能等特点，施工应用中，可大面积组合成型，安装简便，施工速度快，造价降低。

SB保温板的施工工艺。每1～2层在圈梁上根据保温板厚度设置角钢作为支撑，用膨胀螺栓与结构固定；利用墙面螺栓孔设 ϕ6.5 拉筋；安装 SB 保温板，拉筋穿透保温板，扳倒用钢丝网架绑扎固定；保温板搭接处用 200mm 宽的钢丝网错格绑扎连接。

（4）沥青矿渣棉毡，是利用高炉直接流出的矿渣融物，以离心法或喷射法制成絮状物的过程中，将熔融沥青喷射到絮状物上经压制而成。定额中包括清理基层，贴一层沥青矿渣棉毡。

（5）定额中混凝土板上架空隔热项目，是用方形砖和预制混凝土板，用砖砌架空预制混凝土板铺设在防水层上。

9.1.2 坡屋顶的保温与隔热

9.1.2.1 坡屋顶的保温的设置

坡屋顶的保温有屋面层保温和顶棚层保温两种做法。当采用屋面层保温时，其保温层可设置在瓦材下面或檩条之间。当屋顶为顶棚层保温时，通常需在吊顶龙骨上铺板，板上设保温层，可以收到保温和隔热的双重效果。坡屋顶保温材料可根据工程的具体要求，选用散料类、整体类或板块类材料。

9.1.2.2 坡屋顶的隔热的设置

在炎热地区的坡屋面应采取一定的构造处理来满足隔热的要求，一般是在坡屋顶中设进风口和出气口，利用屋顶内外的热压差和迎风面的风压差，组织空气对流，形成屋顶内的自然通风，以减少由屋顶传入室内的辐射热，从而达到隔热降温的目的。进风口一般设在檐墙上、屋檐上或室内顶棚上，出气口最好设在屋脊处，以增大高差，加速空气流通。

9.1.3 平屋顶的保温与隔热

9.1.3.1 屋面保温材料

屋面保温材料应选用空隙多、表观密度轻、导热系数小的材料。保温材料分为散料、现场浇筑的拌合物、板块料等三大类。

（1）散料保温层。如炉渣、矿渣之类工业废料。

（2）现浇式保温层。一般在结构层上用轻骨料（矿渣、陶粒、蛭石、珍珠岩等）与石灰或水泥拌合，浇筑而成。

（3）板块保温层。常见的有水泥、沥青、水玻璃等胶结的预制膨胀珍珠岩或膨胀蛭石板、加气混凝土块、泡沫塑料等块材或板材。

9.1.3.2 平屋顶保温层的设置

屋顶中按照结构层、防水层和保温层所处的位置不同，可归纳为以下几种情况：

（1）正置式保温。将保温层设在结构层之上、防水层之下而形成封闭式保温层。也叫做内置式保温，如图 9-1。这种形式构造简单，施工方便，目前广泛采用。

（2）倒置式保温。将保温层设置在防水层之上，形成敞露式保温层。也叫做外置式保温，如图 9-2。

（3）混合式保温。保温层与结构层组合复合板材，既是结构构件，又是保温构件。

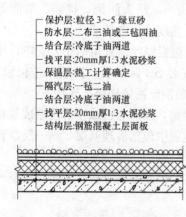

图 9-1　油毡平屋顶保温构造做法

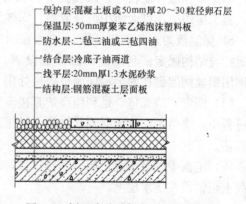

图 9-2　倒置式油毡保温屋面构造做法

9.1.3.3 平屋顶的隔热

（1）通风隔热屋面。在屋顶中设置通风间层，使上层表面起着遮挡阳光的作用，利用风压和热压作用把间层中的热空气不断带走，以减少传到室内的热量，从而达到隔热降温的目的。一般有架空通风隔热屋面和顶棚通风隔热屋面两种做法。

（2）蓄水隔热屋面。在屋顶蓄积一层水，利用水蒸发时需要大量的汽化热，从而大量消耗晒到屋面的太阳辐射热，以减少屋顶吸收的热能，从而达到降温隔热的目的。蓄水屋面构造与刚性防水屋面基本相同，主要区别是增加了一壁三孔，即蓄水分仓壁、溢水孔、泄水孔和过水孔。

（3）种植隔热屋面。在屋顶上种植植物，利用植被的蒸腾和光合作用，吸收太阳辐射热，从而达到降温隔热的目的。种植隔热屋面构造与刚性防水屋面基本相同，所不同的是需增设挡墙和种植介质。

（4）反射降温屋面。利用材料的颜色和光滑度对热辐射的反射作用，将一部分热量反射回去从而达到降温的目的。例如采用浅色的砾石混凝土作面，或在屋面上涂刷白色涂料，对隔热降温都有一定的效果。如果在吊顶棚通风隔热的顶棚基层中加铺一层铝箔纸板，利用第二次反射作用，其隔热效果将会进一步提高。

9.1.4　名词解释

9.1.4.1　保温隔热工程

（1）保温层：为防止室内的热量散失太快和围护结构构件的内部及表面产生凝结水的可能（保温层受潮失去保温的作用）而增加的构造层，即保温层。

（2）保温隔热层：是指隔绝热的传播构造层。

（3）膨胀珍珠岩：用珍珠岩等耐酸性玻璃质火山岩烧胀而成的白色粒状、多孔材料叫膨胀珍珠岩。

（4）蛭石：指复杂的铁、镁含水铝酸盐类矿物。呈微绿色、褐色和金黄色，并有珍珠光泽和脂肪光泽；在加热到 $800\sim1000℃$ 时，因脱水产生剥离膨胀现象，比原来的体积胀大 $10\sim25$ 倍，密度显著减小，并呈蛭（蚂蟥）状，因而得名。

（5）聚氨酯发泡防水保温层：是由两种液体组成，A 组为多元醇，B 组为异氰酸酯，两组分在一定状态下发生化学反应，由特制的喷枪喷于建筑物的表面，产生高密度聚氨酯硬泡化合物，形成防水保温一体的复合层。

（6）聚苯乙烯泡沫塑料板：是指用聚苯乙烯树脂在加工成形时，用化学或机械方法使其内部产生微孔而得。由于聚苯乙烯塑料板质轻、保温、吸声、减振、耐潮湿、耐腐蚀，广泛用于建筑隔热，也可做衬垫用。

（7）SB 保温板：是以 EPS 板为保温基层，双向交叉斜插入 $\phi2.2mm$ 冷拔钢丝；钢丝插入保温基层内 4/5 处而不透，单面覆以网目 $50mm\times50mm$ 的 $\phi2mm$ 冷拔钢丝网片，组装焊接而成的一种新型外墙保温材料。

（8）水泥珍岩板：是指用水泥、珍珠岩加水搅拌均匀成型，硬化、凝固而得的保温隔热材料。

（9）水泥蛭石块保温层：以膨胀蛭石为主要材料，加入胶粘剂（水泥、水玻璃、石膏、沥青、合成树脂等）经搅拌成型、干燥、养护而成的块料做保温材料的构造层。

（10）沥青稻壳板：是指在松散稻壳上喷涂沥青，搅拌均匀，再加热成形而得到的防潮隔热板。

（11）沥青珍珠岩板：是指掺有相当数量沥青的珍珠岩加热成形的防潮隔热板。

（12）沥青玻璃棉毡保温层：以玻璃棉毡为基胎，石油沥青为防水基材的保温材料做保温的构造层。

(13) 沥青矿渣棉保温层：以沥青矿渣棉为基胎，石油沥青为防水基材的保温材料做的保温构造层。

(14) 沥青软木板：是用软木废料，碾碎加入适量沥青做粘结材料，置于铁模中压实，经干燥而成的板材。一般只在冷藏工程中用。

(15) 沥青浸渍砖：是指放到沥青液中浸渍过的砖。

(16) 加气混凝土块：是指掺有加气剂以提高混凝土凝结后的抗渗性、抗冻性及耐久性，经搅拌均匀在模内成型、硬化、凝固而成的保温隔热材料。

(17) 轻质混凝土保温层：用陶粒或膨胀珍珠岩做骨料，密度小，有良好隔热性能的混凝土做保温材料的构造层。

(18) 混凝土板上架空隔热层：是指将方形砖或预制混凝土板用砖砌架空铺设在防水层上的隔热层。

9.1.4.2　耐酸防腐工程

(1) 耐酸防腐工程：为防止酸、碱、盐等介质的作用，使建筑材料受到化学破坏，影响建筑物、构筑物的耐久性而实施的工程叫耐酸防腐工程。

(2) 隔离层：隔离层是指使腐蚀性材料和非腐蚀性材料隔离的构造层。

(3) 水玻璃砂浆：是用水玻璃为胶凝材料，氟硅酸钠为固化剂，加石英粉、石英砂和铸石粉搅拌均匀而成。

(4) 水玻璃耐酸混凝土：是一种耐酸性介质的混凝土。它由水玻璃（为胶凝材料）、氟硅酸钠（为固体剂和耐酸粉料）、耐酸粗骨料（铸石粉、石英石）按一定比例配制而成。

(5) 耐酸沥青砂浆：是指用石油沥青或煤沥青为胶凝材料，与石粉、防腐砂、石英粉、石英砂加热搅拌均匀而成，用于耐酸蚀的板材或铺设用料。

(6) 硫黄砂浆：是用硫黄为胶凝材料，聚硫橡胶为增韧剂，掺入耐酸粉料（如石英粉、石英砂），经加热熬制而成的砂浆。

(7) 重晶石砂浆：是一种密度较大，对 XY 射线有阻隔作用的砂浆，一般要求采用水化热低的硅酸盐水泥，是按配合比为"水泥：重晶石粉：重晶石砂"配制而成的砂浆。

(8) 不发火沥青砂浆：是以沥青为胶凝材料掺入耐火材料硅藻土、石棉及白云石砂，经加热拌合而成，多用于耐火面层。

(9) 耐酸沥青胶泥：是用沥青为胶凝材料，掺入石英粉和石棉拌合加热而成的。主要用以灌缝和隔离胶结面层用的耐酸材料。

(10) 环氧树脂胶泥：是以环氧树脂为胶结材料，加固化剂和增韧剂乙二胺、丙酮、石英粉拌和均匀而成的胶结材料。

9.2　工程量清单计算规范与计价规则相关规定

保温、隔热、防腐工程共分 3 个分部工程，即保温隔热、防腐面层、其他防腐工程。适用于工业与民用建筑的基础、地面、墙面防腐，楼地面、墙体、屋盖的保温隔热防腐工程。

保温、隔热、防腐工程共性问题的说明：

（1）保温隔热装饰面层，按装饰工程中相关项目编码列项；仅做找平层按"平面砂浆找平层"或"立面砂浆找平层"项目编码列项。

（2）保温隔热方式：指内保温、外保温、夹心保温。

（3）防腐踢脚线，应按楼地面装饰工程中"踢脚线"项目编码列项。

（4）防腐工程中需酸化处理时应包括在报价内。

（5）防腐工程中的养护应包括在报价内。

9.2.1 保温、隔热（编码：011001）

《房屋建筑与装饰工程工程量计算规范》GB 50854—2013 附录 K.1 保温、隔热项目包括保温隔热屋面、保温隔热天棚、保温隔热墙面、保温柱梁、保温隔热楼地面、其他保温隔热，见表 9-1。

保温、隔热（编码：011001）　　　　　　　　　表 9-1

项目编码	项目名称	项目特征	计量单位	工程量计算规则	工程内容
011001001	保温隔热屋面	①保温隔热材料品种、规格、厚度 ②隔气层材料品种、厚度 ③粘结材料种类、做法 ④防护材料种类、做法	m²	按设计图示尺寸以面积计算。扣除面积>0.3m²孔洞及占位面积	①基层清理 ②刷粘结材料 ③铺粘保温层 ④铺、刷（喷）防护材料
011001002	保温隔热天棚	①保温隔热面层材料品种、规格、性能 ②保温隔热材料品种、规格及厚度 ③粘结材料种类及做法 ④防护材料种类及做法		按设计图示尺寸以面积计算。扣除面积>0.3m²上柱、垛、孔洞所占面积，与天棚相连的梁按展开面积计算并入天棚工程量内	
011001003	保温隔热墙面	①保温隔热部位 ②保温隔热方式 ③踢脚线、勒脚线保温做法 ④龙骨材料品种、规格		按设计图示尺寸以面积计算。扣除门窗洞口以及面积>0.3m²梁、孔洞所占面积；门窗洞口侧壁以及与墙相连的柱，并入保温墙体工程量内	①基层清理 ②刷界面剂 ③安装龙骨 ④填贴保温材料
011001004	保温柱、梁	⑤保温隔热面层材料品种、规格、性能 ⑥保温隔热材料品种、规格及厚度 ⑦增强网及抗裂防水砂浆种类 ⑧粘结材料种类及做法 ⑨防护材料种类及做法		按设计图示尺寸以面积计算。 ①柱按设计图示柱断面保温层中心线展开长度乘保温层高度以面积计算，扣除面积>0.3m²梁所占面积 ②梁按设计图示梁断面保温层中心线展开长度乘保温层长度以面积计算	⑤保温板安装 ⑥粘贴面层 ⑦铺设增强格网、抹抗裂、防水砂浆面层 ⑧嵌缝 ⑨铺、刷（喷）防护材料
011001005	保温隔热楼地面	①保温隔热部位 ②保温隔热材料品种、规格、厚度 ③隔气层材料品种、厚度 ④粘结材料种类、做法 ⑤防护材料种类、做法		按设计图示尺寸以面积计算。扣除面积>0.3m²柱、垛、孔洞所占面积。门洞、空圈、暖气包槽、壁龛的开口部分不增加面积	①基层清理 ②刷粘结材料 ③铺粘保温层 ④铺、刷（喷）防护材料

项目编码	项目名称	项目特征	计量单位	工程量计算规则	工程内容
011001006	其他保温隔热	①保温隔热部位 ②保温隔热方式 ③隔气层材料品种、厚度 ④保温隔热面层材料品种、规格、性能 ⑤保温隔热材料品种、规格及厚度 ⑥粘结材料种类及做法 ⑦增强网及抗裂防水砂浆种类 ⑧防护材料种类及做法	m²	按设计图示尺寸以展开面积计算。扣除面积>0.3m²孔洞及占位面积	①基层清理 ②刷界面剂 ③安装龙骨 ④填贴保温材料 ⑤保温板安装 ⑥粘贴面层 ⑦铺设增强格网、抹抗裂防水砂浆面层 ⑧嵌缝 ⑨铺、刷（喷）防护材料

9.2.1.1　保温隔热屋面、天棚

（1）保温隔热屋面项目适用于各种材料的屋面保温隔热。

1）屋面保温隔热层上的防水层应按屋面的防水项目单独列项。

2）预制隔热板屋面的隔热板与砖墩分别按混凝土及钢筋混凝土工程和砌筑工程相关工程量清单项目编码列项。

3）屋面保温隔热的找坡应包括在报价内。

（2）保温隔热天棚项目适用于各种材料的下贴式或吊顶上搁置式的保温隔热的天棚。柱帽保温隔热应并入天棚保温隔热工程量内。保温隔热材料需加药物防虫剂的，应在清单中进行描述。

9.2.1.2　保温隔热墙、柱

（1）保温隔热墙项目适用于工业与民用建筑物外墙、内墙保温隔热工程。

（2）外墙内保温和外保温的面层应包括在报价内，装饰层应按装饰工程相关工程量清单项目编码列项。

（3）外墙内保温的内墙保温踢脚线应包括在报价内。

（4）保温柱、梁适用于不与墙、天棚相连的独立柱、梁。

9.2.1.3　其他保温隔热

（1）池槽保温隔热应按其他保温隔热项目编码列项。

（2）池槽保温隔热，池壁、池底应分别编码列项。

9.2.2　防腐面层（编码：011002）

《房屋建筑与装饰工程工程量计算规范》GB 50854—2013 附录 K.2 防腐面层包括防腐混凝土面层、防腐砂浆面层、防腐胶泥面层、玻璃钢防腐面层、聚氯乙烯板面层、块料防腐面层、池槽块料防腐面层，见表 9-2。

防腐面层（编码：011002）   表 9-2

项目编码	项目名称	项目特征	计量单位	工程量计算规则	工程内容
011002001	防腐混凝土面层	①防腐部位 ②面层厚度 ③混凝土种类 ④胶泥种类、配合比	m²	按设计图示尺寸以面积计算。 ①平面防腐：扣除凸出地面的构筑物、设备基础等以及面积＞0.3m² 孔洞、柱、垛等所占面积，门洞、空圈、暖气包槽、壁龛的开口部分不增加面积 ②立面防腐：扣除门、窗、洞口以及面积＞0.3m² 孔洞、梁所占面积，门、窗、洞口侧壁、垛突出部分按展开面积并入墙面积内	①基层清理 ②基层刷稀胶泥 ③混凝土制作、运输、摊铺、养护
011002002	防腐砂浆面层	①防腐部位 ②面层厚度 ③砂浆、胶泥种类、配合比			①基层清理 ②基层刷稀胶泥 ③砂浆制作、运输、摊铺、养护
011002003	防腐胶泥面层	①防腐部位 ②面层厚度 ③胶泥种类、配合比			①基层清理 ②胶泥调制、摊铺
011002004	玻璃钢防腐面层	①防腐部位 ②玻璃钢种类 ③贴布材料的种类、层数 ④面层材料品种			①基层清理 ②刷底漆、刮腻子 ③胶浆配制、涂刷 ④粘布、涂刷面层
011002005	聚氯乙烯板面层	①防腐部位 ②面层材料品种、厚度 ③粘结材料种类			①基层清理 ②配料、涂胶 ③聚氯乙烯板铺设
011002006	块料防腐面层	①防腐部位 ②块料品种、规格 ③粘结材料种类 ④勾缝材料种类			①基层清理 ②铺贴块料 ③胶泥调制、勾缝
011002007	池、槽块料防腐面层	①防腐池、槽名称、代号 ②块料品种、规格 ③粘结材料种类 ④勾缝材料种类		按设计图示尺寸以展开面积计算	

9.2.2.1 防腐混凝土、砂浆、防腐胶泥面层

（1）防腐混凝土面层、防腐砂浆面层、防腐胶泥面层项目适用于平面或立面的水玻璃混凝土、水玻璃砂浆、水玻璃胶泥、沥青混凝土、沥青砂浆、沥青胶泥、树脂砂浆、树脂胶泥以及聚合物水泥砂浆等防腐工程。

（2）因防腐材料不同存在价格上的差异，清单项目中必须列出混凝土、砂浆、胶泥的材料种类，如水玻璃混凝土、沥青混凝土等。

9.2.2.2 玻璃钢防腐面层

（1）玻璃钢防腐面层项目适用于树脂胶料与增强材料（如玻璃纤维丝、布、玻璃纤维表面毡、玻璃纤维短切毡或涤纶布、涤纶毡、丙纶布、丙纶毡等）复合塑制而成的玻璃钢

防腐。

（2）项目名称应描述构成玻璃钢、树脂和增强材料名称，如环氧酚醛（树脂）玻璃钢、酚醛（树脂）玻璃钢、环氧煤焦油（树脂）玻璃钢、环氧呋喃（树脂）玻璃钢、不饱和聚酯（树脂）玻璃钢等，增强材料玻璃纤维布、毡、涤纶布毡等。

（3）应描述防腐部位，如立面、平面。

9.2.2.3 聚氯乙烯板面层

聚氯乙烯板面层项目适用于地面、墙面的软、硬聚氯乙烯板防腐工程。聚氯乙烯板的焊接应包括在报价内。

9.2.2.4 块料防腐面层

块料防腐面层项目适用于地面、沟槽、基础的各类块料防腐工程。防腐蚀块料粘贴部位（地面、沟槽、基础、踢脚线）应在清单项目中进行描述。防腐蚀块料的规格、品种（瓷板、铸石板、天然石板等）应在清单项目中进行描述。

9.2.2.5 池、槽块料防腐面层

池槽防腐，池底和池壁可合并列项，也可分为池底面积和池壁防腐面积，分别列项。

9.2.3 其他防腐（编码：011003）

《房屋建筑与装饰工程工程量计算规范》GB 50854—2013 附录 K.3 其他防腐项目包括隔离层、砌筑沥青浸渍砖、防腐涂料，见表 9-3。

表 9-3

其他防腐（编码：011003）

项目编码	项目名称	项目特征	计量单位	工程量计算规则	工 程 内 容
011003001	隔离层	①隔离层部位 ②隔离层材料品种 ③隔离层做法 ④粘贴材料种类	m²	按设计图示尺寸以面积计算。 ①平面防腐：扣除凸出地面的构筑物、设备基础等以及面积＞0.3m²孔洞、柱、垛等所占面积，门洞、空圈、暖气包槽、壁龛的开口部分不增加面积 ②立面防腐：扣除门、窗、洞口以及面积＞0.3m²孔洞、梁所占面积，门、窗、洞口侧壁、垛突出部分按展开面积并入墙面积内	①基层清理、刷油 ②煮沥青 ③胶泥调制 ④隔离层铺设
011003002	砌筑沥青浸渍砖	①砌筑部位 ②浸渍砖规格 ③胶泥种类 ④浸渍砖砌法	m³	按设计图示尺寸以体积计算	①基层清理 ②胶泥调制 ③浸渍砖铺设
011003003	防腐涂料	①涂刷部位 ②基层材料类型 ③刮腻子的种类、遍数 ④涂料品种、刷涂遍数	m²	按设计图示尺寸以面积计算。 ①平面防腐：扣除凸出地面的构筑物、设备基础等以及面积＞0.3m²孔洞、柱、垛等所占面积，门洞、空圈、暖气包槽、壁龛的开口部分不增加面积 ②立面防腐：扣除门、窗、洞口以及面积＞0.3m²孔洞、梁所占面积，门、窗、洞口侧壁、垛突出部分按展开面积并入墙面积内	①基层清理 ②刮腻子 ③刷涂料

9.2.3.1 隔离层

隔离层项目适用于楼地面的沥青类、树脂玻璃钢类防腐工程隔离层。

9.2.3.2 砌筑沥青浸渍砖

砌筑沥青浸渍砖项目适用于浸渍标准砖。浸渍砖砌法指平砌、立砌，平砌按厚度115mm 计算，立砌以 53mm 计算。

9.2.3.3 防腐涂料

（1）防腐涂料项目适用于建筑物、构筑物以及钢结构的防腐。

（2）防腐涂料应对涂刷基层（混凝土、抹灰面）进行描述。需刮腻子时应包括在报价内。应对涂料底漆层、中间漆层、面漆涂刷（或刮）遍数进行描述。

9.3　配套定额相关规定

9.3.1　定额说明

9.3.1.1　配套定额的一般规定

（1）整体面层定额项目，适用于平面、立面、沟槽的防腐工程。

（2）块料面层定额项目按平面铺砌编制。铺砌立面时，相应定额人工乘以系数 1.30，块料乘以系数 1.02，其他不变。在本章定额中，不再区分平面、立面，只是铺立面时，相应定额乘以系数即可。

（3）花岗石板以六面剁斧的板材为准。如底面为毛面者，每 $10m^2$ 定额单位耐酸沥青砂浆增加 $0.04m^3$。

（4）各种砂浆、混凝土、胶泥的种类、配合比及各种整体面层的厚度，设计与定额不同，可以换算，但块料面层的结合层砂浆、胶泥用量不变。

1）各种砂浆、混凝土、胶泥的种类、配合比，若设计与定额取定不同，可按附录中的配合比表调整，定额中的用量不变。若整体面层的厚度与定额不同，可按设计厚度调整用量。调整方法如下：

$$调整用量＝10m^2×铺筑厚度×（1＋损耗率） \tag{9-1}$$

损耗率如下：耐酸沥青砂浆 1％，耐酸沥青胶泥 1％，耐酸沥青混凝土 1％，环氧砂浆 2％，环氧稀胶泥 5％，钢屑砂浆 1％。

2）块料面层中的结合层是按规范取定的，不另调整。块料中耐酸瓷砖和耐酸瓷板，若设计规格与定额不同，用量可以调整。方法如下：

$$调整用量＝［10m^2÷（块料长＋灰缝）×（块料宽＋灰缝）］×单块块料面积×（1＋损耗率） \tag{9-2}$$

损耗率耐酸瓷砖为 2％，耐酸瓷板为 4％。

9.3.1.2　保温隔热定额说明

（1）保温隔热定额适用于中温、低温及其恒温的工业厂（库）房保温工程，以及一般保温工程。

（2）定额中保温工程可用于工业、民用建筑中屋面、顶棚、墙面、地面、池、槽、柱、梁等工程的保温。一般工业和民用建筑，主要是屋面和外墙保温；冷库、恒温车间、试验室等建筑物，则包括屋面、墙面、楼地面等保温工程。

（3）保温层种类和保温材料配合比，设计与定额不同时可以换算，其他不变。若保温材料的配合比与定额取定不同（主要指散状、有配合比的保温材料），可按定额附录中的配合比表换算相应的材料，定额中的材料用量不变。若保温材料种类与定额取定不同（成品保温砌块除外），可按与定额中施工方法相同的项目换算材料种类，材料用量不变。加气混凝土块、泡沫混凝土块，若设计使用的规格与定额不同，可按设计规格调整用量。损耗率按 7% 计算。

（4）混凝土板上保温和架空隔热，适用于楼板、屋面板、地面的保温和架空隔热。

（5）立面保温，适用于墙面和柱面的保温。

（6）保温隔热定额不包括保护层或衬墙等内容，发生时按相应章节套用。

（7）隔热层铺贴，除松散保温材料外，其他均以石油沥青作胶结材料。松散材料的包装材料及包装用工已包括在定额中。如铺贴聚苯乙烯泡沫板或铺贴软木板保温层时，均用石油沥青作为胶结材料，石油沥青已包括在定额内。矿渣棉、玻璃棉等松散材料用塑料薄膜作为包装材料，已包括在定额内。

（8）墙面保温铺贴块体材料，包括基层涂沥青一遍。

（9）定额中，保温层按保温部位的不同设置的项目，使用时，按保温位置及设计做法套用相应定额即可。

（10）楼板上、屋面板上、地面、池槽的池底等保温，执行混凝土板上保温子目；梁保温，执行顶棚保温中的混凝土板下保温子目；柱帽保温，并入顶棚保温工程量内，执行顶棚保温子目；墙面、柱面、池槽的池壁等保温，执行立面保温子目。

（11）顶棚保温中混凝土板下沥青铺贴项目，包括木龙骨的制作安装内容，木龙骨不再另套项目。

9.3.1.3 耐酸防腐块料面层定额说明

耐酸防腐块料面层在本章定额中，均按平面铺砌编制。立面防腐时，按设计做法套用相应的定额，再乘以说明中的系数即可。

9.3.2 工程量计算规则

9.3.2.1 保温隔热工程

（1）保温层按设计图示尺寸，以立方米计算（另有规定的除外）。

（2）聚氨酯发泡保温区分不同的发泡厚度，按设计图示尺寸，以平方米计算。混凝土板上架空隔热，不论架空高度如何，均按设计图示尺寸，以平方米计算。其他保温，均按设计图示保温面积乘以保温材料的净厚度（不含胶结材料），以立方米计算。

（3）屋面保温层按设计图示面积乘以平均厚度，以立方米计算。不扣除房上烟囱、风帽底座、风道和屋面小气窗等所占体积。

（4）地面保温层按主墙间净面积乘以设计厚度，以立方米计算。扣除凸出地面的构筑物、设备基础等所占体积，不扣除柱、垛、间壁墙、烟囱等所占体积。

（5）顶棚保温层按主墙间净面积乘以设计厚度，以立方米计算。不扣除保温层内各种龙骨等所占体积，柱帽保温按设计图示尺寸并入相应顶棚保温工程量内。

（6）墙体保温层，外墙按保温层中心线长度、内墙按保温层净长度乘以设计高度及厚度，以立方米计算，扣除冷藏门洞口和管道穿墙洞口所占体积，门洞口侧壁周围的保温，按设计图示尺寸并入相应墙面保温工程量内。

（7）柱保温层按保温层中心线展开长度乘以设计高度及厚度，以立方米计算。

（8）池槽保温层按设计图示长、宽净尺寸乘以设计厚度，以立方米计算。

9.3.2.2 耐酸防腐工程

（1）耐酸防腐工程区分不同材料及厚度，按设计实铺面积以平方米计算。扣除凸出地面的构筑物、设备基础、门窗洞口等所占面积，墙垛等突出墙面部分按展开面积并入墙面防腐工程量内。

（2）平面铺砌双层防腐块料时，按单层工程量乘以系数 2 计算。

9.4 工程量计算主要技术资料

9.4.1 屋面保温层工程计算公式

9.4.1.1 屋面保温层工程量计算公式

$$屋面保温层工程量＝保温层设计长度×设计宽度×平均厚度 \qquad (9\text{-}3)$$

$$双坡屋面保温层平均厚度＝保温层宽度/2×坡度/2＋最薄处厚度 \qquad (9\text{-}4)$$

$$单坡屋面保温层平均厚度＝保温层宽度×坡度/2＋最薄处厚度 \qquad (9\text{-}5)$$

平均厚度指保温层兼作找坡层时，其保温层的厚度按平均厚度计算。

9.4.1.2 地面保温层工程量计算公式

$$地面保温层工程量＝（主墙间净长度×主墙间净宽度－应扣面积）×设计厚度 \qquad (9\text{-}6)$$

9.4.1.3 顶棚保温层工程量计算公式

$$顶棚保温层工程量＝主墙间净长度×主墙间净宽度×设计厚度＋梁、柱帽保温层体积$$
$$(9\text{-}7)$$

9.4.1.4 墙体保温层工程量计算公式

$$墙体保温层工程量＝（外墙保温层中心线长度×设计高度－洞口面积）×厚度＋$$
$$（内墙保温层净长度×设计高度－洞口面积）×厚度＋洞口侧壁体积 \qquad (9\text{-}8)$$

9.4.1.5 柱体保温层工程量计算公式

$$柱体保温层工程量＝保温层中心线展开长度×设计高度×厚度 \qquad (9\text{-}9)$$

9.4.1.6 池槽保温层工程量计算公式

$$池槽壁保温层工程量＝设计图示净长×净高×设计厚度 \qquad (9\text{-}10)$$

$$池底保温层工程量＝设计图示净长×净宽×设计厚度 \qquad (9\text{-}11)$$

9.4.2 耐酸防腐工程计算公式

9.4.2.1 耐酸防腐平面工程量计算公式

$$耐酸防腐平面工程量＝设计图示净长×净宽－应扣面积 \qquad (9\text{-}12)$$

9.4.2.2 铺砌双层防腐块料工程量计算公式

$$铺砌双层防腐块料工程量＝（设计图示净长×净宽－应扣面积）×2 \qquad (9\text{-}13)$$

9.5　计量与计价实务案例

9.5.1　保温、隔热实务案例

【案例 9-1】 保温平屋面尺寸如图 9-3 所示。做法如下：空心板上 1:3 水泥砂浆找平 20mm 厚，沥青隔气层一度，1:8 现浇水泥珍珠岩最薄处 60mm 厚，1:3 水泥砂浆找平 20mm 厚，PVC 橡胶卷材防水。编制保温隔热屋面工程量清单和综合单价计算。

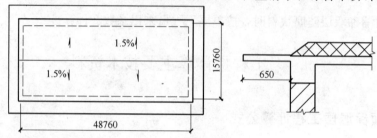

图 9-3　保温平屋面

【解】 （1）保温隔热屋面工程量清单的编制

保温隔热屋面工程量＝（48.76＋0.24）×（15.76＋0.24）＝784.00m²

分部分项工程量清单见表 9-4。

分部分项工程量清单　　　　　　　　　　　　　　　表 9-4

序号	项目编号	项目名称	项目特征描述	计量单位	工程量
1	011003001001	保温隔热屋面	1:8 现浇水泥珍珠岩最薄处 60mm 厚；沥青隔气层一度,厚度 1mm	m²	784.00

（2）保温隔热屋面工程量清单计价表的编制

保温隔热屋面项目发生的工程内容沥青隔气层一度、铺贴保温层。

① 沥青隔气层工程量＝（48.76＋0.24）×（15.76＋0.24）＝784.00m²

石油沥青一遍（含冷底子油）平面：套定额 6-2-72。

② 屋面保温层平均厚＝16÷2×0.015÷2＋0.06＝0.120m

保温层工程量＝（48.76＋0.24）×（15.76＋0.24）×0.120＝784.00×0.120＝94.08m³

1:8 现浇水泥珍珠岩：套定额 6-3-15（换）。

材料费增加:10.40×（157.45－155.39）＝21.42元/10m³

人工、材料、机械单价选用市场价。

根据企业情况确定管理费率为 7.1%，利润率为 4.3%。

分部分项工程量清单计价表见表 9-5。

分部分项工程量清单计价表　　　　　　　　　　　　表 9-5

序号	项目编号	项目名称	项目特征描述	计量单位	工程量	金额（元）	
						综合单价	合价
1	011003001001	保温隔热屋面	1:8 现浇水泥珍珠岩最薄处 60mm 厚；沥青隔气层一度,厚度 1mm	m²	784.00	39.83	31226.72

【案例 9-2】 保温平屋面尺寸如图 9-4 所示。做法如下：空心板上 1：3 水泥砂浆找平 20mm 厚，刷冷底油两遍，沥青隔气层一遍，80mm 厚水泥蛭石块保温层，1：10 现浇水泥蛭石找坡，1：3 水泥砂浆找平 20mm 厚，SBS 改性沥青卷材满铺一层，点式支撑预制混凝土板架空隔热层。编制保温隔热屋面工程量清单和综合单价计算。

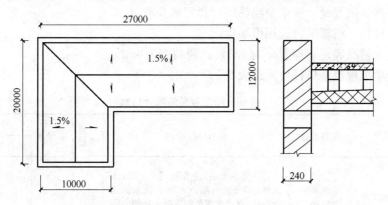

图 9-4 保温平屋面

【解】 （1）保温隔热屋面工程量清单的编制

保温层工程量＝(27.00－0.24)×(12.00－0.24)＋(10.00－0.24)×(20.00－12.00)＝392.78m²

分部分项工程量清单见表 9-6。

分部分项工程量清单 表 9-6

序号	项目编号	项目名称	项目特征描述	计量单位	工程量
1	011001001001	保温隔热屋面	刷冷底油两遍，沥青隔气层一度，厚度 1mm；水泥蛭石块 80mm 厚，1：10 现浇水泥蛭石找坡；点式支撑预制混凝土板架空隔热层	m²	392.78

（2）保温隔热屋面工程量清单计价表的编制

保温隔热屋面项目发生的工程内容为：沥青隔气层、保温层铺贴、混凝土板架空隔热层。

① 隔气层工程量＝（27.00－0.24）×（12.00－0.24）＋（10.00－0.24）×（20.00－12.00）＝392.78m²

石油沥青一遍（含第一遍冷底子油）平面：套 6-2-72。

② 结合层工程量＝（27.00－0.24）×（12.00－0.24）＋（10.00－0.24）×（20.00－12.00）＝392.78m²

第二遍冷底子油：套 6-2-63。

③ 水泥蛭石块保温层工程量＝[（27.00－0.24）×（12.00－0.24）＋（10.00－0.24）×（20.00－12.00）]×0.08＝392.78×0.08＝31.42m³

8mm 厚水泥蛭石块保温层：套定额 6-3-6。

④ 现浇水泥蛭石找坡工程量＝[（27.00－0.24＋17.00）÷2×（12.00－0.24）]×[（12－0.24）÷2×0.015÷2]＋[（20.00－0.24＋8.00）÷2×（10.00－0.24）]×[（10－

$0.24)\div2\times0.015\div2]=257.31\times0.0441+135.47\times0.0366=16.31m^3$

1：10 现浇水泥蛭石找坡：套定额 6-3-16。

⑤ 架空隔热层工程量＝(27.00－0.24)×(12.00－0.24)+(10.00－0.24)×(20.00－12.00)＝392.78m²

点式支撑预制混凝土板架空隔热层：套定额 6-3-24。

人工、材料、机械单价选用市场价。

根据企业情况确定管理费率为 7.1%；利润率为 4.3%。

分部分项工程量清单计价表见表 9-7。

分部分项工程量清单计价表　　　　　表 9-7

序号	项目编号	项目名称	项目特征描述	计量单位	工程量	金额（元）	
						综合单价	合价
1	011001001001	保温隔热屋面	刷冷底油 2 遍，沥青隔气层一度；水泥蛭石块 80mm 厚，1：10 现浇水泥蛭石找坡；点式支撑预制混凝土板架空隔热层	m²	392.78	85.95	33759.44

【案例 9-3】 某冷藏工程室内（包括柱子）均用石油沥青粘贴 100mm 厚的聚苯乙烯泡沫塑料板，尺寸如图 9-5 所示。保温门为 800mm×2000mm，先铺天棚、地面，后铺墙面、柱面，保温门居内安装，洞口周围不需另铺保温材料。编制保温隔热天棚、墙面、柱面、地面工程量清单和综合单价计算。

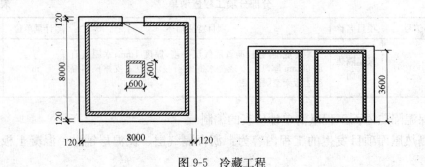

图 9-5 冷藏工程

【解】　（1）保温隔热屋面工程量清单的编制

① 天棚保温工程量＝(8.00－0.24)×(8.00－0.24)＝60.22m²

② 墙面工程量＝[(8.00－0.24－0.10+8.00－0.24－0.10)×2×(3.60－0.10×2)－0.80×2.00]＝102.58m²

③ 柱面隔热工程量＝(0.60×4－4×0.10)×(3.6－0.10×2)＝6.80m²

④ 地面隔热层工程量＝(8.00－0.24)×(8.00－0.24)＝60.22m²

分部分项工程量清单见表 9-8。

（2）保温隔热工程量清单计价表的编制

保温隔热项目发生的工程内容：天棚、墙面、柱面、地面、保温层铺贴。

① 地面隔热层工程量＝(8.00－0.24)×(8.00－0.24)×0.10＝6.02m³

地面石油沥青粘贴聚苯乙烯泡沫塑料板：套定额 6-3-1。

② 墙面工程量＝[(8.00−0.24−0.10＋8.00−0.24−0.10)×2×(3.60−0.10×2)−0.80×2]×0.10＝10.26m³

分部分项工程量清单　　表9-8

序号	项目编号	项目名称	项目特征描述	计量单位	工程量
1	011001002001	保温隔热天棚	石油沥青粘贴100mm厚的聚苯乙烯泡沫塑料板	m²	60.22
2	011001003001	保温隔热墙面	石油沥青粘贴100mm厚的聚苯乙烯泡沫塑料板	m²	102.58
3	011001004001	保温柱	石油沥青粘贴100mm厚的聚苯乙烯泡沫塑料板	m²	6.80
4	011001005001	保温隔热楼地面	石油沥青粘贴100mm厚的聚苯乙烯泡沫塑料板	m²	60.22

沥青附墙粘贴聚苯乙烯泡沫塑料板：套定额6-3-30。

③ 柱面隔热工程量＝(0.60×4−4×0.10)×(3.6−0.10×2)×0.10＝0.48m³

沥青附柱粘贴聚苯乙烯泡沫塑料板：套定额6-3-30。

④ 顶棚保温工程量＝(8.00−0.24)×(8.00−0.24)×0.10＝6.02m³

混凝土板下沥青粘贴聚苯乙烯泡沫塑料板：套定额6-3-25。

人工、材料、机械单价选用市场价。

根据企业情况确定管理费率为7.1%，利润率为4.3%。

分部分项工程量清单计价表见表9-9。

分部分项工程量清单计价表　　表9-9

序号	项目编号	项目名称	项目特征描述	计量单位	工程量	综合单价	合价
1	011001002001	保温隔热天棚	石油沥青粘贴100mm厚的聚苯乙烯泡沫塑料板	m²	60.22	146.02	8793.32
2	011001003001	保温隔热墙面	石油沥青粘贴100mm厚的聚苯乙烯泡沫塑料板	m²	102.58	137.79	14134.50
3	011001004001	保温柱	石油沥青粘贴100mm厚的聚苯乙烯泡沫塑料板	m²	6.80	97.24	661.23
4	011001005001	保温隔热楼地面	石油沥青粘贴100mm厚的聚苯乙烯泡沫塑料板	m²	60.22	149.35	8993.86

9.5.2 防腐面层实务案例

【案例9-4】 某仓库防腐地面、踢脚线抹铁屑砂浆，厚度20mm，如图9-6所示。编制防腐砂浆工程量清单，进行清单报价。

【解】 (1) 防腐砂浆面层工程量清单的编制

地面防腐砂浆工程量＝(9.00−0.24)×(4.50−0.24)＝37.32m²

踢脚线防腐砂浆工程量＝[(9.00−0.24＋0.24×4＋4.50−0.24)×2−0.90＋0.12×2]×0.2＝5.46m²

分部分项工程量清单见表9-10。

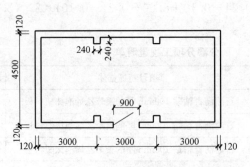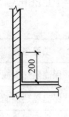

图 9-6　防腐地面、踢脚线

分部分项工程量清单　　　　　　　　　　　　　　　表 9-10

序号	项目编号	项目名称	项目特征描述	计量单位	工程量
1	011002002001	防腐砂浆面层	地面，20mm 厚铁屑砂浆	m²	37.32
2	011105001001	防腐砂浆踢脚线	踢脚线，20mm 厚铁屑砂浆	m²	5.46

（2）防腐砂浆面层工程量清单计价表的编制

防腐砂浆面层项目发生的工程内容面层摊铺养护。

① 地面工程量 =（9.00 － 0.24）×（4.50 － 0.24）－ 0.24 × 0.24 × 4 + 0.90 × 0.12 = 37.20m²

铁屑砂浆地面厚度 20mm：套定额 6-6-7。

② 踢脚线工程量 =[（9.00 － 0.24 + 0.24 × 4 + 4.50 － 0.24）× 2 － 0.90 + 0.12 × 2]× 0.2 = 5.46m²

铁屑砂浆（厚度 20mm）踢脚线：套定额 6-6-8。

人工、材料、机械单价选用市场价。

根据企业情况确定管理费率为 7.1%，利润率为 6.3%

分部分项工程量清单计价表见表 9-11。

分部分项工程量清单计价表　　　　　　　　　　　　表 9-11

序号	项目编号	项目名称	项目特征描述	计量单位	工程量	金额（元）	
						综合单价	合价
1	011002002001	防腐砂浆面层	地面，20mm 厚铁屑砂浆	m²	37.32	38.23	1426.74
2	011105001001	防腐砂浆踢脚线	踢脚线，20mm 厚铁屑砂浆	m²	5.46	40.21	219.55

9.5.3　其他防腐实务案例

【案例 9-5】　某仓库防腐水泥砂浆地面刷过氯乙烯漆 3 遍，地面面积 853.25m²。编制防腐涂料工程量清单和综合单价计算。

【解】（1）防腐涂料工程量清单的编制

防腐涂料工程量 = 853.25m²

分部分项工程量清单见表 9-12。

分部分项工程量清单 表 9-12

序号	项目编号	项目名称	项目特征描述	计量单位	工程量
1	011003003001	防腐涂料	水泥砂浆地面刷过氯乙烯漆 3 遍	m²	853.25

（2）防腐砂浆工程量清单计价表的编制

防腐砂浆项目发生的工程内容刷涂料。

防腐涂料工程量＝853.25m²

水泥砂浆地面刷过氯乙烯漆三遍：套定额 6-6-30。

人工、材料、机械单价选用市场价。

根据企业情况确定管理费率为 7.1%，利润率为 6.3%

分部分项工程量清单计价表见表 9-13。

分部分项工程量清单计价表 表 9-13

序号	项目编号	项目名称	项目特征描述	计量单位	工程量	金额（元）	
						综合单价	合价
1	011003003001	防腐涂料	水泥砂浆地面刷过氯乙烯漆 3 遍	m²	853.25	20.28	17303.91

10 措施项目

措施项目共分 7 个分部，即脚手架工程、混凝土模板及支架（撑）、垂直运输、超高施工增加、大型机械设备进出场及安拆、施工排水降水和安全文明施工及其他措施项目。适用于工业与民用建筑的措施项目费用计算。

10.1 脚手架工程

10.1.1 相关知识简介

10.1.1.1 脚手架的种类和基本要求

脚手架是砌筑过程中堆放材料及工人进行操作的临时设施。考虑到砌筑工作效率及施工组织等因素，每次搭设脚手架的高度定为 1.2m 左右，称为"一步架高度"，也叫墙体的"可砌高度"。

（1）脚手架的种类：

1）按搭设位置分：外脚手架；里脚手架。

2）按所用材料分：木脚手架；竹脚手架；钢管脚手架。

3）按构造形式分：多立柱式脚手架；门式脚手架；桥式脚手架；悬吊式脚手架；挂式脚手架；挑式脚手架；爬升式脚手架。

（2）对脚手架的基本要求：

1）要有足够的强度、刚度、稳定性。

2）要有足够的宽度，一般脚手架宽 1.5～2m。

3）构造简单，装拆方便，并能多次周转使用。

10.1.1.2 脚手架的搭设

（1）外脚手架：

1）钢管扣件式脚手架搭设灵活，拆装方便，能适应建筑物平面及高度的变化，而且它的强度较高，搭设高度也大，坚固耐用，周转次数多。钢管扣件式脚手架是由钢管、扣件、脚手板底座、防护栏杆等组成。钢管一般采用外径 48mm，壁厚 3.5mm 的焊接钢管，当缺乏这种钢管时，也可以用同规格的无缝钢管或外径 50～51mm，壁厚 3～4mm 的焊接钢管。根据钢管在脚手架中的位置和作用不同，又可分为：立杆、大横杆、小横杆、连墙杆、剪刀撑、抛撑等。

2）钢管碗扣式脚手架的核心部件是碗扣接头，它由上、下碗扣，横杆接头和上碗扣限位销组成。这种脚手架具有结构简单，杆件全部轴向连接，力学性能好，接头构造合理，工作安全可靠，拆装方便，操作容易，零部件损耗率低等特点。特别适合于搭设扇形及高层建筑施工，装修两用外脚手架。

3）木脚手架常用剥皮的杉木杆，用于立杆和支撑的杆件小头直径不小于 70mm；用于大横杆、小横杆的杆件小头直径不小于 80mm，用 8 号钢丝绑扎，立杆或大横杆搭接长度不小于 1.5m，绑扎不少于三道。小横杆接头处，小头应压在大头上。如遇三根杆件相交时，应先绑扎其中两根，再与第三根绑在一起，切勿一扣绑三杆。

4）竹脚手架应用生长三年以上的毛竹，用于立杆、支撑、顶柱、大横杆的竹小头直径不小于 75mm；用于小横杆的小头直径不小于 90mm，用竹篾绑扎，在立杆旁边加设顶柱顶住小横杆，以分担一部分荷载，以防止大横杆因受荷过大而下滑，上、下顶柱应保持在同一垂直线上。

5）门型脚手架又称多功能门型脚手架，是由基本单元连接起来，再加上梯子、栏杆等构成整片脚手架，如图 10-1 所示。基本单元包括门式框架（门架）、剪刀撑（交叉支撑）、挂扣式脚手板或水平梁架。塔设高度应不大于 45m。施工荷载限定为均布荷载 1816N/m，集中荷载 1916N。

6）吊脚手架又称悬空脚手架，是在楼顶上特设支承点，将预制组装的脚手架悬挂在挑梁上，挑梁与建筑结构固定，利用吊索悬吊吊架或吊篮，脚手架的升降用捯链和钢丝绳来带动，如图 10-2 所示。主要组成部分：吊架（篮）、支承设施、吊索、升降装置等，适用于高层建筑。

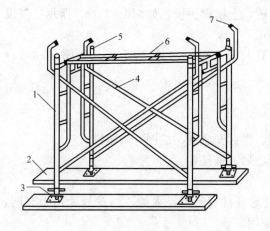
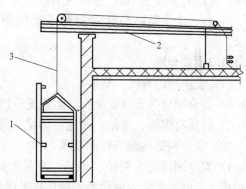

图 10-1　门型脚手架
1—门式；2—垫板；3—螺旋基座；4—剪刀撑；
5—连接棒；6—水平梁架；7—锁臂

图 10-2　吊脚手架
1—吊架；2—支承设施；3—吊索

7）悬挑脚手架包括从地面、楼板或墙体上用立杆斜挑的脚手架，提供一个层高的使用高度的外挑式脚手架和高层建筑施工分段塔设的悬挑脚手架。高层分段塔设的悬挑脚手架又称型钢平台挑钢管式脚手架，是每隔一定高度，在建筑物四周水平布置支承型钢挑梁或三脚架，在支承梁上支钢管扣件式脚手架或门型脚手架，如图 10-3 所示。

8）附着式脚手架又称爬升脚手架，是将脚手架架体附着于建筑结构上，并能自行升降，可单跨升降，多跨升降，也可整体升降，因此，也称整体提升脚手架或爬架。爬架由承力系统、脚手架系统和提升系统组成。可以附墙升降，节约大量脚手架材料和人工。

（2）里脚手架。一般用于墙体高度不大于 4m 的房屋，每层可搭设 2～3 步架。

1）折叠式脚手架砌墙时每 1～2m 设一个，粉刷时可 2.2～2.5m 设一个。一般可以搭

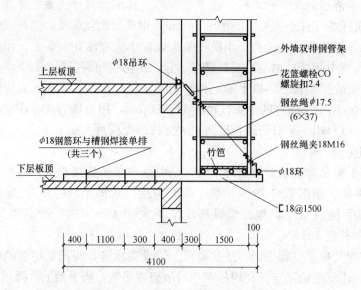

上层板顶

φ18吊环

外墙双排钢管架

花篮螺栓CO
螺旋扣2.4

钢丝绳φ17.5
(6×37)

φ18钢筋环与槽钢焊接单排
(共三个)

钢丝绳夹18M16

竹笆

下层板顶

φ18环

[18@1500

400 | 1100 | 300 | 400 | 300 | 1500 | 100
4100

图 10-3 型钢平台挑钢管式脚手架

设两步架；第一步为 1m，第二步为 1.65m，重量较大，如图 10-4（a）所示。

2）支柱式里脚手架由若干支柱和横杆组成，上铺脚手板，如图 10-4（b）所示。搭设间距：砌墙时不大于 2m，粉刷时不超过 2.5m。

3）竹、木、钢制马凳式里脚手架间距不大于 1.5m，上铺脚手板，如图 10-4（c）所示。

10.1.1.3 安全网

（1）安全网的种类、材质：

1）安全网分为普通安全网、阻燃安全网、密目安全网、拦网、防坠网。

2）材质有锦纶、维纶、涤纶、丙纶、聚乙烯、蚕丝等。

（2）安全网的构造与技术要求：

1）安全网绳应由锦纶、维纶、涤纶、尼龙等材料制成，氯纶、丙纶只能用于立网，不得用于平网。严禁立网代替平网作水平网使用。

2）平网的宽度不小于 3m，立网的高度不小于 1.2m，每张网的重量不超过 15kg。平网的拉结点利用挑架预埋钢筋和预埋连墙杆连接。

（3）安全网的使用规则和塔设方法：

1）安装平网应外高里低，以 15°为宜，网不宜绷得太紧。

2）要保证安全网受力均匀，必须经常清理网上落物，网内不得有积物。

3）安全网安装后，必须经专人检查验收合格签字后才能使用。

4）φ48 钢管斜撑按@3000 布置。

（4）安全网贮运。安全网在贮运中，必须通风、遮光、隔热，同时要避免化学品的侵袭。搬运时禁止使用钩子。

10.1.1.4 名词解释

（1）脚手架：指建筑工程施工时供工人进行操作、堆料、放置工具和运输材料等用的支架。有单、双排和钢、木、竹质脚手架。

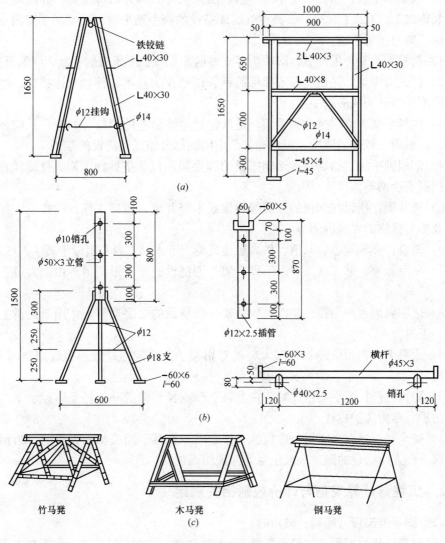

图 10-4 里脚手架

(2) 脚手板：指放在架子上供工人操作、放工具、堆材料的木板。

(3) 金属脚手架：指用钢管做横杆和立杆搭设的脚手架，有单排和双排之分。

(4) 木制脚手架：指用木头横杆和立杆搭设的脚手架，有单排和双排之分。

(5) 钢套管架：指底部焊有三条支腿，上部焊有套管，并能任意调整高度的架子。

(6) 外脚手架：指搭设在建筑物四周墙外边的脚手架。

(7) 里脚手架：指搭设在建筑物内部供各楼层砌筑和粉刷用的脚手架，有绑扎和工具式之分。

(8) 单排脚手架：指墙外边只有一排立杆，小横杆的一端与大横杆相连，另一端搁在墙上。一般单排脚手架高度在五步以下使用。

(9) 双排脚手架：指在墙的一侧面，里、外有两排立杆，其小横杆直接搁在里外两排横杆上。

（10）满堂脚手架：主要用于单层厂房、展览大厅、体育馆等层高、开间较大的建筑顶部的装饰施工，在距板底 1.6m 高度处满屋搭设的脚手架平台。满堂脚手架由立杆、横杆、斜撑、剪刀撑等组成。

（11）简易脚手架：用高凳、脚手板等支搭的非正规、非承重脚手架，叫简易脚手架。

（12）门式脚手架：是由门形或梯形的钢管框架作为基本构件，与连接杆、附件和各种多功能配件组合而成的脚手架。

（13）挑脚手架：也叫挑檐脚手架，是从建筑物外墙上的洞口（如窗户）向外挑出的脚手架。一般用于较大的挑檐、阳台和其凸出墙面部分施工而搭设的架子。

（14）烟囱脚手架：指砌筑砖烟囱搭设的脚手架。包括搭拆脚手架、打缆风桩、拉缆风绳、挂拆安全网等。

（15）竖井架：指设在烟囱的金属竖井架或木竖井架，包括工作台的搭设，保护网的制安以及提升设施的安装拆卸等。

（16）斜道：亦称盘道、马道，供高层建筑物上下人（上料）附设于脚手架的坡道。

（17）一字斜道：贴靠在三步以下脚手架外侧搭设的一字形斜道，用于人员上下和搬运材料、工具。

（18）之字斜道：贴靠在三步以上脚手架外侧搭设的之字形斜道，用于人员上下和搬运材料、工具。

（19）上料平台：指供建筑施工上料的专用架子。并能作放置小型起重机械和卸料、堆料之用。

（20）防护栏杆：脚手架搭设时，在上料平台或操作面的外立杆上绑设水平栏杆，用作安全防护，称为防护栏杆。

（21）安全网：指在高空进行建筑施工作业时，在其下面或侧面设置的，为预防工人和杂物落下伤人而搭设的网。一般由尼龙绳编织而成。

10.1.2　工程量计算规范与计价规则相关规定

10.1.2.1　脚手架工程（编码：011701）

《房屋建筑与装饰工程工程量计算规范》GB 50854—2013 附录 S.1 脚手架工程包括综合脚手架、外脚手架、里脚手架、悬空脚手架、挑脚手架、满堂脚手架、整体提升架、外装饰吊篮，见表 10-1。

脚手架工程（编码：011701）　　　　　　　表 10-1

项目编码	项目名称	项目特征	计量单位	工程量计算规则	工程内容
011701001	综合脚手架	①建筑结构形式 ②檐口高度	m²	按建筑面积计算	①场内、场外材料搬运 ②搭、拆脚手架、斜道、上料平台 ③安全网的铺设 ④选择附墙点与主体连接 ⑤测试电动装置、安全锁等 ⑥拆除脚手架后材料的堆放

续表

项目编码	项目名称	项目特征	计量单位	工程量计算规则	工程内容
011701002	外脚手架	①搭设方式 ②搭设高度 ③脚手架材质	m²	按所服务对象的垂直投影面积计算	①场内、场外材料搬运 ②搭、拆脚手架、斜道、上料平台 ③安全网的铺设 ④拆除脚手架后材料的堆放
011701003	里脚手架				
011701004	悬空脚手架	①搭设方式 ②悬挑宽度 ③脚手架材质		按搭设的水平投影面积计算	
011701005	挑脚手架		m	按搭设长度乘以搭设层数以延长米计算	
011701006	满堂脚手架	①搭设方式 ②搭设高度 ③脚手架材质		按搭设的水平投影面积计算	
011701007	整体提升架	①搭设方式及启动装置 ②搭设高度	m²	按所服务对象的垂直投影面积计算	①场内、场外材料搬运 ②选择附墙点与主体连接 ③搭、拆脚手架、斜道、上料平台 ④安全网的铺设 ⑤测试电动装置、安全锁等 ⑥拆除脚手架后材料的堆放
011701008	外装饰吊篮	①升降方式及启动装置 ②搭设高度及吊篮型号		按所服务对象的垂直投影面积计算	①场内、场外材料搬运 ②吊篮的安装 ③测试电动装置、安全锁、平衡控制器等 ④吊篮的拆卸

10.1.2.2 脚手架工程工程量计算规范使用说明

(1) 使用综合脚手架时，不再使用外脚手架、里脚手架等单项脚手架；综合脚手架适用于能够按"建筑面积计算规则"计算建筑面积的建筑工程脚手架，不适用于房屋加层、构筑物及附属工程脚手架。

(2) 同一建筑物有不同檐高时，按建筑物竖向切面分别按不同檐高编列清单项目。

(3) 整体提升架已包括 2m 高的防护架体设施。

(4) 脚手架材质可以不描述，但应注明由投标人根据工程实际情况按照《建筑施工扣件式钢管脚手架安全技术规范》JGJ130 和《建筑施工附着升降脚手架管理规定》（建建 [2000] 230 号）等规范自行确定。

10.1.3 配套定额相关规定

10.1.3.1 定额说明

(1) 脚手架部分包括外脚手架、里脚手架、满堂脚手架、悬空及挑脚手架、安全网等内容。共 99 个子目。

（2）脚手架按搭设材料分为木制、钢管式；按搭设形式及作用分为型钢平台挑钢管式脚手架、烟囱脚手架和电梯井字脚手架等。为了适应建设单位单独发包的情况，单列了主体工程外脚手架和外装饰工程脚手架。

（3）各种现浇混凝土独立柱、框架柱、砖柱、石柱等，均需单独计算脚手架；混凝土构造柱不单独计算。

（4）现浇混凝土圈梁、过梁，楼梯、雨篷、阳台、挑檐中的梁和挑梁，均不单独计算脚手架。

（5）各种现浇混凝土板、现浇混凝土楼梯，不单独计算脚手架。

（6）外挑阳台的外脚手架，按其外挑宽度并入外墙外边线长度内计算。

（7）混凝土独立基础高度超过1m，按柱脚手架规则计算工程量（外围周长按最大底面周长），执行单排外脚手架子目。

（8）石砌基础高度超过1m，执行双排里脚手架子目；石砌基础高度超过3m，执行双排外脚手架子目。边砌边回填时，不得计算脚手架。

（9）石砌围墙或厚2砖以上的砖围墙，增加一面双排里脚手架。

（10）各种石砌挡土墙的砌筑脚手架，按石砌基础的规定执行。

（11）型钢平台外挑双排钢管架子目，一般适用于自然地坪或高层建筑的低层屋面不能承受外脚手架荷载、不能搭设落地脚手架等情况。其工程量计算执行外脚手架的相应规定。

（12）编制标底时，外脚手架高度在110m以内，按相应落地钢管架子目执行；外脚手架高度超过110m时，按型钢平台外挑双排钢管架子目执行。

（13）外脚手架子目综合了上料平台和护卫栏杆，依附斜道、安全网和建筑物的垂直封闭等，应依据相应规定另行计算。

（14）斜道是按依附斜道编制的，独立斜道按依附斜道子目人工、材料、机械乘以系数1.8。

（15）高出屋面水箱间、电梯间不计算垂直封闭。

（16）水平防护架和垂直防护架指脚手架以外单独搭设的，用于车辆通行、人行通道、临街防护、施工与其他物体隔离等的防护。是否搭设和搭设的部位、面积，均应根据工程实际情况，按施工组织设计确定的方案计算。安全施工费中包括此项内容不能重复计算。

（17）烟囱脚手架综合了垂直运输架、斜道、缆风绳、地锚等内容。

（18）水塔脚手架按相应的烟囱脚手架人工乘以系数1.11，其他不变。倒锥壳水塔脚手架，按烟囱脚手架相应子目乘以系数1.3。本节仅编制了烟囱脚手架项目，水塔脚手架套烟囱脚手架乘系数。

（19）滑升钢模浇筑的钢筋混凝土烟囱、倒锥壳水塔支筒及筒仓，定额按无井架施工编制，不另计脚手架费用。

（20）大型现浇混凝土贮水（油）池、框架式设备基础的混凝土壁、柱、顶板梁等混凝土浇筑脚手架，按现浇混凝土墙、柱、梁的相应规定计算。

10.1.3.2 工程量计算规则

（1）一般规定：

1）计算内、外墙脚手架时，均不扣除门窗洞口、空圈洞口等所占的面积。

2）同一建筑物高度不同时，应按不同高度分别计算。

3）总包施工单位承包工程范围不包括外墙装饰工程或外墙装饰不能利用主体施工脚手架施工的工程，可分别套用主体外脚手架或装饰外脚手架项目。

（2）外脚手架：

1）外脚手架工程量按外墙外边线长度乘以外脚手架高度，以平方米计算。

2）脚手架长度按外墙外边线长度计算，凸出墙面宽度大于 240mm 的墙垛等，按图示尺寸展开计算，并入外墙长度内。

3）外脚手架的高度在工程量计算及执行定额时，均自设计室外地坪算至檐口顶。

① 先主体、后回填，自然地坪低于设计室外地坪时，外脚手架的高度，自自然地坪算起。

② 设计室外地坪标高不同时，有错坪的按不同标高分别计算；有坡度的按平均标高计算。

③ 外墙有女儿墙的，算至女儿墙压顶上坪；无女儿墙的，算至檐板上坪或檐沟翻檐的上坪。

④ 坡屋面的山尖部分，其工程量按山尖部分的平均高度计算，但应按山尖顶坪执行定额。

⑤ 高出屋面的电梯间、水箱间，其脚手架按自身高度计算。

⑥ 高低层交界处的高层外脚手架，按低层屋面结构上坪至檐口（或女儿墙顶）的高度计算工程量，按设计室外地坪至檐口（或女儿墙顶）的高度执行定额。

4）外脚手架按计算的外墙脚手架高度，套用相应高度（××m 以内）的定额项目。

5）若建筑物有挑出的外墙，挑出宽度大于 1.5m 时，外脚手架工程量按上部挑出外墙长度乘以设计室外地坪至檐口或女儿墙表面高度计算，套用相应高度的外脚手架；下层缩入部分的外脚手架，工程量按缩入外墙长度乘以设计室外地坪至挑出部分的板底高度计算，不论实际需搭设单、双排脚手架，均按单排外脚手架定额项目执行。

若建筑物仅上部几层挑出或挑出宽度小于 1.5m 时，应按施工组织设计确定的搭设方法，另行补充。

6）砌筑高度在 10m 以下的按单排脚手架计算；高度在 10m 以上或高度虽小于 10m，但外墙门窗及装饰面积超过外墙表面积 60％以上（或外墙为现浇混凝土墙、轻质砌块墙）时，按双排脚手架计算；建筑物高度超过 30m 时，可根据工程情况按型钢挑平台双排脚手架计算。施工单位投标报价时，根据施工组织设计规定确定是否使用。编制标底时，外脚手架高度在 110m 以内按钢管架定额项目编制，高度 110m 以上的按型钢平台外挑双排钢管架定额项目编制。工程量计算及不同高度分别计算等规定同外脚手架规定。

7）独立柱（现浇混凝土框架柱）按柱图示结构外围周长另加 3.6m，乘以设计柱高以平方米计算，套用单排外脚手架项目。独立柱包括现浇混凝土独立柱、砖砌独立柱、石砌独立柱。设计柱高：基础上表面或楼板上表面至上层楼板上表面或屋面板上表面的高度。

现浇混凝土梁、墙，按设计室外地坪或楼板上表面至楼板底之间的高度，乘以梁、墙净长以平方米计算，套用双排外脚手架项目，即"梁、墙净长度×（高度－上层板厚）"。

8）型钢平台外挑钢管架，按外墙外边线长度乘设计高度以平方米计算。平台外挑宽度定额已综合取定，使用时按定额项目的设置高度分别套用。

9）主体工程外脚手架，其工程量计算执行外脚手架有关规定。

（3）里脚手架：

1）建筑物内墙脚手架，凡设计室内地坪至顶板下表面（或山墙高度 1/2 处）的高度在 3.6m 以下（非轻质砌块墙）时，按单排里脚手架计算；高度超过 3.6m 小于 6m 时，按双排里脚手架计算。高度超过 6m 时，内墙（非轻质砌块墙）砌筑脚手架，执行单排外脚手架子目；轻质砌块墙砌筑脚手架，执行双排外脚手架子目。

2）里脚手架按墙面垂直投影面积计算，套用里脚手架项目。不能在内墙上留脚手架洞的各种轻质砌块墙等套用双排里脚手架项目。

里脚手架高度按设计室内地坪至顶板下表面计算（有山尖或坡度的高度折算）。计算面积时不扣除门窗洞口、混凝土圈梁、过梁、构造柱及梁头等所占面积。

（4）其他脚手架：

1）围墙脚手架按室外自然地坪至围墙顶面的砌筑高度乘长度，以平方米计算。围墙脚手架套用单排里脚手架相应项目。

2）石砌墙体，凡砌筑高度在 1.0m 以上时，按设计砌筑高度乘长度以平方米计算，套用双排里脚手架项目。

3）水平防护架，按实际铺板的水平投影面积，以平方米计算。

4）垂直防护架按自然地坪至最上一层横杆之间的搭设高度乘以实际搭设长度，以平方米计算。

5）挑脚手架按搭设长度和层数，以延长米计算。

6）悬空脚手架按搭设水平投影面积，以平方米计算。

7）烟囱脚手架区别不同搭设高度，以座计算。滑升模板施工的混凝土烟囱、筒仓不另计算脚手架。

8）电梯井脚手架按单孔，以座计算。设备管道井不得套用。电梯井脚手架的搭设高度，系指电梯井底板上坪至顶板下坪（不包括建筑物顶层电梯机房）之间的高度。

9）斜道区别不同高度以座计算。依附斜道的高度系指斜道所爬升的垂直高度，从下至上连成一个整体为 1 座。

投标报价时，施工单位应按照施工组织设计要求确定数量。编制标底时，建筑物底面积小于 1200m² 的按 1 座计算，超过 1200m² 按每 500m² 以内增加 1 座。

10）砌筑贮仓脚手架，不分单筒或贮仓组均按单筒外边线周长乘以设计室外地坪至贮仓上口之间高度，以平方米计算，套用双排外脚手架项目。

11）贮水（油）池脚手架按外壁周长乘以室外地坪至池壁顶面之间高度，以平方米计算。贮水（油）池凡距地坪高度超过 1.2m 以上时，套用双排外脚手架项目。

12）设备基础脚手架按其外形周长乘以地坪至外形顶面边线之间高度，以平方米计算，套用双排里脚手架项目。

13）建筑物垂直封闭工程量按封闭面的垂直投影面积计算。若采用交替向上倒用时，工程量按倒用封闭过的垂直投影面积计算，套用定额项目中的封闭材料乘以相应系数计算（竹席为 0.5，竹笆和密目网为 0.33），其他不变。

报价时由施工单位根据施工组织设计要求确定。编制标底时，建筑物 16 层（檐高

50m）以内的工程按固定封闭计算；建筑物层数在 16 层（檐高 50m）以上的工程按交替封闭计算，封闭材料采用密目网。

14）立挂式安全网按架网部分的实际长度乘以实际高度，以平方米计算。

15）挑出式安全网按挑出的水平投影面积计算。

16）平挂式安全网（脚手架与建筑物外墙之间的安全网）按水平挂设的投影面积计算，套用 10-1-46 立挂式安全网定额子目。投标报价时，施工单位根据施工组织设计要求确定。编制标底时，按平挂式安全网计算，根据"扣件式钢管脚手架应用及安全技术规程"要求，随层安全网搭设数量按每层一道。平挂式安全网宽度按 1.5m 计算。

10.1.4　工程量计算主要技术资料

10.1.4.1　脚手架及防护计算公式

（1）脚手架计算公式：

$$独立柱脚手架工程量＝（柱图示结构外围周长＋3.6）×设计柱高 \tag{10-1}$$

$$梁墙脚手架工程量＝梁墙净长度×设计室外地坪（或板顶）至板底高度 \tag{10-2}$$

$$外脚手架工程量＝（外墙外边线长度＋墙垛侧面宽度×2×n）×外脚手架高度 \tag{10-3}$$

$$内墙里脚手架工程量＝内墙净长度×设计净高度 \tag{10-4}$$

$$型钢平台外挑钢管架工程量＝外墙外边线长度×设计高度 \tag{10-5}$$

$$围墙脚手架工程量＝围墙长度×室外自然地坪至围墙顶面高度 \tag{10-6}$$

$$石砌墙体双排里脚手架工程量＝砌筑长度×砌筑高度 \tag{10-7}$$

$$挑脚手架工程量＝实际搭设总长度 \tag{10-8}$$

$$悬空脚手架工程量＝水平投影长度×水平投影宽度 \tag{10-9}$$

（2）防护网计算公式：

$$水平防护架工程量＝水平投影长度×水平投影宽度 \tag{10-10}$$

$$垂直防护架工程量＝实际搭设长度×自然地坪至最上一层横杆的高度 \tag{10-11}$$

$$建筑物垂直封闭工程量＝（外围周长＋1.50×8）×（建筑物脚手架高度＋1.5护栏高） \tag{10-12}$$

$$立挂式安全网工程量＝实际长度×实际高度 \tag{10-13}$$

$$挑出式安全网工程量＝挑出总长度×挑出的水平投影宽度 \tag{10-14}$$

$$平挂式安全网工程量＝（外围周长×1.50＋1.50×1.50×4）×（建筑物层数－1） \tag{10-15}$$

10.1.4.2　脚手架主要技术资料

（1）各种脚手架杆距、步距，见表 10-2。

各种脚手架杆距、步距　　　　　　　　　　　　　表 10-2

项目	木架	竹架	扣件式钢管架
步高	1.2m	1.8m	1.2～1.4m（以 1.3m 计算）
立杆间距	1.5m 以内	1.5m 以内	2m 以内
架宽	1.5m 以内	1.3m 以内	1.5m

（2）扣件式钢管脚手架构造，见表 10-3。

扣件式钢管脚手架构造（单位：m） 表10-3

| 用途 | 脚手架构造形式 | 里立杆离墙面的距离 | 立杆间距 | | 操作层小横杆间距 | 大横杆步距 | 小横杆挑向墙面的悬臂 |
			横向	纵向			
砌筑	单排	—	1.2~1.5	2.0	0.67	1.2~1.4	—
	双排	0.5	1.5	2.0	1.0	1.2~1.4	0.4~0.45
装饰	单排	—	1.2~1.5	2.2	1.1	1.6~1.8	—
	双排	0.5	1.5	2.2	1.1	1.6~1.8	0.35~0.45

（3）各种脚手架材料耐用期限及残值，见表10-4。

各种脚手架材料耐用期限及残值 表10-4

材料名称	耐用期限（月）	残值（%）	备注
钢管	180	10	
扣件	120	5	
脚手杆（杉木）	42	10	
木脚手板	42	10	
竹脚手板	24	5	并立式螺栓加固
毛竹	24	5	
绑扎材料	1次	—	
安全网	1次	—	

（4）各种脚手架搭设一次使用期限，见表10-5。

各种脚手架搭设一次使用期限 表10-5

项　目	高　度	一次使用期限
脚手架	16m 以内	6 个月
脚手架	30m 以内	8 个月
脚手架	45m 以内	12 个月
满堂脚手架		25 天
挑脚手架		10 天
悬空脚手架		7.5 天
室外管道脚手架	16m 以内	1 个月
里脚手架		7.5 天

（5）钢管脚手架材料一次使用量，见表10-6。

钢管脚手架材料一次使用量 表10-6

| 材料名称及规格 | | 单位 | 每 100m² (建筑面积) | | 卷扬机架座 | |
			单排	双排	高 16m	高 26m
钢管	立杆	个	57.3	109.3		
	大横杆	个	87.7	168.4		
	小横排	个	74.8	65.1	539	876
	斜杆	个	18	20		
	小计	t	0.931	1.393	2.07	3.364

续表

材料名称及规格		单位	每100m²（建筑面积）		卷扬机架座	
			单排	双排	高16m	高26m
扣件	直角扣件	个	85	155.5	189	307
	对接扣件	个	20	41.2	20	32
	周转扣件	个	4.5	5	70	113
	底座	个	4.3	5.5	8	8
	小计	t	0.147	0.27	0.362	0.579

（6）脚手架材料定额摊销量计算公式：

$$定额摊销量 = \frac{单位一次使用量 \times (1-残值率)}{耐用期限 \div 一次使用期} \tag{10-16}$$

（7）钢脚手架材料维护保养费：

钢脚手架材料维护保养，是按钢管初次投入使用前刷两遍防锈漆，以后每隔三年再刷一遍考虑，在耐用期限240个月内共刷七遍。其维护保养费用计算公式：

$$维护保养费 = 一次使用量 \times \frac{7 \times 一次使用量}{240个月} \times 刷油漆工料单价 \tag{10-17}$$

刷油漆工料单价可按相应定额项目计算。

10.1.5 脚手架实务案例

【案例 10-1】 某工程主楼及附房尺寸，如图10-5所示。女儿墙高1.5m，出屋面的电梯间为砖砌外墙，施工组织设计中外脚手架为钢管脚手架。进行措施费中外脚手架的计算，并进行投标报价。

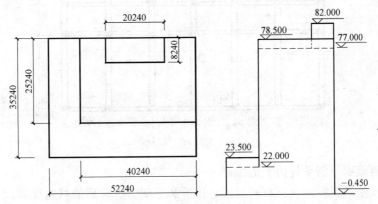

图 10-5　主楼及附房示意图

【解】 措施项目清单计价表的编制

该项目发生的工程内容为：材料运输、搭拆脚手架、拆除后的材料堆放。

主楼部分双排外脚手架工程量＝（40.24＋25.24）×（78.50＋0.45）＋（40.24＋25.24）×（78.50－22.00）＋20.24×（82.00－78.50）＝5169.65＋3699.62＋70.84＝8940.11m²（高度82.00＋0.45＝82.45m）

90m以内双排钢管外脚手架：套定额10-1-10。

附房部分外脚手架工程量＝（52.24×2－40.24＋35.24×2－25.24）×（23.50＋

0.45)＝2622.05m²(高度23.50＋0.45＝23.95m)

24m以内双排钢管外脚手架：套定额10-1-6。

电梯间部分外脚手架工程量＝(20.24＋8.24×2)×(82.00－77.00)＝183.60m²

15m以内单排钢管外脚手架：套定额10-1-4。

人工、材料、机械单价选用市场价。

根据企业情况确定管理费率为5.1％，利润率为2.4％。

措施项目清单计价，见表10-7。

<table>
<tr><th colspan="8" style="text-align:center">措施项目清单计价表</th></tr>
<tr><td colspan="7"></td><td style="text-align:right">表 10-7</td></tr>
<tr><td rowspan="2">序号</td><td rowspan="2">项目编码</td><td rowspan="2">项目名称</td><td rowspan="2">项目特征描述</td><td rowspan="2">计量单位</td><td rowspan="2">工程量</td><td colspan="2">金额(元)</td></tr>
<tr><td>综合单价</td><td>合价</td></tr>
<tr><td>1</td><td>011701002001</td><td>外脚手架</td><td>双排钢管外脚手架，高度见图纸</td><td>m²</td><td>11745.76</td><td>40.53</td><td>476055.65</td></tr>
</table>

【案例10-2】　某学校教学楼二层结构平面布置如图10-6所示。二层层高为4.5m，板厚为120mm，钢筋混凝土框架柱的断面尺寸为500mm×500mm。施工现场均使用钢管脚手架，不考虑其他脚手架可利用的情况下，进行措施费中柱、梁脚手架的工程量计算，并进行投标报价。

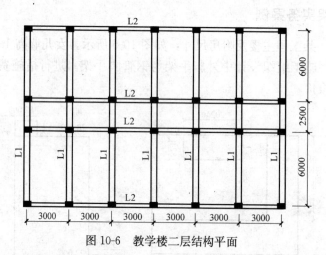

图10-6　教学楼二层结构平面

【解】　措施项目清单计价表的编制

该项目发生的工程内容：材料运输、搭拆脚手架、拆除后的材料堆放。

柱脚手架工程量＝(0.50×4＋3.60)×4.50×28＝705.60m²

15m以内单排钢管外脚手架（柱）：套定额10-1-4。

梁脚手架工程量：

L_1:(6.00＋2.50＋6.00－0.50×3)×(4.50－0.12)×7＝398.58m²

L_2:(3.00×6－0.50×6)×(4.50－0.12)×4＝262.80m²

合计：梁脚手架为661.38m²。

15m以内双排钢管外脚手架（梁）：套定额10-1-5。

人工、材料、机械单价选用市场信息价。

根据企业情况确定管理费率为 3.2%，利润率为 2.4%。

措施项目清单计价，见表 10-8。

措施项目清单计价表 表 10-8

序号	项目编码	项目名称	项目特征描述	计量单位	工程量	金额(元)	
						综合单价	合价
1	01B001	柱、梁脚手架	钢管脚手架	m²	1366.98	11.38	15556.23

【**案例 10-3**】 某多层单身宿舍楼标准层平面图及剖面图如图 10-7 所示，板厚均为 120mm。施工组织设计中，内、外脚手架均为钢管脚手架，进行措施费中建筑物的内墙、外墙脚手架的计算，并进行投标报价。

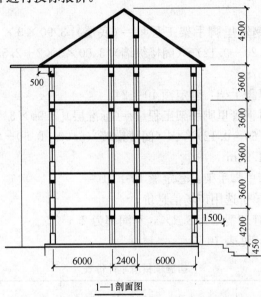

1—1剖面图

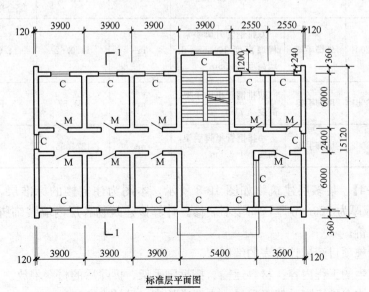

标准层平面图

图 10-7 多层单身宿舍楼标准层平面图及剖面图

【解】 措施项目清单计价表的编制

该项目发生的工程内容为：材料运输、搭拆脚手架、拆除后的材料堆放。

外脚手架工程量＝（长度）0.12＋3.90×3＋5.40＋3.60＋0.12＋（宽度）15.12－0.24×2＋（楼梯外侧）1.20×2×（高度）（0.45＋4.20＋3.60×4）＋（两山墙）（0.50＋6.00＋2.40＋6.00＋0.50）×4.50＝73.56×19.05＋69.30＝1470.62m²

檐口高度19.05m，山墙高度23.55m。均套24m以内双排钢管外脚手架：套定额10-1-6。

凡设计室内地坪至顶板下表面（或山墙高度1/2处）的高度在3.6m以下（非轻质砌块墙）时，按单排里脚手架计算；高度超过3.6m小于6m时，按双排里脚手架计算。

阁楼纵墙高度＝（6.00＋0.12＋0.50）×（4.50－0.12）÷（1.20＋6.00＋0.12＋0.50）＝3.71m＞3.6m

高度小于6m双排钢管里脚手架工程量＝（底层）[3.90×3×2＋2.55×2＋3.60＋（6.00－0.24）×9]×（4.20－0.12）＋（阁楼纵墙）（3.90×3×2＋2.55×2＋3.60）×3.71＝342.48＋119.09＝461.57m²

6m以内双排钢管里脚手架：套定额10-1-24。

高度小于3.6m单排钢管里脚手架工程量＝（标准层）[3.90×3×2＋2.55×2＋3.60＋（6.00－0.24）×9]×（3.60－0.12）×4＋（阁楼横墙）（6.00＋0.50－0.12）×3.71÷2×9＝1168.44＋106.51＝1274.95m²

3.6m以内单排钢管里脚手架：套定额10-1-21。

人工、材料、机械单价选用市场信息价。

根据企业情况确定管理费率为3.2%，利润率为2.4%。

措施项目清单计价，见表10-9。

措施项目清单计价表 表 10-9

序号	项目编码	项目名称	项目特征描述	计量单位	工程量	金额（元）	
						综合单价	合价
1	011701002001	外脚手架	双排钢管外脚手架，檐口高度19.05m，山墙高度23.55m	m²	1470.62	14.66	21559.29
2	011701003001	里脚手架	双排钢管里脚手架，高度3.71m	m²	461.57	5.16	2381.70
3	011701003002	里脚手架	单排钢管里脚手架，高度小于3.6m	m²	1274.95	3.89	4959.56

【案例10-4】 某多层建筑物如图10-8所示，本图为住宅楼的标准层，内外墙均为240mm厚，板厚为120mm厚，阁楼不装修。计算该建筑物各层内墙装饰脚手架工程量，并进行投标报价。

【解】 措施项目清单计价表的编制

该项目发生的工程内容：材料运输、搭拆脚手架、拆除后的材料堆放。

内墙面装饰双排里脚手架工程量＝内墙净长度×设计净高度×0.3

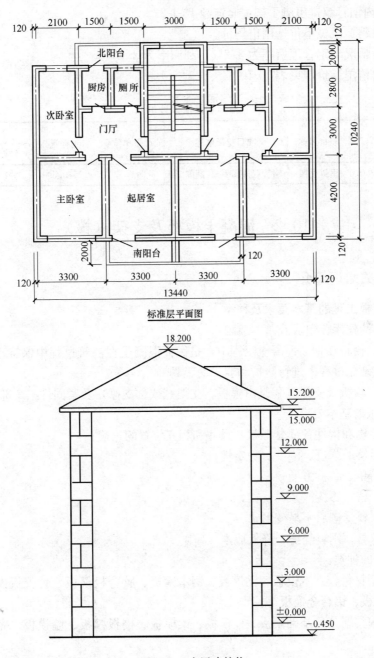

图 10-8 多层建筑物

内墙面装饰双排脚手架工程量＝〔(北阳台)3.00－0.12＋2.00－0.12＋(次卧室)(2.10－0.24＋5.80－0.24)×2＋(厨房厕所)(1.50－0.24＋2.80－0.24)×2×2＋(门厅)(3.00－0.24)×4＋(主卧室起居室)(3.30－0.24＋4.20－0.24)×2×2＋(南阳台)3.30－0.24＋2.00－0.12＋(楼梯间)(1.50－0.12)×2＋3.00＋2.80＋2.00－0.24〕×2×(3.00－0.12)×5＝(4.76＋14.84＋15.28＋11.04＋28.08＋4.94＋10.32)×2×2.88×5＝2570.69m²

3.6m 以内内墙面装饰双排里脚手架工程量＝2570.69×0.3＝771.21m²

3.6m 以内钢管双排里脚手架：套定额 10-1-22。

人工、材料、机械单价选用市场价。

根据企业情况确定管理费率为 3.2%，利润率为 2.4%。

措施项目清单计价，见表 10-10。

措施项目清单计价表　　　　　　　　　　表 10-10

序号	项目编码	项目名称	项目特征描述	计量单位	工程量	金额(元)	
						综合单价	合价
1	011701003001	里脚手架	钢管双排脚手架，高度 3m	m²	2570.69	1.38	3547.55

10.2 混凝土模板及支架（撑）

10.2.1 相关知识简介

10.2.1.1 模板工程的基本要求及种类

（1）模板的作用、组成及基本要求：

1）作用。模板在钢筋混凝土工程中，是保证混凝土在浇筑过程中保持正确的形状和尺寸，以及在硬化过程中进行防护和养护的工具。

2）组成。模板及支撑工程是由模板、支架（或称支撑）及紧固件三个部分组成的。

3）对模板的基本要求：

① 保证结构和构件各部分形状、尺寸和相互位置的正确；

② 具有足够的强度、刚度、稳定性；

③ 构造简单、装拆方便；

④ 接缝严密，不应漏浆；

⑤ 所用材料受潮后不易变形；

⑥ 就地取材、用料经济、降低成本。

（2）模板的种类：

1）按所用材料分：木模板、钢模板、钢木模板、胶合板模板、竹胶板模板、塑料模板、玻璃钢模板、铝合金模板等。

2）按结构类型分：基础模板、柱模板、梁模板、楼板模板、墙模板、壳模板、烟囱模板等。

3）按形式不同分：整体式模板、定型模板、工具式模板、滑升模板、胎模等。

10.2.1.2 木模板

木模板的基本元件之一是拼板。拼板是由板条和拼条组成，板条厚度一般为 25～50mm，宽度宜不大于 200mm；拼条间距应根据施工荷载大小以及板条厚度而定，一般取 400～500mm，如图 10-9 所示。

（1）基础模板。当土质较好时用土模。基础支模前必须复查垫层标高及中心线位置，弹出基础边线，以保证模板的位置和标高符合图纸要求。浇筑混凝土时要注意模板受荷后的情况，如有模板位移、支撑松动、地基下沉等现象，应及时采取措施。阶梯形基础模板如图 10-10 所示。

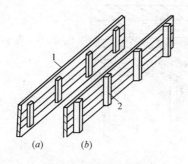

图 10-9 拼板示意图

(a) 拼条平放；(b) 拼条立放

1—板条；2—拼条

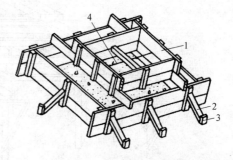

图 10-10 阶梯形基础模板

1—拼板；2—斜撑；

3—木桩；4—钢丝

（2）柱模板。

1）构造：柱模板由内、外拼板，柱箍，木框，清理孔，混凝土浇筑孔组成，如图 10-11 所示。

2）安装：

① 应先绑扎好钢筋，测出标高标在钢筋上；

② 再在已浇筑好的地面（基础）或楼面上固定好柱模板底部的木框；

③ 竖立柱侧模（内、外拼板），用斜撑临时撑住，用锤球校正垂直度；

④ 符合要求（当层高不大于 5m 时，垂直度允许偏差 6mm；层高大于 5m 时，为 8mm）后将斜撑钉牢固定。

⑤ 柱模之间，用水平支撑及剪刀撑相互拉结牢固。

注意：校正垂直度时，对于同一轴线上的各柱，应先校正两端的柱模板，无误后在由两端上口中心线拉一钢丝来校正中间的柱模。

（3）梁模板。

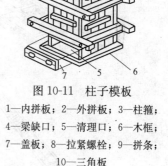

图 10-11 柱子模板

1—内拼板；2—外拼板；3—柱箍；

4—梁缺口；5—清理口；6—木框；

7—盖板；8—拉紧螺栓；9—拼条；

10—三角板

1）构造：梁模板由底模、侧模、夹木及支架系统组成。底模约 40～50mm，侧模为 25mm，顶撑（琵琶撑）间距为 800～1200mm。

2）安装：

① 在楼地面上铺垫板；

② 在柱模缺口处钉衬口挡，将底模搁置在衬口挡上；

③ 立顶撑，顶撑底打入木楔，调整标高；

④ 放置侧模，在侧模底外侧钉夹木；

⑤ 钉斜撑及水平拉条。

（4）楼板模板。楼板的特点是面积大而厚度小。楼板模板分为有梁楼板和无梁楼板模板等，如图 10-12 所示。

（5）楼梯模板。楼梯为倾斜放置的带有踏步构件的结构，注意踏步高度均匀一致。模

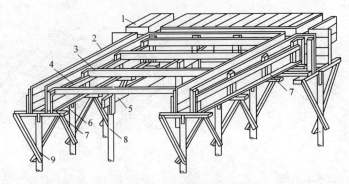

图 10-12 有梁楼板模板

1—楼板模板；2—梁侧模板；3—楞木；4—托木；5—杠木；6—夹木；7—短撑木；8—立柱；9—顶撑

板安装顺序：先安装上、下平台及平台梁→再安装楼梯斜梁及楼梯底模→安装外侧板等。

10.2.1.3 定型组合钢模板

（1）构造：

1）钢模板包括平面模板、阴角模板、阳角模板和连接角模四种。

2）连接件包括 U 形卡、L 形插销、钩头螺栓、对位螺栓、紧固螺栓和扣件等。

3）支撑件包括柱箍、铁楞、支架、斜撑、钢桁架等，如图 10-13 所示。

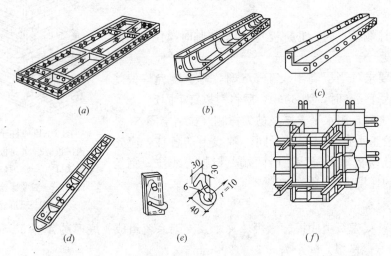

图 10-13 组合钢模板

(a) 平模板；(b) 阴角模板；(c) 阳角模板；

(d) 连接角模板；(e) U 形卡；(f) 附墙柱模板

（2）安装要点：

1）安装前要做好技术交底，熟悉施工图纸和要求，并做好钢模板质量检验工作，钢模表面涂刷隔离剂。

2）基础模板一般在现场拼装。

3）柱模安装前应沿着边线先用水泥砂浆找平，调整好底面标高，再安装模板。

4）梁模板安装前应先立好支架，支架应支设在垫板上（厚 50mm），垫板下的地基必须坚实。然后调整好支架顶的标高（$L \geqslant 4\text{m}$ 时，起拱 $L/1000 \sim 2L/1000$），用水平拉杆和斜向拉杆加固支架，再将梁底模安装在支架顶上，最后安装梁侧模板。

　　5）楼板模板由平面钢模板拼装而成。

　　6）墙模板由两片模板组成，每片各由若干块平面模板拼成。

10.2.1.4 现浇混凝土结构模板的拆除

　　(1) 拆除日期。

　　1) 非承重模板：应在混凝土强度能保证其表面及棱角不因拆除模板而受损坏时，方可拆除。

　　2) 承重模板：

　　① 简支构件（如板）：$L \leqslant 2\text{m}$，混凝土强度达设计强度的 50% 以上；

　　　　　　　　　　　　$L = 2 \sim 8\text{m}$，混凝土强度达设计强度的 75% 以上；

　　　　　　　　　　　　$L > 8\text{m}$，混凝土强度达设计强度的 100% 方可拆除。

　　② 简支构件（如梁、拱、壳）：$L \leqslant 8\text{m}$，混凝土强度达设计强度的 75% 以上；

　　　　　　　　　　　　　　　　$L > 8\text{m}$，混凝土强度达设计强度的 100% 方可拆除。

　　③ 悬臂梁构件：$L \leqslant 2\text{m}$，混凝土达到设计强度的 75% 以上；

　　　　　　　　　　$L > 2\text{m}$，混凝土达到设计强度的 100% 方可拆除。

　　(2) 拆模顺序。先支后拆，后支先拆；先拆侧模，后拆底模。

10.2.1.5 名词解释

　　(1) 木模板：亦称木型板、木壳子板，是浇筑混凝土及砌筑砖石拱时用的模子。其形状与构件相适应，并在施工中能够多次使用基本保持原有形状，而逐渐转移其价值的工具性材料。

　　(2) 复合木模板：是指用胶合成的木制、竹制或塑料、纤维等板面，用钢、木等制成框架及配件而组合的模板。

　　(3) 组合钢模板：是由钢模板和配件两大部分组成。钢模板包括平面模板、阴阳角模板、连接角模板等；配件包括 U 形卡、L 形插销、钩头螺栓、紧固螺栓、对拉螺栓、卡具（梁卡、柱卡）等。

　　(4) 工具式钢模板：亦称钢型板、钢壳子板。指用作浇筑混凝土及砌筑砖石拱时的模子。其形状与构件相适应，并在施工中能够多次使用基本保持原来形状，而逐渐转移其价值的工具性材料。

　　(5) 定型钢模：根据定型构件的形状，用钢材制成的模具。一般依据国家、省、市用的标准构件图，在预制厂成批生产的特制模板，大部分都是由加工厂加工。

　　(6) 滑升模板：亦称滑模，指现浇钢筋混凝土构件时采用的一种能向上滑移的模板施工方法。将模板、起重架、工作台、千斤顶和油泵悬挂在结构物内的钢筋爬杆上，随着混凝土的浇筑，随开动油泵，提升固定于钢筋爬杆上的千斤顶，而将整套模板逐步向上滑升。

　　(7) 砖混凝土地模：指用砖砌或混凝土在预制场（或现场）铺设并抹面的地模。

　　(8) 砖混凝土胎模：指用砖砌或混凝土浇筑的适应某种构件形状、规格的表面抹光而成的胎具。

　　(9) 钢模板支撑系统：是指固定钢模板位置、标高的桁架，是支撑杆等的统称。

（10）零星卡具：是连接组合钢模板的连接件。它包括 U 形卡、L 形插销、紧固螺栓、对拉螺栓等。

10.2.2　工程量计算规范与计价规则相关规定

10.2.2.1　混凝土模板及支架（撑）（编码：011702）

《房屋建筑与装饰工程工程量计算规范》附录 S.2 混凝土模板及支架（撑）包括基础、矩形柱、构造柱、异形柱、基础梁、矩形梁、异形梁、圈梁、过梁、弧形、拱形梁、直形墙、弧形墙、短肢剪力墙、电梯井壁、有梁板、无梁板、平板、拱板、薄壳板、空心板、其他板、栏板、天沟、檐沟、雨篷、悬挑板、阳台板、楼梯、其他现浇构件、电缆沟、地沟、台阶、扶手、散水、后浇带、化粪池、检查井，见表 10-11。

混凝土模板及支架（撑）（编码：011702）　　　　表 10-11

项目编码	项目名称	项目特征	计量单位	工程量计算规则	工程内容
011702001	基础	基础类型		按模板与现浇混凝土构件的接触面积计算 ①现浇钢筋混凝土墙、板单孔面积≤0.3m² 的孔洞不予扣除，洞侧壁模板亦不增加；单孔面积＞0.3m² 时应予扣除，洞侧壁模板面积并入墙、板工程量内计算 ②现浇框架分别按梁、板、柱有关规定计算；附墙柱、暗梁、暗柱并入墙内工程量内计算 ③柱、梁、墙、板相互连接的重叠部分，均不计算模板面积 ④构造柱按图示外露部分计算模板面积	①模板制作 ②模板安装、拆除、整理堆放及场内外运输 ③清理模板粘结物及模内杂物、刷隔离剂等
011702002	矩形				
011702003	构造型				
011702004	异形柱	柱截面形状			
011702005	基础梁	梁截面形状			
011702006	矩形梁	支撑高度			
011702007	异形梁	①梁截面形状 ②支撑高度			
011702008	圈梁		m²		
011702009	过梁				
011702010	弧形、拱形梁	①梁截面形状 ②支撑高度			
011702011	直形墙				
011702012	弧形墙				
011702013	短肢剪力墙、电梯井壁				
011702014	有梁板				
011702015	无梁板				
011702016	平板				
011702017	拱板				
011702018	薄壳板	支撑高度			
011702019	空心板				
011702020	其他板				
011702021	栏板				
011702022	天沟、檐沟	构件类型		按模板与现浇混凝土构件的接触面积计算	

续表

项目编码	项目名称	项目特征	计量单位	工程量计算规则	工程内容
011702023	雨篷、悬挑板、阳台板	①构件类型 ②板厚度	m²	按图示外挑部分尺寸的水平投影面积计算，挑出墙外的悬臂梁及板边不另计算	①模板制作 ②模板安装、拆除、整理堆放及场内外运输 ③清理模板粘结物及模内杂物、刷隔离剂等
011702024	楼梯	类型		按楼梯（包括休息平台、平台梁、斜梁和楼层板的连接梁）的水平投影面积计算，不扣除宽度≤500mm 的楼梯井所占面积，楼梯踏步、踏步板、平台梁等侧面模板不另计算，伸入墙内部分亦不增加	
011702025	其他现浇构件	构件类型		按模板与现浇混凝土构件的接触面积计算	
011702026	电缆沟、地沟	①沟类型 ②沟截面		按模板与电缆沟、地沟接触的面积计算	
011702027	台阶	台阶踏步宽		按图示台阶水平投影面积计算，台阶端头两侧不另计算模板面积。架空式混凝土台阶，按现浇楼梯计算	
011702028	扶手	扶手断面尺寸		按模板与扶手的接触面积计算	
011702029	散水			按模板与散水的接触面积计算	
011702030	后浇带	后浇带部位		按模板与后浇带的接触面积计算	
011702031	化粪池	①化粪池部位 ②化粪池规格		按模板与混凝土接触面积计算	
011702032	检查井	①检查井部位 ②检查井规格			

10.2.2.2 混凝土模板及支架（撑）混凝土模板及支架（撑）工程量计算规范使用说明

（1）原槽浇灌的混凝土基础、垫层，不计算模板。

（2）混凝土模板及支撑（架）项目，只适用于以平方米计量，按模板与混凝土构件的接触面积计算。以"立方米"计量的模板及支撑（支架），按混凝土及钢筋混凝土实体项目执行，其综合单价中应包含模板及支撑（支架）。

（3）采用清水模板时，应在特征中注明。

（4）若现浇混凝土柱梁墙板支撑高度超过 3.6m 时，项目特征应描述支撑高度。

10.2.3 配套定额相关规定

10.2.3.1 定额说明

（1）现浇混凝土模板，定额按不同构件，分别以组合钢模板、钢支撑、木支撑；复合木模板、钢支撑、木支撑；胶合板模板、钢支撑、木支撑；木模板、木支撑编制。使用时，施工企业应根据具体工程的施工组织设计（或模板施工方案）确定模板种类和支撑方式，套用相应定额项目。编制标底时，一般可按组合钢模板、钢支撑套用相应定额项目。

（2）现场预制混凝土模板，定额按不同构件分别以组合钢模板、复合木模板、木模板，并配制相应的混凝土地膜、砖地膜、砖胎膜编制。使用时，施工企业除现场预制混凝土桩、柱按施工组织设计（或模板施工方案）确定的模板种类套用相应定额项目外，其余均按相应构件定额项目执行。编制标底时，桩和柱按组合钢模板，其余套用相应构件定额项目。

（3）胶合板模板，定额按方木框、18mm厚防水胶合板板面、不同混凝土构件尺寸完成加工的成品模板编制。施工单位采用复合木模板、胶合板模板和竹胶板模板等自制成品模板时，其成品价应包括按实际使用尺寸制作的人工、材料、机械，并应考虑实际采用材料的质量和周转次数。

（4）采用钢滑升模板施工的烟囱、水塔及贮仓按无井架施工编制，定额内综合了操作平台。使用时不再计算脚手架及竖井架。

（5）用钢滑升模板施工的烟囱、水塔，提升模板使用的钢爬杆用量是按一次摊销编制的，贮仓是按两次摊销编制的，设计要求不同时可以换算。

（6）倒锥壳水塔塔身钢滑升模板项目，也适用于一般水塔塔身滑升模板工程。

（7）烟囱钢滑升模板项目均已包括烟囱筒身、牛腿、烟道口，水塔钢滑升模板均已包括直筒、门窗洞口等模板用量。

（8）钢筋混凝土直形墙、电梯井壁等项目，模板及支撑是按普通混凝土考虑的，若设计要求防水、防油、防射线时，按相应子目增加止水螺栓及端头处理内容。

（9）组合钢模板、复合木模板项目，已包括回库维修费用。回库维修费的内容包括模板的运输费和维修的人工、材料、机械费用等。

10.2.3.2 工程量计算规则

（1）现浇混凝土及预制钢筋混凝土模板工程量，除另有规定者外，应区别模板的材质，按混凝土与模板接触面的面积，以平方米计算。

（2）定额附录中的混凝土模板含量参考表，系根据代表性工程测算而得，只能作为投标报价和编制标底时的参考。

（3）现浇混凝土基础的模板工程量，按以下规定计算：

1）现浇混凝土带形基础的模板，按其展开高度乘以基础长度，以平方米计算；基础与基础相交时重叠的模板面积不扣除；直形基础端头的模板也不增加。

2）杯形基础和高杯基础杯口内的模板，并入相应基础模板工程量内。杯形基础杯口高度大于杯口长边长度的，套用高杯基础定额项目。

3）现浇混凝土无梁式满堂基础模板子目，定额未考虑下翻梁的模板因素。

（4）现浇混凝土柱模板，按柱四周展开宽度乘以柱高，以平方米计算。

1）柱、梁相交时，不扣除梁头所占柱模板面积。

2）柱、板相交时，不扣除板厚所占柱模板面积。

（5）构造柱模板，按混凝土外露宽度乘以柱高，以平方米计算。

1）构造柱与砌体交错咬槎连接时，按混凝土外露面的最大宽度计算。构造柱与墙的

440

接触面不计算模板面积。

2）构造柱模板子目，已综合考虑了各种形式的构造柱和实际支模大于混凝土外露面积等因素，适用于先砌砌体，后支模、浇筑混凝土的夹墙柱情况。

（6）现浇混凝土梁（包括基础梁）模板，按梁三面展开宽度乘以梁长，以平方米计算。

1）单梁，支座处的模板不扣除，端头处的模板不增加。

2）梁与梁相交时，不扣除次梁梁头所占主梁模板面积。

3）梁与板连接时，梁侧壁模板算至板下坪。

（7）现浇混凝土墙模板，按混凝土与模板接触面积，以平方米计算。

1）墙与柱连接时，柱侧壁按展开宽度，并入墙模板面积内计算。

2）墙与梁相交时，不扣除梁头所占墙的模板面积。

3）现浇混凝土墙模板中的对拉螺栓，定额按周转使用编制。若工程需要，对拉螺栓（或对拉钢片）与混凝土一起整浇时，按定额"附注"规定增加对拉螺栓重量；对拉螺栓的端头处理，另行单独计算。

（8）现浇混凝土板的模板，按混凝土与模板接触面积，以平方米计算。

1）伸入梁、墙内的板头，不计算模板面积。

2）周边带翻檐的板（如卫生间混凝土防水带等），底板的板厚部分不计算模板面积；翻檐两侧的模板，按翻檐净高度，并入板的模板工程量内计算。

3）板与柱相交时，不扣除柱所占板的模板面积。但柱与墙相连时，柱与墙等厚部分（柱的墙内部分）的模板面积，应予扣除。

（9）现浇混凝土密肋板模板，按有梁板模板计算；斜板、折板模板，按平板模板计算；预制板板缝大于 40mm 时的模板，按平板后浇带模板计算。各种现浇混凝土板的倾斜度大于 15°时，其模板子目的人工乘以系数 1.30，其他不变。

（10）现浇钢筋混凝土墙、板上单孔面积在 0.3m² 以内的孔洞，不予扣除，洞侧壁模板也不增加；单孔面积在 0.3m² 以外时，应予扣除，洞侧壁模板面积并入墙、板模板工程量内计算。

（11）现浇钢筋混凝土框架及框架剪力墙分别按梁、板、柱、墙有关规定计算，附墙柱并入墙内工程量计算。

（12）轻体框架柱（壁式柱）子目已综合轻体框架中的梁、墙、柱内容，但不包括电梯井壁、单梁、挑梁。轻体框架工程量按框架外露面积，以平方米计算。

（13）现浇混凝土悬挑板的翻檐，其模板工程量按翻檐净高计算，执行 10-4-211 子目；若翻檐高度超过 300mm 时，执行 10-4-206 子目。

（14）混凝土后浇带二次支模工程量按混凝土与模板接触面积计算，套用后浇带项目。

（15）现浇钢筋混凝土悬挑板（雨篷、阳台），按图示外挑部分尺寸的水平投影面积计算。挑出墙外的牛腿梁及板边模板不另计算。

（16）现浇钢筋混凝土楼梯，以图示露明面尺寸的水平投影面积计算，不扣除小于 500mm 楼梯井所占面积。楼梯的踏步、踏步板、平台梁等侧面模板不另计算。

（17）混凝土台阶（不包括梯带）按图示台阶尺寸的水平投影面积计算，台阶端头两侧不另计算模板面积。

（18）现浇混凝土小型池槽模板按构件外形体积计算，不扣池槽中间的空心部分。

（19）现浇混凝土柱、梁、墙、板的模板支撑超高：

1）现浇混凝土柱、梁、墙、板的模板支撑，定额按支模高度 3.60m 编制。支模高度超过 3.60m 时，执行相应"每增 3m"子目（不足 3m，按 3m 计算），计算模板支撑超高。

2）构造柱、圈梁、大钢模板墙，不计算模板支撑超高。

3）支模高度，柱、墙：地（楼）面支撑点至构件顶坪。梁：地（楼）面支撑点至梁底。板：地（楼）面支撑点至板底坪。

4）墙、板后浇带的模板支撑超高，并入墙、板支撑超高工程量内计算。

5）轻体框架柱（壁式柱）的模板支撑超高，执行 10-4-148、10-4-149 子目。

（20）现场预制混凝土构件的模板工程量，可直接利用按第 4 章相应规则计算出的构件体积。

（21）构筑物混凝土模板工程量按以下规定计算：

1）构筑物的混凝土模板工程量，定额单位为 m³，可直接利用按相应规则计算出的构件体积。

2）构筑物工程的水塔、贮水（油）池、贮仓的模板工程量，按混凝土与模板的接触面积以平方米计算。

3）大型池槽等分别按基础、墙、板、梁、柱等有关规定计算，并套用相应定额项目。

4）液压滑升钢模板施工的烟囱、倒锥壳水塔支筒、水箱、筒仓等，均按混凝土体积以立方米计算。

5）倒锥壳水塔的水箱提升，按不同容积以座计算。

6）定额未列项目按建筑物相应构件模板子目计算。

10.2.4 工程量计算主要技术资料

10.2.4.1 混凝土模板计算公式

（1）柱、梁、板模板工程量计算公式：

$$\text{现浇混凝土柱模板工程量}=\text{柱截面周长}\times\text{柱高} \tag{10-18}$$

$$\text{构造柱与砖墙咬口模板工程量}=\text{混凝土外露面的最大宽度}\times\text{柱高} \tag{10-19}$$

$$\text{现浇混凝土梁模板工程量}=(\text{梁底宽}+\text{梁侧高}\times2)\times\text{梁长} \tag{10-20}$$

$$\text{轻体框架模板工程量}=\text{框架外露面积} \tag{10-21}$$

$$\text{混凝土墙板模板}=\text{混凝土与模板接触面面积}-0.3\text{m}^2\text{以外单孔面积}+\text{垛(肋)孔洞侧面积} \tag{10-22}$$

$$\text{后浇带二次支模工程量}=\text{后浇带混凝土与模板接触面积} \tag{10-23}$$

（2）其他混凝土构件模板工程量计算公式：

$$\text{雨篷、阳台模板工程量}=\text{外挑部分水平投影面积} \tag{10-24}$$

$$\text{混凝土楼梯模板工程量}=\text{钢筋混凝土楼梯工程量} \tag{10-25}$$

$$\text{混凝土台阶模板工程量}=\text{台阶水平投影面积(同混凝土台阶工程量)} \tag{10-26}$$

$$\text{现浇混凝土小型池槽模板工程量}=\text{池槽外围体积} \tag{10-27}$$

（3）梁、板（水平构件）模板支撑超高工程量计算公式：

$$\text{超高次数}=(\text{支模高度}-3.6)\div3(\text{遇小数进为1}) \tag{10-28}$$

$$超高工程量(m^2)=超高构件的全部模板面积×超高次数 \qquad (10\text{-}29)$$

（4）柱、墙（竖直构件）模板支撑超高工程量计算公式：

超高次数分段计算：自 3.60m 以上，第一个 3m 为超高 1 次，第二个 3m 为超高 2 次，依次类推；不足 3m 按 3m 计算。

$$超高工程量(m^2)=\sum(相应模板面积×超高次数) \qquad (10\text{-}30)$$

（5）现场预制混凝土模板工程量计算公式：

$$现场预制混凝土模板工程量=混凝土工程量 \qquad (10\text{-}31)$$

10.2.4.2 主要技术资料

（1）模板摊销量计算公式：

$$材料摊销量=一次使用量×摊销系数 \qquad (10\text{-}32)$$

$$一次使用量=材料净用量×(1+材料损耗率) \qquad (10\text{-}33)$$

$$摊销系数=周转使用系数-\frac{(1-损耗率)×回收折价率}{周转次数} \qquad (10\text{-}34)$$

$$周转使用系数=\frac{1+(周转次数-1)×损耗率}{周转次数} \qquad (10\text{-}35)$$

$$回收量=一次使用量×\frac{1-损耗率}{周转次数} \qquad (10\text{-}36)$$

（2）模板周转次数及补损率：

1）组合钢模、复合模板周转次数及补损率，见表 10-12。

组合钢模、复合模板周转次数及补损率　　　　　　表 10-12

组合钢模、复合模板材料	周转次数(次)	损耗率(%)	备注
模板板材	50	1	包括：梁卡具、柱箍损耗 2%
零星卡具	20	2	包括：U 形卡、L 插销、3 形扣件、螺栓
钢支撑系统	120	1	包括：连杆、钢管支撑及扣件
木模	5	5	
木支撑	10	5	包括：支撑、琵琶撑、垫、拉板
铁钉	1	2	
木楔	2	5	
尼龙帽	1	5	
草板纸	1	—	

2）木模板周转次数、补损率、摊销系数及施工损耗，见表 10-13。

木模板周转次数、补损率、摊销系数及施工损耗　　　　表 10-13

木模板材料	周转次数(次)	补损率(%)	摊销系数	施工损耗(%)
圆柱	3	15	0.2917	5
异形梁	5	15	0.2350	5
整体楼梯、阳合、栏板	4	15	0.2563	5
小型构件	3	15	0.2917	5
支撑、垫板、拉板	15	10	0.1300	5
木楔	2	—	0.5000	5

（3）钢模板用量参考。钢模及零配件每平方米用量，见表 10-14。

钢模及零配件每平方米用量　　　　　　表 10-14

名称	规格	单位	数量	单件重量（kg）
钢模板		m²	1	—
U 形卡		个	18	0.17
插销		个	2	0.37
钩头螺钉	长＝120	个	3	0.15
	长＝170	个	0.5	0.20
螺帽	M12	个	8.5	0.49
扣盖		个	3.5	0.14
背杠（钢管）	φ4.8	m	6	3.84
脚手管扣件		个	0.5	—

10.2.5　模板工程实务案例

【案例 10-5】　某工程采用现浇钢筋混凝土有梁式条形基础，其基础平面图和剖面图如图 10-14 所示。施工组织设计中，条形基础和独立基础采用组合钢模板木支撑。进行该分项工程的模板措施费的计算。

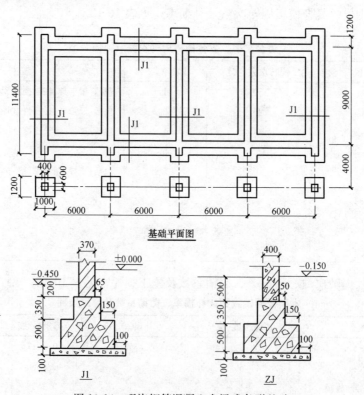

图 10-14　现浇钢筋混凝土有梁式条形基础

【解】　措施项目清单计价表的编制

该项目发生的工程内容：模板制作、模板安拆和刷隔离剂等。

条形基础模板清单工程量 $=[11.40+(0.065+0.15)\times2]\times0.50\times10+(11.40+0.065\times2)\times0.35\times10+(6.00-0.80)\times0.50\times16+(6.00-0.50)\times0.35\times16+(0.80\times0.50+0.50\times0.35)\times(10-16)=168.46m^2$

条形基础模板定额工程量 $=[11.40+(0.065+0.15)\times2]\times0.50\times10+(11.40+0.065\times2)\times0.35\times10+(6.00-0.80)\times0.50\times16+(6.00-0.50)\times0.35\times16=171.91m^2$

带形基础（有梁式）钢筋混凝土组合钢模板木支撑：套定额 10-4-17。

独立基础模板工程量 $=[(1.00+0.80)\times2\times0.50+(0.70+0.50)\times2\times0.35]\times5=13.20m^2$

无筋混凝土独立基础组合钢模板木支撑：套定额 10-4-25。

基础垫层模板 $=[11.40+(0.065+0.15+0.10)\times2]\times0.10\times10+(6.00-1.00)\times0.10\times16+(1.00\times0.10)\times(10-16)+(1.20+1.00)\times2\times5\times0.10=21.63m^2$

混凝土基础垫层木模板：套定额 10-4-49。

人工、材料、机械单价选用市场价。

根据企业情况确定管理费率为 5.1%，利润率为 2.2%。

措施项目清单计价，见表 10-15。

措施项目清单计价表　　　　　　　　　　　　表 10-15

序号	项目编码	项目名称	项目特征描述	计量单位	工程量	金额(元) 综合单价	金额(元) 合价
1	011702001001	基础模板	条形基础，组合钢模板木支撑	m²	168.46	47.06	7927.73
2	011702001002	基础模板	独立基础，组合钢模板木支撑	m²	13.20	41.76	551.23
3	011702001003	基础模板	基础垫层，组合钢模板木支撑	m²	21.63	31.14	673.56

【案例 10-6】 有梁式满堂基础尺寸如图 10-15 所示，组合钢模板、对拉螺栓钢支撑。计算有梁式满堂基础模板工程量及相应措施费用。

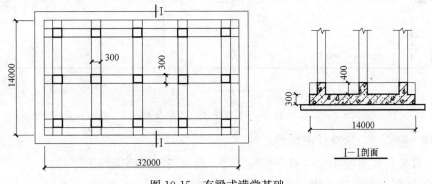

图 10-15 有梁式满堂基础

【解】 措施项目清单计价表的编制

该项目发生的工程内容：模板制作、模板安拆和刷隔离剂等。

满堂基础模板清单工程量＝(32.00＋14.00)×2×0.30＋[(32.00−0.30×5)×6＋(14.00−0.30×3)×10＋0.30×16]×0.40＝27.60＋127.52＝155.12m²

满堂基础模板定额工程量＝(32.00＋14.00)×2×0.30＋[32.00×6＋(14.00−0.30×3)×10]×0.40＝27.60＋129.20＝156.80m²

满堂基础(有梁式)组合钢模板、对拉螺栓钢支撑：套定额10-4-43。

人工、材料、机械单价选用市场价。

根据企业情况确定管理费率为5.1％，利润率为2.4％。

措施项目清单计价，见表10-16。

措施项目清单计价表　　　　　　　　　　　表 10-16

序号	项目编码	项目名称	项目特征描述	计量单位	工程量	金额(元)	
						综合单价	合价
1	011702001001	基础模板	有梁式满堂基础,组合钢模板、对拉螺栓钢支撑	m²	155.12	40.16	6229.62

【案例 10-7】 如图 10-16 所示，现浇混凝土框架柱 20 根，组合钢模板、钢支撑。现浇花篮梁(中间矩形梁) 5 支，胶合板模板、木支撑。计算柱、梁模板及支撑工程量及相应措施费用。

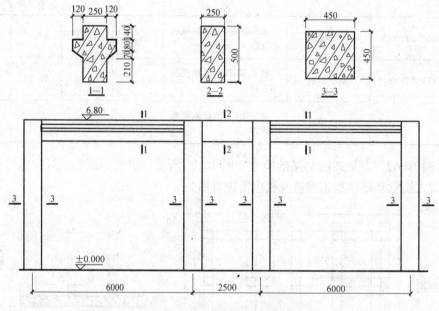

图 10-16　现浇混凝土框架柱

【解】 措施项目清单计价表的编制

(1) 柱模板发生的工程内容：模板制作、模板安拆和刷隔离剂等。

① 现浇混凝土框架柱钢模板清单工程量＝0.45×4×6.80×20−(0.25×0.5×6＋0.12×0.15×4)×5＝240.69m²

② 现浇混凝土框架柱钢模板定额工程量＝0.45×4×6.80×20＝244.80m²

现浇混凝土框架矩形柱组合钢模板、钢支撑：套定额 10-4-84。

③ 超高次数＝（6.80－3.60）÷3.00＝1.07次≈2次（即6.6m 以内超高 1 次；9.6m 以内超高 2 次；依此类推。不足 3m，按 3m 计算）

混凝土框架柱钢支撑第一增加层工程量＝0.45×4×（6.60－3.60）×20＝108.00m²

混凝土框架柱钢支撑第二增加层工程量＝0.45×4×（6.80－6.60）×20＝7.20m²

超高工程量＝108.00×1＋7.20×2＝122.40m²

柱支撑高度超过 3.6m、钢支撑每超高 3m：套定额 10-4-102。

注意：套定额时，以相应超高部分的工程量乘以相应超高次数之和作为支撑超高的工程量。如果超高次数为 2 次，超高 1 次和超高 2 次的工程量应分别计算，分别乘以超高次数，超高工程量两部分相加。

（2）梁模板发生的工程内容为：模板制作、模板安拆和刷隔离剂等。

① 矩形梁模板工程量＝（0.25＋0.50×2）×（2.50－0.45）×5＝12.81m²

矩形梁胶合板模板，对拉螺栓木支撑：套定额 10-4-115。

② 异形梁模板工程量＝[0.25＋（0.21＋$\sqrt{0.12^2+0.07^2}$＋0.08＋0.12＋0.14）×2]×（6.00－0.45）×2×5＝90.35m²

异形梁胶合板模板、木支撑：套定额 10-4-124。

③ 超高次数：（6.80－0.50－3.60）÷3.00≈1次

矩形梁支撑超高工程量＝12.81×1＝12.81m²

异形梁支撑超高工程量＝90.35×1＝90.35m²

梁支撑高度超过 3.6m、木支撑每超高 3m：套定额 10-4-131。

人工、材料、机械单价选用市场价。

根据企业情况确定管理费率为 5.5%，利润率为 2.4%。

措施项目清单计价，见表 10-17。

措施项目清单计价表   表 10-17

序号	项目编码	项目名称	项目特征描述	计量单位	工程量	金额（元）	
						综合单价	合价
1	011702002001	矩形柱模板	现浇混凝土框架矩形柱组合钢模板、钢支撑，柱高 6.8m	m²	240.69	30.06	7235.14
2	011702006001	矩形梁模板	现浇混凝土框架梁胶合板模板、木支撑，梁高 6.3m	m²	12.81	56.32	721.46
3	011702007001	异形梁模板	现浇混凝土框架梁胶合板模板、木支撑，梁高 6.3m	m²	90.35	63.57	5743.55

【案例 10-8】 某工程如图 10-17 所示，构造柱与砖墙咬口宽 60mm，现浇混凝土圈梁断面为 240mm×240mm，满铺。施工组织设计构造柱采用组合钢模板木支撑，计算该分项工程的模板的工程量及相应措施费用。

【解】 措施项目清单计价表的编制

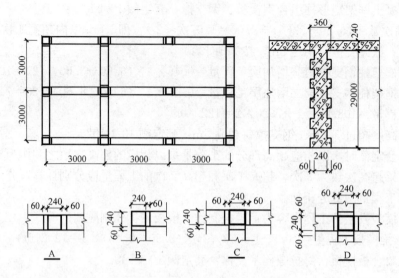

图 10-17 构造柱与砖墙咬口示意图

该项目发生的工程内容：模板制作、模板安拆和刷隔离剂等。

① 现浇混凝土构造柱钢模板工程量＝[0.36×(A 节点3×2＋B 节点4×2＋C 节点4× 1)＋0.06×(C 节点 4×4＋D 节点 1×8)]×(2.90＋0.24)＝(6.48＋1.44)× 3.14＝24.87m²

注意：B 节点阴阳互补，模板宽度同 A 节点，其他节点咬口的个数也是固定值。

现浇混凝土构造柱组合钢模板，木支撑：套定额 10-4-99。

② 现浇混凝土圈梁钢模板工程量＝[(9.00＋6.00)×2＋(6.00－0.24＋9.00－0.24× 2)]×0.24×2＝(30.00＋14.28)×0.24×2＝21.25m²

现浇混凝土直形圈梁组合钢模板、木支撑：套定额 10-4-125。

人工、材料、机械单价选用市场价。

根据企业情况确定管理费率为 5.1%，利润率为 2.4%。

措施项目清单计价，见表 10-18。

措施项目清单计价表   表 10-18

序号	项目编码	项目名称	项目特征描述	计量单位	工程量	综合单价	合价
						金额(元)	
1	011702003001	构造柱模板	现浇混凝土构造柱钢模板	m²	24.87	54.30	1350.44
2	011702003002	构造柱模板	现浇混凝土圈梁钢模板	m²	21.25	36.76	781.15

【案例 10-9】 某建筑物采用部分钢筋混凝土剪力墙结构，如图 10-18 所示。柱子尺寸为 400mm×400mm，墙厚为 240mm，电梯井隔壁墙厚为 200mm，电梯门洞尺寸为 1000mm×2100mm，底层层高 4.8m，电梯基坑深 1m，标准层层高 3.6m，板厚为 180mm，19 层，4 个单元。施工组织设计中，剪力墙采用复合木模板木支撑。进行该分

项工程的模板措施费的计算。

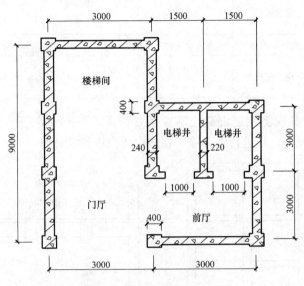

图 10-18　钢筋混凝土剪力墙

【解】　措施项目清单计价表的编制

（1）钢筋混凝土剪力墙模板项目发生的工程内容：木模板制作、模板安拆和刷隔离剂等。

① 剪力墙模板工程量＝[9.00＋3.00＋3.00＋3.00＋（墙端）0.40＋（垛侧）0.08×6×2]×2×（4.80＋3.60×18层－0.18×19层）×4＝38.72×66.18×4＝10249.96m²

直形墙复合木模板对拉螺栓木支撑：套定额 10-4-135。

② 底层墙模板超高工程量＝38.72×（4.80－0.18－3.60）×4＝157.98m²

墙支撑高度超过 3.6m 每增 3m 木支撑：套定额 10-4-149。

（2）电梯井壁模板项目发生的工程内容：模板的安装、拆除和清理模板粘结物等。

① 电梯井壁内模＝[（3.00－0.12－0.10＋1.50－0.12－0.10）×2×（4.80＋3.60×18－0.18＋1.00）－1.00×2.10×19]×2×4＝（8.12×70.42－39.90）×2×4＝4255.28m²

② 电梯井壁外模＝[（3.00＋3.00＋0.40＋0.08×4）×2×（4.80＋3.60×18－0.18×19＋1.00）－1.00×2.10×2×19]×4＝（13.44×67.18－79.80）×4＝3292.40m²

③ 电梯门洞侧壁＝（1.00＋2.10×2）×0.20×2×19×4＝158.08m²

电梯井壁模板工程量合计＝4255.28＋3292.40＋158.08＝7705.76m²

电梯井壁复合木模板对拉螺栓木支撑：套定额 10-4-141。

④ 底层电梯井壁模板超高工程量＝（8.12×2＋13.44）×（4.80＋1.00－0.18－3.60）×4＝29.68×2.02×4＝239.81m²

墙支撑高度超过 3.6m、每增 3m 木支撑：套定额 10-4-149。

人工、材料、机械单价选用市场价。

根据企业情况确定管理费率为 5.1%，利润率为 2.4%。

措施项目清单计价，见表 10-19。

措施项目清单计价表　　　　表 10-19

序号	项目编码	项目名称	项目特征描述	计量单位	工程量	金额(元)	
						综合单价	合价
1	011702011001	直形墙模板	剪力墙复合木模板木支撑	m²	10249.96	38.58	395443.46
2	011702013001	电梯井壁模板	电梯井壁复合木模板木支撑	m²	7705.76	27.85	214605.42

【案例 10-10】 某现浇钢筋混凝土有梁板，如图 10-19 所示。胶合板模板，钢支撑。计算有梁板模板工程量，并进行该分项工程的模板措施费的计算。

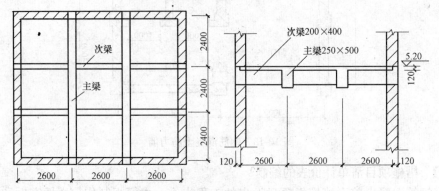

图 10-19 现浇钢筋混凝土有梁板

【解】 措施项目清单计价表的编制

该项目发生的工程内容为：模板制作、模板安拆和刷隔离剂等。

① 模板工程量$=(2.60\times3-0.24)\times(2.4\times3-0.24)+(2.4\times3+0.24)\times(0.50-0.12)\times4+(2.60\times3+0.24-0.25\times2)\times(0.40-0.12)\times4=52.62+11.31+8.44=72.37\text{m}^2$

有梁板胶合板模板、钢支撑：套定额 10-4-160。

② 有梁板支撑超高工程量$=72.37\text{m}^2$

超高次数：$(5.20-0.12-3.60)\div3.00\approx1$ 次

板支撑高度超过 3.6m 钢支撑每增加 3m：套定额 10-4-176。

人工、材料、机械单价选用市场价。

根据企业情况确定管理费率为 5.1%，利润率为 2.4%。

措施项目清单计价，见表 10-20。

措施项目清单计价表　　　　表 10-20

序号	项目编码	项目名称	项目特征描述	计量单位	工程量	金额(元)	
						综合单价	合价
1	011702014001	有梁板模板	现浇钢筋混凝土有梁板胶合板模板,钢支撑	m²	72.37	33.00	2388.21

【案例 10-11】 某住宅楼屋面挑檐，如图 10-20 所示，圈梁尺寸为 240mm×220mm。施工组织设计中挑檐和圈梁采用组合木模板木支撑。进行该分项工程的模板措施费的

计算。

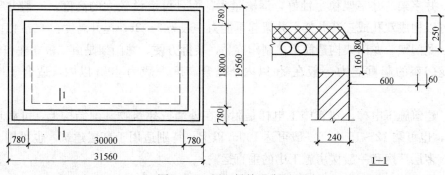

图 10-20 屋面挑檐示意图

【解】 措施项目清单计价表的编制

该项目发生的工程内容为：挑檐的底模、侧模的安拆和圈梁模板的安拆。

$$L_{中}=(30.00+18.00)\times2=96.00m$$
$$L_{外}=96.00+0.24\times4=96.96m$$

① 挑檐底面工程量$=(96.96+0.66\times4)\times0.66=65.74m^2$

上翻外侧部分$=(96.96+0.66\times8)\times0.25=26.56m^2$

上翻内侧部分$=(96.96+0.60\times8)\times(0.25-0.08)=17.30m^2$

挑檐模板工程量合计$=65.74+26.56+17.30=109.60m^2$

挑檐、天沟木模板木支撑：套定额 10-4-211。

② 圈梁模板工程量$=96.00\times(0.24+0.16)=38.40m^2$

直形圈梁组合钢模板木支撑：套定额 10-4-125。

人工、材料、机械单价选用市场信息价。

根据企业情况确定管理费率为 6.1%，利润率为 2.5%。

措施项目清单计价，见表 10-21。

措施项目清单计价表　　　　　　　　　　表 10-21

序号	项目编码	项目名称	项目特征描述	计量单位	工程量	金额(元)	
						综合单价	合价
1	011702022001	天沟模板	挑檐组合木模板木支撑	m²	109.60	54.00	5918.40
2	011702008001	圈梁模板	圈梁组合木模板木支撑	m²	38.40	37.14	1426.18

10.3 垂直运输机械及超高增加

10.3.1 相关知识简介

10.3.1.1 垂直运输设施

垂直运输设施是指垂直方向运输材料和施工人员的机械设备、设施。常用的垂直运输设施有：井字架、龙门架、施工电梯、塔式起重机等。

（1）井字架。井字架稳定性好，运输量大，而且可塔设较大的高度。一般井架为单孔，也可以构成双孔或三孔井架。井架起重能力一般为 1~3t，提升高度在 60m 以内。

（2）龙门架。龙门架构造简单，制作容易，装拆方便。龙门架是由二根立柱和横梁组成的。龙门架的起重能力一般在 2t 以内，提升高度一般为 40m 以内，适合于中小型工程。

（3）建筑施工电梯。建筑施工电梯是附着在外墙或建筑物其他结构上，可载重货物 1~1.2t，也可乘 12~15 人。一般可达 100m 以上。特别适用于高层建筑，也可用于高大建筑物、多层厂房和一般楼房施工中的垂直运输。

（4）塔式起重机。塔式起重机能同时用作砌筑工程的垂直及水平运输机械，也可作结构吊装机械。一般塔式起重机的台班产量为 80~120 个吊次。施工中，尽可能使每一吊次都满载以增加吊运量，消灭二次吊运。合理布置施工平面，减少运转时间，合理安排施工顺序，保证塔吊连续均衡工作。

10.3.1.2 名词解释

（1）超高工程：建筑物设计室外地坪至檐口高度超过 20m 时，即为"超高工程"。

（2）设计室外地坪：设计图纸注明的、竣工后应达到的室外地面标高。

（3）檐高：即檐口高度。是指设计室外地坪至檐口滴水的高度。具体指设计室外地坪至屋面板板底（坡屋面算至外墙与屋面板板底）的高度。突出建筑物屋顶的电梯间、水箱间等不计入檐口高度之内。

（4）檐口：伸出墙外的屋顶部分称屋檐，屋檐最前端的滴水位置称檐口。

（5）安装高度：预制混凝土构件安装子目中的安装高度，是指建筑物的总高度。定额考虑的安装高度为 20m 以内。

（6）混合结构：是指建筑物结构主要承重构件，所使用的材料不是单一的，而是由不同材料混合制作的。目前一般是指砖混结构。墙体为砖墙，楼层和屋面为现浇或预制钢筋混凝土构件。常用于六层以下多层建筑。

（7）现浇框架：是指用现浇钢筋混凝土框架承重的结构。这种框架结构中的填充墙或悬挂墙仅起围护作用。

（8）预制排架：是指预制屋架或预制梁与预制柱顶交接的框架结构。排架结构中柱底嵌固在基础中（嵌固为不能转动的刚结点）。一般常用于单层工业厂房，可单跨或多跨。

（9）内浇外砌：内墙采用大模板现浇混凝土，外墙采用普通黏土砖、空心砖或其他砌体的一种结构。

（10）内浇外挂：内墙为现浇混凝土剪力墙，外墙为预制混凝土挂板，局部内墙为砌体。

（11）全现浇：内、外墙及楼板均为现浇混凝土，局部内墙为砌体。

（12）滑模：采用滑升钢模施工的内、外墙及楼板均为现浇混凝土，局部内墙为砌体。

（13）剪力墙：也称抗风墙或抗震墙，房屋或构筑物中主要承受风或地震产生的水平力的墙体，一般用钢筋混凝土做成。

（14）筒仓：采用滑模施工的混凝土立体容器。有方形和圆形之分。

（15）垂直运输：是指建筑施工所需人工、材料和机具由地面（或堆放地、停置地）至工程操作地点的竖向提升。

10.3.2 工程量计算规范与计价规则相关规定

10.3.2.1 垂直运输（编码：011703）

《房屋建筑与装饰工程工程量计算规范》GB 50854—2013 附录 S.3 垂直运输，见表 10-22。

垂直运输（编码：011703）　　　　　　　　　　　　　表 10-22

项目编码	项目名称	项 目 特 征	计量单位	工程量计算规则	工 程 内 容
011703001	垂直运输	①建筑物建筑类型及结构形式 ②地下室建筑面积 ③建筑物檐口高度、层数	m²/天	①按建筑面积计算 ②按施工工期日历天数计算	①垂直运输机械的固定装置、基础制作、安装 ②行走式垂直运输机械轨道的铺设、拆除、摊销

（1）建筑物的檐口高度是指设计室外地坪至檐口滴水的高度（平屋顶系指屋面板底高度），突出主体建筑物屋顶的电梯机房、楼梯出口间、水箱间、瞭望塔、排烟机房等不计入檐口高度。

（2）垂直运输机械指施工工程在合理工期内所需的垂直运输机械。

（3）同一建筑物有不同檐高时，按建筑物的不同檐高做纵向分割，分别计算建筑面积，以不同檐高分别编码列项。

10.3.2.2 超高施工增加（编码：011704）

《房屋建筑与装饰工程工程量计算规范》GB 50854—2013 附录 S.4 超高施工增加，见表 10-23。

超高施工增加（编码：011704）　　　　　　　　　　　　　表 10-23

项目编码	项目名称	项 目 特 征	计量单位	工程量计算规则	工 程 内 容
011704001	超高施工增加	①建筑物建筑类型及结构形式 ②建筑物檐口高度、层数 ③单层建筑物檐口高度超过 20m，多层建筑物超过 6 层部分的建筑面积	m²	按建筑物超高部分的建筑面积计算	①建筑物超高引起的人工工效降低以及由于人工工效降低引起的机械降效 ②高层施工用水加压水泵的安装、拆除及工作台班 ③通信联络设备的使用及摊销

（1）单层建筑物檐口高度超过 20m，多层建筑物超过 6 层时，可按超高部分的建筑面积计算超高施工增加。计算层数时，地下室不计入层数

（2）同一建筑物有不同檐高时，可按不同高度的建筑面积分别计算建筑面积，以不同檐高分别编码列项。

10.3.3 配套定额相关规定

10.3.3.1 定额说明

(1) 建筑物垂直运输机械相关说明：

本节包括建筑物垂直运输机械、建筑物超高人工机械增加内容。本节所称檐口高度是指设计室外地坪至屋面板板底（坡屋面算至外墙与屋面板板底）的高度。突出建筑物屋顶的电梯间、水箱间等不计入檐口高度之内。

1) 檐口高度在 3.6m 以内的建筑物不计算垂直运输机械。

2) 同一建筑物檐口高度不同时应分别计算。

3) ±0.00 以下垂直运输机械：

① 满堂基础混凝土垫层、软弱地基换填毛石混凝土深度大于 3m 时，执行 10-2-1 子目。

② 条形基础、独立基础及垫层深度大于 3m 时，按 10-2-1 子目的 50%计算垂直运输机械。

③ 定额 10-2-2 至 10-2-4 子目，混凝土地下室的层数指地下室的总层数。地下室层数不同时，应分别计算工程量，以层数多的地下室的外墙外垂直面为其分界。钢筋混凝土地下室含基础用塔吊台班；卷扬机为地下室抹灰用，若不抹灰，应扣除。

④ 构筑物现浇混凝土基础深度大于 3m 时，执行建筑物基础相关规定。

4) 20m 以下垂直运输机械：

① 定额 10-2-5～10-2-8 子目，适用于檐高大于 3.6m 小于 20m 的建筑物。其中，10-2-5子目，适用于除现浇混凝土结构（10-2-6）、预制排架单层厂房（10-2-7）、预制框架多层厂房（10-2-8）以外的所有结构形式。

② 定额 10-2-5、10-2-6 子目，系指其预制混凝土（钢）构件，采用塔式起重机安装时的垂直运输机械情况；若采用轮胎式起重机安装，子目中的塔式起重机乘以系数 0.85。

③ 定额 10-2-7、10-2-8 子目，定额仅列有卷扬机台班，系指预制混凝土（钢）构件安装（采用轮胎式起重机）完成后，维护结构砌筑、抹灰等所用的垂直运输机械。

5) 20m 以上垂直运输机械：

20m 以上垂直运输机械除混合结构及影剧院、体育馆外，其余均以现浇框架外砌围护结构编制。若建筑物结构不同时按表 10-24 乘以相应系数。

垂直运输机械系数表　　　　　　　　　　　　　　表 10-24

结构类型	建筑物檐高(m)以内		
	20～40	50～70	80～150
全现浇	0.92	0.84	0.76
滑模	0.82	0.77	0.72
预制框(排)架	0.96	0.96	0.96
内浇外挂	0.71	0.71	0.71

① 其他混合结构，适用于除影剧院混合结构以外的所有混合结构。

② 其他框架结构，适用于除影剧院框架结构、体育馆以外的所有框架结构。

③ 预制框（排）架结构中的预制混凝土（钢）构件，采用塔式起重机安装时，其垂

直运输机械执行定额系数表中的系数 0.96；采用轮胎式起重机安装时，执行 10-2-7、10-2-8子目，并乘以系数 1.05。

6) 同一建筑物应区别不同檐高及结构形式，分别计算垂直运输机械工程量。以高层外墙外垂直面为其分界。

7) 预制钢筋混凝土柱、钢屋架的厂房按预制排架类型计算。

8) 轻钢结构中，有高度大于 3.6m 的砌体、钢筋混凝土、抹灰及门窗安装等内容时，其垂直运输机械按各自工程量，分别套用本节中轻钢结构建筑物垂直运输机械的相应项目。轻钢结构建筑物垂直运输机械子目，仅适用于定额名称所列明的工程内容。

9) 构筑物垂直运输机械子目中，烟囱、水塔、筒仓的高度系指设计室外地坪至其结构顶面的高度。

10) 对于先主体、后回填、或因地基原因，垂直运输机械必须坐落于设计室外地坪以下的情况，执行定额时，其高度自垂直运输机械的基础上坪算起。

11) 现浇混凝土贮水池的贮水量系指设计贮水量。设计贮水量大于 5000t 时，按 10-2-49子目。增加塔式起重机的下列台班数量：10000t 以内，增加 35 台班；15000t 以内，增加 75 台班；15000t 以上，增加 120 台班。

(2) 建筑物超高人工、机械增加相关说明：

1) 建筑物设计室外地坪至檐口高度超过 20m 时，即为超高工程。本节定额项目适用于建筑物檐口高度 20m 以上的工程。

2) 本节各项降效系数包括完成建筑物 20m 以上（除垂直运输、脚手架外）全部工程内容的降效。

3) 本节其他机械降效系数是指除垂直运输机械及其所含机械以外的，其他施工机械的降效。

4) 建筑物内装修工程超高人工增加，是指无垂直运输机械、无施工电梯上下的情况。

5) 檐高超过 20m 的建筑物，其超高人工、机械增加的计算基数为除下列工程内容之外的全部工程内容：

① 室内地坪（±0.000）以下的地面垫层、基础、地下室等全部工程内容。

② ±0.000 以上的构件制作（预制混凝土构件含钢筋、混凝土搅拌和模板）及工程内容。

③ 垂直运输机械、脚手架、构件运输工程内容。

为计算超高人工、机械增加，编制预结算时，应将上列工程内容与其他工程量分列。

6) 同一建筑物檐口高度不同时，其超高人工、机械增加工程量应分别计算。

7) 单独施工的主体结构工程和外墙装饰工程，也应计算超高人工、机械增加。其计算方法和相应规定，同整体建筑物超高人工、机械增加。单独内装饰工程，不适用上述规定。

8) 建筑物内装饰超高人工增加，适用于建设单位单独发包内装饰工程的情况。

① 6 层以下的单独内装饰工程，不计算超高人工增加。

② 定额中"×层～×层之间"，指单独内装饰施工所在的层数，非指建筑物总层数。

(3) 建筑物分部工程垂直运输机械相关说明：

1) 建筑物主体垂直运输机械项目、建筑物外墙装修垂直运输机械项目、建筑物内装修垂直运输机械项目，适用于建设单位单独发包的情况。建设单位将工程发包给一个施工单位（总包）承建时，应执行建筑物垂直运输机械子目，不得按建筑物分部工程垂直运输子目分别计算。

2）建筑物主体结构工程垂直运输机械，适用于±0.00以上的主体结构工程。定额按现浇框架外砌围护结构编制，若主体结构为其他形式，按垂直运输系数表乘以相应系数。

3）建筑物外墙装修工程垂直运输机械，适用于由外墙装修施工单位自设垂直运输机械施工的情况。外墙装修是指各类幕墙、镶贴或干挂各类板材等内容。

4）建筑物外墙装饰工程垂直运输机械子目中的外墙装修高度，系指设计室外地坪至外墙装饰顶面的高度。同一建筑物的外墙装饰高度不同时，应分别计算。高层与低层交界处的工程量，并入高层部分的工程量内。

5）建筑物内装修工程垂直运输机械，适用于建筑物主体工程完成后，由装修施工单位自设垂直运输机械施工的情况。

6）建筑物内装饰工程垂直运输机械子目中的层数，指建筑物（不含地下室）的总层数。同一建筑物层数不同时，应分别计算工程量。

7）建筑物外墙局部装饰时，其垂直运输机械的外墙装修高度，自设计室外地坪算至外墙装饰顶面。

8）单独施工装饰类别为Ⅰ类的内装饰，其内装饰分部工程垂直运输机械乘以系数1.2。

（4）其他说明：

1）建筑物主要构件柱、梁、墙（包括电梯井壁）、板施工时，均采用泵送混凝土，其垂直运输机械子目中的塔式起重机乘以系数0.8。若主要结构构件不全部采用泵送混凝土时，不乘以此系数。

2）垂直运输机械定额项目中的其他机械包括排污设施及清理、临时避雷设施、夜间高空安全信号等内容。

10.3.3.2 工程量计算规则

（1）建筑物垂直运输机械工程量计算规则：

1）凡定额计量单位为平方米的，均按"建筑面积计算规则"规定计算。

2）±0.00以上工程垂直运输机械，按"建筑面积计算规则"计算出建筑面积后，根据工程结构形式，分别套用相应定额。

3）±0.00以下工程垂直运输机械。

① 钢筋混凝土地下建筑，按其上口外墙（不包括采光井、防潮层及其保护墙）外围水平面积以平方米计算。

② 钢筋混凝土满堂基础，按其工程量计算规则计算出的立方米体积计算。

4）构筑物垂直运输机械工程量以座为单位计算。构筑物高度超过定额设置高度时，按每增高1m项目计算。高度不足1m时，也按1m计算。

（2）建筑物超高人工、机械增加工程量计算规则：

1）人工、机械降效按±0.00以上的全部人工、机械（除脚手架、垂直运输机械外）数量乘以相应子目中的降效系数计算。

2）建筑物内装修工程的人工降效，按施工层数的全部人工数量乘以定额内分层降效系数计算。

（3）建筑物分部工程垂直运输机械工程量计算规则：

1）建筑物主体结构工程垂直运输机械，按"建筑面积计算规则"计算出面积后，套用相应定额项目。

2）建筑物外装修工程垂直运输机械，按建筑物外墙装饰的垂直投影面积（不扣除门窗洞口，凸出外墙部分及侧壁也不增加），以平方米计算。

3）建筑物内装修工程垂直运输机械按"建筑面积计算规则"计算出面积后，并按所装修建筑物的层数套用相应定额项目。

10.3.4 垂直运输实务案例

【案例 10-12】 某商业住宅楼群，现浇钢筋混凝土地下车库为二层，层高为 4.20m，建筑总面积 16256.46m²。其中，钢筋混凝土满堂基础的混凝土体积为 1545.85m³，地下室墙面需要抹灰。施工组织设计中采用塔式起重机 6t。计算 ±0.00 以下垂直运输机械费用的报价。

【解】 措施项目清单计价表的编制

该项目发生的工程内容：完成项目所需的垂直运输机械。

① 钢筋混凝土满堂基础垂直运输机械工程量＝1545.85m³

钢筋混凝土满堂基础垂直运输机械：套定额 10-2-1。

② 二层钢筋混凝土地下室垂直运输机械工程量＝16256.46m²

二层钢筋混凝土地下室垂直运输机械：套定额 10-2-3。

人工、机械单价选用市场信息价。

根据企业情况确定管理费率为 5.1%，利润率为 2.4%。

措施项目清单计价，见表 10-25。

措施项目清单计价表 表 10-25

序号	项目编码	项目名称	项目特征描述	计量单位	工程量	金额(元)	
						综合单价	合价
1	011703001001	垂直运输机械费用	钢筋混凝土满堂基础垂直运输机械	m³	1545.85	19.46	30082.24
2	011703001002	垂直运输机械费用	地下室垂直运输机械	m²	16256.46	29.00	471437.34

【案例 10-13】 某多层砖混结构建筑物如图 10-7 所示。施工组织设计中采用塔式起重机 8t，计算其垂直运输机械费用的报价。

【解】 措施项目清单计价表的编制

该项目发生的工程内容：完成项目所需的垂直运输机械。

垂直运输机械工程量＝[（3.90×3＋5.40＋3.60＋0.24）×（15.12－0.24×2）＋（楼梯外凸部分）（3.90＋0.24）×1.20]×5＋（阁楼长度）（3.90×3＋5.40＋3.60＋0.24）×（阁楼超过2.2m 和超过1.2m 的一半部分的宽度）{（6.00×2＋2.40＋0.24＋0.50×2）×[（4.50－2.20）÷4.50＋1÷（4.50×2）]}＝（306.56＋4.97）×5＋20.94×（7.99＋

457

1.74）＝1761.40m²

其他混合结构檐高 30m 以内：套定额 10-2-11。

机械单价选用市场价。

根据企业情况确定管理费率为 5.1％，利润率为 2.4％。

措施项目清单计价，见表 10-26。

措施项目清单计价表　　　　　　　　　表 10-26

序号	项目编码	项目名称	项目特征描述	计量单位	工程量	金额（元）	
						综合单价	合价
1	011703001001	垂直运输机械	8t 塔式起重机	m²	1761.40	29.31	51626.63

【案例 10-14】 某工程钢筋混凝土结构共计 22 层，檐高 69.40m。1～3 层为现浇钢筋混凝土框架外砌围护结构，每层建筑面积为 880.00m²；4～22 层为全现浇钢筋混凝土结构，每层建筑面积为 680.00m²。并采用商品混凝土泵送施工。施工组织设计中采用自升式塔吊 2000kNm。计算垂直机械运输费用。

【解】 措施项目清单计价表的编制

该项目发生的工程内容为完成项目所需的垂直运输机械。

1～3 层现浇钢筋混凝土框架部分工程量＝880.00×3＝2640.00m²

4～22 层全现浇钢筋混凝土部分工程量＝680.00×19＝12920.00m²（檐高 70m 以内混凝土其他框架结构，并乘以全现浇系数 0.84）

工程量合计＝2640.00＋12920.00×0.84＝13492.80m²

檐高 70m 以内混凝土其他框架结构：套定额 10-2-19（因采用泵送施工，其垂直运输机械子目中的塔式起重机乘以系数 0.8）。

人工、机械单价选用市场信息价。

其中，机械费＝1349.28×（624.89－0.378×0.2×924.28）＝748869.87（元）

根据企业情况确定管理费率为 5.1％，利润率为 2.4％。

措施项目清单计价，见表 10-27。

措施项目清单计价表　　　　　　　　　表 10-27

序号	项目编码	项目名称	项目特征描述	计量单位	工程量	金额（元）	
						综合单价	合价
1	011703001001	垂直运输机械	自升式塔吊 2000kNm	m²	13492.80	54.45	734682.96

【案例 10-15】 某高层建筑物檐高 58m，建筑面积 2800m²，超过±0.00 以上的全部人工费为 1020012.21 元，全部机械费用为 2856255.52 元。计算超高人工、机械增加费用。

【解】 措施项目清单计价表的编制

建筑物檐高 58m：套定额 10-2-53。

降效系数（人工、机械调增率）为 10.67％。

人工、机械单价选用市场价。

根据企业情况确定管理费率为 5.1％，利润率为 2.4％。

措施项目清单计价，见表 10-28。

措施项目清单计价表　　　　　　　　　　　　　　　表 **10-28**

序号	项目编码	项目名称	项目特征描述	计量单位	工程量	金额（元）	
						综合单价	合价
1	011704001001	垂直运输机械	建筑物檐高 58m	m²	2800	158.60	444080.00

【**案例 10-16**】 某四星级宾馆如图 10-5 所示。建筑物主体垂直运输机械项目（现浇框架外砌围护结构），由建设单位单独发包。建设单位预确定标底，计算垂直运输机械费用。

【**解**】 措施项目清单计价表的编制

该项目发生的工程内容为完成项目所需的垂直运输机械。

① 裙房部分工程量＝(52.24×35.24－40.24×25.24)×6＝4951.68m²

建筑物主体檐高 30m 以内：套定额 10-2-77。

② 主楼部分工程量＝40.24×25.24×21＋(电梯间)20.24×8.24＝21495.59m²

建筑物主体檐高 80m 以内：套定额 10-2-82。

人工、材料、机械单价选用市场价。

根据企业情况确定管理费率为 5.1%，利润率为 2.4%。

措施项目清单计价，见表 10-29。

措施项目清单计价表　　　　　　　　　　　　　　　表 **10-29**

序号	项目编码	项目名称	项目特征描述	计量单位	工程量	金额（元）	
						综合单价	合价
1	011703001001	建筑物主体垂直运输机械	建筑物檐高 24m、79m、82m	m²	26447.27	57.08	1509610.17

10.4 大型机械安装、拆卸及场外运输

10.4.1 相关知识简介

10.4.1.1 塔式起重机安装与拆卸的方法

包括利用自身设备装拆法；先作辅机组装，再以自身设备立塔提臂装拆法；借助辅机装拆法。具体步骤如下。

（1）利用自身设备装拆法步骤：

1）接通电源，拆除牵引杆，支起滑轮架和导轮架。检查塔身、起重臂、起升机构和制动器等有无损伤、故障或缺陷；保证这些机件的完好性和工作可靠性。

2）开动变幅机构，使起重机的前行走轮慢慢落在轨道上，卸下前拖轮，并将其拖出轨道。

3）缓慢松开变幅机构的制动器，使起重机的后行走轮缓缓落在轨道上，安装压重并用夹轨器夹紧轨道，解开起重臂与后拖行轮的连接件。对起重机各工作机构进行检查，对各润滑部位进行有针对性的润滑。

4）开动变幅机构立塔身，塔身竖立后穿好销轴，使塔身与转台牢固连接。用拉板将转台与底架连成一体。

5）拆开塔身与起重臂之间的连接件，继续开动变幅机构，提升起重臂。

6）拉起起重臂到水平位置，松开夹轨器，拆除转台与行走底架之间的连接拉板。进行检查、调整。经试车确认安全后方可交付使用。

采用这种方法安装的塔式起重机，其拆卸步骤和安装步骤相反。注意根据此方法安装的塔式起重机，必须严格按照操作步骤进行；严禁立塔后随即提升臂架；遇到卡塞情况，应立即停机检查，不得强行操作。轻、中型和部分重型下回转式塔式起重机可用这种方法安装。

（2）先作辅机组装，再以自身设备立塔提臂装拆法步骤。

1）安装行走机构；

2）安装门架、底座、压铁支架、压铁及栏杆；

3）组装起重臂，并将起重臂插入底座上的轴架中；

4）依次组装塔身和塔顶；安装滑轮组并穿钢丝绳；

5）检查电气设备及接线；将行走、回转及变幅开关拨至零位；

6）检查立塔前的所需设备、机件，特别要检查起升机构、液压推杆制动器、地锚、拖拉绳、夹轨器和行走轮等是否处于良好工作状态；

7）竖立塔身，先慢慢开动起升机构，使塔身微离支座，再检查起吊情况，确认安全可靠后，再继续开动起升机构平稳地竖起塔身；

8）安装平衡臂，然后吊装平衡重，最后吊起起重臂；

9）检查、调试，经试车确认工作可靠后，方可交付使用。

拆卸过程为安装过程的逆过程。注意：

① 拆卸前应将塔式起重机开到距主地锚坑一定距离外，夹紧夹轨器，起重臂转向地锚坑；放下起重臂和平衡臂应缓慢进行，避免下降过快冲撞塔架；

② 拆装塔式起重机时要防止地锚起动或地锚拔起、变幅绳轮系统拉板断裂或钢丝绳拉断等事故。因此，必须统一指挥、专人负责、分工明确、密切配合，严格执行安全操作规程。

上回转塔式起重机均用此方法安装和拆卸，一般用汽车起重机作为吊装工具。

（3）借助辅机装拆法步骤：

1）利用支架立稳行走台车，夹紧夹轨器；

2）按顺序安装底架、塔身基础节、撑杆及压重，顶升套架及液压顶升设备、过渡节、轴承座及转台、司机室及塔帽；

3）组装平衡臂、起重臂，穿小车牵引绳和吊钩滑轮起重绳；

4）安装起重臂、平衡臂；

5）紧固各部件的连接件、紧固件；全面检查安装情况并安全确认后，接通电源进行空车试运转；

6）组装塔身标准节，并根据需要顶升到预定高度；

7）进行检查、调整和试车，确认安全后交付使用。借助辅机拆卸和安装塔式起重机的步骤相反。

高层建筑施工用的自升式塔式起重机均借助于辅机进行安装。辅机的起重量、起重力矩和吊钩高度必须满足塔式起重机的部件吊装要求。

10.4.1.2 构件运输与存放注意事项

构件运输是指构件堆放场地或构件加工厂至施工现场的运输。

（1）构件存放注意事项：

1）构件存放场地应该平整坚实，构件叠放用方木垫平，必须稳固，不准超高。各层方木上下对正，构件立放必须稳定，必要时要设置相应的支撑。

2）禁止无关人员在堆放的构件中穿行，防止发生构件倒塌挤人事故。

（2）使用常用起重工具注意事项：

1）手动捯链：操作人员应经培训，吊物时应挂牢后慢慢拉动倒链，不得斜向拽拉。当一人拉不动时，应查明原因，禁止多人一齐猛拉。

2）手动葫芦：操作人员应经培训，使用前检查自锁夹钳装置的可靠性，当夹紧钢丝绳后，应能往复运动，否则禁止使用。

3）千斤顶：操作人员应经培训，千斤顶置于平整坚实的地面上，并垫木板或钢板，防止地面沉陷。顶部与光滑物接触面应垫硬木防止滑动。开始操作应逐渐顶升，注意防止顶歪，始终保持重物的平衡。

10.4.1.3 钢筋混凝土构件运输

这里仅叙述柱子、屋面梁、屋架等三类构件的运输方法。吊车梁、屋面板等一般构件可参照实施。特殊构件应制定专门运输方案。

（1）柱子运输方法。长度在 6m 左右的钢筋混凝土柱可用一般载重汽车运输（图 10-21～图 10-22），较长的柱则用拖车运输（图 10-23～图 10-24）。拖车运长柱时，柱的最低点至地面距离不宜小于 1m，柱的前端至驾驶室距离不宜小于 0.5m。

柱在运输车上的支垫方法，一般用两点支承（图 10-25）。如柱较长，采用两点支承柱的抗弯能力不足时，应用平衡梁三点支承（图 10-24），或增设一个辅助垫点（图 10-25）。

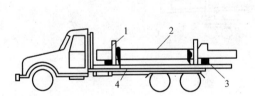

图 10-21 载重汽车上设置平架运短柱
1—运架立柱；2—柱；3—垫木；4—运架

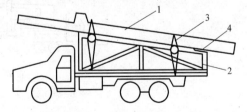

图 10-22 载重汽车上设置空间支架（斜架）运短柱
1—柱子；2—运架；3—捆绑钢丝绳及捯链；4—轮胎垫

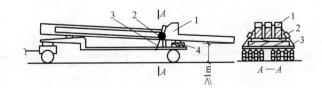

图 10-23 用拖车两点支承运长柱
1—柱子；2—捯链；3—钢丝绳；4—垫木

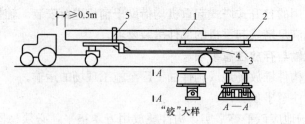

图 10-24　拖车上设置"平衡梁"三点支承运长柱

1—柱子；2—垫木；3—平衡梁；4—铰；5—支架（稳定柱子用）

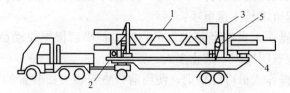

图 10-25　拖车上设置辅助垫点（擎点）运长柱

1—双肢柱；2—垫木；3—支架；4—辅助垫点；5—捆绑捯链和钢丝绳

（2）屋面梁运输方法。屋面梁的长度一般为 6～15m。6m 长屋面梁可用载重汽车运输（图 10-26）。9m 长以上的屋面梁，一般都在拖车平板上搭设支架运输（图 10-27）。

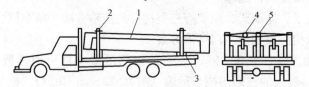

图 10-26　载重汽车运 6m 长屋面梁

1—屋面梁；2—运架立柱；3—垫木；4—捆绑钢丝绳和捯链；5—方木

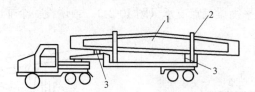

图 10-27　拖车运 9m 以上屋面梁

1—屋面梁；2—运架立柱；3—垫木

（3）屋架运输方法。6～12m 跨度的屋架或块体可用汽车或在汽车后挂"小炮车"运输（图 10-28）。15～21m 跨度的整榀屋架可用平板拖车运输（图 10-29）。

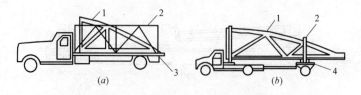

图 10-28　载重汽车运屋架块体

（a）普通汽车运输；（b）汽车后挂"小炮车"运输

1—屋架；2—钢运架；3—垫木；4—转盘

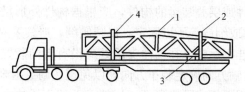

图 10-29 平板拖车运输 24m 以内整榀屋架
1—屋架；2—支架；3—垫木；4—捆绑钢丝绳和倒链

24m 以上的屋架，一般都采取半榀预制，用平板拖车运输，如采取整榀预制，则需在拖车平板上设置牢固的钢支架并设"平衡梁"进行运输，如图 10-30 所示。装车时屋架靠在支架两侧，每次装载两榀或四榀（根据屋架重量及拖车平板的载重能力确定）。屋架前端下弦至拖车驾驶室的距离不小于 0.25m，屋架后端距地面不小于 1m。屋架上弦与支架用绳索捆绑，下弦搁置在平衡梁上。在屋架两端用木杆将靠在支架两侧的屋架连成整体，并在支架前端与屋架之间绑一竹竿，以便顺利通过下垂的电线。

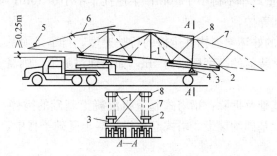

图 10-30 拖车运输 24m 以上整榀屋架
1—支架；2—垫木；3—平衡梁；4—铰；5—木杆；6—竹竿；7—屋架；8—捆绑绳索

10.4.1.4 钢构件运输

钢构件制作要求精度高，一般都需要在加工厂制作。因此，钢构件运输是钢结构工程中一个甚为重要的环节，它包括运输准备、运输要求和钢构件运输三部分。

（1）运输准备：

1）技术准备包括制定运输方案、设计运输架、验算构件强度等；

2）运输工具准备。运输工具准备包括运输车辆及起重工具、材料等的选用。起重工具及材料包括钢丝绳扣、倒链、卡环、花篮螺栓、千斤顶、信号旗、垫木、木板、汽车旧轮胎等。

3）运输条件。运输条件包括现场运输道路的修筑、查看和试运行等。

4）构件准备。构件准备包括构件的清点、检查和外观修饰等。

（2）钢构件运输：

1）构件在装车时，支承点应水平放置在车辆弹簧上，所施加的荷载载要均匀对称，构件应保持重，心平衡。构件的中心须与车辆的装载中心重合，固定要牢靠，对刚度大的构件也可平卧放置。

2）构件装车时的支承点和卸车时的吊点应尽可能接近设计要求的支承状态或设计要求的吊点，如支承吊点受力状态改变，应对构件进行抗裂度验算，裂缝宽度不能满足要求时，应进行适当加固。

3) 对高宽比大的构件或层叠装运的构件，应根据构件外形尺寸、质量，设置工具式支承框架、固定架、支撑或倒链等予以固定，以防倾倒，严禁采取悬挂式堆放运输。

4) 大型构件采用拖挂车运输，在构件支承处应设有转向装置，使其能自由转动，同时，应根据吊装方法及运输方向确定装车方向，以免现场调头困难。

5) 在各构件之间应用隔板或隔木隔开，构件上下的支承垫木应在同一直线上，并加垫楞木或草袋等物使其紧密接触，用钢丝绳和花篮螺栓连成一体并拴牢于车厢上，以免构件运输时滑动变形或互碰损伤。

6) 构件运输应配套，应按吊装顺序和流向来组织装运，按平面布置卸车就位、堆放，先吊的先运，避免混乱和二次倒运。

7) 装、卸车起吊构件应轻起轻放，严禁甩掷，运输中严防碰撞或冲击。

8) 运输道路应平整坚实，保证有足够的路面宽度和转弯半径。载重汽车的单行道不得小于 3.5m；拖挂车的单行道宽度不小于 4m，并应有合适的会车点，双行道的宽度不小于 6m。转弯半径：载重汽车不得小于 10m；半拖挂车不小于 15m；全拖挂车不小于 20m。运输道路要经常检查和养护。

9) 根据路面情况的好坏掌握构件运输的行驶速度，行车必须平稳。

10) 公路运输构件装运的高度极限为 4m，如需通过隧道，则高度极限为 3.8m。

10.4.1.5 名词解释

(1) 塔式起重机基础及拆除：指塔式起重机混凝土基础的搅拌、浇筑、养护及拆除，以及塔式起重机轨道式基础的铺设。塔式起重机混凝土基础子目中，不含钢筋、地脚螺栓和横板工程量。

(2) 大型机械安装、拆卸：指大型施工机械在施工现场进行安装、拆卸所需的人工，材料、机械、试运转，以及安装所需的辅助设施的折旧、搭设及拆除。

(3) 大型机械场外运输：指大型施工机械整体或分体，自停放地运至施工现场，或由一施工现场运至另一施工现场 25km 以内的装卸、运输（包括回程）、辅助材料以及架线等工作内容。

(4) 一次安拆费：指机械在施工现场进行安装、拆卸所需的人工、材料、机械费、试运转费以及安装所需的辅助设施的一次费用（包括：安装机械的基础、底座、固定锚桩、行走轨道、枕木等的折旧费及搭设、拆除费用）。

(5) 路基铺垫费：塔式起重机行驶路线枕木以下的基础碾压、碎石垫层的铺设、拆除和摊销费用。

(6) 轨道铺拆费：塔式起重机行驶路线轨道、枕木的铺设、拆除和折旧费用。

(7) 构件运输：指从加工厂将预制钢筋混凝土或金属构件运输到安装施工现场的装、运、卸过程的统称。

(8) 木门窗运输：木门窗由制作厂成品堆放场地运送到施工现场堆放场地的全部工作过程。

(9) 构件分类：按构件的外部形状、重量和体积，并根据运输车辆装载虚实、能力对构件进行分类。全国统一基础定额中钢筋混凝土构件运输分六类，金属结构构件运输分三类。

(10) 运输支架：指在运输设备时，为装载构件而搭设的支架。

（11）路桥限载：构件运输经过的道路或桥梁对车辆重量的限制。

10.4.2 工程量计算规范与计价规则相关规定

10.4.2.1 大型机械设备进出场及安拆（编码：011705）

《房屋建筑与装饰工程工程量计算规范》GB 50854—2013 附录 S.5 大型机械设备进出场及安拆，见表 10-30。

大型机械设备进出场及安拆（编码：011705）

表 10-30

项目编码	项目名称	项目特征	计量单位	工程量计算规则	工程内容
011705001	大型机械设备进出场及安拆	①机械设备名称 ②机械设备规格型号	台次	按使用机械设备的数量计算	①安拆费包括施工机械、设备在现场进行安装拆卸所需的人工、材料、机械和试运转费用以及机械辅助设施的折旧、搭设、拆除等费用 ②进出场费包括施工机械、设备整体或分体自停放地点运至施工现场，或由一施工地点运至另一施工地点所发生的运输、装卸、辅助材料等费用

10.4.2.2 大型机械设备进出场及安拆工程量计算规范使用说明

（1）相应专项设计不具备时，可按暂估量计算。

（2）中小型机械，不计算安装、拆卸及场外运输。

（3）不发生大型机械设备进出场及安拆的项目，不能计算大型机械设备进出场及安拆。

10.4.3 配套定额相关规定

10.4.3.1 大型机械安装、拆卸及场外运输定额说明

（1）本节定额是依据《山东省建设工程施工机械台班单价表》编制的且对机械种类不同，但其人工、材料、机械消耗量完全相同的子目，进行了合并。

（2）本节定额的项目名称，未列明大型机械规格、能力等特点的，均涵盖各种规格、能力、构造和工作方式的同种机械。例如：5t、10t、15t、20t 四种不同能力的履带式起重机，其场外运输均执行 10-5-19 履带式起重机子目。

（3）定额未列子目的大型机械，不计算安装、拆卸及场外运输。

（4）大型机械场外运输超过 25km 时，一般工业与民用建筑工程，不另计取。

10.4.3.2 构件运输定额说明

（1）本节包括混凝土构件运输，金属构件运输，木门窗、铝合金、塑钢门窗运输，成型钢筋场外运输；预制混凝土构件安装，金属结构构件安装等内容。安装内容包括在预制混凝土构件和金属结构构件清单项目内，在此不重述。构件运输应包括在分部分项工程量清单内，如果单独运输项目发生，可计算构件运输，但不能重复报价。

（2）构件运输相关说明

1）构件运输包括场内运输和场外运输，即构件堆放场地至施工现场吊装点或构件加

工厂至施工现场堆放点的运输。预制混凝土构件在吊装机械起吊点半径 15m 范围内的地面移动和就位，已包括在安装子目内。超过 15m 时的地面移动，按构件运输 1km 以内子目计算场内运输。起吊完成后，地面上各种构件的水平移动，无论距离远近，均不另行计算。

2）门窗运输的工程量，以门窗洞口面积为基数，分别乘以下列系数：木门，0.975；木窗，0.9715；铝合金门窗，0.9668。

3）本节按构件的类型和外形尺寸划分类别。预制混凝土构件分为六类；金属结构构件分为三类。

4）本节定额综合考虑了城镇及现场运输道路等级、重车上下坡等各种因素。

5）构件运输过程中，如遇路桥限载（限高）而发生的加固、拓宽等费用，另行处理。

10.4.3.3　大型机械安装、拆卸及场外运输工程量计算规则

大型机械安装、拆卸及场外运输，编制标底时，按下列规定执行：

（1）塔式起重机混凝土基础，建筑物首层（不含地下室）建筑面积 600m² 以内，计 1 座；超过 600m²，每增加 400m² 以内，增加 1 座。每座基础按 10m³ 混凝土计算。

（2）大型机械安装、拆卸及场外运输，按标底机械汇总表中的大型机械，每个单位工程至少计 1 台次。工程规模较大时，按大型机械工作能力、工程量、招标文件规定的工期等具体因素确定。

10.4.3.4　构件运输工程量计算规则

（1）预制混凝土构件运输均按图示尺寸，以实体积计算。钢构件按构件设计图示尺寸以吨计算，所需螺栓、电焊条等重量不另计算。木门窗、铝合金门窗、塑钢门窗按框外围面积计算。成型钢筋按吨计算。

（2）构件运输工程量计算规则

1）构件运输项目的定额运距为 10km 以内，超出时按每增加 1km 子目累加计算。

2）加气混凝土板（块）、硅酸盐块运输每立方米折合混凝土构件体积 0.4m³，按 I 类构件运输计算。

10.4.4　工程量计算主要技术资料

10.4.4.1　构件类型及分类

（1）预制混凝土构件分类见表 10-31。

预制混凝土构件分类表　　　　　　　　　　　表 10-31

类别	项　目
I	4m 内空心板、实心板
II	6m 内的桩、屋面板、工业楼板、基础梁、吊车梁、楼梯休息板、楼梯段、阳台板、4～6m 内空心板及实心板
III	6m 以上至 14m 的梁、板、柱、桩、各类屋架、桁架、托架（14m 以上另行处理）
IV	天窗架、挡风架、侧板、端壁板、天窗上下档、门框及单件体积在 0.1m³ 以内的小型构件
V	装配式内、外墙板、大楼板、厕所板
VI	隔墙板（高层用）

（2）金属结构构件分类见表 10-32。

金属结构构件分类表   表 10-32

类别	项 目
Ⅰ	钢柱、屋架、托架梁、防风桁架
Ⅱ	吊车梁、制动梁、型钢檩条、钢支撑、上下档、钢拉杆栏杆、盖板、垃圾出灰门、倒灰门、篦子、爬梯、零星构件、平台、操作台、走道休息台、扶梯、钢吊车梯台、烟囱紧固箍
Ⅲ	墙架、挡风架、天窗架、组合檩条、轻型屋架、滚动支架、悬挂支架、管道支架

10.4.4.2 道路等级划分标准

我国目前将城市道路分为四类：快速路、主干路、次干路及支路。

根据国家《城市规划定额指标暂行规定》的有关规定，道路还可划分为四级，如表 10-33 所示。

城市道路四级划分表   表 10-33

项目级别	设计车速 （km/h）	双向机动车 道数（条）	机动车道 宽度（m）	道路总宽 （m）	分隔带设置
一级	60~80	≥4	3.75	40~70	必须设
二级	40~60	≥4	3.5	30~60	应设
三级	30~40	≥2	3.5	20~40	可设
四级	30	≥2	3.5	16~30	不设

10.4.5 大型机械安装、拆卸及构件运输实务案例

10.4.5.1 塔式起重机安拆实务案例

【案例 10-17】 某科技馆工程使用塔式起重机（8t）2 台，塔式起重机的基础为 12m³，基础混凝土现场搅拌。工程完工后，塔吊基础需要拆除（不考虑塔基模板、钢筋和地脚螺栓等因素）。进行大型机械设备进出场及安装的计算。

【解】 措施项目清单计价表的编制：

该项目发生的工程内容：塔式起重机场外运输、安拆，塔吊混凝土基础的浇筑、养护，基础拆除，基础混凝土现场搅拌。

塔式起重机（8t）安装拆卸及场外运输工程量＝2 台次

塔式起重机（8t）安装拆卸：套定额 10-5-21。

塔式起重机（8t）场外运输：套定额 10-5-21-1。

塔式起重机混凝土基础工程量＝12×2＝24.00m³。

塔式起重机基础混凝土现场搅拌：套定额 4-4-15。

塔式起重机混凝土基础：套定额 10-5-1。

塔式起重机混凝土基础拆除：套定额 10-5-3。

人工、材料、机械单价选用市场价。

根据企业情况确定管理费率为 8.1%，利润率为 3.4%。

措施项目清单计价，见表 10-34。

措施项目清单计价表   表 10-34

序号	项目编码	项目名称	项目特征描述	计量单位	工程量	金额(元)	
						综合单价	合价
1	011705001001	大型机械设备进出场及安拆费	塔式起重机(8t),塔机基础浇筑,混凝土现场搅拌	台次	2	29649.11	59298.22

【**案例 10-18**】 某桩基础工程使用了 1600kN 静力压桩机（液压）2 台，进行大型机械设备进出场及安装的计算。

【**解**】 措施项目清单计价表的编制：

该项目发生的工程内容为：静力压桩机的安拆费和场外运输费。

静力压桩机（液压）1600kN 安装拆卸工程量＝2 台次。

静力压桩机（液压）1600kN 安装拆卸：套定额 10-5-13。

静力压桩机（液压）1600kN 场外运输工程量＝2 台次。

静力压桩机（液压）1600kN 场外运输：套定额 10-5-13-3。

人工、材料、机械单价选用市场价。

根据企业情况确定管理费率为 8.1%，利润率为 3.4%。

措施项目清单计价，见表 10-35。

措施项目清单计价表   表 10-35

序号	项目编码	项目名称	项目特征描述	计量单位	工程量	金额(元)	
						综合单价	合价
1	011705001001	大型机械设备进出场及安装	1600kN 静力压桩机(液压)	台次	2	31806.98	63613.96

10.4.5.2 构件场外运输实务案例

【**案例 10-19**】 某工程钢屋架 15 榀，每榀重 5t，由金属构件厂加工，平板拖车运输，运距 8km。计算场外运输工程量，并进行投标报价。

【**解**】 措施项目清单计价表的编制：

该项目发生的工程主要内容：装车绑扎、运输和卸车堆放。

金属构件运输工程量＝5.000×15＝75.000t

Ⅰ类金属结构构件运输 10km 以内：套定额 10-3-27。

人工、材料、机械单价选用市场价。

根据企业情况确定管理费率为 5.2%，利润率为 3.2%。

措施项目清单计价，见表 10-36。

措施项目清单计价表   表 10-36

序号	项目编码	项目名称	项目特征描述	计量单位	工程量	金额(元)	
						综合单价	合价
1	10B001	构件场外运输	钢屋架每榀重 5t,平板拖车运输,运距 8km	t	75.000	148.89	11166.75

【**案例 10-20**】 某钢结构车间型钢檩条（T 字形）每支制作重量为 95.62kg，共 150 支，运距为 15km。计算运输的工程量，并进行投标报价。

【**解**】 措施项目清单计价表的编制：

该项目发生的工程主要内容：装车、绑扎、运输、卸车和堆放。

金属构件运输工程量＝95.62×150＝14343kg

型钢檩条属于Ⅱ类构件，Ⅱ类构件运输 10km 以内：套定额 10-3-31。

每增 1km 工程量＝14343×5＝71715kg

10km 以外每增 1km：套定额 10-3-32。

人工、材料、机械单价选用市场价。

根据企业情况确定管理费率为 5.2%，利润率为 3.2%。

措施项目清单计价，见表 10-37。

措施项目清单计价表 表 10-37

序号	项目编码	项目名称	项目特征描述	计量单位	工程量	金额(元)	
						综合单价	合价
1	10B002	构件场外运输	型钢檩条(T 字形)每支制作重量为 95.62kg，运距为 15km	t	14.343	77.62	1113.30

【**案例 10-21**】 某工程采用成品门窗。其中，木门 80 樘，木窗 15 樘，铝合金推拉窗 100 樘。根据设计图纸可知，门洞尺寸为 1000mm×2400mm，安装木窗的洞口尺寸为 800mm×1000mm，安装推拉窗的洞口尺寸为 1500mm×1800mm。加工场距工地 8km。计算该工程的门窗运输工程量，并进行投标报价。

【**解**】 措施项目清单计价表的编制：

该项目发生的工程内容为：装车、绑扎、运输，以及按指定地点卸车、堆放。

木门窗运输工程量＝(1.00×2.40×80×0.975)＋(0.80×1.00×15×0.9715)＝198.86m²

木门窗运输 10km 以内：套定额 10-3-38。

不带纱铝合金窗运输工程量＝1.50×1.80×100×0.9668＝261.04m²

不带纱铝合金窗运输 10km 以内：套定额 10-3-41。

人工、材料、机械单价选用市场价。

根据企业情况确定管理费率为 5.2%，利润率为 3.3%。

措施项目清单计价，见表 10-38。

措施项目清单计价表 表 10-38

序号	项目编码	项目名称	项目特征描述	计量单位	工程量	金额(元)	
						综合单价	合价
1	10B003	构件场外运输	木门窗、铝合金推拉窗,运输距离 8km	m²	459.90	4.97	2285.70

【**案例 10-22**】 某工地距基地 2km，施工方案规定所有钢筋在基地加工，用载重汽车运输到现场，合计成型钢筋 320t。计算运输的工程量并进行投标报价。

【解】 措施项目清单计价表的编制：

该项目发生的工程主要内容：装车、绑扎、运输、卸车和堆放。

成型钢筋运输工程量＝320.00t

载重汽车运输人工装卸 3km 以内：套定额 10-3-47。

人工、机械单价选用市场价。

根据企业情况确定管理费率为 5.2％，利润率为 3.2％。

措施项目清单计价，见表 10-39。

措施项目清单计价表 表 10-39

序号	项目编码	项目名称	项目特征描述	计量单位	工程量	金额(元)	
						综合单价	合价
1	10B001	构件场外运输	成型钢筋,载重汽车运输 2km	t	320.00	406.65	130128.00

10.5 排水与降水

10.5.1 相关知识简介

降水方法可分为重力降水（如集水井、明渠等）和强制降水（如轻型井点、深井泵、电渗井点等）。土石方工程中采用较多的是集水井降水和轻型井点降水。排除地面水一般采取的办法是：在基坑周围设置排水沟、截水沟或筑土堤。

10.5.1.1 明排水法施工

明排水法适用的土层为：宜用于粗粒土层，也用于渗水量小的黏土层。集水坑的设置位置应在基础范围之外，地下水走向的上游，集水坑设置的距离为 20～40m/个。

10.5.1.2 井点降水施工

井点降水法有轻型井点、电渗井点、喷射井点、管井井点及深井井点等多种类别，井点降水的方法应根据土的渗透系数、降低水位的深度、工程特点及设备条件等进行选择。

（1）轻型井点：

1）轻型井点构造。集水总管常用直径 100～127mm 的钢管，每节长 4m，一般每隔 0.8m 或 1.2m 设一个连接井点管的接头。抽水设备由真空泵、离心泵和水汽分离器等组成。一套抽水设备能带动的总管长度，一般为 100～120m。

2）轻型井点布置。根据基坑平面的大小与深度、土质、地下水位高低与流向、降水深度要求，轻型井点可采用单排布置、双排布置以及环形布置。当土方施工机械需进出基坑时，也可采用 U 形布置。对单排布置、双排布置、环形布置、U 形布置适用的基坑应能够界定。

3）轻型井点施工。轻型井点系统的施工时，为检查降水效果，必须选择有代表性的地点设置水位观测孔。井点管沉设当采用冲水管冲孔方法进行，可分为冲孔与沉管两个过程。

（2）喷射井点。首先应掌握喷射井点的适用范围。当降水深度超过 8m 时，宜采用喷射井点，降水深度可达 8～20m。喷射井点的平面布置：当基坑宽度小于等于 10m 时，井点可作单排布置；当大于 10m 时，可作双排布置；当基坑面积较大时，宜采用环形布置。井点间距一般采用 2～3m。

（3）管井井点。在土的渗透系数大、地下水量大的土层中，宜采用管井井点。管井直径为 150～250mm。管井的间距，一般为 20～50m。管井的深度为 8～15m，井内水位降低，可达 6～10m，两井中间则为 3～5m。

（4）深井井点。当降水深度超过 15m 时，在管井井点内采用一般的潜水泵和离心泵满足不了降水要求时，可加大管井深度，改用深井泵即深井井点来解决。深井井点一般可降低水位 30～40m，有的甚至可达百米以上。常用的深井泵有两种类型：电动机在地面上的深井泵及深井潜水泵（沉没式深井泵）。

10.5.1.3 名词解释

（1）井点降水。指在基坑内采用井管方法，利用抽水机，将基坑内的地下水位降低，保证深坑基础的施工。

（2）轻型井点。由井点管总管和抽水设备组成。井点管是用直径 38～55mm 的钢管，长 5～7m，管下端配有滤管和管尖。总管常用直径 100～127mm 的钢管分节连接，每节长 4m，一般每隔 0.8～1.6m 设一个连接井点管的接头。抽水设备通常由真空泵、离心泵和气水分离器组成。

（3）大口径井点：沿基坑外围每隔一定距离设置一个管井单独用一台水泵，尽可能设在最小吸程处，不断抽水来降低地下水位。

（4）灌砂。地下构筑物竣工完成后，拔出井点管所留的孔应及时用粗砂填实。

（5）打拔井点：将井点管打下去、抽水、降水、拔井点管、填井点坑等。

10.5.2 工程量计算规范与计价规则相关规定

10.5.2.1 施工排水、降水（编码：011706）

《房屋建筑与装饰工程工程量计算规范》GB 50854—2013 附录 S.6 施工排水、降水包括成井和排水、降水两项，见表 10-40。

施工排水、降水（编码：011706）　　　　　　　　表 10-40

项目编码	项目名称	项目特征	计量单位	工程量计算规则	工程内容
011706001	成井	①成井方式 ②地层情况 ③成井直径 ④井（滤）管类型、直径	m	按设计图示尺寸以钻孔深度计算	①准备钻孔机械、埋设护筒、钻机就位、泥浆制作、固壁、成孔、出渣、清孔等 ②对接上、下井管（滤管），焊接，安放，下滤料，洗井，连接试抽等
011706002	排水、降水	①机械设备规格型号 ②降排水管规格	昼夜	按排、降水日历天数计算	①管道安装、拆除，场内内搬运等 ②抽水、值班、降水设备维修等

10.5.2.2 施工排水、降水工程量计算规范使用说明

（1）相应专项设计不具备时，可按暂估量计算。

（2）不发生施工排水、降水的项目，不能计算施工排水、降水。

10.5.3 配套定额相关规定

10.5.3.1 定额说明

（1）抽水机集水井排水定额，以每台抽水机工作24小时为1台日。

（2）井点降水分为轻型井点、喷射井点、大口径井点、水平井点、电渗井点和射流泵井点。井管间距应根据地质条件和施工降水要求，依施工组织设计确定。施工组织设计无规定时，可按轻型井点管距0.8～1.6m、喷射井点管距2～3m确定。井点设备使用套的计算如下：轻型井点50根/套；喷射井点30根/套；大口径井点45根/套；水平井点10根/套；电渗井点30根/套。井点设备使用的天，以每昼夜24小时为1天。

10.5.3.2 工程量计算规则

（1）抽水机基底排水分不同排水深度，按设计基底面积，以平方米计算。

（2）集水井按不同成井方式，分别以施工组织设计规定的数量，以座或米计算。抽水机集水井排水按施工组织设计规定的抽水机台数和工作天数，以台日计算。

$$1台日＝1台抽水机×24小时 \tag{10-37}$$

（3）井点降水区分不同的井管深度，其井管安拆，按施工组织设计规定的井管数量，以根计算；设备使用按施工组织设计规定的使用时间，以每套使用的天数计算。

（4）钢工具桩按桩体重量，以吨计算。未包括桩体制作、除锈和刷油。安、拆导向夹具，按设计图示长度，以米计算。

10.5.4 井点降水实务案例

【案例10-23】 某工程轻型井点，如图10-31所示。降水管深7m，井点间距1.2m，降水60天。求轻型井点降水工程量及其费用。

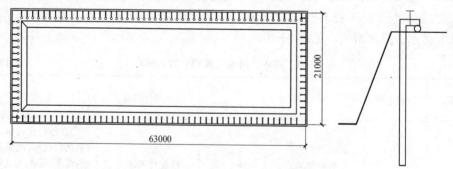

图10-31 轻型井点示意图

【解】 措施项目清单计价表的编制：

该项目发生的工程内容：降水设备安装拆除、设备使用。

① 井管安装、拆除工程量＝（63＋21）×2÷1.2＝140 根

轻型井点（深7m）降水井管安装、拆除：套定额2-6-12。

② 设备使用套数＝140÷50≈3套

设备使用工程量＝3×60＝180 套·天。

轻型井点（深 7m）降水设备使用：套定额 2-6-13。

人工、材料、机械单价选用市场价。

根据企业情况确定管理费率为 3.1％，利润率为 2.4％。

措施项目清单计价，见表 10-41。

措施项目清单计价表　　　　　　　　　　　　　　　　表 10-41

序号	项目编码	项目名称	项目特征描述	计量单位	工程量	金额（元）	
						综合单价	合价
1	011706002001	排水、降水	降水管深 7m,井点间距 1.2m,降水 60 天	昼夜	60	3800.24	228014.40

【案例 10-24】 某工程施工组织设计采用大口径井点降水，施工方案为环形布置，井点间距 5m，抽水时间为 30 天。已知降水范围闭合区间长为 30m，宽为 20m。计算大口径井点降水工程量及其费用。

【解】 措施项目清单计价表的编制：

该项目发生的工程内容：降水设备安装拆除、设备使用。

闭合周长＝(30＋20)×2＝100m

① 井管数量＝100÷5＝20 根

大口径井 ϕ600 点（深 15m）降水井管安装、拆除：套定额 2-6-22。

② 设备套数＝20÷45≈1（套）

设备使用工程量＝1×30＝30 套·天。

大口径井 ϕ600 点（深 15m）降水设备使用：套定额 2-6-23。

人工、材料、机械单价选用市场价。

根据企业情况确定管理费率为 3.1％，利润率为 2.4％。

措施项目清单计价，见表 10-42。

措施项目清单计价表　　　　　　　　　　　　　　　　表 10-42

序号	项目编码	项目名称	项目特征描述	计量单位	工程量	金额（元）	
						综合单价	合价
1	011706002002	排水、降水	大口径井点降水,环形布置,井点间距 5m,抽水时间为 30 天	昼夜	30	5159.59	154787.70

10.6 安全文明施工及其他措施项目

10.6.1 相关知识简介

10.6.1.1 计量规范规定应予计量的措施项目，其计算公式为：

$$措施项目费＝\sum（措施项目工程量×综合单价）$$ 　　　　（10-38）

10.6.1.2 计量规范规定不宜计量的措施项目计算方法如下:

(1) 安全文明施工费

$$安全文明施工费=计算基数×安全文明施工费费率(\%) \tag{10-39}$$

计算基数应为定额基价(定额分部分项工程费+定额中可以计量的措施项目费)、定额人工费或(定额人工费+定额机械费),其费率由工程造价管理机构根据各专业工程的特点综合确定。

(2) 夜间施工增加费

$$夜间施工增加费=计算基数×夜间施工增加费费率(\%) \tag{10-40}$$

(3) 二次搬运费

$$二次搬运费=计算基数×二次搬运费费率(\%) \tag{10-41}$$

(4) 冬雨季施工增加费

$$冬雨季施工增加费=计算基数×冬雨季施工增加费费率(\%) \tag{10-42}$$

(5) 已完工程及设备保护费

$$已完工程及设备保护费=计算基数×已完工程及设备保护费费率(\%) \tag{10-43}$$

上述(2)~(5)项措施项目的计费基数应为定额人工费或(定额人工费+定额机械费),其费率由工程造价管理机构根据各专业工程特点和调查资料综合分析后确定。

10.6.2 工程量计算规范与计价规则相关规定

10.6.2.1 安全文明施工及其他措施项目 (编码: 011707)

《房屋建筑与装饰工程工程量计算规范》GB 50854 附录 S.7 安全文明施工及其他措施项目包括成井和排水、降水两项,见表 10-43。

安全文明施工及其他措施项目 (编码: 011707)　　　　　　　　　　表 10-43

项目编码	项目名称	工作内容及包含范围
011707001	安全文明施工	1. 环境保护:现场施工机械设备降低噪声、防扰民措施;水泥和其他易飞扬细颗粒建筑材料密闭存放或采取覆盖措施等;工程防扬尘洒水;土石方、建渣外运车辆防护措施等;现场污染源的控制、生活垃圾清理外运、场地排水排污措施;其他环境保护措施 2. 文明施工:"五牌一图";现场围挡的墙面美化(包括内外粉刷、刷白、标语等)、压顶装饰;现场厕所便槽刷白、贴面砖,水泥砂浆地面或地砖,建筑物内临时便溺设施;其他施工现场临时设施的装饰装修、美化措施;现场生活卫生设施;符合卫生要求的饮水设备、淋浴、消毒等设施;生活用洁净燃料;防煤气中毒、防蚊虫叮咬等措施;施工现场操作场地的硬化;现场绿化、治安综合治理;现场配备医药保健器材、物品和急救人员培训;现场工人的防暑降温、电风扇、空调等设备及用电;其他文明施工措施 3. 安全施工:安全资料、特殊作业专项方案的编制,安全施工标志的购置及安全宣传;"三宝"(安全帽、安全带、安全网)、"四口"(楼梯口、电梯井口、通道口、预留洞口)、"五临边"(阳台围边、楼板围边、屋面围边、槽坑围边、卸料平台两侧),水平防护架、垂直防护架、外架封闭等防护;施工安全用电,包括配电箱三级配电、两级保护装置要求、外电防护措施;起重机、塔吊等起重设备(含井架、门架)及外用电梯的安全防护措施(含警示标志)及卸料平台的临边防护、层间安全门、防护棚等设施;建筑地起重机械的检验检测;施工机具防护棚及其围栏的安全保护设施;施工安全防护通道;工人的安全防护用品、用具购置;消防设施与消防器材的配置;电气保护、安全照明设施;其他安全防护措施 4. 临时设施:施工现场采用彩色、定型钢板、砖、混凝土砌块等围挡的安砌、维修、拆除;施工现场临时建筑物、构筑物的搭设、维修、拆除,如临时宿舍、办公室、食堂、厨房、厕所、诊疗所、临时文化福利用房、临时仓库、加工场、搅拌台、临时简易水塔、水池等;施工现场临时设施的搭设、维修、拆除,如临时供水管道、临时供电管线、小型临时设施等;施工现场规定范围内临时简易道路铺设,临时排水沟、排水设施安砌、维修、拆除;其他临时设施搭设、维修、拆除

项目编码	项目名称	工作内容及包含范围
011707002	夜间施工	1. 夜间固定照明灯具和临时可移动照明灯具的设置、拆除 2. 夜间施工时,施工现场交通标志、安全标牌、警示灯等的设置、移动、拆除 3. 包括夜间照明设备及照明用电、施工人员夜班补助、夜间施工劳动效率降低等
011707003	非夜间施工照明	为保证工程施工正常进行,在地下室等特殊施工部位施工时所采用的照明设备的安拆、维护及照明用电等
011707004	二次搬运	由于施工场地条件限制而发生的材料、成品、半成品等一次运输不能到达堆放地点,必须进行的二次或多次搬运
011707005	冬雨季施工	1. 冬雨(风)季施工时增加的临时设施(防寒保温、防雨、防风设施)的搭设、拆除 2. 冬雨(风)季施工时,对砌体、混凝土等采用的特殊加温、保温和养护措施 3. 冬雨(风)季施工时,施工现场的防滑处理、对影响施工的雨雪的清除 4. 包括冬雨(风)季施工时增加的临时设施、施工人员的劳动保护用品、冬雨(风)季施工劳动效率降低等
011707006	地上、地下设施、建筑物的临时保护设施	在工程施工过程中,对已建成的地上、地下设施和建筑物进行的遮盖、封闭、隔离等必要保护措施
011707007	已完工程及设备保护	对已完工程及设备采取的覆盖、包裹、封闭、隔离等必要保护措施

10.6.2.2 施工排水、降水工程量计算规范使用说明

(1) 措施项目清单中的安全文明施工费应按照国家或省级、行业建设主管部门的规定计价,不得作为竞争性费用。

(2) 其他措施项目应根据工程实际情况计算措施项目费,不发生的项目,不能计算。需分摊的应合理计算摊销费用。

(3) 若出现"计量规范"未列的项目,可根据工程实际情况补充。

附录 建筑工程计量与计价综合（实训）案例

1 建设工程计量与计价综合实训任务书

建设工程相关专业实训阶段的业务技能训练是实现建设工程相关专业培养目标、保证教学质量、培养合格人才的综合性实践教学环节，是整个教学计划中不可缺少的重要组成部分。通过实训，应使学生在综合运用所学知识的过程中，了解建设工程在招投标（工程量清单与投标报价）中从事技术工作的全过程，从而建立理论与实践相结合的完整概念，提高在实际工作中从事建设工程计量与计价工作的能力，培养认真细致的工作作风，使所学知识进一步得到巩固、深化和扩展，提高学生所学知识的综合应用能力和独立工作能力。

1.1 综合实训选题

根据本专业实际工作的需要，学生通过实训，应会编制较复杂的建设工程工程量清单和工程量清单报价。

建设工程计量与计价综合实训选题，以工程量清单编制和工程量清单报价为主线，选择民用建筑混合结构或框架结构工程，含有土建、装饰内容的施工图纸。

1.2 综合实训的具体内容

建设工程计量与计价综合实训具体内容包括：

1.2.1 会审图纸

对收集到的土建、装饰施工图纸（含标准图），进行全面的识读、会审，掌握图纸内容。

1.2.2 编制工程量清单

根据施工图纸和《房屋建筑与装饰工程工程量计算规范》GB 50854—2013，按表格方式手工计算工程量，编制工程量清单，最后上机打印。

1.2.3 投标报价的工程量计算

根据施工图纸、《建筑工程工程量计算规则》、《建筑工程消耗量定额》和施工说明等资料，按表格方式统计出建筑、装饰工程量。

1.2.4 工程量清单报价

根据《建筑工程工程量清单计价规则》，上机进行综合单价计算，确定投标报价文件。

1.3 综合实训的步骤

1.3.1 布置任务

布置建设工程计量与计价实训任务，发放实训相关资料。

1.3.2 审查施工图纸

学生通过看图纸（含标准图），对图纸所描述的建筑物有一个基本印象，对图纸存在的问题全面提出，指导教师进行图纸答疑和问题处理。

1.3.3 工程量清单的编制

根据《房屋建筑与装饰工程工程量计算规范》中的工程量计算规则，按收集的图纸的具体要求，进行各项工程量的计算，确定项目编码、项目名称，描述项目特征，编制工程量清单。

1.3.4 投标报价的工程量计算

根据施工图纸和《建筑工程工程量计算规则》，按表格方式手工计算，并统计出建筑、装饰工程量，列出定额编号和项目名称。

1.3.5 工程量清单报价（上机操作）

对工程量清单进行仔细核对，将工程量清单所列的项目特征与实际工程进行比较，参考《建筑工程工程量清单计价规则》，对工程量清单项目所关联的工程项目的定额名称和编号进行挂靠，利用工程量清单计价软件，进行工程量清单报价。如有不同之处应考虑换算定额或做补充定额。对照现行的《建筑工程价目表》（有条件也可使用市场价）和《建筑工程费用项目组成及计算规则》，查出工料机单价（不需调整）及措施费、管理费、利润、规费、税金等费率，进行工程造价计算，决定投标报价值。

1.3.6 打印装订

经检查确认无误后，存盘、打印，设计封面，装订成册。

1.4 综合实训内容时间分配表

实训内容时间分配表 附表 1

内容	学时	说明	内容	学时	说明
布置课程实训任务	1	全面了解设计任务书	工程量清单报价	8	用计算机计算
会审图纸	3	收集有关资料，看图纸	整理资料	4	按要求整理、打印装订
编制工程量清单	8	用表格计算清单工程量	合计	40	最后1周完成(应提前进入)
工程量计算	16	用表格计算建筑、装饰工程量			

1.5 需要准备的资料和综合实训成果要求

1.5.1 需要准备的资料

（1）某工程图纸一套及相配套的标准图；

（2）《建设工程工程量清单计价规范》GB 50500—2013、《房屋建筑与装饰工程工程量计算规范》GB 50854—2013；

（3）《建筑工程工程量计算规则》；

（4）《企业定额》或《建筑工程消耗量定额》；

（5）《建筑工程价目表》；

（6）《建筑工程费用项目组成及计算规则》；

（7）《建筑工程工程量清单计价规则》；

（8）《建筑工程计量与计价实务》、《建筑工程计量与计价学习指导实训》等教材及《建筑工程造价工作速查手册》等相关手册。

1.5.2 综合实训成果要求

本次课程实训要求学生根据工程量清单计价计量规范和相关定额，编制工程量清单和工程量清单报价。本着即节约费用，又能呈现出一份较完整资料的原则，需要打印的表格及成果资料应该有：

（1）工程量清单1套（含实训成果封面、招标工程量清单封面、招标工程量清单扉页、工程计价总说明、分部分项工程量清单与计价表、单价措施项目清单与计价表、总价措施项目清单与计价表、其他项目清单与计价汇总表、暂列金额明细表、材料暂估单价及调整表、规费和税金项目计价表等）。

（2）工程量清单报价建筑和装饰各1套（含投标总价封面、投标总价扉页、工程计价总说明、单位工程费汇总表、分部分项工程量清单与计价表、单价措施项目清单与计价表、总价措施项目清单与计价表、其他项目清单与计价汇总表、规费和税金项目计价表等）；如果打印量不大，也可打印部分有代表性的工程量清单综合单价分析表和综合单价调整表。

（3）工程量计算单底稿（手写稿）1套，附封面。

1.6 封面格式

建筑工程计量与计价实训

建筑工程量清单与工程量清单报价

（正本）

工程名称：

院　　系：

专　　业：

指导教师：

班　　级：

学　　号：

学生姓名：

起止时间：　自　年　月　日至　　年　月　日

2 建设工程计量与计价综合实训指导书

2.1 编制说明

2.1.1 内容

（1）工程量清单编制；

（2）工程量清单计价；

(3) 计算各项费用；

(4) 进行综合单价分析。

2.1.2 依据

某工程施工图纸和有关标准图；《建设工程工程量清单计价规范》GB 50500—2013、《房屋建筑与装饰工程工程量计算规范》GB 50854—2013、《建筑工程工程量计算规则》、企业定额或建筑工程消耗量定额、费用定额、《建筑工程价目表》和《建设工程价目表材料机械单价》。

2.1.3 目的

通过该工程的计量与计价实训，使学生基本掌握工程量清单编制和工程量清单计价的方法和基本要求。

2.1.4 要求

在教师的指导下，手工计算工程量，用计算机进行工程量清单和工程量清单报价的编制。

2.2 施工及做法说明

2.2.1 施工说明

(1) 施工单位：××建筑工程公司（二级建筑企业）；

(2) 施工驻地和施工地点均在市区内，相距 2km；

(3) 设计室外地坪与自然地坪基本相同，现场无障碍物、无地表水；基槽采用人工开挖，人工钎探（每米 1 个钎眼）；打夯采用蛙式打夯机械；手推车运土，运距 40m；

(4) 模板采用工具式钢模板，钢支撑，钢筋现场加工；

(5) 脚手架均为金属脚手架；采用塔吊垂直运输和水平运输；

(6) 人工费单价按 66 元/工日计算；材料价格、机械台班单价均执行价目表，材料和机械单价不调整；

(7) 措施费主要考虑安全文明施工、夜间施工、二次搬运、冬雨期施工、大型机械设备进出场及安拆费。其中临时设施全部由乙方按要求自建。水、电分别为自来水和低压配电，并由发包方供应到建筑物中心 50m 范围内；

(8) 预制构件均在公司基地加工生产，汽车运输到现场；混凝土现场搅拌；

(9) 施工期限合同规定：自 8 月 1 日开工准备，12 月底交付使用。

(10) 其他未尽事宜自行设定。

2.2.2 建筑做法说明

(1) 混凝土水泥砂浆散水、坡道：灰土夯实；C15 混凝土 60mm 厚，1：2.5 水泥砂浆 10mm 厚，随打随抹。室内台阶采用 M5.0 水泥砂浆砌筑砖台阶，面层同地面。室外台阶采用 C15 混凝土垫层，上铺机制 900mm×330mm×150mm 花岗石台阶，1：2 水泥砂浆勾缝。

(2) 全瓷地板砖地面：素土夯实；150mm 厚 3：7 灰土；C15 混凝土 60mm 厚；刷素水泥浆 1 道；25mm1：2 干硬性水泥砂浆结合层；撒素水泥面（洒适量清水），铺 8mm 厚 600mm×600mm 全瓷地板砖；素水泥浆扫缝，缝宽不大于 2mm。

(3) 水泥楼面（阁楼、楼梯）：1：3 水泥砂浆找平 20mm 厚（现浇板为 15mm 厚）；

1∶2 水泥砂浆面层 5mm 厚压光。

（4）全瓷地板砖楼面：预制钢筋混凝土楼板；40mm 厚 C25 细石混凝土 ϕ4@200 双向配筋；刷素水泥浆 1 道；25mm 厚 1∶2 干硬性水泥砂浆结合层；撒素水泥面（洒适量清水），铺 8mm 厚 600mm×600mm 全瓷地板砖；素水泥浆扫缝，缝宽不大于 2mm。

（5）平瓦屋面：现浇钢筋混凝土斜屋面板；1∶2 水泥砂浆铺英红瓦。

（6）卷材防水膨胀珍珠岩保温屋面：预应力空心板上 1∶3 水泥砂浆找平 20mm 厚；1∶12 现浇水泥珍珠岩保温层（找坡），最薄处 40mm 厚；1∶3 水泥砂浆找平 15mm 厚；PVC 橡胶卷材防水层，四周弯起部分均为 500mm；ϕ100PVC 落水管。雨篷内侧抹 1∶2 防水砂浆。

（7）内墙混合砂浆抹面：1∶1∶6 水泥石灰砂浆打底找平 15mm 厚；1∶0.3∶3 混合砂浆面层 5mm 厚；刮腻子，刷乳胶漆三遍。

（8）外墙贴面砖墙面：7mm 厚 1∶3 水泥砂浆打底扫毛；刷素水泥浆一道；12mm 厚 1∶0.2∶2 水泥石灰膏砂浆结合层；3mm 厚 T920 瓷砖胶粘剂贴 8mm 厚面砖；用 J924 砂质勾缝剂勾缝。

（9）外墙水泥砂浆墙面：1∶1∶6 水泥石灰砂浆打底找平拉毛 12mm 厚；1∶2.5 水泥砂浆面层 5mm 厚。

（10）水泥砂浆踢脚（高 200mm）：1∶1∶6 水泥石灰砂浆打底找平 17mm 厚；1∶2.5 水泥砂浆面层 5mm 厚压光。

（11）釉面瓷砖墙裙（厨房、卫生间，全高）：1∶3 水泥砂浆打底找平 15mm 厚；1∶1 水泥细砂浆 7mm 厚；贴釉面瓷砖，素水泥浆扫缝，缝宽 1mm。

（12）水泥砂浆顶棚（厨房、卫生间、挑檐）：刷素水泥浆 1 道；1∶1∶2 混合砂浆打底 3mm 厚；1∶1∶5 水泥石灰砂浆找平 10mm 厚；1∶2 水泥砂浆罩面 5mm 厚；刮腻子，刷乳胶漆三遍。

（13）混合砂浆顶棚：1∶0.3∶3 混合砂浆勾缝；1∶1∶2 混合砂浆打底 3mm 厚；1∶1∶5 水泥石灰砂浆找平 10mm 厚；1∶2 水泥砂浆罩面 5mm 厚；刮腻子，刷乳胶漆三遍。

（14）木制品刷调合漆：底油一遍，满刮腻子，调合漆两遍。

（15）铁制品刷调合漆：除锈，刷防锈漆一遍，调合漆两遍。

（16）楼梯为型钢栏杆，木扶手；混凝土栏板 60mm 厚，混凝土压顶 60mm 厚，抹灰同墙面，栏板上部设 400mm 高混凝土工艺柱，间距 200mm，直径 60mm。

2.2.3 结构设计说明

（1）地基土—2.500m 以下为松石，以上为三类土（坚土）。

（2）基础用 MU10 机制红砖，M5.0 水泥砂浆砌筑。

（3）墙体采用 MU10 机制红砖；M5.0 混合砂浆砌筑。门窗洞口顶部采用平砌砖过梁找平。

（4）现浇混凝土构件，除注明者外均采用 C25 混凝土；预制混凝土构件，均采用 C30 混凝土。

（5）预应力空心板混凝土体积和单价分别为：C30 YKBL 24—42，0.112m³/块，60 元/块；C30 YKBL 33—22d，0.154m³/块，65 元/块；C30 YKBL 36—22d，0.168m³/

块，69 元/块。板厚为 120mm。

（6）钢筋：Φ为热扎光面钢筋 HPB300，强度设计值 $f_y=210N/mm^2$；Φ为热扎带肋钢筋 HRB335（20mnSi），强度设计值 $f_y=300N/mm^2$。

（7）混凝土构件钢筋保护层：板为 20mm，其余均为 25mm。

（8）图中未注明的板厚为 80mm，未注明的配筋为Φ6@200，未注明的圈梁均为 QL1。

（9）屋面老虎窗开洞每边增设 2Φ8 钢筋，单根长度 4500mm；

（10）圈梁兼过梁时，当洞口宽不小于 1800mm 时，下部附加 1Φ12 钢筋，长度为洞口宽加 370×2（mm）。

2.2.4   其他说明

除防火门和车库钢折叠门外，门均为胶合板门，窗均为塑料窗。门窗洞口尺寸分别为：防火门 FM：1300mm×2700mm；车库门 KM：2500mm×2100mm；M1：800mm×1900mm；M2：700mm×1900mm；M3：800mm×2700mm；M4：700mm×2400mm；M5：800mm×2700mm；M6：900mm×2600mm；M7：900mm×2100mm；C1：2400mm×1800mm；C2：2100mm×900mm；C3：1800mm×900mm；C4：1400mm×900mm；推拉窗 C5：1200mm×900mm；C6：2400mm×600mm；C7：2100mm×600mm；库窗 KC：900mm×800mm；固定式老虎窗 HC：2400mm×900mm/2。

其他未尽事项可以根据规范、规程及标准图选用，也可由教师给定。

2.3   打印装订要求

将上机做好了的实训文件，保存到移动硬盘上，在装有工程造价软件的计算机上打印出建筑工程计量与计价实训文件。或将工程造价文件的表格转换成 Excel 形式，表格调整完成后转换成 PDF 形式，保存到移动硬盘上，在装有打印机的任何计算机上打印出实训文件，不符合要求的单页可重新设计打印。

实训资料编制完成后，合到一起，装订成册。装订顺序为封面、招标工程量清单扉页、工程计价总说明、分部分项工程量清单与计价表、单价措施项目清单与计价表⊖、总价措施项目清单与计价表⊖、其他项目清单与计价汇总表、暂列金额明细表、材料暂估单价及调整表、规费和税金项目计价表和建筑、装饰工程报价的封面、投标总价扉页、工程计价总说明、单项工程投标报价汇总表、单位工程投标报价汇总表、分部分项工程量清单与计价表、单价措施项目清单计价表⊖、总价措施项目清单计价表⊖、其他项目清单与计价汇总表、规费和税金项目计价表等。建筑和装饰工程取费基数不同，一般应分开，建筑工程报价在前，装饰工程报价在后。所有资料均采用 A4 纸打印，并将工程量计算单底稿（手写稿）整理好，附实训作业后面备查。底稿一般不要求重抄或打印。因此，手写稿纸格式要统一，最好用工程量计算单计算；各分项工程量计算式之间要留有一定的修改余地，各个分部工程内容之间要留有较大的空白，以便漏项的填补；还要注意页边距的大小，不要影响到装订。为了便于归档保存，底稿不要用铅笔书写；装订时请不要封装塑料皮。

2.4   施工图纸

按下面的图纸进行工程量清单和清单报价的编制。

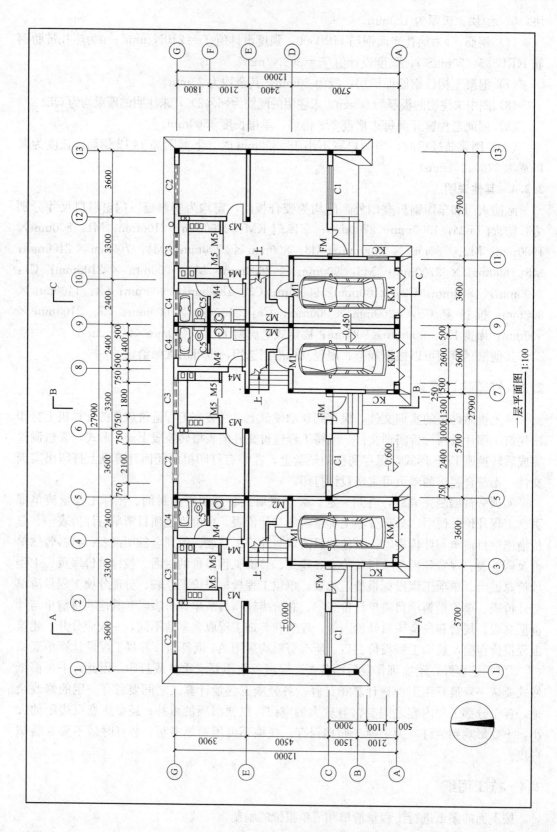

一层平面图 1:100

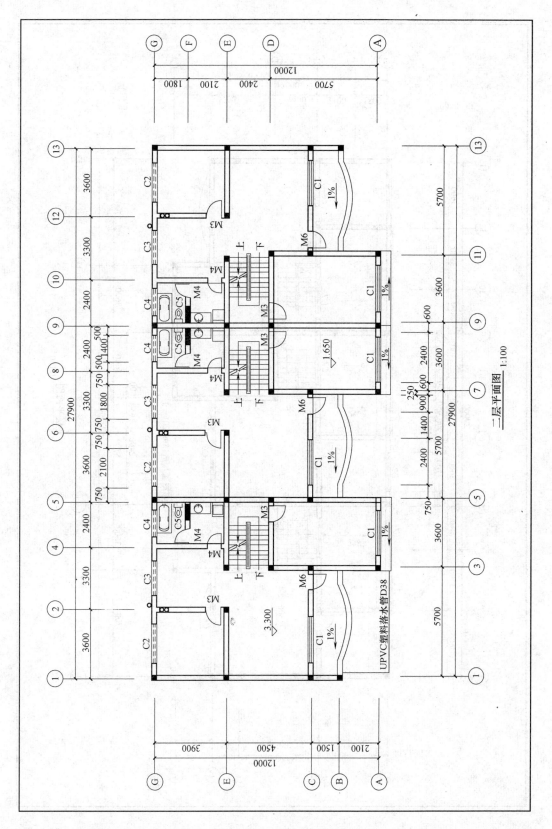

二层平面图 1:100

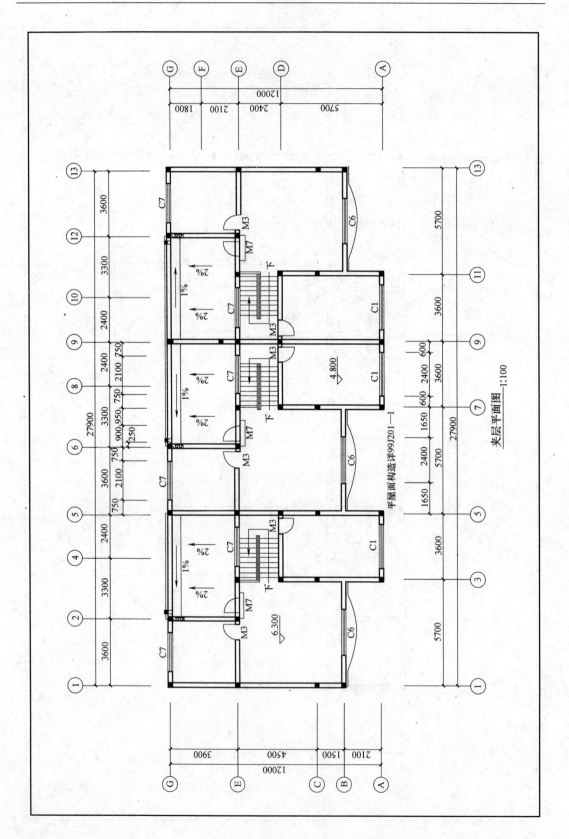

夹层平面图 1:100

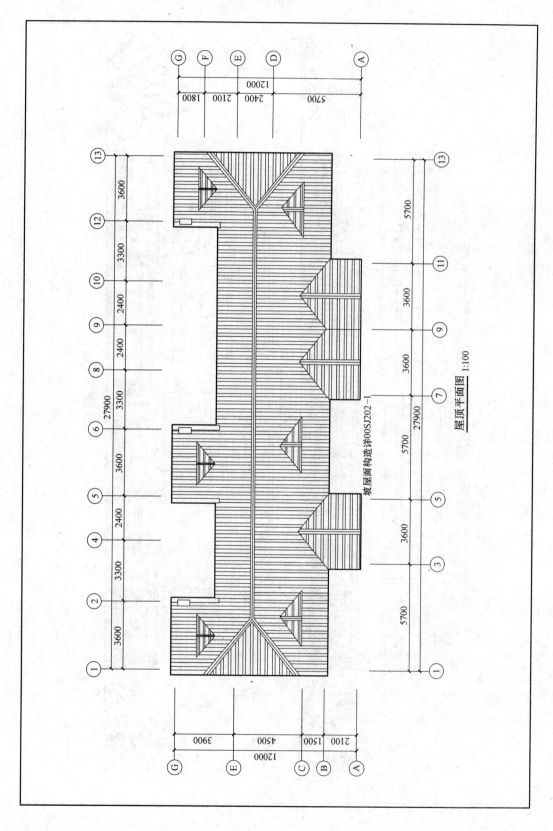

坡屋面构造详00SJ202-1

屋顶平面图　1:100

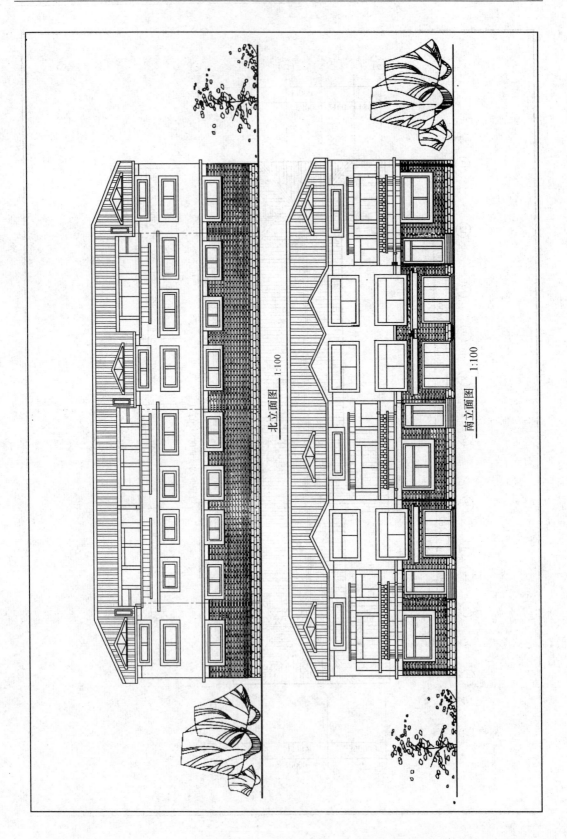

北立面图　1:100

南立面图　1:100

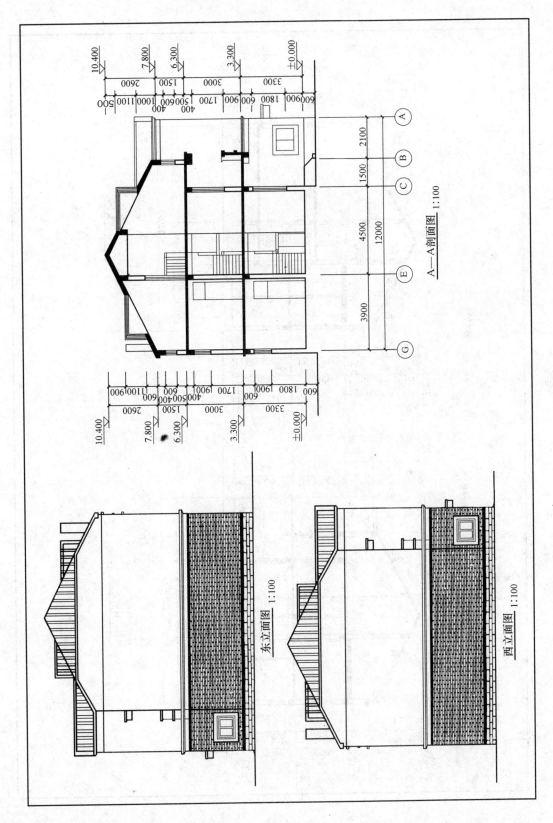

A—A剖面图 1:100

东立面图 1:100

西立面图 1:100

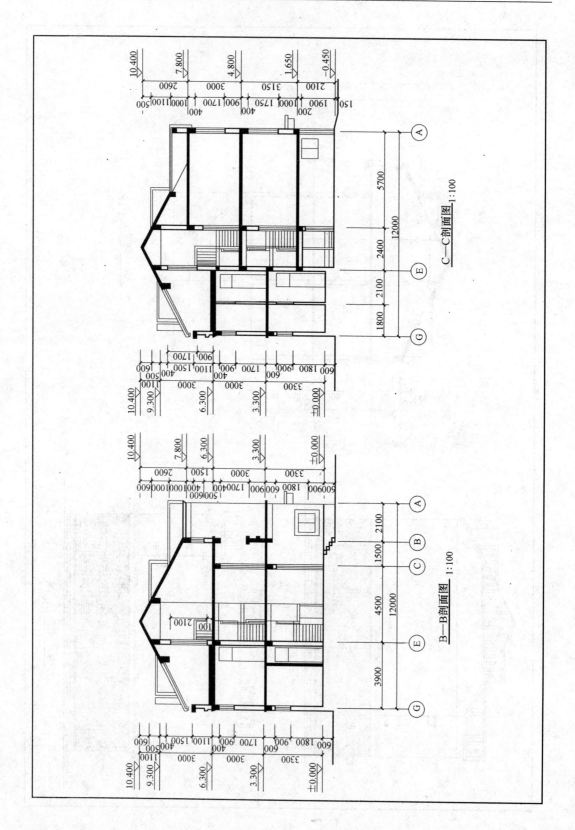

C—C剖面图 1:100

B—B剖面图 1:100

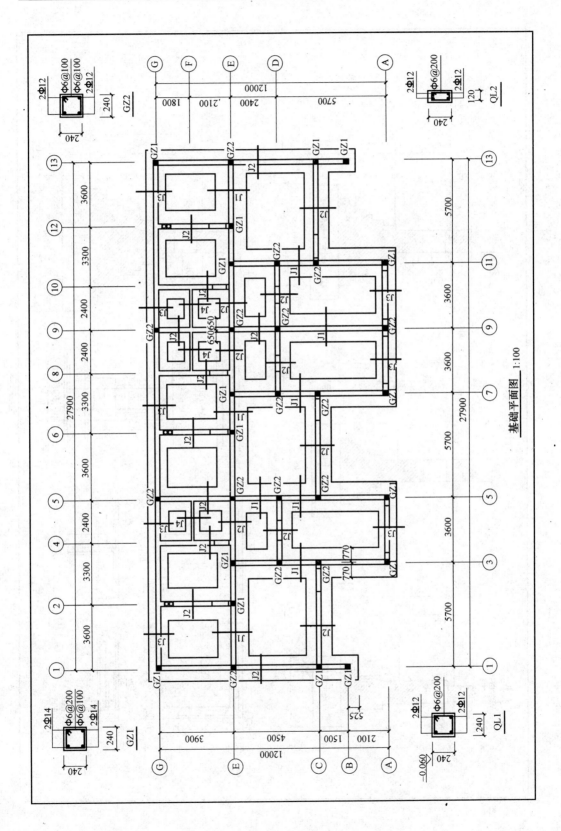

基础平面图 1:100

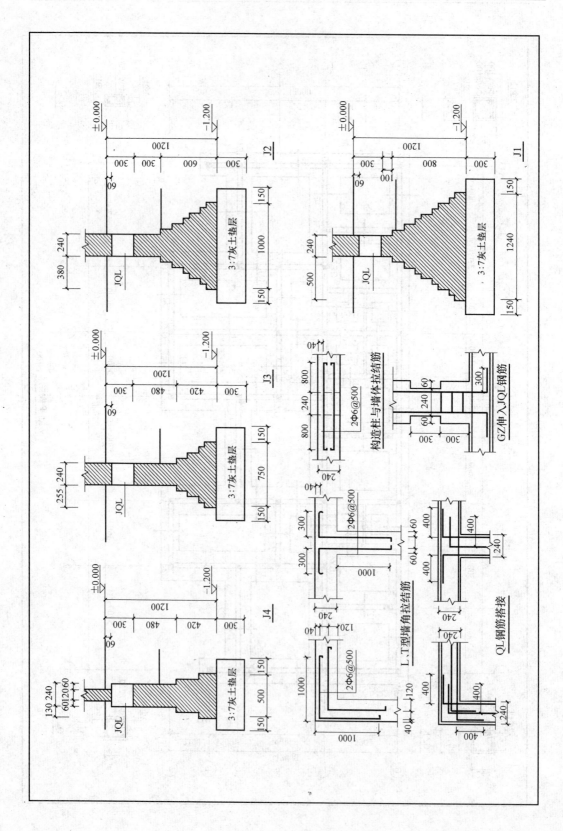

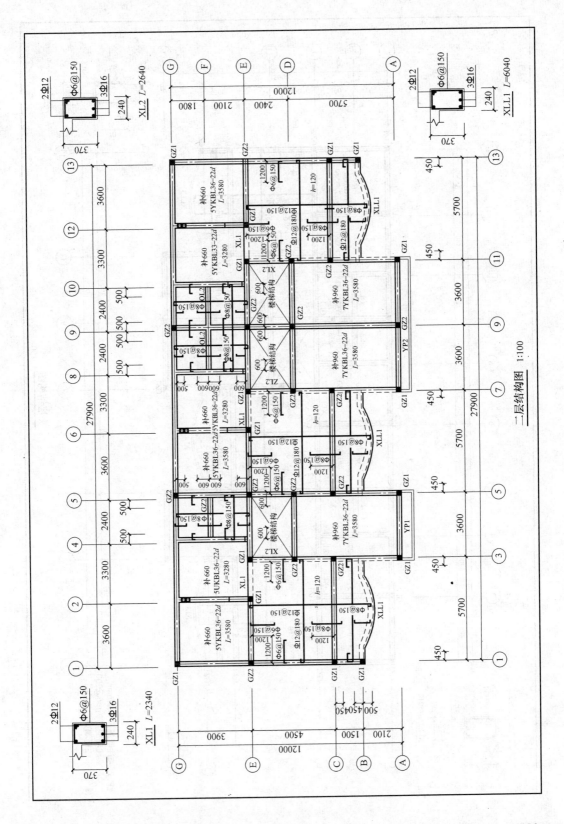

二层结构图 1:100

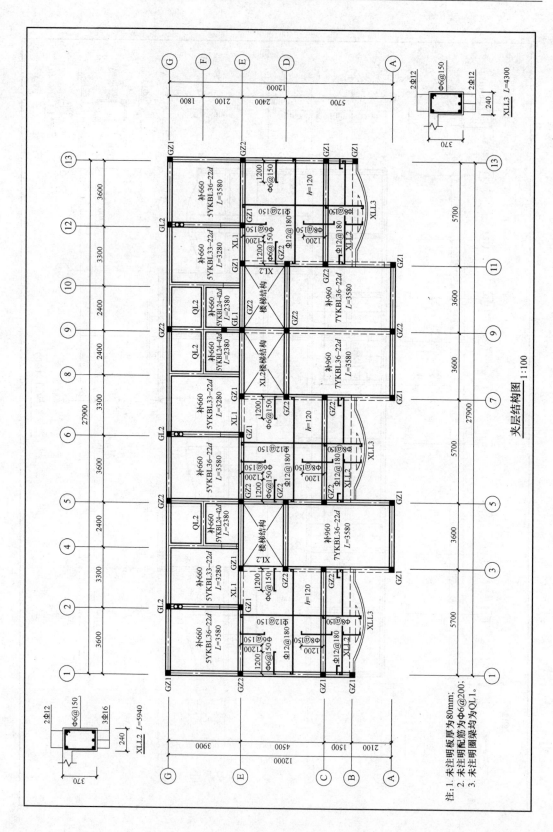

夹层结构图　1：100

注：1. 未注明板厚为80mm；
　　2. 未注明配筋为Φ6@200；
　　3. 未注明圈梁均为QL1。

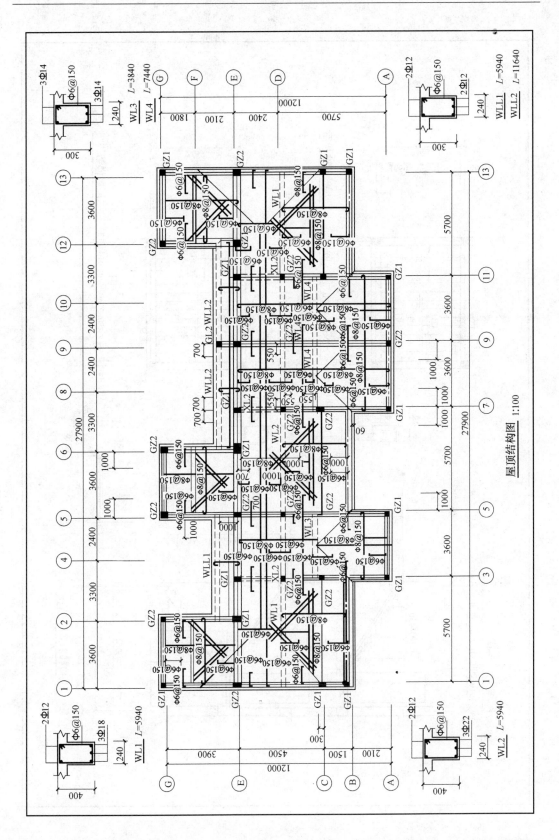

屋顶结构图 1:100

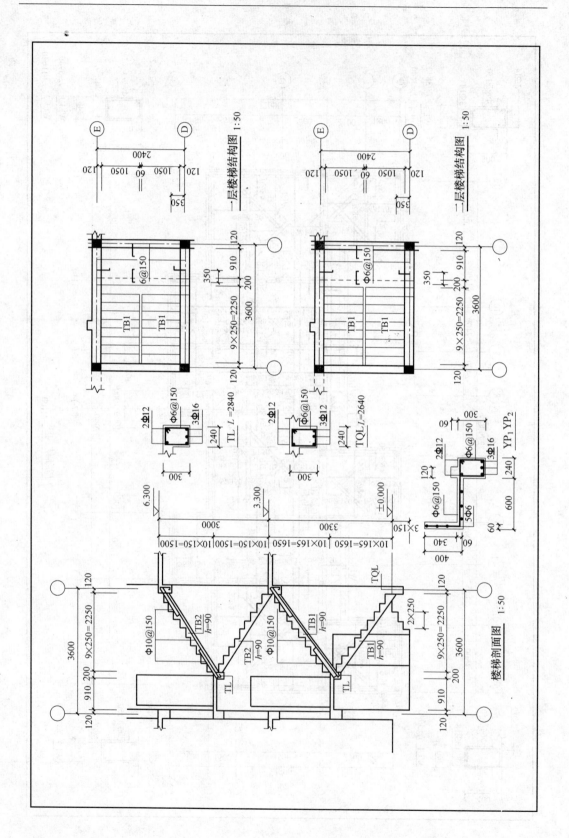

3 清单工程量计算

3.1 基数计算

3.1.1 外墙中心线长度计算（增加减法）

一、二层长度：$L_{中}=(27.90+12.00+3.60)\times2=87.00\text{m}$

一、二层增加山墙外伸长度：$L_{中}=1.50\times2=3.00\text{m}$

夹层长度：$L_{中}=(27.90+12.00+2.10+3.90\times2)\times2=99.60\text{m}$

夹层外墙增加 9 轴长度：$L_{中}=3.90\text{m}$

3.1.2 内墙净长线长度计算（分别计算法）

（1）240 墙：

一、二层内墙净长线总长度：$L_{内}=$（横）$3.60\times3\times3+$（竖）$(3.90-0.24)\times8+(2.10-0.24)\times3+4.50+5.70+2.40=32.40+29.28+5.58+4.50+5.70+2.40=79.86\text{m}$

夹层内墙净长线总长度：$L_{内}=$（横 D、E 轴）$(3.60-0.24)\times6+$（竖3、7、11轴）$(5.70-2.10)\times3+$（5轴）$(1.50+4.50-0.24)+$（9轴）$(5.70+2.40-0.24)=20.16+10.80+5.76+7.86=44.58\text{m}$

（2）115 墙：

一、二层厕所间净长度：$L_{内}=(2.40-0.24)\times3=6.48\text{m}$

3.1.3 净长线长度计算

（1）垫层净长线长度：

J_1 垫层净长度：$L_{净}=$（E 与3、11轴）$[5.70+5.70+2.40-$（J_2垫层一半）$0.65]\times2+$（E 与5、7 轴）$5.70+(5.70+2.40)\times2+$（9轴）$5.70+0.65-0.525=26.30+21.90+5.825=54.03\text{m}$

J_2 垫层净长度：$L_{净}=$（横 D、E 轴）$(3.60-1.54)\times4+$（E 与7～11轴）$3.60\times2-1.54+$（C 轴）$[(5.70-0.77-0.65)\times2+5.70-1.54]+$（竖1、13轴）$(0.525+1.50+4.50+3.90)\times2+$（2、5、6、12轴）$(3.90-0.77-0.525)\times4+$（4、8、9、10轴）$(3.90-0.65-0.525)\times4+$（9轴）$2.40-1.30=8.24+5.66+8.56+4.16+20.85+10.42+10.90+1.10=69.89\text{m}$

J_3 垫层净长度：$L_{净}=27.90+3.60\times3=38.70\text{m}$

J_4 垫层净长度：$L_{净}=(2.40-1.30)\times3=3.30\text{m}$

（2）审核校对，分析对比：

垫层面积 $S_{净}=$（J_1）$1.54\times54.03+$（J_2）$1.30\times69.89+$（J_3）$1.05\times38.70+$（J_4）$0.80\times3.30=217.34\text{m}^2$

垫层面积 $S_{净}=$（总长）$(27.90+1.30)\times$（总宽）$(12.00+1.05)-$（A～C 轴虚面积）$(5.70\times3-1.54\times2-1.30)\times(2.10+1.50-0.65+0.525)-$（A～B 轴虚面积）$1.30\times2.10\times2-$（卧厨）$(3.60+3.30-1.30\times2)\times(3.90-0.77-0.525)\times3-$（浴侧）$(2.40-1.30)\times(3.90-0.65-0.525-0.80)\times3-$（大厅）$(5.70\times3-1.30-1.54\times2)\times(4.50-$

$0.77-0.65)-(梯库)(3.60-1.54)\times(5.70+2.40-1.30-0.65-0.525)\times3=381.06-12.72\times3.475-5.46-4.30\times2.605\times3-1.10\times1.925\times3-12.72\times3.08-2.06\times5.625\times3=217.50m^2$

经比较误差在3%允许范围内。误差的产生是由于保留小数位数不足和分段计算近似长度两个原因造成的。因此，在计算长度时，必须有计划的分段，并在图上画出界线，甚至涂上颜色，按垫层断面的不同分段计算，并进行审核。如果将不同断面的垫层长度加在一起，这样的基数是没有意义的。

3.1.4　外墙外边线长度计算

首层外墙外边线长度：$L_{外}=(27.90+0.24+12.00+0.24+3.60)\times2=87.96m$

或　首层外墙外边线长度：$L_{外}=87.00+0.24\times4=87.96m$

二层外墙外边线长度：$L_{外}=(27.90+0.24+12.00+0.24+2.10)\times2=84.96m$

或　二层外墙外边线长度：$L_{外}=84.00+0.24\times4=84.96m$

夹层外墙外边线长度：$L_{外}=(27.90+0.24+12.00+0.24+2.10+3.90\times2)\times2=100.56m$

或　夹层外墙外边线长度：$L_{外}=99.60+0.24\times4=100.56m$

第二种方法主要用于核对。如果有误差，查找原因，保证数据正确。

3.1.5　外围面积计算

首层$S_{首}=(27.90+0.24)\times(4.50+3.90+0.24)+(车库凸出面积)(3.60\times3+0.24\times2)\times(2.10+1.50)=28.14\times8.64+11.28\times3.60=283.74m^2$

二层$S_{二}=(27.90+0.24)\times(1.50+4.50+3.90+0.24)+(车库凸出面积)(3.60\times3+0.24\times2)\times2.10+(弓形面积)2/3\times4.20\times0.40\times3=28.14\times10.14+11.28\times2.10+3.36=312.39m^2$

夹层$S_{夹}=(27.90+0.24)\times(1.50+4.50+0.24)+(车库凸出面积)(3.60\times3+0.24\times2)\times2.10+(E\sim G轴)(3.60+0.24)\times3.90\times3=28.14\times6.24+11.28\times2.10+3.84\times3.90\times3=244.21m^2$

3.1.6　房心净面积计算

$S_{房}=[(E\sim G轴)(3.60+3.30+2.40-0.24\times3)\times(3.90-0.24)+(门厅)(5.70-0.24)\times(4.50-0.24)+(楼梯)3.60\times(2.40-0.24)+(车库)(3.60-0.24)\times(5.70-0.24)+(过人洞)(5.70-3.60-0.24)\times0.24]\times3=(8.58\times3.66+5.46\times4.26+3.60\times2.16+3.36\times5.46+1.86\times0.24)\times3=243.69m^2$

校核：$S_{房}=(S_{底})283.74-(L_{中})87.00\times0.24-(L_{内})79.86\times0.24=243.69m^2$

3.1.7　建筑面积计算

$S_{首建}=(S_{底})283.74-(车库1/2主楼部分面积)(3.60\times3-0.24\times2)\times2.10/2-(车库1/2凸出部分面积)(3.60\times3+0.24\times2)\times3.60/2=283.74-10.84-20.30=252.60m^2$

$S_{二建}=(S_{底})283.74+(山墙外伸墙)1.50\times0.24\times2+(阳台)[(矩形面积)(5.70-0.24)\times1.50+(弓形面积2/3bh)2/3\times(5.70-1.50)\times(0.50-0.12+0.02)]\times1/2\times3=283.74+0.72+4.66=289.12m^2$

$S_{夹层}=(27.90+0.24)\times(12.00+0.24)-(车库两侧凹进面积)(5.70\times3-0.24)\times2.10-(露台面积)(5.70\times3-0.24\times2)\times3.90-(净高不足2.1m部分)1/2\times1.20(三角形$

相似比5.22×0.60/2.60)×[(3.60+0.24+5.70)×3−0.24]=344.43−35.41−64.82−17.03=227.17m²

　　建筑面积=252.60+289.12+227.17=768.89m²

3.2 土（石）方工程量计算

3.2.1 土方工程工程量计算

　　(1) 010101001001　平整场地：包括车库地面等处挖土，三类土，运距40m。

　　工程量=（$S_{首建}$）252.60m²

　　(2) 010101003001　挖沟槽土方：三类土，条形基础，深0.90m，运距40m。

　　工程量=217.34×(1.50−0.60)=195.61m³

3.2.2 土石方回填工程量计算

　　(1) 010103001001　回填方：室内夯填土，素土分层回填，机械夯实，运距40m。

　　工程量=[（$S_{房}$）243.69−（楼梯）3.60×2.16×3−（车库）3.36×5.46×3]×(0.60−0.15−0.06−0.025−0.008)=(243.69−23.33−55.04)×0.357=59.02m³

　　(2) 010103001002　回填方：基础填土，素土分层回填，机械夯实，运距40m。

　　工程量=（挖方）195.61−（垫层）217.34×0.30−（J）[98.52−（设计室外地坪以上部分）（J_1、J_2、J_3）0.24×0.36×(54.96+88.26+38.70)−（J_4）0.12×0.06×6.48−（J_1放脚部分）0.0625×2×0.126×2×54.96]=195.61−65.20−(98.52−15.72−0.05−1.73)=49.39m³

3.3 砌筑工程量计算

3.3.1 砖基础

010401001001 砖基础：MU10机制红砖，M5.0水泥砂浆砌筑。

J_1：$S_{断}$=（JQL下墙基面积）0.24×(0.80+0.10+0.06)+（最上两台折加面积）0.0625×3×0.126×2+（最下台以上中间折加面积）0.0625×5×0.126×3.5×2+（最下台折加面积）(1.24−0.24)×0.126=0.679m²

　　L=（E轴）5.70×3−0.24+（3、5、7、11轴）(2.10+1.50+4.50)×4+（9轴）5.70=54.96m

　　V=0.679×54.96=37.32m³

J_2：$S_{断}$=（最下三台面积）(1.00−0.0625×2)×(0.126+0.063+0.126)+（第三台）(0.24+0.0625×6)×0.063+（上二台）(0.24+0.0625×3)×(0.126+0.126)+（JQL下部）0.24×(0.30+0.06)=0.508m²

　　L=（横D和E轴）(3.60−0.24)×6+（C轴）(5.70−0.24)×3+（竖1、13轴）(0.12+1.50+4.50+3.90)×2+（E~G轴）(3.90−0.24)×8+（9轴）2.40=20.16+16.38+20.04+29.28+2.40=88.26m

　　V=0.508×88.26=44.84m³

J_3：$S_{断}$=（最下三台面积）(0.75−0.0625×2)×(0.126+0.063+0.126)+（上台）(0.24+0.0625×2)×0.126+（JQL下部）0.24×(0.48+0.06)=0.372m²

$L=27.90+3.60\times3=38.70$m

$V=0.372\times38.70=14.40$m³

J_4：$S_断$＝（最下台面积）$0.50\times0.42\times3/7+(0.50-0.0625\times2)\times0.42\times4/7+$（JQL 下部）$(0.24\times0.48+0.12\times0.06)=0.302$m²

$L=(2.40-0.24)\times3=6.48$m

$V=0.302\times6.48=1.96$m³

工程量＝$37.32+44.84+14.40+1.96=98.52$m³

3.3.2 砖砌体

(1) 010401003001 实心砖墙：240 砖墙 M5.0 混合砂浆。

1）一层垂直面积计算：

一层外墙长度 $L=(L_中)$ 87.00＋（山墙外伸长度）3.00－（GZ）$0.24\times19=85.44$m

一层内墙总长度 $L=(L_内)$ 79.86－（GZ）$0.24\times13=76.74$m

一层外墙高度 $H=3.30-$（板厚）$0.12-$（QL 高）$0.24=2.94$m

一层内墙高度 $H=3.30-$（QL 高）$0.24=3.06$m

一层垂直面积 $S=85.44\times2.94+76.74\times3.06-$（第二层 QL）[（E 轴）$3.36\times3+(5$ 轴）$2.16+(3、5、7、11$ 轴$)3.36\times4]\times0.24=251.19+234.82-6.16=479.85$m²

2）二层垂直面积计算：

二层外墙长度 $L=(L_中)$ 87.00＋（山墙外伸长度）3.00－（GZ）$0.24\times19=85.44$m

二层内墙总长度 $L=(L_内)$ 79.86－（GZ）$0.24\times13=76.74$m

二层外墙高度 $H=3.00-$（QL 高）$0.24=2.76$m

二层内墙高度 $H=3.00-$（QL 高）$0.24=2.76$m

二层垂直面积 $S=85.44\times2.76+76.74\times2.76-$（第二层 QL）[（E 轴）$3.36\times3+(5$ 轴）$2.16+(3、5、7、11$ 轴$)\cdot3.36\times4]\times0.24=235.81+211.80-6.16=441.45$m²

3）夹层垂直面积计算：

A 轴 $S=(3.60-0.24)\times$[（板厚）$0.12+1.50+1.00/2-$（板厚）$0.08-$QL $0.24\times2]\times3=15.72$m²

B 轴 $S=(5.70-0.24)\times$[（板厚）$0.12+1.10]\times3=19.98$m²

D 轴 $S=(3.60-0.24)\times[3.00-$（QL）$0.24]\times3=27.82$m²

E 轴 $S=(3.60-0.24)\times3.00\times3+[3.30+2.40-$（GZ）$0.24\times2]\times$[（板厚）$0.12+3.00]\times3=30.24+48.86=79.10$m²

G 轴 $S=(3.60-0.24)\times$[（板厚）$0.12+1.10$（到梁底）$]\times3=12.30$m²

1、13 轴 $S=[12.00-2.10-$（GZ）$0.24\times3]\times$[（板厚）$0.12+1.50-0.08-$（QL 高）$0.24]\times2+$（梯形面积）$[(2.60-1.00)\times(12.00-2.10+0.24)/2.60-0.24\times2+12.00-2.10-$（GZ）$0.24\times3]\times(1.00-0.24)/2\times2=23.87+11.35=35.22$m²

2、6、12 轴 $S=(3.90-0.24)\times$[（板厚）$0.12+1.50+2.10/2-0.08-$（QL 高）$0.24]\times3=25.80$m²

3、7、11 轴 $S=(5.70-2.10-0.24\times2)\times$[$1.50+2.10/2-0.08-$（QL 高）$0.24]\times3+2.10\times$[（板厚）$0.12+1.50-0.08-$（QL 高）$0.24]\times3=20.87+8.19=$

29.06m²

5、9 轴 $S=[12.00\times2-(GZ)0.24\times8]\times[(板厚)0.12+1.50-0.08-(QL高)0.24]$ $+(三角形面积)[(12.00-2.10+0.24)\times2-(GZ)0.24\times8]\times[2.60-(QL高)0.24]/2=$ $28.70+21.66=50.36m²$

夹层垂直面积

$S=15.72+19.98+27.82+79.10+12.30+35.22+25.80+29.06+50.36=295.36m²$

4）240 砖墙垂直面积合计 $=479.85+441.45+295.36=1216.66m²$

5）减门窗洞口面积 $S=(FM)1.30\times2.70\times3+(KM)2.50\times2.10\times3+(M1)0.80\times1.90$ $\times3+(M3)0.80\times2.70\times15+(M4)0.7\times2.40\times6+(M6)0.90\times2.60\times3+(M7)0.9\times2.10\times3$ $+(C1)2.40\times1.80\times6+(C2)2.10\times0.90\times6+(C3)1.80\times0.90\times6+(C4)1.40\times0.90\times6+$ $(C6)-2.40\times0.60\times3+(C7)2.10\times0.60\times6+(KC)0.90\times0.80\times3=154.59m²$

6）女儿墙 $V=[(5.70-0.24)\times(0.90-0.06)-(预制工艺柱花格长度)4.20\times(工艺$ 柱高)0.40]\times3\times0.24=2.09m³

7）扣通风道 $V=0.24\times0.50\times(7.80-0.30)(离地面300mm)\times3=2.70m³$

工程量 $=(1216.66-154.59)\times0.24+2.09-2.70=254.29m³$

（2）010401003002　实心砖墙:115砖墙 M5.0混合砂浆。

F 轴 $S=(2.40-0.24)\times6.30\times3-(M4)0.70\times2.40\times6-(C5)1.20\times0.90\times$ $6-(QL)(2.40-0.24)\times0.24\times6=21.15m²$

厨房隔墙 $S=(3.60-0.24)\times3.30\times3-(M5)0.80\times2.70\times6-(QL)(3.60-0.24)\times$ $0.24\times3=17.88m²$

楼梯隔墙 $S=[(横)2.25\times(1.65/2+0.45)+(竖)1.23\times(1.65+0.45)-(M2)0.70\times$ $1.90]\times3=12.37m²$

工程量 $=(21.15+17.88+12.37)\times0.115=5.91m³$

（3）010401012001　零星砌砖：M5.0水泥砂浆砌筑砖台阶。

工程量 $=(楼梯间台阶)(1.05+0.06)\times(0.25\times3)\times3+(夹层台阶)(0.90+0.50)\times$ $0.25\times3=2.50+1.05=3.55m²$

（4）010403008001　石台阶：M5.0水泥砂浆砌筑砖基层,20mm厚细石混凝土找平层,上铺机制花岗石台阶,900mm×330mm×150mm,1:2水泥砂浆勾缝。

工程量 $=(台阶)1.80\times0.33\times0.15\times4\times3+(翼墙)(1.20-0.12-0.60+0.60\times$ $1.41+0.15)\times0.33\times0.15\times3=1.29m³$

3.3.3　垫层

010404001001垫层：300mm 厚 3:7 灰土条基垫层。

J_1　$V=(1.24+0.15\times2)\times0.30\times54.03=24.96m³$

J_2　$V=(1.00+0.15\times2)\times0.30\times69.89=27.26m³$

J_3　$V=(0.75+0.15\times2)\times0.30\times38.70=12.19m³$

J_4　$V=(0.50+0.15\times2)\times0.30\times3.30=0.79m³$

工程量 $=24.96+27.26+12.19+0.79=65.20m³$

校对：垫层 $=217.34\times0.30=65.20m³$

3.4 混凝土工程量计算

3.4.1 柱

010502002001 矩形柱：C25 现浇钢筋混凝土构造柱，柱截面尺寸 240mm×240mm。

A 轴 $V=0.24×0.24×(0.06+7.80)×5=2.26m^3$

B 轴 $V=0.24×0.24×(0.06+7.80)×2=0.91m^3$

C 轴 $V=0.24×0.24×(0.06+7.80+1.00)×6=3.06m^3$

D 轴 $V=0.24×0.24×(0.06+7.80+1.00+1.10)×5=2.87m^3$

E 轴 $V=0.24×0.24×[(0.06+7.80+1.00+1.10)×10-(山墙柱高)1.10×2]=5.61m^3$

G 轴 $V=0.24×0.24×[(0.06+7.80)×4+(2、6、12 轴)1.50×3+(9 轴加柱)3.00]=2.24m^3$

工程量＝2.26+0.91+3.06+2.87+5.61+2.24＝16.95m³

3.4.2 梁

（1）010503002001 矩形梁：C25 现浇钢筋混凝土矩形梁，梁截面尺寸 240mm×370mm。

C25XL1：$V=0.24×0.25×1.86×3×2=0.67m^3$

C25XL2：$V=0.24×0.25×2.16×3×2=0.78m^3$

工程量＝0.67+0.78＝1.45m³

（2）010503006001 弧形、梁：C25 现浇钢筋混凝土弧形梁，梁截面尺寸 240mm×370mm。

C25XLL1：$V=0.24×0.29×5.56×3=1.16m^3$

C25XLL3：$V=0.24×0.29×4.30×3=0.90m^3$

工程量＝1.16+0.90＝2.06m³

（3）010503004001 圈梁：C25 现浇钢筋混凝土圈梁，梁截面 240mm×240mm、120mm×240mm。

JQL：$V=0.24×(0.30-0.06)×[$（$L_{中}$）87.00+（山墙外伸长度）3.00+（横墙）27.90-0.24+(3.60-0.24)×3+(2.40-0.24)×3+（竖墙）(3.90-0.24)×8+(4.50-0.24)×4+5.70+2.40-0.24$]=10.85m^3$

校核：JQL：$V=0.24×(0.30-0.06)×$（基础总长度）(54.96+88.26+38.70+6.48)$=10.85m^3$

QL₁：$V=0.24×0.24×[$（一、二层长度）(85.44+76.74)×2+（夹层长度）（A 轴）(3.60-0.24)×3+（B 轴）(5.70-0.24)×3+（D 轴）(3.60-0.24)×3+（E 轴）(27.90-0.24×9)+（G 轴）(3.60-0.24)×3+（1、13轴）(12.00-2.10-0.24×3)×2+（2、6、12轴）(3.90-0.24)×3+（3、7、11 轴）(5.70-0.24×2)×3+（5、9轴）(12.00×2-0.24×8)$]=26.71m^3$

QLZ：$V=0.12×0.24×2.16×3×2=0.37m^3$

扣 KC 过梁体积（大部分门窗上部为先砌砖过梁，再浇混凝土圈梁，均按圈梁立项）。

减 KC 上部 GL $V=0.24×0.24×(0.90+0.50)×3=-0.24m^3$

扣 KM 上部圈梁体积（KM 上部无圈梁）。

减 KM 上部无 QL 部分　$V=0.24\times0.24\times(3.60-0.24)\times3=-0.58m^3$

工程量$=10.85+26.71+0.37-0.24-0.58=37.11m^3$

（4）010503005001　过梁：C25 现浇钢筋混凝土雨篷梁，梁截面 240mm×300mm。

工程量$=$（YPL）$(0.24\times0.30+0.12\times0.06)\times(3.60+0.24)\times3+$（KC）$(0.90+0.50)\times0.24\times0.12\times3=0.92m^3$

3.4.3　板

（1）010505003001　平板：C25XB，厚度 120mm、80mm。

厚度 120mm 现浇板　$V=[5.70\times(4.50+0.12)-$（楼梯梁部分）$(2.40-0.24)\times0.12]\times3\times2($层$)\times0.12=18.77m^3$

二层厚度 80mm 现浇板　$V=2.40\times(3.90+0.12)\times3\times0.08=2.32m^3$

夹层厚度 80mm 现浇板　$V=[$（矩形面积）$(5.70-0.24)\times1.50+$（弧形面积）$2/3\times(5.70-1.50)\times(0.50-0.12+0.02)]\times0.08\times3=2.23m^3$

工程量$=18.77+2.32+2.23=23.32m^3$

（2）010505006001　栏板：C25 现浇混凝土栏板

工程量$=[$（B 轴）$(6.04-0.24\times2)\times(0.90-0.06)-$（弧形梁长）$4.30\times$（工艺柱高）$0.40]\times3\times0.06=0.53m^3$

（3）010505008001　雨篷：C25YP

工程量$=$（雨篷板）$0.60\times0.06\times(3.60+0.24+2\times3.60+0.24)+$（翻檐）$0.06\times0.34\times(3.60+0.24+2\times3.60+0.24+0.54\times4)=0.41+0.27=0.68m^3$

（4）010405008002　阳台板：C25YT

工程量$=[$（矩形面积）$(5.70-0.24)\times1.50+$（弧形面积）$2/3\times(5.70-1.50)\times(0.50-0.12+0.02)]\times0.08\times3=2.23m^3$

（5）010505010001　其他板：C25 现浇混凝土斜板

1）C25 斜板体积 $V=[(27.90+0.24+0.06\times2)\times(0.06+0.12+1.50+4.50+1.00+0.12+0.06)+(3.60+0.24+0.06\times2)\times(3.90-1.00)\times3+(3.60+0.24+0.06\times2)\times2.10+(3.60\times2+0.24+0.06\times2)\times2.10]\times1.124($坡度系数$)\times0.08=(28.26\times7.36+3.96\times2.90\times3+3.90\times2.10+7.56\times2.1)\times1.124\times0.08=23.97m^3$

其中坡度系数计算：

半跨 $L=(3.90+4.50+1.50+0.24)/2=5.07m$

高度 $H=10.40-7.80=2.60m$

斜长 $S=\sqrt{5.07^2+2.60^2}=5.698m$

坡度系数 $K=5.698/5.07=1.124$

2）老虎窗斜板增加体积：

老虎窗斜板洞口面积 $S=$（宽）$2.40\times$（脊长）$2.10/2\times1.124$（坡度系数）$=2.83m^2$

老虎窗斜板面积 $S=\sqrt{(1/2宽)1.20\times1.20+(高)1.10\times1.10}\times(脊长)2.10=3.42m^2$

$V=(3.42-2.83)\times6\times0.08=0.28m^3$

3）C25 板下梁体积：

C25XL2　　$V=0.24×0.25×2.16×3=0.39m^3$

C25XLL2　　$V=0.24×0.29×5.46×3=1.14m^3$

C25WL1　　$V=0.24×0.32×5.70×2=0.88m^3$

C25WL2　　$V=0.24×0.32×5.46=0.42m^3$

C25WL3　　$V=0.24×0.22×3.84=0.20m^3$

C25WL4　　$V=0.24×0.22×7.44=0.39m^3$

C25WLL1　　$V=0.24×0.22×5.94=0.31m^3$

C25WLL2　　$V=0.24×0.22×11.40=0.60m^3$

合计＝$0.39+1.14+0.88+0.42+0.20+0.39+0.31+0.60=4.33m^3$

4）工程量＝$23.97+0.28+4.33=28.58m^3$

3.4.4 楼梯及其他构件

（1）010506001001　直形楼梯：C25 现浇混凝土直形楼梯

工程量＝$(2.40-0.24)×3.60×2×3=46.66m^2$

（2）010507007001　其他构件：C25 现浇混凝土压顶

工程量＝（G轴）$(3.30+2.40-0.24)×3$＋（B轴）$(6.04-0.24×2)×3$＋（9轴）$3.90×1.124$（坡度系数）$=37.44m$

（3）010507001001　散水：C15 混凝土散水

工程量＝$[27.90+0.24+(12.00-2.10+0.12×5)×2+$（车库两侧）$(2.10+0.12+0.75)×4-$（第一台宽）$0.30×3]×0.75+$（折角增加面积）$0.75×0.75×6+$（台阶侧边部分）$(5.70-0.24-1.80-0.30)×(1.50-0.12)=53.10m^2$

（4）010507001002　坡道：C15 混凝土坡道

工程量＝$(3.60+0.24)×0.75×3=8.64m^2$

（5）010508001001　后浇带：C25 现浇混凝土后浇带

厚度120mm现浇板带　$V=[$（E～G轴）$0.66×(3.30+3.60)×3×2+0.66×2.40×3+$（车库）$0.96×3.60×3×2]×0.12=6.34m^3$

3.4.5 预制构件

（1）010512002001　空心板：

C30YKBL36－22　　（二层）$10+5+21+$（夹层）$5+5+5+21=72$ 块

　　　　　　　　$V=72×0.168=12.10m^3$

C30YKBL33－22　　（二层）$5+5+5+$（夹层）$15=30$ 块

　　　　　　　　$V=30×0.154=4.62m^3$

C30YKBL24－42　　（夹层）15 块

　　　　　　　　$V=15×0.112=1.68m^3$

工程量＝$12.10+4.62+1.68=18.40m^3$

（2）010514001001　烟道：C25 混凝土多孔烟道

工程量＝$(10.40-0.90-0.30)×(0.24×0.50-3.14×0.06×0.06×2)×3=2.69m^3$

（3）010514002001其他构件：400mm 高混凝土工艺柱，间距200mm，直径60mm

工程量＝$3.14/4×0.06×0.06×0.40×[$（弧形梁上）$4.30/0.20-1+$（女儿墙上）$4.20/0.20-1]×3=0.00113×(21+20)×3=0.14m^3$

3.5 现浇混凝土钢筋计算

3.5.1 拉结筋

(1) L 形墙角处 $\phi6$ 钢筋　　　　　$n=(52+51+30+8)\times2=282$ 根

　　　　　$L=(1.00-0.04+3.5\times0.006)\times2\times282=553.28\text{m}$

(2) T 形墙角处 $\phi6$ 钢筋　　　　　$n=(90+9+1+4\times2)\times2=216$ 根

　　　　　$L=(0.30+0.20+1.00+3.5\times0.006\times2)\times216=333.07\text{m}$

(3) 构造柱与墙体处 $\phi6$ 钢筋　　　$n=(180+196+78+8)\times2=924$ 根

　　　　　$L=1.915\times924=1769.46\text{m}$

3.5.2 梁钢筋

(1) JQL　4Φ12　$L=188.40\times4+9.60+1.20\times41=812.40\text{m}$

　　$\phi6$ 箍筋　　　$n=(188.40-32\times0.24)/0.2+25\approx929$ 根

　　　　　$L=0.91\times929=845.39\text{m}$

(2) QL1　4Φ12　　$L=435\times4+0.40\times4\times12+0.40\times3\times26=1790.40\text{m}$

　　$\phi6$ 箍筋　　　$n=435.00/0.2+23\approx2198$ 根

　　　　　$L=0.91\times2198=2000.18\text{m}$

圈梁兼过梁附加筋Φ12　$L=17.04+9.72+28.26+8.52+7.62+9.42+8.52=89.10\text{m}$

(3) QL2　4Φ12　$L=(6.48+0.24+0.40\times3\times4)\times2=23.04\text{m}$

　　$\phi6$ 箍筋　　$n=(7.20+0.48-0.025\times4)/0.2+1+1\approx40$ 根

　　　　　$L=[(0.24+0.12)\times2-0.05]\times40=26.80\text{m}$

(4) GL　4Φ12　　　　$L=231.60+96.00=327.60\text{m}$

　　$\phi6$ 箍筋　　　　$n_1=57.90/0.15+42\approx428$ 根

　　　　　$L_1=0.91\times428=389.48\text{m}$

　　　　　$n_2=24.00/0.15+18\approx178$ 根

　　　　　$L_2=0.67\times178=119.26\text{m}$

(5) XL1　2Φ12　　　　$L=2.04\times6\times2=24.48\text{m}$

　　　　3Φ16　　　　$L=2.04\times6\times3=36.72\text{m}$

　　$\phi6$ 箍筋　　　$n=(2.04/0.15+1)\times6\approx88$ 根

　　　　　$L=1.17\times88=102.96\text{m}$

(6) XL2　2Φ12　　　　$L=2.84\times9\times2=51.12\text{m}$

　　　　3Φ16　　　　$L=2.84\times9\times3=76.68\text{m}$

　　$\phi6$ 箍筋　　　$n=(2.84/0.15+1)\times3\approx60$ 根

　　　　　$L=1.17\times60=70.20\text{m}$

(7) XLL1　2Φ12　　　$L=5.17\times3\times2=31.02\text{m}$

　　　　3Φ16　　　$L=5.17\times3\times3=46.53\text{m}$

　　$\phi6$ 箍筋　　　$n=(5.17/0.15+1)\times3\approx105$ 根

　　　　　$L=1.17\times105=122.85\text{m}$

(8) XLL2　2Φ12　　　$L=5.94\times3\times2=35.64\text{m}$

　　　　3Φ16　　　$L=53.46\text{m}$

Φ6 箍筋　　　　　　　　　　　　$n=41\times3\approx123$根

$L=1.17\times123=143.91$m

（9）XLL3　2Φ12　　　　　$L=4.34\times3\times4=52.08$m

Φ6 箍筋　　　　　　　　　　　　$n=30\times3\approx90$根

$L=1.17\times90=105.30$m

（10）WL1　2Φ12　　　　　$L=3.94\times3\times2=23.64$m

3Φ18　　　　　　　$L=35.46$m

Φ6 箍筋　　　　　　$n=(3.94/0.15+1)\times3\approx82$根

$L=1.23\times82=100.86$m

（11）WL2　2Φ12　　　　　$L=5.94\times3\times2=35.64$m

3Φ22　　　　　　　$L=53.46$m

Φ6 箍筋　　　　　　$n=(5.94/0.15+1)\times3\approx123$根

$L=1.23\times123=151.29$m

（12）WL3　3Φ14　　　　　$L=3.94\times6=23.64$m

Φ6 箍筋　　　　　　$n=3.94/0.15+1\approx27$根

$L=1.03\times27=27.81$m

（13）WL4　3Φ14　　　　　$L=7.44\times6=44.64$m

Φ6 箍筋　　　　　　$n=7.44/0.15+1\approx51$根

$L=1.03\times51=52.53$m

（14）WLL1　3Φ12　　　　　$L=5.94\times4=23.76$m

Φ6 箍筋　　　　　　$n=5.94/0.15+1\approx41$根

$L=1.03\times41=42.23$m

（15）WLL2　2Φ12　　　　　$L=11.64\times4=46.56$m

Φ6 箍筋　　　　　　$n=11.64/0.15+1\approx79$根

$L=1.03\times79=81.37$m

3.5.3　柱钢筋

（1）GZ1　2Φ14　　$L=(67.00+13.75+62.25)\times4=572.00$m

Φ6 箍筋$n=(36+12)\times8+(30+8)\times2+(44+16)\times6+6=826$根

$L=0.91\times826=751.66$m

（2）GZ2　2Φ12　$L=25.125+6.875\times4+10.375\times9=146.00$m

Φ6 箍筋　　　　　　$n=48\times3+38\times4+60\times9\approx836$根

$L=0.91\times836=760.76$m

3.5.4　楼梯钢筋

（1）TL　2Φ12　　　　　$L=2.84\times2\times2\times3=34.08$m

2Φ16　　　　　$L=2.84\times3\times2\times3=51.12$m

Φ6 箍筋　　　　　$n=(2.84/0.15+1)\times2\times3\approx120$根

$L=1.03\times120=123.60$m

（2）TQL　5Φ12　　　　　$L=2.64\times3\times5\times3=118.80$m

Φ6 箍筋　　　　　$n=(2.64/0.15+1)\times3\times3\approx171$根

$$L=1.03\times171=176.13m$$

(3) 休息平台　Φ6 $L=2.84\times5+25\times0.37+20\times1.12=45.85m$

(4) TB　　　Φ6　$n=\sqrt{(2.25^2+1.50^2}/0.15+1+12)\times4\times3\approx372$ 根

$$L=(1.05+12.50\times0.006)\times372=418.50m$$

　　　　　Φ10　$n=(1.17/0.15+1)\times4\times3\approx108$ 根

$$L=(2.78+1.26\times2)\times108=572.40m$$

3.5.5　板钢筋

(1) E~G　Φ6@150　$n_1=[(3.90-0.24+2.40-0.24)/0.15+2]\times2\approx82$ 根

$$L_1=0.66\times82=54.12m$$

$$n_2=(2.40-0.24)/0.15+1\approx16 \text{ 根}$$

$$L_2=1.36\times16=21.76m$$

$$n_3=[(3.90+0.24-0.48)/0.15+2]\times2\times2\approx108 \text{ 根}$$

$$L_3=0.66\times108=71.28m$$

$$n_4=(2.40\times2-0.24)/0.15+1\approx32 \text{ 根}$$

$$L_4=1.36\times32=43.52m$$

　　　　　Φ8@150　$n_1=(2.40-0.24)/0.15+1\approx15$ 根

$$L_1=4.00\times15=60.00m$$

$$n_2=(3.90-0.24)/0.15+1\approx25 \text{ 根}$$

$$L_2=2.50\times25=62.50m$$

$$n_3=[(2.40-0.24)/0.15+1]\times2\approx32 \text{ 根}$$

$$L_3=4.00\times32=128.00m$$

$$n_4=(3.90-0.24)/0.15+1\approx26 \text{ 根}$$

$$L_4=4.90\times26=127.40m$$

(2) C~E　Φ6@150　$n=111+174\approx285$ 根

$$L=1.36\times285=387.60m$$

　　　　　Φ8@150　$n=111$ 根

$$L=1.36\times111=150.96m$$

(3) B~C　Φ6@150　$n=54+111\approx165$ 根

$$L=0.66\times165=108.90m$$

　　　　　Φ8@150　$n=[(5.70-0.24)/0.15+1]\times3=111$ 根

$$L=1.636\times111=181.60m$$

(4) C~E　Φ12@150　$n=111$ 根

$$L=4.65\times111=516.15m$$

　　　　　Φ12@180　$n=[(4.50-0.24)/0.15+1]\times3=89$ 根

$$L=5.85\times89=520.65m$$

(5) 夹层板　Φ6　　$L=387.6+108.90=496.50m$

　　　　　Φ8　　$L=150.96+181.60=332.56m$

　　　　　Φ12@150 $L=516.15m$

　　　　　Φ12@180 $L=520.65m$

（6）屋顶 Φ6@150　　$L=698×1.16+0.66×185+1.26×25+1.16×185+2.475×78+1.875×75+1.4×222=1826.06m$

　　　　　　　　Φ8@150　$L=4.40×76+4.07×84+5.80×135+4.070×117+2.50×129+3.70×69=1808.57m$

（7）老虎窗增设 2Φ8　　$L=2×3×6×4.50=162.00m$

（8）马凳钢筋 2Φ6　　　$n=115+87+191+24=417$ 根

　　　　　　　　　　　　$L=(2×0.08+0.20)×417=150.12m$

3.5.6 雨篷、栏板钢筋

（1）雨篷　　　　　　Φ16　$L=3.79×3×3=34.11m$

　　　　　　　　　　　Φ12　$L=3.79×3×3=34.11m$

　　Φ6 箍筋　　　　　　$n=(3.79/0.15+1)×3≈78$根

　　　　　　　　　　　$L=(0.24+0.30)×2×78=84.24m$

　　Φ6 折筋　　　　　　$n=(4.95/0.15+1)×3≈102$根

　　　　　　　　　　　$L=(0.80+0.34+12.5×0.006)×102=123.93m$

　　Φ6 分布筋　　　　　$L=3.79×5×3=56.85m$

（2）栏板　Φ6 立筋　　$n=(5.56/0.15+1)×3≈114$根

　　　　　　　　　　　$L=(0.35+0.84+12.5×0.006)×114=144.21m$

　　Φ6 分布筋　　　　　$L=5.56×6×3=100.08m$

（3）压顶Φ6 横筋　　　$n=37.44/0.15+6≈256$根

　　　　　　　　　　　$L=0.20×256=51.20m$

　　Φ6 分布筋　　　　　$L=37.44×3=112.32m$

3.5.7 钢筋合计

（1）010515001001　现浇构件钢筋：Φ6 拉结筋（HPB300）

　　工程量$=(553.28+333.07+1769.46)×0.260=690.51kg$

（2）010515001002　现浇构件钢筋：Φ6 直筋（HPB300）

工程量$=(45.85+418.50+54.12+21.76+71.28+43.52+387.60+108.90+496.50+1826.06+150.12+123.93+56.85+144.21+100.08+51.20+112.32)×0.260=1095.33kg$

（3）010515001003　现浇构件钢筋：Φ6 箍筋（HPB300 级）

工程量$=(845.39+2000.18+26.80+389.48+119.26+102.96+70.20+122.85+143.91+105.30+100.86+151.29+27.81+52.32+42.23+81.37+751.66+760.76+123.60+176.13+84.24)×0.260=1632.43kg$

（4）010515001004　现浇构件钢筋：Φ8（HPB300）

工程量$=(60.00+62.50+128.00+127.40+150.96+181.60+332.56+1808.57+162.00)×0.395=1190.37kg$

（5）010515001005　现浇构件钢筋：Φ10（HPB300）

工程量$=572.40×0.617=353.17kg$

（6）010515001006　现浇构件钢筋：Φ12（HRB335）

工程量$=(812.40+1790.40+89.10+23.04+327.60+24.28+51.12+31.02+$

$35.64+52.08+23.64+35.64+23.76+46.56+146.00+34.08+118.80+34.11) \times$
$0.888=3284.95kg$

(7) 010515001007　现浇构件钢筋：$\Phi14$ （HRB335）

工程量$=640.28 \times 1.208=773.00kg$

(8) 010515001008　现浇构件钢筋：$\Phi16$ （HRB335）

工程量$=(264.51+34.11) \times 1.578=471.22kg$

(9) 010515001009　现浇构件钢筋：$\Phi18$ （HRB335）

工程量$=35.46 \times 1.998=71.00kg$

(10) 010515001010　现浇构件钢筋：$\Phi22$ （HRB335）

工程量$=53.46 \times 2.984=160.00kg$

3.6　屋面及防水工程量计算

3.6.1　瓦、型材屋面

010901001001　瓦屋面：混凝土斜板上，1：2水泥砂浆铺英红瓦。

混凝土斜板面积$S=(28.26 \times 7.36+3.96 \times 2.90 \times 3+3.96 \times 2.10+7.56 \times 2.1) \times$
$1.124=299.70m^2$

老虎窗斜板增加面积$S=(3.42-3.24) \times 6=1.08m^2$

工程量$=299.70+1.08=300.78m^2$

核对：工程量$=[28.26 \times 12.36-(5.34+11.04) \times 2.90-(5.7 \times 2+5.7-0.36) \times$
$2.1] \times 1.124$（坡度系数）$+1.08=300.78m^2$

3.6.2　屋面防水

(1) 010902001001　屋面卷材防水：PVC橡胶卷材屋面防水

工程量$=$（水平）$(3.30+2.40-0.24) \times (3.90-0.24) \times 3+$（弯起）$(3.30+2.40-$
$0.24+3.90-0.24) \times 2 \times 0.50 \times 3=59.95+27.36=87.31m^2$

(2) 010902004001　屋面排水管：$\phi100$PVC水落管

工程量$=$（檐口到散水高度）$(6.30+0.60) \times 3=20.70m$

(3) 010902004002　屋面排水管：$\phi38$PVC散水管

工程量$=0.15 \times 6=0.90m$

(4) 010903003001　砂浆防水：雨篷、女儿墙内侧抹防水砂浆

雨篷内侧抹防水砂浆$S=$（水平）$(3.60+0.24+3.60 \times 2+0.24) \times 0.60+$（两侧立面）
$(3.60+0.24-0.12+3.60+3.60+0.24-0.12) \times (0.34+0.24)+$（端立面）$0.54 \times$
$0.34 \times 4=6.77+6.40+0.73=13.90m^2$

女儿墙内侧抹防水砂浆$S=(3.30+2.40-0.24+3.90-0.24) \times 2 \times 0.50 \times 3=27.36m^2$

工程量$=13.90+27.36=41.26m^2$

3.7　保温工程量计算

011001001001　保温隔热屋面：1：12现浇水泥珍珠岩保温层

工程量$=(3.30+2.40-0.24) \times (3.90-0.24) \times 3=59.95m^2$

3.8　竣工清理工程量计算

AB001 竣工清理：全面清扫清除建筑物 2m 以内的建筑垃圾，将建筑垃圾运至 100m 以内指定地点集中堆放。

底层 $V_{首}$＝（CG 间）28.14×8.64×3.30＋（车库凸出部分）11.28×3.60×（3.30＋0.45）＋（车库内±0.00以下部分）（3.60－0.24）×4.50×0.45×3＋（阳台下）（5.70×3－0.24）×（1.50－0.12）×（3.30＋0.60）＋（车库雨篷）11.28×0.60×2.35＝802.33＋152.28＋20.41＋90.74＋15.90＝1081.66m³

二层 $V_{二}$＝[（BG 间面积）28.14×10.14＋（凸出面积）11.28×2.10＋（弓形面积）2/3×4.20×0.40×3]×3.00＝（285.34＋23.69＋3.36）×3.00＝937.17m³

或　二层 $V_{二}$＝（$S_{二}$）312.39×3.00＝937.17m³

夹层 $V_{夹}$＝（BG 间）285.34×（1.50＋2.60/2）＋（凸出）23.69×（1.50＋1.00/2）－（露台部分）（5.70×3－0.24×2）×（3.90－1.00）×（1.50＋1.50/2）＋（BC 轴间相贯部分）1/3×（3.60×3＋0.24×2）×1.00/2×1.50＋（老虎窗）1/3×（3.60－0.24）×1.10/2×（4.50－2.40）＝798.95＋47.38－108.45＋2.82＋1.29＝741.99m³

工程量＝1081.66＋937.17＋741.99＝2760.82m³

3.9　措施项目工程量计算

3.9.1　脚手架

（1）011701002001　外脚手架，水平垂直安全网：

外脚手架工程量＝（$L_{外}$）84.96×（设计地坪到山尖1/2高）（0.60＋7.80＋2.60/2）＝824.11m²

（2）011701003001　里脚手架：

里脚手架工程量＝（一、二层 $L_{内}$）79.86×（一、二层净高）（6.30－0.12×2）＋（车库内墙地面以下）[（2.10＋3.60－0.24）×3＋5.70－0.24]×0.45＋（夹层 $L_{内}$）44.58×（1.50＋2.60/2）＝483.95＋9.83＋124.82＝618.60m²

3.9.2　混凝土、钢筋混凝土模板及支架：基础、柱、梁、板等

（1）011702008001　QL：

JQL　S＝10.85/（0.24×0.24）×0.24×2＝90.42m²

QL1　S＝26.71/（0.24×0.24）×0.24×2＝222.58m²

QL2　S＝2.16×3×2×0.24×2＝6.22m²

QL 模板工程量＝90.42＋222.58＋6.22＝319.22m²

（2）011702003001　GZ：

A 轴　S＝0.24×9×（0.06＋7.80）＝16.98m²

B 轴　S＝0.24×4×（0.06＋7.80）＝7.55m²

C 轴　S＝0.24×12×（0.06＋7.80＋1.00）＝25.52m²

D 轴　S＝0.24×10×（0.06＋7.80＋1.00＋1.10）＝23.90m²

E 轴　S＝0.24×17×（0.06＋7.80＋1.00＋1.10）－（山墙柱高）0.24×2×

1.10＝40.11m²

　　G 轴　$S＝0.24×6×(0.06＋7.80)＋(2、6、12轴)0.24×6×1.50＋(9轴加柱)0.24×2×3.00＝14.92m²$

　　GZ 模板工程量＝16.98＋7.55＋25.52＋23.90＋40.11＋14.92＝128.98m²

　　(3) L:板下梁,梁底模板计入板内。

　　1) 011702006001　矩形梁:

　　C25XL1　$S＝(0.24＋0.25×2)×1.86×3×2＝8.26m²$

　　C25XL2　$S＝(0.24＋0.25×2)×2.16×3×3＝14.39m²$

　　合计＝8.26＋14.39＝22.65m²

　　2) 011702010001　弧形梁:

　　C25XLL1　$S＝(0.24＋0.29×2)×5.56×3＝13.68m²$

　　C25XLL3　$S＝(0.24＋0.29×2)×4.30×3＝10.58m²$

　　合计＝13.68＋10.58＝24.26m²

　　3) 011702006001　板下梁:

　　C25XLL2　$S＝(0.24＋0.29×2)×5.46×3＝13.43m²$

　　C25WL1　$S＝(0.24＋0.32×2)×5.70×2＝10.03m²$

　　C25WL2　$S＝(0.24＋0.32×2)×5.46＝4.80m²$

　　C25WL3　$S＝(0.24＋0.22×2)×3.84＝2.61m²$

　　C25WL4　$S＝(0.24＋0.22×2)×7.44＝5.06m²$

　　C25WLL1　$S＝(0.24＋0.22×2)×5.94＝4.04m²$

　　C25WLL2　$S＝(0.24＋0.22×2)×11.40＝7.75m²$

　　合计＝13.43＋10.03＋4.80＋2.61＋5.06＋4.04＋7.75＝47.72m²

　　4)011702009001　过梁:

　　YPL　$S＝(0.24＋0.30×2)×(3.60＋0.24)×3＝9.68m²$

　　KC 底模　0.90×0.24×3＝0.65m²

　　合计＝9.68＋0.65＝10.33m²

　　(4) 板:

　　1) 011702016001　现浇平板:

　　夹层厚度120mm 现浇板　$S＝(5.70－0.24)×(4.50－0.24)×3×2(层)＝139.56m²$

　　二层厚度80mm 现浇板　$S＝(2.40－0.24)×(3.90－0.24)×3＝23.72m²$

　　合计＝139.56＋23.72＝163.28m²

　　2) 011702020001　现浇斜板:

　　$S＝(23.98＋0.09)/0.08－(99.60＋1.00＋44.58)×0.24＝300.88－34.84＝266.04m²$

　　3) 011702030001　厚度120mm 现浇板带:

　　$S＝(E～G轴)0.66×(3.30－0.24＋3.60－0.24)×3×2＋0.66×(2.40－0.24)×3＋(车库)0.96×(3.60－0.24)×3×2＝49.05m²$

(5) 011702024001 楼梯:工程量=(2.40-0.24)×3.60×2×3=46.66m²

(6) 011702023001 雨篷:工程量=(雨篷板宽)0.60×(雨篷板长)(3.60+0.24+2×3.60+0.24)=6.77m²

(7) 011702023002 阳台:工程量=[(矩形面积)(5.70-0.24)×1.50+(弧形面积)2/3×(5.70-1.50)×(0.50-0.12+0.02)]×3=27.93m³

(8) 011702021001 栏板:工程量=0.53/0.06×2=17.67m²

(9) 011702025001 压顶:工程量=37.44×0.06×4=8.99m²

3.9.3 垂直运输机械

011703001001 垂直运输,塔式起重机:工程量=768.89m²

3.9.4 大型机械设备进出场及安拆

011705001001 塔式起重机进出场及安拆,混凝土塔式起重机基础制作、拆除。

工程量=1项

4 招标工程量清单的编制

招标工程量清单扉页   附表 2

××联体别墅楼建筑工程
招标工程量清单

招标人: <u>某市房地产开发公司</u>   工程造价咨询人:_____
　　　　　(单位盖章)   (单位资质专用章)

法定代表人   法定代表人

或其授权人: <u>赵 ×</u>   或其授权人:_____
　　　　(签字或盖章)   (签字或盖章)

编制人: <u>王××</u>   复核人: <u>王××</u>
　(造价人员签字盖专用章)   (造价工程师签字盖专用章)

编制时间: 2013 年 7 月 8 日   复核时间: 2013 年 7 月 18 日

工程计价总说明   附表 3

工程名称:××联体别墅楼建筑工程   第 1 页 共 1 页

1. 报价人须知
(1)应按工程量清单报价格式规定的内容进行编制、填写、签字、盖章。
(2)工程量清单及其报价格式中的任何内容不得随意删除或修改。
(3)工程量清单报价格式中所有需要填报的单价和合价,投标人均应填报,未填报的单价和合价视为此项费用已包含在工程量清单的其他单价或合价中。
(4)金额(价格)均应以人民币表示。
2. 本工程地基土-2.500m 以下为松石,以上为三类土(坚土)。临时设施全部由乙方按要求自建;水、电分别为自来水和低压配电,预制构件及木门窗制作均在公司基地加工生产,汽车运输到现场。
3. 工程招标范围:建筑工程。
4. 清单编制依据:建设工程工程量清单计价规范、施工图纸及施工现场情况等。
5. 工程施工期限:自 8 月 1 日开工准备,12 月底交付使用。
6. 工程质量应达到合格标准。
7. 招标人自行采购预应力空心板,安装前 10 天运到施工现场,由承包人安装。
8. 投标人用于本工程上的非工程实体项目,应包括在工程量清单报价中的措施项目费内。
9. 因建设单位分包引起的相关费用(含配合费等),投标人可在相关项目中计列。
10. 投标人需将建筑物 2m 以内的建筑垃圾按验收要求清扫清除,并将建筑垃圾运至 100m 以内指定地点集中堆放。
11. 投标人应按规范规定的统一格式,提供投标报价表。
12. 投标报价文件应提供一式五份。

分部分项工程量清单与计价表

附表4

工程名称：××联体别墅楼建筑工程

序号	项目编码	项目名称	项目特征描述	计量单位	工程量	金额(元)		
						综合单价	合价	其中：暂估价
1	010101001001	平整场地	土壤类别为三类土,弃土运距40m以内,取土运距40m以内	m²	252.60			
2	010101003001	挖沟槽土方	土壤类别为三类土,挖土平均厚度1.5m以内,弃土运距40m以内	m³	195.61			
3	010103001001	回填方	室内夯填素土,过筛;分层夯实;弃土运距40m以内	m³	59.02			
4	010103001002	回填方	基础回填素土,过筛;分层夯实;弃土运距40m以内	m³	49.39			
5	010401001001	砖基础	机制标准红砖 MU10,条形基础,M5.0 水泥砂浆	m³	98.52			
6	010401001001	实心砖墙	机制标准红砖 MU10,墙体厚度240mm,M5.0 混合砂浆	m³	254.29			
7	010401001002	实心砖墙	机制标准红砖 MU10,墙体厚度115mm,M5.0 混合砂浆	m³	5.91			
8	010401012001	零星砌砖	楼梯间、夹层砖砌台阶,机制标准红砖 MU10,M5.0 水泥砂浆	m²	3.55			
9	010403008001	石台阶	C15 混凝土垫层 100mm 厚,花岗石 900mm×330mm×150mm,石表面剁斧石,1:2 水泥砂浆勾缝	m²	1.29			
10	010404001001	垫层	3:7 灰土,300mm 厚	m³	65.20			
11	010502002001	构造柱	C25 现场搅拌	m³	16.95			
12	010503002001	矩形梁	C25 现场搅拌	m³	1.45			
13	010503006001	弧形梁	C25 现场搅拌	m³	2.06			
14	010503004001	圈梁	C25 现场搅拌	m³	37.11			
15	010503005001	过梁	C25 现场搅拌	m³	0.92			
16	010505003001	平板	C25 现场搅拌	m³	23.32			
17	010505006001	栏板	C25 现场搅拌	m³	0.53			
18	010505008001	雨篷	C25YP,现场搅拌	m³	0.68			
19	010505008002	阳台板	C25YT,现场搅拌	m³	2.23			
20	010505010001	其他板	C25 现场搅拌	m³	28.58			
21	010506001001	直形楼梯	C25 现场搅拌	m²	46.66			
22	010507007001	其他构件	现浇混凝土压顶,240mm×60mm,C25 现场搅拌	m	37.44			
23	010507001001	散水	3:7 土垫层 150mm 厚,混凝土散水 60mm 厚,1:2.5 水泥砂浆面层 10mm 厚,C15 现场搅拌,油膏填缝	m²	53.10			

序号	项目编码	项目名称	项目特征描述	计量单位	工程量	金额（元）		
						综合单价	合价	其中：暂估价
24	010507001001	坡道	3：7土垫层150mm厚，混凝土坡道60mm厚，1：2.5水泥砂浆面层10mm厚，C15现场搅拌，油膏填缝	m²	8.64			
25	010508001001	后浇带	C25现场搅拌	m³	6.34			
26	010412002001	空心板	YKB33-22d,0.154m³/块；YKB36-22d,0.168m³/块；安装高度3.18m、6.18m；C30，M5.0水泥砂浆	m³	18.40			
27	010414001001	烟道	混凝土小型空心砌块，单件体积0.014m³，砌块强度等级MU20，M5.0混合砂浆	m³	2.69			
28	010414002001	其他构件	400mm高，间距200mm，直径60mm混凝土工艺柱；单件体积：0.00113m³，C30	m³	0.14			
29	010115001001	现浇构件钢筋	砌体拉结筋，热扎光面钢筋HPB300,φ6	t	0.691			
30	010115001002	现浇构件钢筋	热扎光面钢筋HPB300,φ6	t	1.095			
31	010115001003	现浇构件钢筋	热扎光面钢筋HPB300,φ6箍筋	t	1.632			
32	010115001004	现浇构件钢筋	热扎光面钢筋HPB300,φ8	t	1.190			
33	010115001005	现浇构件钢筋	热扎光面钢筋HPB300,φ10	t	0.354			
34	010115001006	现浇构件钢筋	热扎带肋钢筋HRB335(20MnSi),Φ12	t	3.285			
35	010115001007	现浇构件钢筋	热扎带肋钢筋HRB335(20MnSi),Φ14	t	0.773			
36	010115001008	现浇构件钢筋	钢筋种类、规格：热扎带肋钢筋HRB335(20MnSi),Φ16	t	0.471			
37	010115001009	现浇构件钢筋	热扎带肋钢筋HRB335(20MnSi),Φ18	t	0.071			
38	010115001010	现浇构件钢筋	热扎带肋钢筋HRB335(20MnSi),Φ22	t	0.160			
39	010901001001	瓦屋面	英红瓦420mm×332mm；1：2水泥砂浆	m²	300.78			
40	010902001001	屋面卷材防水	PVC橡胶卷材，1m×20m×1.2mm,FL-15胶粘剂粘结，普通水泥浆嵌缝，聚氨酯嵌缝膏	m²	87.31			
41	010902004001	屋面排水管	φ100PVC落水管，插接	m	20.70			

序号	项目编码	项目名称	项目特征描述	计量单位	工程量	金额(元)		
						综合单价	合价	其中:暂估价
42	010902004002	屋面排水管	φ38PVC散水管,水泥浆嵌固	m	0.90			
43	010903003001	砂浆防水	雨篷、女儿墙内侧抹20mm厚、掺5％防水粉,1∶2水泥砂浆	m²	41.26			
44	011001001001	保温隔热屋面	1∶12现浇水泥珍珠岩保温层(找坡),最薄处40mm厚	m²	59.95			
45	AB001	竣工清理	全面清扫清除建筑物2m以内的建筑垃圾,将建筑垃圾运至100m以内指定地点集中堆放	m³	2760.82			

总价措施项目清单与计价表　　　　　　　　附表5

工程名称：××联体别墅楼建筑工程

序号	项目编码	项目名称	计算基础	费率(%)	金额(元)	调整费率(%)	调整后金额(元)	备注
1	011707001	安全文明施工						
2	011707002	夜间施工						
3	011707003	二次搬运						
4	011707004	冬雨季施工						
5	011707005	已完工程及设备保护						
合计								

单价措施项目清单与计价表　　　　　　　　附表6

工程名称：××联体别墅楼建筑工程

序号	项目编码	项目名称	项目特征描述	计量单位	工程量	金额(元)	
						综合单价	合价
1	011701002001	外脚手架	双排钢管脚手架,高11m,水平垂直安全网	m²	824.11		
2	011701003001	里脚手架	双排钢管脚手架,高2.8m	m²	618.60		
3	011702008001	圈梁	工具式钢模板	m²	319.22		
4	011702003001	构造柱	工具式钢模板	m²	128.98		
5	011702006001	矩形梁	工具式钢模板,钢支撑	m²	21.09		
6	011702010001	弧形梁	木模板,木支撑	m²	24.26		
7	011702006001	矩形梁	工具式钢模板,钢支撑	m²	47.72		
8	011702009001	过梁	工具式钢模板,钢支撑	m²	10.33		
9	011702016001	平板	工具式钢模板,钢支撑	m²	163.28		
10	011702020001	斜板	工具式钢模板,钢支撑	m²	266.04		
11	011702030001	后浇带	现浇板带,工具式钢模板,钢支撑	m²	49.05		

续表

序号	项目编码	项目名称	项目特征描述	计量单位	工程量	金额（元）	
						综合单价	合价
12	011702024001	楼梯	工具式钢模板,钢支撑	m²	46.66		
13	011702023001	雨篷	工具式钢模板,钢支撑	m²	6.77		
14	011702023002	阳台	工具式钢模板,钢支撑	m²	30.62		
15	011702021001	栏板	工具式钢模板,钢支撑	m²	17.67		
16	011702025001	压顶	工具式钢模板,钢支撑	m²	8.99		
17	011703001001	垂直运输	塔式起重机	m²	768.89		
18	011705001001	大型机械设备进出场及安拆	混凝土基础、塔式起重机进出场及安拆	项	1		
			合　计				

其他项目清单与计价汇总表　　　　　　附表 7

工程名称：××联体别墅楼建筑工程

序号	项目名称	金额（元）	结算金额（元）	备注
1	暂列金额	100000.00		明细详见附表 8
2	暂估价	9000.00		
2.1	材料暂估价	—		单价明细详见附表 9
2.2	专业工程暂估价	9000.00		明细详见附表 10
3	计日工	—		不发生
4	总承包服务费			明细详见附表 11
	合　计	109000.00		

暂列金额表明细表　　　　　　附表 8

工程名称：××联体别墅楼建筑工程

序号	项目名称	计量单位	暂定金额（元）	备注
1	工程量清单中工程量偏差和设计变更	项	50000.00	
2	政策性调整和材料价格风险	项	40000.00	
3	其他	项	10000.00	
	合计		100000.00	

材料暂估单及调整价表　　　　　　附表 9

工程名称：××联体别墅楼建筑工程

序号	材料名称、规格、型号	计量单位	数量		暂估（元）		确认（元）		差额±（元）		备注
			暂估	确认	单价	合价	单价	合价	单价	合价	
1	预应力空心板	块			40.00、45.00、49.00						用于空心板清单项目
2	钢筋（规格、型号综合）	t			4800.00						用于现浇构件钢筋清单项目
	合计		—	—	—	—	—	—	—	—	

专业工程暂估价表　　　　　　　　　　　附表 10

工程名称：××联体别墅楼建筑工程

序号	工程名称	工程内容	暂估金额(元)	结算金额(元)	差额±(元)	备注
1	车库大门	制作、安装	9000.00			另行招标
	合计		9000.00			

总承包服务费计价表　　　　　　　　　　　附表 11

工程名称：××联体别墅楼建筑工程

序号	项目名称	项目价值(元)	服务内容	计费基础	费率(%)	金额(元)
1	专业工程总包服务费	9000.00	车库大门安装管理及缮后工作			
2	发包人供应材料总包服务费	45794.00	材料收发和保管			
	合计					

规费、税金项目清单与计价表　　　　　　　　附表 12

工程名称：××联体别墅楼建筑工程　　　　　　　第1页　共1页

序号	项目名称	计费基础	计算基数	计算费率(%)	金额
1	规费	1.1＋1.2＋1.3			－
1.1	社会保险费	定额人工费			
1.2	住房公积金	定额人工费			
1.3	工程排污费	按工程所在地环境保护部门收取标准,按实计入			
2	税金	分部分项工程费＋措施项目费＋其他项目费＋规费			
	合计				

5　定额工程量计算

以下工程量按《山东省建筑工程工程量计算规则》计算的，参考《山东省工程量清单计价规则》确定定额项目。

工程量计算表　　　　　　　　　　　附表 13

工程名称：××联体别墅楼建筑工程

编号	各项工程名称	项目内容及计算公式	单位	工程量
(一)	基数计算			
(1)	外墙中心线长度			
	一、二层	$L_中=(27.90＋12.00＋3.60)\times2$	m	87.00
	一、二层山墙外伸长度	$L_中=1.50\times2$	m	3.00
	夹层长度	$L_中=(27.90＋12.00＋2.10＋3.90\times2)\times2$	m	99.60
	夹层外墙9轴长度	$L_中=3.90$	m	3.90
(2)	内墙净长线长度			
	240墙一、二层内墙净线长度	$L_内=(横)3.60\times3\times3＋(竖)3.66\times8＋$ $1.86\times3＋4.50＋5.70＋2.40$	m	79.86
	240墙夹层内墙净长线总长度	$L_内=(横D、E轴)3.36\times6＋(竖3、7、11轴)$ $3.60\times3＋(5轴)5.76＋(9轴)7.86$	m	44.58
	120墙内墙净长线长度	$L_内=2.16\times3$	m	6.48
(3)	垫层净长线长度			
	J_1垫层净长度	$L_净=(E与3、11轴)(5.70＋5.70＋2.40－$ $0.65)\times2＋(E与5、7轴)5.70＋(5.70＋$ $2.40)\times2＋(9轴)5.70＋0.65－0.525$	m	54.03

续表

编号	各项工程名称	项目内容及计算公式	单位	工程量
	J_2 垫层净长度	$L_净$＝(横 D、E 轴)(3.60－1.54)×4＋(E 与 7～11 轴)3.60×2－1.54＋(C 轴)[(5.70－0.77－0.65)×2＋5.70－1.54]＋(竖 1、13 轴)(0.525＋1.50＋4.50＋3.90)×2＋(2、5、6、12 轴)(3.90－0.77－0.525)×4＋(4、8、9、10 轴)(3.90－0.65－0.525)×4＋(9 轴)2.40－1.30	m	69.89
	J_3 垫层净长度	$L_净$＝27.90＋3.60×3	m	38.70
	J_4 垫层净长度	$L_净$＝(2.40－1.30)×3	m	3.30
(4)	外墙外边线长度			
	首层外墙外边线长度	$L_外$＝(28.14＋12.24＋3.60)×2	m	87.96
	二层外墙外边线长度	$L_外$＝(28.14＋12.24＋2.10)×2	m	84.96
	夹层外墙外边线长度	$L_外$＝(28.14＋12.24＋2.10＋3.90×2)×2	m	100.56
(5)	外围面积			
	分块法计算首层面积	$S_首层$＝(C～G轴)28.14×8.64＋(车库凸出面积)(3.60×3＋0.24×2)×3.60	m²	283.74
	分块法计算二层面积	$S_二$＝(B～G轴)28.14×10.14＋(车库凸出面积)11.28×2.10＋(弓形面积)2/3×4.20×0.40×3	m²	312.39
	分块法计算夹层面积	$S_夹$＝(B～E轴)28.14×6.24＋(车库凸出面积)11.28×2.10＋(E～G轴)3.84×3.90×3	m²	244.21
(6)	房心净面积			
	分块法计算房心面积	$S_房$＝[(E～G轴)(3.60＋3.30＋2.40－0.24×3)×3.66＋(门厅)5.46×4.26＋(楼梯)3.60×2.16＋(车库)3.36×5.46＋(过人洞)(5.70－3.60－0.24)×0.24]×3	m²	243.69
(7)	建筑面积	252.60＋289.12＋227.17	m²	768.89
	底层建筑面积	$S_底建$＝($S_底$)283.74－(车库1/2主楼部分面积)(3.60×3－0.24×2)×2.10/2－(车库1/2凸出部分面积)(3.60×3＋0.24×2)×3.60/2	m²	252.60
	二层建筑面积	$S_二建$＝($S_底$)283.74＋(山墙外伸墙)1.50×0.24×2＋(阳台)[(矩形面积)5.46×1.50＋(弧形面积)2/3×4.20×0.40]×1/2×3	m²	289.12
	夹层建筑面积	$S_夹层$＝28.14×12.24－(车库两侧凹进面积)(5.70×3－0.24)×2.10－(露台面积)(5.70×3－0.24×2)×3.90－(净高不足2.1m部分)1/2×1.20×[(3.60＋0.24＋5.70)×3－0.24]	m²	227.17

（二）　土(石)方工程量计算

010101001001	平整场地	包括车库地面等处挖土，三类土，运距40m	m²	252.60
1-4-1	人工场地平整(外扩2m)	$S_首层$283.74＋$L_外$87.96×2＋16＋4.24×1.50×2＝488.38　或 32.14×12.64＋7.84×3.60＋11.44×3.60＋4.24×1.50×2＝488.38	m²	488.38

续表

编号	各项工程名称	项目内容及计算公式	单位	工程量
010101003001	挖沟槽土方	三类土,条形基础,深0.90m,运距40m	m³	195.61
1-2-10	人工挖地槽(坚土)	71.64+85.96+39.09+2.57	m³	199.26
	J_1	(1.54×0.30+1.44×0.60)×($L_{1净}$)54.03=71.64	m³	
	J_2	(1.30×0.30+1.40×0.60)×($L_{2净}$)69.89=85.96	m³	
	J_3	(1.05×0.30+1.15×0.60)×($L_{3净}$)38.70=39.09	m³	
	J_4	(0.80×0.30+0.90×0.60)×($L_{4净}$)3.30=2.57	m³	
1-2-3	人工挖土方(坚土2m内)	(车库、楼梯间再挖土)5.43×2.16×0.093×3	m³	3.27
1-2-47	余土外运(人力车运土40m)	199.26+3.27-(室内回填)59.02-(槽边回填)49.39	m³	94.12
1-4-4	基底钎探	(54.03+69.89+38.70+3.30)/1.00	眼	166
010103001001	回填方	室内夯填土,素土分层回填,机械夯实,运距40m	m³	59.02
1-4-11	室内夯填土	[($S_{房}$)243.69-(楼梯)3.60×2.16×3-(车库)3.36×5.46×3]×0.357	m³	59.02
010103001002	回填方	基础填土,素土分层回填,机械夯实,运距40m	m³	49.39
1-4-13	槽边夯填土	(挖方)195.61-(垫层)217.34×0.30-(J)[98.52-(设计室外地坪以上部分)(J_1、J_2、J_3)0.24×0.36×(54.96+88.26+38.70)-(J_4)0.12×0.06×6.48-(J_1放脚部分)0.0625×2×0.126×2×54.96]	m³	49.39

（三）砌筑工程量计算

编号	各项工程名称	项目内容及计算公式	单位	工程量
010401001001	砖基础	MU10机制红砖,M5.0水泥砂浆砌筑	m³	98.52
3-1-1	砖基础 M5.0水泥砂浆砌筑	37.32+44.84+14.40+1.96	m³	98.52
	J_1 面积	$S_{断}$=(JQL下墙基面积)0.24×(1.20-0.24)+(最上两台折加面积)0.0625×3×0.126×2+(最下台以上中间折加面积)0.0625×5×0.126×3.5×2+(最下台折加面积)(1.24-0.24)×0.126=0.679	m²	
	J_1 长度	L=(E轴)5.70×3-0.24+(3、5、7、11轴)8.10×4+(9轴)5.70=54.96	m	
	J_1 体积	V=0.679×54.96=37.32	m³	
	J_2 面积	$S_{断}$=(最下三台面积)(1.00-0.0625×2)×(0.126+0.063+0.126)+(第三台)(0.24+0.0625×6)×0.063+(上二台)(0.24+0.0625×3)×(0.126+0.126)+(JQL下部)0.24×(0.30+0.06)=0.508	m²	

续表

编号	各项工程名称	项目内容及计算公式	单位	工程量
	J_2 长度	$L=$（横 D 和 E 轴）$3.36\times6+$（C 轴）$5.46\times$ $3+$（竖 1、13 轴）$(0.12+9.90)\times2+$（E～G 轴） $3.66\times8+$（9 轴）$2.40=88.26$	m	
	J_2 体积	$V=0.508\times88.26=44.84$	m³	
	J_3 面积	$S_断=$（最下三台面积）$(0.75-0.0625\times2)\times$ $(0.126+0.063+0.126)+$（上台）$(0.24+$ $0.0625\times2)\times0.126+$（JQL 下部）$0.24\times$ $(0.48+0.06)=0.372$	m²	
	J_3 长度	$L=27.90+3.60\times3=38.70$	m	
	J_3 体积	$V=0.372\times38.70=14.40$	m³	
	J_4 面积	$S_断=$（最下台面积）$0.50\times0.42\times3/7+$ $(0.50-0.0625\times2)\times0.42\times4/7+$（JQL 下部） $(0.24\times0.48+0.12\times0.06)=0.302$	m²	
	J_4 长度	$L=(2.40-0.24)\times3=6.48$	m	
	J_4 体积	$V=0.302\times6.48=1.96$	m³	
3-5-6	砂浆用砂过筛	（砌体）$98.52\times$（砂浆含量）$0.236\times$（砂含量）1.015	m³	23.60
010401003001	实心砖墙	240 砖墙 M5.0 混合砂浆	m³	254.29
3-1-14	240 砖墙 m5.0 混合砂浆	$(1196.13-154.59)\times0.24+2.09-2.70$	m³	249.36
（1）	一层垂直面积计算			
	一层外墙长度	$L=(L_中)87.00+$（山墙外伸长度）$3.00-$ $(GZ)0.24\times19=85.44$	m	
	一层内墙总长度	$L=(L_内)79.86-(GZ)0.24\times13=76.74$	m	
	一层外墙高度	$H=3.30-$（QL 高）$0.24=3.06$	m	
	一层内墙高度	$H=3.30-$（板厚）$0.12-$（QL 高）$0.24=2.94$	m	
	一层垂直面积	$S=85.44\times3.06+76.74\times2.94-$（第二层 QL）[（E 轴）$3.36\times3+$（5 轴）$2.16+$（3、5、7、11 轴）$3.36\times4$]$\times0.24=480.90$	m²	
（2）	二层垂直面积计算			
	二层外墙长度	$L=(L_中)87.00+$（山墙外伸长度）$3.00-$ $(GZ)0.24\times19=85.44$	m	
	二层内墙总长度	$L=(L_内)79.86-(GZ)0.24\times13=76.74$	m	
	二层外墙高度	$H=3.00-$（QL 高）$0.24=2..76$	m	
	二层内墙高度	$H=3.00-$（板厚）$0.12-$（QL 高）$0.24=2.64$	m	
	二层垂直面积	$S=85.44\times2.76+76.74\times2.64-$（第二层 QL）[（E 轴）$3.36\times3+$（5 轴）$2.16+$（3、5、7、11 轴）$3.36\times4$]$\times0.24=432.25$	m²	
（3）	夹层垂直面积计算			
	A 轴	$S=3.36\times(1.50+1.00/2-$QL $0.24\times2)\times3$ $=15.32$	m²	
	B 轴	$S=5.46\times1.10\times3=18.02$	m²	

编号	各项工程名称	项目内容及计算公式	单位	工程量
	D轴	$S=3.36\times[3.00-(QL)0.24]\times3=27.82$	m²	
	E轴	$S=3.36\times3.00\times3+[3.30+2.40-(GZ)0.24\times2]\times3.00\times3=77.22$	m2	
	G轴	$S=3.36\times1.10(到梁底)\times3=11.09$	m2	
	1、13轴	$S=[12.00-2.10-(GZ)0.24\times3]\times[1.50-0.08-(QL高)0.24]\times2+(梯形面积)[(2.60-1.00)\times(12.00-2.10+0.24)/2.60-0.24\times2+12.00-2.10-(GZ)0.24\times3]\times(1.00-0.24)/2\times2=33.02$	m²	
	2、6、12轴	$S=3.66\times[1.50+2.10/2-0.08-(QL高)0.24]\times3=24.48$	m²	
	3、7、11轴	$S=(5.70-2.10-0.24\times2)\times[1.50+2.10/2-0.08-(QL高)0.24]\times3+2.10\times[1.50-0.08-(QL高)0.24]\times3=28.30$	m²	
	5、9轴	$S=[12.00\times2-(GZ)0.24\times8]\times[1.50-0.08-(QL高)0.24]+(三角形面积)[(12.00-2.10+0.24)\times2-(GZ)0.24\times8]\times[2.60-(QL高)0.24]/2=47.71$	m²	
	夹层垂直面积	$S=15.32+18.02+27.82+77.22+11.09+33.02+24.48+28.30+47.71=282.98$	m²	
(4)	240砖墙垂直面积合计	$480.90+432.25+282.98=1196.13$	m²	
(5)	减门窗洞口面积	$S=(FM)3.51\times3+(KM)5.25\times3+(M1)1.52\times3+(M3)2.16\times15+(M4)1.68\times6+(M6)2.34\times3+(M7)1.89\times3+(C1)4.32\times6+(C2)1.89\times6+(C3)1.62\times6+(C4)1.26\times6+(C6)1.44\times3+(C7)1.26\times6+(KC)0.72\times3=154.59$	m²	
(6)	女儿墙	$V=[5.46\times(0.90-0.06)-(预制工艺柱花格长度)4.20\times(工艺柱高)0.40]\times3\times0.24=2.09$	m³	
(7)	扣通风道	$V=0.24254.290\times(7.80-0.30)(离地面300mm)\times3=2.70$	m³	
3-5-6	砂浆用砂过筛	(砌体)$254.29\times$(砂浆含量)$0.225\times$(砂含量)1.015	m³	58.07
010401003002	实心砖墙	115砖墙 M5.0 混合砂浆	m³	5.91
3-1-12	115砖墙 M5.0 混合砂浆	$(21.15+17.88+12.37)\times0.115$	m³	5.91
	F轴	$S=2.16\times6.30\times3-(M4)1.68\times6-(C5)1.08\times6-(QL)2.16\times0.24\times6=21.15$	m²	
	厨房隔墙	$S=3.36\times3.30\times3-(M5)2.16\times6-(QL)3.36\times0.24\times3=17.88$	m²	
	楼梯隔墙	$S=[(横)2.25\times(1.65/2+0.45)+(竖)1.23\times(1.65+0.45)-(M2)1.33]\times3=12.37$	m²	

续表

编号	各项工程名称	项目内容及计算公式	单位	工程量
3-5-6	砂浆用砂过筛	（砌体）5.91×（砂浆含量）0.195×（砂含量）1.015	m³	1.17
010401012001	零星砌砖	M5.0水泥砂浆砌筑砖台阶	m²	3.55
3-1-27	砖台阶 M5.0水泥砂浆	（楼梯间台阶）(1.05+0.06)×(0.25×3)×3+（夹层台阶）(0.90+0.50)×0.25×3	m²	3.55
3-5-6	砂浆用砂过筛	（砌体）3.55×（砂浆含量）0.2407×（砂含量）1.015	m³	0.87
010403008001	石台阶	混凝土垫层上铺机制花岗石台阶	m³	1.29
3-5-4	方整石台阶	（台阶）(1.80+0.33)×0.30×4×3+（翼墙）	m²	7.67
010404001001	垫层	3∶7灰土条基垫层	m³	65.20
2-1-1换	3∶7灰土条基垫层	24.96+27.26+12.19+0.79	m³	65.20
	J_1	1.54×0.30×54.03=24.96	m³	
	J_2	1.30×0.30×69.89=27.26	m³	
	J_3	1.05×0.30×38.70=12.19	m³	
	J_4	0.80×0.30×3.30=0.79	m³	

（四）　混凝土工程量计算

编号	各项工程名称	项目内容及计算公式	单位	工程量
010502002001	构造形柱	C25现浇钢筋混凝土构造柱，柱截面尺寸240mm×240mm	m³	16.95
4-2-20	混凝土构造柱 C25（0.24×0.24）	2.26+0.91+3.06+2.87+5.61+2.24	m³	16.95
	A轴 体积V	0.24×0.24×7.86×5=2.26	m³	
	B轴 体积V	0.24×0.24×7.86×2=0.91	m³	
	C轴 体积V	0.24×0.24×8.86×6=3.06	m³	
	D轴 体积V	0.24×0.24×9.96×5=2.87	m³	
	E轴 体积V	0.24×0.24×[9.96×10−（山墙柱高)1.10×2]=5.61	m³	
	G轴 体积V	0.24×0.24×[7.86×4+(2、6、12轴)1.50×3+(9轴加柱)3.00]=2.24	m³	
4-4-16	构造柱现场混凝土搅拌	16.95×1.000（混凝土含量系数）	m³	16.95
010503002001	矩形梁	C25现浇钢筋混凝土矩形梁，梁截面尺寸240mm×370mm	m³	1.45
4-2-24	混凝土单梁 C25	0.67+0.78	m³	1.45
	C25XL1 体积V	0.24×0.25×1.86×3×2=0.67	m³	
	C25XL2 体积V	0.24×0.25×2.16×3×2=0.78	m³	
4-4-16	单梁现场混凝土搅拌	1.45×1.015（混凝土含量系数）	m³	1.47
010503006001	弧形、拱形梁	C25现浇钢筋混凝土弧形、拱形梁，梁截面尺寸240mm×370mm	m³	2.06
4-2-24	弧形、拱形梁	1.16+0.90	m3	2.06

编号	各项工程名称	项目内容及计算公式	单位	工程量
	C25XLL1 体积 V	$0.24 \times 0.29 \times 5.56 \times 3 = 1.16$	m^3	
	C25XLL3 体积 V	$0.24 \times 0.29 \times 4.30 \times 3 = 0.90$	m^3	
4-4-16	弧形梁现场混凝土搅拌	2.06×1.015(混凝土含量系数)	m^3	2.09
010503004001	圈梁	C25 现浇钢筋混凝土圈梁,梁截面 240mm×240mm、120mm×240mm	m^3	37.11
4-2-26	混凝土圈梁 C25	$10.85 + 26.71 + 0.37 - 0.24 - 0.58$	m^3	37.11
	C25JQL 体积 V	$0.24 \times 0.24 \times$(基础总长度)$(54.96 + 88.26 + 38.70 + 6.48) = 10.85$	m^3	
	C25QL₁ 体积 V	$0.24 \times 0.24 \times$[(一、二层长度)$(85.44 + 76.74) \times 2 +$(夹层长度)(A 轴)$3.36 \times 3 +$(B 轴)$5.46 \times 3 +$(D 轴)$3.36 \times 3 +$(E 轴)$(27.90 - 0.24 \times 9) +$(G 轴)$3.36 \times 3 +$(1、13 轴)$(9.90 - 0.24 \times 3) \times 2 +$(2、6、12 轴)$3.66 \times 3 +$(3、7、11 轴)$(5.70 - 0.24 \times 2) \times 3 +$(5、9 轴)$(12.00 \times 2 - 0.24 \times 8)] = 26.71$	m^3	
	C25QL₂ 体积 V	$0.12 \times 0.24 \times 2.16 \times 3 \times 2 = 0.37$	m^3	
	减 KC 上部 GL 体积 V	$0.24 \times 0.24 \times (0.90 + 0.50) \times 3 = -0.24$	m^3	
	减 KM 上部无 QL 体积 V	$0.24 \times 0.24 \times (3.60 - 0.24) \times 3 = -0.58$	m^3	
4-4-16	圈梁混凝土搅拌	37.11×1.015(混凝土含量系数)	m^3	37.67
010503005001	过梁	C25 现浇钢筋混凝土雨篷梁,梁截面 240mm×300mm	m^3	0.92
4-2-27	混凝土过梁 C25	(YPL)$(0.24 \times 0.30 + 0.12 \times 0.06) \times (3.60 + 0.24) \times 3 +$ (KC)$(0.90 + 0.50) \times 0.24 \times 0.12 \times 3$	m^3	0.92
4-4-16	过梁混凝土搅拌	0.92×1.015(混凝土含量系数)	m^3	0.93
010505003001	平板	C25XB,厚度 120mm、80mm	m^3	23.32
4-2-38	C25 混凝土平板	$18.77 + 2.32 + 2.23$	m^3	23.32
	厚度 120mm 现浇板体积 V	[$5.70 \times 4.62 -$(楼梯梁部分)$2.16 \times 0.12] \times 3 \times 2$(层)$\times 0.12 = 18.77$	m^3	
	二层厚度 80mm 现浇板体积 V	$2.40 \times 4.02 \times 3 \times 0.08 = 2.32$	m^3	
	夹层厚度 80mm 现浇板体积 V	[(矩形面积)$5.46 \times 1.50 +$(弧形面积)$2/3 \times 4.20 \times 0.40] \times 0.08 \times 3 = 2.23$	m^3	
4-4-16	平板混凝土搅拌	23.32×1.015(混凝土含量系数)	m^3	23.67
010505006001	栏板	C25 现浇混凝土栏板	m^3	0.53
4-2-51	C25 混凝土栏板	[(B 轴)$(6.04 - 0.24 \times 2) \times 0.84 -$(弧形梁长)$4.30 \times$(工艺柱高)$0.40] \times 3 \times 0.06$	m^3	0.53
4-4-17	栏板混凝土搅拌	0.53×1.015(混凝土含量系数)	m^3	0.54
010505008001	雨篷	C25YP	m^3	0.68

续表

编号	各项工程名称	项目内容及计算公式	单位	工程量
4-2-49	C25 混凝土雨篷（80 厚）面积 S	（雨篷板）0.60×（3.84＋7.44）＋（翻檐）0.34×（3.84＋7.44＋0.54×4）	m²	11.34
4-2-65	C25 混凝土雨篷（减 20 厚）面积 S	11.34×2	m²	−22.68
4-4-17	雨篷混凝土搅拌	11.34×0.100（混凝土含量系数）−22.68×0.0102（混凝土含量系数）	m³	0.90
010505008002	阳台板	C25YT	m³	2.23
4-2-47	C25 混凝土阳台（100 厚）面积 S	［（矩形面积）5.46×1.50＋（弧形面积）2/3×4.20×0.40］×3	m²	27.93
4-2-65	C25 混凝土阳台（减 20 厚）面积 S	27.93×2	m²	−55.86
4-4-17	阳台混凝土搅拌	27.93×0.100（混凝土含量系数）−55.86×0.0102（混凝土含量系数）	m³	2.22
010505009001	其他板	C25 现浇混凝土斜板	m³	28.57
4-2-41	混凝土斜板 C25	23.97＋0.28＋4.33	m³	28.58
	C25 斜板 体积 V	［（28.14＋0.06×2）×（0.06＋7.24＋0.06）＋（3.84＋0.06×2）×2.90×3＋（3.84＋0.06×2）×2.10＋（7.44＋0.06×2）×2.10］×1.124（坡度系数）×0.08＝23.97	m³	
	老虎窗斜板增加体积 V	（3.42−2.83）×6×0.08＝0.28	m³	
	C25 板下梁体积 V	0.39＋1.14＋0.88＋0.42＋0.20＋0.39＋0.31＋0.60＝4.33	m³	
		C25XL2 V＝0.24×0.25×2.16×3＝0.39	m³	
		C25XLL2 V＝0.24×0.29×5.46×3＝1.14	m³	
		C25WL1 V＝0.24×0.32×5.70×2＝0.88	m³	
		C25WL2 V＝0.24×0.32×5.46＝0.42	m³	
		C25WL3 V＝0.24×0.22×3.84＝0.20	m³	
		C25WL4 V＝0.24×0.22×7.44＝0.39	m³	
		C25WLL1 V＝0.24×0.22×5.94＝0.31	m³	
		C25WLL2 V＝0.24×0.22×11.40＝0.60	m³	
4-4-16	斜板混凝土搅拌	28.58×1.025（混凝土含量系数）	m³	29.29
010506001001	直形楼梯	C25 现浇混凝土直形楼梯	m³	46.66
4-2-42	混凝土楼梯 C25（板厚 100mm）面积 S	2.16×3.60×2×3	m²	46.66
4-2-46	板厚减 10mm	46.66×1	m²	−46.66
4-4-17	楼梯混凝土搅拌	46.66×0.219（混凝土含量系数）−46.66×0.011（混凝土含量系数）	m³	9.71
010507001001	其他构件	C25 现浇混凝土压顶 240mm×60mm	m	37.44

续表

编号	各项工程名称	项目内容及计算公式	单位	工程量
4-2-58	现浇混凝土压顶 C25240mm×60mm	[(G轴)5.46×3＋(B轴)(6.04－0.24×2)×3＋(9轴)3.90×1.124(坡度系数)]×0.24×0.06	m³	0.54
4-4-17	压顶混凝土搅拌	0.54×1.015(混凝土含量系数)	m³	0.55
010507002001	散水	C15 混凝土散水	m²	53.10
8-7-49	C15 混凝土散水	[28.14＋(9.90＋0.12×5)×2＋(车库两侧)(2.10＋0.12＋0.75)×4－(第一台宽)0.30×3]×0.75＋(折角增加面积)0.75×0.75×6＋(台阶侧边部分)(5.46－1.80－0.30)×1.38	m²	53.10
4-4-17	散水混凝土搅拌	53.10×0.0606(混凝土含量系数)	m³	3.22
010507002002	坡道	C15 混凝土坡道	m²	8.64
8-7-53	C15 混凝土坡道(100mm 厚)	(3.60＋0.24)×0.75×3	m²	8.64
8-7-54	C15 混凝土坡道(每增减 20mm 厚)	8.64×2	m²	－17.28
4-4-17	坡道混凝土搅拌	8.64×0.101(混凝土含量系数)－17.28×0.0202(混凝土含量系数)	m³	0.52
010508001001	后浇带	C25 现浇混凝土后浇带	m³	6.34
4-2-61	厚度 120mm 现浇板带	[(E～G 轴)0.66×(3.30＋3.60)×3×2＋0.66×2.40×3＋(车库)0.96×3.60×3×2]×0.12	m³	6.34
4-4-16	后浇带混凝土搅拌	6.34×1.005(混凝土含量系数)	m³	6.37
010512002001	空心板		m³	18.40
10-3-168	塔式起重机安装空心板(不焊接)	(12.10＋4.62＋1.68)×1.01(损耗率)	m³	18.58
	C30YKBL36－22	(二层)10＋5＋21＋(夹层)5＋5＋5＋21＝72	块	
	体积 V	72×0.168＝12.10	m³	
	C30YKBL33－22	(二层)5＋5＋5＋(夹层)15＝30	块	
	体积 V	30×0.154＝4.62	m³	
	C30YKBL24－42	(夹层)15	块	
	体积 V	15×0.112＝1.68	m³	
10-3-170	空心板灌缝	12.10＋4.62＋1.68	m³	18.40
010514001001	烟道	C25 混凝土多孔烟道	m³	2.69
3-3-51	混凝土烟风道 C20	(10.40－0.90－0.30)×(0.24×0.50－3.14×0.06×0.06×2)×3	m³	2.69
010514002001	其他构件	400mm 高混凝土工艺柱,间距 200mm,直径 60mm	m³	0.14
3-3-55	混凝土工艺柱砌筑	[(弧形梁上)4.30＋(女儿墙上)4.20]×0.40×3	m²	10.20

(五) 现浇混凝土钢筋计算

1. 拉结筋

编号	各项工程名称	项目内容及计算公式	单位	工程量
(1)	L形墙角处φ6钢筋 n	$(52+51+30+8)\times2=282$	根	
	L形墙角处φ6钢筋 L	$(1.00-0.04+3.5\times0.006)\times2\times282=553.28$	m	
(2)	T形墙角处φ6钢筋 n	$(90+9+1+4\times2)\times2=216$	根	
	T形墙角处φ6钢筋 L	$(0.30+0.20+1.00+3.5\times0.006\times2)\times216=333.07$	m	
(3)	构造柱与墙体处φ6钢筋 n	$(180+196+78+8)\times2=924$	根	
	构造柱与墙体处φ6钢筋 L	$1.915\times924=1769.46$	m	
2. 梁钢筋				
(1)	JQL 4Φ12 L	$188.40\times4+9.60+1.20\times41=812.40$	m	
	φ6钢筋 n	$(188.40-32\times0.24)/0.2+25\approx929$	根	
	φ6箍筋 L	$0.91\times929=845.39$	m	
(2)	QL1 4Φ12 L	$435\times4+0.40\times4\times12+0.40\times3\times26=1790.40$	m	
	φ6箍筋 n	$435.00/0.2+23\approx2198$	根	
	φ6箍筋 L	$0.91\times2198=2000.18$	m	
	圈梁兼过梁附加筋Φ12 L	$17.04+9.72+28.26+8.52+7.62+9.42+8.52=89.10$	m	
(3)	QL2 4Φ12 L	$(6.48+0.24+0.40\times3\times4)\times2=23.04$	m	
	φ6箍筋 n	$(7.20+0.48-0.025\times4)/0.2+1+1\approx40$	根	
	φ6箍筋 L	$[(0.24+0.12)\times2-0.05]\times40=26.80$	m	
(4)	GL 4Φ12 L	$231.60+96.00=327.60$	m	
	φ6箍筋 n_1	$57.90/0.15+42\approx428$	根	
	φ6箍筋 L_1	$0.91\times428=389.48$	m	
	φ6箍筋 n_2	$24.00/0.15+18\approx178$	根	
	φ6箍筋 L_2	$0.67\times178=119.26$	m	
(5)	XL1 2Φ12 L	$2.04\times6\times2=24.48$	m	
	3Φ16 L	$2.04\times6\times3=36.72$	m	
	φ6箍筋 n	$(2.04/0.15+1)\times6\approx88$	根	
	φ6箍筋 L	$1.17\times88=102.96$	m	
(6)	XL2 2Φ12 L	$2.84\times9\times2=51.12$	m	
	3Φ16 L	$2.84\times9\times3=76.68$	m	
	φ6箍筋 n	$(2.84/0.15+1)\times9\approx60$	根	
	φ6箍筋 L	$1.17\times60=70.20$	m	
(7)	XLL1 2Φ12 L	$5.17\times3\times2=31.02$	m	
	3Φ16 L	$5.17\times3\times3=46.53$	m	

编号	各项工程名称	项目内容及计算公式	单位	工程量
	φ6 箍筋 n	$(5.17/0.15+1)×3≈105$	根	
	φ6 箍筋 L	$1.17×105=122.85$	m	
(8)	XLL2 2Φ12 L	$5.94×3×2=35.64$	m	
	3Φ16 L	53.46	m	
	φ6 箍筋 n	$41×3≈123$	根	
	φ6 箍筋 L	$1.17×123=143.91$	m	
(9)	XLL3 2Φ12 L	$4.34×3×4=52.08$	m	
	φ6 箍筋 n	$30×3≈90$	根	
	φ6 箍筋 L	$1.17×90=105.30$	m	
(10)	WL1 2Φ12 L	$3.94×3×2=23.64$	m	
	3Φ18 L	35.46	m	
	φ6 箍筋 n	$(3.94/0.15+1)×3≈82$	根	
	φ6 箍筋 L	$1.23×82=100.86$	m	
(11)	WL2 2Φ12 L	$5.94×3×2=35.64$	m	
	3Φ22 L	53.46	m	
	φ6 箍筋 n	$(5.94/0.15+1)×3≈123$	根	
	φ6 箍筋 L	$1.23×123=151.29$	m	
(12)	WL3 3Φ14 L	$3.94×6=23.64$	m	
	φ6 箍筋 n	$3.94/0.15+1≈27$	根	
	φ6 箍筋 L	$1.03×27=27.81$	m	
(13)	WL4 3Φ14 L	$7.44×6=44.64$	m	
	φ6 箍筋 n	$7.44/0.15+1≈51$	根	
	φ6 箍筋 L	$1.03×51=52.53$	m	
(14)	WLL1 3Φ12 L	$5.94×4=23.76$	m	
	φ6 箍筋 n	$5.94/0.15+1≈41$	根	
	φ6 箍筋 L	$1.03×41=42.23$	m	
(15)	WLL2 2Φ12 L	$11.64×4=46.56$	m	
	φ6 箍筋 n	$11.64/0.15+1≈79$	根	
	φ6 箍筋 L	$1.03×79=81.37$	m	
3. 柱钢筋				
(1)	GZ1 2Φ14L	$(67.00+13.75+62.25)×4=572$	m	
	φ6 箍筋 n	$(36+12)×8+(30+8)×2+(44+16)×6+6≈826$	根	
	φ6 箍筋 L	$0.91×826=751.66$	m	
(2)	GZ2 2Φ12L	$25.125+6.875×4+10.375×9=146.00$	m	
	φ6 箍筋 n	$48×3+38×4+60×9≈836$	根	
	φ6 箍筋 L	$0.91×836=760.76$	m	

编号	各项工程名称	项目内容及计算公式	单位	工程量
4. 楼梯钢筋				
(1)	TL 2Φ12L	2.84×2×2×3=34.08	m	
	2Φ16 L	2.84×3×2×3=51.12	m	
	ϕ6 箍筋 n	(2.84/0.15+1)×2×3≈120	根	
	ϕ6 箍筋 L	1.03×120=123.60	m	
(2)	TQL 2.3Φ12 L	2.64×3×5×3=118.80	m	
	ϕ6 箍筋 n	(2.64/0.15+1)×3×3≈171	根	
	ϕ6 箍筋 L	1.03×171=176.13	m	
(3)	休息平台 ϕ6 L	2.84×5+25×0.37+20×1.12=45.85	m	
(4)	TB ϕ6 n	(根号(2.252+1.502)/0.15+1+12)×4×3≈372	根	
	TB ϕ6 L	(1.05+12.50×0.006)×372=418.50	m	
	TB ϕ10 n	(1.17/0.15+1)×4×3≈108	根	
	TB ϕ10 L	(2.78+1.26×2)×108=572.40	m	
5. 板钢筋				
(1)	E~G ϕ6@150 n_1	[(3.90−0.24+2.40−0.24)/0.15+2]×2≈82	根	
	L_1	0.66×82=54.12	m	
	n_2	(2.40−0.24)/0.15+1≈16	根	
	L_2	1.36×16=21.76	m	
	n_3	[(3.90+0.24−0.48)/0.15+2]×2×2≈108	根	
	L_3	0.66×164=71.28	m	
	n_4	(2.40×2−0.24)/0.15+1≈32	根	
	L_4	1.36×32=43.52	m	
	ϕ8@150 n_1	(2.40−0.24)/0.15+1≈15	根	
	L_1	4.00×15=60.00	m	
	n_2	(3.90−0.24)/0.15+1≈25	根	
	L_2	2.50×25=62.50	m	
	n_3	[(2.40−0.24)/0.15+1]×2≈32	根	
	L_3	4.00×32=128.00	m	
	n_4	(3.90−0.24)/0.15+1≈26	根	
	L_4	4.90×26=127.40	m	
(2)	C~E ϕ6@150 n	111+174≈285	根	
	L	1.36×285=387.60	m	
	ϕ8@150 n	111	根	
	L	1.36×111=150.96	m	
(3)	B~C ϕ6@150 n	54+111≈165	根	
	L	0.66×165=108.90	m	

编号	各项工程名称		项目内容及计算公式	单位	工程量
	φ8@150	n	$[(5.70-0.24)/0.15+1]\times3=111$	根	
		L	$1.636\times111=181.60$	m	
(4)	C~E Φ12@150	n	111	根	
		L	$4.65\times111=516.15$	m	
	Φ12@180	n	$[(4.50-0.24)/0.15+1]\times3=89$	根	
		L	$5.85\times87=520.65$	m	
(5)	夹层板φ6	L	$387.6+108.90=496.50$	m	
	φ8	L	$150.96+181.60=332.56$	m	
	Φ12@150	L	516.15	m	
	Φ12@180	L	508.95	m	
(6)	屋顶 φ6@150	L	$698\times1.16+0.66\times185+1.26\times25+1.16\times185+2.475\times78+1.875\times75+1.4\times222=1826.06$	m	
	φ8@150	L	$4.40\times76+4.07\times84+5.80\times135+4.070\times117+2.50\times129+3.70\times69=1808.57$	m	
(7)	老虎窗增设 2φ8	L	$2\times3\times6\times4.50=162.00$	m	
(8)	马凳钢筋 2φ6	n	$115+87+191+24=417$	根	
		L	$(2\times0.08+0.20)\times417=150.12$	m	

6. 雨篷、栏板钢筋

编号	各项工程名称		项目内容及计算公式	单位	工程量
(1)	雨篷Φ16	L	$3.79\times3\times3=34.11$	m	
	Φ12	L	$3.79\times3\times3=34.11$	m	
	φ6 箍筋	n	$(3.79/0.15+1)\times3\approx78$	根	
		L	$(0.24+0.30)\times2\times78=84.24$	m	
	φ6 折筋	n	$(4.95/0.15+1)\times3\approx102$	根	
		L	$(0.80+0.34+12.5\times0.006)\times102=123.93$	m	
	φ6 分布筋 L		$3.79\times5\times3=56.85$	m	
(2)	栏板φ6 立筋	n	$(5.56/0.15+1)\times3\approx114$	根	
		L	$(0.35+0.84+12.5\times0.006)\times114=144.21$	m	
	φ6 分布筋	L	$5.56\times6\times3=100.08$	m	
(3)	压顶 φ6 横筋	n	$37.44/0.15+6\approx256$	根	
		L	$0.20\times256=51.20$	m	
	φ6 分布筋	L	$37.44\times3=112.32$	m	

7. 钢筋合计

编号	各项工程名称	项目内容及计算公式	单位	工程量
010515001001	现浇构件钢筋	φ6 拉结筋(HPB235)	t	0.691
4-1-98	砌体加固筋φ6.5 以内	$(553.28+333.07+1769.46)\times0.260$	kg	690.51
010515001002	现浇构件钢筋	φ6 直筋(HPB235)	t	1.095
4-1-2	φ6.5 直筋(HPB235) Q	$(45.85+418.50+54.12+21.76+71.28+43.52+387.60+108.90+496.50+1826.06+150.12+123.93+56.85+144.21+100.08+51.20+112.32)\times0.260$	kg	1095.33

续表

编号	各项工程名称	项目内容及计算公式	单位	工程量
010515001003	现浇构件钢筋	φ6箍筋（HPB235级）	t	1.632
4-1-52	φ6.5箍筋（HPB235）Q	（845.39＋2000.18＋26.80＋389.48＋119.26＋102.96＋70.20＋122.85＋143.91＋105.30＋100.86＋151.29＋27.81＋52.32＋42.23＋81.37＋751.66＋760.76＋123.60＋176.13＋84.24）×0.260	kg	1632.43
010515001004	现浇构件钢筋	φ8直筋（HPB235）	t	1.190
4-1-3	φ8（HPB235）Q	（60.00＋62.50＋128.00＋127.40＋150.96＋181.60＋332.56＋1808.57＋162.00）×0.395	kg	1190.37
010515001005	现浇构件钢筋	φ10（HPB235）	t	0.353
4-1-4	φ10（HPB235）Q	572.40×0.617	kg	353.17
010515001006	现浇构件钢筋	Φ12（HRB335）	t	3.285
4-1-13	Φ12（HRB335）Q	（812.40＋1790.40＋89.10＋23.04＋327.60＋24.28＋51.12＋31.02＋35.64＋52.08＋23.64＋35.64＋23.76＋46.56＋146.00＋34.08＋118.80＋34.11）×0.888	kg	3284.95
010515001007	现浇构件钢筋	Φ14（HRB335）	t	0.773
4-1-14	Φ14（HRB335）Q	640.28×1.208	kg	773.00
010515001008	现浇构件钢筋	Φ16（HRB335）	t	0.471
4-1-15	Φ16（HRB335）Q	（264.51＋34.11）×1.578	kg	471.22
010515001009	现浇构件钢筋	Φ18（HRB335）	t	0.071
4-1-16	Φ18（HRB335）Q	35.46×1.998	kg	71.00
010515001010	现浇构件钢筋	Φ22（HRB335）	t	0.160
4-1-18	Φ22（HRB335）Q	53.46×2.984	kg	160.00

（六）屋面及防水工程量计算

编号	各项工程名称	项目内容及计算公式	单位	工程量
010901001001	瓦屋面	混凝土斜板上，1：2水泥砂浆铺英红瓦	m²	300.78
6-1-15	英红瓦屋面	299.70＋1.08	m²	300.78
	混凝土斜板面积 S	（28.26×7.36＋3.96×2.90×3＋3.96×2.10＋7.56×2.1）×1.124（坡度系数）＝299.70	m²	
	老虎窗斜板增加面积 S	（3.42－3.24）×6＝1.08	m²	
6-1-16	正斜脊瓦	27.9－2.85×2＋根号下［12.852×（4.50－1.20)2]×4	m	41.64
010902001001	屋面卷材防水	PVC橡胶卷材屋面防水	m²	87.31
6-2-44	PVC橡胶卷材防水	（水平）5.46×3.66×3＋（弯起）（5.46＋3.66）×2×0.50×3	m²	87.31
9-1-1	1：3水泥砂浆在混凝土板上找平20mm厚	5.46×3.66×3	m²	59.95
9-1-2	1：3水泥砂浆在填充材料上找平20mm厚	5.46×3.66×3	m²	59.95
9-1-3	1：3水泥砂浆在填充材料上减5mm厚	5.46×3.66×3	m²	－59.95

编号	各项工程名称	项目内容及计算公式	单位	工程量
010902004001	屋面排水管	ϕ100PVC落水管	m	20.70
6-4-9	ϕ100 塑料排水管	(檐口到散水高度)(6.30＋0.60)×3	m	20.70
6-4-22	弯头落水口	3	个	3
6-4-10	水斗	3	个	3
010902004002	屋面排水管	ϕ38PVC散水管	m	0.90
6-4-9(换)	ϕ38 塑料散水管	0.15×6	m	0.90
010903003001	墙面砂浆防水		m²	41.26
6-2-11	砂浆防水雨篷内侧抹防水砂浆 S	13.90＋27.36＝(水平)(3.60＋0.24＋3.60×2＋0.24)×0.60＋(两侧立面)(3.60＋0.24－0.12＋3.60＋3.60＋0.24－0.12)×(0.34＋0.24)＋(端立面)0.54×0.34×4＝13.90m²	m²	41.26
	女儿墙内侧抹防水砂浆 S	(3.30＋2.40-0.24＋3.90－0.24)×2×0.50×3＝27.36m²		

（七）保温工程量计算

011001001001	保温隔热屋面	1∶12现浇水泥珍珠岩保温层	m²	59.95
6-3-15(换)	现浇水泥珍珠岩	5.46×3.66×0.079×3	m³	4.74

（八）补充项目工程量计算

AB001	竣工清理	全面清扫清除建筑物 2m 以内的建筑垃圾，将建筑垃圾运至100m以内指定地点集中堆放	m³	2760.82
1-4-3	竣工清理	1081.66＋937.17＋741.99	m³	2760.82
	底层	$V_{首}$＝(CG 间)28.14×8.64×3.30＋(车库凸出部分)11.28×3.60×(3.30＋0.45)＋(车库内±0.00以下部分阳台下)(5.70×3-0.24)×(1.50-0.12)×(3.30＋0.60)＋(车库雨篷)11.28×0.60×2.35＝1081.66m³	m³	
	二层	$V_{二}$＝($S_二$) 312.39×3.00＝937.17	m³	
	夹层	$V_{夹}$＝(BG 间)285.34×(1.50＋2.60/2)＋(凸出)23.69×(1.50＋1.00/2)－(露台部分)(5.70×3-0.24×2)×(3.90-1.00)×(1.50＋1.50/2)＋(BC轴间相贯部分)1/3×(3.60×3＋0.24×2)×1.00/2×1.50＋(老虎窗)1/3×(3.60－0.24)×1.10/2×(4.50－2.40)＝741.99m³	m³	

（九）措施项目工程量计算

011701002001	外脚手架	双排钢管脚手架,水平垂直安全网	m²	824.11
10-1-5	钢管外脚手架	($L_{外}$)84.96×(设计地坪到山尖 1/2 高)(0.60＋7.80＋2.60/2)	m²	824.11
10-1-39	钢管斜道 15m 内	1	座	1
10-1-51	密目网垂直封闭	(84.96＋0.60×4＋12.00)×(0.60＋7.80＋1.30)	m²	963.79
011701003001	里脚手架	双排钢管脚手架	m²	618.60

续表

编号	各项工程名称	项目内容及计算公式	单位	工程量
10-1-22	双排里脚手架	（一、二层 $L_内$）79.86×（一、二层净高）6.18×2+（车库内墙地面以下）(5.46×3+5.46)×0.45+（夹层 $L_内$)44.58×2.80	m²	618.60
011702008001	圈梁	工具式钢模板	m²	319.22
10-4-125	QL 模板工程量	90.42+222.58+6.22	m²	319.22
	JQL S	10.85/0.24×2=90.42	m²	
	QL₁ S	26.71/0.24×2=222.58	m²	
	QL₂ S	2.16×3×2×0.24×2=6.22	m²	
011702003001	构造柱	工具式钢模板	m²	128.98
10-4-98	GZ 模板工程量	16.98+7.55+25.52+23.90+40.11+14.92	m²	128.98
	A轴 S	0.24×9×7.86=16.98	m²	
	B轴 S	0.24×4×7.86=7.55	m²	
	C轴 S	0.24×12×8.86=25.52	m²	
	D轴 S	0.24×10×9.96=23.90	m²	
	E轴 S	0.24×17×9.96-（山墙柱高）0.24×2×1.10=40.11	m²	
	G轴 S	0.24×6×7.86+（2、6、12 轴）0.24×6×1.50+（9 轴加柱）0.24×2×3.00=14.92	m²	
011702006001	矩形梁	工具式钢模板,钢支撑	m²	21.09
10-4-110	单梁模板	8.26+12.83	m²	21.09
	XL1 S	(0.24+0.25×2)×1.86×3×2=8.26	m²	
	XL2 S	(0.24+0.25×2)×2.16×3×3=12.83	m²	
011702006001	矩形梁	工具式钢模板,钢支撑	m²	47.72
10-4-110	单梁模板	13.43+10.03+4.80+2.61+5.06+4.04+7.75	m²	47.72
	C25XLL2 S	(0.24+0.29×2)×5.46×3=13.43	m²	
	C25WL1 S	(0.24+0.32×2)×5.70×2=10.03	m²	
	C25WL2 S	(0.24+0.32×2)×5.46=4.80	m²	
	C25WL3 S	(0.24+0.22×2)×3.84=2.61	m²	
	C25WL4 S	(0.24+0.22×2)×7.44=5.06	m²	
	C25WLL1 S	(0.24+0.22×2)×5.94=4.04	m²	
	C25WLL2 S	(0.24+0.22×2)×11.40=7.75	m²	
10-4-130	梁支撑超高	134.74×0.24×2×0.30+25.31×0.50	m²	32.06
011702010001	弧形梁	木模板,木支撑	m²	24.26
10-4-121	弧形梁模板	13.68+10.58	m²	24.26
	LL1 S	(0.29×2+0.24)×5.56×3=13.68	m²	
	XLL3 S	(0.29×2+0.24)×4.30×3=10.58	m²	
011702009001	过梁	工具式钢模板,钢支撑	m²	10.33

编号	各项工程名称	项目内容及计算公式	单位	工程量
10-4-116	过梁模板	$9.68+0.65$	m²	10.33
	YPL S	$(0.24+0.30\times2)\times3.84\times3=9.68$	m²	
	KC 底模 S	$0.90\times0.24\times3=0.65$	m²	
011702016001	平板	工具式钢模板,钢支撑	m²	163.28
10-4-168	平板模板	$139.56+23.72$	m²	163.28
	二、夹层厚度 120mm 现浇板 S	$5.46\times4.26\times3\times2(层)=139.56$	m²	
	二层厚度 80mm 现浇板 S	$2.16\times3.66\times3=23.72$	m²	
011702023002	阳台	工具式钢模板,钢支撑	m²	30.62
10-4-203	阳台厚度 80mm 现浇板 S	(矩形面积)$5.46\times1.50\times3+$(弧形面积)$2/3\times4.2\times0.36\times3\times2=30.62$	m²	30.62
011702020001	斜板	工具式钢模板,钢支撑	m²	266.04
10-4-168(换)	斜板模板	$300.78-29.43-19.38$	m²	251.97
	瓦屋面下模板面积	300.78	m²	
	扣纵梁墙面积	[(纵墙梁)$28.14\times4+$(WL3)$3.36+$(WL4)$6.72]\times0.24=29.43$	m²	
	扣横墙面积	[(山墙)$9.18\times2+$(折合横墙)$11.28\times4+$(9轴)$8.38]\times0.24\times1.124$(坡度系数)$=19.38$	m²	
10-4-176	板支撑超高	274.25×0.20	m²	54.85
011702030001	后浇带	现浇板带,工具式钢模板,钢支撑	m²	49.05
10-4-195	后浇带(平板)	(E~G 轴)$0.66\times(3.06+3.36)\times3\times2+0.66\times2.16\times3+$(车库)$0.96\times3.36\times3\times2$	m²	49.05
011702024001	楼梯	工具式钢模板,钢支撑	m²	46.66
10-4-201	楼梯模板	$2.16\times3.60\times2\times3$	m²	46.66
011702023001	雨篷	工具式钢模板,钢支撑	m²	6.77
10-4-203	雨篷模板	(雨篷板宽)$0.60\times$(雨篷板长)$(3.84+7.44)$	m²	6.77
011702021001	栏板	工具式钢模板,钢支撑	m²	17.67
10-4-206	栏板模板	$0.53/0.06\times2$	m²	17.67
011702025001	压顶	工具式钢模板,钢支撑	m²	8.99
10-4-213	压顶模板	$37.44\times0.24\times0.06$	m³	0.54
011703001001	垂直运输	塔式起重机,混凝土塔式起重机基础	m²	768.89
10-2-5	塔吊垂直运输	768.89	m²	768.89
011705001001	大型机械设备进出场及安拆	1	项	1
10-5-1	混凝土塔吊基础	$2.00\times2.00\times1.00$	m³	4.00
4-1-131	埋设底座螺栓	8	个	8
10-4-63	基础模板	$2.00\times4\times1.00$	m²	8.00
10-5-3	混凝土塔基拆除	$2.00\times2.00\times1.00$	m³	4.00
10-5-20	塔式起重机安拆	1	台次	1
10-5-20-1	塔式起重机场外运输	1	台次	1

6　投 标 报 价

投标总价扉页

投标总价

招标人：　××市旅游公司

工程名称：　××联体别墅楼工程

投标总价（小写）：760940.67 元
（大写）：柒拾陆万零玖佰肆拾元陆角柒分

投标人：　××建筑工程公司
　　　　　（单位盖章）

法定代表人或其授权人：　赵××　　（签字或盖章）

编制人：　王××　（造价人员签字盖专用章）

时间：2013 年 7 月 8 日

总 说 明

工程名称：××联体别墅楼工程

1. 工程概况：本工程为单层砖混结构，建筑面积为 768.89m²，计划工期为 153 日历天。
2. 投标报价包括范围：该文件包括本工程的建筑工程和装饰工程的全部内容。
3. 投标报价编制依据：
(1)《建设工程工程量清单计价规范》GB 50500—2013；
(2)山东省建设工程工程量清单计价办法；
(3)本工程全部图纸(含标准图)；
(4)招标文件中的工程量清单及有关要求；
(5)××市 2013 年发布的工程造价信息，造价信息没有的参照当地市场价格；
(6)工程取费标：按民用建筑Ⅲ类工程取费，人工单价 66/工目，管理费率 5.1％，利润率 3.2％

建设项目投标报价汇总表

工程名称：××联体别墅楼工程

序号	单项工程名称	金额(元)	其　　中		
			暂估价(元)	安全文明施工费(元)	规费(元)
1	联体别墅楼	760940.67	78355.65	14208.44	22525.50
	合　　计	760940.67	78355.65	14208.44	22525.50

单项工程标报价汇总表

工程名称：××联体别墅楼工程

序号	单项工程名称	金额(元)	其中:(元)		
			暂估价	安全文明施工费	规费
1	建筑工程	439875.44	54794.00	8231.45	12631.08
2	装饰工程	321065.23	23561.65	5976.99	9894.42
3	安装工程	—	—	—	—
	合　　计	760940.67	78355.65	14208.44	22525.50

单位工程投标报价汇总表

附表 18

工程名称：××联体别墅楼建筑工程

序号	汇总内容	金额（元）	其中：暂估价（元）
1	分部分项工程量清单计价合计	263828.51	45794.00
2	措施项目清单计价合计	129223.92	
2.1	总价措施项目费	14167.59	
2.2	单价工程措施项目费	115056.33	
3	其他项目清单计价合计	19727.94	
3.1	暂列金额	100000.00	
3.2	专业工程暂估价	9000.00	9000.00
3.3	计日工	—	
3.4	总承包服务费	727.94	
4	规费	12631.08	
4.1	社会保险费	10732.29	
4.2	住房公积金	825.56	
4.3	工程排污费	1073.23	
5	税金	14463.99	
	投标报价合计＝1+2+3+4+5	439875.44	54794.00

分部分项工程量清单与计价表

附表 19

工程名称：××联体别墅楼建筑工程

序号	项目编码	项目名称	项目特征描述	计量单位	工程量	金额（元）		其中：暂估价
						综合单价	合价	
1	010101001001	平整场地	土壤类别为三类土,弃土运距40m以内,取土运距40m以内	m²	283.74	4.84	1373.30	
2	010101003001	挖沟槽土方	土壤类别为三类土,挖土平均厚度1.5m以内,弃土运距40m以内	m³	195.61	37.98	7429.27	
3	010103001001	回填方	室内夯填素土,过筛;分层夯实;弃土运距40m以内	m³	59.02	4.37	257.92	
4	010103001002	回填方	基础回填素土,过筛;分层夯实;弃土运距40m以内	m³	49.39	12.16	600.58	
5	010401001001	砖基础	机制标准红砖 MU10,条形基础,M5.0 水泥砂浆	m³	98.52	204.03	20101.04	
6	010401001001	实心砖墙	机制标准红砖 MU10,墙体厚度240mm,M5.0 混合砂浆	m³	254.29	227.60	57876.40	
7	010401001002	实心砖墙	机制标准红砖 MU10,墙体厚度115mm,M5.0 混合砂浆	m³	5.91	254.02	1501.26	
8	010401012001	零星砌砖	楼梯间、夹层砖砌台阶,机制标准红砖 MU10,M5.0 水泥砂浆	m³	3.55	295.36	1048.53	

续表

序号	项目编码	项目名称	项目特征描述	计量单位	工程量	金额（元）		
						综合单价	合价	其中：暂估价
9	010403008001	石台阶	C15 混凝土垫层 100mm 厚，花岗石 900mm×330mm×150mm，石表面剁斧石，1：2 水泥砂浆勾缝	m³	1.29	1486.43	1917.50	
10	010404001001	垫层	3：7 灰土，300mm 厚	m³	65.20	115.98	7561.90	
11	010502002001	构造柱	C25 现场搅拌	m³	16.95	376.53	6382.18	
12	010503002001	矩形梁	C25 现场搅拌	m³	1.45	336.80	488.36	
13	010503006001	弧形梁	C25 现场搅拌	m³	2.06	363.55	748.91	
14	010503004001	圈梁	C25 现场搅拌	m³	37.11	356.73	13238.25	
15	010503005001	过梁	C25 现场搅拌	m³	0.92	390.49	359.25	
16	010505003001	平板	C25 现场搅拌	m³	23.32	330.24	7701.20	
17	010505006001	栏板	C25 现场搅拌	m³	0.53	403.25	213.72	
18	010505008001	雨篷	C25YP，现场搅拌	m³	0.68	393.58	267.63	
19	010505008002	阳台板	C25YT，现场搅拌	m³	2.23	369.23	823.38	
20	010505010001	其他板	C25 现场搅拌	m³	28.58	358.22	10237.93	
21	010506001001	直形楼梯	C25 现场搅拌	m²	46.66	89.90	4194.73	
22	010507007001	其他构件	现浇混凝土压顶，240mm×60mm，C25 现场搅拌	m	37.44	5.75	215.28	
23	010507001001	散水	3：7 土垫层 150mm 厚，混凝土散水 60mm 厚，1：2.5 水泥砂浆面层 10mm 厚，C15 现场搅拌，油膏填缝	m²	53.10	47.21	2506.85	
24	010507001001	坡道	3：7 土垫层 150mm 厚，混凝土坡道 60mm 厚，1：2.5 水泥砂浆面层 10mm 厚，C15 现场搅拌，油膏填缝	m²	8.64	48.71	420.85	
25	010508001001	后浇带	C25 现场搅拌	m³	6.34	356.23	2258.50	
26	010412002001	空心板	YKB33-22d，0.154m³/块；YKB36-22d，0.168m³/块；安装高度 3.18m、6.18m；C30，M5.0 水泥砂浆	m³	18.40	579.63	10665.19	7818.00
27	010414001001	烟道	混凝土小型空心砌块，单件体积 0.014m³，砌块强度等级 MU20，M5.0 混合砂浆	m³	2.69	488.78	1314.82	
28	010414002001	其他构件	400mm 高，间距 200mm，直径 60mm 混凝土工艺柱；单件体积：0.00113m³，C30	m³	0.14	2081.57	291.42	
29	010115001001	现浇构件钢筋	砌体拉结筋，热扎光面钢筋 HPB300，Φ6	t	0.691	5423.77	3747.83	2625.80

续表

序号	项目编码	项目名称	项目特征描述	计量单位	工程量	综合单价	合价	其中:暂估价
						金额(元)		
30	010115001002	现浇构件钢筋	热扎光面钢筋 HPB300,φ6	t	1.095	5037.61	5516.18	4161.00
31	010115001003	现浇构件钢筋	热扎光面钢筋 HPB300,φ6 箍筋	t	1.632	5057.21	8253.37	6201.60
32	010115001004	现浇构件钢筋	热扎光面钢筋 HPB300,φ8	t	1.190	4932.79	5870.02	4522.00
33	010115001005	现浇构件钢筋	热扎光面钢筋 HPB300,φ10	t	0.353	4860.05	1715.60	1341.40
34	010115001006	现浇构件钢筋	热扎带肋钢筋 HRB335(20MnSi),φ12	t	3.285	4727.22	15528.92	12483.00
35	010115001007	现浇构件钢筋	热扎带肋钢筋 HRB335(20MnSi),φ14	t	0.773	4705.03	3636.99	2937.40
36	010115001008	现浇构件钢筋	钢筋种类、规格:热扎带肋钢筋 HRB335(20MnSi),φ16	t	0.417	4668.25	1946.66	1584.60
37	010115001009	现浇构件钢筋	热扎带肋钢筋 HRB335(20MnSi),φ18	t	0.071	4653.48	330.40	269.80
38	010115001010	现浇构件钢筋	热扎带肋钢筋 HRB335(20MnSi),φ22	t	0.160	4539.98	726.40	608.00
39	010901001001	瓦屋面	英红瓦 420mm×332mm;1:2水泥砂浆	m²	300.78	139.28	41892.64	
40	010902001001	屋面卷材防水	PVC 橡胶卷材,1m×20m×1.2mm,FL-15 胶粘剂粘结,普通水泥浆嵌缝,聚氨酯嵌缝膏	m²	87.31	79.54	6944.64	
41	010902004001	屋面排水管	φ100PVC 落水管,插接	m	20.70	30.98	641.29	
42	010902004002	屋面排水管	φ38PVC 散水管,水泥浆嵌固	m	0.90	18.12	16.31	
43	010903003001	砂浆防水	雨篷、女儿墙内侧抹 20mm 厚、掺 5%防水粉,1:2水泥砂浆	m²	41.26	26.89	1109.48	
44	011001001001	保温隔热屋面	1:12现浇水泥珍珠岩保温层(找坡),最薄处 40mm 厚	m²	59.95	31.35	1879.43	
45	AB001	竣工清理	全面清扫清除建筑物 2m 以内的建筑垃圾,将建筑垃圾运至 100m 以内指定地点集中堆放	m³	2760.82	0.83	2291.48	
			合　计				263828.51	45794.00

总价措施项目清单与计价表

附表 20

工程名称:××联体别墅楼建筑工程

序号	项目编码	项目名称	计算基础	费率(%)	金额(元)	调整费率(%)	调整后金额(元)	备注
1	011707001	安全文明施工	263828.51	3.12	8231.45			
2	011707002	夜间施工	263828.51	0.70	1846.80			
3	011707003	二次搬运	263828.51	0.60	1582.97			
4	011707004	冬雨季施工	263828.51	0.80	2110.63			
5	011707005	已完工程及设备保护	263828.51	0.15	395.74			
		合计			14167.59			

单价措施项目清单与计价表 附表 21

工程名称：××联体别墅楼建筑工程

序号	项目编码	项目名称	项目特征描述	计量单位	工程量	金额（元）	
						综合单价	合价
1	011701002001	外脚手架	双排钢管脚手架，高 11m，水平·垂直安全网	m²	824.11	30.66	25267.21
2	011701003001	里脚手架	双排钢管脚手架，高 2.8m	m²	618.60	5.37	3321.88
3	011702008001	圈梁	工具式钢模板	m²	319.22	37.03	11820.72
4	011702003001	构造柱	工具式钢模板	m²	128.98	44.58	5749.93
5	011702006001	矩形梁	工具式钢模板，钢支撑	m²	21.09	49.78	1049.94
6	011702010001	弧形梁	木模板，木支撑	m²	24.26	84.12	2040.68
7	011702006001	矩形梁	工具式钢模板，钢支撑	m²	47.72	54.60	2605.34
8	011702009001	过梁	工具式钢模板，钢支撑	m²	10.33	62.79	648.62
9	011702016001	平板	工具式钢模板，钢支撑	m²	163.28	38.77	6330.37
10	011702020001	斜板	工具式钢模板，钢支撑	m²	266.04	36.72	9768.99
11	011702030001	后浇带	现浇板带，工具式钢模板，钢支撑	m²	49.05	65.56	3215.72
12	011702024001	楼梯	工具式钢模板，钢支撑	m²	46.66	123.65	5769.51
13	011702023001	雨篷	工具式钢模板，钢支撑	m²	6.77	100.18	678.22
14	011702023002	阳台	工具式钢模板，钢支撑	m²	30.62	100.18	3067.51
15	011702021001	栏板	工具式钢模板，钢支撑	m²	17.67	63.65	1124.70
16	011702025001	压顶	工具式钢模板，钢支撑	m²	8.99	56.55	508.38
17	011703001001	垂直运输	塔式起重机	m²	768.89	19.27	14816.51
18	011705001001	大型机械设备进出场及安拆	混凝土基础、塔式起重机进出场及安拆	项	1	17272.10	17272.10
		合 计					115056.33

其他项目清单与计价汇总表 附表 22

工程名称：××联体别墅楼建筑工程

序号	项目名称	金额（元）	结算金额（元）	备注
1	暂列金额	100000.00		明细详见附表 23
2	暂估价	9000.00		
2.1	材料暂估价/结算价	—		明细详见附表 24
2.2	专业工程暂估价/结算价	9000.00		明细详见附表 25
3	计日工			不发生
4	总承包服务费	727.94		明细详见附表 26
	合计	19727.94		

暂列金额明细表 附表 23

工程名称：××联体别墅楼建筑工程

序号	项目名称	计量单位	暂定金额(元)	备注
1	工程量清单中工程量偏差和设计变更	项	50000.00	
	政策性调整和材料价格风险	项	40000.00	
	其他	项	10000.00	
合计			100000.00	

材料暂估单及调整价表 附表 24

工程名称：××联体别墅楼建筑工程

序号	材料名称、规格、型号	计量单位	数量		暂估(元)		确认(元)		差额±(元)		备注
			暂估	确认	单价	合价	单价	合价	单价	合价	
1	预应力空心板	块			40.00、45.00、49.00						用于空心板清单项目
2	钢筋(规格、型号综合)	t			4800.00						用于现浇构件钢筋清单项目
合计			—		—		—		—		

专业工程暂估价表 附表 25

工程名称：××联体别墅楼建筑工程

序号	工程名称	工程内容	暂估金额(元)	结算金额(元)	差额±(元)	备注
1	车库大门	制作、安装	9000.00			另行招标
合计			9000.00			

总承包服务费计价表 附表 26

工程名称：××联体别墅楼建筑工程

序号	项目名称	项目价值(元)	服务内容	计费基础	费率(%)	金额(元)
1	专业工程总包服务费	9000.00	车库大门安装管理及缮后工作	9000.00	3.0	270.00
2	发包人供应材料总包服务费	45794.00	材料收发和保管	45794.00	1.0	457.94
合计						727.94

规费、税金项目清单与计价表

工程名称：××联体别墅楼建筑工程

序号	项目名称	计费基础	计算基数	计算费率(%)	金额
1	规费	1.1+1.2+1.3	—		12631.08
1.1	社会保险费	分部分项+措施+其他	412780.37	2.60	10732.29
1.2	住房公积金	分部分项+措施+其他	412780.37	0.20	825.56
1.3	工程排污费	分部分项+措施+其他	412780.37	0.26	1073.23
2	税金	分部分项工程费+措施项目费+其他项目费+规费	分部分项+措施+其他+规费	3.48	14463.99
合计					27095.07

工程量清单综合单价分析表

工程名称：××联体别墅楼建筑工程

项目编码	010101001001	项目名称	平整场地	计量单位	m^2	工程量	252.60

清单综合单价组成明细

定额编号	定额名称	定额单位	数量	单价(元)				合价(元)			
				人工费	材料费	机械费	管理费和利润	人工费	材料费	机械费	管理费和利润
1-4-1	场地平整，人工	$10m^2$	48.84	41.58	—	—	3.45	2030.77	—	—	168.55
人工单价			小计					2030.77	—	—	168.55
综合工日 66 元/工日			未计价材料					0			
清单项目综合单价(元)								2030.77/252.60＝8.04			

材料费明细	主要材料名称、规格、型号	单位	数量	单价(元)	合价(元)	暂估单价(元)	暂估合价(元)
	其他材料费				0		
	材料费小计				0		

说明：工程量清单综合单价分析表数量很多，为了节约篇幅，不一一列举。为了节约打印费用，计日工（可能不发生）、工程量清单综合单价分析表等，课程设计作业可以不要求打印。表中的综合单价仅供参考。

参 考 文 献

[1] 黄伟典. 工程定额原理. 北京：中国电力出版社，2008.

[2] 黄伟典. 建设工程计量与计价（第三版）. 北京：中国环境科学出版社，2007.

[3] 黄伟典. 建筑工程计量与计价（第二版）. 北京：中国电力出版社，2009.

[4] 黄伟典. 建设工程计量与计价案例详解（最新版）. 济南：山东科学技术出版社，2008.

[5] 邢莉燕. 建筑工程估价. 北京：中国电力出版社，2010.

[6] 黄伟典. 建设工程工程量清单计价实务. 北京：中国建筑工业出版社，2012.

[7] 夏宪成，曾奎. 建筑与装饰工程计量计价. 江苏：中国矿业大学出版社，2010.

[8] 黄伟典. 建设工程计量与计价. 大连：大连理工大学出版社，2012.

[9] 黄伟典. 建筑工程计量与计价实训指导. 北京：中国电力出版社，2012.

[10] 中国建设工程造价管理协会. 建设工程造价与定额名解释. 北京：中国建筑工业出版社，2004.

[11] 中华人民共和国住房和城乡建设部. 建设工程工程量清单计价规范 GB 50500—2013. 北京：中国计划出版社，2013.

[12] 中华人民共和国住房和城乡建设部. 房屋建筑与装饰工程工程量计算规范 GB 50854—2013. 北京：中国计划出版社，2013.

[13] 《建设工程工程量清单计价规范》编制组. 建设工程工程量清单计价规范 GB 50500—2013 宣贯辅导教材. 北京：中国计划出版社，2013.

[14] 中华人民共和国住房和城乡建设部. 建筑安装工程费用项目组成建标［2013］44 号文件，2013.

[15] 中华人民共和国住房和城乡建设部. 混凝土结构设计规范 GB 50010—2010. 北京：中国计划出版社，2012.

[16] 混凝土结构施工图平面整体表示方法制图规则和构造详图 11G101-1. 北京：中国建筑标准设计研究院出版，2011.

[17] 山东省建设厅. 山东省建筑工程工程量清单计价办法. 北京：中国建筑工业出版社，2004.

[18] 山东省建设厅. 山东省装饰装修工程工程量清单计价办法. 北京：中国建筑工业出版社，2004.

[19] 山东省建设厅. 山东省建筑工程消耗量定额. 北京：中国建筑工业出版社，2003.

[20] 山东省住房和城乡建设厅. 山东省建筑工程工程量清单计价规则. 济南. 行业内部资料，2011.

[21] 山东省住房和城乡建设厅. 山东省装饰装修工程工程量清单计价规则. 济南. 行业内部资料，2011.

[22] 山东省住房和城乡建设厅. 山东省建设工程费用项目组成及计算规则. 济南. 行业内部资料，2011.

[23] 山东省工程建设标准定额站. 山东省建筑工程价目表. 济南. 行业内部资料，2011.

[24] 山东省工程建设标准定额站. 山东省建筑工程价目表材料机械单价. 济南. 行业内部资料，2011.

[25] 焦红，王松岩，郭兵. 钢结构工程计量与计价. 北京：中国建筑工业出版社，2006.

[26] 袁建新. 简明工程造价计算手册. 北京：中国建筑工业出版社，2007.

[27] 汪军. 建筑工程造价计价速查手册. 北京：中国电力出版社，2008.

[28] 黄伟典，张玉明. 建设工程计量与计价习题与课程设计指导. 北京：中国环境科学出版社，2006.

[29] 黄伟典. 造价员. 北京：中国建筑工业出版社，2009.

[30] 黄伟典. 工程造价资料速查手册. 北京：中国建筑工业出版社，2010.

[31] 黄伟典. 建筑工程造价工作速查手册. 济南：山东科学技术出版社，2010.

[32] 黄伟典. 新编建筑工程造价速查快算手册. 济南：山东科学技术出版社，2012.

[33] 王在生，连玲玲. 统筹 e 算实训教程（建筑工程分册）. 北京：中国建筑工业出版社，2011.